EUL VERLAG

PRODUKTIONSWIRTSCHAFT UND INDUSTRIEBETRIEBSLEHRE

Herausgegeben von Prof. Dr. Jörg Schlüchtermann, Bayreuth

Band 18
Wolfgang Hacker
Funktionalstrategieformation
Lohmar – Köln 2007 • 304 S. • € 49,- • ISBN 978-3-89936-631-0

Band 19
Ulf Merschmann
Die Beziehung zwischen Unsicherheit, Supply-Chain-Flexibilität und Erfolg – Eine empirische Untersuchung für das deutsche produzierende Gewerbe
Lohmar – Köln 2007 • 244 S. • € 46,- • ISBN 978-3-89936-650-1

Band 20
Johannes Siebert
Modellierung komplementärer Interaktionen – Konzeption eines innovativen Ansatzes in der multiattributiven Nutzentheorie
Lohmar – Köln 2009 • 244 S. • € 56,- • ISBN 978-3-89936-858-1

Band 21
Rainer-Johannes Wolf
Risikoorientiertes Netzwerkcontrolling – Bestimmung der Risikoposition von Unternehmensnetzwerken und Anpassung kooperationsspezifischer Controllinginstrumente an die Anforderungen des Risikomanagements
Lohmar – Köln 2010 • 460 S. • € 69,- • ISBN 978-3-89936-888-8

Band 22
Reiner Meierbeck
Strategisches Risikomanagement der Beschaffung – Entwicklung eines ganzheitlichen Modells am Beispiel der Automobilindustrie
Lohmar – Köln 2010 • 472 S. • € 72,- • ISBN 978-3-89936-977-9

JOSEF EUL VERLAG

Strategisches Risikomanagement der Beschaffung

Entwicklung eines ganzheitlichen Modells am Beispiel der Automobilindustrie

Dissertation

zur Erlangung des Grades eines Doktors der Wirtschaftswissenschaften

der Rechts- und Wirtschaftswissenschaftlichen Fakultät

der Universität Bayreuth

vorgelegt von

Dipl.-Kfm. Reiner Meierbeck

aus München

Dekan:	Prof. Dr. Jochen Sigloch
Erstgutachter:	Prof. Dr. Jörg Schlüchtermann
Zweitgutachter:	Prof. Dr. Andreas Remer

Tag der mündlichen Prüfung:	17. August 2010

Reihe: Produktionswirtschaft und Industriebetriebslehre · Band 22

Herausgegeben von Prof. Dr. Jörg Schlüchtermann, Bayreuth

Dr. Reiner Meierbeck

Strategisches Risikomanagement der Beschaffung

Entwicklung eines ganzheitlichen Modells am Beispiel der Automobilindustrie

EUL VERLAG

Bibliografische Information der Deutschen Nationalbibliothek

Die Deutsche Nationalbibliothek verzeichnet diese Publikation in der Deutschen Nationalbibliografie; detaillierte bibliografische Daten sind im Internet über <http://dnb.d-nb.de> abrufbar.

Dissertation, Universität Bayreuth, 2010

ISBN 978-3-89936-977-9
1. Auflage Oktober 2010

JOSEF EUL VERLAG GmbH
Brandsberg 6
53797 Lohmar
Tel.: 0 22 05 / 90 10 6-6
Fax: 0 22 05 / 90 10 6-88
E-Mail: info@eul-verlag.de
http://www.eul-verlag.de

Bei der Herstellung unserer Bücher möchten wir die Umwelt schonen. Dieses Buch ist daher auf säurefreiem, 100% chlorfrei gebleichtem, alterungsbeständigem Papier nach DIN 6738 gedruckt.

Für Claudia und Milla

VORWORT

Per aspera ad astra

Die vorliegende Arbeit entstand neben meiner beruflichen Tätigkeit bei der BMW AG. Sie wurde im August 2010 an der rechts- und wirtschaftswissenschaftlichen Fakultät der Universität Bayreuth als Dissertation angenommen.

Mein Dank gilt zunächst meinem Doktorvater Herrn Prof. Dr. Jörg Schlüchtermann, Inhaber des Lehrstuhls für Produktionswirtschaft und Industriebetriebslehre an der Universität Bayreuth, für die fachliche Betreuung meiner Dissertation sowie für die konstruktive Kritik. Weiterhin danke ich Herrn Prof. Dr. Andreas Remer für die Übernahme der Zweitbegutachtung.

Die Arbeit, die während meiner Zeit im Strategischen Einkauf der BMW AG begonnen wurde, hat mich im Laufe der letzten Jahre über viele private und berufliche Stationen und damit auch über einige Reife- und Entwicklungsphasen meines Lebens begleitet.

Ich möchte deshalb die Gelegenheit nutzen, mich bei all jenen Vorgesetzten und Kollegen zu bedanken, die die Weichenstellungen meiner beruflichen Laufbahn wesentlich mitbestimmt haben.

Mein spezieller Dank geht an meinen Freund Herrn Dr. Norbert Steilen, der mir im Rahmen unserer wöchentlichen Joggingrunden über so manches Tief, gerade in der Endphase der Arbeit, hinweggeholfen hat.

Zu ganz besonderem Dank bin ich auch meinen Eltern für die liebevolle und großzügige Förderung und Unterstützung auf meinem bisherigen Lebensweg verpflichtet.

Der für mich jedoch wichtigste und herzlichste Dank gilt meiner Lebensgefährtin Claudia, die mich in all den Jahren mit viel Geduld und Verständnis in meinem Vorhaben unterstützte und mir immer wieder die nötige Kraft und den uneingeschränkten Rückhalt gab, die Arbeit erfolgreich zu beenden sowie unserer kleinen Tochter Milla, die mein Leben so unbeschreiblich bereichert.

Ihnen ist die Arbeit gewidmet.

München im September 2010

Reiner Meierbeck

INHALTSVERZEICHNIS

ABBILDUNGSVERZEICHNIS

ABKÜRZUNGSVERZEICHNIS

Abb.	Abbildung
AktG	Aktiengesetz
Aufl.	Auflage
BATNA	Best Alternative to a Negotiated Agreement
BCR-Card	Balanced Chance and Risk Card
Bd.	Band
bzw.	beziehungsweise
ca.	circa
CAD	Computer Aided Design
COSO	Committee of Sponsoring Organizations of the Treadway Commission
DJSGI	Dow Jones Sustainability Group Index
EDV	Elektronische Datenverarbeitung
E/E	Elektrik/Elektronik
et al.	et alii
etc.	et cetera
Fa.	Firma
f.	folgende
ff.	fortfolgende
F&E	Forschung & Entwicklung
GuV	Gewinn-und-Verlust-Rechnung
H.	Heft
HGB	Handelsgesetzbuch

Hrsg.	Herausgeber
i. d. R.	in der Regel
i. e. S.	im engeren Sinne
i. R.	im Rahmen
i. R. d.	im Rahmen des
IT	Informationstechnologie
Jg.	Jahrgang
JIS	Just in Sequence
JIT	Just in Time
Kfz	Kraftfahrzeug
KMU	Kleine und mittlere Unternehmen
KonTraG	Gesetz zur Kontrolle und Transparenz im Unternehmensbereich
L-A-Beziehung	Lieferanten-Abnehmer-Beziehung
Mio.	Million(en)
Mngmnt.	Management
MPV	Multipurpose Vehicle
Mrd.	Milliarde(n)
No.	Number
Nr.	Nummer
OEM	Original Equipment Manufacturer
o. g.	oben genannt
o. J.	ohne Jahresangabe
o. O.	ohne Ortsangabe
o. V.	ohne Verfasser
Pkw	Personenkraftwagen
RIMOR	Risikomanagement-Ordnungsrahmen
RM	Risikomanagement
S.	Seite

SAV	Sports Activity Vehicle
SOP	Start of Production
Sp.	Spalte
SUV	Sports Utility Vehicle
u. a.	unter anderem
USP	Unique Selling Proposition
u. U.	unter Umständen
v. a.	vor allem
VaR	Value at Risk
VDA	Verband der deutschen Automobilindustrie
Vgl.	Vergleiche
Vol.	Volume
vs.	versus
z. B.	zum Beispiel

1. EINLEITUNG

1.1 Ausgangssituation und Problemstellung

Angesichts der zunehmenden Dynamik und Komplexität von Umweltveränderungen kommt dem strategischen Denken in allen Unternehmensbereichen vermehrte Bedeutung zu.[1] Viele Unternehmen haben erkannt, dass die Wettbewerbsfähigkeit maßgeblich von der Anpassungsfähigkeit an die sich ständig verändernden Rahmenbedingungen abhängt. Die Globalisierung der Absatz- und Beschaffungsmärkte, die Individualisierung der Kundenerwartungen, die Beschleunigung des technologischen Fortschritts sowie steigende Rohstoffverknappung verdeutlichen, dass Unternehmen zunehmend gezwungen sind, insbesondere diejenigen Unternehmensbereiche neu auszurichten, die Schnittstellen zu den Märkten aufweisen oder eine marktentscheidende Rolle im Unternehmen spielen.[2]

Für den Funktionsbereich der Beschaffung als Grenzsystem des Unternehmens bedeutet dies, im Zusammenspiel mit den Beschaffungsmärkten einen spürbaren Beitrag zur Steigerung der Wettbewerbsfähigkeit des Unternehmens zu leisten. Mit der zunehmenden Verringerung der Fertigungs- und Entwicklungstiefe hat sich dabei sein Einfluss auf das Unternehmensergebnis wesentlich verstärkt. Aber nicht nur kostenseitig, auch auf der Leistungsseite erlangt die Beschaffung zunehmende Bedeutung für das unternehmerische Erfolgspotenzial. Aufgrund ihrer Marktkenntnisse und ihrer Technologieübersicht hat sie dabei wesentlichen Anteil an den Veränderungen der Technologiestruktur, des Absatzprogramms oder der Vertikalintegration.[3] Besonders deutlich wird diese Entwicklung innerhalb der Automobilindustrie. Hier spielt die Beschaffung eine Schlüsselrolle für die dauerhafte Erreichung und Behauptung des Unternehmenserfolges. Durch die Neustrukturierung der Wertschöpfungskette entwickelte sie sich von einer Dienstleistungsfunktion hin zu einer strategischen Gestaltungsfunktion.[4] Vor dem Hintergrund einer wachsenden Anzahl von

---

[1] Vgl. Bea/Haas, 1995, S. 7 und S. 10.
[2] Vgl. Arnold, 1997, S. 56.
[3] Vgl. Arnold, 1997, S. 12 f., Krampf, 2000, S. 1.
[4] Vgl. Becker, 1999, 56 f., Droege & Company, 1998, S. 17.

Projekten bei engerer Anlaufstaffelung, einer größeren Spreizung der Projektlandschaft sowie steigender Produkt- und Innovationskomplexität nimmt die Beschaffung eine erfolgskritische Stellung innerhalb des Produktentstehungsprozesses ein.

Die Zunahme der strategischen Bedeutung der Beschaffung sowie die Veränderung ihres Rollenverständnisses setzen auch eine hohe Sensibilität gegenüber der Risikosituation des Unternehmens und einen professionellen Umgang mit den auf die Beschaffung wirkenden und von ihr verursachten Risiken voraus. Risikoart und -ausmaß hängen dabei nicht nur von den allgemeinen Markt- und Umweltbedingungen, sondern auch von den individuellen Beschaffungsstrategien eines Unternehmens ab. Das Verfolgen langfristig erkennbarer Chancen geht hierbei häufig mit einer Erhöhung der Risikopotenziale des Unternehmens einher. Während beispielsweise Outsourcing-Strategien einerseits den Zugang zu Produkt- oder Prozessinnovationen unterstützen, führen diese Maßnahmen andererseits jedoch häufig zu Abhängigkeiten von den entsprechenden Lieferanten.

Das Eingehen von Risiken stellt allerdings nicht das eigentliche Problem dar – denn ohne Risiko ist kein Gewinn erzielbar.[5] Problematisch ist vielmehr das unkontrollierte Vorhandensein bzw. das unzureichende Beherrschen von Risiken. Aufgrund der komplexen Anforderungen an die Automobilzulieferer und der damit verbundenen strukturellen Verschiebungen innerhalb der Zulieferindustrie (Ausbildung von Megalieferanten, Insolvenzen bei kleinen und mittelständischen Zulieferbetrieben), der Entstehung neuer Beziehungsformen zwischen Lieferanten und Herstellern sowie des zunehmenden Wettbewerbs der Hersteller um knappe bzw. exklusive Ressourcen auf den Beschaffungsmärkten gewinnt das Risikomanagement in der Beschaffung zusehends an Bedeutung. Die Bewältigung dieser Aufgabenstellung spielt gerade im dynamischen und komplexen Umfeld der Automobilindustrie eine besondere Rolle. Zwar ist die Auseinandersetzung mit dem Management von Störgrößen im Bereich der Beschaffung nicht neu, häufig überwiegen aber operative Einzelmaßnahmen und Teilkonzepte.[6] So werden Beschaffungsrisiken beispielsweise sowohl in der Theorie als auch in der Praxis oftmals nur in Bezug auf die Versorgungsfunktion der Beschaffung diskutiert. Das Aufgabenspektrum der modernen Beschaffung und damit der Einfluss auf das Gefahrenpotenzial muss allerdings umfassender betrach-

---

5 Nach Bleicher liegt „das größte Risiko für den künftigen Bestand einer Unternehmung [...] im Nichteingehen von Risiken bei der möglichen Nutzung von Chancen." Bleicher, 1999, S. 513. Der Untergang vieler Unternehmen, die sich über Jahre hinweg auf bislang Erfolgreiches zurückgezogen haben, beruht in vielen Fällen darauf, risikoscheu agiert und nicht in zukunftsträchtige, neue und vermeintlich „riskante" Erfolgspotenziale investiert zu haben.

6 Vgl. hierzu Rogler, 2002, Arnolds/Heege/Tussing, 2001, Melzer-Ridinger, 2001 (Teil 1-Teil 4), Koppelmann, 2000, 1982, Mikus, 1998, Haindl, 1996, Nübling, 1991, Meyer, 1990, Pfisterer, 1986, Kraljic, 1977.

tet werden. Seiner wachsenden strategischen Bedeutung wird die Beschaffung aus diesem Grunde nur durch eine konsequente und ganzheitliche Wahrnehmung eines Managements von Beschaffungsrisiken gerecht. Ziel ist es nicht, Risiken gänzlich zu vermeiden, sondern Möglichkeiten zur Förderung einer proaktiven Behandlung der wichtigsten Risiken zu schaffen und Freiräume für die Wahrnehmung von Chancen zu erschließen.[7]

Da der betriebswirtschaftliche Methodenvorrat zur Bewältigung dieser für den Industriesektor relativ jungen Disziplin noch wenig entwickelt ist, ist die unternehmerische Praxis bei der Umsetzung eines Risikomanagements weitestgehend auf sich gestellt.[8] Trotz der betriebswirtschaftlichen Notwendigkeit und der gesetzlichen Verpflichtung durch das Gesetz zur Kontrolle und Transparenz im Unternehmensbereich (KonTraG) fokussiert die gegenwärtige Praxis oftmals nur auf bestimmte Schwerpunkte des Risikomanagements. Hornung/ Reichmann/Form weisen darauf hin, dass die speziellen Charakteristika des Risikophänomens bislang durch kein explizit definiertes betriebswirtschaftliches Modell oder Instrumentarium unterstützt werden.[9] Diederichs führt in diesem Zusammenhang die unzureichende Systematik, die mangelnde Flexibilität sowie den fehlenden bzw. wenig effizienten Werkzeugkasten für Risikoidentifikation, -beurteilung, -steuerung und -überwachung an.[10] Pollanz verweist auf die undifferenzierte Verwendung verschiedener Termini im Zusammenhang mit Risikomanagement. Die divergierenden Begriffsverständnisse im Schrifttum ergeben sich aus einer unzureichenden bzw. fehlenden theoretischen Plattform. Auch seiner Ansicht nach mangelt es an einer konzeptionellen Grundlage, welche die Basis für die Einrichtung und Prüfung von Risikomanagement-Systemen darstellt.[11]

1.2 Zielsetzung

Der Umsetzungs- bzw. Anwendungsstand eines spezifischen Risikomanagement-Systems weist auch für den Bereich der Beschaffung Defizite auf. Diese resultieren nicht nur aus dem unzureichenden bzw. fehlenden konzeptionellen Grundgerüst, sondern sind auch auf Implementierungshürden zurückzuführen.

Die vorliegende Arbeit soll die betriebswirtschaftliche Literatur dahingehend erweitern, dass sie die Entwicklung eines strategischen Risikomanagements für den

---

[7] Vgl. Bechhofer, 2001, S. 44.
[8] Vgl. Dörner/Horváth/Kagermann, 2000, S. V.
[9] Vgl. Hornung/Reichmann/Form, 2000, S. 158.
[10] Vgl. Diederichs, 2004, S. 2.
[11] Vgl. Pollanz, 2001, S. 1.318.

Funktionsbereich der Beschaffung ausführlich und systematisch im Rahmen eines integrierten Ansatzes wissenschaftlich erörtert. Im Mittelpunkt steht dabei die Entwicklung eines Modells, das auf Grundlage theoretisch abgeleiteter Gestaltungsgrundsätze die Umsetzung eines strategischen Risikomanagements in den bereits bestehenden Strukturen der Beschaffung ermöglicht.

Als Anwendungsgebiet des zu entwickelnden Modells soll die Automobilindustrie herangezogen werden, in der die Funktion der Beschaffung bereits einen sehr hohen Professionalisierungsgrad erreicht hat. Vergleichsweise hoch ist auch der Anspruch an ein arteigenes Risikoverhalten und Risikomanagement. Aufgrund der dynamischen Veränderungen der Absatz- und Beschaffungsmärkte sowie des Wettbewerbs dient die Automobilindustrie zudem häufig als Vorreiter für andere Branchen. Sie bildet demzufolge einen geeigneten und wegweisenden Rahmen für die Untersuchung.

Da es sich bei dem Thema Risikomanagement um das klassische Problemlösungsverhalten in Systemen handelt, stellt die Systemtheorie eine wesentliche Basis der Arbeit dar. Um dem Anspruch an Praxisbezogenheit zu genügen, bedient sich die Untersuchung einer praktischen-pragmatischen Methodik. Hierbei sollen reale alltägliche unternehmerische Probleme mit theoretischen Grundlagen in Verbindung gebracht werden. Da es nicht den Maßnahmenkatalog und die Kennzahl geben kann, die auf jedes Szenario passen, erhebt das vertretene Konzept bewusst nicht den Anspruch, Lösungen für alle Risikoprobleme der Beschaffung bereitzustellen. Es liefert vielmehr einen Orientierungsrahmen, der auf die betriebliche Praxis übertragen und an ihre spezifischen Anforderungen angepasst werden kann. Der Umgang mit strategischen Problemstellungen setzt Bodenhaftung, Augenmaß und gesunden Menschenverstand voraus.[12] In diesem Sinne stellt das vorliegende Konzept Anhaltspunkte sowie Strukturen zur deduktiven Entwicklung eines unternehmensindividuellen Risikomanagement-Systems zur Verfügung. In der Praxis hat sich gezeigt, dass einer einheitlichen Sprachregelung sowie einem gemeinsam getragenen Verständnis in Bezug auf die wichtigsten Elemente eines modernen Risikomanagements eine hohe Bedeutung zukommt. Auch hierfür soll das Konzept entsprechende Grundlagen schaffen.

Zusammenfassend ist das Ziel der vorliegenden Arbeit, auf Grundlage des systemorientierten Ansatzes ein ganzheitliches, theoretisch fundiertes Modell eines strategischen Risikomanagements zu entwickeln, das den Anforderungen der betrieblichen Praxis in Bezug auf die Beschaffungsfunktion innerhalb der Automobilindustrie ge-

[12] Vgl. Bieta/Kirchhoff/Milde/Siebe, 2002, S. 324.

recht wird. Das theoretisch entwickelte und mit Erfahrungswissen der Praxis angereicherte Beschreibungs- und Erklärungsmodell soll

- die Beschaffungsrisiken im automobilen Umfeld identifizieren und klassifizieren,
- ein gemeinsames Verständnis schaffen, was unter einem Risikomanagement im Beschaffungsbereich zu verstehen ist, sowie einen Vorschlag einer einheitlichen Begriffsverwendung unterbreiten,
- einen Beitrag leisten, die wesentlichen Ansatzpunkte eines Risikomanagements und deren Aufgaben innerhalb der Beschaffungsfunktion zu identifizieren und zu strukturieren,
- eine Grundlage zur Erfassung der bereits bestehenden Risikomanagement-Strukturen innerhalb der Beschaffung bereitstellen, auf der entsprechende Handlungsbedarfe und Ansatzpunkte einer Weiterentwicklung abgeleitet werden,
- Steuerungsmaßnahmen zur Bewältigung ausgewählter Beschaffungsrisiken aufzeigen,
- Gestaltungsvorschläge hinsichtlich Aufbau- und Ablauforganisation sowie Instrumentarium eines strategischen Risikomanagements der Beschaffung liefern,
- die Aufmerksamkeit des Managements bezüglich der spezifischen Charakteristika von Beschaffungsrisiken innerhalb der Automobilindustrie schärfen.

1.3 Aufbau der Arbeit

Die Struktur der Arbeit sowie die wesentlichen Zusammenhänge der einzelnen Kapitel verdeutlicht Abbildung 1-1: Auf Basis der beiden Kapitel 2 und 3 wird in Kapitel 4 ein Modell eines strategischen Risikomanagements der Beschaffung abgeleitet.

Im Einzelnen stellen sich die Hauptkapitel der Arbeit wie folgt dar: Im Anschluss an die Beschreibung von Ausgangssituation und Problemstellung sowie der daraus abgeleiteten Zielsetzungen der Arbeit in **Kapitel 1** werden in **Kapitel 2** die theoretischen Grundlagen für das zu entwickelnde Risikomanagement-Modell abgesteckt. Dabei bedarf es zunächst einer Klärung der zentralen Begrifflichkeiten, um die darauf aufbauenden Ausführungen auf ein einheitliches Fundament zu stellen. Neben der terminologischen Abgrenzung des Risikobegriffs werden die wesentlichen Ansatzpunkte eines Risikomanagements allgemein beleuchtet. Weiterhin soll die strategische Bedeutung des Risikomanagements vertieft werden. Da das spätere Risikomanagement-Modell auf den Grundgedanken des strategischen Managements basiert, werden die Bestandteile des strategischen Managements ausführlich erläutert. Aufbauend auf der Abgrenzung zwischen den beiden Konzepten strategisches Management und Risikomanagement werden die Eckpfeiler eines strategischen Risikomanagements formuliert, bevor abschließend weitere Ansätze strategischer Risikobewältigung aus der wissenschaftlichen Literatur beispielhaft vorgestellt werden. Hierbei wird v. a. auf die theoretischen Grundlagen der Termini Macht und Flexibilität eingegangen und deren Beitrag zur Bewältigung von Risiken diskutiert. Diese Ausführungen bilden im weiteren Verlauf der Arbeit auch einen wichtigen Ansatzpunkt zur Ableitung von Risikostrategien für den Bereich der Beschaffung.

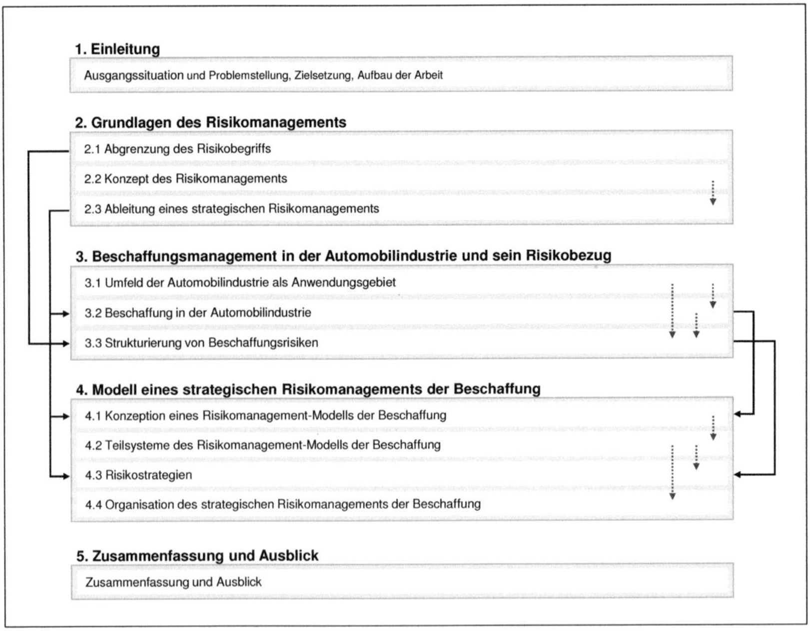

Abb. 1-1: Ablauf der Untersuchung

Da es das Ziel des zu entwickelnden Risikomanagement-Systems ist, den spezifischen Anforderungen der Beschaffung innerhalb des automobilen Umfeldes gerecht zu werden, beleuchtet **Kapitel 3** zunächst die Automobilindustrie als Anwendungsgebiet. Neben der Vorstellung der wesentlichen Trends und Entwicklungen in der Automobilindustrie und deren Zulieferindustrie wird auf die strategische Ausrichtung beider Marktteilnehmer eingegangen. Dabei stehen solche Themenfelder im Vordergrund, die sich direkt oder indirekt auf das Beschaffungsverhalten auswirken und aus denen sich schließlich Gefahrenpotenziale für das Unternehmen aus Sicht der Beschaffung ableiten lassen. Als weiterer wichtiger Themenkomplex des Kapitels wird die Funktion der Beschaffung und deren spezifische Ausprägung innerhalb der Automobilindustrie eingehend vorgestellt. Neben der begrifflichen und funktionalen Abgrenzung stehen die strategischen Anforderungen an ein Beschaffungsmanagement, die Rolle der Beschaffung innerhalb des Produktentstehungsprozesses sowie die Entwicklung der Beziehungen zwischen Herstellern und Lieferanten im Vordergrund. Im Anschluss soll ein Beschaffungsmodell vorgestellt werden, das systemtheoretisch fundiert auf der Abgrenzung der Beschaffungsfunktion basiert und die Grundlage für das zu entwickelnde Risikomanagement-Modell darstellt. Aufbauend auf einer ursachen- und wirkungsorientierten Systematik soll abschließend eine Strukturierung der Beschaffungsrisiken vorgenommen werden. Besondere Beachtung findet dabei die Abhängigkeitsproblematik, die sich aus den spezifischen Beziehungen des Herstellers zu seinen Zulieferern ableiten lässt und die gerade vor dem Hintergrund der zunehmenden Konzentration auf Kernkompetenzen besondere Bedeutung erlangt. Es sei darauf hingewiesen, dass die Ausführungen des Kapitels 3 nicht nur auf wissenschaftlichen Abhandlungen sowie empirischen Untersuchungen der Beratungspraxis aufbauen, sondern auch wesentlich auf den Praxiserfahrungen des Verfassers gründen. Die präzise Formulierung der funktions- und branchenspezifischen Rahmenbedingungen des Risikomanagements stellt dabei eine wichtige Voraussetzung für die funktionale, organisationale und instrumentale Abgrenzung eines strategischen Risikomanagements der Beschaffung dar und unterstützt zudem die Identifikation, Bewertung und Handhabung von Beschaffungsrisiken.

Basierend auf den vorangegangenen Ausführungen wird in **Kapitel 4** ein ganzheitliches Modell eines strategischen Risikomanagement der Beschaffung vorgestellt. Ausgangspunkt ist die Bewertung unterschiedlicher Risikomanagement-Konzeptionen in der Literatur. Darauf aufbauend erfolgt die Entwicklung eines eigenen Ansatzes, dessen Teilsysteme im Anschluss ausführlich diskutiert werden. Im Weiteren werden unterschiedliche risikopolitische Strategien für den Bereich der Beschaffung sowie einzelne Instrumente zur Ableitung des entsprechenden Handlungsbedarfs erörtert. Da die organisatorische Umsetzung eines Risikomanagements in der betrieblichen Praxis ein wichtiger Erfolgsfaktor bei der Einführung eines Risikomanagement-Systems ist, sollen hierzu abschließend entsprechende Gestaltungsvorschläge gemacht werden. Bei der Entwicklung sowohl von funktionalen als auch von organisationalen Lösungsvorschlägen eines Risikomanagements der Beschaffung gilt, die Einbindung des Risikomanagements vor dem Hintergrund bereits bestehender Prozesse und Strukturen der Beschaffungspraxis zu diskutieren.

Kapitel 5 fasst die wesentlichen Ergebnisse und Kernaussagen zusammen und zeigt schließlich die aus der Untersuchung abzuleitenden Implikationen für die weitere Forschung auf.

2. GRUNDLAGEN DES RISIKOMANAGEMENTS

In Kapitel 2 geht es um die Auseinandersetzung mit dem Wesen des Risikos und dem Management von Risiken. Diese Ausführungen stellen das theoretische Fundament für die spätere Entwicklung eines Modells eines strategischen Risikomanagements im Bereich der Beschaffung dar.

In **Kapitel 2.1** erfolgen zunächst die Abgrenzung des Risikobegriffs durch das Aufzeigen von Zusammenhängen zu verwandten Themenfeldern sowie die Definition und Klassifikation auf Basis unterschiedlicher Sichtweisen. In **Kapitel 2.2** werden die wichtigsten Grundlagen eines Managements von Risiken erläutert: Nach dem Aufzeigen der historischen Entwicklung des Risikomanagement-Ansatzes werden Ziele, Aufgaben und Prozessschritte beschrieben sowie die grundsätzliche Problematik zur Bestimmung der optimalen Risikoposition diskutiert. **Kapitel 2.3** leitet schließlich über in das zentrale Anliegen der vorliegenden Arbeit, die strategische Perspektive eines Risikomanagements. Hier sollen die theoretischen Grundlagen eines ganzheitlichen Risikomanagement-Ansatzes erläutert werden, aus denen in Kapitel 4 schließlich Gestaltungsvorschläge zur Umsetzung eines strategischen Risikomanagements abgeleitet werden.

2.1 Abgrenzung des Risikobegriffs

Da wirtschaftliches Handeln das Treffen zukunftsgerichteter Entscheidungen bedingt, agieren Unternehmen seit jeher unter Unsicherheit. Die Verwirklichung von Markterfolg und Fortschritt setzt dabei immer auch entsprechende Risikobereitschaft voraus. Die Nutzung zukünftiger Chancen ist somit untrennbar mit dem Eingehen von Risiken verbunden.[13] Folglich beschäftigte sich die ökonomische Theorie auch schon sehr früh mit den Phänomenen der Unsicherheit und des Risikos. Innerhalb der Betriebswirtschaftslehre existiert allerdings bis heute keine allgemein anerkannte und verbindliche Definition des Risikobegriffs. Da eine lückenlose Bestandsaufnahme und Beurteilung aller bestehenden Begriffsauffassungen sich aufgrund der Vielzahl und der Heterogenität der existierenden Literatur als schwierig erweist und im Hin-

---

13 Vgl. Weber/Weißenberger/Liekweg, 1999, S. 9.

blick auf den vorliegenden Untersuchungsgegenstand keinen wesentlichen Erkenntnisfortschritt verspricht, werden im folgenden Kapitel nur die wichtigsten Definitionsansätze skizziert.

2.1.1 Unsicherheit, Risiko und Information

Mit dem Terminus **Risiko** werden in der Literatur häufig zwei Bedingungen verknüpft: Zum einen sind die betrachteten Ereignisse zukunftsgerichtet, zum anderen kann der Ausgang des wirtschaftlichen Handelns niemals mit Sicherheit vorausgesagt werden.[14] Sicherheit in diesem Sinne ist dann gegeben, wenn entweder der Eintritt nur eines einzigen zukünftigen Ereignisses für möglich gehalten wird oder wenn am Eintreten eines zukünftigen Ereignisses kein Zweifel besteht.[15] Dementsprechend können mit den Begriffen Risiko und Sicherheit zwei polarisierende Phänomene beschrieben werden.[16]

Im Rahmen der wissenschaftlichen Erörterungen dieser Zusammenhänge spielt der Begriff der **Unsicherheit** als Inversion des Sicherheitsbegriffes sowie dessen Abgrenzung zum Risiko eine zentrale Rolle.[17]

Neubürger sieht in der Unsicherheit die wesentliche Voraussetzung für das Auftreten von Risiken[18], während das Risiko selbst auf die getroffene Entscheidung zurückzuführen ist.[19]

---

[14] Vgl. Gutmannsthal-Krizanits, 1994, S. 209.

[15] Vgl. Mugler, 1979, S. 22. Diese Definition bezieht sich auf den Sicherheitsbegriff im formalen Sinne, der Verlässlichkeit einer Information über einen bestimmten Zustand der Umwelt beschreibt. Im Gegensatz dazu beschreibt der materielle Sicherheitsbegriff diesen Zustand der Umwelt selbst. Haller unterscheidet hierbei die drei Dimensionen „äußere Sicherheit", „innere Sicherheit" und „Sicherheit für andere", die zusammen einen Zustand ergeben, der als gesellschaftlicher Wert „Sicherheit" bezeichnet werden kann. Vgl. Haller, 1975, 11 ff.

[16] Vgl. Gutmannsthal-Krizanits, 1994, S. 210.

[17] Der auf Knight (1921) zurückzuführende Begriff „Uncertainty" wird in der deutschen Literatur sowohl mit „Ungewissheit" als auch mit „Unsicherheit" übersetzt. In der Literatur existieren hierbei unterschiedliche Abgrenzungen beider Übersetzungen. Während einige Autoren Unsicherheit als Oberbegriff betrachten (vgl. Bamberg/Coenenberg, 1992, S. 17, Mag, 1981, S. 479), sehen andere die Unsicherheit bzw. das Risiko als mögliche Ausprägung einer Ungewissheitssituation (vgl. Lücke, 1991, S. 388, Busse von Colbe/Laßmann, 1990, S. 156, Schweitzer, 1997, S. 37 f.). Manche Autoren differenzieren beide Begriffe auch, um verschiedene Situationen zu kennzeichnen. Unsicherheit charakterisiert hierbei objektive Situationen, während sich der Begriff Ungewissheit auf die Empfindungen und Meinungen des Planenden bezieht. Eine Situation kann somit „(objektiv) unsicher, aber (subjektiv) gewiß oder (objektiv) sicher, aber (subjektiv) ungewiß sein." Mugler, 1979, S. 22 f. In den folgenden Ausführungen soll, in Anlehnung an die Mehrzahl der Autoren, keine Unterscheidung der beiden Begriffe durchgeführt werden. Vgl. hierzu auch Mugler, 1979, S. 22 f.

[18] Vgl. Neubürger, 1989, S. 29.

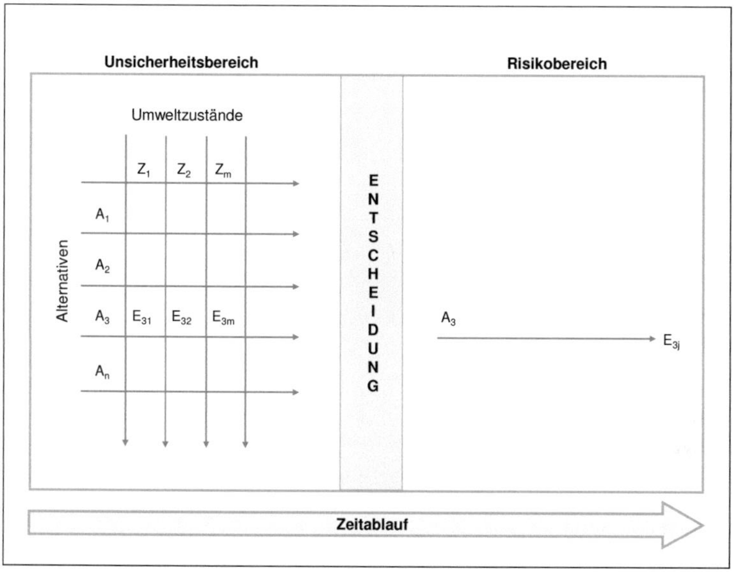

Abb. 2-1: Entscheidungsbezug von Unsicherheit und Risiko[20]

Abbildung 2-1 verdeutlicht diesen Sachverhalt. Die im Rahmen der Entscheidungssituation vorliegende Unsicherheit wird erst dann zum Risiko, wenn die Entscheidung für eine Handlungsalternative gefallen ist.[21] Charakteristisch für solche Entscheidungssituationen ist, dass vor dem Hintergrund einer bestimmten Zielsetzung mehrere Handlungsalternativen (A_1, A_2 ... A_n) zur Wahl stehen, die unter den zu erwartenden Umweltzuständen (Z_1, Z_2 ... Z_m) zu unterschiedlichen Ergebnissen (E_{11}, E_{12} ...

---

19 Entscheidungen unter Risiko liegen beispielsweise vor, wenn objektive oder subjektive Wahrscheinlichkeiten für das Eintreten möglicher Entwicklungen der Umweltzustände bekannt sind. Vgl. Bamberg/Coenenberg, 2002, S. 76. Im Gegensatz dazu sind Unsicherheitssituationen dadurch gekennzeichnet, dass die Wahrscheinlichkeiten des Eintretens möglicher Zustände nicht bekannt sind. Vgl. Bamberg/Coenenberg, 2002, S. 126. Es erfolgt somit eine Zweiteilung der Unsicherheitssituation „in ein quantitatives oder meßbares Risiko und eine qualitative oder nicht meßbare Ungewissheit." Mag, 1981, S. 479. Für andere Autoren wie Albach oder Haas besteht eine Risikosituation bei Vorhandensein objektiver Wahrscheinlichkeiten, während subjektive Eintrittswahrscheinlichkeiten Kennzeichen für Ungewissheitssituationen sind. Vgl. Albach, 1975, Sp. 4.037, Haas, 1965, S. 11 ff. Unsicherheit bestehen allerdings nicht nur im Hinblick auf den Eintritt der möglichen Umweltzustände, sondern auch in Bezug auf die Handlungsergebnisse, die durch unterschiedliche Ergebnisfunktionen beschrieben werden. Vgl. Bamberg/Coenenberg, 1992, S. 21 f. Darüber hinaus können auch Umweltzustände eintreten, die bei der Entscheidungsvorbereitung nicht berücksichtigt wurden. Das Gleiche gilt für erfolgsversprechende Handlungsalternativen, die im Rahmen der Planung unberücksichtigt bleiben. Vgl. Albach, 1975, Sp. 4.037, Voigt, 1992, S. 489.

20 Quelle: Mikus, 1998, S. 171 sowie Mag, 1995, S.12 und Mag, 1993, Sp. 3.205.

21 Vgl. Mag, 1993, Sp. 3.205, Mag, 1981, S. 480.

E_{nm}) führen. Unsicherheiten in derartigen Situationen resultieren zum einen daraus, dass sowohl die möglichen Umweltzustände als auch die potenziellen Handlungsalternativen sowie Handlungsergebnisse nicht vollständig bekannt sind. Zum anderen existiert zum Zeitpunkt der Entscheidung keine Gewissheit darüber, welcher Umweltzustand eintreten und wie sich der kausale Zusammenhang zwischen Handlung und Ergebnis in Wirklichkeit darstellen wird.[22]

Der Differenzierung zwischen Unsicherheit und Risiko liegen spezifische Annahmen hinsichtlich der **Informationsgrundlagen** der Entscheidungsträger zugrunde. Die Verwirklichung von Sicherheit steht somit in engem Zusammenhang zum Informationsproblem.

Die Informationstheorie unterscheidet drei Informationszustände. Während vollkommene Information die Kenntnis der Zukunft voraussetzt, spricht man von vollkommener Ignoranz, wenn ein absoluter Mangel an Informationen vorliegt.[23] Da vollkommene Information zukünftiger Ereignisse in der Realität nicht möglich ist, ist auch Sicherheit nur als Ideal erreichbar, quasi als „Grenzwert des Realen".[24] Der Zustand zwischen den beiden Extremen vollkommener Ignoranz und vollkommener Information wird als Unvollkommenheit der Information umschrieben.[25] Dem Informationsbedarf des Entscheidungsträgers stehen ein nicht „problemadäquates Informationsangebot" sowie „eine nicht dem Entscheidungsproblem entsprechende Informationsnachfrage" gegenüber.[26] In Bezug auf den Zustand unvollkommener Information sei dieser Zusammenhang in Abbildung 2-2 noch einmal verdeutlicht: Informationsbedarf, -nachfrage und -angebot werden als Kreise dargestellt, die eine nur eingeschränkte Deckungsgleichheit aufweisen. Der gemeinsame Schnittpunkt aller drei Segmente zeigt den Informationsstand des Entscheidenden. Der Grad der Unvollkommenheit einer Information ergibt sich schließlich aus dem Verhältnis zwischen Informationsstand und Informationsbedarf. Dieser Quotient kann auch als Maß für die Unvollkommenheit der Information interpretiert werden.[27]

Die Gründe für die Unvollkommenheit der Information lassen sich mithilfe der drei Ausprägungen Unvollständigkeit, Unbestimmtheit und Unsicherheit (im engeren Sinne) verdeutlichen.[28] Während die Unvollständigkeit das quantitative Informations-

[22] Vgl. Philipp, 1967, S. 53 f., Mikus, 1998, S. 168 f.
[23] Vgl. Wöhe, 1990, S. 154.
[24] Mugler, 1979, S. 22, vgl. auch Ulrich/Krieg, 1974, S. 13.
[25] Neubürger setzt die Unvollkommenheit der Information mit dem Begriff Ungewissheit (verwendet als Synonym für Unsicherheit) gleich. Vgl. Neubürger, 1989, S. 29.
[26] Neubürger, 1989, S. 32.
[27] Vgl. Neubürger, 1989, S. 32 f.
[28] Vgl. Braun, 1984, S. 37 ff., Voigt, 1992, S. 489 f.

defizit beschreibt, repräsentieren die letzteren beiden Ausprägungen die qualitativen Komponenten eines Informationsdefizits.[29]

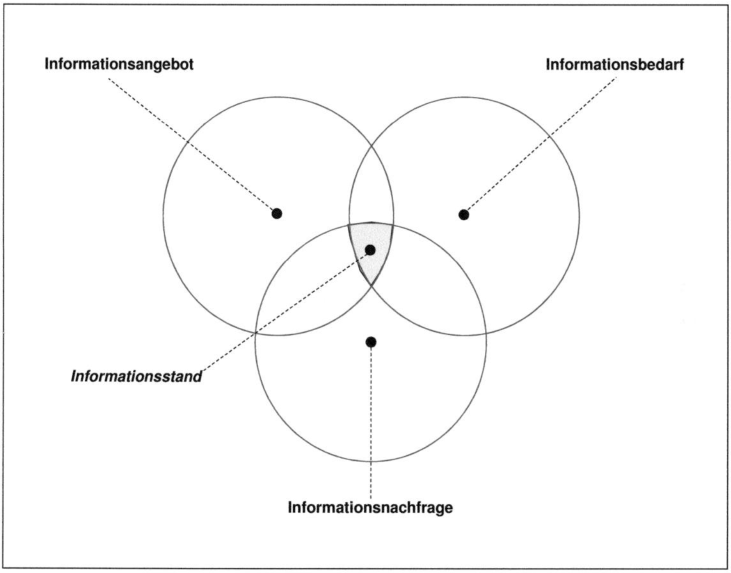

Abb. 2-2: Unvollkommenheit von Informationen[30]

Mit der Unvollständigkeit einer Information wird zum Ausdruck gebracht, dass die für das Problem relevanten Informationen ganz oder teilweise fehlen. Die fehlenden Informationen können sich dabei auf die Beschreibung der Umweltzustände, der Handlungsalternativen oder der Handlungsergebnisse beziehen.[31] Quantitative Informationsdefizite resultieren maßgeblich aus den eingeschränkten Informationsverarbeitungskapazitäten des Managements sowie dem eingeschränkten Zugang zu relevanten Informationen, sind aber auch in Wirtschaftlichkeitsüberlegungen begründet, die einen Teil objektiv nutzbarer Informationen ausschließen.[32]

Die Unbestimmtheit einer Information äußert sich in ihrem geringen Informationsgehalt. Die Unschärfe und mangelnde Präzision der Informationen kommen daher, dass Ereignisse, Zustände oder Ergebnisse nicht eindeutig definiert werden.[33] Unbe-

---

[29] Vgl. Kosiol, 1974, S. 199.
[30] Quelle: Hänggi, 1996, S. 73.
[31] Vgl. Voigt, 1992, S. 489. Siehe hierzu auch Abbildung 2-1.
[32] Vgl. Braun, 1984, S. 189.
[33] Vgl. Braun, 1984, S. 38.

stimmtheit ist allerdings nicht ausschließlich eine Eigenschaft zukunftsbezogener Informationen, sie kennzeichnet auch vergangenheits- und gegenwartsbezogene Informationen. Während sich eine Erhöhung der Genauigkeit bei Vergangenheits- und Gegenwartsdaten problemlos realisieren lässt, sind Maßnahmen zur Verbesserung der Bestimmtheit bei Zukunftsinformationen immer mit einem Verlust an Sicherheit verbunden.[34]

Die dritte Ausprägung unvollkommener Information ist schließlich in der bereits näher beschriebenen Unsicherheit des Eintretens zukünftiger Ereignisse, Zustände oder Handlungsergebnisse begründet.[35] Der Akteur ist hierbei nicht in der Lage, „die künftige Beschaffenheit und Entwicklung der entscheidungsrelevanten Daten eindeutig vorauszubestimmen."[36] Die Unsicherheit der Information zeigt sich in ihrer mangelnden Übereinstimmung mit der Realität. Für bestimmte Ereignisse mögen sich zwar Eintrittswahrscheinlichkeiten beziffern lassen, welches dieser möglichen Ereignisse aber dann letztendlich eintreten wird, lässt sich nicht vorhersagen.[37]

Qualitative Informationsdefizite ergeben sich somit aus der fehlenden strikten Kausaldeterminiertheit aller Ereignisse der realen Welt und dem fehlenden vollkommenen Wissen darüber.[38]

2.1.2 Definitorische Grundlagen

Die Auseinandersetzung mit dem Risikomanagement bedarf zunächst eines einheitlichen und allgemeingültigen Risikoverständnisses. Die in der Literatur fehlende Homogenität bezüglich der Begriffsauffassung liegt vor allem darin begründet, dass das Risikophänomen im Rahmen unterschiedlicher wissenschaftlicher Zusammenhänge diskutiert wird. Je nach Forschungsrichtung und jeweiliger konkreter Problemstellung können deshalb auch unterschiedliche terminologische Abgrenzungen differenziert werden.[39] Der Vielzahl der Auffassungen gemeinsam ist allerdings die ursachen- und

---

34 Vgl. Braun, 1984, S. 194 f.
35 Vgl. Mikus, 1998, S. 169.
36 Koch, 1989, Sp. 2.060.
37 Vgl. Mikus, 1998, S. 167, Kremers, 2002, S. 36.
38 Wild, 1969, S. 67.
39 Folgende grundsätzliche Definitionsarten lassen sich im Rahmen der Risikoforschung erkennen: die naturwissenschaftlich-mathematische Risikodefinition, der entscheidungslogische Risikobegriff, die informationstheoretische Risikodefinition, die systemorientierte Risikoauffassung, das soziologische Risikoverständnis, der alltägliche, psychologisch interpretierte Sprachgebrauch von „Risiko". Zu den einzelnen Definitionsklassen mit entsprechenden Beispielen aus der Literatur siehe Peter, 2001, S. 21 f.

wirkungsbezogene Sichtweise auf Risiken.[40] Entsprechend dieser beiden Kategorien sollen im Folgenden die wichtigsten definitorischen Ansatzpunkte vorgestellt werden. Diese Form der Abgrenzung wird auch im weiteren Verlauf der Arbeit aufgegriffen und stellt eine wesentliche konzeptionelle Grundlage bei der Entwicklung eines strategischen Risikomanagements dar.

2.1.2.1 Ursachenbezogener Risikobegriff

Ursachenbezogene Risikodefinitionen verbinden den Risikobegriff meist mit betrieblichen Entscheidungen. Unter einer Entscheidung sei „die Auswahl einer von zwei oder mehreren Handlungsmöglichkeiten (Alternativen), die dem Entscheidungsträger zur Realisierung eines Ziels zur Verfügung stehen" verstanden.[41] Die **Entscheidungstheorie** beschäftigt sich im Wesentlichen mit rationalen Entscheidungen. Rationale Entscheidungen liegen dann vor, wenn der Entscheidungsträger bewusst und unter Einbeziehung bestimmter Regeln auswählt.[42] Aus entscheidungsorientierter Sicht wird der Risikobegriff somit als die Möglichkeit bzw. die Gefahr einer Fehlentscheidung abgegrenzt.[43] Die Gründe einer Fehlentscheidung lassen sich meist auf die dem Entscheidungsträger zur Verfügung stehende Informationsbasis zurückführen.[44] Sichere Entscheidungen können nur dann getroffen werden, wenn die Wirkungen aller potenziellen Handlungsalternativen zweifelsfrei bekannt sind.[45] Notwendige Voraussetzung hierfür ist ein Zustand vollkommener Information. Da dieser, wie in den obigen Ausführungen bereits bemerkt, in der Realität nicht möglich ist, ist Unsicherheit jeder zukunftsgerichteten Entscheidung immanent[46] und gerade bei strategischen Entscheidungen sehr hoch.[47]

Auch wenn Risiken fast immer mit Entscheidungssituationen verknüpft sind, sind sie auch unabhängig von Entscheidungen denkbar.[48] Die Ursachen liegen z. B. in mögli-

---

[40] Vgl. Braun, 1984, S. 26–27, Fürer, 1990, S. 42, Fasse, 1995, S. 45–54, Schulte, 1997, S. 11, Kremers, 2002, S. 35–37, Wolf, 2003, S. 37–39, Schubert, 2004, S. 9–12. Im Gegensatz dazu z. B. Imboden, 1983, S. 40–49, der die von ihm analysierten Risikobegriffe in extensiven entscheidungsbezogenen und informationsorientierten Kategorien gruppiert. Brühwiler, 1994, S. 20–21 beschreibt eine betriebswirtschaftliche, mathematische und ingenieurwissenschaftliche Ausprägung des Risikobegriffs.

[41] Wöhe, 1990, S. 154.

[42] Vgl. Hielscher, 1969, S. 28.

[43] Vgl. Philipp, 1967, S. 37, Neubürger, 1980, S. 37, Koch, 1989, Sp. 2.062, Mensch, 1991, S. 48.

[44] Vgl. Philipp, 1967, S. 13.

[45] Vgl. Hanf, 1986, S. 2.

[46] Vgl. Weber/Weißenberger/Liekweg, 1999, S. 9, Philipp, 1967, S. 77 f.

[47] Vgl. Mikus, 1998, S. 169.

[48] Vgl. Braun, 1984, S. 25. Hierauf zielt auch die Kritik an den entscheidungsorientierten Risikodefinitionen, die nur spezifische Teile des praktisch relevanten unternehmerischen Risikophänomens

chen Veränderungen des Unternehmensumfeldes begründet, die vom Entscheidungsträger nicht beeinflusst werden können.[49] In diesem Zusammenhang sei darauf hingewiesen, dass Entscheidungen vielfach auch unbewusst gefällt (oder nicht gefällt) werden. Hier besteht das Risiko weniger in der Gefahr einer Fehlentscheidung aufgrund von Unsicherheit, sondern im nicht bewussten Treffen einer Entscheidung bzw. der Nichtevaluierung der zugrunde liegenden Rahmenbedingungen.[50]

Neben dem entscheidungstheoretischen Erklärungsversuch lässt sich der ursachenbezogene Risikobegriff auch aus der Sicht des **verhaltenswissenschaftlichen Ansatzes** ableiten. Die Risikoursache hierfür liegt im kognitiven Risikoverhalten des Entscheidungsträgers.[51] Dies äußert sind in der individuellen Risikobereitschaft.[52] Der verhaltenswissenschaftliche Ansatz stellt den Menschen in den Mittelpunkt der Betrachtung und konzentriert sich auf den intrasubjektiven Aspekt des Informationszustands. Die Ursache des Risikos liegt hier in der subjektiv empfundenen Ungewissheit bezüglich der Einschätzung einer Entscheidungssituation durch den Entscheidungsträger als Folge der unvollkommenen Information.[53]

Sowohl beim entscheidungs- als auch beim verhaltenswissenschaftlichen Ansatz leitet sich das unternehmerische Risiko aus der Unvollkommenheit von Informationen ab.[54] Unsicherheit kann also als primäre Risikoursache bezeichnet werden.[55]

Als weitere Risikoursache führt Philipp das menschliche Versagen an.[56] Störpotenziale können in der Beschaffung, Aufbereitung, Speicherung und Übermittlung von Informationen liegen.[57] In diesem Zusammenhang sei nochmals auf Abbildung 2-2 verwiesen: Idealtypisch würde der Entscheider die für die Entscheidung relevanten, objektiv erlangbaren Informationen lückenlos beschaffen und verwerten – er würde also die ihm vorhandenen Möglichkeiten optimal nutzen. Grafisch ausgedrückt bedeutet dies, dass die Informationsnachfrage der Schnittmenge zwischen Informationsangebot und -bedarf entspricht. Philipp bezeichnet den Entscheider in dieser Mo-

abdecken. So ist z. B. die von einigen Autoren angeführte Einschränkung des Risikobegriffs auf Situationen, in denen objektive Eintrittswahrscheinlichkeiten angegeben werden, aus Sicht der betrieblichen Praxis unbrauchbar, da gerade bei strategischen Fragestellungen die Eintrittswahrscheinlichkeit der Risikosituation nur subjektiv bewertet werden kann. Vgl. Neubürger, 1989, S. 28 f., Hermann, 1996, S. 10.

49 Vgl. Wolf, 2003, S. 38.
50 Vgl. Luhmann, 1992, S. 65.
51 Vgl. Wolf, 2003, S. 38.
52 Siehe hierzu auch Kapitel 2.2.4.
53 Vgl. Braun, 1984 S. 33.
54 Vgl. Philipp, 1967, S. 13, Neubürger, 1989, S. 29, Hänggi, 1996, S. 69.
55 Vgl. Mikus, 1998, S. 172, Fasse, 1995, S. 45.
56 Vgl. Philipp, 1967, S. 16.
57 Vgl. Philipp, 1967, S. 17 f.

dellannahme als Idealunternehmer, der in allen Entscheidungssituationen fehlerlos handelt. Das Risiko in Bezug auf die Unvollkommenheit von Informationen würde in diesem Falle nur mehr aus der Tatsache resultieren, dass diese nachgefragten Informationen nur einen Teilbereich des Informationsbedarfes darstellen (in Bezug auf Abbildung 2-2 resultiert dieses Risiko aus einer nicht vorhandenen Deckungsgleichheit zwischen dem Informationsbedarf und dem Informationsangebot – die vom Entscheider objektiv benötigten Informationen werden somit nicht angeboten).[58] In der Realität ist das Versagen der Entscheidenden allerdings nicht auszuschließen. Dieses Versagen äußert sich beispielsweise in Planungs- und Handlungsfehlern, in falsch gesetzten Zielen und Prämissen, in Quantifizierungs- oder Bewertungsfehlern oder im falschen Mitteleinsatz.[59]

2.1.2.2 Wirkungsbezogener Risikobegriff

Die wirkungsbezogene Definition des Risikobegriffes zielt auf die materiellen Konsequenzen des Risikos als Folge betrieblicher (Fehl-)Entscheidungen ab. Risiko kann hierbei als Gefahr eines Verlustes oder eines Schadens verstanden werden.[60] Es beschreibt die Möglichkeit, dass das tatsächliche Ergebnis einer unternehmerischen Aktivität von dem erwarteten Ergebnis abweicht.[61]

Da sich Risiken in Zielverfehlungen äußern, setzt die Bestimmung der mit dem Risiko einhergehenden Verluste die Existenz von Zielen voraus. Die Höhe eines Risikos ist auf diese Weise auch abhängig von dem zugrunde liegenden Ziel.[62] Risiken erwachsen allerdings nicht ausschließlich aus bewusst gesetzten Zielen. Auch unbewusst vorausgesetzte Randbedingungen können Risiken verursachen. Im Rahmen dieser erweiterten Betrachtung sollte der Terminus Ziel um den Begriff der Erwartung ergänzt werden.[63]

Die Interpretation des Risikos als Gefahr der Zielverfehlung impliziert in der Regel eine für den Entscheidungsträger negative Situation. Da die mögliche Abweichung zwischen dem Handlungsergebnis und dem gesetztem Ziel auch positiv sein kann, ist das Risiko nicht nur als Verlustgefahr zu sehen, sondern beinhaltet auch mögliche

---

58 Vgl. Philipp, 1967, S. 17.
59 Vgl. Mikus, 1998, S. 172.
60 Vgl. Bussmann, 1955, S. 12, Philipp, 1967, S. 35.
61 Vgl. Lück, 2000, S. 315.
62 Vgl. Kupsch, 1995, S. 530.
63 Vgl. Fasse, 1995, S. 55.

Gewinnchancen.[64] Die Begriffe Chance und Risiko beschreiben also eine günstige und eine ungünstige Zieldivergenz und stehen sich als konträres Begriffspaar gegenüber.[65] In der betriebswirtschaftlichen Literatur spricht man in diesem Zusammenhang von spekulativen und von reinen Risiken.[66] Reine Risiken, auch versicherbare Risiken genannt, stellen generelle Schäden dar und lassen ausschließlich Zielunterschreitungen zu (z. B. Brandrisiko). Das reine Risiko beinhaltet damit nur Gefahren eines Vermögensverlustes. Im Gegensatz dazu werden Chancen vom spekulativen Risikobegriff erfasst, der entsprechend auch Zielüberschreitungen zulässt (z. B. Risiko einer Investition, Devisenkursrisiken, Absatzrisiken).[67]

Zusammenfassend sei festgehalten, dass sich die ursachen- und wirkungsbezogenen Sichtweisen des Risikos nicht gegenseitig ausschließen. Im Sinne einer Ursachen-WirkungsBeziehung können Risiken als eine Kombination der beiden Definitionen verstanden werden. Durch die Verknüpfung der beiden Begriffsbestimmungen wird Risiko „als die Gefahr einer Fehlentscheidung mit der Folge eines Schadens"[68] abgegrenzt. Demgemäß reflektiert Schulte in seiner Risikodefinition: „Risiko resultiert ursachenbezogen aus der Unsicherheit zukünftiger Ereignisse – wobei dies regelmäßig mit einem unvollständigen Informationsstand einhergeht – und schlägt sich wirkungsbezogen in einer negativen Abweichung von einer festgelegten Zielgröße nieder."[69] In ähnlicher Form definiert auch Imboden Risiko als „Gefahr einer Fehlentscheidung [...], welche durch Unsicherheit bezüglich der Entscheidungsprämissen begründet wird und sich gegebenenfalls als Zieleinbusse des Aktors manifestiert."[70] Die Kombination beider Begriffsauffassungen findet sich schließlich auch in der mathematischen Herleitung des Risikos wieder. Das Risiko beinhaltet hierbei eine Quantitäts- und eine Intensitätsdimension. Während sich die Quantitätsdimension wirkungsbezogen auf Art und Höhe des Verlustes bezieht, spiegelt die Intensitätsdimension ursachenbezogen die Wahrscheinlichkeit des Eintritts eines Verlustes wider.[71] Die Operationalisierung des Risikos setzt somit sowohl Zielabweichung als auch Eintrittswahrscheinlichkeit voraus und erfolgt durch multiplikative Verknüpfung der beiden Größen.[72]

---

[64] Vgl. Werners/Zimmermann, 1989, Sp. 1.743.
[65] Vgl. Farny, 1989, Sp. 1.751.
[66] Vgl. Lück, 2000, S. 315.
[67] Vgl. Farny, 1979, S. 20 und Lück, 2000, S. 315.
[68] Mag, 1981, S. 480.
[69] Schulte, 1997, S. 12.
[70] Imboden, 1983, S. 51.
[71] Vgl. Kremers, 2002, S. 39.
[72] Vgl. Fasse, 1995, S. 59.

2.1.2.3 Einzelrisiken und Gesamtrisiken

Bei der Beschäftigung mit dem Risikobegriff soll die Abgrenzung zwischen Einzelrisiken und dem Gesamtrisiko besonders hervorgehoben werden. Auf Grundlage der Definition des Risikos als Wahrscheinlichkeitsverteilung von Handlungsergebnissen bezeichnet das Einzelrisiko das wahrscheinlichkeitsverteilte Ergebnis einer einzelnen Entscheidung.[73]

Im Gegensatz dazu bildet das Gesamtrisiko das Aggregat aller Einzelrisiken. Das Gesamtrisiko lässt sich allerdings nicht einfach nur als Summe der einzelnen Risiken ermitteln. Da ein Wirtschaftssubjekt bei seinen gesamten wirtschaftlichen Handlungen nicht ausschließlich Glück oder Pech haben wird, treten bei der Zusammenfassung der den Einzelrisiken zugrunde liegenden Wahrscheinlichkeitsverteilungen Kompensationseffekte ein.[74] Umgekehrt sind hierbei auch Potenzierungseffekte denkbar.[75]

Die Risikolage einer Wirtschaftseinheit wird also vom Gesamtrisiko determiniert. Vor dem Hintergrund einer umfassenden Bewertung und Bewältigung unternehmerischer Einzelrisiken ist deshalb die Berücksichtigung von Risikogesamtheiten von besonderer Bedeutung.[76] Die Praxis zeigt aber, dass sich die Gesamtrisikolage eines Unternehmens, nicht zuletzt aus Mangel an Informationen, häufig nur schwer bestimmen lässt.[77]

---

[73] Vgl. Farny, 1979, S. 20.

[74] Vgl. Farny, 2000, S. 30.

[75] Vgl. Hermann, 1996, S. 23.

[76] Die quantitative Bewertung einer Gesamtrisikoposition kann durch eine Aggregation dargestellt werden. Ein mathematisch-statistisches Verfahren zur Risikoaggregation stellt die Monte-Carlo-Simulation dar. Hierbei werden die Wirkungen von Einzelrisiken in einem Unternehmensmodell abgebildet und hinsichtlich ihres Einflusses auf die entsprechenden Posten der Gewinn-und- Verlust-Rechnung (GuV) oder der Bilanz bewertet. Solche Wirkungen von Einzelrisiken auf Positionen in der GuV oder in der Bilanz werden im Modell durch Wahrscheinlichkeitsverteilungen beschrieben. In unabhängigen Simulationsläufen wird so zur Bestimmung des Risikos mithilfe der Monte-Carlo-Simulation ein Geschäftsjahr mehrere Tausend Mal simuliert und die Wirkung einer zufällig eingetretenen Kombination der potenziellen Risiken auf die GuV oder die Bilanz bestimmt. Durch die Nutzung von Simulationsverfahren wird das komplexe Problem der analytischen Summierung von einer Vielzahl unterschiedlicher Risiken durch eine numerische Näherungslösung ersetzt. Dadurch wird eine repräsentative Stichprobe der möglichen Risikoszenarien eines Unternehmens ermittelt und ausgewertet. Vgl. Gleißner/Romeike, 2005, S. 233 f. Die Monte-Carlo-Simulationsmethode ist auch ein wichtiges Element bei der Berechnung des sogenannten „Value at Risk“. Der Value at Risk ist eine Risikomessgröße, die angibt, wie hoch der maximale Verlust einer Investition oder eines Portfolios von Investitionen unter üblichen Marktbedingungen ist, der in einem bestimmten Zeitraum mit einer bestimmten Wahrscheinlichkeit (1-α) (= Konfidenzniveau) eintreten kann. Vgl. Wolf, 2003, S. 204 ff.

[77] Vgl. Farny, 1989, Sp. 1.751.

2.1.3 Klassifizierung von Risiken

Die Etablierung eines unternehmenseinheitlichen Risikoverständnisses sowie die Vereinfachung des Vergleichs und der Konsolidierung von Risiken werden durch die Top-down-Vorgabe einer Risikoklassifizierung unterstützt. Die Klassifikation von Risiken dient dazu, die Mehrdimensionalität der Problemstellung zu strukturieren und Transparenz hinsichtlich der Risikosituation eines Unternehmens zu schaffen. Sie liefert darüber hinaus Ansätze für das Management von Risiken, da sich aus der Klassifizierung heraus Möglichkeiten der Risikosteuerung sowie der Zuordnung von Verantwortlichkeiten ableiten lassen.[78]

In der Literatur existiert eine Reihe von unterschiedlichen Systematisierungsansätzen. Hierbei wird stets betont, dass die Strukturierung ganzheitlich, einfach und zukunftsorientiert zu erfolgen hat und sich an den Bedürfnissen der Praxis orientieren soll.[79] Eine unternehmensweite Risikosystematik schließt dabei eine ergänzende geschäfts- oder funktionsspezifische Strukturierung nicht aus.[80]

In Anlehnung an die o. g. definitorische Abgrenzung des Risikobegriffes bildet die Strukturierung in Ursachen- und Wirkungskategorien die Grundlage der vorliegenden Arbeit.[81] Mit der Ursachen- und Wirkungsklassifikation eines Risikos sind unterschiedliche Sichtweisen auf das Risiko möglich. Während die wirkungsorientierte Sicht die Auswirkungen der Risiken im Hinblick auf die Verfehlung der gesetzten Ziele strukturiert, klassifiziert die ursachenorientierte Perspektive das auslösende Ereignis dieser Risiken.

Die Durchführung einer Klassifizierung stellt zudem einen wichtigen Ordnungsrahmen bei der inhaltlichen Ausgestaltung und Abgrenzung des späteren Risikomanagement-Modells dar. Die Unterscheidung in Ursachen- und Wirkungsklassen unterstützt hierbei Identifikation, Bewertung und Handhabung der Risiken. Gerade bei komplexen Sachverhalten herrschen oft starke Verkettungen einzelner Risiken. Demzufolge ist auch die Kenntnis der Ursachen-Wirkungs-Beziehungen dieser Risiken von großer Bedeutung. „Je nach Ursache, Wirkung oder Ursachen-Wirkungs-

[78] Vgl. Peter, 2001, S. 149, Gutmannsthal-Krizanits, 1994, S. 226.
[79] Einen Überblick über die verschiedenen Klassifikationsmöglichkeiten findet sich in Wolf, 2003, S. 41.
[80] Vgl. Pfennig, 2000, S. 1.310.
[81] Vgl. hierzu auch Gutmannsthal-Krizanits, der unterschiedliche Einteilungskriterien vorstellt. Gutmannsthal-Krizanits, 1994, S. 218 und 223.

Kombination müssen dann entsprechend unterschiedliche risikopolitische Maßnahmen mit unterschiedlicher Zielsetzung durchgeführt werden."[82]

2.1.3.1 Ursachenorientierte Klassifizierung

Da unternehmensbedrohende Risiken sowohl aus dem unternehmerischen Handeln als auch aus den Einflüssen der Unternehmensumwelt erwachsen können, schlagen Reichmann und Form die Unterscheidung in endogene und exogene Risikoursachen vor.[83] Endogene Risiken beziehen sich auf Störungen der innerbetrieblichen Abläufe oder resultieren aus Entscheidungen innerhalb des Unternehmens. Da entscheidungsbedingte Risiken bewusst (oder unbewusst) in Kauf genommen werden, um Chancen zu nutzen, ist eine Vermeidung dieser Risiken durch die Entscheidung gegen die risikobehaftete Alternative grundsätzlich immer möglich.[84] Im Gegensatz dazu werden Risiken, deren Ursachen im Umfeld des Unternehmens zu suchen sind, als exogene Risiken bezeichnet.[85] Letztere haben häufig eine größere Bedeutung, da sie im Allgemeinen schwieriger zu erkennen und vor allem zu beeinflussen sind.

Der gleichen Logik folgt die Klassifikation von Haller, der Aktions- und Bedingungsrisiken unterscheidet.[86] Wie die endogenen Risiken begründen sich Aktionsrisiken in Entscheidungen oder Handlungen, mit denen die angestrebten Unternehmensziele nicht erreicht werden. Bedingungsrisiken sind, analog den exogenen Risiken, als Risiken außerhalb der unternehmerischen Entscheidungsgewalt zu verstehen und auf unerwartete Änderungen der zugrunde gelegten Rahmenbedingungen zurückzuführen.[87] Aktionsrisiken resultieren somit aus einem Fehlverhalten, das in der fehlerhaften Erfüllung von Aufgaben bzw. in der Nichterfüllung von Pflichten begründet ist, oder aus einer Fehlentscheidung, bei der Informationen über den Zusammenhang zwischen einer Handlung und deren Ergebnis fehlen oder unvollkommen sind. Bedingungsrisiken dagegen verursachen Störungen, die auf die Beziehung zwischen Handlung und Ergebnis einwirken und damit zu einer Unbestimmtheit der Handlungsergebnisse führen.[88]

---

[82] Schuy, 1989, S. 69. Schuy weist in diesem Zusammenhang darauf hin, dass, analog einem Krankheitsbild, eine Behandlung von Symptomen wenig Sinn macht, wenn das System aufgrund seiner Ursachenstruktur immer wieder dazu tendieren wird, dieselbe Wirkung zu produzieren.

[83] Vgl. Reichmann/Form, 2000, S. 192. Vgl. hierzu auch Haindl, 1996, S. 28.

[84] Vgl. Weber/Weißenberger/Liekweg, 1999, S. 9.

[85] Vgl. Reichmann/Form, 2000, S. 192.

[86] Vgl. Haller, 1986, S. 19 f. sowie Ziegenbein, 1998, S. 40.

[87] Vgl. Haller, 1986, S. 19 f., Haller, 1978, S. 485, Gutmannsthal-Krizanits, 1994, S. 218 f.

[88] Vgl. u. a. Farny, 1989, S. 18.

Die Unterscheidung in endogene und exogene Risiken bzw. in Aktions- und Bedingungsrisiken stellt einen groben Strukturierungsansatz dar, der in der betrieblichen Praxis weiterer Verfeinerung bedarf.[89] Weitere Strukturierungsmöglichkeiten liefern folgende Ansätze:[90]

- Die Klassifikation von Pfennig unterscheidet strategische, finanzielle und operative Risiken. Unter den strategischen Risiken sind sowohl Veränderungen des externen Unternehmensumfeldes als auch Risiken aus der strategischen Positionierung des Unternehmens subsumiert.[91] Während strategischen Risiken eine langfristige Wirkung sowie ein hoher Stellenwert zur Beurteilung der Gesamtrisikolage zukommt, handelt es sich bei den operativen Risiken um kurzfristig wirksame, das alltägliche Störpotenzial betreffende Unwägbarkeiten. Finanzielle Risiken beinhalten schließlich Währungs-, Zins- und Kreditrisiken.
- Als weitere Form der Systematisierung wäre eine Unterscheidung in Risiken denkbar, welche die Aufbau- und Ablauforganisation sowie die entsprechenden Planungs-, Steuerungs-, Kontroll- und Informationssysteme betreffen.[92]
- Schließlich finden sich in der Literatur auch Klassifizierungsansätze, die eine Zuordnung versicherbarer Risiken auf bestimmte Versicherungszweige geben. In Bezug auf Risiken in der Produktion führt Farny sach- und personenbezogene Risiken sowie Unterbrechungsrisiken und Haftpflichtrisiken auf.[93]

2.1.3.2 Wirkungsorientierte Klassifizierung

Ausgangsbasis einer Formulierung wirkungsorientierter Risikoklassen ist das Zielsystem des Unternehmens. Hierbei sei noch einmal auf den oben definierten wirkungsbezogenen Risikobegriff hingewiesen. Risiko wird demnach als Gefahr einer Nichterreichung der gesetzten Ziele interpretiert. Die Definition von Zielen gilt somit

---

89 Siehe Kapitel 3.3.2.

90 Vgl. in diesem Zusammenhang auch Kupsch, 1995, S. 531 f., der verschiedene Risikoarten in Abhängigkeit der Unterscheidungsmerkmale „Problemtyp", „Art des Verlustes", „Betriebsfunktion", „Handlungsphase", „Handlungsrang", „Unternehmensbezug", und „Versicherbarkeit" vorstellt.

91 Vgl. Pfennig, 2000, S. 1.311. Zusätzlich zu diesen drei allgemeingültigen Risikoklassen können, in Abhängigkeit vom betrachteten Geschäft, besonders wichtige Risiken in eigene Kategorien ausgegliedert werden. Als Beispiel nennt er Personalrisiken, Projektrisiken und versicherbare Risiken.

92 Vgl. Freidank, 2000, S. 352.

93 Bezogen auf den Produktionsbereich, vgl. Farny, 1996, Sp. 1.802–1.805. In ähnlicher Weise unterscheidet auch Kratzheller Risiken auf Ebene des Führungssystems. Vgl. Kratzheller, 1997, S. 16–19.

als Voraussetzung für die Existenz von Risiken (und Chancen).[94] Für die Klassifizierung von Risiken lässt sich ableiten, dass aus dem unternehmerischen Zielsystem ein entsprechendes System von Risiken abgeleitet werden kann.[95]

2.2 Konzept des Risikomanagements

2.2.1 Entwicklung und begriffliche Abgrenzung des Risikomanagements

Die Ursprünge eines Managements betrieblicher Risiken gehen auf US-amerikanische Großunternehmen der Nachkriegszeit zurück. Ausschlaggebend war die veränderte Nachfrage nach Versicherungsleistungen. Aufgrund der zunehmenden Belastung dieser Unternehmen durch Versicherungsprämien hatte der Risikomanager primär die Aufgabe, die Versicherungsdeckung der Unternehmung zu optimieren und möglichst kostengünstig einzukaufen.[96] Um bei gleicher finanzieller Deckung der Risiken die Prämien preiswert anbieten zu können, forderten die Versicherungsgesellschaften von den Unternehmen umgekehrt eine gründlichere Analyse der zu versichernden Risikosituation[97]. Entsprechend wurde dieses Aufgabenfeld unter dem Begriff „Insurance Buying" subsumiert. Im Fokus standen hierbei die reinen, d. h. die prinzipiell versicherbaren Risiken.[98]

In den 50er-Jahren erweiterte sich das Aufgabenspektrum des Risikomanagers. Im Rahmen des sogenannten „Insurance Managements" wurde auch das bewusste Selbsttragen von Risiken zur Handlungsoption des Risikomanagers. Die damalige Praxis ging dabei häufig dazu über, Großrisiken über Versicherungen abzudecken, während Kleinrisiken in der Regel vom Unternehmen selbst getragen wurden.[99]

In den folgenden Jahrzehnten kam es zu einer systematischen Weiterentwicklung der betrieblichen Versicherungspolitik, die unter dem Begriff des „Risk Manage-

---

94 Vgl. Ackermann, 1999, S. 56. Haller weist in diesem Zusammenhang darauf hin, dass in der Praxis häufig das Phänomen vorzufinden ist, dass den Entscheidungsträgern aufgrund unvollständiger und unpräziser Ziele die korrespondierenden Risiken nicht bewusst sind. Haller, 1986, S. 19.

95 Vgl. Bitz, 2000, S. 25 ff. In diesem Zusammenhang sei auf die Ausführungen von Brühwiler hingewiesen. Aufbauend auf den drei Zielkategorien des St. Galler Management-Modells (vgl. Ulrich/Krieg, 1974), das leistungswirtschaftliche, finanzwirtschaftliche und soziale Ziele unterscheidet, leitet dieser eine umfassende Struktur allgemeiner Unternehmensrisiken ab. Vgl. Brühwiler, 2001, S. 51–65.

96 Vgl. Neubürger, 1989, S. 36.

97 Vgl. Hänggi, 1996, S. 95.

98 Vgl. Sauerwein/Thurner, 1998, S. 22.

99 Vgl. Haller, 1986, S. 10, Abbildung 1 sowie Sauerwein/Thurner, 1998, S. 22 f.

ments" auch Verbreitung in Europa fand.[100] Insbesondere im deutschsprachigen Raum wurde dieser Ansatz schließlich zum Konzept des „Risikomanagements" ausgebaut.[101] Im Gegensatz zum Risk Management werden beim Risikomanagement auch spekulative bzw. nicht versicherbare Risiken in das Aufgabenfeld des Risikomanagers einbezogen, mit der Folge, dass auch das risikopolitische Instrumentarium entsprechend angepasst werden muss.[102] Während sich das amerikanische Risk Management vorwiegend mit der Bewältigung von Einzelrisiken befasst, konzentriert sich der Risikomanagement-Ansatz primär auf die Gesamtrisikolage eines Wirtschaftssubjekts.[103] Neben der Ausdehnung seines objektbezogenen Kompetenzbereiches zielt der generelle Ansatz auch auf eine Erweiterung des zeitlichen Bezugsrahmens ab. Dies führt zu einem stärkeren prospektiven Einfluss auf das Risiko und damit zu einer Annäherung an die Charakteristika der Unternehmensführung.[104]

Aufgrund seines ganzheitlichen Ansatzes wurde die Integration des erweiterten Risikomanagements in die Lehre der umfassenden Unternehmensführung zunehmend vollzogen.[105] Fasse definiert Risikomanagement entsprechend auch als „die Gesamtheit der (willensbildenden) Institutionen, Prozesse und Instrumente, welche auf eine zielgerichtete Gestaltung der Risikolage bzw. der Sicherheitslage des Wirtschaftsubjekts ausgerichtet sind und damit der Risikoproblemlösung dienen."[106] Brühwiler spricht in diesem Zusammenhang auch von einem „unternehmensweiten Risikomanagement".[107] Er stellt allerdings fest, dass „Inhalt, Methode, Prozess und Anwendung eines unternehmensweiten Risikomanagements bisher kaum beschrieben und systematisch abgehandelt" worden sind und dass eine „anerkannte und einheitliche Praxis" fehlt.[108]

Im Zusammenhang mit dem weit gefassten Verständnis des Risikomanagements soll auf die Abgrenzung zu neueren Konzepten des Krisenmanagements verwiesen wer-

---

[100] Vgl. Karten, 1993, Sp. 3.825. In der Literatur wurde der Begriff von Mehr und Hedges eingeführt. Vgl. Mehr/Hedges, 1974.
[101] Vgl. Kratzheller, 1997, S. 25. Bei der Abgrenzung der beiden Ansätze spricht man häufig auch von der engen und der weiten (bzw. generellen) Konzeption eines Risikomanagements.
[102] Vgl. Neubürger, 1989, S. 37. Eine zusammenfassende Gegenüberstellung beider Philosophien anhand unterschiedlicher Merkmale findet sich in Wolf, 2003, S. 47.
[103] Vgl. Hermann, 1996, S. 34.
[104] Vgl. Mikus/Götze, 1999, S. 5.
[105] Vgl. Neubürger, 1989, S. 37. 1986 zeigt Haller erste Eckpunkte eines integrierten Konzepts auf. Vgl. Haller, 1986. Als ganzheitliches Denken kann gemäß Ulrich/Probst „[...] ein integriertes, zusammenfügendes Denken, das auf einem breiten Horizont beruht, von größeren Zusammenhängen ausgeht und viele Einflussfaktoren berücksichtigt, das weniger isolierend und zerlegend ist als das übliche Vorgehen" verstanden werden. Ulrich/Probst, 1988, S. 11.
[106] Fasse, 1995, S. 61.
[107] Vgl. Brühwiler, 2001, S. 4.
[108] Brühwiler, 2001, S. 4 f.

den. Beide Ansätze weisen Ähnlichkeiten auf.[109] In der betriebswirtschaftlichen Literatur wird unter dem Krisenbegriff mehrheitlich eine Bedrohung der Unternehmensexistenz verstanden. Krisensituationen zeichnen sich häufig dadurch aus, dass für die Ergreifung von Gegenmaßnahmen nur geringe Reaktionszeiten zur Verfügung stehen.[110] Die Unterscheidung zwischen einer Risiko- und einer Krisensituation kann somit am Kriterium der Überlebensgefährdung festgemacht werden.[111] Während sich das Krisenmanagement auf existenzbedrohende Risiken konzentriert, beschäftigt sich das Risikomanagement auch mit Störungen, die noch keinen überlebenskritischen Charakter besitzen. Nach Haller schließt das Konzept des Risikomanagements das Krisenmanagement mit ein. Der Fokus im Rahmen des Risikomanagements liegt vor allem auf der frühzeitigen Antizipation und Bewältigung von Risiken. Die Strukturen des Unternehmens sollten dabei nach Möglichkeit bereits so gesetzt werden, dass Störabläufe vor vornherein vermieden werden.[112]

Nicht zuletzt aufgrund spektakulärer Unternehmenskrisen und -zusammenbrüche in den 90er-Jahren[113] sah sich der Gesetzgeber veranlasst, die Transparenz in den Unternehmen zu erhöhen und die Kontrollmöglichkeiten durch den Aufsichtsrat zu stärken.[114] Mit dem Inkrafttreten des Gesetzes zur Kontrolle und Transparenz im Unternehmensbereich (KonTraG) am 1. Mai 1998 hat der deutsche Gesetzgeber der Bedeutung und Notwendigkeit eines Risikomanagements zunehmend Nachdruck verliehen.[115] Neben Regelungen zu anderen Problemstellungen enthält das KonTraG erstmals im deutschen Recht auch explizite Vorschriften zum Risikomanagement. Wörtlich spricht der Gesetzgeber dabei von einem sogenannten „Überwachungssystem“, das dazu beitragen soll, die „den Fortbestand der Gesellschaft gefährdenden Entwicklungen“ frühzeitig aufzuzeigen. Die Einrichtung eines solchen Überwachungssystems ist letztlich eine Konkretisierung der allgemeinen Leitungsaufgabe des Vorstands und unterliegt damit auch dessen Sorgfaltspflicht.[116]

---

[109] Vgl. Macharzina, 1995, S. 537.
[110] Vgl. Zelewski, 1995, S. 898.
[111] Vgl. Macharzina, 1995, S. 551.
[112] Vgl. Haller, 1986, S. 17.
[113] Zu nennen sind beispielsweise die Namen Metallgesellschaft, Balsam, Schneider, Flowtex, Baring oder Holzmann.
[114] Vgl. Henselmann, 2001, S. 31.
[115] Vgl. Ernst/Seibert/Stuckert, 1998, S. 53.
[116] Vgl. Wolf/Runzheimer, 2000, S. 19. Durch die neuen Vorschriften kann der Vorstand einer Aktiengesellschaft im Falle einer Unternehmenskrise persönlich haftbar gemacht werden, wenn aufgrund eines unzureichenden Risikomanagements Dritten ein Schaden entsteht. Verschärfend gilt noch die sogenannte „Beweislastumkehr“. Im Schadensfall muss jedes Vorstandsmitglied beweisen, dass es seine gesamten Pflichten ordnungsgemäß erfüllt hat. Kann ein solcher Beweis nicht erbracht werden, wird quasi automatisch eine Pflichtverletzung angenommen. Vgl. Weber/Weißenberger/Liekweg, 1999, S. 9.

Im Rahmen des KonTraG definiert der Gesetzgeber den Risikobegriff in sehr allgemeiner Form als die Möglichkeit ungünstiger künftiger Entwicklungen. Die Betrachtung fokussiert also auf Risiken im engeren Sinne und konzentriert sich auf solche Störungen, die bestandsgefährdend wirken. Auf Vorgaben zur inhaltlichen Ausgestaltung eines Risikomanagement-Systems wird weitestgehend verzichtet. Dies liegt u. a. darin begründet, dass die Entwicklung eines Risikomanagement-Systems von vielen unternehmensspezifischen Faktoren abhängt und dass weder betriebswirtschaftliche Theorie noch Praxis einen allgemeingültigen Ansatz zur Verfügung stellen.[117]

2.2.2 Ziele und Aufgaben des Risikomanagements

Das Hauptziel des erweiterten Ansatzes eines Risikomanagements besteht darin, die Unternehmensführung im Streben nach einer nachhaltigen Existenzsicherung, insbesondere durch die Bewältigung betrieblicher Risiken, zu unterstützen.[118]

Risikobewältigung darf allerdings nicht mit der Beseitigung aller betrieblichen Risiken gleichgesetzt werden. Die vollständige Beseitigung einer Risikosituation, also ein Zustand maximaler Sicherheit, ist weder möglich[119] noch sinnvoll: Das Sicherstellen von Sicherheit verursacht zum einen Kosten sowie den Verzicht auf zukünftige Gewinnerwartungen, zum anderen würde das Streben nach absoluter Sicherheit zu einer Inaktivität des Unternehmens führen. Nach Koch beraubt eine zu weit getriebene Sicherung „das Unternehmen seiner Dynamik und Durchsetzungskraft."[120] Unsicherheit besitzt also durchaus wichtige positive Merkmale.[121]

Risikomanagement in dem so verstandenen Sinne verfolgt vielmehr die Aufgabe, „das allgemeine Unternehmensrisiko, verstanden als Resultat aller betrieblichen Einzelrisiken, soweit zu reduzieren, dass die bestehende Verlustgefahr für die Unter-

[117] Vgl. v. Hohnhorst, 2002, S. 97. Siehe hierzu auch den Entwurf eines Risikomanagement- und Überwachungssystems von Lück, das aus den Formulierungen des § 91 Abs. 2 AktG abgeleitet wurde und somit einer Interpretation der nicht eindeutig beschriebenen Forderungen des KonTraG entspricht. Vgl. Lück, 1998 (Risikomanagementsystem), S. 1.925.

[118] Vgl. Braun, 1984, S. 45.

[119] Siehe hierzu auch Kapitel 2.1.1.

[120] Koch, 1976, S. 331 f.

[121] Vgl. hierzu auch Haller, 1986, S. 22 f., der die positiven Effekte einer Unsicherheitssituation, z. B. den Reiz von neuen Erfahrungen, beschreibt. Nach Haller sollte das Ziel also nicht sein, eine maximale, sondern eine optimale Sicherheit zu gewährleisten. Das Unternehmen muss dementsprechend ein Fließgleichgewicht aus Stabilisierung und Entwicklung anstreben. Koch spricht in diesem Zusammenhang auch von einer Gratwanderung: Auf der einen Seite besteht für das Unternehmen die Gefahr mangelnder Konkurrenzfähigkeit aufgrund fehlender Risikofreude, auf der anderen Seite drohen unvorhergesehene Krisen aufgrund zu großer Risikofreude. Vgl. Koch, 1976, S. 332.

nehmung keine Existenzgefährdung mehr darstellt."[122] Daraus leitet sich folglich die Aufgabe ab, die Einzelrisiken in der Weise optimal zu kombinieren, dass ein angestrebtes Sicherheitsniveau verwirklicht wird.

Die Operationalisierung dieses Idealziels, das gewissermaßen der Sicherstellung eines optimalen Gesamtrisikoniveaus der Unternehmung gleichkommt, kann nach Braun[123] auf Grundlage der folgenden Unterscheidung von Teilzielen erfolgen:

- Kalkulierbarmachung von Risiken
- Innerbetrieblicher Risikoausgleich

Während das erste Teilziel eine Verringerung des Informationsdefizits anstrebt, versucht das zweite Teilziel der Forderung nach einem optimalen Risikoportfolio möglichst nahe zu kommen. Da bei der Bewältigung von Risiken Zeit als kritische Größe betrachtet werden kann, kommt es vor allem darauf an, die Maßnahmen, welche die Grundlage für eine Nutzung sich realisierender Chancen bzw. eine Vermeidung oder Verringerung sich konkretisierender Risiken bilden, frühzeitig einzuleiten. Die Verbesserung des Informationsgrades durch frühzeitige und möglichst vollständige Beschreibung und Bewertung der zukünftigen Chancen und Risiken stellt somit die wesentliche Voraussetzung für die Erfüllung des zweiten Teilziels, also der wirksamen Bewältigung von Risiken, dar.

Die Umsetzbarkeit des zweiten Teilziels erfordert nach Braun eine weitere Ableitung von Unterzielen. Er unterscheidet hierbei

- die Vermeidung der Existenzgefährdung durch Einzelrisiken sowie
- die partielle Risikostreuung im Sinne der Portfolioselektion.

Bei dem ersten Unterziel handelt es sich um eine einzelfallbezogene Risikobewältigung, bei der Chancen und Risiken einer jeden Entscheidung gegenübergestellt werden. Besondere Aufmerksamkeit wird vor allem existenzgefährdenden Großrisiken gewidmet, bei denen der Erwartungswert des Verlustes die Ertragskraft des Unternehmens übersteigt. Das Ziel der „partiellen Risikostreuung im Sinne der Portfolioselektion" verfolgt dagegen das Ziel, einen Ausgleich der voneinander unab-

---

[122] Braun, 1984, S. 45. Ködel betont, dass die Aufgabe des Risikomanagements nicht mehr allein in der Bewältigung von Risiken liegt, sondern in einer Beeinflussung der Gesamtrisikolage. Dagegen wird allerdings kritisch vermerkt, dass diese Aufgabe in der betrieblichen Praxis nicht geleistet werden kann damit und nur idealtheoretischen Charakter besitzt. Vgl. Ködel, 1997, S. 22. Zur Kritik an den theoretischen Ansätzen zum Risikomanagement vgl. Regner, 1979, S. 57 ff. und S. 66. Vgl. außerdem Kapitel 2.1.2.3.

[123] Vgl. Braun, 1984, S. 46 ff.

hängigen Risiken zu schaffen und das Gesamtrisiko so zu steuern, dass die Summe der Erwartungswerte der drohenden Verluste keine Existenzgefährdung darstellt.[124]

Neben dem primären Ziel der Risikobewältigung besteht ein weiteres wichtiges Ziel darin, ein erhöhtes generelles Risikobewusstsein bei allen Organisationsmitgliedern zu schaffen, um auf diesem Wege das gesamte betriebliche Geschehen risikoorientiert zu sehen. Sämtliche Entscheidungsträger sollen dahingehend sensibilisiert werden, dass alle betrieblichen Entscheidungen und Aktivitäten unter Unsicherheit erfolgen und deshalb die durchgängige Berücksichtigung von Risikoaspekten und Sicherheitsüberlegungen erfordern.[125]

Aufbauend auf diesem Zielverständnis sollen nachfolgend die Einzelaufgaben des Risikomanagements näher beschrieben werden. Diese werden üblicherweise am sogenannten „Risikomanagement-Prozess" festgemacht. Hierbei handelt es sich um einen kontinuierlichen Prozess der Entscheidungsvorbereitung und -durchsetzung sowie damit einhergehender Informations- und Kontrollaktivitäten. Als grundlegende Prozessstufen werden unterschieden:[126]

- Risikoidentifikation,
- Risikoanalyse und -bewertung,
- Risikobewältigung.

Der Risikomanagement-Prozess wird dahingehend präzisiert, dass dieser nicht statischer, sondern dynamischer kreisförmiger Natur ist und im Sinne eines Regelkreises die ständige Situationsreflexion als wesentliches Charakteristikum beinhaltet.[127]

Im nachfolgenden Kapitel sollen die einzelnen Phasen des Risikomanagement-Prozesses vorgestellt werden. Die inhaltliche Ausgestaltung dieser orientiert sich, ähnlich wie die bereits beschriebene Risikodefinition und -klassifikation, am Ursachen- und Wirkungsbezug des Risikos. Die Vorstellung des Risikomanagement-Prozesses soll zunächst einen groben Überblick vermitteln.

---

[124] Vgl. hierzu die bereits erwähnten Potenzierungs- und Kompensationseffekte von Risiken in Kapitel 2.1.2.3.

[125] Braun, 1984, S. 58 f.

[126] Eine Übersicht verschiedener Konzepte in der Literatur, die sich letztlich auf die drei Stufen Risikoidentifikation, Risikobewertung und -analyse und Risikobewältigung zurückführen lassen, findet sich in Hänggi, 1996, S. 105.

[127] Vgl. Pfohl, 2002, S. 10.

2.2.3 Risikomanagement-Prozess

2.2.3.1 Risikoidentifikation

Grundlage eines erfolgreichen Risikomanagements ist die effektive Risikoidentifikation.[128] Ziel dieser Phase ist die bewusste Suche sämtlicher Störfaktoren, welche die Erreichung der Unternehmensziele bedrohen.[129] Risikobehaftete Entwicklungen müssen dabei frühzeitig erfasst werden, damit rechtzeitig gegengesteuert werden kann.[130] Neben den sich konkretisierenden Risiken[131] sind auch potenzielle Risiken zu berücksichtigen.[132] Methodisch kann die Risikoidentifikation aus zwei verschiedenen Richtungen erfolgen. Man unterscheidet progressive und retrograde Verfahren.[133]

Progressive Verfahren spiegeln den Ursachenbezug von Risiken wider. Auf Grundlage nicht weiter zurückverfolgbarerer und nicht weiter differenzierbarer Risikoursachen wird durch Zerlegung des Störprozesses das Wirksamwerden des Risikos bis hin zu den Zielen untersucht. Auf Basis dieser Risikoursachen werden die potenziellen Auswirkungen auf das Zielsystem des Unternehmens abgeschätzt. Daraufhin sind die möglichen Störungszustände der einzelnen Komponenten zu definieren, möglichst vollständig zu erfassen und offenzulegen. Ausgehend von den Zielen wird beim retrograden Verfahren versucht, den Risikoentstehungsprozess systematisch und stufenweise zurückzuverfolgen, um dadurch mögliche Risikoquellen aufzudecken. Es werden also zunächst die Risiken identifiziert, die direkt auf die Ziele wirken. Somit werden die „risikosensitiven" Unternehmensbereiche und deren Prozesse aufgedeckt und danach einer Faktorenanalyse unterzogen. Beginnend mit der Analyse zentraler Unternehmensprozesse werden Schritt für Schritt risikogefährdete Einzelaktivitäten und Abläufe innerhalb der Kernprozesse bestimmt und kritische Abläufe nach internen und externen potenziellen Risikoereignissen und -ursachen durchsucht.[134]

Unabhängig vom jeweils verfolgten Ansatz sollte versucht werden, sowohl neu entstehende Risiken als auch bereits existierende, aber bislang noch nicht wahrgenommene Risiken sowie Veränderungen bereits identifizierter Risiken zu erfassen.[135]

---

[128] Vgl. Kless, 1998, S. 95.
[129] Vgl. Haller, 1986, S. 28 ff.
[130] Vgl. Bär, 2000, S. 447.
[131] Hierbei bietet sich eine Unterscheidung in akute und latente Risiken an. In Anlehnung an die Typologie von Unternehmenskrisen vgl. Holst, 1998, S. 6.
[132] Vgl. Fasse, 1995, S. 79.
[133] Vgl. Schuy, 1989, S. 115 ff.
[134] Vgl. Schuy, 1989, S. 116, Imboden, 1983, S. 102 ff., Wolf/Runzheimer, 2000, S. 34 f.
[135] Vgl. Mugler, 1979, S. 88 f., Hermann, 1996, S. 42.

Beide Verfahren sind hierbei durch die Bereitstellung geeigneter Instrumente und Methoden zu unterstützen.[136] Im Rahmen der Risikoidentifikation sind diese allerdings häufig eher intuitiv als mathematisch.[137] Meist ist die Kenntnis der Existenz möglicher Gefahren durch die persönlichen Erfahrungen der mit den Risikomanagement-Aufgaben betrauten Mitarbeiter begründet.[138] Schnorrenberg/Goebels weisen allerdings darauf hin, dass eine zu formalisierte Risikoidentifikation die Gefahr einer „Kreativitätseinschränkung" birgt.[139] Ein wichtiger Erfolgsfaktor ist in diesem Zusammenhang auch ein ausgeprägtes Risikobewusstsein, das auf allen Ebenen eines Unternehmens vorhanden sein sollte. Allein die systematische Diskussion von Schwachstellen bewirkt, dass sich das Unternehmen mit den relevanten Störungen auseinandersetzt und entsprechende Gegenmaßnahmen einleitet.[140]

2.2.3.2 Risikoanalyse und -bewertung

Die zweite Phase des Risikomanagement-Prozesses umfasst die Analyse und Bewertung der identifizierten Risiken.

Braun versteht unter der Risikoanalyse „die eingehende Untersuchung einmal erkannter Risiken bezüglich der vielfältigen Ursachen und Wirkungen".[141] Die Untersuchung der Strukturen und Interdependenzen von Gefahrenpotenzialen sowie die Abschätzung ihrer Relevanz für das Gesamtsystem liefern damit die Voraussetzungen für die im Anschluss folgende Risikobewertung.[142]

Mikus fasst unter diesem Teilprozess die Analyse und/oder Prognose der Risikoursachen, der Ursachen-Wirkungs-Beziehungen, der potenziellen Wirkungen auf die Zielerreichung sowie der Eintrittswahrscheinlichkeiten risikoauslösender Ereignisse zusammen.[143] Gerade die Vielfalt und Komplexität der Beziehungen zwischen den einzelnen Risikofaktoren untereinander sowie deren Verhältnis zu den betrieblichen Zielgrößen stellen in der betrieblichen Praxis häufig große Schwierigkeiten dar. So

[136] Vgl. Braun, 1984, S. 65. Messgrößen zur Identifikation konkreter oder potenzieller Risiken können, analog zu den beiden Verfahren der Risikoidentifikation, an den Risikoursachen oder an der Risikowirkung ansetzen. Erstere stellen Frühwarnindikatoren dar, die auf Veränderungen möglicher Risikoquellen reagieren. Letztere stellen häufig Finanzkennzahlen, welche die bereits eingetretenen Schäden messen und bei denen die Reaktionszeit entsprechend gering ist.
[137] Vgl. Schnorrenberg/Goebels, 1997, S. 25.
[138] Vgl. Fürer, 1990, S. 66.
[139] Vgl. Schnorrenberg/Goebels, 1997, S. 25.
[140] Vgl. Hänggi, 1996, S. 103.
[141] Braun, 1984, S. 229.
[142] Vgl. Fasse, 1995, S. 80 f. und Braun, 1984, S. 229.
[143] Vgl. Mikus, 1998, S. 203–210.

können Risikofaktoren, z. B. singulär oder kombiniert für ein Ziel oder für mehrere Ziele, zur Gefahr werden.[144]

Aufbauend auf der Risikoanalyse erfolgt die quantitative Bewertung der Risikoursachen und Risikowirkungen. Kremers unterscheidet hier zwei Anlässe:[145] Zum einen die Erfassung des Ist-Risikopotenzials, bei der das Ausmaß der bereits vorhandenen Risiken ermittelt wird. Zum anderen die Risikobewertung im Zusammenhang mit dem Treffen von Entscheidungen, bei der die Veränderung des Ist-Risikopotenzials durch das Treffen der Entscheidung festgestellt wird.

Wie bereits erwähnt, basiert die Risikobewertung ebenfalls auf der ursachen- und wirkungsbezogenen Differenzierung des Risikos. Die Risikoursachen werden auf Basis von Eintrittswahrscheinlichkeiten berechnet, während die Bewertung der Risikowirkung durch die Quantifizierung möglicher Zielabweichungen erfolgt.[146] Der erwartete Schadensumfang berechnet sich schließlich durch Multiplikation der Eintrittswahrscheinlichkeit mit der möglichen Schadenshöhe.[147] Da sich objektive Wahrscheinlichkeiten zumeist nicht ermitteln lassen, erfolgt die Risikobewertung in der Regel auf Basis subjektiver Wahrscheinlichkeiten.[148] Eine vereinfachte Einschätzung der Eintrittswahrscheinlichkeiten und Wirkungen ist mithilfe abgestufter, verbaler Beurteilungen möglich, die zu Bedeutungskategorien (gering/mittel/hoch) zusammengeführt werden (siehe Abbildung 2-3). Insbesondere bei strategischen Problemstellungen erweist sich eine solche nominale Bewertung von Eintrittswahrscheinlichkeiten (Ordinate) und Risikowirkungen (Abszisse) häufig als sinnvoll.[149]

Instrumente zur Durchführung der Risikoanalyse und -bewertung stützen sich primär auf statistische Verfahren. Fasse führt beispielhaft folgende quantitativ orientierte Techniken auf: Regressions-, Korrelations-, Varianz-, Faktor-, Cluster-, oder Diskriminanzanalysen. Die Projektion zukünftiger Entwicklungen kann allerdings

---

[144] Vgl. Fasse, 1995, S. 81.
[145] Vgl. Kremers, 2002, S. 82.
[146] Vgl. Fasse, 1995, S. 80 f. Brühwiler weist in diesem Zusammenhang darauf hin, dass Abweichungen bei leistungs- und finanzwirtschaftlichen Zielen direkt oder indirekt in Geldwerten gemessen werden können, während bei sozialen Zieldimensionen (z. B. Arbeitssicherheit und Arbeitszufriedenheit der Mitarbeiter) Bewertungsmaßstäbe zu definieren sind, die der qualitativen Dimension dieser Ziele Rechnung tragen. Vgl. Brühwiler, 2001, S. 50 f.
[147] Vgl. Teichmann/Erkens, 2000, S. 12.
[148] Vgl. Fasse, 1995, S. 81.
[149] Vgl. Mikus, 1998, S. 213 f.

auch durch die Verwendung qualitativ orientierter Verfahren, wie beispielsweise die Szenario-Technik oder die Delphi-Methode, unterstützt werden.[150]

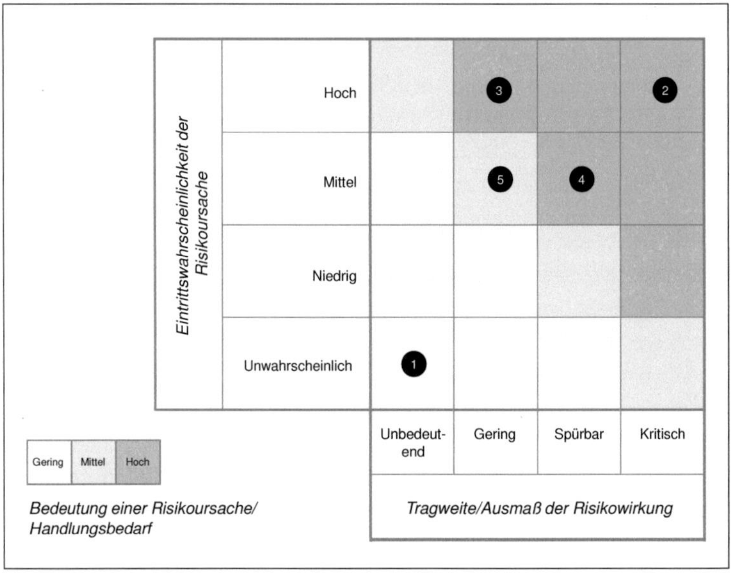

Abb. 2-3: Bewertung einzelner Risikoursachen[151]

In diesem Stadium des Risikomanagement-Prozesses wird durch die Risikobewertung die unternehmerische Risikosituation im Ist-Zustand beschrieben. Sie ermöglicht die Priorisierung von Risiken und stellt gleichzeitig die Voraussetzung der im nächsten Schritt durchzuführenden Auswahl risikopolitischer Handlungsalternativen dar. Die Analyse und Bewertung der Risikosituation ist allerdings auch nach der Identifikation alternativer Maßnahmen im Sinne einer Rückkopplung zu wiederholen. Grund hierfür ist, dass diese risikopolitischen Strategien die Ursachen und Wirkungen der Risiken maßgeblich beeinflussen und damit neue „Risikolandschaften" des Unternehmens zeichnen. Die „Risikobewertung nach Maßnahmen" schafft somit auch die Grundlage der Auswahl eines optimalen Mix risikopolitischer Maßnahmen und Strategien.

---

[150] Vgl. Fasse, 1995, S. 82 f. Eine ausführliche Diskussion alternativer Methoden findet sich z. B. in Schnorrenberg/Goebels, 1997, S. 23.

[151] Quelle: in leicht modifizierter Form übernommen von Mikus, 1998, S. 213.

2.2.3.3 Risikobewältigung

Nach der Risikobewertung beginnt mit dem Teilprozess der Risikobewältigung die eigentliche Gestaltungsaufgabe des Risikomanagements. Innerhalb dieses Teilprozesses lassen sich verschiedene Phasen unterscheiden, die formal mit dem allgemeinen Problemlösungsprozess vergleichbar sind. Konkret geht es um die Identifizierung, Auswahl und Initiierung geeigneter risikopolitischer Strategien und Programme zur Beeinflussung des Risikos.[152]

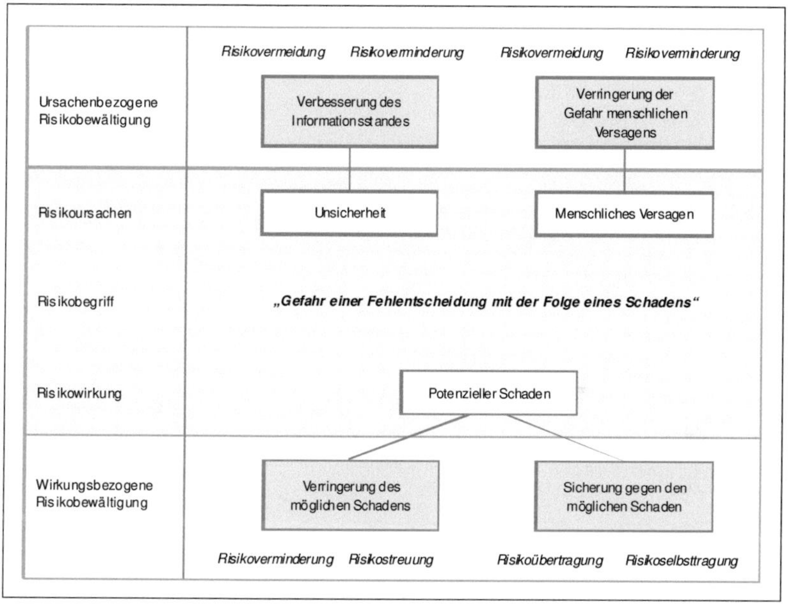

Abb. 2-4: Risikopolitische Maßnahmen[153]

---

[152] Vgl. Ködel, 1997, S. 35. Der Kreislauf schließt mit der Kontrolle der eingesetzten Maßnahmen. Siehe hierzu Kapitel 2.2.3.5.

[153] Quelle: in leicht modifizierter Form übernommen von Philipp, 1967, S. 71. Die Trennung in ursachen- und wirkungsbezogene Maßnahmen wird von anderen Autoren kritisch betrachtet. Braun beispielsweise lehnt eine solche Trennung aufgrund von Abgrenzungsproblemen ab. Da Risiken bzw. Risikoursachen häufig Glieder komplexer Ursachen-Wirkungs-Ketten sind, sieht Braun die Eingruppierung einer risikopolitischen Maßnahme in eine Ursachen- oder Wirkungskategorie nur im Hinblick auf ein spezielles Risiko möglich. Am Beispiel des Risikos eines Maschinenschadens einer Produktionsanlage macht er seine Begründung deutlich: Bezogen auf das Risiko eines Maschinenausfalls stellt die Anschaffung einer Ersatzanlage eine wirkungsbezogene Maßnahme dar, bezogen auf die Konsequenz dieses Ausfalls, das Risiko einer Betriebsunterbrechung, wäre diese Maßnahme als ursachenbezogen einzustufen. Dennoch weist er darauf hin, dass diese Systematisierungsansätze gerade in der betrieblichen Praxis nützlich sind, um den mit Risikomanagement-

Die folgenden Ausführungen konzentrieren sich auf die Vorstellung der risikobewältigenden Maßnahmen. Bei der Grobunterteilung des risikopolitischen Instrumentariums werden in der Literatur in der Regel zwei Klassen unterschieden. Diese basieren auf den Ursachen- und Wirkungsbezug des Risikobegriffs und zielen auf die Beseitigung der Risikoursachen sowie auf die Begrenzung der Risikowirkung ab.[154] Mit der ursachenbezogenen Risikopolitik wird versucht, die Eintrittswahrscheinlichkeit risikoauslösender Faktoren zu reduzieren bzw. zu eliminieren. Sie greift entsprechend in den Entstehungs- oder Entwicklungsprozess des Risikos ein. Bei wirkungsbezogenen Maßnahmen bleibt die Wahrscheinlichkeit für den Eintritt einer Risikoursache unverändert. Diese setzen an der Verminderung der ungünstigen Konsequenzen einer Verfehlung der Unternehmensziele an.[155]

Das risikopolitische Instrumentarium unterscheidet folgende Bewältigungsstrategien: Risikovermeidung, Risikoverminderung, Risikostreuung, Risikoübertragung und Risikoselbsttragung.[156] Abbildung 2-4 basiert auf den Aufzeichnungen von Philipp und soll als Abrundung der beiden Kapitel 2.1 und 2.2 die Herleitung der risikopolitischen Maßnahmen verdeutlichen.

1) *Risikovermeidung:* Dieses ursachenbezogene Instrument stellt die absoluteste Form der Risikobewältigung dar und beinhaltet das gänzliche Unterlassen einer risikobehafteten Aktivität. Der Eintritt eines Risikos wird verhindert, indem die Eintrittswahrscheinlichkeit auf null reduziert wird. Damit verzichtet das Unternehmen natürlich gleichzeitig auf die mit dem Risiko einhergehenden Chancen.

2) *Risikoverminderung:* Ursachenbezogen werden die Eintrittswahrscheinlichkeiten risikobehafteter Ereignisse auf ein tragbares Niveau reduziert, jedoch nicht völlig eliminiert. Die Risikominderung kann allerdings auch wirkungsbezogen durch Verringerung des Schadensausmaßes ansetzen. Die ursachenbezogene Verminderung des Risikos zielt in erster Linie auf die Verbesserung des Informationsstandes des Entscheidungsträgers sowie auf die präventive Beherrschung potenzieller Gefahren ab. Beispiele wirkungsgerichteter Maßnahmen sind Sprinkleranlagen zur Verhinderung der Feuerausbreitung oder reaktive Maßnahmen nach Eintritt des Risikos.

---

aufgaben betrauten Mitarbeiter eine gewisse Orientierungshilfe zu geben. Vgl. Braun, 1984, S. 257 f.

[154] Vgl. Philipp, 1967, S. 69 f. Alternativ zu dieser Systematik existiert in der Literatur auch die Unterscheidung in aktive und passive Maßnahmen der Risikobewältigung. Eine Gegenüberstellung der beiden Klassifizierungsansätze findet sich in Kremers, 2002, S. 85.

[155] Vgl. Fasse, 1995, S. 86, Farny, 1979, S. 23.

[156] Vgl. Philipp, 1967, S. 71 ff., Fasse, 1995, S. 86 ff., Kremers, 2002, S. 84 ff., Schuy, 1989, S. 132 ff., Hermann, 1996, S. 44 ff., Hänggi, 1996, S. 103 f.

3) *Risikostreuung:* Hierbei werden die risikorelevanten unternehmerischen Aktivitäten in Teilaktivitäten aufgespalten, deren Einzelrisiken nicht positiv miteinander korrelieren. Innerhalb dieses Risikokollektivs wird schließlich versucht, einen Risikoausgleich zu schaffen. Die Risikodiversifikation kann regional (räumliche Trennung von Produktionsstätten), temporal (zeitliche Verlagerung betrieblicher Aktivitäten), sachlich (Erweiterung des Produktspektrums) oder personell (Absatzverteilung auf mehrere Kunden) erfolgen.

4) *Risikoübertragung:* Die Risikoübertragung als wirkungsbezogene Maßnahme verfolgt das Ziel, mögliche Schäden bereits vor ihrem Eintritt auf andere Wirtschaftssubjekte zu übertragen. Dies geschieht in erster Linie durch Einbindung von Versicherungen (Insurance-Risk-Transfer). Alternativ lässt sich das Risiko auch mit einem oder mehreren Vertragspartnern teilen bzw. auf diese abwälzen (Non-Insurance-Risk-Transfer). Als Beispiel sei in diesem Zusammenhang die Übertragung des Wechselkursrisikos auf ausländische Lieferanten genannt.

5) *Risikoselbsttragung:* Diese Form der Risikobewältigung wird häufig bei kleineren Risiken bzw. bei Restrisiken eingesetzt. Hierzu wird das bewusste Akzeptieren eines Risikos gezählt, ohne auf den Entstehungs- oder Wirkungsprozess Einfluss zu nehmen. Die Risikoselbsttragung geschieht vornehmlich durch Bildung von finanz- oder leistungswirtschaftlichen Reserven. Auch ein passives Verhalten ohne spezifische Einleitung von Maßnahmen ist allerdings denkbar.

Grundsätzlich ist es möglich, dass ein bestimmtes Risiko durch verschiedene Einzelmaßnahmen gehandhabt wird, und umgekehrt, dass eine Maßnahme für die Bewältigung mehrerer Risiken in Frage kommt. Da selten eine Maßnahme allein zum Erfolg führt, ist die Anwendung einer effektiven und effizienten Maßnahmen-Kombination zu empfehlen. Die Auswahl einer solchen gestaltet sich allerdings häufig schwierig.[157] Die Risikoliteratur bietet unterschiedliche Verhaltensempfehlungen und -regeln, die eine konkrete Suche nach den optimalen risikopolitischen Instrumenten unterstützen.[158] Im Rahmen der sukzessiven Risikobewältigung schlägt Haller vor, dass das auf jeder Stufe verbleibende Restrisiko von der nachfolgenden Stufe bewältigt werden soll. Sind in der letzten Bewältigungsstufe noch Restrisiken vorhanden, müssen diese entsprechend selbst getragen werden.[159]

[157] Vgl. Hoffmann, 1985, S. 139, Fasse, 1995, S. 91 f.
[158] Vgl. Schuy, 1989, S. 132 ff.
[159] Vgl. Haller, 1975, S. 42 ff.

2.2.3.4 Risikoreporting

Die Aufgabe der Reportingfunktion besteht darin, die in den einzelnen organisatorischen Einheiten bzw. Projekten identifizierten, bewerteten und mit Maßnahmen belegten Risiken zu kommunizieren. Daneben dient die Berichterstattung auch der Dokumentation.[160] Im Sinne einer Nachbereitung eines konkreten Risikofalles zur nachhaltigen Sicherung der gewonnenen Erfahrungen sollen die aus den einzelnen Risikomanagement-Phasen erzielten Aussagen und Erkenntnisse in Form von Dokumenten strukturiert aufbereitet und archiviert werden.[161] Die Berichterstattungsfunktion ist darüber hinaus Grundlage der Integration von Risikomanagementaktivitäten einzelner Teilbereiche in übergeordnete und konsolidierende Risikomanagement-Systeme.[162] Die Geschäftsführung ist dabei regelmäßig über die Risikostruktur des Unternehmens zu informieren.

Das interne Risikoreporting ist auch die Basis der externen Risikoberichterstattung, die Außenstehenden einen Einblick in die Risikolage des Unternehmens gewährt. In diesem Zusammenhang sei auf die Risikoberichterstattungspflicht hingewiesen. Nach § 289 Abs. 1 HGB besteht die Verpflichtung, bei der Darstellung von Geschäftsverlauf und Lage der Gesellschaft bzw. des Konzerns auch auf Risiken der künftigen Entwicklung einzugehen („Risikobericht").[163] Investoren wird es somit beispielsweise ermöglicht, die mit dem Aktienkauf verbundenen Risiken besser einzuschätzen. Allerdings sollten für das Unternehmen nicht nur die rechtlichen Verpflichtungen Treiber einer externen Risikokommunikation sein. Gelangen unternehmerische Risiken über Dritte oder andere Informationsquellen ans Licht der Öffentlichkeit, wirkt sich dies meist nachteilig aus. Die Kommunikation im Umgang mit Risiken sollte deshalb aktiv erfolgen, was die Glaubwürdigkeit des Unternehmens erhöht und zu einer häufig unterschätzten Vertrauensbildung führt.[164]

[160] Auch im Sinne des späteren Nachweises, dass der Vorstand seine Risikomanagement-Pflichten ordnungsgemäß erfüllt hat. Brühwiler betont die Notwendigkeit der Dokumentation von Risikoanalyse und Risikomanagement-Programmen und führt eine ausführliche Liste mit Anforderungen eines Risikomanagement-Berichts auf. Hier werden beispielsweise Freigabemechanismen, Gültigkeitsdauer eines Risikos sowie Überwachungsintervalle von Maßnahmen vorgeschlagen. Vgl. Brühwiler, 2001, S. 80 f.

[161] Vgl. Schnorrenberg/Goebels, 1997, S. 21, Kremers, 2002, S. 93.

[162] Vgl. Weber/Weißenberger/Liekweg, 1999, S. 28 ff. Die Autoren empfehlen zudem die Balanced Scorecard als geeignetes Instrument eines Risikoberichtswesens.

[163] Vgl. Engels/Cluse, 2007, S. 26. Die Risikoberichterstattung ist dabei auch Pflichtbestandteil der Jahresabschlussprüfung.

[164] Vgl. Gietl/Lobinger, 2006, S. 75.

2.2.3.5 Risikoüberwachung

Komplexität und Dynamik der Umwelt sowie unternehmerisches Handeln führen zu einer fortlaufenden Veränderung der Risikostruktur des Unternehmens.[165] Aufgrund dieser Veränderungen im Zeitverlauf kann nicht davon ausgegangen werden, dass die ursprünglich ausgewählten risikopolitischen Maßnahmen auch unter veränderten Prämissen noch die beste Lösung darstellen. Entsprechend umfassen die Aufgaben der Risikoüberwachung „die kontinuierliche Verfolgung der Risikoentwicklung sowie die Überprüfung der Zielkonformität der angewandten Maßnahmen und Instrumente".[166]

Des Weiteren ist im Rahmen der Risikoüberwachung zu überprüfen, ob neue Risiken entstanden sind oder ob aufgrund von veränderten Wechselwirkungen von Einzelrisiken eine Anpassung des Maßnahmen-Mix notwendig ist. An dieser Stelle weist die Risikoüberwachung eine enge Verbindung zur Risikoidentifikation auf.[167]

Schließlich muss verhindert werden, dass es zwischen der angestrebten und der tatsächlich realisierten Risikoposition zu Abweichungen kommt.[168] Werden solche Abweichungen festgestellt, sind unter Umständen die Schritte der Risikobewertung und -bewältigung auf Grundlage einer geänderten Risikoeinschätzung zu wiederholen. Die Risikoüberwachung unterstreicht somit den Kreislaufcharakter des Risikomanagement-Prozesses.[169] Aufgrund von Feedback- und Feed-forward-Schleifen ist der Ablauf nicht als sequenzieller, sondern als iterativer Prozess konzipiert.[170]

2.2.4 Die optimale Risikoposition

Bei der Auswahl wie auch bei der spezifischen Ausgestaltung von risikopolitischen Maßnahmen dürfen natürlich auch Wirtschaftlichkeitsaspekte nicht außer Acht gelassen werden. Die Verminderung, Streuung oder Übertragung von Risiken führen zwar einerseits zu einem Rückgang von Kosten, die aus einem eventuellen Risikoeintritt resultieren. Andererseits ist die Anwendung von Risikobewältigungsmaßnahmen fast immer auch mit Kosten verbunden.

---

165 Vgl. Weber/Weißenberger/Liekweg, 1999, S. 16.
166 Erben, 2000, S. 25.
167 Vgl. Gutmannsthal-Krizanits, 1994, S. 432 ff.
168 In Bezug auf die unterschiedlichen Formen der Kontrolle im Rahmen des Risikomanagements siehe Kapitel 2.3.2.1 sowie Kapitel 4.2.2.1.
169 Vgl. Erben, 2000, S. 26.
170 Vgl. Fasse, 1995, S. 84.

Das Management von Risiken hat sich deshalb stets darum zu bemühen, die im „Hinblick auf die Situation leistungsfähigsten Maßnahmen unter Berücksichtigung der jeweiligen Kostenwirkungen“ auszuwählen.[171] Es sollte dabei eine Kombination von risikopolitischen Maßnahmen eingesetzt werden, die den Zielerreichungsgrad im Sinne eines tragbaren Gesamtrisikoniveaus unter geringstmöglichem Aufwand respektive entgangenem Gewinn maximiert. Dies ist bei jenem Maßnahmen-Mix der Fall, bei dem – zumindest theoretisch – die Grenzkosten gleich dem Grenznutzen der Sicherheit sind.[172] Abbildung 2-5 verdeutlicht diesen Zusammenhang.

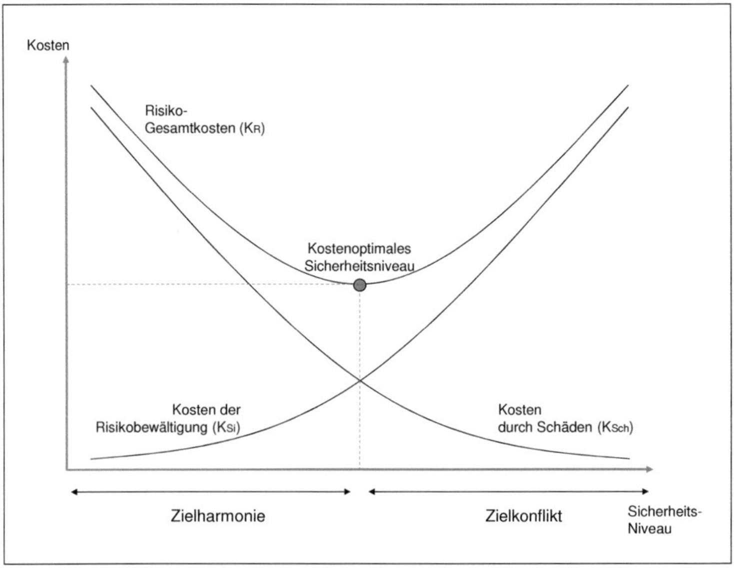

Abb. 2-5: Risikomanagementeffizienz[173]

Nach Hoffmann nimmt der Grenznutzen der risikopolitischen Maßnahmen mit zunehmendem Grad der Sicherheit ab.[174] Der Nutzen (ausgedrückt in den vermeidbaren Kosten durch Schäden) spiegelt sich dabei in der Verwirklichung eines bestimmten Sicherheitsgrades wider. Die Kostenkurve der Risikomanagement-Maßnahmen steigt langsam an und verläuft mit zunehmender Sicherheit immer steiler. Umgekehrt fällt die Schadenskurve mit zunehmendem Grad der Sicherheit steil ab, um dann immer flacher zu verlaufen.

---

[171] Macharzina, 1995, S. 548.
[172] Vgl. Farny, 1979, S. 30.
[173] Quelle: Hoffmann, 1985, S. 150.
[174] Vgl. Hoffmann, 1985, S. 149.

Die obige Abbildung zeigt, dass die Kurve der Risikogesamtkosten K_R, die sich aus der Summe der beiden Kurven K_{Si} und K_{Sch} ergibt, ihren Tiefpunkt an der Stelle hat, wo das kostenoptimale Sicherungsniveau erreicht ist und der Grenznutzen der Sicherheit deren Grenzkosten entspricht. Ab diesem Sicherheitsgrad ist die Übernahme von Risiken wirtschaftlicher als deren Bewältigung durch entsprechende Gegenmaßnahmen.

Außerdem lässt sich feststellen, dass links von diesem optimalen Sicherungsniveau Zielharmonie zwischen dem Sicherungsziel und dem Gewinnziel des Unternehmens besteht. Die Erhöhung des Sicherheitsgrades durch zusätzliche risikopolitische Maßnahmen führt gleichzeitig zu einer Reduzierung der Risikogesamtkosten. Rechts von dem Tiefpunkt besteht allerdings ein Zielkonflikt zwischen dem Sicherheitsziel und dem Gewinnziel mit der Folge, dass sich Sicherheitsbemühungen ab einem bestimmten Ausmaß negativ auf den Gewinn auswirken.[175] Der Aufwand für die Verringerung der Risiken übersteigt den entstehenden Nutzen in Form wegfallender Aufwendungen für Risikoeintritte.[176]

Eine Optimierung der Risikokosten bedeutet nach Hoffmann:[177]

- Der Einsatz risikopolitischer Maßnahmen wird für alle Risiken so festgelegt, dass die Risikogesamtkosten möglichst gering sind. Dies bedeutet, dass sich die Bestimmung des Sicherheitsgrades an der Minimierung der Risikokosten ausrichtet.
- Existieren allerdings übergeordnete risikopolitische Ziele, wird ein höheres Sicherheitsniveau realisiert, das allerdings zu möglichst niedrigen Kosten verwirklicht werden soll.

Kritisch kann angeführt werden, dass sich das Problem der Auswahl einer zielführenden risikopolitischen Maßnahmen-Kombination zwar auf theoretischer Ebene durch ein abstrahierendes Entscheidungsmodell lösen lässt. Im Hinblick auf die praktische Anwendung stellt diese Selektion allerdings ein bisher ungelöstes betriebswirtschaftliches Entscheidungsproblem dar. Dies liegt daran, dass sich zwar die Kosten praktizierter Risikomanagement-Maßnahmen quantifizieren lassen. Das

[175] Wie in den vorangegangenen Ausführungen bereits erwähnt, würde die vollständige Beseitigung der Risikosituation und damit das Streben nach absoluter Sicherheit darüber hinaus zur Inaktivität des Unternehmens führen. Dies erscheint somit nicht nur aufgrund von Kostenüberlegungen als nicht sinnvoll.

[176] Vgl. Kremers, 2002, S. 72 f.

[177] Vgl. Hoffmann, 1985, S. 150.

Ausmaß des Nutzens ist allerdings mit Unsicherheiten verbunden.[178] Es stellt sich häufig sogar die Frage, ob überhaupt ein positiver Effekt entstehen wird. Beim Einsatz wirkungsbezogener Maßnahmen stellt sich beispielsweise kein Nutzeneffekt ein, wenn die erwartete Risikoursache überhaupt nicht eintreten wird (d. h., die Maßnahme kommt nicht zum Greifen). Bei der Verwendung ursachenbezogener Maßnahmen ist unsicher, ob die Risikoursache auch bei Verzicht dieser Maßnahme nicht eintreten würde (d. h., die Wirkung der Maßnahmen ist fraglich). Des Weiteren ist zu berücksichtigen, dass trotz des Einsatzes risikopolitischer Maßnahmen auch weiterhin Risiken bestehen. Gründe sind beispielsweise nicht identifizierte Risiken oder nicht durch Maßnahmen abgedeckte Risiken sowie Unsicherheiten bezüglich der risikopolitischen Maßnahme selbst, deren Wirkungen u. U. falsch eingeschätzt wurden. Damit erweist sich auch die Bestimmung des Erfolges von Risikomanagement-Aktivitäten als problematisch, „da klassische Kosten-Nutzen-Überlegungen kaum anwendbar sind".[179]

Die Entscheidung, welche der zur Verfügung stehenden Risikobewältigungsmaßnahmen in welchem Umfang angewendet werden sollten, gründet allerdings auch in hohem Maße auf der individuellen Risikoeinstellung der Entscheidungsträger. Schuy bezeichnet Risikobereitschaft „als eine wertinduzierte Verhaltensdeterminante, als determiniertes Verhalten und als interdependentes Verhalten, das im Besonderen auf Erfahrungen oder Wertvorstellungen zurückzuführen ist."[180] Hoffmann unterscheidet risikofreudige, risikoscheue und risikoneutrale Strategien.[181] Diese risikopolitischen Grundstrategien stellen Leitmaximen dar, „an denen sich alle Entscheidungen der Risikopolitik auszurichten haben, um die angestrebte Risikolage zu erreichen."[182] Bei der risikofreudigen Strategie werden nur solche risikopolitischen Mittel zur Risikokontrolle und -finanzierung eingesetzt, die unbedingt notwendig sind. Die Absicherung konzentriert sich auf existenzgefährdende Ereignisse und behördliche Auflagen. Den eingesparten Risikomanagement-Kosten steht allerdings die Gefahr hoher Aufwendungen bei Eintritt eines Schadens gegenüber. Während der Entscheidungsträger bei der risikofreudigen Strategie bereit ist, ein sehr breites Spektrum der Schadenverteilung zu akzeptieren, strebt der risikoscheue Entscheidungsträger eine möglichst enge Schadenverteilung an. Hier werden hohe Aufwendungen für Maßnahmen der Risikokontrolle und des Versicherungsschutzes geleistet. Bei der risiko-

[178] Entsprechend lässt sich nur schwer ermitteln, in welchem Bereich der beiden Kostenkurven man sich befindet und wann komplementäre Zielbeziehungen zu konkurrierenden Zielrelationen werden.

[179] Fasse, 1995, S. 76.

[180] Schuy, 1989, S. 58.

[181] Vgl. Hoffmann, 1985, S. 151 f.

[182] Hoffmann, 1985, S. 151.

neutralen Strategie wird die Optimierung der Risikokosten durch den ausgewogenen Einsatz risikopolitischer Instrumente angestrebt.

Die Operationalisierung der Risikoneigung kann neben der verbalen Umschreibung auch grafisch mithilfe der Risikonutzen- bzw. Risikopräferenzkurve erfolgen.[183] Bei der Bestimmung der Risikopräferenzrelation ist festzulegen, wie groß das Ausmaß der Risikobereitschaft der Entscheidungsträger ist, das durch deren individuelle Neigung bestimmt wird. Bezogen auf die Risikopräferenzkurve liegt Risikofreude dann vor, wenn das sogenannte „Sicherheitsäquivalent"[184], also das angenommen sichere Ergebnis, größer ist als der Erwartungswert der Wahrscheinlichkeitsverteilung. Von Risikoaversion oder -scheu spricht man, wenn das Sicherheitsäquivalent kleiner als der Erwartungswert der Verteilung der betroffenen stochastischen Zielvariablen ist. Für die persönliche Einstellung bei Risikoneutralität ist kennzeichnend, dass das Sicherheitsäquivalent genau dem Erwartungswert der relevanten Wahrscheinlichkeitsverteilung entspricht, sodass sich der Entscheidungsträger ausschließlich an diesem orientieren und Risikomaße, wie z. B. die Streuung der Verteilung, unbeachtet lassen kann.[185]

2.3 Ableitung eines strategischen Risikomanagements

Aufgrund der ähnlichen Stoßrichtung der beiden Managementansätze „Risikomanagement" und „strategisches Management" bedarf die Ableitung eines strategischen Risikomanagements der Gegenüberstellung und Abgrenzung der beiden Konzepte (Kapitel 2.3.2). Bevor hierbei auf die Zusammenhänge zwischen diesen Ansätzen eingegangen wird, werden zunächst die Bestandteile des strategischen Managements unter besonderer Würdigung der strategischen Planung und Kontrolle vorgestellt. Die Teilsysteme des strategischen Managements bilden dabei eine wesentliche Grundlage für das später zu entwickelnde Risikomanagement-Modell.[186] In Anlehnung an diese Abgrenzung werden im nächsten Schritt die definitorischen Grundlagen eines strategischen Risikomanagements (Kapitel 2.3.3) sowie unter-

---

[183] Vgl. Braun, 1984, S. 102 f., wobei Braun die praktische Ermittlung dieser Risikopräferenzen für Einzelpersonen oder für das Unternehmen infrage stellt. Zum einen handelt es sich bei der Risikopräferenz um kein konstantes Persönlichkeitsmerkmal (und ist somit abhängig von der entsprechenden Entscheidungssituation), zum anderen können nicht für alle Risiken Wahrscheinlichkeitsverteilungen ermittelt werden.

[184] Das Sicherheitsäquivalent einer Wahrscheinlichkeitsverteilung eines Zielwerts ist definiert als derjenige sichere Zielwert, der dieser Verteilung aus Sicht eines Entscheidungsträgers gleichwertig ist. Vgl. Laux, 1998, S. 211.

[185] Vgl. Laux, 1998, S. 213, Pibernik, 2001, S. 69.

[186] Siehe Kapitel 4.2.

schiedliche strategische Ansätze zur Bewältigung von Risiken beschrieben (Kapitel 2.3.4), die zur späteren Ableitung von Risikostrategien im Bereich der Beschaffung herangezogen werden.[187]

Da die Systemtheorie nachhaltig zur Entwicklung der Managementlehre beigetragen hat,[188] soll im nun folgenden Kapitel 2.3.1 ein Überblick über die Systemtheorie sowie zu ihr verwandte theoretische Ansätze gegeben werden. Die Systemtheorie bietet eine geeignete Basis, die Komplexität der Unternehmenssteuerungsaufgabe zu konzeptionalisieren und den Gegenstand des strategischen Managements bzw. des strategischen Risikomanagements zu strukturieren. Sie bildet somit einen Bezugsrahmen für das eigentliche Ziel der vorliegenden Arbeit, die Entwicklung eines Modells eines strategischen Risikomanagements der Beschaffung.

2.3.1 Systemtheoretische Grundlagen

Der **Systemtheorie** liegt eine Sichtweise zugrunde, die Unternehmen als offene Systeme betrachtet, welche mit der Umwelt in ständiger Wechselbeziehung stehen. Durch die prinzipielle Einbeziehung der Umwelt werden betriebliche Problemstellungen dabei nicht mehr isoliert, sondern in übergeordneten Wirkungszusammenhängen betrachtet.[189] Mit der Offenheit des Systems kommt auch zum Ausdruck, dass kein System völlig unabhängig ist und sich völlig eigenbestimmt verhalten kann. Systeme werden von der Umwelt beeinflusst, beeinflussen diese aber auch umgekehrt: „Das System muss sich einpassen in seine Umwelt, um existieren zu können".[190]

Die Ursprünge der Systemtheorie liegen in den Arbeiten von v. Bertalanffy, der zu Ende der 30er-Jahre seine Erkenntnisse aus der Biologie auf andere wissenschaftliche Zweige übertrug und diese in der nachfolgenden Zeit zu einer Allgemeinen Systemtheorie ausbaute. Der Grundgedanke der Allgemeinen Systemtheorie besteht darin, dass die in verschiedenen Fachrichtungen entdeckten Gesetzmäßigkeiten in einem isomorphen Verhältnis zueinander stehen, aus dem die Existenz allgemeiner Systemgesetze abgeleitet werden können.[191] Als Begründer der systemorientierten

187 Siehe Kapitel 4.3.
188 Vgl. Steinmann/Schreyögg, 1997, S. 64.
189 Vgl. Pfeiffer/Weiß, 1992, S. 65 ff., Sauer/Altmann, 1989, S. 6 f.
190 Ulrich/Probst, 1988, S. 97. Organisatorische Unterschiede zwischen Unternehmen spiegeln somit auch die Verschiedenartigkeit der Umweltbedingungen wider, denen diese Unternehmen jeweils ausgesetzt sind. Kaufmann, 2001, S. 78.
191 Vgl. v. Bertalanffy, 1940, 1949, 1950, 1968.

Betriebswirtschaftslehre im deutschsprachigen Raum gilt Ulrich.[192] Seine Definition fasst ein System als „eine geordnete Gesamtheit von Elementen, zwischen denen irgendwelche Beziehungen bestehen oder hergestellt werden können“, zusammen.[193] Die Offenheit dieser Definition erlaubt die Übertragung systemtheoretischer Zusammenhänge auf jegliche Art von Problemstellungen.[194] Die Grenzen eines Systems nach innen und außen sind hierbei nicht vorgegeben, sondern müssen gedanklich konstruiert werden.[195] Entsprechend lässt sich auch die Unternehmung als System definieren.[196] Nach Ulrich können diese als zielorientierte, komplexe, offene und dynamische Systeme sozio-technischer Natur verstanden werden.[197]

Ihre fundamentale Bedeutung bezieht die Systemtheorie aus der Tatsache, dass sie die Umwelt des Unternehmens systematisch erfasst und explizit in den Mittelpunkt der Betrachtung rückt.[198] Die Umwelt kann dabei als sogenanntes „Supersystem“ oder „Umsystem“ bezeichnet werden. Unternehmerisches Handeln innerhalb dieses hochkomplexen und veränderlichen Umsystems Umwelt bedarf zwingend einer signifikanten Reduktion von Komplexität.[199] Dies geschieht durch den Aufbau von Strukturen bzw. von Subsystemen, die eine Bewältigung von Umweltbezügen ermöglichen. Auf diese Weise entsteht schließlich eine Systemhierarchie.[200] Der Systemansatz berücksichtigt hierbei sowohl Wechselwirkungen zwischen den einzelnen Subsystemen, als auch zwischen den Subsystemen und dem Umsystem.[201] Da eine weithin gebräuchliche Aufteilung des betrieblichen Handlungsprozesses auf der Unterscheidung zwischen Führungs- und Ausführungsaufgaben beruht,[202] kann die Differenzierung zwischen einem Führungs- und einem Ausführungssystem als eine wichtige Abgrenzung von Subsystemen innerhalb des hierarchisch übergeordneten Systems der Unternehmung verstanden werden.[203] Neben dieser Unterteilung ist

---

[192] Vgl. Ulrich, 1970.
[193] Ulrich, 1970, S. 105.
[194] Vgl. Ulrich/Probst, 1988, S. 36. „Was wir als System auffassen, hängt von unserer Definition ab.“ Horváth, 2001, S. 98.
[195] Vgl. Ulrich/Probst, 1988, S. 36.
[196] Vgl. Horváth, 2001, S. 98.
[197] Vgl. Ulrich, 1970, S. 114 ff.
[198] Vgl. Lehmann, 1992, Sp. 1.844.
[199] Vgl. Steinmann/Schreyögg, 1997, S. 63.
[200] Vgl. Grochla/Lehmann, 1980, Sp. 2.209, Meffert, 1971, S. 178 ff. Vgl. außerdem Steinmann/ Schreyögg: „Eine komplexe Umwelt erfordert eine entsprechend komplexe Binnenstruktur, um die vielfältigen Umweltbezüge erfassen und aufarbeiten zu können [...].“ Steinmann/Schreyögg, 1997, S. 63.
[201] Vgl. Grochla/Lehmann, 1980, Sp. 2.207, Ulrich/Probst, 1988, S. 97.
[202] Diese Strukturierung des Unternehmungssystems ist in der wissenschaftlichen Literatur unumstritten und findet seine Wurzeln schon in dem Faktorensystem von Gutenberg und dessen Unterteilung des gesamtbetrieblichen Leistungserstellungsprozesses in produktive und dispositive Faktoren. Vgl. Gutenberg, 1958, S. 27.
[203] Vgl. Horváth, 2001, S. 112.

eine weitere Gliederung des Führungssystems in Teilsysteme üblich. Die Betrachtung funktionaler Teilsysteme im Führungssystem dient der Abgrenzung der verschiedenen Teilaufgaben der Führungsfunktion, um darauf aufbauend Handlungsempfehlungen für die organisatorische Gestaltung des Führungssystems sowie der Führungsbeziehungen abzuleiten.[204]

Wie bereits bemerkt wurde, bedingt die Offenheit der Unternehmung als System, dass diese unter starkem Umwelteinfluss steht. Veränderungen der Umwelt können für die Unternehmung die Gefahr in sich bergen, dass sie sich als Störungen auswirken.[205] Um sich an die Veränderungen von Systemen höherer Ordnung anpassen zu können, muss das Unternehmen geeignete Anpassungsmechanismen entwickeln.[206] Mit dieser Anpassung beschäftigt sich die **Kybernetik,** ein systemtheoretischer Zweig, der das Verhalten von dynamischen Systemen erklärt. In Verbindung mit der Kybernetik eröffnet die Systemtheorie die Möglichkeit, das Zeitverhalten von Systemen in Untersuchungen mit einzubeziehen und daraus Handlungsempfehlungen zur Zielerreichung abzuleiten.[207] Eine wesentliche Problemstellung der Kybernetik besteht in der Gewährleistung der Zielerreichung von Systemen unter Störungseinfluss. Den Kern der kybernetischen Grundkonzeption bilden dabei Steuerungs-, Regelungs- und Anpassungsprozesse zur Erhaltung des homöostatischen Gleichgewichts.[208] Während das kybernetische Steuerungsprinzip eine Abwehr von Störungen beschreibt, noch bevor diese auf den Ausführungsprozess wirken, handelt es sich bei der kybernetischen Regelung um einen Prozess der Störungsbeseitigung. Störungen werden erst erkannt und ausgeglichen, nachdem sie sich bereits auf den Ausführungsprozess ausgewirkt haben. Wenn trotz Steuerungs- und Regelungsmechanismen die Erhaltung bzw. das Erreichen eines Fließgleichgewichts nicht sichergestellt werden kann, wird das erwünschte Gleichgewicht durch das kybernetische Regulationsprinzip der Anpassung in einen Bereich verschoben, der wiederum durch Steuerung und Regelung erreicht werden kann. Diese Verschiebung erfolgt etwa durch Anpassung der zu erreichenden Zielgrößen.[209] Durch die geschilderte Kombination aller drei Prinzipien der Selbstregulation kann ein System die sogenannte „Ultrastabilität" erreichen.[210]

---

[204] Vgl. Bleicher/Meyer, 1976, S. 28 f. Siehe hierzu auch Kapitel 2.3.2.1.
[205] Vgl. Steinmann/Schreyögg, 1997, S. 63.
[206] Vgl. Kaufmann, 2001, S. 75.
[207] Vgl. Jirasek, 1977, S. 15 ff.
[208] Vgl. Lehmann, 1992, Sp. 1.840. Der Begriff des homöostatischen Gleichgewichts beschreibt einen Zustand, der es dem System ermöglicht, trotz der Einwirkung einer bestimmten Klasse von Störungen sein Gleichgewicht zu erhalten oder zurückzugewinnen. Vgl. Ashby, 1974, S. 114 ff.
[209] Vgl. Behme/Schimmelpfeng, 1993, S. 289 ff., Küpper, 1997, S. 179 f., Ulrich, 1970, S. 123 ff.
[210] Vgl. Ulrich, 1970, S. 125 f., Bertalanffy/Beier/Laue, 1977, S. 20.

Stark beeinflusst von der Systemtheorie und unter Rückgriff auf deren Argumentation ist der **situative Ansatz** entstanden. Dieser spielt für die Arbeit eine ähnlich grundlegende Rolle wie die Systemtheorie. Dem situativen Ansatz liegt die Vorstellung zugrunde, dass Faktoren des Umfeldes der Unternehmung einen erheblichen Einfluss auf deren Strukturen und Verhaltensweisen haben. Organisatorische Unterschiede zwischen Unternehmen resultieren folglich aus der Verschiedenartigkeit der Umweltbedingungen. Aus dieser Abhängigkeit von Kontextfaktoren wurde geschlossen, dass es keine allgemeingültig beste Lösung für ein Gestaltungsproblem gibt, sondern je nach Situation mehrere angemessene Alternativen.[211] Da das System-Umwelt-Verhältnis interaktionaler Natur ist, verhalten sich offene Systeme nicht nur anpassend gegenüber Umwelteinflüsse, sondern können im Rahmen ihrer Möglichkeiten auch gestaltend auf die relevante Umwelt einwirken.[212] Die strenge umweltdeterministische Sicht weicht somit einem Umweltinteraktionsmodell, das die wechselseitigen Einflussbeziehungen von Umwelt und Organisation zum Thema macht.[213] Staehle weist in diesem Zusammenhang auf empirische Befunde hin, gemäß denen die Effizienz einer Organisation weniger von extern induzierten strukturellen Aspekten bestimmt wird als von internen prozessualen (z. B. Führungsverhalten, Organisationskultur, Personalentwicklung).[214] Organisationale Strukturen bzw. Strategien fangen damit die Veränderungen der Umwelt auf. Miles/Snow erkennen dementsprechend treffend, dass nicht nur eine Reaktion auf die Umwelt in einem Adaptionsmodell, sondern reaktives und proaktives Verhalten stattfindet.[215]

---

[211] Vgl. Staehle, 1981, S. 215, Kieser/Kubicek, 1992, S. 60.

[212] Ein organisationstheoretischer Ansatz, der, aufbauend auf den Impulsen der Systemtheorie, die Interaktion von Organisation und Umwelt aufgreift, ist beispielsweise der Ansatz der „Resource Dependence Perspective". Dieser verdichtet den weitläufigen System-Umwelt-Bezug auf das zentrale Problem der Abhängigkeit von externen Ressourcen. Die Umwelt beeinflusst zwar in vielfacher Weise den Prozess der Organisationsgestaltung. Umgekehrt kann aber auch die Unternehmung in Abhängigkeit von Größe und Marktmacht ihre Umwelt aktiv gestalten und versuchen, diese im Sinne der eigenen Zielsetzung zu verändern. Vgl. Pfeffer/Salancik, 1978. Weitere Ausführungen hierzu siehe Kapitel 2.3.4.2.

[213] Aus der Kritik an Konzept und Methode der klassisch situativen sind neuere, interaktionistisch geprägte situative Ansätze entwickelt worden. Im Gegensatz zu den deterministischen Ansätzen sehen diese durchaus vor, die Organisationsstrukturen beizubehalten und die Umweltbedingungen zu verändern. Ein wesentliches Merkmal hierbei ist, dass die Entscheidungsspielräume der Organisatoren explizit einbezogen und verhaltenswissenschaftlich fundiert werden. Das Forschungsinteresse verlagert sich hierbei von der Umwelt-Struktur-Beziehung auf die Struktur-Verhalten-Beziehung. Entsprechend werden diese situative Ansätze auch als verhaltenswissenschaftlich bezeichnet. Vgl. Staehle, 1994, S. 53 f.

[214] Vgl. Staehle, 1994, S. 449.

[215] Vgl. Miles/Snow, 1978. „A true ‚Prospector' is almost immune from the pressures of a changing environment since this type of organization is continually keeping pace with change and, as indicated, frequently creating change itself. Thus, in direct contrast to the 'Defender', which insulates itself from environmental change, the Prospector enthusiastically searches for new entrepreneurial ventures in an effort to manipulate the competitive arena in its favour." Miles/Snow, 1978, S. 57.

Für die Systemtheorie als formalen Ordnungsrahmen der vorliegenden Arbeit spricht, dass sie je nach gewähltem Blickwinkel unterschiedliche inhaltliche Aspekte berücksichtigen lässt. Der Systemansatz erscheint also am ehesten in der Lage zu sein, die Komplexität und Anpassung von Organisationen realitätsnah darzustellen und Gestaltungsmöglichkeiten aufzuzeigen. Nach Ulrich/Krieg ist die Systemtheorie als Denkansatz durch folgende Eigenschaften gekennzeichnet:[216]

- Ganzheitliches Denken
- Prozessorientiertes Denken
- Interdisziplinäres Denken
- Analytisches und synthetisches Denken
- Pragmatisches Denken

Die Systemtheorie bietet zudem die Möglichkeit, dynamische und komplexe Sachverhalte modellartig zu ordnen und auf Basis dieser Hinweise für deren Gestaltung zu geben.[217] Obwohl sich aus der Systemtheorie keine konkreten Handlungsanweisungen ableiten lassen, stellt der Ansatz dennoch einen Bezugsrahmen für den Aufbau eines ganzheitlichen Managementmodells zur Verfügung.

Abschließend sei vermerkt, dass die Systemtheorie auch in Bezug auf die Auseinandersetzung mit dem Risikophänomen entsprechende Erklärungsansätze zur Verfügung stellt. Durch die bereits beschriebene Notwendigkeit der Komplexitätsreduktion durch den Aufbau von Subsystemen wird eine Differenz zur Umwelt geschaffen. Diese Grenzziehung stellt dabei sicher, „die Komplexität der Welt, das Übermaß an Möglichkeiten, in spezifischer Weise einzuengen, zu reduzieren und zu verarbeiten."[218] Systeme legen dabei ihre spezifische Umwelt fest und bestimmen, welche Segmente der Umwelt bedeutsam und welche weniger bedeutsam sind. Diese Differenzbildung bedeutet im Wesentlichen Selektion, was dazu führt, dass das System nur bestimmte Aspekte der Umwelt wahrnimmt. Das Ausgeblendete bleibt unerkannt und seine Wirkungen werden für das System zu potenziellen Überraschungen, die jederzeit als bestandsgefährdende Probleme oder Krisen auftreten können. Die durch die Unsicherheit begründeten Risiken werden folglich zum konstituierenden Merkmal des Steuerungsprozesses. Die Bewältigung dieser Risiken durch entsprechende kompensierende Maßnahmen ist durch die dem Systemansatz induzierten

[216] Vgl. Ulrich/Krieg, 1974, S. 12 f.
[217] Vgl. Horváth, 2001, S. 104 ff.
[218] Steinmann/Schreyögg, 1997, S. 64.

Anpassungsmechanismen gegeben, die bei tatsächlichen oder möglichen Zielabweichungen ein lenkendes Eingreifen vorsehen.[219]

2.3.2 Zusammenhang zwischen Risikomanagement und strategischem Management

2.3.2.1 Wesen des strategischen Managements

a) Teilsysteme des strategischen Managements

Das strategische Management[220] kann als Denkhaltung verstanden werden, das „aus einer konzeptionellen Gesamtsicht heraus die Planung, Steuerung und Koordination der Unternehmensentwicklung anstrebt."[221] Kernaufgabe des strategischen Managements ist die aktive und ganzheitliche Gestaltung der Unternehmung und seiner Beziehungen zur Umwelt. Die Fähigkeiten des Unternehmens sind hierbei konsequent auf die Anforderungen der Umwelt auszurichten.[222]

Zur Bewältigung dieser komplexen Aufgabe wurden in der betriebswirtschaftlichen Literatur unterschiedliche Konzepte des strategischen Managements entwickelt.[223] Diesen verschiedenen Ansätzen ist gemeinsam, dass sie das strategische Management in funktionale Bausteine zerlegen und diese in Beziehungen zueinander setzen. Abgeleitet aus den Erkenntnissen der Systemtheorie stehen diese Teilsysteme als eigenständige, getrennt einsetzbare Steuerungspotenziale nebeneinander zur Verfügung.[224]

---

[219] Vgl. Steinmann/Schreyögg, 1997, S. 127 f.

[220] Die begriffliche Abgrenzung der Begriffe Management und Führung wird im wissenschaftlichen Schrifttum teilweise kontrovers diskutiert. Vgl. Staehle, 1994, S. 70. Da die Diskussion dieser Abgrenzungsproblematik für die vorliegende Aufgabenstellung nicht zielführend ist, sollen beide Begriffe in Anlehnung an Schierenbeck synonym verwendet werden. Vgl. Schierenbeck, 1995, S. 81. Entsprechend finden auch die Begriffe strategisches Management, Unternehmensführung sowie strategische Unternehmensführung im weiteren Verlauf der Arbeit gleichbedeutende Verwendung.

[221] Welge/Al-Laham, 1992, S. 15.

[222] Vgl. Bea/Haas, 1995, S. 7, Becker, 1995, S. 3.

[223] Im angloamerikanischen Sprachraum ist das Harvard-Konzept der strategischen Unternehmensführung weit verbreitet (vgl. Andrews, 1987, S. 21), während in der deutschsprachigen Literatur insbesondere die umfassenden Ansätze von Kirsch und Hinterhuber hervortreten. Vgl. Kirsch, 1990, S. 332 und Hinterhuber (Unternehmensführung I), 1992, S. 26.

[224] Vgl. Steinmann/Schreyögg, 1997, S. 135. Im Gegensatz dazu weist die klassische Managementlehre der Planungsfunktion eine Sonderstellung zu. Dieses sogenannte „Primat der Planung" ergibt sich aus dem Umstand, dass alle anderen Managementteilfunktionen lediglich instrumentalen Charakter haben und die Realisation der Pläne sicherstellen. Allein die Planung besitzt hierbei Steuerungspotenzial und muss den anderen Funktionen zeitlich vorgelagert sein. Es wird in diesem Zusammenhang auch von der „plandeterminierten Unternehmensführung" gesprochen. Steinmann/Schreyögg, 1997, S. 123.

Trotz der unterschiedlichen funktionalen Strukturierungen des strategischen Managements lassen sich im wissenschaftlichen Schrifttum folgende Teilsysteme erkennen:[225]

- Zielsystem
- Planungs- und Kontrollsystem
- Informationssystem
- Organisationssystem
- Personalführungssystem
- Unternehmenskultur

Das Zielsystem umfasst normative Aussagen über mögliche Zukunftszustände, die als Ergebnis von Entscheidungen eintreten sollen. Es bildet somit die Handlungsgrundlage in den anderen Führungsteilsystemen.

Das Planungs- und Kontrollsystem beinhaltet die Gesamtheit der Planungs- und Kontrollelemente des Unternehmens und schafft dabei eine Struktur und einen institutionellen Rahmen für die Aufgaben der Planung und Kontrolle.[226] Der Prozess der strategischen Planung und Kontrolle, auf den im Folgenden noch näher eingegangen werden soll, liefert einen wichtigen Beitrag zur Unterstützung der Führung bei der Entscheidungsvorbereitung und -findung.[227]

Das Informationssystem liefert einen Orientierungsrahmen für die Gestaltung der strategischen Informationsaktivitäten. Es unterstützt das Planungs- und Kontrollsystem bei der Erkennung des unternehmenspolitischen Entscheidungsbedarfs, bei der Formulierung strategischer Entscheidungen sowie bei der Beurteilung ihrer Auswirkungen.[228] Das Informationsmanagement besteht aus dem Management externer und interner Informationen und lässt sich in die Teilprozesse Informationsbedarfsanalyse, Informationsbeschaffung und Informationsverarbeitung untergliedern. Es beinhaltet darüber hinaus alle bei der Durchführung dieser Aktivitäten eingesetzten Methoden, Instrumente und Systeme.[229]

---

[225] Becker weist darauf hin, dass es aufgrund der unterschiedlichen Schwerpunkte nicht zweckmäßig erscheint, einen Ansatz als Patentlösung für alle Fragestellungen zum strategischen Management heranzuziehen. Stattdessen sollte man „situativ problemadäquate Konzepte und Instrumente auswählen oder selbst generieren". Becker, 1995, S. 38.

[226] Vgl. Bea/Haas, 1995, 56 ff. und 213 ff.

[227] Vgl. Hahn, 1996, S. 45 f.

[228] Vgl. Arnold, 1997, S. 222.

[229] Vgl. Bea/Haas, 1995, S. 231 ff.

Das Organisationssystem stellt die zielgerichtete Gestaltung der Beziehungen zwischen den einzelnen Objekten der Organisation, den Mitarbeitern und Sachmitteln sowie den ablaufenden unternehmerischen Tätigkeiten sicher.[230] Neben den innerbetrieblichen Beziehungen werden auch die Arbeitsbeziehungen der einzelnen Funktionseinheiten zur Umwelt festgelegt. Die Entwicklung der Aufbau- und Ablauforganisation umfasst außerdem die Bestimmung der Aufgaben-, Kompetenz- und Verantwortungsbereiche der Unternehmung sowie der hierarchischen Ordnung.[231] Nach Steinmann/Schreyögg schafft das Organisationssystem damit eine Ordnung im Unternehmen, die aus einem Geflecht aus Regeln besteht. Dazu gehören beispielsweise Verfahrensrichtlinien, Weisungsrechte, Unterschriftsbefugnisse oder Beschwerdewege.[232]

Gegenstand des Personalführungssystems sind die geführten Mitarbeiter, die Führungskräfte sowie die zur Beeinflussung der Mitarbeiter notwendigen Prozesse und Instrumente.[233] Die Aufgaben dieses Teilsystems bestehen in allen Aktivitäten, die Führungskräfte zu ergreifen haben, um einen leistungsfähigen und leistungsbereiten Mitarbeiterstamm sicherzustellen.[234]

Die Unternehmenskultur als „Gesamtheit der in der Unternehmung vorherrschenden Wertvorstellungen, Traditionen, Überlieferungen, Mythen, Normen und Denkhaltungen"[235] stellt die letzte Komponente des Führungsmodells dar. Auf Basis unverwechselbarer Orientierungsmuster und ungeschriebener Spielregeln wird durch die Unternehmenskultur das Entscheiden und Handeln der Mitglieder der Unternehmung und der betrieblichen Funktionsbereiche wesentlich geprägt.[236]

Wie oben bereits erwähnt, gehen die Ansätze des strategischen Managements von einer gleichberechtigten und eigenständigen strategischen Funktion aller Teilsysteme aus. Um der Forderung nach Ganzheitlichkeit zu genügen, muss im Rahmen des strategischen Managements eine Kongruenz zwischen den Teilsystemen der Führung herbeigeführt werden.[237] Dabei geht es nicht nur um die Harmonisierung der einzelnen Subsysteme untereinander („Internal Fit"), sondern auch um die Anpassung dieser an die situativen Bedingungen der Unternehmensumwelt („External

---

[230] Vgl. Bea/Haas, 1995, S. 354 f.
[231] Vgl. Hahn/Bleicher, 1997, S. 545.
[232] Vgl. Steinmann/Schreyögg, 1997, S. 393. Vgl. hierzu auch Bleicher/Meyer, 1976, S. 197 und Küpper, 1997, S. 239 ff.
[233] Vgl. Küpper, 1997, S. 190.
[234] Vgl. Weber, 1995, S. 249.
[235] Hinterhuber, 1992 (Unternehmensführung II), S. 248.
[236] Vgl. Hinterhuber, 1996, S. 47.
[237] Vgl. Becker, 1995, S. 3.

Fit").[238] Hinterhuber weist auf die Vielfältigkeit der möglichen Beziehungen zwischen den einzelnen Teilsystemen hin.[239] Das in der Literatur wohl meist zitierte Beispiel ist die wechselseitige Abhängigkeit zwischen Strategie und Struktur, also zwischen den Teilsystemen Planung und Organisation.[240]

b) Strategische Planung und Kontrolle

Als besonderer Schwerpunkt innerhalb der strategischen Unternehmensführung kann die strategische Planung angesehen werden. Der Prozess der strategischen Planung lässt sich in unterschiedliche Teilprozesse gliedern, die sich im Kern am Ablauf des generellen Problemlösungsprozesses (Problemanalyse, Alternativensuche, Alternativenbeurteilung und Alternativenauswahl) orientieren.[241]

In der Literatur erfolgt die Abgrenzung der Planung uneinheitlich. Während Ansoff analog dem klassischen Führungsmodell die Phase der Zielsetzung als eigenständige Führungsaufgabe ansieht,[242] ordnet Weber den Zielbildungsprozess dem Planungssystem zu.[243] Andere Ansätze erweitern den Planungsprozess um die Kontrollfunktion, so z. B. Hahn.[244] In seinen Augen stellt die Kontrollfunktion eine notwendige Ergänzungsfunktion der Planung dar, weshalb er auch von einem gemeinsamen Planungs- und Kontrollsystem spricht.

---

[238] Vgl. Becker, 1995, S. 38. Eine zusammenfassende Darstellung von Fit-Ansätzen findet sich in Bea/Haas, 1995, S. 368–371.

[239] Vgl. Hinterhuber, 1992 (Unternehmensführung I), S. 34.

[240] Vgl. hierzu Chandlers These „Structure Follows Strategy" (Chandler, 1970, S. 14) und dessen Umkehrung (Remer, 2005, S. 236 ff., 376 ff., Remer, 2004, S. 450 ff., Steinmann/Schreyögg, 1997, S. 138 f.). In diesem Zusammenhang sei auch auf das Dilemma-Management hingewiesen (vgl. Remer, 2001, Remer, 2004, S. 447–457, Hülsmann, 2004). Unter einem Management-Dilemma sei „eine Situation verstanden, in der zwei für den Managementerfolg notwendige Maßnahmen [...] zueinander in logischen Widerspruch stehen, also streng genommen nicht gleichzeitig konsequent durchgeführt werden können." (Remer, 2004, S. 448). Das Dilemma-Management hat dabei zum Ziel, ein System auf diese gegensätzlichen Anforderungen auszurichten, um sowohl den kurzfristigen Erfolg als auch die langfristige Bestandserhaltung sicherzustellen. In Bezug auf die o. g. Management-Teilsysteme bedeutet dies, dass sich die hierarchischen Beziehungen zwischen den einzelnen Elementen (z. B. Planung ➧ Organisation ➧ Personal) auch umkehren können. Jedes Element ist somit als „gleichrangiger Überlebensengpaß" zu verstehen und sollte „zum Ausgangspunkt des Denkens gemacht werden" (Remer, 2004, S. 450).

[241] Vgl. Hahn, 1997, S. 741.

[242] Vgl. Ansoff, 1965, S. 202 sowie Remer, 2004, S. 25, der die Bildung von (Ober-)Zielen der (Unternehmens-)Politik zuordnet. Zum Ansatz des klassischen Führungsmodells siehe auch Schubert, 1972, S. 43 f., der die Aufgaben der Betriebsführung in einem Kreismodell darstellt.

[243] Vgl. Weber, 1995, S. 73 f. In gleicher Weise argumentieren auch Hinterhuber, 1992 (Unternehmensführung I), S. 25 ff. und Kreikebaum, 1997, S. 33 f. und S. 62.

[244] Vgl. Hahn, 1996, S. 77 ff.

Da die einzelnen Bausteine der strategischen Planung und Kontrolle für die späteren Ausführungen von wesentlicher Bedeutung sind, sollen die wichtigsten Teilprozesse der beiden Führungssysteme kurz vorgestellt werden. Der dargestellte Ablauf folgt der Systematisierung von Welge/Al-Laham, die den Prozess der **strategischen Planung** in folgende Phasen untergliedern (siehe Abbildung 2-6):[245]

- Die Phase der Zielbildung
- Die Phase der strategischen Analyse
- Die Phase der Strategieformulierung
- Die Phase der Strategieumsetzung (bzw. -implementierung)

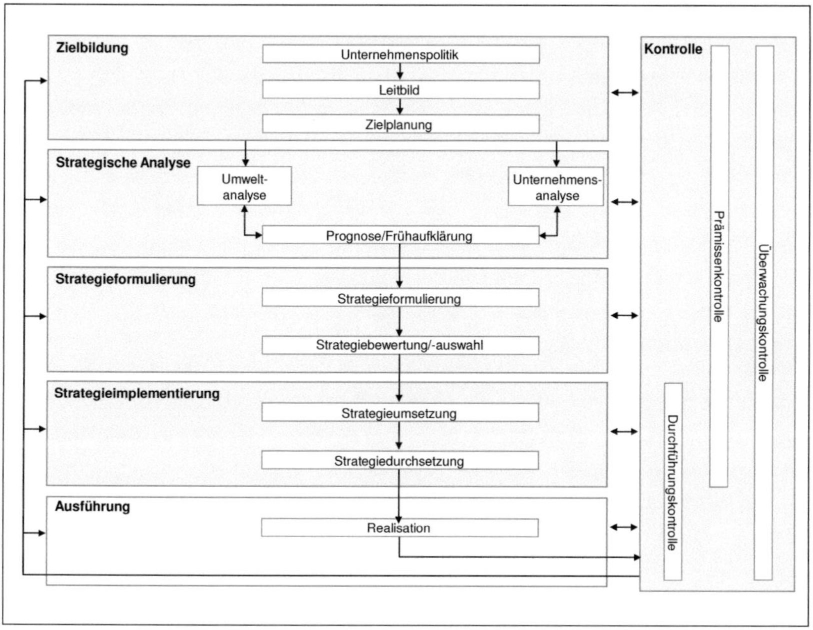

Abb. 2-6: Prozess der strategischen Planung und Kontrolle[246]

Die beiden Autoren weisen darauf hin, dass der Ablauf des Planungsprozesses weniger einer strengen Sequenz folgt, sondern eher als iterativer Prozess mit einer

[245] Vgl. Welge/Al-Laham, 1992, S. 43.

[246] Quelle: Die Abbildung der Teilschritte der strategischen Planung lehnt sich in leicht modifizierter Form an die Darstellungen von Welge/Al-Laham, 1992, S. 44 an. Die Abbildung der strategischen Kontrolle folgt den Ausführungen von Steinmann/Schreyögg, 1997, S. 235–238.

Reihe von Rückkopplungen zu verstehen ist. Den Abschluss der strategischen Planung bildet die strategische Kontrolle, die im Anschluss an die Ausführungen zur strategischen Planung ebenfalls kurz vorgestellt werden soll.

Die Grundlage für die Entwicklung von Unternehmenszielen ist zunächst ein Wertesystem, das unternehmensweit von den obersten Entscheidungshierarchien abgestimmt und getragen wird.[247] Diese Wertehaltung sei durch den Begriff der Unternehmenspolitik beschrieben.[248] Nach Ulrich/Fluri soll die Unternehmenspolitik als die „Auseinandersetzung mit den Wertvorstellungen und Interessen aller an der Unternehmung beteiligten oder von ihren Handlungen betroffenen Gruppen und die permanente Pflege tragfähiger Beziehungen zu diesen Gruppen“ verstanden werden.[249] Aufgabe der Unternehmenspolitik ist es, die Unternehmung im internen und externen Beziehungsfeld zu positionieren und Aussagen über das Selbstverständnis bzw. die gesellschaftliche Rolle des Unternehmens, den Grundzweck des Handelns oder die Verhaltensgrundsätze gegenüber Interessengruppen zu machen.[250] Die Unternehmenspolitik wird in einem Leitbild fixiert. Leitbilder beschreiben somit eine einheitliche Grundauffassung im Unternehmen und zielen auf die Unterstützung aller Entscheidungsprozesse ab.[251] Auf Basis des Unternehmensleitbildes werden schließlich die Unternehmensziele formuliert, welche die Richtgrößen des unternehmerischen Handelns darstellen. Die Unternehmenspolitik respektive das Unternehmensleitbild leisten damit auch einen wesentlichen Beitrag für die Entwicklung bzw. die Beeinflussung der Unternehmenskultur.[252]

Steinmann/Schreyögg bezeichnen die strategische Analyse als „das Herzstück jedes strategischen Planungsprozesses“, weil hierbei die informationellen Grundlagen der Planung geschaffen werden.[253] Diese Analysephase beinhaltet die Aufgabenbereiche Unternehmensanalyse, Umweltanalyse sowie Prognose und strategische Frühaufklärung. Während die Unternehmensanalyse die Stärken und Schwächen des Unternehmens in Bezug zur Konkurrenz identifiziert, geht es bei der Umweltanalyse darum, die Chancen und Risiken der Unternehmensumwelt zu antizipieren.[254] Da die

---

[247] Vgl. Hahn, 1997, S. 32.

[248] Gleichbedeutend mit dem Begriff der Unternehmenspolitik werden häufig die Begriffe Unternehmensphilosophie oder Unternehmensgrundsätze verwendet, vgl. Welge/Al-Laham, 1992, S. 45. Siehe hierzu auch Miller/Dess, 1996, S. 5 ff., Thompson/Strickland, 1995, S. 10 f., David, 1995, S. 86 ff.

[249] Ulrich/Fluri, 1988, S. 65 zitiert in Welge/Al-Laham, 1992, S. 45. Vgl. außerdem Bleicher, 1997, S. 261 und Hinterhuber, 1992 (Unternehmensführung I), S. 56 f.

[250] Vgl. Welge/Al-Laham, 1992, S. 45 ff. sowie Remer, 2004, S. 12.

[251] Vgl. Welge/Al-Laham, 1992, S. 48 ff., Bea/Haas, 1995, S. 65.

[252] Vgl. Hahn, 1997, S. 32, Welge/Al-Laham, 1992, S. 49.

[253] Steinmann/Schreyögg, 1997, S. 155.

[254] Vgl. Welge/Al-Laham, 1992, S. 83.

Harmonisierung zwischen Strategie und Umwelt ein wesentliches Merkmal der strategischen Planung ist, kommt gerade der Analyse der Umweltbedingungen eine bedeutende Rolle zu. Aufgrund der Fülle von Informationen bei gleichzeitig eingeschränkten Informationsverarbeitungskapazitäten der entscheidenden Manager und der ihnen zuarbeitenden Stäbe gehört die Abgrenzung der relevanten Umwelt zu einer der wichtigsten Aufgaben.[255] Der Zukunftsbezug der aus der internen und externen Unternehmensumwelt erzeugten Informationen wird durch unterschiedliche quantitative und qualitative Prognoseverfahren sichergestellt.[256] Frühaufklärungssysteme, auf die im weiteren Verlauf der Arbeit noch näher eingegangen werden soll, ermöglichen die frühzeitige Identifikation kritischer wie auch chancenreicher Entwicklungen im Umfeld des Unternehmens.[257]

Die identifizierten Stärken und Schwächen eines Unternehmens sind im Rahmen der Phase der Strategieformulierung gezielt einzusetzen, um die spezifischen Rahmenbedingungen der Unternehmensumwelt im Sinne der Erreichung der Unternehmensziele zu nutzen.[258] Diese Phase umfasst die Teilprozesse der Strategie-Formulierung, -Bewertung und -Auswahl. Die Erkenntnisse der Analysephase werden zunächst zu sinnvollen Strategiealternativen verdichtet. Im Rahmen dieser Alternativensuche sollen die grundsätzlich möglichen Ausprägungen strategischen Handelns aufgezeigt werden.[259] Man spricht hier auch von strategischen Optionen. Diese lassen sich nach unterschiedlichen Kriterien systematisieren. Neben dem organisatorischen Geltungsbereich[260] kann der Gegenstand einer Strategie beispielsweise auch die wettbewerbliche Orientierung, den Mitteleinsatz oder das Marktverhalten betreffen.[261] Unabhängig vom konkreten Inhalt sollte die Formulierung einer Strategie auf Basis zentraler Grundprinzipien erfolgen. Welge/Al-Laham schlagen als wichtige Grundsätze der Strategieentwicklung beispielsweise den Aufbau von Stärken, die Vermeidung von Schwächen, die Konzentration von Kräften oder die Ausnutzung bzw. den Aufbau von Synergiepotenzialen vor.[262] Sind die Strategiealternativen formuliert, findet im nächsten Schritt die Bewertung statt, wobei die Erfolgspotenziale der wählbaren Strategiearten ermittelt und verglichen werden.[263] Diese

---

[255] Vgl. Bea/Haas, 1995, S. 72, 74 und 75 ff.
[256] Vgl. Welge/Al-Laham, 1992, S. 132–147.
[257] Vgl. Ansoff, 1981, S. 186 ff. Vergleiche auch Kapitel 4.2.4.
[258] Vgl. Bea/Haas, 1995, S. 152.
[259] Vgl. Steinmann/Schreyögg, 1997, S. 156.
[260] Zu unterscheiden sind hierbei die Strategien auf Gesamtunternehmens-, Geschäftsbereichs- oder Funktionsbereichsebene. Bei der Generierung strategischer Optionen auf Unternehmensebene kommen häufig Portfoliokonzepte zum Einsatz. Vgl. Hahn, 1997, S. 372–406.
[261] Vgl. hierzu die Strategietypologie von Kreikebaum, 1997, S. 58 ff.
[262] Vgl. Welge/Al-Laham, 1992, S. 171 ff.
[263] Vgl. Welge/Al-Laham, 1992, S. 353 f.

Phase der strategischen Planung endet schließlich mit einem Entscheidungsprozess, d. h. mit einer Auswahl der erfolgversprechendsten Strategie.[264]

Die Implementierung der Strategie erfolgt auf Basis von strategischen Programmen, mit deren Hilfe die Realisationsphase vorbereitet wird. Strategische Programme stellen Umsetzungspläne dar, welche die strategischen Pläne in konkrete Maßnahmen übersetzen. Die Umsetzung einer Strategie bedarf darüber hinaus der Abstimmung mit den weiteren Subsystemen der Führung.[265] Neben der sachorientierten Umsetzung stellt die verhaltensorientierte Durchsetzung der Strategie ein weiteres wichtiges Aufgabenfeld der Strategieimplementierung dar.[266] Da strategische Programme sehr häufig eine hohe Veränderungsbereitschaft der betroffenen Mitarbeiter voraussetzen, soll möglichen Widerständen und Konflikten mithilfe akzeptanzfördernder Instrumente vorgebeugt werden. Nach Kolks können durch eine umfassende und frühzeitige Information und Kommunikation der Ziele und Inhalte der strategischen Programme, durch Trainings- und Schulungsmaßnahmen, durch präventives Konfliktmanagement sowie durch einen geeigneten Implementierungsstil die Gefahren des Scheiterns der strategischen Umsetzung vermieden oder zumindest vermindert werden.[267]

Eng verbunden mit dem Prozess der strategischen Planung ist die strategische Kontrolle. Diese stellt gewissermaßen das Pendant zu den Aktivitäten der Planung dar.[268]

Die **strategische Kontrolle** wird als geordneter, laufender und informationsverarbeitender Prozess interpretiert, der parallel zur strategischen Planung verläuft, und in dessen Rahmen Abweichungsanalysen zwischen Plan- und Vergleichsgrößen stattfinden. Mit deren Hilfe wird die Korrektheit der strategischen Planung überprüft.[269] Die gegenseitige Abhängigkeit beider Prozesse beschreibt Wild mit den Worten: „Planung ohne Kontrolle ist daher sinnlos, Kontrolle ohne Planung unmöglich“[270]. Die generelle Notwendigkeit einer strategischen Kontrolle ergibt sich aus der Planungs-

---

[264] Steinmann/Schreyögg bemerken, dass Entscheidungen in der Praxis häufig nicht zwangsläufig auf logisch-analytischem Wege erfolgen, sondern durch Emotionen und Interessen bestimmt werden. Die möglichen Folgen dieser Verzerrungen sind, dass letzten Endes Strategien verfolgt werden, die niemand gewollt hat. Vgl. Steinmann/Schreyögg, 1997, S. 223.

[265] Vgl. Welge/Al-Laham, 1992, S. 387 ff.

[266] Vgl. Kolks, 1990, S. 79.

[267] Vgl. Kolks, 1990, S. 114 ff.

[268] Vgl. Horváth, 2001, S. 169.

[269] Vgl. Bea/Haas, 1995, S. 206.

[270] Wild, 1974, S. 44. Dies bedeutet einerseits, dass Kontrollen als Soll-Ist-Vergleiche ohne Ziele bzw. Pläne nicht durchführbar sind, und andererseits, dass die Planung ihre Steuerungs- bzw. Regelungsfunktion nur über die Kontrolle erfüllen kann.

inhärenz der Unsicherheitsproblematik.[271] Die strategische Planung vermag zwar die Transparenz einer Entscheidungssituation verbessern, die vollständige Beherrschung der Unsicherheit wird ihr allerdings nicht gelingen.[272]

Die traditionelle Auffassung der Kontrolle als „Schlusslicht" im Prozess des strategischen Managements im Sinne eines Soll-Ist-Vergleichs wird den Anforderungen bei Weitem nicht gerecht.[273] Die strategische Kontrolle muss deshalb planungs- und realisationsbegleitend erfolgen und „primär zukunftsorientiert, vorkoppelnd (‚feed forward') ausgerichtet sein [...]."[274] Störgrößen, die die geplante Umsetzung der strategischen Pläne beeinträchtigen könnten, sollen somit frühzeitig mit gegensteuernden Maßnahmen belegt werden.[275] In diesem konzeptionellen Sinne unterscheiden Steinmann/Schreyögg folgende Bausteine einer strategischen Kontrolle:[276]

- Strategische Prämissenkontrolle
- Strategische Durchführungskontrolle
- Strategische Überwachung

Die strategische Prämissenkontrolle (Wird-Ist-Vergleich) hat die Aufgabe, die bei der Strategieauswahl und -implementierung zugrunde gelegten Annahmen über Umwelt- und Unternehmensentwicklungen laufend auf ihre Gültigkeit hin zu überprüfen. Prämissen haben dabei zum Ziel, durch Komplexitätsreduktion eindeutige Entscheidungsgrundlagen zu generieren.

Mit Beginn der Implementierung der Strategie setzt die strategische Durchführungskontrolle ein. Mithilfe von Zwischenzielen, sogenannten „Meilensteinen", sollen Störungen oder prognostizierte Abweichungen festgestellt werden. So werden gleichzeitig Gefährdungen des gewählten Kurses eruiert. Durchführungskontrollen finden auch in der operativen Realisationsphase statt. Steinmann/Schreyögg grenzen diese begrifflich ab und sprechen hier von Planfortschritts- und Ergebniskontrollen. Während bei der Ergebniskontrolle (Soll-Ist-Vergleich) eine Überprüfung der Zielerreichung stattfindet, wird im Rahmen der Planfortschrittskontrolle (Soll-Wird-Vergleich), analog der Planungsphase, der Realisierungsfortschritt auf Basis von Vorhersagen bewertet. Im Gegensatz zur Ergebniskontrolle, wo die durch Abweichungsanalysen gewonnenen Informationen lediglich für zukünftige Planungsprozesse verwendet

---

[271] Vgl. Horváth, 2001, S. 175.
[272] Vgl. Heuer, 1988, S. 69 ff.
[273] Vgl. Steinmann/Schreyögg, 1997, S. 233.
[274] Hahn, 1997, S. 851.
[275] Vgl. Hahn, 1997, S. 851.
[276] Vgl. Steinmann/Schreyögg, 1997, S. 235–238 und S. 358 f.

werden können, ist bei der Planfortschrittskontrolle eine Behebung potenzieller Abweichungen noch während der Realisation möglich.

Die strategische Überwachung stellt eine Kontrollart dar, die nicht auf der Gegenüberstellung von Plan- und Vergleichsgrößen basiert. Sie ist eine ungerichtete Kontrolle, die nicht von vornherein auf ein Kontrollobjekt bezogen ist, sondern Unternehmens- und Umweltentwicklungen identifiziert, die sich nicht auf die im Rahmen der Planung festgelegten Prämissen beziehen. Die ungerichtete Überwachung fungiert somit auch im Sinne einer strategischen Frühaufklärung, die Chancen und Risiken für die geplante Unternehmensentwicklung erkennen soll.

c) Strategisches Management und sein Risikobezug

Ziel des strategischen Managements ist die langfristige Sicherung des Bestandes des Unternehmens. Die Umsetzung der Existenzsicherung spiegelt sich dabei in dem von Gälweiler beschriebenen Wirkungskreislauf aus Erfolgspotenzialen, Erfolg und Liquidität wider.[277] Erfolgspotenziale können hierbei zunächst als die Voraussetzungen für dauerhaften unternehmerischen Erfolg verstanden werden. Dieser Erfolg sichert wiederum die Liquidität des Unternehmens, auf dessen Basis schließlich die Erneuerung existenzerhaltender Erfolgspotenziale erfolgt.[278]

Erfolgspotenziale können beispielsweise außergewöhnliche Problemlösungen, spezifisches Know-how, besondere Produkte oder ausnehmende Dienstleistungen sein, die beim Kunden einen besonderen Nutzen stiften und damit strategische Wettbewerbsvorteile generieren. Sie dienen der langfristigen Überlebensfähigkeit des Unternehmens.[279] Der Aufbau und die Erhaltung nachhaltiger Erfolgspotenziale erfolgt im Rahmen der strategischen Planung und gründet im Wesentlichen auf die Nutzung von Chancenpotenzialen. Die Auseinandersetzung mit längerfristigen Überlebensfragen bedeutet gleichzeitig aber auch eine Beschäftigung mit Risikofragen.[280] Aufgabe der strategischen Planung ist es, zukünftige Handlungsoptionen zu identifizieren, zu selektieren und zu strukturieren. Mithilfe dieses Selektionsprozesses werden solche Handlungsalternativen ausgeschlossen, die ein nicht akzeptables Eingehen von Risiken zur Folge haben. Der Prozess der Erkennung, Analyse, Bewertung sowie Handhabung von Risiken stellt damit einen fundamentalen Bestandteil der strategischen

[277] Vgl. Gälweiler, 1981, S. 84.
[278] Vgl. Gälweiler, 1990, S. 23 ff.
[279] Vgl. Pümpin/Geilinger, 1988, S. 11.
[280] Vgl. Haller, 1986, S. 125.

Planung dar.[281] Hermann sieht in der Sicherungswirkung der Planung sogar eine ihrer Grundfunktionen.[282]

Der Risikobezug des strategischen Managements leitet sich allerdings nicht nur aus der originären Aufgabe der Risikobewältigung ab. Zukunftsgerichtete Entscheidungen sind unter Unsicherheit zu treffen und damit untrennbar mit der Gefahr einer Fehlentscheidung, d. h. einem Risiko, verbunden.[283] Die dem Prozess der strategischen Planung immanente Unsicherheit stellt auf diese Weise einen weiteren bedeutenden Risikobezug des strategischen Managements dar. Unsicherheiten begründen sich dabei in den charakteristischen Eigenschaften strategischer Entscheidungsprobleme.[284] Sie lassen sich allerdings auch direkt aus der notwendigen Selektions- und Interpretationswirkung der Planung ableiten, die primär der Beherrschung der Komplexität dient.[285] Die mit der Selektion einhergehende Ausblendung bestimmter Umweltaspekte bedeutet nicht, dass diese Bereiche auch tatsächlich irrelevant sind. Der Selektionszwang begründet somit ein Risiko, das unvermeidlich durch den Planungsprozess verursacht wird.[286]

Zusammenfassend wird festgehalten, dass durch die strategische Planung Risiken nicht nur bewältigt, sondern auch hervorgerufen werden. Dies macht den ambivalenten Charakter des Planungsprozesses deutlich. Es zeigt sich, dass der System-Umwelt-Bezug nicht allein durch Planung bewältigt werden kann und dass die durch die Selektion verursachten Risiken durch parallel laufende Maßnahmen kontrolliert werden müssen.

Die Beherrschung strategischer Risiken stellt somit eine Kernaufgabe des strategischen Managements bzw. der strategischen Planung und Kontrolle dar.[287] Im Vordergrund steht hierbei die Verringerung von Unsicherheit.[288] Da diese Aufgabe so-

---

[281] Vgl. Farny, 1989, Sp. 1.756. Albach sieht in der strategischen Planung im Wesentlichen die Aufgabe, „Risiken der Umwelt vorausschauend zu erkennen, zu begrenzen oder zu vermeiden." Albach, 1978, S. 714.

[282] Vgl. Hermann, 1996, S. 107.

[283] Vgl. Philipp, 1967, S. 77 f.

[284] Vgl. Mikus/Götze, 1999, S. 2 f. Als Beispiele führt Mikus den langfristigen Planungshorizont, die Komplexität der zu treffenden Entscheidungen sowie den bedeutenden Einfluss von Umweltentwicklungen auf. Wild weist darauf hin, dass das Risiko prinzipiell von allen Bestandteilen eines Plans abhängt. Ausgenommen davon sind die Planungsergebnisse, da diese mit dem Risiko behaftet sind. Vgl. Wild, 1974, S. 140.

[285] Nach Steinmann/Schreyögg äußert sich das Selektionsrisiko in Fehlselektion und Ignoranz. Vgl. Steinmann/Schreyögg, 1997, S. 234.

[286] Vgl. auch die Ausführungen zur Systemtheorie in Kapitel 2.3.1 sowie Hacker, 2007, S. 52, der die inhaltlichen Gemeinsamkeiten zwischen der Systemtheorie und der strategischen Planung hervorhebt.

[287] Vgl. Schinle, 1987, S. 97.

[288] Vgl. Wild, 1974, S. 15 ff.

wohl von der Funktion der Planung als auch von der Funktion der Kontrolle getragen werden muss, erfolgt die Einbeziehung von Unsicherheits- und Risikoaspekten in allen Phasen des Planungs- und Kontrollprozesses. Während die strategische Planung Risiken beiderseits verursacht und bewältigt, stellt die strategische Kontrolle eine Funktion dar, die ausdrücklich versucht, die im Rahmen der Planung ausgelösten Risiken zu identifizieren und Maßnahmen zu ihrer Bewältigung zu initiieren.[289]

Die oben genannten Ausführungen lassen erkennen, dass der Umgang mit Risiken in allen Phasen des Planungs- und Kontrollprozesses Relevanz besitzt. Da die Handhabung von Risiken zur eigentlichen Grundidee des Ansatzes eines Risikomanagements gehört, stellt sich die Frage, wie sich beide Managementansätze voneinander abgrenzen lassen.

2.3.2.2 Integration des Risikomanagements in die Unternehmensführung

Beim Aufzeigen des Zusammenhangs zwischen Risikomanagement und strategischem Management soll zunächst noch einmal Bezug genommen werden auf die Abgrenzung zwischen der engen und der weiten (bzw. der generellen) Konzeption eines Risikomanagements. Während sich der enge Ansatz primär auf reine, versicherbare Risiken konzentriert, bezieht sich der weite Ansatz auch auf spekulative, also nicht versicherbare Risiken.[290] Mit Ausweitung des Kompetenzbereiches wird dabei ein integriertes Konzept beschrieben, das dem Risikomanagement „als Funktion und/oder als Institution die Aufgabe zuweist, sämtliche betrieblichen Aktivitäten unter dem Aspekt potenzieller Störungen zu überprüfen und risikotheoretische Aktivitäten in die gesamte Führung einzubinden."[291]

Entsprechend dieser Definition befasst sich das weite Risikomanagement auch mit strategischen Problemstellungen. Vergleicht man diese Konzeption nun mit den risikobezogenen Aufgaben des strategischen Managements, lassen sich zwischen beiden Ansätzen Analogien feststellen. Beide Managementkonzepte beschäftigen sich mit ähnlichen Fragestellungen und verfolgen das Ziel, die Existenz des Unternehmens dauerhaft zu sichern.[292] Bezogen auf die Handhabung strategischer Risiken stellt sich deshalb durchaus die Frage, ob eine enge Auslegung des Risikomanagements zur Bewältigung operativer Risiken nicht ausreichend ist, da strategische Risi-

---

[289] Vgl. Hermann, 1996, S. 109 ff.
[290] Vgl. Kapitel 2.1.2.2 und Kapitel 2.2.1.
[291] Fasse, 1995, S. 64.
[292] Vgl. Mikus/Götze, 1999, S. 5.

ken bereits im Rahmen der allgemeinen Unternehmensführung Berücksichtigung finden.

Um das Verhältnis zwischen dem weiten Verständnis des Risikomanagements und dem strategischen Management zu erörtern, soll im folgenden Kapitel geklärt werden,

- welche Rechtfertigung die weite Risikomanagement-Konzeption besitzt,
- welchen zusätzlichen Nutzen sie stiftet und
- wie sie in die Funktionen der Unternehmensführung eingeordnet werden kann.

Wie bereits betont, zielt die im Mittelpunkt des strategischen Managements stehende strategische Planung primär auf die Generierung von Erfolgspotenzialen ab. Das Konzept beinhaltet dabei zwar die Anpassung an unerwartete Entwicklungen und Ereignisse, der Sicherstellung der Unternehmenszielerreichung wird allerdings meist nicht umfassend Rechnung getragen.[293] Obwohl sich das strategische Management auf der einen Seite mit bewusst gesetzten Zielen (in Form von Chancen) auseinandersetzt, stehen auf der anderen Seite unbewusst vorausgesetzte Randbedingungen häufig nicht im Fokus.[294] Diese Randbedingungen stellen keine primären Unternehmensziele dar, sondern wirken lediglich indirekt und zudem meist negativ auf diese ein.[295] Genau diese Lücke soll durch den weiten Ansatz des Risikomanagements geschlossen werden. Die Legitimität des Risikomanagements leitet sich somit primär von der Unterstützung der Unternehmensführung durch die bewusste Betonung des Sicherheitsaspekts ab. Während das strategische Management auf die Optimierung der Unternehmensziele ausgerichtet ist, versucht das Risikomanagement, Abweichungen von den Unternehmenszielen zu verhindern.[296] Wenn also unter dem Begriff des „strategischen Managements" wesentlich der Aufbau und der Erhalt von Erfolgspotenzialen verstanden werden kann, so konzentriert sich das generelle Risikomanagement auf die Vermeidung von unternehmensgefährdenden Risikopotenzialen.[297]

Der zusätzliche Nutzen der weiten Konzeption eines Risikomanagements wird vor allem dahingehend beschrieben, dass er aktiv auf das Risikobewusstsein der Mitarbeiter wirkt und den Risikoaspekt bei allen Führungsaktivitäten bewusst in den Vor-

[293] Vgl. Haller, 1986, S. 8 f., Hermann, 1996, S. 52, Pfohl, 2002, S. 7.
[294] Vgl. Grünig, 1996, S. 27.
[295] Vgl. hierzu auch die Unterscheidung der Begriffe Aktionsrisiko und Bedingungsrisiko in Kapitel 2.1.3.1.
[296] Vgl. Haller, 1986, S. 21.
[297] Vgl. Grünig, 1996, S. 28 f., Fasse, 1995, S. 104.

dergrund stellt.[298] Um die Gefahr von Fehlentscheidungen zu verringern, sollten alle relevanten Risikoursachen und deren möglichen Wirkungsfolgen auf die Erreichung der Ziele im Rahmen jeder unternehmerischen Entscheidung Berücksichtigung finden.[299] Im Gegensatz zur strategischen Planung werden hierbei Einzelentscheidungen bezüglich ihrer Auswirkungen auf das unternehmerische Gesamtrisiko untersucht und schließlich so gesteuert, dass die Sicherheit des Unternehmens erhöht wird. Dabei kann durchaus ein Austausch von Einzelrisiken erfolgen.[300]

Die obigen Ausführungen zeigen die engen Beziehungen zwischen den beiden Ansätzen. Bei der Diskussion der konzeptionellen Zusammenführung versteht Mensch die Funktion des Risikomanagements als Risikodimension in der Führung, die sich auf alle Führungsaufgaben in der Unternehmung bezieht.[301] Schuy hingegen betrachtet das generelle Risikomanagement sogar als einen Bestandteil des strategischen Managements.[302] Die folgende Abbildung verdeutlicht diesen Zusammenhang. Neben der Unterscheidung zwischen dem engen und dem weiten Risikomanagement zeigt die Darstellung auch die Einordnung des umfassenden Ansatzes in die Funktion der Unternehmensführung. Ziel einer expliziten Einbindung des Risikomanagements als Subsystem der Unternehmensführung ist es, unter besonderer Berücksichtigung des Sicherheitsaspekts die unternehmerische Risikosituation zu fokussieren und damit den Zielerreichungsgrad zu erhöhen.[303]

Analog der Abbildung 2-7 versteht auch die vorliegende Arbeit Risikomanagement im weiten Sinne, also als Teil des allgemeinen Managements. Dabei wird die Funktion des Risikomanagements zwar als eine eigenständige, nicht aber als eine isolierte Funktion des strategischen Managements verstanden.[304] Entsprechend fordert Haller auch die Integration des Risikomanagements in die Führungsebene der Unternehmung. Risikomanagement ist gemäß seiner Ansicht als begleitende Führungsfunktion zu etablieren, die in alle Führungstätigkeiten laufend einzubeziehen ist.[305] Er

[298] Vgl. Fasse, 1995, S. 73.
[299] Vgl. Mikus/Götze, 1999, S. 4.
[300] Vgl. Mikus/Götze, 1999, S. 6.
[301] Vgl. Mensch, 1991, S. 60.
[302] Vgl. Schuy, 1989, S. 236. Ebenso Albach, der das Risikomanagement als Element der strategischen Unternehmensführung auffasst. Vgl. Albach, 1978, S. 711.
[303] Vgl. Mikus, 2001, S. 70.
[304] Vgl. Hermann, 1996, S. 52.
[305] Vgl. Haller, 1986, S. 9 und 21 sowie Brühwiler, 2001, S. 99 ff. Haller zeigt zunächst Verständnis für die Kritiker eines eigenständigen Risikomanagement-Ansatzes, die darauf hinweisen, dass Risiken einer jeden Führungstätigkeit immanent sind. Die Kritik richtet sich hierbei entsprechend darauf, dass durch die Eigenständigkeit die Gefahr einer Isolierung von Risikoaspekten gesehen wird. Haller führt allerdings weiter fort, dass diese Kritik aus seiner Sicht nur berechtigt erscheint, wenn der Behauptung zugestimmt werden kann, dass das strategische Management Risiken auf „natürliche Weise“ einbezieht. Dieser Hypothese widerspricht Haller. Vgl. Haller, 1986, S. 8 f.

spricht in diesem Zusammenhang von der Ausgliederung und der Eingliederung von Risikoaspekten, die sich in „dialektischem Wechselspiel"[306] vollziehen. Dieses Prinzip stellt ein wichtiges Merkmal seines Risikomanagement-Konzepts dar. In ähnlicher Weise argumentiert Weber, der bei der Umsetzung eines Risikomanagements als Bestandteil des strategischen Managements die Notwendigkeit der tiefen Verankerung der Risikomanagement-Prozesse in den Managementprozess betont.[307] Eine solche Integration ermöglicht es schließlich, dass Risiken bereits im Rahmen der Planung berücksichtigt werden und nicht erst nach ihrem Abschluss.[308]

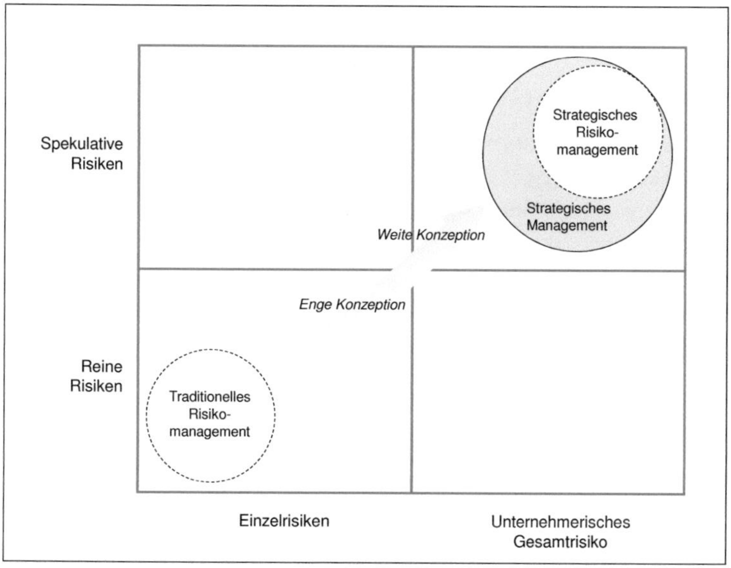

Abb. 2-7: Einbindung des Risikomanagements in die Unternehmensführung[309]

Als Fazit bleibt festzuhalten: Das Risikomanagement kann nicht mit dem strategischen Management gleichgesetzt werden, sondern stellt als dessen Subsystem eine notwendige Unterstützung unter der bewussten Betonung des Risikoaspekts dar.[310] Als Ausschnitt aus der gesamten Unternehmensführung ist es damit allerdings auch selbst Gegenstand von Planung und organisatorischer Gestaltung.[311] Ködel fasst das

---

306 Haller, 1986, S. 9.
307 Vgl. Weber, 2000 (Perspektiven), S. 1.934.
308 Vgl. Hermann, 1996, S. 53.
309 Quelle: Macharzina, 1995, S. 538 bzw. in abgewandelter Form Mikus/Götze, 1999, S. 6.
310 Vgl. Schuy, 1989, S. 33.
311 Vgl. Farny, 1989, Sp. 1.756.

Verhältnis zwischen den Konzepten des Risikomanagements und des strategischen Managements treffend wie folgt zusammen: „[...] nicht jedes Management ist Risiko-Management, aber in jedem Management sollte Risiko-Management enthalten sein“.[312]

Aufgrund der engen Beziehung beider Managementansätze soll im weiteren Verlauf der Arbeit in Analogie zum Begriff des strategischen Managements der weit gefasste Ansatz eines Risikomanagements als „strategisches Risikomanagement“ bezeichnet werden.

2.3.3 Aspekte eines strategischen Risikomanagements

Schinle konstatiert, dass das strategische Risikomanagement „der ständigen Erkennung und Bewusstmachung der SR [strategischen Risiken; Anmerkung des Verfassers] sowie der damit verbundenen Führungsverantwortung, der Bewertung und der Ableitung von Konsequenzen“ dient.[313] Strategische Risiken drücken dabei die Gefahr aus, dass bestehende Erfolgspotenziale eines Unternehmens beeinträchtigt, gestört oder zerstört werden bzw. dass keine neuen Erfolgspotenziale mehr aufgebaut werden.[314]

Der Ansatz des strategischen Risikomanagements trägt somit zur systematischen und ganzheitlichen Bewältigung strategischer Risiken bei und soll verhindern, dass das Unternehmen in eine Krisensituation gerät.[315] Er ist damit der „Schlüssel für den Umgang mit schwer fassbaren und überlebensrelevanten Problemfeldern“.[316]

Der zeitliche Bezugsrahmen erstreckt sich dabei auf mehrere Jahre, was zu einem stärkeren prospektiven (statt reaktiven) Einfluss auf das Risiko führt. Es bestimmt die langfristigen risikopolitischen Maßnahmen für die im Zusammenhang mit der strategischen Planung in Verbindung stehenden konkreten und potenziellen Risikoursachen.[317] „Dies erfordert nicht nur eine geistige Durchdringung der Umweltentwicklungen, sondern auch ein ständiges Beobachten und Gestalten unternehmensinter-

---

[312] Ködel, 1997, S. 20.
[313] Schinle, 1987, S. 97.
[314] Vgl. Schwarzecker/Spandl, 1996, S. 14. Während strategische Risiken sich in erster Linie auf die Erreichung langfristiger Ziele beziehen und mögliche Existenzgefährdungen bzw. ein hohes Verlustpotenzial umfassen, kennzeichnen operative Risiken Verlustgefahren, die eher kurzfristiger Natur sind und die sich im Rahmen der Gestaltung der Güter-, Geld-, und Informationsströme in negativen Abweichungen von geplanten Soll-Zuständen ausdrücken. Kupsch, 1995, S. 532.
[315] Vgl. Schinle, 1987, S. 97.
[316] Schinle, 1987, S. 98.
[317] Vgl. Schuy, 1989, S. 237.

ner Gefahrenquellen mit dem Ziel, neu entstehende Risikowirkungsfolgen zu erfassen und auszuschalten."[318] Im Sinne des bereits vorgestellten Wirkungskreislaufes von Gälweiler liefert das strategische Risikomanagement damit auch einen wichtigen Beitrag zur Sicherung der erfolgreichen Weiterentwicklung des Unternehmens.

In Anlehnung an die in Kapitel 2.2 vorgestellten Definitionen eines Risikomanagements ergeben sich für das strategische Risikomanagement die folgenden Aufgabenschwerpunkte:[319]

- Die Schaffung allgemeiner Grundlagen, um die Anpassungsfähigkeit des Unternehmens gegenüber Umweltveränderungen zu stärken und damit das Risikopotenzial auf ein Minimum zu reduzieren. Durch gedankliche Vorwegnahme *möglicher Risiken* und eine darauf aufbauende Ableitung von risikopolitischen Maßnahmen kann das strategische Risikomanagement einen wesentlichen Beitrag zu Abwendung strategischer Risiken leisten.
- Die Diagnose und Bewältigung *latenter Risiken,* die bereits verdeckt vorhanden sind oder mit hoher Wahrscheinlichkeit bald eintreten werden. Die Anwendung geeigneter Methoden der Früherkennung sowie präventiver Maßnahmen ermöglicht dem strategischen Risikomanagement eine aktive Beeinflussung vorhandener Gefährdungen.
- Die proaktive und reaktive Beherrschung eingetretener, *akuter Bedrohungen.*

Die Aufgabenschwerpunkte zeigen, dass die Aktivitäten des strategischen Risikomanagements nicht mit Abschluss der strategischen Planung enden, sondern im Rahmen der Realisationsphase mit der laufenden Sicherung des Unternehmens fortgeführt werden.[320]

Das Risiko- bzw. das Risikomanagement-Verständnis der vorliegenden Arbeit sei in der folgenden Abbildung verdeutlicht. Im Spannungsfeld zwischen Risikoursachen und Risikowirkungen setzt das strategische Risikomanagement an der Identifizierung, Analyse und Bewertung sowie an der Handhabung potenzieller, latenter und akuter Bedrohungen an, die sowohl operativen als auch strategischen Charakter besitzen können. Abbildung 2-8 verdeutlicht, dass Risiken, die zunächst potenziellen Charakter besitzen, zu Risiken mit latenter Bedrohung transformieren können. In einem solchen Stadium können erste Anzeichen eines bevorstehenden Eintritts identi-

[318] Schuy, 1989, S. 237.
[319] Vgl. Schinle. 1987, S. 97. Begriffliche Anlehnung an Krystek, 1987, S. 29 ff.
[320] Vgl. Farny, 1989, Sp. 1.756.

fiziert werden. Mit steigender Entwicklung des Gefahrenpotenzials hin zur akuten Bedrohung nimmt die Reaktionszeit zur Handhabung des Risikos entsprechend ab. Die Signalwirkung des Risikos wird dabei zunehmend stärker. Mit Eintritt des Risikos kann seine Wirkung bereits an der verfehlten Zielerreichung, also am Schaden, gemessen werden.

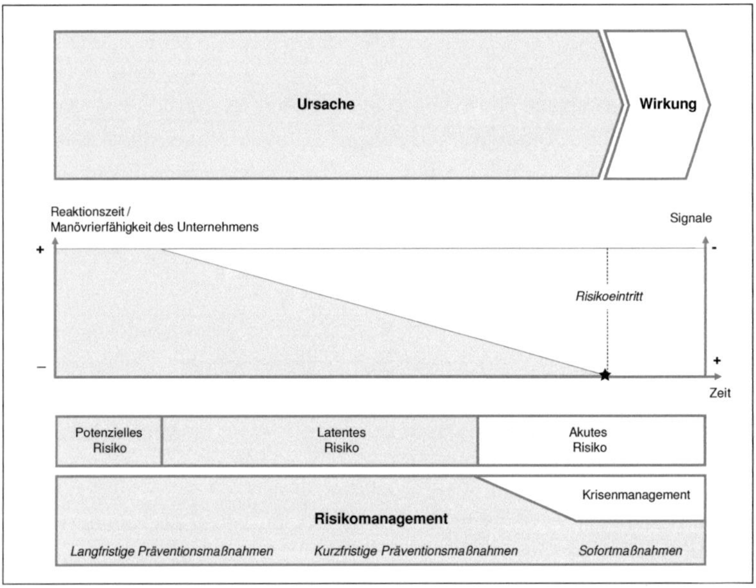

Abb. 2-8: Risiko- und Risikomanagement-Verständnis der vorliegenden Arbeit[321]

Je kürzer die Reaktionsmöglichkeiten auf Bedrohungen sind, desto schneller müssen entsprechende Maßnahmen ergriffen werden. Diese Aufgabe obliegt dabei primär dem operativen Management, das in das Gesamtkonzept eines strategischen Risikomanagement-Systems eingebettet ist. Aufgabe des strategischen Risikomanagements ist es, die Ziele und Handlungsspielräume der operativen Entscheidungsebene abzugrenzen und die Voraussetzungen einer effektiven Handhabung sicherzustellen.[322] Das strategische Risikomanagement bildet somit sowohl zeitlich als auch inhaltlich den Rahmen für das operative Risikomanagement.[323] Umgekehrt bedarf es selbstverständlich auch der Rückkopplung zwischen operativer und strategi-

[321] Quelle: eigene Darstellung.
[322] Vgl. auch de Zeeuw, S 1999, S. 38.
[323] Vgl. Schuy, 1989, S. 240. Schuy weist darauf hin, dass das operative Risikomanagement wesentlich stärker detailliert und präzisiert ist und durch operationale Vorgaben und Aktionspläne bestimmt ist.

scher Risikomanagement-Ebene, um auf Basis der Erfahrungen der reaktiven Handhabung von Bedrohungen das Planungsverhalten laufend zu verbessern. Das Management akuter und existenzbedrohender Risiken bzw. eingetretener Schäden soll als Krisenmanagement verstanden werden, das, der Auffassung Haller folgend, einen Teilbereich des Risikomanagements darstellt.[324] In Abgrenzung zum operativen Risikomanagement erfordert das Krisenmanagement, bei dem ebenfalls kurze Reaktionszeiten gegeben sind, aufgrund der Dringlichkeit und der Höhe des Schadenspotenzials bzw. des bereits eingetretenen Schadens andere Eskalationsmechanismen. Da hier häufig schnelle und weitreichende Entscheidungen zu fällen sind, ist deshalb auch eine andere Einbindung der Führung notwendig.

Um die gesamte Bandbreite möglicher Risiken für ein Unternehmen kontrollierbar und kalkulierbar zu machen, sollte das strategische Risikomanagement bestimmten Anforderungen genügen. Gemäß Schuy sind bei der umfassenden Ausgestaltung eines strategischen Risikomanagements folgende Bestimmungsmerkmale wesentlich:[325]

- Bewusste Integration aller Unternehmens- und Umweltbereiche
- Interdisziplinäre Ausrichtung
- Risikomanagement als integrale Funktion der Unternehmenspolitik
- Sicherungsfunktion als Maxime
- Ganzheitliches Denken im Sinne der Systemtheorie
- Entwicklung von einem passiven zu einem aktiven Risikomanagement

Zusammenfassend sei festgehalten, dass das strategische Risikomanagement als ein lernender, sich entwickelnder und intelligenter Lernprozess etabliert werden sollte, welcher der aktuellen und potenziellen Risikosituation im Unternehmen permanent und unmittelbar Rechnung trägt. Entscheidend ist, dass sämtliche Mitarbeiter ein ausgebildetes Risikobewusstsein entwickeln und sich dementsprechend eine risikoorientierte Unternehmenskultur herausbildet. Ein bereichsübergreifendes Zu-

---

[324] Siehe Kapitel 2.2.1.

[325] Vgl. Schuy, 1989, S. 34. Vgl. hierzu auch Ackermann, 1999, S. 22 f. Holst definiert darüber hinaus eine Reihe von generellen Anforderungen an das Risikomanagement, die auch auf die strategische Ausrichtung übertragbar sind. Hierzu zählen beispielsweise Anforderungsmerkmale wie Rechtzeitigkeit, Vollständigkeit, Wirtschaftlichkeit, Kommunikationsbereitschaft, Quantifizierbarkeit, Objektivität, Flexibilität, Berücksichtigung von Interdependenzen oder Dokumentation. Vgl. Holst, 1998, S. 9 f.

sammenspiel der Kräfte ohne organisatorische Schranken unter Verwendung schneller Informationswege stellt deshalb eine wichtige Voraussetzung dar.[326]

2.3.4 Ansätze strategischer Risikobewältigung

2.3.4.1 Ausgewählte Konzepte zur Bewältigung von Unsicherheit

In den Veröffentlichungen zur Unternehmensführung wird die Handhabung strategischer Risiken eher selten unter dem Begriff „strategisches Risikomanagement" subsumiert. Diese geringe begriffliche Verbreitung sollte allerdings nicht zur Annahme verleiten, dass es innerhalb der betriebswirtschaftlichen Literatur keine Auseinandersetzung mit der Problematik gibt.

Im Folgenden werden zwei Ansätze vorgestellt, die artverwandt zu den Aufgabenstellungen eines strategischen Risikomanagements sind. Die strategischen Stoßrichtungen dieser beiden Konzepte stellen dabei eine **wichtige Grundlage** zur Ableitung der in Kapitel 4.3.1 beschriebenen risikopolitischen Grundstrategien der Beschaffung dar.

Ausgangspunkt ist zunächst der Zusammenhang zwischen den Begriffen Unsicherheit und Risiko. Wie in den vorangegangenen Kapiteln bereits beschrieben,[327] können Unsicherheiten, die mit zukunftsgerichteten Entscheidungen zwangsläufig einhergehen, als die wesentliche Ursache eines Risikos angesehen werden.[328] Ansätze zur Bewältigung von Unsicherheit sind folglich nicht nur als Instrumente eines strategischen Managements zu verstehen, sondern können aufgrund des gemeinsamen Bemühens einer Bewältigung unvollkommener Erwartungen auch als Ansatzpunkte einer strategischen Risikobewältigung interpretiert werden.

a) Unsicherheitsbewältigung nach Allaire und Firsirotu

Als erster Ansatz sei der von Allaire und Firsirotu genannt,[329] in dem die verschiedenen möglichen Verhaltensweisen gegenüber Ungewissheit strukturiert werden. Allaire und Firsirotu unterscheiden drei strategische Handlungsoptionen zur Bewältigung von Unsicherheit. Auf Basis der in Abbildung 2-9 vorgestellten Matrix werden

---

[326] Vgl. Hornung/Reichmann/Diederichs, 1999, S. 324 sowie Bieta/Kirchhoff/Milde/Siebe, 2002, S. 12.
[327] Vgl. Kapitel 2.1.
[328] Philipp, 1967, S. 77 f.
[329] Vgl. Allaire/Firsirotu, 1989, S. 7–16. „Uncertainty about the firm's future is the core of strategy; it is the essential reason to engage in strategic planning." Allaire/Firsirotu, 1989, S. 15.

diese, abhängig von der Ausprägung der Unsicherheit (Abszisse) sowie der Einflussmöglichkeit auf die Unsicherheitsquelle (Ordinate), entsprechend abgeleitet. Diese Bewältigungsstrategien haben hierbei sowohl ursachenbezogenen (Technocratic und Power Response) als auch wirkungsbezogenen Charakter (Structural Response).

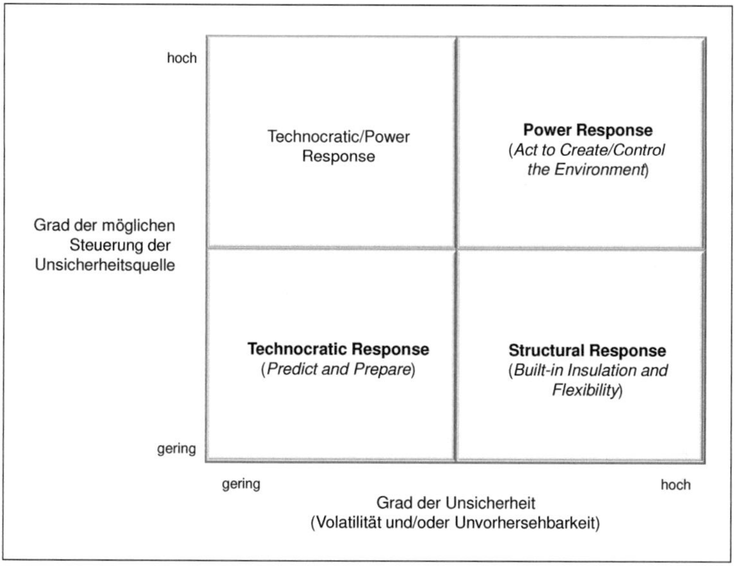

Abb. 2-9: Bewältigung von Unsicherheit nach Allaire und Firsirotu[330]

Die Ungewissheitsbewältigung mithilfe des sogenannten *„Predict and Prepare (Technocratic) Response“* versucht, durch Einsatz hoch entwickelter Prognoseverfahren und Planungsinstrumente zukünftige Ereignisse vorherzusagen und auf dieser Grundlage entsprechende Vorbereitungsmaßnahmen zu treffen. Die beiden Autoren weisen allerdings gleichzeitig auch auf die Unzulänglichkeiten dieser Planungswerkzeuge hin, die sich nur unter bestimmten Umfeldbedingungen eignen: „Whenever changes occur faster than the organization's ability to respond, technocratic coping mechanisms will fail.“[331] Wichtige Voraussetzung eines effektiven Einsatzes dieser Form von Unsicherheitsbewältigung ist deshalb, dass die relevante

---

[330] Quelle: Allaire/Firsirotu, 1989, S. 14, Figure 3.
[331] Allaire/Firsirotu, 1989, S. 9.

Umwelt einen geringen Grad informatorischer Unvollkommenheit aufweist und somit nur in geringem Maße von Komplexität und Dynamik geprägt ist.[332]

Als zweite Option einer strategischen Bewältigung von Ungewissheit wird der sogenannte *„Power Response"* genannt. Dieser Ansatz versucht, die für die Ungewissheitssituation verantwortlichen externen Einflussfaktoren durch aktive Beeinflussung derart zu prägen,[333] dass deren Ungewissheitscharakter genommen bzw. verringert wird. Die Abgrenzung zum vorherigen Ansatz wird in folgendem Zitat deutlich: „Don't predict the future, control it!"[334] Der Power-Response-Ansatz sieht die Kontrolle und Manipulation solcher Schlüsselfaktoren vor, deren Ungewissheit und potenzielle Steuerbarkeit hoch ist. Als Beispiele werden genannt: Akquisitionen, Kooperationen, Absprachen mit dem Wettbewerb, Verlagerung von Unternehmensrisiken auf Externe, Langzeit- oder Fixpreis-Verträge, Lobbyismus, Einsatz politischer Macht, z. B. in Form von Handelsbarrieren.[335]

Der *„Structural-Response-Ansatz"* hat schließlich zum Ziel, die Flexibilität und das Adaptionsvermögen eines Unternehmens zu erhöhen und damit dessen Verwundbarkeit in Bezug auf nicht kontrollierbare Ereignisse zu reduzieren. Im Gegensatz zum Power-Response-Ansatz setzt der Structural-Response-Ansatz nicht an der Quelle der Ungewissheit, sondern an deren Wirkung an. Primär geht es um strukturelle Anpassungen des Unternehmens zur Streuung von Risiken, beispielsweise durch Ausdehnung des Produkt- und Marktspektrums durch Gründung von Allianzen oder Joint Ventures zur Teilung von Kosten und Risiken oder durch Aufbau loser Unternehmensstrukturen oder flexibler personeller, finanzieller und technologischer Ressourcen. Gemäß Abbildung 2-9 kommt dieser strategische Ansatz dann zum Einsatz, wenn der Grad der Unsicherheit hoch und die mögliche Steuerbarkeit der Ursachen der Unsicherheit gering ist.

---

[332] Nach Mintzberg hebt das Merkmal der Komplexität auf die Anzahl und Verschiedenartigkeit der Elemente einer Umwelt und deren Verflechtung ab, während das Merkmal der Dynamik die Veränderung der Elemente und deren Interdependenz im Zeitablauf beschreibt. Aus beiden Merkmalen resultiert das Phänomen der Unsicherheit. Vgl. Mintzberg, 1979, S. 286.

[333] Voraussetzung hierfür sind entsprechende Machtpotenziale des Unternehmens.

[334] Allaire/Firsirotu, 1989, S. 9.

[335] In diesem Zusammenhang sei auf die Ausführungen in Kapitel 2.3.1 verwiesen. In den erweiterten Formen des situativen Ansatzes (interaktionistische Ansätze) stellt proaktives Handeln im Sinne einer Beeinflussung der Umweltvoraussetzungen ein zentrales Element dar.

b) Unsicherheitsbewältigung nach Kubicek und Thom

Ein ähnliches Vorgehensmodell zur Bewältigung von Unsicherheiten wird von Kubicek und Thom beschrieben.[336] Diese leiten ihre Handlungsempfehlungen aus der Struktur und dem Zeitverhalten als Dimensionen des Umsystems ab. Mit zunehmender Komplexität und Dynamik der betrieblichen Umwelt wächst entsprechend auch der Grad an Unsicherheit.[337]

Als mögliche Bewältigungsstrategie wird zunächst die *Verbesserung des Informationssystems* genannt, die vollständige und sichere Informationen über die Elemente des Umsystems sicherstellen soll.

Darüber hinaus sollte das Unternehmen den Versuch unternehmen, auf die Informationsgegenstände selbst einzuwirken und Kontrolle über diese zu erlangen. Analog den bereits oben zitierten Ausführungen von Allaire und Firsirotu stellen auch Kubicek und Thom fest, dass das Unternehmen auf die Prognose zukünftiger Entwicklungen und Ereignisse verzichten kann, wenn es diese selbst steuert.[338] Während sich die aus der Komplexität des Umsystems resultierende Ungewissheit durch Weiterentwicklung der Informationsgrundlagen weitestgehend reduzieren lässt, kann die aus der Dynamik des Umsystems erfolgende Ungewissheit nur dadurch effektiv bewältigt werden, wenn zukünftige Verhaltensweisen des Umsystems aktiv beeinflusst werden. Voraussetzung für dieses *Beeinflussungsverhalten* ist eine entsprechende Machtbasis. Diese kann z. B. aus der vorliegenden Marktform oder dem personellen, finanziellen, materiellen und immateriellen Potenzial der Unternehmung entstehen.[339] Machtpotenziale lassen sich gemäß den Ausführungen der beiden Autoren sowohl durch Risikostreuung als auch durch Risikominderung realisieren. Durch Risikostreuung wird primär versucht, Abhängigkeiten zu verhindern und das Gesamtrisiko durch Risikoausgleich zu reduzieren. Beispielhaft werden Maßnahmen wie Sortimentsverbreiterung bzw. -vertiefung sowie Diversifikationsstrategien aufgeführt. Die Risikominderung zielt darauf ab, das Umsystem durch Kontrakte kalkulierbarer zu machen. Hierzu zählen neben Liefer- und Abnahmeverträgen beispielsweise auch zwischenbetriebliche Kooperationen.

---

[336] Vgl. Kubicek/Thom, 1976, Sp. 3.977–4.014.

[337] Vgl. Kubicek/Thom, 1976, Sp. 3.999 ff. Kubicek und Thom verweisen in diesem Zusammenhang auf die Studie von Duncan aus dem Jahre 1972. Dieser stellt fest, dass die Dynamik des Umsystems stets zu einem höheren Ausmaß an Ungewissheit führt als ihre Komplexität. Vgl. Kubicek/Thom, 1976, Sp. 4.001.

[338] Kubicek/Thom, 1976, Sp. 3.998.

[339] Kubicek und Thom weisen hierbei vor allem auf das Prestige eines Unternehmens als eine günstige immaterielle Machtgrundlage hin. Vgl. Kubicek/Thom, 1976, Sp. 4.005.

Lassen sich die beiden oben genannten Handlungsalternativen nicht effektiv zur Unsicherheitsbewältigung einsetzen, sollte versucht werden, sich den veränderten Bedingungen schnell und reibungslos anzupassen. Kubicek und Thom nennen deshalb das *Anpassungsverhalten* als weitere Option zur Bewältigung von Unsicherheiten. Im Gegensatz zur aktiven Verhaltensweise der Beeinflussung erfolgt die Anpassung reaktiv auf Veränderungen im Umsystem. Die Anpassung kann hierbei auch „als Ersatzhandlung für fehlende Macht und/oder geringe Chancen des Machterwerbs"[340] verstanden werden. Als Beispiele werden in diesem Zusammenhang Puffersysteme genannt, deren Hauptaufgabe darin besteht, Einflüsse der Umwelt für einen gewissen Zeitraum vom Realisationssystem abzuhalten und damit zur Verringerung der Verletzbarkeit des Unternehmens beizutragen.

Aktive sowie reaktive Verhaltensweisen bilden somit das Spannungsfeld zwischen der nach innen gerichteten wünschenswerten Stabilität des Unternehmens und der nach außen gerichteten notwendigen Reagibilität bzw. Variabilität. Beide Handlungsoptionen bedingen allerdings die Sicherstellung entsprechender unternehmensinterner Voraussetzungen und Maßnahmen. Kubicek und Thom verweisen hierbei zum einen auf das systematische Beobachten und Erforschen der unternehmerischen Umwelt zur Identifizierung möglicher Chancen und Risiken, zum anderen führen sie als notwendige Voraussetzung die Schaffung eines hohen Maßes an innerer struktureller Flexibilität an. Die Ausprägung dieser Flexibilität hängt wiederum stark von der umsystembezogenen Verhaltensstrategie ab: Je aktiver und aggressiver die Strategie, desto wichtiger wird der Bedarf an struktureller Flexibilität.[341]

Beim Vergleich der beiden Ansätze kann festgestellt werden, dass sie große Ähnlichkeiten aufweisen und dass die jeweils vorgestellten strategischen Handlungsoptionen der Systematisierung der ursachen- und wirkungsbezogenen Risikobewältigung folgen.[342] Als zentrale Größe zur Bewältigung von Unsicherheit wird in beiden Modellen das Macht- bzw. Flexibilitätspotenzial eines Unternehmens genannt. Auf die theoretischen Zusammenhänge der beiden Begriffe sei deshalb in den beiden folgenden Kapiteln 2.3.4.2 und 2.3.4.3 noch einmal näher eingegangen. Der Aufbau

---

[340] Kubicek/Thom, 1976, Sp. 4.008.

[341] Vgl. Kubicek/Thom, 1976, Sp. 4.008 f. Folgende Merkmale struktureller Flexibilität werden in diesem Zusammenhang zitiert: multilaterale und offene Kommunikationsbeziehungen, breite Streuung der Entscheidungsbefugnisse, Vorrang fachlicher Autorität gegenüber formalhierarchischer, geringe Formalisierung der Aufgaben, Delegation eines hohes Maßes an Verantwortung, große Leitungsspannen sowie wenige Hierarchieebenen. Vgl. Kubicek/Thom, 1976, Sp. 4.009.

[342] Siehe hierzu Kapitel 2.2.3.3 sowie Abb. 2-4.

von Macht- und Flexibilitätspotenzialen stellt zudem in Kapitel 4.3 den wichtigen Ansatzpunkt für die Ableitung risikopolitischer Grundstrategien der Beschaffung dar.[343]

2.3.4.2 Macht als Ansatzpunkt strategischer Risikobewältigung

a) Der Machtbegriff

Das Phänomen der Macht gehört zu einem der zentralen Begriffe in der Sozialwissenschaft.[344] Im Gegensatz zur Ökonomie, wo eine theoretische Fundierung des Begriffs Macht weitestgehend fehlt,[345] haben sich Forschungsdisziplinen wie die Soziologie, die Sozialpsychologie und die Politologie eindringlich mit Machtüberlegungen befasst und eine große Anzahl von Definitionen mit unterschiedlicher Begriffsabgrenzung entwickelt.[346] Innerhalb der Betriebswirtschaftslehre wird der Terminus Macht auch heute noch häufig auf die Definition von Weber zurückgeführt, der Macht als Chance bezeichnet, „auch gegen den Widerstand eines anderen seinen eigenen Willen durchzusetzen."[347] Bei einem Vergleich von Definitionen unterschiedlicher Forschungsdisziplinen resümiert Blommen folgende Übereinstimmungen:[348]

- Macht wird als eine Relation definiert.
- Alle Definitionen nehmen Bezug auf die Fähigkeit zur Einflussnahme bzw. zur Kontrolle.

Macht als Relation sagt aus, dass die Macht eines Akteurs immer in Bezug auf einen anderen Akteur zu sehen ist. Macht ist somit immer eine Eigenschaft einer Beziehung und nicht die eines Akteurs. Das Charakteristikum der Fähigkeit betont, dass ein Akteur A, der Macht über einen Akteur B besitzt, zwar über das Potenzial zur Kontrolle bzw. zur Einflussnahme verfügt, dass er dieses Potenzial aber nicht notwendigerweise ausüben muss.[349]

---

343 Siehe hierzu Kapitel 4.3.1.2 und 4.3.1.3.
344 Vgl. Dahl, 1957, S. 201, Nagel, 1975, S. 3 f., Bartlett, 1989, S. 30.
345 Zur Vernachlässigung von Macht in der Ökonomie vgl. auch Frey, 1989, S. 40 f.
346 Eine Übersicht über unterschiedliche Definitionen innerhalb einzelner Forschungsdisziplinen liefert Blommen, 1997, S. 7 f.
347 Weber, 1922, S. 152.
348 Vgl. Blommen, 1997, S. 8.
349 Vgl. hierzu auch Holm, 1969, S. 278, Miller/Butler, 1969, S. 11. Die Begriffe Einfluss und Kontrolle beziehen sich auf die mit der Ausübung von Macht verbundene Veränderung des Verhaltens bzw. der Ergebnisse des anderen Akteurs. Vgl. Wrong, 1968, S. 677 ff., Gaski, 1984, S. 24. Die Machtausübung durch Akteur A führt somit zur Kontrolle bzw. zum Einfluss auf das Verhalten bzw. auf die Ergebnisse des B.

In einem sehr engen Verhältnis zum Begriff der Macht steht der Begriff der Abhängigkeit. Ohne ein vorliegendes Abhängigkeitsverhältnis wäre die Durchsetzung eigener Interessen nicht möglich, da der weniger mächtige Akteur vom Machtpotenzial des mächtigeren Akteurs nicht oder allenfalls unwesentlich tangiert würde.[350] Emerson interpretiert den Begriff der Abhängigkeit auch als inverse Größe von Macht.[351]

Die Definition und Konzeptionalisierung des Abhängigkeitsbegriffs geht wesentlich auf Emerson zurück.[352] Seine Ausführungen fanden sowohl im Marketing als auch in der Soziologie und der Sozialpsychologie weite Verbreitung und bildeten die Grundlage vieler Studien innerhalb dieser Forschungsdisziplinen. Emerson macht deutlich, dass die Abhängigkeit des B von A die Macht des A über B beinhaltet. Die Macht des A über B ist also Grundlage der Abhängigkeit des B von A.

Nach Emerson ist die Abhängigkeit eines Akteurs B von einem Akteur A zum einen bestimmt von der **Wichtigkeit der Ressourcen** des A für B. Je wichtiger diese Ressourcen sind und je größer somit der Nutzen ist, den B aus der Beziehung mit A erzielt, desto größer ist die Motivation des B, diese Beziehung zu erhalten und in diese Beziehung zu investieren.[353] Entsprechend steigt auch die Abhängigkeit von B. Gemäß Pfeffer und Salancik[354] wird die Dimension der „Wichtigkeit der Beziehung bzw. der Ressourcen“ von zwei Einflussgrößen bestimmt:

- Vom relativen Umfang des Austausches zwischen den Akteuren A und B. Die Abhängigkeit des B von A hängt somit vom Anteil des Ressourcenbeitrags des A am gesamten Ressourcenbedarf des B ab.

- Von der kritischen Bedeutung der Ressourcen des Akteurs A für B. Abhängigkeiten für B entstehen dann, wenn B nicht in der Lage ist, sein Geschäft ohne die Ressourcen des A fortzusetzen. Dabei können Ressourcen für das Unternehmen B kritisch sein, obwohl sie nur einen vergleichsweise geringen Anteil am gesamten Ressourcenbedarf ausmachen (z. B. wichtige Informationen oder Know-how).

---

350 Freiling, 1995, S. 45.

351 Vgl. Emerson, 1962, S. 32. Siehe hierzu aber auch die Kritik von Freiling, der es als unzweckmäßig erachtet, Macht und Abhängigkeit als inverse Größen zu verstehen. Abhängigkeitsbeziehungen können auch ohne relative Macht existieren. Vgl. Freiling, 1995, S. 44 und S. 47.

352 Vgl. Emerson, 1962, S. 32 ff. Siehe hierzu auch Jakobs, 1974, S. 50 f.

353 In der Literatur wird hierbei vom „Motivational Investment in Goals“ des B gesprochen. Vgl. Emerson, 1962, S. 32.

354 Vgl. Pfeffer/Salancik, 1978, S. 46 f.

Neben der Wichtigkeit der Ressourcen hängt die Abhängigkeit des B von A zum anderen auch von der **Verfügbarkeit über Alternativen** ab.[355] Je schwieriger es für B ist, A zu ersetzen, desto größer ist seine Abhängigkeit von A. Neben der Anzahl und dem Zugang zu gleichwertigen Ressourcen spielen v. a. die sogenannten „Switching Costs“ einer Substitution (z. B. Zeitverlust, Initialkosten, höherer Preis für eine bestimmte Ressource) eine wichtige Rolle.[356] Diese Abhängigkeitsdimension bezieht sich so auf die Schwierigkeiten des B, A durch einen anderen Akteur zu ersetzen.[357]

b) Theoretische Grundlagen zur Entwicklung von Machtpotenzialen

Abhängig von der jeweiligen Ausgangssituation dient die Generierung von Machtpotenzialen im Wesentlichen dazu, Einfluss auf externe Ressourcen auszuüben oder bereits bestehende Abhängigkeiten des Unternehmens zu reduzieren. Auf Grundlage unterschiedlicher Theorien werden im Folgenden Lösungsansätze zur Reduzierung der Macht- bzw. Abhängigkeitsasymmetrie beschrieben. Dabei soll auf eine ausführliche und detaillierte Darstellung dieser Forschungsansätze verzichtet werden. Dennoch ist es mit Rücksicht auf das Verständnis der Ansätze notwendig, die jeweiligen Grundgedanken, zentralen Prämissen und Zusammenhänge zwischen den Begriffen Macht und Abhängigkeit kurz vorzustellen, um im weiteren Verlauf der Arbeit **(Kapitel 4.3)** Maßnahmen eines strategischen Risikomanagements der Beschaffung ableiten zu können.

Mit der Sozialen Austauschtheorie und dem Ressourcenabhängigkeitsansatz werden zwei verhaltenswissenschaftliche Forschungen diskutiert und mit dem Transaktionskostenansatz und der Principal-Agent-Theorie zwei Ansätze, die der Neuen Institutionenökonomie zuzuordnen sind. Diesen unterschiedlichen Ansätzen ist gemeinsam, dass sie sich mit der Analyse von Austauschbeziehungen befassen und dabei eine interaktionsbezogene Perspektive wählen. Diese Perspektive impliziert, dass das Verhalten der Akteure ein Wechselspiel darstellt und, abhängig von der jeweiligen Theorie, sowohl ökonomische als auch soziale Sachverhalte Berücksichtigung finden.

---

[355] Emerson bezeichnet diese Dimension als „availability of goals to B outside of the A-B relation“. Vgl. Emerson, 1962, S. 32.

[356] Vgl. Pfeffer/Salancik, 1978, S. 50.

[357] Vgl. El-Ansary, 1975, S. 62.

b1) Soziale Austauschtheorie

Da die Ausübung von Macht als eine wesentliche Grundlage der Koordination sozialer Prozesse verstanden werden kann, besitzen Machtüberlegungen in der Sozialen Austauschtheorie eine große Bedeutung. Entsprechend wurden in zahlreichen Beiträgen, die dieser Theorie zuordenbar sind, Macht und verwandte Phänomene (z. B. Abhängigkeit und Kontrolle) in den Mittelpunkt ihrer Überlegungen gestellt.[358] Die Austauschtheorie geht davon aus, dass Austauschbeziehungen deswegen zustande kommen, weil sich Organisationen funktional spezialisieren und nur über eingeschränkte Mittel verfügen.

In Anlehnung an die Definition des Abhängigkeitsbegriffs von Emerson stehen dem abnehmenden Unternehmen B generell vier Ausgleichsmechanismen zur Verfügung, um seinen Machtnachteil bzw. den Machtvorteil des Lieferanten A zu verringern:[359]

- B senkt sein „Motivational Investment“ und reduziert somit die Wichtigkeit der Beziehung zu A.
- B erhöht seine Verfügbarkeit über Alternativen, indem Beziehungen zu alternativen Lieferanten aufgebaut werden.
- B erhöht das „Motivational Investment“ des A, indem er die Beziehung für A wichtiger gestaltet.
- B reduziert den Zugang des A zu alternativen Abnehmern, verringert also dessen Verfügbarkeit über Alternativen.

Diese Mechanismen können im interorganisationalen Kontext auf vielfältige Weise umgesetzt werden. Hierauf wird nachfolgend bei der Darstellung der Ressourcenabhängigkeitstheorie eingegangen. Da die Ressourcenabhängigkeitstheorie auf der Sozialen Austauschtheorie basiert, sind deren beiden Kernaussagen kompatibel und widerspruchsfrei.

b2) Ressourcenabhängigkeitstheorie

Die „Resource Dependence Perspective“ stellt eine Denkrichtung dar, die davon ausgeht, dass jedes Unternehmen in unterschiedlichem Ausmaß von seinen externen Umsystemen abhängig ist.[360] Es handelt sich dabei um einen verhaltenswissen-

[358] Vgl. z. B. Blau, 1964, Emerson, 1962, 1972, Molm, 1987.
[359] Vgl. Emerson, 1962, S. 35.
[360] Der Ansatz wurde wesentlich von den Organisationssoziologen Aldrich, 1976, 1979, Pfeffer/ Salancik, 1978 und Thompson, 1967 entwickelt. Ebenso wie bei der Sozialen Austauschtheorie

schaftlichen Ansatz der Organisationsforschung, der eine Vielzahl von Vorschlägen und Hypothesen zur Erklärung organisationaler Verhaltensweisen und Strukturen beinhaltet. Da hier Konstrukte wie „Abhängigkeit", „Macht" und „Kontrolle" eine zentrale Rolle spielen, wird er häufig zur Analyse von Macht- und Abhängigkeitsbeziehungen verwendet.

Der Ressourcenabhängigkeitsansatz stellt eine Zusammenführung und Anwendung der Systemtheorie und des situativen Ansatzes dar.[361] Ausgangspunkt ist die Annahme, dass es sich bei Organisationen um offene Systeme handelt, die in einer ständigen Wechselwirkung mit der Systemumwelt bzw. deren Elementen stehen. Da keine Organisation alle Ressourcen zur Aufrechterhaltung ihrer Tätigkeit selbst erzeugen kann, impliziert die Perspektive einen interaktiven Zusammenhang zwischen der Organisation und ihrer Umwelt. Dabei führt der Austausch von Ressourcen zwischen der Organisation und den externen Partnern zu einer entsprechenden Abhängigkeit der Organisation. Diese bezieht sich auf die Notwendigkeit, die Beziehung zum jeweiligen externen Akteur zu erhalten, um den Zugang zu den benötigten Ressourcen und damit die Überlebensfähigkeit zu gewährleisten.[362]

Aufgabe des Managements muss es sein, die interorganisationalen Abhängigkeiten zugunsten der Organisation aktiv zu beeinflussen.[363] Dabei werden zwei Ziele verfolgt, die im Zusammenhang mit der Macht und Abhängigkeit der Organisation stehen und das übergeordnete Ziel „Überleben der Organisation" gewährleisten sollen:[364]

- Zum einen soll versucht werden, den Erhalt der benötigten Ressourcen weitgehend sicherzustellen und somit möglichst unabhängig von externen Akteuren zu werden. Dies kann durch Pufferstrategien erfolgen, die darauf abzielen, zentrale Arbeitsprozesse der Organisation abzuschirmen bzw. abzupuffern.[365] Als Beispiel

handelt es sich hierbei nicht um eine in sich geschlossene Theorie, weshalb der Ansatz auch als „Perspective" bezeichnet wird. Vgl. Homburg, 1995, Pfeffer, 1987.

361 Siehe hierzu auch Kapitel 2.3.1, im Besonderen Fußnote 212.

362 Vgl. Pfeffer/Salancik, 1978, S. 51 f.

363 Gemäß Ressourcenabhängigkeitsansatz wird Organisationen keine passive Rolle mehr zugeordnet. Vgl. Pfeffer, 1982, S. 197. Entscheidungsträger sind somit nicht gezwungen, auf externe Einflüsse zu reagieren, sondern verfügen über einen gewissen „Degree of Strategic Freedom". Clark et al., 1994, S. 24. In der Betonung dieser Fähigkeit, Einfluss auf die Umwelt nehmen zu können, besteht ein wesentlicher Unterschied zwischen der Ressourcenabhängigkeitstheorie und dem situativen Ansatz, der die Anpassung der Organisation an externe Gegebenheiten in den Vordergrund stellt. Vgl. Kast/Rosenzweig, 1973, Staehle, 1976.

364 Vgl. Pfeffer, 1982, S. 198.

365 Vgl. Scott, 1987, S. 181 ff.

sei die Anhäufung wichtiger Ressourcen genannt, die zumindest temporär den Ausfall eines Lieferanten kompensieren können.[366]

- Um Macht über die externen Akteure zu erlangen, soll zum anderen versucht werden, Kontrolle über Ressourcen zu erlangen, die von anderen Akteuren benötigt werden. Scott schlägt sogenannte „Verbindungsstrategien“ vor,[367] z. B. durch Kontrolle über den Ressourceninhaber. Dies kann bis hin zu einer vollständigen Elimination der Quelle der Abhängigkeit durch Akquisition oder Verschmelzung reichen.[368] Durch eine vertikale Integration des Inhabers von Ressourcen erlangt die Organisation dabei die vollständige Verfügbarkeit über diese. Eine zweite Möglichkeit besteht in der Kooperation mit den Ressourceninhabern,[369] z. B. durch Aushandeln von Verträgen, durch finanzielles oder personelles Engagement oder durch Bildung von Koalitionen.[370] Diese Mechanismen müssen dabei nicht unbedingt auf den unmittelbar betroffenen Austauschpartner angewandt werden, sondern können auch Verbindungen zu anderen externen Akteuren darstellen.

b3) Transaktionskostentheorie

Neben den beiden oben vorgestellten Ansätzen der verhaltenswissenschaftlichen Forschung soll mit der Transaktionskostentheorie eine Theorie vorgestellt werden, die sich mit der Analyse sozioökonomischer Austauschbeziehungen befasst. Die auf Coase zurückgehende Transaktionstheorie als Bestandteil der Neuen Institutionenökonomie wurde in ihrer heutigen Form im Wesentlichen von Williamson weiterentwickelt.[371]

Der Transaktionskostenansatz basiert auf folgendem Grundgedanken: „Effiziente wirtschaftliche Strukturen und Prozesse sind in einer arbeitsteiligen Welt dann gegeben, wenn die Reibungen, die bei der Abstimmung zwischen den diversen Beteiligten auftreten können, möglichst gering sind.“[372] Diese Reibungen können auch als Transaktionskosten bezeichnet werden. Den Transaktionskosten liegt kein einheitliches Begriffsverständnis zugrunde. Allgemein beziehen sie sich auf die Kosten der Betreibung eines Wirtschaftssystems. Es handelt sich hierbei im Wesentlichen um

---

[366] Vgl. Thompson, 1967, S. 19 f.
[367] Vgl. Scott, 1987, S. 181 ff.
[368] Vgl. Pfeffer/Salancik, 1978, S. 113 ff.
[369] Vgl. Pfeffer/Salancik, 1978, S. 143 ff., Aldrich, 1979, S. 63.
[370] Vgl. Thompson, 1967, S. 34 ff.
[371] Vgl. Coase, 1937, Williamson, 1975, 1985.
[372] Williamson, 1990, S. XIII.

Informations- und Kommunikationskosten, die bei der Anbahnung, Vereinbarung, Kontrolle und Anpassung wechselseitiger Leistungsbeziehungen entstehen.[373]

Ziel eines wirtschaftlichen Leistungsaustausches muss es sein, die Transaktionskosten bei gegebenem Koordinationsniveau zu minimieren.[374] Die Höhe dieser wird dabei von unterschiedlichen Einflussfaktoren bestimmt, die im sogenannten „Organizational Failures Framework" beschrieben sind.[375] Hierbei wird zwischen den Verhaltensannahmen „begrenzte Rationalität" und „Opportunismus" sowie den Umweltfaktoren „Unsicherheit" und „Spezifität" unterschieden.[376]

In neueren Beiträgen geht Williamson auf die Zusammenhänge zwischen der Transaktionskostentheorie und den Themen Macht und Abhängigkeit ein. Seine Überlegungen beziehen sich hierbei auf den Umweltfaktor der spezifischen Investitionen und die unterschiedlichen Koordinationsformen. Mit spezifischen Investitionen verbindet Williamson eine restriktive Bindung an den Partner. Diese als „Lock-in-Effekt"

---

[373] Vgl. Picot, 1982, S. 270, Picot/Dietl/Franck, 1997, S. 66. Generell lässt sich zwischen Ex-ante- und Ex-post-Transaktionskosten differenzieren. Zwischen der Höhe der Ex-ante- und der der Ex-post-Kosten besteht ein enger Zusammenhang. So verursacht der Entwurf eines komplexen Dokuments, in dem zahlreiche Eventualitäten berücksichtigt werden und in dem die jeweils erforderlichen Anpassungen seitens der Vertragspartner schon im Voraus festgelegt und anerkannt werden, hohe Ex-ante-Transaktionskosten. Mit diesem umfangreichen Vertragsabschluss sind aufgrund, niedrigerer Fehlanpassungskosten geringere Ex-post-Kosten verbunden. Vgl. Williamson, 1990, S. 22 ff.

[374] Vgl. Williamson, 1987, S. 388 ff. Das eigentliche Ziel des Transaktionskostenansatzes besteht in der Erklärung bzw. Auswahl einer effizienten Institution zur Organisation und Koordination ökonomischer Leistungsbeziehungen. Die hiermit verbundene Minimierung der Transaktionskosten kann entlang eines Kontinuums von Koordinationsmöglichkeiten geschehen, an dessen Endpunkten sich der Markt und die Hierarchie sowie dazwischen die mittlere Ausprägung der Kooperation befinden. Unter bestimmten Bedingungen kann diese gegenüber den beiden anderen Koordinationsformen die niedrigeren Koordinationskosten aufweisen. Picot/Dietl/Franck, 1997, S. 79 ff.

[375] Vgl. Williamson, 1975, S. 40.

[376] Die Verhaltensannahme „begrenzte Rationalität" bedeutet, dass die handelnden Akteure zwar beabsichtigen, rational zu handeln, aufgrund einer unzureichenden Informationsgrundlage jedoch nur in begrenztem Maße dazu in der Lage sind. Die Verhaltensannahme „Opportunismus" besteht in der Unterstellung einer individuellen Nutzenmaximierung und Durchsetzung eigener Interessen, gegebenenfalls auch zum Nachteil anderer und unter Missachtung sozialer Normen. Der Faktor „Unsicherheit" setzt sich aus den beiden Dimensionen „Umweltunsicherheit" und „Verhaltensunsicherheit" zusammen. Erstere resultiert aus der Komplexität und Dynamik der Umwelt in Verbindung mit der begrenzten Rationalität von Individuen. Verhaltensunsicherheit entsteht aus der Möglichkeit opportunistischen Verhaltens der Transaktionspartner. Als sehr wichtiger Einflussfaktor von Transaktionskosten wird die „Spezifität" genannt. Hierbei kann zwischen der Standort-, Sachkapital-, auftragsbedingter und Humankapital-Spezifität unterschieden werden. Der Faktor Spezifität bezieht sich auf die Verwendung von Ressourcen oder Investitionen, die ein Akteur spezifisch für die Durchführung einer Transaktion bereitstellen muss. Je höher der Wertverlust zwischen der transaktionsspezifischen Verwendung und einer alternativen Verwendung ist, desto größer ist die Spezifität dieser Transaktion und damit auch die Abhängigkeit der Vertragspartner. Als weitere Umweltfaktoren werden häufig die strategische Relevanz, die eng mit der Spezifität zusammenhängt, sowie die Häufigkeit einer Transaktion genannt. Die zuletzt genannte erlangt ihre Bedeutung aus der Realisierung von Synergie- und Skaleneffekten. Vgl. Williamson, 1975, 1990, 1985, 1991 (Comparative), 1991 (Strategizing), Picot/Dietl/Franck, 1997.

bezeichnete Bindung ist gemäß Williamson symmetrisch, da für den Investor aufgrund seiner Investitionen entsprechende Austrittsbarrieren entstehen. Aber auch umgekehrt kann das Auflösen der Beziehung für den Partner dann mit Nachteilen verbunden sein, wenn der neue Akteur keine spezifischen Investitionen zur Stützung der Transaktionen tätigt und die Kosten für den Erwerb eines Produktes bzw. einer Leistung damit höher sind. Für den Partner gewinnt die Beziehung also an Bedeutung, verbunden mit einem Anstieg seiner Bindung. Aufbauend auf diesen Überlegungen vermutet Williamson, dass die Konsequenz spezifischer Investitionen allgemein darin besteht, dass mit ihnen eine Situation bilateraler Abhängigkeit verbunden ist.[377] Hinsichtlich des Beitrags der Transaktionskostentheorie zu Macht und Abhängigkeit kann konstatiert werden, dass mit steigenden spezifischen Investitionen eines Akteurs

- die Abhängigkeit dieses Akteurs und des anderen Akteurs zunimmt und
- der Akteur eine Koordinationsform wählen sollte, die mehr Macht impliziert, mit dem Ziel der Einschränkung der Freiräume für opportunistisches Verhalten.

Die Verminderung oder Vermeidung der mit der Spezifität in Verbindung stehenden Transaktionsrisiken soll über Verhandlungen erfolgen, die wiederum Transaktionskosten verursachen. Je spezifischer nun die Produktionsfaktoren sind, umso detailliertere Vereinbarungen sind zu treffen und umso höhere Transaktionskosten sind zu erwarten, was wiederum die Effizienz der Koordination zwischen den beiden Vertragspartnern in Frage stellt. Im Falle einer extrem hohen Spezifität hätte dies zur Folge, dass eine bilaterale Lösung ökonomisch nicht sinnvoll ist und die Koordination der wirtschaftlichen Tätigkeit unternehmensintern zu erfolgen ist.[378] Im Gegensatz zur Ressourcenabhängigkeitstheorie, die die Maximierung der Macht betont, wird im Rahmen der Transaktionskostentheorie somit postuliert, dass es nicht sinnvoll ist, generell möglichst viel Macht aufzubauen, da der Machtzugewinn u. U. die damit verbundenen Kosten nicht rechtfertigt.[379]

b4) Principal-Agent-Theorie

Den zweiten Ansatz der Neuen Institutionenökonomie bildet die Principal-Agent-Theorie. Dieser Ansatz ist eng verwandt mit der oben vorgestellten Transaktions-

---

[377] Vgl. Williamson, 1991 (Comparative), S. 282. Vgl. außerdem Heide/John, 1990, S. 27, Heide/John, 1988, S. 23, Bensaou, 1999, S. 36.
[378] Vgl. Freiling, 1995, S. 108.
[379] Vgl. Williamson, 1991 (Strategizing), S. 83.

kostentheorie. Während die Transaktionskostentheorie ganz allgemein die Leistungsbeziehungen zwischen ökonomischen Akteuren betrachtet, charakterisiert die Principal-Agent-Theorie die von ihr untersuchten Leistungsbeziehungen spezifischer als Auftraggeber-Auftragnehmer-Beziehungen. „Eine Agency Beziehung entsteht grundsätzlich dann, wenn ein Akteur in irgendeiner Form abhängig ist von der Handlung eines anderen Akteurs“.[380] Geprägt ist eine solche Beziehung von Informationsasymmetrien und externen Effekten. Ziel der Principal-Agent-Theorie ist es, ein Instrumentarium bereitzustellen, das es der Institution bzw. dem Principal erlaubt, Verhaltensrisiken des Agenten einzudämmen.[381] Im Kern geht es um ein potenzielles Motivationsproblem: Der besser informierte Akteur (Agent), der mit seinem Handeln zugleich das Nutzenniveau des anderen Akteurs (Principals) bestimmt, „muss durch eine anreizkompatible Gestaltung der Vertragsbeziehung motiviert werden, im Interesse des Principals zu handeln“.[382]

In diesem Zusammenhang sei auch auf den Begriff **„Vertrauen“** eingegangen. Gemäß Gundlach/Murphy besteht Vertrauen darin, das Wort des anderen (also des Partners) als gegeben zu nehmen und daran zu glauben, dass die Beziehung einen vorteilhaften Gang nimmt.[383] Ergänzend zu den Machtverhältnissen zwischen den Unternehmen besitzt Vertrauen einen moderierenden Einfluss auf die Gestaltung der Zusammenarbeit zwischen zwei Parteien.[384] Die Principal-Agent-Theorie stellt hierfür eine theoretische Grundlage zur Verfügung, da sie explizit die möglichen Verhaltensrisiken berücksichtigt, die durch Vertrauen kompensiert werden können.[385] In diesem Sinne stellt die Anwendung von Vertrauen einen besonderen Eindämmungsmechanismus des Principals dar, um trotz der beschriebenen Gefahren opportunistischen

---

[380] Ripperger, 1998, S. 64.

[381] Grundsätzlich kann zwischen den Verhaltensweisen „Adverse Selection“ (vor Vertragsschluss, mit dem Risiko der „Hidden Characteristics“), „Moral Hazard“ (während der Leistungsbeziehung, mit den Risiken „Hidden Action“ und „Hidden Information“) sowie „Hold-up“ (während der Leistungsbeziehung, mit dem Risiko „Hidden Intention“) unterschieden werden. Vgl. Ebers/Gotsch, 2001, S. 213 ff. Dem mit Hidden Characteristics verbundenen Risiko kann beispielsweise durch Maßnahmen wie „Signaling“ (z. B. Bilanzen, Zeugnisse, Gütesiegel), „Screening“ (z. B. Überprüfungen auf Kreditwürdigkeit) und „Self-Selection“ (z. B. differenzierte Vertragsangebote) begegnet werden. Daneben kann eine weitere Verringerung des Informationsgefälles durch Angleichung der Interessen zwischen Principal und Agent mittels geeigneter Institutionen erfolgen (z. B. Garantieversprechen, Rückgabepflicht). Die Gefahr durch Hidden Action und Hidden Information kann durch Anreiz- und Sanktionssysteme (z. B. Ergebnisbeteiligung) vermindert werden. Neben dieser Interessensangleichung kann die Informationsasymmetrie zwischen beiden Parteien durch Monitoring-Aktivitäten abgeschwächt werden. Die Bewältigung von einseitigen Abhängigkeiten im Rahmen des Risikos der Hidden Intention kann schließlich durch Transformation in gegenseitige Abhängigkeiten erfolgen. Als Beispiele wären hier Gegengeschäfte, Abnahmegarantien, langfristige Verträge, Kapitalbeteiligungen oder Übernahmen zu nennen. Vgl. Picot/Dietl/Franck, 1997, S. 85 ff.

[382] Groll, 2004, S. 101.

[383] Vgl. Gundlach/Murphy, 1993, S. 35 ff.

[384] Vgl. Groll, 2004, S. 99.

[385] Vgl. Ripperger, 1998, S. 63 ff., Weibler, 1997, S. 191 f.

Verhaltens des Agenten die Austauschbeziehung zwischen Principal und Agent aufrecht zu erhalten.[386] Bei gegebenen und unveränderten Machtverhältnissen kann eine entsprechende Vertrauensbasis zwischen beiden Parteien reibungsärmere und effizientere Prozesse sicherstellen.[387]

Nach Groll kann Vertrauen als „ein Mechanismus zur Stabilisierung unsicherer Erwartungen und damit zur Verringerung von Handlungskomplexität verstanden" werden.[388] Vertrauen hängt damit immer auch eng mit den Begriffen Risiko bzw. Unsicherheit zusammen.[389] Als Mechanismus der „Risikoabsorption" sollte Vertrauen dort eingesetzt werden, wo ein Schutz gegen Verhaltensrisiken aufgrund begrenzter Rationalität oder prohibitiv hoher Transaktionskosten schwierig ist.[390] In einer Beziehung, die auf Vertrauen basiert, wird kooperatives Verhalten des Partners erwartet.[391] Die Beweggründe für dieses Verhalten sind allerdings weniger uneigennützig geprägt, sondern eher auf Egoismus im Sinne einer Nutzenmaximierung durch Komplexitätsreduktion aufgebaut.[392] Der potenzielle Nutzen der risikobehafteten Situation wird somit subjektiv als größer angesehen als das erkennbare Risiko, das durch Vertrauen entsteht.[393]

Vertrauen kann also als Ersatz für explizite Anreizsysteme und Sanktionen eingesetzt werden und dazu beitragen, Agency-Kosten zu reduzieren und Adverse Selection, Moral Hazard und Hold-up zu überwinden.[394] Der Aufbau von Vertrauen zwischen den beiden Parteien erfolgt dabei sukzessive, indem schrittweise überprüft wird, ob der jeweils andere Partner noch vertrauenswürdig ist. Werden die in die Beziehung gesetzten Erwartungen erfüllt, wird das Risiko, das mit der Vertrauenshandlung eingegangen wird, allmählich erhöht.[395] Übersteigt allerdings das Risiko die persönliche Risikoneigung des Principals, sollten neben dem Einsatz von Vertrauen explizite Risikobewältigungs- und –überwachungsmaßnahmen eingesetzt werden.[396]

---

[386] Vgl. Kaas, 1995, S. 27. Der Vertrauensgeber (die Person, die vertraut) ist hierbei der Principal und der Vertrauensnehmer (die Person, der vertraut wird) ist der Agent.
[387] Vgl. Weibler, 1997, S. 208.
[388] Groll, 2004, S. 100.
[389] Vgl. Deutsch, 1958, S. 266. „The need for trust only arises in a risky situation", Mayer/Davis/Schoorman, 1995, S. 711.
[390] Vgl. Ripperger, 1998, S. 46 f.
[391] Das Vertrauen auf ein Versprechen oder Verhalten einer anderen Partei impliziert allerdings auch das Risiko, dass diese Partei die in sie gesetzte Erwartung nicht erfüllen will oder kann. Der Vertrauende gibt sich somit automatisch in eine Risikoposition. Vgl. Dwyer/Lagace, 1986, S. 41.
[392] Plötner weist darauf hin, dass Vertrauen im Gegensatz zu anderen Mechanismen der Reduktion des Risikos opportunistischen Verhaltens keinerlei Transaktionskosten generiert und aus diesem Grund von hohem Interesse für die handelnden Parteien ist. Vgl. Plötner, 1995, S. 45.
[393] Vgl. Deutsch, 1958, S. 266 sowie Dwyer/Lagace, 1986, S. 42.
[394] Vgl. Groll, 2004, S. 101.
[395] Vgl. Groll, 2004, S. 102 f.
[396] Vgl. Rippberger, 1998, S. 136.

Zusammenfassend kann der Vertrauensmechanismus wie folgt beschrieben werden: „Vertrauen ist die freiwillige Erbringung einer riskanten Vorleistung (durch die Vertrauensgeber) unter Verzicht auf explizite vertragliche Sicherungs- und Kontrollmaßnahmen gegen opportunistisches Verhalten (Vertrauenshandlung), in der Erwartung, dass der Vertrauensnehmer freiwillig auf solches Verhalten verzichtet (Vertrauenserwartung).“[397]

Zusammenfassend sei festgestellt, dass sowohl die Soziale Austauschtheorie als auch die Ressourcenabhängigkeitstheorie tiefe Einblicke in die grundlegende Problematik von Abhängigkeit und Macht auf interorganisationaler Ebene erlauben. Das gleiche gilt für die Neue Institutionenlehre mit den beiden Ansätzen Transaktionskostentheorie und Principal-Agent-Theorie. Auch das Theoriegebäude der Neue Institutionenlehre als Ganzes ermöglicht die Erfassung und Erklärung von Abhängigkeits- und Machtphänomene im Verhältnis zweier Unternehmen und liefert eine Reihe von Anhaltspunkten, wie und wodurch man sich den Problemen der Abhängigkeit im Austauschverhältnis nachhaltig entziehen kann. Eine vollständige Liste von Möglichkeiten zur Bewältigung von Abhängigkeiten liegt allerdings noch nicht vor. Deshalb soll in Kapitel 4.3.1.2 eine Übersicht und Ordnung strategischer Bewältigungsformen zur Vermeidung bzw. Verminderung von Abhängigkeiten entwickelt werden. Die hier vorgestellten Theorien sollen dabei entsprechende Berücksichtigung finden.

2.3.4.3 Flexibilität als Ansatzpunkt strategischer Risikobewältigung

a) Der Flexibilitätsbegriff

Im Rahmen der betriebswirtschaftlichen Forschung wurden eine Vielzahl von Flexibilitätsbegriffen[398] sowie in Abhängigkeit von den unterschiedlichen Disziplinen verschiedene Formen und Arten der Flexibilität entwickelt.[399] Trotz der uneinheitlichen Verwendung des Begriffes Flexibilität steht im Kern der Überlegungen immer die Anpassungsfähigkeit an sich verändernde Bedingungen.[400]

---

[397] Rippberger, 1998, S. 268.

[398] Zu den unterschiedlichen Abgrenzungen innerhalb der betriebswirtschaftlichen Literatur siehe Jakob, 1967, 1974 (Erster Teil), 1974 (Zweiter Teil), 1974 (Dritter Teil), Meffert, 1969, 1985, Hax/Laux, 1972, Altrogge, 1979, Sethi/Sethi, 1990, Schauerhuber, 1998.

[399] Einen Überblick über Flexibilitätsüberlegungen in Bezug auf unterschiedliche Forschungsschwerpunkte liefern Pibernik, 2001, S. 10–15 sowie Burmann, 2002, S. 40–45.

[400] Vgl. Mössner, 1982, S. 31.

Ausgehend von einer systemtheoretischen Perspektive lässt sich feststellen, dass die Unternehmung, will sie langfristig überleben, die Fähigkeit besitzen muss, auf Veränderungen in der notwendigen Art und Weise zu reagieren.[401] Nach Mössner lässt sich Flexibilität „als die Fähigkeit eines Systems bezeichnen, auf Veränderungen der Systemumwelt mit entsprechenden Veränderungen des Systems zu reagieren, damit ein angestrebter Vorzugszustand erreicht bzw. erhalten werden kann."[402] Die Lebensfähigkeit des Systems Unternehmung wird aber nicht nur durch Umwelt-, sondern auch durch systeminterne Veränderungen beeinflusst. Entsprechend schließt die Definition von Pibernik auch die Anpassung an endogene Veränderungen ein. In Anlehnung an Schneeweiß[403] beschreibt er Flexibilität als die „Fähigkeit eines offenen, dynamischen, sozio-technischen Systems, mittels eines vorhandenen (Flexibilität-)Potenzials auf relevante system- oder umweltinduzierte Veränderungen zielgerecht zu reagieren".[404] Diese Anpassungsmechanismen beziehen sich dabei nicht nur auf mögliche Störungen, sondern sind auch als Systemreaktion zur Nutzung von Chancen zu sehen.[405] Die Realisierung unterschiedlicher Systemzustände zur Erreichung der Systemziele sollte allerdings nicht nur reaktiv im Sinne einer Anpassungshandlung erfolgen. Bei steigenden Turbulenzen innerhalb der Unternehmensumwelt müssen reaktive Flexibilitätsmaßnahmen zunehmend durch proaktive Maßnahmen unterstützt werden, um entsprechenden Einfluss auf die eigene Umwelt und die der Wettbewerber auszuüben.[406]

Durch Aufspaltung in mehrere definitorische Komponenten soll nun der Begriff der Flexibilität inhaltlich präzisiert werden. Hierbei sollen die Elemente Handlungsspielraum, Handlungsschnelligkeit und Handlungsbereitschaft erläutert werden:[407]

- Als zentrales Merkmal von Flexibilität kann das Vorhandensein von Handlungsspielräumen angesehen werden.[408] Hierunter soll die Fähigkeit eines Systems verstanden werden, verschiedene Zustände einnehmen zu können. Die Flexibili-

---

[401] Aufgrund der steigenden Umweltdynamik sowie zunehmenden Inflexibilitätstendenzen (Spezialisierung, Bürokratisierung, gesetzliche Bestimmungen) besitzt das Flexibilitätsproblem hohe empirische Bedeutung. Dabei kann die Dynamik selbst zur Inflexibilität des Unternehmens führen, wenn beispielsweise Investitionsentscheidungen verschoben werden, um planungssicherere Rahmenbedingungen abzuwarten. Vgl. Schlüchtermann, 1996, S. 93.

[402] Mössner, 1982, S. 38.

[403] Vgl. Schneeweiß, 1996, Sp. 389.

[404] Pibernik, 2001, S. 45

[405] Vgl. Mössner, 1982, S. 61, Schlüchtermann, 1996, S. 94.

[406] Vgl. Schlüchtermann, 1996, S. 94.

[407] Vgl. Hillmer, 1987, S. 22 ff. sowie Meffert, 1985, S. 126 ff. In Bezug auf diese beiden Literaturbeiträge sei auf die nicht eindeutige konzeptionelle Abgrenzung der Begriffe Handlungsschnelligkeit und Handlungsbereitschaft hingewiesen.

[408] Vgl. auch Mössner, 1982, S. 39. Mössner verwendet hierfür den Begriff der Varietät und bezeichnet sie als Flexibilität im engeren Sinne.

tät ist dabei bestimmt durch die Menge an Freiheitsgraden, die bei einer Entscheidung vorhanden ist. Neben der Anzahl an Freiheitsgraden, d. h. der veränderbaren Eigenschaftsmerkmale des Systems, ist die Zahl der für jedes Eigenschaftsmerkmal möglichen Ausprägungen zu unterscheiden. Je größer die Menge potenzieller Ausprägungsformen ist, umso mehr Alternativen bestehen für die Wahl eines umweltadäquaten Systemzustands. Ferner beeinflusst auch die Verschiedenartigkeit der einzelnen Ausprägungsformen die Systemflexibilität.

- Während ausreichender Handlungsspielraum eine notwendige Voraussetzung für die Anpassungsfähigkeit des Systems ist, richtet sich die Handlungsschnelligkeit auf die Reaktionsfähigkeit des Systems. Die Handlungsschnelligkeit beschreibt dabei die Zeitspanne, die zur Überführung des Systems von einem Zustand in einen anderen erforderlich ist.[409] Beim Vergleich zweier Systeme kann bei gleichem Handlungsspielraum dasjenige als flexibler angesehen werden, das schneller zu Zustandsveränderungen in der Lage ist.

- Unter Handlungsbereitschaft als dritte Komponente des Flexibilitätsbegriffs wird der verhaltensorientierte Aspekt des individuellen Anpassungsprozesses abgebildet. Dieser beschreibt, „inwieweit sich die Unternehmung imstande sieht, vorhandene Handlungsspielräume mit gegebener Handlungsschnelligkeit auch auszunutzen.“[410] Die Handlungsbereitschaft umfasst also den Bereich der Entscheidungsfindung und -umsetzung. Hillmer unterscheidet dabei folgende Komponenten: die „problemadäquate Informationsversorgung“, die „Fähigkeit zur zweckentsprechenden Selektion“ und „verhaltensorientierte Aspekte“.[411] Die Handlungsbereitschaft kann somit als Differenz zwischen den Flexibilitätspotenzialen einer Unternehmung und der (nutzbaren) Flexibilität beschrieben werden.[412]

409 Die Handlungsschnelligkeit kann unterschieden werden in die Beobachtungszeit, die Aktionszeit und die Wirkzeit. Vgl. Janssen, 1997, S. 18. Mössner, 1982, S. 46.

410 Hillmer, 1987, S. 24.

411 Vgl. Hillmer, 1987, S. 24 ff. Wesentliche Voraussetzung des Einsatzes von Handlungsspielraum und entsprechender Handlungsschnelligkeit ist zunächst, dass die Informationen über eingetretene oder bevorstehende Veränderungen verfügbar sind. Die „Fähigkeit zur zweckentsprechenden Selektion“ umfasst die Auswahl der Handlungsalternativen, mit der die verfolgten Ziele am besten erreicht werden können. Unter dem Begriff der „verhaltensorientierten Aspekte“ sei die Handlungsbereitschaft im engeren Sinne verstanden. Hillmer spricht hierbei auch von Flexibilitätsmanagement. Als wesentliche Bedingung zur Anpassung wird hier auf die Veränderungsbereitschaft des Managements verwiesen. Dabei geht es um die personelle Fähigkeit und Bereitschaft der Führungskräfte, Maßnahmen anzustoßen oder bereits eingeleitete Aktivitäten zu unterstützen.

412 Vgl. Janssen, 1997, S. 24.

b) Theoretische Überlegungen zur Entwicklung von Flexibilitätspotenzialen

Im Kontext dynamischer Entscheidungsprozesse wird Flexibilität häufig als bewährtes Mittel angesehen, um wahrgenommener Unsicherheit zu begegnen. Um für nicht exakt vorhersehbare Umweltzustände rechtzeitig über passende Handlungsalternativen zu verfügen, streben Entscheidungsträger danach, sich Handlungspotenziale zu erhalten, deren Verfügbarkeit zu späteren Zeitpunkten wünschenswert sein kann.[413] Flexibilität stellt somit das Potenzial für zukünftige Handlungen bereit, um auf einen möglichen zukünftigen Flexibilitätsbedarf entsprechend reagieren zu können. Gemäß der im vorherigen Kapitel durchgeführten Begriffsabgrenzung lässt sich vereinfacht feststellen, dass Flexibilitätspotenziale entweder zu mehr Handlungsspielraum und/oder zu mehr Handlungsgeschwindigkeit führen.

Hierbei sind zeitliche Interdependenzen zu berücksichtigen, da mit der Entscheidung für einen bestimmten Handlungsspielraum die im Zeitablauf existierenden Handlungsmöglichkeiten zur Anpassung oder Veränderung entsprechend eingeschränkt werden. Entscheidungen über den Aufbau oder die Einschränkung von Flexibilität induzieren somit Konsequenzen für spätere Entscheidungen.[414] Des Weiteren hängt die Auswirkung einer zu einem bestimmten Zeitpunkt ausgewählten Handlungsalternative auf das Ergebnis auch von den ausgewählten Handlungsalternativen zu anderen Zeitpunkten ab. Das Ergebnis wird auf diese Weise bestimmt von der Gesamtheit der im betrachteten Zeitraum realisierten Handlungen.[415]

Auch im Hinblick auf das Risikophänomen bestehen zeitliche Interdependenzen, da die Entscheidung über die Gestaltung eines Flexibilitätspotenzials in einer Planungsperiode das mit den Aktionen zu Folgezeitpunkten verbundene Risiko beeinflusst.[416] Das zum gegenwärtigen Zeitpunkt aufgebaute Flexibilitätspotenzial für ein bestimmtes Risiko schafft Reaktionsmöglichkeiten und hat so Einfluss auf die Wahrscheinlichkeitsverteilung der Zielwerte, die zu späteren Zeitpunkten realisiert werden können. „Zwischen den Aktionen zu verschiedenen Zeitpunkten besteht [somit] ein ‚Risikoverbund'."[417]

---

[413] Vgl. Janssen, 1997, S. 33.
[414] Vgl. Janssen, 1997, S. 32 f.
[415] Vgl. Jakob, 1974 (Zweiter Teil), S. 416 f.
[416] Pibernik weist darauf hin, dass dies jedoch nur im Falle eines nicht risikoneutralen Entscheidungsträgers von Bedeutung ist, da hierbei das Sicherheitsäquivalent des stochastischen Zielwertes gerade dem Erwartungswert des Zielwertes entspricht. Vgl. Pibernik, 2001, S. 67 ff.
[417] Pibernik, 2001, S. 67.

Flexibilität stellt damit ein geeignetes Mittel dar, das mit der Unsicherheit verbundene Risiko zu bewältigen.[418] Durch den Einbau von Flexibilität wird dabei die Höhe des mit der angegebenen Wahrscheinlichkeit höchstens zu erwartenden Verlustes verringert.[419] Im Sinne der oben genannten risikopolitischen Maßnahmen stellt Flexibilität eine wirkungsbezogene Maßnahme zur Minderung von Risiken dar. Ob und in welchem Ausmaß Flexibilität als risikopolitische Maßnahme schließlich zum Einsatz kommt, hängt aber nicht zuletzt von der Risikopräferenz bzw. dem Sicherheitsstreben des Entscheidungsträgers ab.[420]

Während eine Erhöhung von Flexibilität für Unternehmen, die innerhalb stark dynamischer Umweltbedingungen agieren, als unabdingbar und strategisch notwendig erachtet werden kann, führt die Bereitstellung einer zu hohen Flexibilität unter stabilen Umweltvoraussetzungen zwangsweise zu Ineffizienzen im Unternehmen. Schlüchtermann betont, dass Flexibilität nicht als Selbstzweck, sondern „als Vehikel zur Verfolgung ökonomischer Ziele“ zu begreifen ist.[421] Wie bei allen ökonomischen Entscheidungen ist auch hier das Kosten-Nutzen-Verhältnis zugrunde zu legen. Bei der Bewertung geht es darum, Entscheidungen darüber zu erleichtern, wie ein bestimmter Flexibilitätsbedarf dem ökonomischen Prinzip folgend mit minimalen Ressourcen gedeckt werden kann.

Der Aufbau von Flexibilitätspotenzialen basiert in der Regel auf einer bewusst aufrechterhaltenen Redundanz, die entsprechende Kosten verursacht. Hierbei handelt es sich um (Leer-) Kosten aufgrund nicht genutzter quantitativer und qualitativer Ressourcen oder zusätzlicher Transaktions- bzw. Koordinationskosten, die z. B. durch eine Vergrößerung der Lieferantenbasis entstehen.[422] Den zusätzlichen Kosten steht allerdings zunächst kein Nutzen gegenüber, da die Inanspruchnahme der zur Verfügung stehenden Flexibilität noch in Frage steht und erst ex post bestimmt werden kann. Der Nutzen aus diesem Flexibilitätspotenzial ergibt sich erst, „wenn Umwelt- oder interne Veränderungen nach Systemanpassungen verlangen

---

[418] Vgl. Voigt, 1992, S. 582 f., Mössner, 1982, S. 60.
[419] Vgl. Jakob, 1982, S. 94.
[420] Vgl. hierzu auch Kapitel 2.2.4.
[421] Schlüchtermann, 1996, S. 101.
[422] Vgl. Pibernik, 2001, S. 190 f. Als weitere Leerkosten können beispielsweise die aufgrund einer dezentralen Wertschöpfung nicht realisierten Skaleneffekte (im Vergleich zur zentralen Produktion) genannt werden.

oder, anders ausgedrückt, wenn ein Flexibilitätsbedarf vorliegt."[423] Der Flexibilitätsnutzen ist somit unsicher.[424]

Analog den Ausführungen zur optimalen Risikoposition des Kapitels 2.2.4 kann festgestellt werden, dass sich die durch die Flexibilität induzierten Kosten in der Regel relativ gut bestimmen lassen, während sich die Feststellung des in der Zukunft liegenden unsicheren Nutzens als problematisch erweist.[425] Da von vornherein nicht bestimmt werden kann, ob eine flexibilitätsorientierte Maßnahme zielsetzungsgerecht zum Einsatz kommt, ist eine sichere Ex-ante-Bewertung in der Regel nicht möglich.[426] Adam spricht hier von einem bewertungsdefekten Entscheidungsproblem.[427] Er folgert, dass die Bestimmung eines optimalen Flexibilitätsgrades im Sinne eines Flexibilitätsausmaßes, bei dem die positive Differenz aus Flexibilitätskosten und Flexibilitätsnutzen ein Maximum annimmt, nicht praktikabel ist.[428]

Zur Lösung des Entscheidungsproblems Flexibilität, für das keine eindeutigen formallogischen Lösungsansätze existieren, können alternativ heuristische Verfahren eingesetzt werden. Hierbei ist ein Flexibilitätspotenzial zu schaffen, „das möglichst gut auf den zukünftigen oder aktuellen Flexibilitätsbedarf abgestimmt ist."[429] Dabei gilt, dass da, wo kein Flexibilitätsbedarf besteht, kein Potenzial erforderlich ist und umgekehrt, dass bei existierendem Bedarf an Flexibilität nur ein bedarfsadäquates Flexibilitätspotenzial entsprechenden Nutzen stiften kann.[430] Aufgrund fehlender allgemeingültiger Konzepte zur Erfassung und Analyse des Flexibilitätsbedarfs gestaltet sich

---

[423] Hillmer, 1987, S. 54

[424] Vgl. Pibernik, 2001, S. 55. Pibernik vergleicht diese Problemstellung mit einem typischen Investitionsproblem bei Risiko: Der Aufbau von Flexibilitätspotenzialen bedingt Anschaffungsauszahlungen, denen unsichere zukünftige Rückflüsse gegenüberstehen. Vgl. Pibernik, 2001, S. 55.

[425] Nach Mössner bemisst sich der Nutzen der Flexibilitätsmaßnahmen am Beitrag zur entsprechenden Zielerreichung, die wiederum entweder durch die Minderung von Risiken oder durch die Nutzung von Chancen entsteht. Vgl. Mössner, 1982, S. 61.

[426] Vgl. Schlüchtermann, 1997, S. 102 f.

[427] Vgl. Adam, 1993, S. 6 f.

[428] Vgl. in diesem Zusammenhang Hillmer, 1987, S. 59–65, der den theoretisch optimalen Flexibilitätsgrad als Schnittstelle der Flexibilitätskostenkurve und der Inflexibilitätskostenkurve beschreibt. Die Ausführungen folgen den Grundüberlegungen zur optimalen Risikoposition (siehe Abbildung 2-5). Ist ein Unternehmen völlig inflexibel, fallen keine Flexibilitätskosten an. Allerdings können hierbei keinerlei Kosten der Inflexibilität vermieden werden. Mit zunehmendem Streben nach Flexibilität steigen die Flexibilitätskosten progressiv an. Umgekehrt nimmt mit zunehmendem Flexibilitätspotenzial der Flexibilitätsnutzen (ausgedrückt in den vermeidbaren Kosten der Inflexibilität) ab.

[429] Schlüchtermann, 1997, S. 103. In diesem Zusammenhang sei auf die Anmerkung von Hillmer hingewiesen: Da sich Flexibilitätsbedarfe im Zeitverlauf ändern können, kann aus einem einmal zur Verfügung gestellten Flexibilitätspotenzial nicht zwangsläufig bedarfsadäquates Verhalten und damit aktuelle Flexibilität abgeleitet werden. Vgl. Hillmer, 1987, S. 67.

[430] Vgl. Hillmer, 1987, S. 64

die Entwicklung von Maßnahmen zur Schaffung eines entsprechenden Flexibilitätsangebotes allerdings auch auf Basis heuristischer Überlegungen als schwierig.[431]

Die Ableitung von Flexibilitätsmaßnahmen kann schließlich auf Grundlage unterschiedlicher flexibilitätsgestaltender Grundkonzeptionen erfolgen. In Abhängigkeit von der Fragestellung, ob ein Unternehmen bestrebt ist, seinen Flexibilitätsbedarf im Sinne reaktiven Handelns zu decken oder ob es versucht, den Flexibilitätsbedarf proaktiv zu beeinflussen, sollen vier Basisstrategien unterschieden werden:[432]

- Während die *Adaptionsstrategie* die traditionelle reaktive Grundhaltung beschreibt, in der sich das Unternehmen durch Initiierung von Maßnahmen an die entsprechenden Umweltveränderungen anpasst,

- wird bei der *Strategie der Neudefinition* versucht, die Umwelt selbst aktiv zu beeinflussen, um dadurch den eigenen Flexibilitätsbedarf zu verringern (und gleichzeitig den Flexibilitätsbedarf der Wettbewerber zu erhöhen).[433]

- Als weitere Basisstrategie wird das *Speichern von Flexibilität* genannt. Diese Strategie, die sowohl reaktiven als auch proaktiven Charakter besitzt, sieht vor, Flexibilitätspotenziale zur späteren Verwendung aufzubauen.

- Ziel der *Reduktionsstrategie* ist schließlich, den eigenen Flexibilitätsbedarf zu senken, indem das Unternehmen die Unsicherheit der Unternehmensumwelt proaktiv verringert (z. B. durch Abschluss langfristiger Lieferverträge).

---

[431] Vgl. Schlüchtermann, 1996, S. 105.

[432] Vgl. Schlüchtermann, 1996, S. 105 ff. Siehe hierzu auch Gerwin, 1993, S. 396 f.

[433] Das Beispiel der aktiven Steuerung des Nachfrageverhaltens der Endkunden durch laufende Verbesserungen bereits eingeführter Produkte veranschaulicht, dass hierfür sowohl Marktmacht als auch Technologieführerschaft vorauszusetzen sind. Vgl. Schlüchtermann, 1996, S. 106 f. Siehe hierzu auch das Beispiel von Meffert, 1985, S. 134.

3. BESCHAFFUNGSMANAGEMENT IN DER AUTOMOBILINDUSTRIE UND SEIN RISIKOBEZUG

Im Folgenden wird die Beschaffung innerhalb der Automobilindustrie als Anwendungsgebiet eines Risikomanagements vorgestellt. **Kapitel 3.1** führt in das Umfeld der Automobilindustrie ein und zeigt die für das Thema wichtigsten Entwicklungen unter besonderer Berücksichtigung der Automobilzulieferindustrie und der Beziehungen zwischen Herstellern und Zulieferern auf. Hieraus sollen wichtige Risikofaktoren sowie Rückschlüsse für die Umsetzung eines Risikomanagements im Beschaffungsbereich abgeleitet werden. **Kapitel 3.2** geht auf die Beschaffung innerhalb der Automobilindustrie ein, wobei die automobilspezifischen Beschaffungsfunktionen sowie die strategischen Aspekte eines Beschaffungsmanagements herausgearbeitet werden. Die Erkenntnisse werden in einem Beschaffungsmodell zusammengefasst, das eine wichtige Grundlage für das in Kapitel 4 zu entwickelnde Risikomanagement-Modell darstellt. Auf Basis eines Strukturierungsvorschlags werden in **Kapitel 3.3** abschließend die wichtigsten Beschaffungsrisiken beispielhaft vorgestellt.

3.1 Umfeld der Automobilindustrie als Anwendungsgebiet

Die Automobilindustrie ist in vielfältiger Hinsicht die Schlüsselbranche der deutschen Wirtschaft. Dies begründet sich nicht nur in der volkswirtschaftlichen Bedeutung des Wertschöpfungsprozesses des Produkts, der aufgrund seiner Komplexität eine Vielzahl von Partnern aus unterschiedlichsten Wirtschaftsbereichen einschließt.[434] Auch das Produkt selbst trägt aufgrund seines Einflusses auf die individuelle Mobilität wesentlich zur Bedeutung der Automobilindustrie bei.[435] Mit zunehmender Nachfrage nach Mobilität erbringt das Automobil für seine Nutzer dabei einerseits einen Zu-

---

[434] Mit einem Umsatzvolumen von 254 Mrd. Euro war die Automobilindustrie (einschließlich der Kfz-Teile- und Zubehörindustrie sowie der Anhänger-, Aufbauten- und Containerindustrie) auch im Jahr 2006 der mit Abstand wichtigste Wirtschaftszweig in Deutschland. Die deutsche Automobilwirtschaft hat dabei in den vergangenen zehn Jahren ihren Umsatz mehr als verdoppelt und steigerte ihren Anteil am Gesamtumsatz der deutschen Industrie in diesem Zeitraum von gut 13 % auf 19 %. Vgl. VDA, 2007, S. 224 f.

[435] Als Grundbedürfnis eines jeden Individuums stellt Mobilität die Fähigkeit eines Menschen dar, Entfernungen zu überwinden. Vgl. Spiegel-Verlag, 1993, S. 7.

wachs an Lebensqualität. Andererseits stellt die zunehmende Mobilität für Personen und Güter einen wichtigen Faktor für die Entwicklung einer Volkswirtschaft dar.[436]

In Kapitel 3.1 werden zunächst wichtige Trends innerhalb der Automobilindustrie zusammengefasst (Kapitel 3.1.1), die wesentlichen Einfluss auf die Entwicklung der heutigen Beschaffung der Automobilhersteller und der Strukturentwicklung der Automobilzulieferindustrie haben. Aus den in Kapitel 3.1.2 vorgestellten Anpassungsreaktionen der Automobilhersteller und deren Zulieferindustrie werden im weiteren Verlauf der Arbeit Ansatzpunkte für ein Risikomanagement im Bereich der Beschaffung abgeleitet.

3.1.1 Strukturelle Entwicklungen der deutschen Automobilindustrie

Die vertiefende Beschäftigung mit einer Branche bedarf zunächst der Analyse ihrer Struktur und ihrer allgemeinen Entwicklung. Strukturelle Entwicklungen innerhalb einer Branche werden maßgeblich von den Aktionen und Reaktionen der Unternehmen und der Konsumenten bestimmt, die wiederum von den permanenten Veränderungen der politischen, rechtlichen, technologischen, gesellschaftlichen und ökonomischen Rahmenbedingungen beeinflusst werden.[437]

In Bezug auf die deutsche Automobilindustrie markiert der Beginn der **90er-Jahre** einen starken Einschnitt. Die deutsche Wiedervereinigung, die Vollendung des europäischen Binnenmarkts sowie die Öffnung Osteuropas gehörten genauso zu diesen Veränderungen wie das Auftreten neuer Wettbewerber im südostasiatischen Raum, die Verschärfung der Konkurrenz aus Niedriglohnländern oder der Technologiewettlauf innerhalb der Triade.

Auch das **Jahr 2008** wird als Zäsur in die Geschichte der Automobilindustrie eingehen. Die Finanz- und Bankenkrise, die im September 2008 mit dem Konkurs der amerikanischen Investmentbank Lehman Brothers begann, und die unmittelbaren Konsequenzen auf die Realwirtschaft werden weitere negative Auswirkungen auf die Volkswirtschaften der Industriestaaten haben. V. a. Deutschland als führende Exportnation leidet besonders unter den Folgen dieser globalen Krise.[438] Für 2009 zeichnet sich der größte Konjunktureinbruch seit Gründung der Bundesrepublik

[436] Die wirtschaftliche Kraft einer Gesellschaft wächst, indem sie die Vorteile räumlicher Arbeitsteilung nutzt. Mobilität von Gütern und Personen ist demnach nicht die Folge, sondern die Voraussetzung unseres Lebensstandards. Vgl. VDA, 2007, S. 3.

[437] Vgl. Peters, 1988, S. 11, Oppenländer, 1988, S. 1 ff.

[438] Vgl. Bohsem, 2009, S. 23.

Deutschland ab.[439] Die weltweite Auftragsflaute trifft besonders die Hersteller von Fahrzeugen, Maschinen und anderen Investitionsgütern. Die Automobilindustrie muss dabei Absatzeinbrüche in zweistelliger Höhe hinnehmen, bedeutende Hersteller sowie eine Vielzahl von Zulieferern kämpfen um das wirtschaftliche Überleben, unterschiedlichste Fusions- und Übernahmeszenarien werden diskutiert.[440] Es deutet vieles darauf hin, dass eine weitere Konsolidierungswelle über die Automobilindustrie rollen wird, in deren Zuge weitere Marken und Hersteller verschluckt werden.

In diesem schwierigen Umfeld wurde die Autoindustrie allerdings noch von einer zweiten „Krise" erschüttert.[441] Neben den Folgen der Weltwirtschaftskrise stellt der gleichzeitige Wandel des Konsumentenverhaltens eine zusätzliche Herausforderung dar. Dieser Wandel resultiert zum einen aus dem starken Anstieg der Benzinpreise, die 2008 einen Rekordwert erreichten, und zum anderen aus veränderten Wertvorstellungen. Mit der Hinwendung der Kunden zu umweltfreundlicheren Fahrzeugen sind die angebotenen Modelle zum Teil nicht mehr zeitgemäß, was sich deutlich in den Absatzzahlen von Anbietern oberer und sportlicherer Fahrzeugsegmente zeigt.[442]

3.1.1.1 Marktveränderungen und Kundenverhalten

Bis Ende der 70er-Jahre war der deutsche Automobilmarkt von den Merkmalen eines klassischen Anbietermarkts geprägt. Die starke Nachfrage auf dem heimischen Markt sowie der zunehmende Export ließen die deutschen Hersteller an ihre Kapazitätsgrenzen stoßen. Zwischen 1950 und 1970 stieg beispielsweise die Produktion in der deutschen Automobilindustrie von 220.000 auf ca. 3,5 Mio. Einheiten pro Jahr, die Exportquote stieg im selben Zeitraum von 32 % auf 55 %.[443] Im Verlauf der darauffolgenden Jahre führten die global ausgerichteten Absatzstrategien der europäischen, amerikanischen und asiatischen Konkurrenzunternehmen zu einer massiven Zunahme des Wettbewerbsdrucks. In Verbindung mit steigenden Sättigungstendenzen in den Kernmärkten der Automobilbranche zeichnete sich eine enorme Verschärfung der Nachfragesituation ab. Richtete sich das Kundenbedürfnis zu-

---

[439] Vgl. o. V., 2009.
[440] Vgl. o. V., 2008 (Detroit), o. V., 2008 (General Motors), o. V., 2008 (Zukunft).
[441] Vgl. o. V., 2008 (Zukunft).
[442] Vgl. Krix, 2008, S. 26
[443] Vgl. Adolphs, 1997, S. 17.

nächst noch nach den angebotenen Produkten, so änderte sich nun die Richtung der Kausalität. Der Automobilmarkt wandelte sich vom Verkäufer- zum Käufermarkt.[444]

Mit der gewonnenen Nachfragemacht veränderte sich in den Kernmärkten der Automobilindustrie auch das Kaufverhalten der Kunden.[445] Während die Konsumenten lange Zeit mit weitgehend standardisierten Produkten zufrieden waren, bestimmten nun differenzierte und individualisierte Anforderungen die Nachfrage. Gleichzeitig erhöhte sich auch der Informationsgrad der Käufer. Die Automobilhersteller stehen mittlerweile einer gut informierten und kritischen Kundschaft gegenüber, deren Bereitschaft, aus Loyalität zu einer Marke Kompromisse einzugehen, stark abgenommen hat. Charakteristisch für das neue Konsumentenverhalten ist dementsprechend auch die abnehmende Berechenbarkeit der Konsumenten. Neben Preis, Qualität, Sicherheit, Image und Design haben beispielsweise Produkteigenschaften wie Umweltverträglichkeit und Recyclingfähigkeit des Fahrzeugs sowie über den Fahrzeugkauf hinausgehende Serviceleistungen eine zunehmend wichtigere Bedeutung erlangt. Nicht zuletzt die gesellschaftlichen Veränderungen in Bezug auf Mobilitätsanforderungen, Individualisierung, Anspruchsdenken und Geltungsbedürfnis führten dazu, dass sich aus dem Massenautomobilmarkt Teilmärkte mit unterschiedlichen Ansprüchen herausgebildet haben.[446]

Verkäufe (in Mio. Einheiten)	**Situation** 2000		**Situation** 2006		**Prognose** 2010		**Wachstum** 2000-2010	
	Absolut	Prozent	Absolut	Prozent	Absolut	Prozent	Absolut	Prozent
Triade	**43,5**	**77%**	**42,0**	**64%**	**43,5**	**57%**	**0,0**	**0%**
Westeuropa	16,5	29%	15,8	24%	16,5	22%	0,0	0%
Nordamerika	17,1	30%	15,2	23%	16,3	21%	-0,8	-5%
Japan	9,9	18%	11,0	17%	10,7	14%	0,8	8%
Nicht-Triade	**12,8**	**23%**	**24,0**	**36%**	**32,8**	**43%**	**20,0**	**156%**
Osteuropa	3,0	5%	4,9	7%	7,0	9%	4,0	133%
China	1,8	3%	6,6	10%	9,9	13%	8,1	450%
Südamerika	2,0	4%	3,0	5%	3,6	5%	1,6	80%
Rest Asien	5,3	9%	7,6	12%	9,9	13%	4,6	87%
Sonstige	0,7	1%	1,9	3%	2,4	3%	1,7	243%
Welt	**56,3**	**100%**	**66,0**	**100%**	**76,3**	**100%**	**20,0**	**36%**

Abb. 3-1: Entwicklung weltweite Fahrzeugproduktion (Pkw/leichte Nutzfahrzeuge)[447]

Die Reifegrade der weltweiten Automobilmärkte weisen zudem beträchtliche Unterschiede auf (siehe Abbildung 3-1). Im Gegensatz zu den stagnierenden Märkten der Triade lassen Entwicklungs- und Schwellenländer, mit Blick auf ihre gegenwärtige Motorisierungsdichte, auch weiterhin beträchtliche Zuwachsraten in der Automobil-

[444] Vgl. Gromer, 1999, S. 16.
[445] Vgl. Wildemann, 1992, S. 16.
[446] Vgl. Gromer, 1999, S. 19 f., Foscht, 1998, S. 8, Proff/Proff, 1998, S. 90 f., Adolphs, 1997, S. 36 ff., Wolters, 1995, S. 16 und S. 31, Berger, 1994, S. 21 f.
[447] Quelle: Blatz, 2007, S. 14.

nachfrage erwarten.[448] Obwohl mehr als drei Viertel der Weltbevölkerung außerhalb der traditionellen Märkte leben, wurden im Jahr 2000 nur ca. 23 % der weltweit produzierten Fahrzeuge dort abgesetzt. Wie in anderen Branchen wird es auch in der Automobilindustrie zu einer Verschiebung des Absatzes weg von den Volumenmärkten der Triade kommen. Bereits im Jahre 2010 soll die Fahrzeugproduktion außerhalb der Triade-Märkte ca. 43 % des weltweiten Volumens ausmachen. Während zwischen 2000 und 2010 innerhalb der Triade-Märkte im Durchschnitt kein Wachstum zu verzeichnen sein wird, sollen die Nicht-Triade-Märkte um durchschnittlich 156 % wachsen. Es wird prognostiziert, dass sich die Fahrzeugproduktion auf dem chinesischen Markt sogar um mehr als das Fünffache erhöhen wird.

3.1.1.2 Zunehmender Wettbewerb

Mit dem Eintritt der japanischen Automobilbauer verschärfte sich die Konkurrenzsituation innerhalb der gesamten Automobilindustrie nachhaltig.[449] Vor allem die deutschen Hersteller mussten enorme Anstrengungen zur Verteidigung ihrer Wettbewerbsposition unternehmen. Der Erfolg der japanischen Automobilindustrie begründete sich nicht zuletzt in ihrem globalen Engagement. Bereits sehr früh begannen die japanischen Autokonzerne mit dem Aufbau von Produktions-, aber auch von Forschungs- und Entwicklungskapazitäten im Ausland. Auslöser dieser Globalisierungsstrategie war vor allem die Zugangsbeschränkung zu den europäischen und amerikanischen Wirtschaftsräumen. Aufgrund einer konsequent und erfolgreich durchgeführten Kostenführerschaftsstrategie waren zunächst die deutschen und europäischen Volumenhersteller sowohl auf deren Heimatmärkten als auch auf den wichtigen Auslandsmärkten in Übersee bedroht. Mit der Erweiterung ihres Produktspektrums Mitte der 80er-Jahre wuchsen die japanischen Automobilbauer schließlich auch zur Konkurrenz von Premium-Marken-Herstellern wie BMW und Mercedes-Benz heran.[450]

Im Gegensatz zu den japanischen Herstellern betrieben die deutschen Autoproduzenten lange Zeit eine stark exportorientierte Distributionsstrategie.[451] Dabei floss der größte Teil der deutschen Pkw-Ausfuhr in den europäischen Binnenmarkt. Vor dem

---

[448] Vgl. Gromer, 1999, S. 21 ff.

[449] 1960 hatte Japan einen Anteil an der weltweiten Herstellung von Automobilen von 1 %; 20 Jahre später betrug dieser bereits 29 %. Vgl. Gromer, 1999, S. 28 sowie Bender, 1996, S. 52.

[450] Vgl. Gromer, 1999, S. 28 f., Härtel/Jungnickel/et al., 1996, S. 277, Wolters, 1995, S. 13.

[451] Lediglich VW hat relativ früh damit begonnen, Produktionsstätten in Spanien, Mexiko, Brasilien, China und USA zu errichten. Letztere musste allerdings 1986 wieder geschlossen werden. Vgl. Gromer, 1999, S. 30.

Hintergrund des japanischen Verdrängungswettbewerbs wurde für die deutsche Fahrzeugindustrie die mangelhafte Präsenz auf den Weltmärkten zunehmend zum strategischen Nachteil. Um die Nähe zu den Absatzmärkten sowie die Attraktivität der deutschen Marken auch auf den nicht europäischen Märkten zu erhöhen und dadurch verloren gegangene Marktanteile zurückzuerobern, ging auch die deutsche Automobilindustrie dazu über, Produktionsstätten im Ausland zu errichten.[452] Die Forcierung der globalen Aktivitäten ermöglichte es den deutschen Herstellern, ihre Produktion an die Besonderheiten der jeweiligen Absatzmärkte anzupassen und weltweit Standortvorteile nutzbar zu machen.[453]

Ein zusätzlicher Trend, der mit der weltweiten Erschließung der Märkte in engem Zusammenhang steht, sind zunehmende Konzentrationsbewegungen. Durch grenzüberschreitende Fusionen, Übernahmen, Beteiligungen und Joint Ventures versuchen Hersteller, ihre internationale Wettbewerbsfähigkeit sicherzustellen. Dies geschieht durch eine Realisierung von Skaleneffekten sowie eine Abrundung der vorhandenen Modellpalette.[454] Dieser Konsolidierungs- und Selektionsprozess hat die Zahl der selbstständigen Unternehmen mit überregionaler Bedeutung in den letzten Jahren deutlich schrumpfen lassen. Die Konsolidierung in der chinesischen Automobilindustrie führt aber umgekehrt dazu, dass sich neue Automobilkonzerne mit dem Potenzial herausbilden, selbstständig auf den Weltmärkten zu agieren.[455] Auch indische Automobilhersteller werden mittelfristig in der Lage sein, ihren Absatz global auszurichten.[456] Aus diesem Grunde ist es durchaus möglich, dass sich in den nächsten Jahren die Zahl der weltweit tätigen Automobilhersteller nicht reduziert, sondern eher wieder zunimmt.[457]

---

[452] Im Jahre 2006 wurde gut jedes fünfte weltweit produzierte Fahrzeug in den Fertigungshallen eines deutschen Automobilkonzerns hergestellt. Mit 4,75 Mio. Fahrzeugen hat sich die Auslandsproduktion gegenüber den zurückliegenden zehn Jahren fast verdoppelt. Fast jedes zweite deutsche Fahrzeug läuft somit im Ausland vom Band. Vgl. VDA, 2007, S. 52 f.

[453] Vgl. Diez, 2001 (Globalisierung), S. 105. Als Folge des globalen Aufbaus von Fertigungskapazitäten in neuen Wirtschaftsräumen bei gleichzeitigem Rückgang der Nachfrage in den etablierten Märkten verschärft sich die Gefahr eines Aufbaus von Überkapazitäten. Vgl. Feige/ Crooker, 1999, S. 42, Gromer, 1999, S. 25, Meißner et al., 1994, S. 13.

[454] Vgl. Gromer, 1999, S. 33, 35 f.

[455] Als Beispiel sei der Zusammenschluss der beiden chinesischen Autokonzerne Nanjing Automobile und Shanghai Automotive International (SAIC) in 2007 genannt. Zuvor (2005) wurde bereits der insolvente britische Autohersteller MG Rover von Nanjing Automobile übernommen. Siehe in diesem Zusammenhang auch die Roland Berger-Studie "Powertrain 2020 – China's ambition to become market leader in e-vehicles". Ziel der chinesischen Autoindustrie ist es, die Weiterentwicklung des Verbrennungsmotors zu überspringen und direkt Vorreiter bei Technologien für Elektro- und Hybridfahrzeuge zu werden. Vgl. Roland Berger, 2009.

[456] Z. B. die beiden indischen Hersteller Tata und Mahindra. In 2008 kaufte Tata die beiden Luxusmarken Jaguar und Land Rover von Ford.

[457] Diese Auffassung wird allerdings nicht von allen Experten geteilt. Vor dem Hintergrund der Finanz- und Absatzkrise in 2008 geht Sergio Marchionne, CEO von Fiat, davon aus, dass mittelfristig nur

In dem Maße, wie neue Hersteller in die Triade-Märkte eindringen werden, wächst auch die Notwendigkeit zur Zusammenarbeit unter den etablierten Automobilunternehmen in Form zweckorientierter und zeitlich befristeter Kooperationen. Das Spektrum reicht dabei vom Einkauf von Motoren, Getrieben und anderen Aggregaten über Lizenzfertigungen bis hin zu gemeinsamen Produktentwicklungen.[458]

3.1.1.3 Technologische Entwicklungen

Für die deutsche Volkswirtschaft stellt das Automobil den wesentlichen Treiber des technischen Fortschritts dar. Mit F&E-Aufwendungen in Höhe von 18 Mrd. Euro entstammten im Jahr 2007 ein Drittel der in der deutschen Industrie für Forschung und Entwicklung aufgewendeten Mittel der Automobilindustrie.[459] Wesentlich bedeutender noch ist allerdings ihre technologische Ausstrahlung auf andere Branchen. In keinem anderen Industriezweig wurden in der Vergangenheit so viele weitreichende Produkt- und Prozessinnovationen hervorgebracht.[460]

Die hohe Innovationsdynamik bei Produkten und Prozessen resultiert nicht nur aus dem permanenten Kosten- und Wettbewerbsdruck.[461] Die ständige Verkürzung der Produktlebenszyklen, die gestiegenen individuellen Anforderungen der Kunden, die Rohstoffverknappung, der verstärkte Umweltschutz und die strenger werdende Gesetzgebung in vielen Ländern bestimmen die Innovationsgeschwindigkeit innerhalb der Automobilindustrie. Das größte Wachstumspotenzial liegt dabei im Bereich Elektrik/Elektronik. Dieser Bereich stellt auch weiterhin den wichtigsten „Enabler“ für automobile Innovationen dar.[462] Abbildung 3-2 zeigt die Entwicklung des Elektrik-/Elektronik-Anteils am Gesamtwert eines Fahrzeugs von 1995 bis 2015. Die Zunahme im Bereich Elektrik/Elektronik resultiert dabei zu ca. 80 % aus Innovationen und neuen Systemen, wobei das Wachstum primär in den Bereichen Kommunikation- und Entertainment-Elektronik entsteht. Ca. 20 % des Elektrik-/Elektronik-Wachstums sind auf die Substitution mechanischer und hydraulischer Teile (vor allem Kompo-

---

sechs Hersteller überleben werden. Seiner Ansicht nach haben nur solche Hersteller eine Chance, im Wettbewerb zu bestehen, die mindestens 5,5 Mio. Fahrzeugen pro Jahr produzieren. Vgl. Ciferri, 2008, S. 9.

458 Vgl. IFA, 2007, S. 1 ff. Vgl. hierzu auch Krust, 2009, S. 3. Aufgrund der bestehenden Kostenstrukturen der deutschen Hersteller rechnet sich ein Kleinwagen unter einer Stückzahl von 250.000 Einheiten kaum. Die Hersteller sind somit zunehmend gezwungen, sich Plattformen, Module und Komponenten zu teilen. Denkbar wäre auch der Bau einer gemeinsamen Fabrik.

459 Vgl. VDA, 2008, S. 69.

460 Vgl. Diez, 2001 (Verkehrsträger), S. 48.

461 Bei seiner Markteinführung in 2001 konnte der 7er BMW bereits ca. 90 Innovationen vorweisen.

462 Vgl. Wyman, 2007, S. 13.

nenten im Bereich Fahrwerk, Antriebsstrang und Motor) zurückzuführen.[463] Um die Vielzahl der Elektronikkomponenten und Fahrzeugsysteme zu verknüpfen, wird die Softwareentwicklung zur Schlüsselkompetenz im Fahrzeugbau.[464] Mit wertmäßig mehr Software als ein PC entwickelt sich damit jedes Fahrzeug zum fahrenden Hochleistungsrechner.

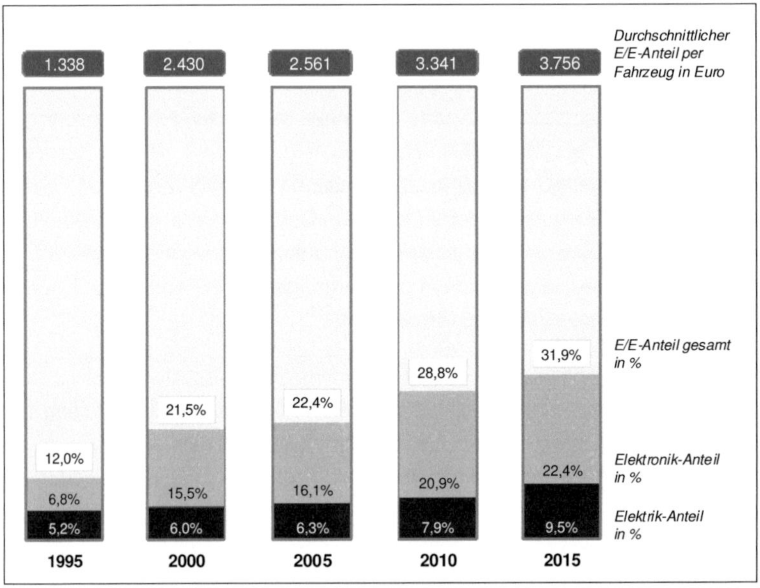

Abb. 3-2: Anteil Elektrik/Elektronik am Gesamtwert des Fahrzeugs[465]

Eine große technologische Herausforderung in diesem Zusammenhang ist es, die Komplexität der Elektrik/Elektronik im Entwicklungsprozess und im Fahrzeug zu beherrschen.[466] Hier sind zukünftig neue, ganzheitliche Wege im Entwurf und Test ver-

---

[463] Vgl. Dudenhöffer/Büttner, 2003, S. 3 f.

[464] Verdeutlicht anhand eines praktischen Beispiels: Ein Sensor im Rückspiegel erkennt Regentropfen auf der Windschutzscheibe und gibt die Information an das Bremssystem weiter. Durch regelmäßiges leichtes Aufsetzen der Bremsbacken auf die Bremsscheibe werden diese trocken gehalten, was zu einer deutlichen Reduzierung des Bremsweges führt.

[465] Quelle: vgl. Roland Berger, 2005, S. 11.

[466] Vgl. Roland Berger, 2005, S. 4 ff. Die Studie weist auf die Korrelation zwischen der Anzahl der Qualitätsprobleme und dem Anteil von Elektrik-/Elektronik-Anwendungen je Hersteller hin. Gleichzeitig wird aufgezeigt, dass ein hoher Elektrik-/Elektronik-Anteil kein Garant für hohe Kundenzufriedenheit ist, dass aber umgekehrt auch ein zu geringer Anteil keine hohe Zufriedenheit beim Kunden erzeugt. Gemäß den Untersuchungen von Roland Berger sind die Hersteller am erfolgreichsten, welche die Anwendung von Elektrik/Elektronik am ausgewogensten gestalten und damit zusätzlichen Kundennutzen stiften, ohne Qualitätsrisiken hinnehmen zu müssen.

netzter Steuergeräte zu beschreiten. Um Kosten zu optimieren, wird es klare Trends zur Integration und Zusammenlegung verschiedener Funktionen sowie zur weiteren Standardisierung geben. Durch eine intelligente Verknüpfung bereits vorhandener Komponenten und Module wird sich der Schwerpunkt von Einzelapplikationen hin zu Systemapplikationen verlagern, die mehrere Komponenten verbinden.[467]

Eines der zentralen Innovationsthemen in der Kraftfahrzeugtechnik ist die Verringerung von Emissionen, verbunden mit der Einsparung verbrauchter Energie. Die Automobilindustrie verfolgt daher eine Reihe verschiedener Ansätze, um den Verbrennungsmotor weiter zu optimieren. Neben der Reduzierung des Fahrzeuggewichts steht v. a. die Verringerung des Motorvolumens im Vordergrund. Kostengünstigere und kleinere Motoren werden in Zukunft eine größere Rolle spielen als heute. Auch Start-Stopp-Systeme mit verbesserter Funktionalität und „Power on Demand" für Zusatzaggregate werden bald zur Standardausstattung zählen.[468] Zur Erreichung der Emissionsziele werden in den nächsten Jahren verstärkt auch alternative Antriebskonzepte, insbesondere elektrisch unterstützte Hybridfahrzeuge und Brennstoffzellenfahrzeuge, erforscht und entwickelt. Gemäß der Studie von Wyman zum Innovationsmanagement in der Automobilindustrie werden Hybridantriebe bis 2015 ein jährliches Wachstum von mehr als 21 % erreichen. Elf Prozent aller Autos sollen bis dahin Hybridfahrzeuge sein.[469]

Neben den Neuerungen am Produkt bestimmen vor allem auch Prozess- und Kosteninnovationen das Profil der Automobilbranche. Die Gründe hierfür liegen beispielsweise in der zunehmenden technologischen Komplexität oder in der wachsenden Anzahl an Funktionen, die benötigt werden, um die Marken zu differenzieren (siehe hierzu auch Abbildung 3-3). In diesem Zusammenhang spielten in den letzten Jahren die Entwicklung effizienterer und flexiblerer Fertigungstechnologien sowie der Einsatz von e-Business-Anwendungen in Vertrieb und Beschaffung eine bedeutende Rolle.[470] Auch der Einsatz neuer, kosteneffizienter Werkstoffe hilft, Material- und Verarbeitungskosten zu senken. Neben neuen Softwaregenerationen, die in verschiedenen Modellen funktionieren, sollen intelligent gestaltete optionale Ausstattungspakete die Anzahl möglicher Konfigurationen senken, um so Komplexität aus der Fertigung zu nehmen. Neben F&E-Offshoring-Initiativen bei der Fahrzeugentwicklung wird die

---

[467] Vgl. Wyman, 2007, S. 12.
[468] Vgl. Roland Berger, 2007.
[469] Vgl. Wyman, 2007, S. 13.
[470] Vgl. z. B. Landmann, 1999, S. 83 ff. sowie Dudenhöffer, 2000, S. 40 ff.

Einführung neuer Entwicklungs- und Testsoftware dabei helfen, den Aufwand bei Versuchsreihen für Automobilkomponenten deutlich zu verringern.[471]

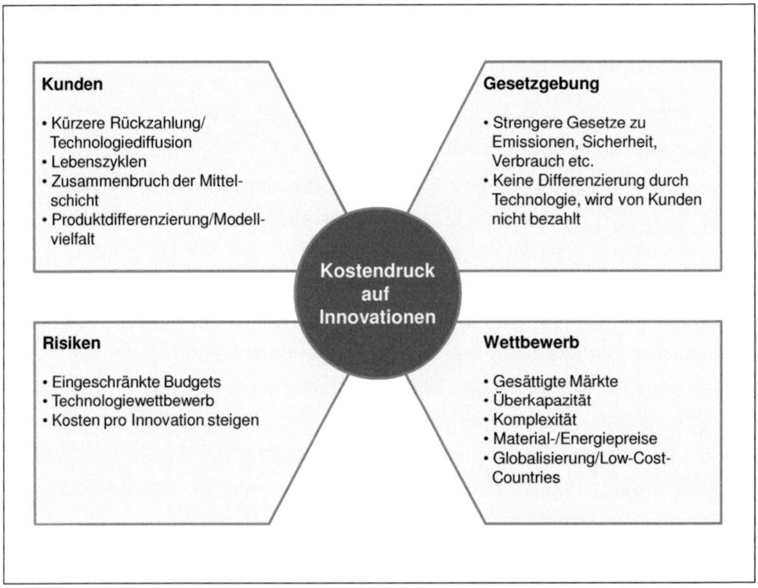

Abb. 3-3: Kostendruck auf Innovationen[472]

3.1.1.4 Veränderungen weiterer Rahmenbedingungen

Trotz seiner Vorzüge ist das Automobil auch für eine Reihe negativer externer Effekte verantwortlich.[473] Diese mindern die Lebensqualität der Bevölkerung und führen zu einer Bedrohung der natürlichen Lebensgrundlagen. Der durch die Mobilität gestiegenen Lebensqualität stehen somit erhebliche soziale und ökologische Kosten gegenüber.[474] Im Verlauf der letzten Jahrzehnte führte die zunehmende Belastung der Umwelt zu einer Sensibilisierung der Gesellschaft gegenüber ökologischen Belangen, was sich vor allem auch im Nachfrageverhalten des Kunden widerspie-

---

[471] Vgl. Wyman, 2007, S. 19.
[472] Quelle: vgl. Wyman, 2007, S. 19.
[473] Negative externe Effekte entstehen zum einen produktseitig durch den Verbrauch von Rohstoffen, die für die Herstellung eines Fahrzeugs notwendig sind. Zum anderen im Rahmen der Produktion (Verbrauch von Energie, Abfall, Lärm), der Nutzungsphase (Kraftstoffverbrauch, Luftverunreinigung, Verkehrsbelastung, Unfallopfer) und schließlich der Entsorgungsphase. Vgl. Hettmer, 1998, S. 46 ff.
[474] Vgl. Steger, 1988, S. 116 f. und Holzapfel u. a., 1985, S. 9 ff.

gelte.[475] Die Verankerung von Umweltaspekten in die Unternehmensstrategie bedeutete für die Automobilhersteller somit mehr als eine Erhöhung von Kosten – auch die Wettbewerbsfähigkeit konnte dadurch entscheidend verbessert werden.[476]

Auf weltpolitischer Ebene wurde dem Umweltschutz seit Beginn der 70er-Jahre eine immer größer werdende Bedeutung zuteil. Wichtige Meilensteine der internationalen Umweltpolitik waren die Einberufung der Weltkommission für Umwelt und Entwicklung im Jahr 1983 (auch als „Brundtland-Kommission" bekannt) sowie die Konferenz über Umwelt und Entwicklung im Jahr 1992 in Rio de Janeiro. In diesen Umweltgipfeln wurde das Leitbild der nachhaltigen Entwicklung geprägt, das in der Folgezeit eine immer stärkere Verbreitung fand.[477] Mittlerweile wird diese Philosophie als Leitmetapher einer Ökologisierung der Ökonomie begriffen und ist für viele global agierende Unternehmen Grundlage ihrer Unternehmensstrategie.[478] Dabei gilt die Integration ökonomischer, ökologischer und sozialer Kriterien als elementarer Bestandteil eines zukunftsorientierten Geschäftsmodells und Voraussetzung für die langfristige Steigerung des Shareholder Value.[479]

Angesichts der weltweit zunehmenden Umweltverschmutzung und des absehbaren Klimawandels stehen die Automobilhersteller unter massivem Druck. Die Erfüllung der Anforderungen an ein umweltverträgliches Automobil wird dabei nicht nur von der Veränderung des Konsumentenverhaltens, der technischen Umsetzungsfähigkeit der Automobilhersteller oder den Erwartungen der Aktienmärkte getrieben, auch der Gesetzgeber trägt wesentlich zur Forcierung der Umweltschutzaktivitäten der Unternehmen bei. Die Umsetzung der in der jüngsten Vergangenheit verabschiedeten ge-

---

[475] Vgl. Hettmer, 1998, S. 28, Wolters, 1995, S. 16.

[476] Vgl. Goeudevert, 1991, S. 104 f. Remer betont den paradigmatischen Beitrag der Ökologie für die Wirtschaftswissenschaften. Das Überleben einer Unternehmung erfordert deshalb einen gemeinsamen Haushalt mit der existenzkritischen Umwelt, also beispielsweise mit anderen Unternehmen, Bildungseinrichtungen, Politik oder Natur. Vgl. Remer, 1996, S. 69 f., Remer, 1993 (Zweckmanagement), S. 458 f.

[477] Vgl. Hettmer, 1998, S. 19 und S. 29. Der Begriff „Nachhaltige Entwicklung" wird laut Brundtland-Bericht folgendermaßen definiert: „Unter dauerhafter Entwicklung verstehen wir eine Entwicklung, die den Bedürfnissen der heutigen Generation entspricht, ohne die Möglichkeiten künftiger Generationen zu gefährden, ihre eigenen Bedürfnisse zu befriedigen und ihren Lebensstil zu wählen." Hauff, 1987, S. XV.

[478] Vgl. Busch-Lüty/Dürr, 1993, S. 30. Zur organisatorischen Verankerung der betrieblichen Umwelt in Abhängigkeit von der jeweiligen Situation sowie der Interpretation des Problems „Schutz der natürlichen Umwelt" siehe auch Müller-Christ/Remer, 1995.

[479] Vgl. Rat von Sachverständigen für Umweltfragen, 1994, S. 9, Majer, 1995, S. 125 ff., Remer/Snethlage, 2003, S. 37. Unternehmen, die sich durch progressives und innovatives Handeln an die Spitze dieser Dynamik gestellt haben, konnten die „Performance" ihrer Wettbewerber in den vergangenen Jahren wiederholt übertreffen. Auf dieser Kausalität basiert beispielsweise auch der Dow Jones Sustainability Group Index (DJSGI). Dieser umfasst die besten zehn Prozent der Unternehmen, die in ihrer Branche bezüglich ökonomischer, ökologischer und sozialer Kriterien eine Spitzenposition einnehmen. Der DJSGI dient als Basis für Finanzprodukte und Derivate mit Fokus auf Nachhaltigkeit. Vgl. hierzu auch Remer/Snethlage, 2003, S. 34 f.

setzlichen Regelungen der nationalen und internationalen Umweltpolitik (z. B. die EU-Altautorichtlinie oder die kalifornische Emissionspolitik) oder der getroffenen Vereinbarungen zwischen der EU-Kommission und den europäischen Automobilverbänden zur CO_2-Emmission (ab 2012 sollen die CO_2-Emissions-Höchstwerte 130 g/km betragen), stellen für die Automobilindustrie große technische Herausforderungen dar und haben mittlerweile großen Einfluss auf die Modellpolitik einzelner Fahrzeughersteller. Da die Nichteinhaltung dieser Umweltvorschriften mit harten Strafen belegt und meist auch mit einem Imageschaden für das Unternehmen verbunden ist, werden enorme Anstrengungen unternommen, die gesetzlichen Vorgaben zu erfüllen.

Eine weitere wichtige gesetzliche Rahmenbedingung mit nachhaltiger Wirkung auf die Wettbewerbsintensität der europäischen Automobilindustrie stellte die Neuordnung des europaweiten Automobilhandels im Rahmen der Gruppenfreistellungsverordnung (Kfz-GVO) im Jahr 2002 dar.[480] Ziel des Auslaufens der europäischen Gruppenfreistellungsverordnung war es, den europäischen Verbrauchern konkrete Vorteile beim Kauf und bei der Wartung von Kraftfahrzeugen zu bieten und die Interessen des mittelständischen Reparaturgewerbes und des Autoteile-Handels zu stärken. Aufgrund des Eindringens neuer Akteure im Automobilhandel sowie der Einführung neuer Vertriebsverfahren wie den Internetverkauf wird sich der Wettbewerb für die Automobilherstellerindustrie erheblich verschärfen.[481]

3.1.2 Strategische Positionierung der Automobilhersteller

Die strukturellen Veränderungen innerhalb der Automobilindustrie verlangten entsprechende Anpassungsreaktionen sowie Neupositionierungen vonseiten der Automobilhersteller. Diese Unternehmensstrategien beeinflussten dabei auch maßgeblich die Rolle und zukünftige Ausgestaltung der Beschaffungsfunktion im Unternehmen.

3.1.2.1 Produkt- und Serviceoffensive

Bis zum Beginn der 60er-Jahre konzentrierte die Mehrzahl der in Westeuropa produzierenden Automobilhersteller ihr Angebot auf jeweils eine Preisklasse.[482] Mit dem in

---

[480] Die Verlängerung und zukünftige inhaltliche Ausgestaltung dieser Verordnung, die Mitte 2010 ausläuft, ist derzeit in Diskussion.

[481] Vgl. Diez, 2000, S. 3 f. sowie GVA, 2002.

[482] VW bot beispielsweise nur Fahrzeuge der unteren Mittelklasse an, Ford und Opel waren vorwiegend in der gehobenen Mittelklasse vertreten und Daimler-Benz beherrschte mit großvolumigen

den darauffolgenden Jahrzehnten zunehmend einsetzenden gesellschaftlichen Trend zu differenzierten Formen des Mobilitätsanspruchs veränderte sich auch die Modellpolitik der Hersteller.[483] Um den immer anspruchsvolleren Kundenwünschen gerecht zu werden und gleichzeitig Marktanteile gegenüber der Konkurrenz zu behaupten bzw. hinzuzugewinnen, starteten viele Automobilhersteller eine aggressive Modelloffensive, in der die Angebotspaletten in horizontaler und vertikaler Richtung ausgeweitet wurden und in der es zu einer dramatischen Verkürzung der Produktlebenszyklen kam.[484]

Während in der Vergangenheit die Produktdifferenzierungsstrategie der deutschen Automobilhersteller meist auf Grundlage von wenigen Baureihen stattfand, die stark in Typen und Typvarianten ausdifferenziert wurde, zielt die Individualisierung der Produkte mittlerweile mehr auf Eigenschaften aus dem Fahrzeugbau, dem Design und der Fahrdynamik ab. Im Gegensatz zu früher, wo die Unterscheidung der einzelnen Varianten überwiegend „unter der Haube" erfolgte und äußerlich häufig kaum als solche zu erkennen war, unterscheiden sich die Produkte nunmehr über eine größere Anzahl von Baureihen.

Mit der Strategie differenzierter Produktlinien verfolgen die Unternehmen das Ziel, auf mehreren Teilmärkten mit eigenen Modellen präsent zu sein und somit neue Käuferschichten zu akquirieren.[485] Die gestiegene Anzahl von Nischenmodellen wie SUVs, Cabriolets, Roadsters und Vans ist nur ein Beleg für diese Entwicklung (siehe Abbildung 3-4). Immer mehr Modellvarianten für immer kleinere Marktsegmente sollen dem Kunden den Kauf seines Autos nach ganz individuellen Wünschen ermöglichen.[486] Ziel vieler Automobilhersteller ist es, den Kunden die komplette Produktpalette vom Kleinwagen bis zur Luxusklasse weltweit zu offerieren.[487]

Folglich hat sich in den vergangenen Jahrzehnten die Anzahl der angebotenen Modelle und Versionen bei allen europäischen Fahrzeugherstellern vervielfacht.[488]

Fahrzeugen die obere Preisklasse. Noch ausgeprägter waren der französische und der italienische Pkw-Markt in Teilmärkte segmentiert, die von Peugeot, Citroen, Renault und Fiat bedient wurden. Vgl. Billand, 1984, S. 82.

483 Vgl. Oehm, 2000, S. 77 und 79.

484 Vgl. Oehm, 2000, S. 79, Gromer, 1999, S. 20 f., Berger, 1994, S. 20 f.

485 Vgl. Bender, 1996, S. 67, Wolters, 1995, S. 21 f.

486 Vgl. Oehm, 2000, S. 79, Berger, 1994, S. 21 f.

487 Mit dem 2004 eingeführten 1er-BMW versucht die Fa. BMW, Marktanteile in unteren Marktsegmenten zu erobern, während im umgekehrten Fall die Fa. VW mit dem Oberklassemodell Phaeton und dem Geländewagen Touareg die angestammten Premium-Marken BMW und Mercedes angreift.

488 Die Umsetzung dieser Modellpolitik erfolgte häufig nicht aus eigener Kraft. Anstelle des kosten- und zeitintensiven Aufbaus eigener Kapazitäten wurde das bereits vorhandene Angebotsspektrum durch den Zukauf kleinerer Automobilhersteller abgerundet. Die in Kapitel 3.1.1.2 beschriebene

Neben der Erweiterung des Produktprogramms führte die weiterhin zunehmende kundenindividuelle Produktgestaltung zu einer enormen Produktkomplexität und Variantenvielfalt.[489] Dieser Trend wird sich auch zukünftig weiter fortsetzen. Neben den klassischen Angeboten gewinnen vor allem auch moderne Kommunikations- und Informationstechnologien steigende Bedeutung.[490]

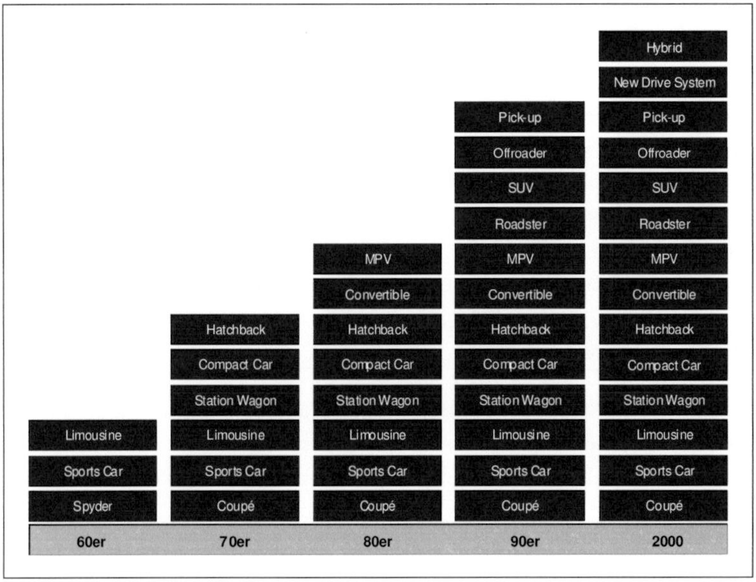

Abb. 3-4: Explosion der Vielfalt[491]

Neben der Vielzahl technologischer Innovationen für das Fahrzeug spielen im Angebot eines Automobilherstellers auch sogenannte „Downstream-Strategien" eine immer wichtigere Rolle. Grundsätzlich können fahrzeug- und kundenbezogene Serviceangebote unterschieden werden. Während der fahrzeugbezogene Service maßgeblich vom Bereich Aftersales bestimmt wird, stellen kundenbezogene Service-

Konzentrationswelle lässt sich maßgeblich auf diese „Full Line"-Strategie zurückführen. Vgl. Gromer, 1999, S. 33.

489 Vgl. Wildemann, 1992, S. 16. Durch die vielen Ausstattungsvarianten ergeben sich beispielsweise für einen Audi A4 alleine bei der Türinnenverkleidung über 2000 verschiedene Varianten. Vgl. Müller, 2006, S. 121.

490 Vgl. Oehm, 2000, S. 80.

491 Quelle: CAR, 2002, S. 2. Mittlerweile werden diese Fahrzeugkategorien zunehmend ergänzt durch Cross-over-Modelle, wie beispielsweise den BMW X6, der eine Mischung aus SUV und Coupe darstellt (BMW positioniert dieses Auto in dem neu geschaffenen Fahrzeugsegment SAV, „Sports Activity Vehicle") oder den BMW 5er Gran Tourismo, eine Kreuzung aus Limousine und Van.

angebote die Bereiche Financial Service, Versicherungen, Leasing, Autovermietung, Flottenmanagement, Fahrertraining oder Mobilitätsdienstleistungen dar. Abgeleitet wurde dieses neue Angebotsspektrum aus der Erweiterung des Selbstverständnisses der Automobilhersteller. Der Kunde wird hier nicht nur als möglicher Käufer von Automobilen gesehen, sondern als Nachfrager einer umfassenden „Mobilitätsbetreuung", der komfortabel, schnell, unterhalten und möglicherweise arbeitend von A nach B kommen möchte. In diesem Sinne tritt der Automobilhersteller nicht mehr nur als Produzent und Verkäufer von Automobilen auf, sondern als Anbieter von Mobilität. Entsprechend dieser neuen Anforderungen werden zukünftig neue Wertschöpfungsfelder abgeleitet. Als Beispiel wäre die Vernetzung von Verkehrsträgern zu nennen. Diese beginnt mit „Park and Ride" und dem Einsatz von Navigationssystemen und endet in der Fusion von physischer und virtueller Mobilität.[492] Durch die Hinzunahme von Servicepaketen soll das vielfältige Produktangebot zu einem sich differenzierenden Markenerlebnis erweitert werden. Ziel ist es schließlich, neue Kundenzugänge zu erschließen und gleichzeitig die Bindung zu bestehenden Kunden zu festigen.

3.1.2.2 Erhöhung der strukturellen Effektivität und Effizienz

Die Produktoffensive der Automobilhersteller blieb nicht ohne Wirkung auf die Entwicklung ihrer Leistungsstrukturen. Mit zunehmender Produktkomplexität und Variantenvielfalt veränderte sich auch die Komplexität der Unternehmensabläufe.[493] Dies zog nicht nur eine erhebliche Zunahme der betrieblichen Kosten nach sich. Der zusätzliche Aufbau von Kapazitäten in Forschung und Entwicklung sowie weiterer Investitionen in die Flexibilisierung der Fertigung führten auch zu einer starken Erhöhung der Fixkosten.[494] Diese Kostenentwicklungen wurden durch die zunehmende Verkürzung der Produktlebenszyklen verschärft. Mit der damit einhergehenden Reduzierung der Amortisationszeit der Aufwendungen vergrößerte sich die Gefahr, dass die erzielten Erlöse nicht mehr zur Deckung der Fixkosten ausreichen.[495] Die abnehmenden Stückzahlen je Modellvariante werden zudem verstärkt dazu führen, dass die Erreichung von Skaleneffekten in nur noch eingeschränkterem Maße möglich ist.[496] Grundsätzlich ist somit die Gefahr evident, dass die Absatzvorteile der Pro-

[492] Vgl. www.volkswagen-umwelt.de, Interview mit Dr. Meyer.

[493] Wildemann spricht hierbei vom umgekehrten Erfahrungskurvengesetz. Mit der Verdopplung der Variantenanzahl erhöhen sich die Stückkosten um ca. 20-30 %. Vgl. Wildemann, 1990, S. 617 f.

[494] Vgl. Adolphs, 1997, S. 59, Schlüchtermann, 1996, S. 219.

[495] Vgl. Gromer, 1999, S. 33.

[496] Vgl. Gromer, 1999, S. 21, Meinig, 1994, S. 148. Die Varianteninflation des Cabrio-Segments führt beispielsweise dazu, dass das Marktvolumen, das in Deutschland etwa 2 % des Gesamtmarkts

duktdifferenzierung von den Kosten der Produktionskomplexität überkompensiert werden.[497]

Da die Intensität des Wettbewerbs es meist nicht möglich macht, zusätzliche Kostenbelastungen über den Preis an den Endkunden weiterzugeben, gehört die effiziente Gestaltung der Leistungsstrukturen zu den wichtigsten Herausforderungen für die deutsche Automobilindustrie.[498] Die Strategie der ökonomischen Effizienz ist dabei mit einer Strategie der Differenzierung zu verbinden, um die Modellpalette flexibel auf neue und anspruchsvolle Kundenwünsche auszurichten.[499]

Im Hinblick auf die Effizienz ihrer Abläufe lag die deutsche Automobilindustrie lange Zeit deutlich hinter der japanischen Konkurrenz zurück. Zur Schließung dieser Wettbewerbslücke wurden in den 90er-Jahren umfassende Restrukturierungsmaßnahmen initiiert. Vorbild dabei waren die Konzepte der „Lean Production". Der Begriff „Lean Production" oder „Schlanke Produktion" wurde im Rahmen einer Studie des Massachusetts Institute of Technology (MIT) geprägt und beschreibt in Anlehnung an die traditionelle westliche Massenproduktion neue japanische Techniken im Fahrzeugbau.[500] Bei der schlanken Produktion sollen die Vorteile des handwerklichen Betriebs und der Massenfertigung, also Flexibilität auf der einen und niedrige Kosten auf der anderen Seite, miteinander kombiniert werden.[501] Mit „Lean Production" wird ein „System von Methoden und Maßnahmen beschrieben, das die effiziente und effektive Planung, Gestaltung und Kontrolle von Wertschöpfungsketten erlaubt."[502] Als zentrale Elemente des Konzepts gelten Teamarbeit und -organisation. Hierbei wird den wertschöpfenden Personen eines Unternehmens ein Maximum an Verantwortung übertragen. Die Lean-Philosophie umfasst alle Stufen der Wertschöpfungskette, von der Produktentwicklung über die Produktion zur Beschaffung und der Logistik bis hin zum Vertrieb, und setzt mit organisatorischen Rationalisierungsstrategien an den internen Prozessen und Strukturen des Unternehmens sowie den Schnittstellen zu externen Partnern an.[503]

---

entspricht und absolut ca. 60.000 bis 70.000 Verkäufe umfasst, sich mittlerweile auf 30 verschiedene Modellangebote verteilt. In Bezug auf den deutschen Markt bedeutet dies, dass das Durchschnitts-Cabrio gerade 2.200mal im Jahr verkauft wird. Vgl. Dudenhöffer, 1997.

[497] Vgl. Wolters, 1995, S. 23.

[498] Vgl. Wolters, 1995, S. 32.

[499] Vgl. Adolphs, 1997, S. 39.

[500] Vgl. Womack et al., 1992, S. 10.

[501] Vgl. Womack et al., 1992, S. 18 f.

[502] Adolphs, 1997, S. 54.

[503] Ziele des „Lean-Gedankens" sind: Kundenzufriedenheit, Vermeidung von Verschwendung, Beschränkung auf Kernkompetenzen, kontinuierliche Verbesserung, Prozessorientierung, Komplexitätsreduktion, optimale Nutzung von Mitarbeiterpotenzialen und konsequente Umsetzung von Verbesserungspotenzialen. Vgl. Meffert, 1994 (Erfolgreiches Marketing), S. 43.

Die Implementierung dieser Philosophie zeigte allerdings, dass die vollständige Übertragung auf deutsche Unternehmen aufgrund grundlegender kultureller Unterschiede zwischen Japan und Deutschland weder sinnvoll noch möglich war.[504] Dennoch machte es die Adaption der Grundprinzipien der „Schlanken Produktion" den deutschen Herstellern möglich, sich den neuen Marktanforderungen anzupassen und ihre Produktivität zu verbessern.[505]

3.1.2.3 Neustrukturierung der Wertschöpfungskette

Bei den Bemühungen um Produktivitäts- und Effizienzsteigerungen spielt auch die kritische Betrachtung der unternehmensinternen Wertschöpfung eine wichtige Rolle. Bis Anfang der 80er-Jahre wies die gesamte Automobilbranche einen relativ hohen vertikalen Integrationsgrad auf. Der Beschaffungsmarkt wurde dabei eher für den Einkauf wenig anspruchsvoller Standardbauteile genutzt.[506]

Die beschriebene Veränderung der Rahmenbedingungen machte die Neuausrichtung von Strukturen und Prozessen sowie die Neuverteilung der Aufgaben in der Wertschöpfungskette notwendig. Dabei entwickelte sich der Fertigungsanteil sehr dynamisch zugunsten der Zulieferindustrie. Im Sinne des Lean-Management-Konzepts war diese Entwicklung von der Hoffnung getragen, dass der vergleichsweise kleine Zulieferer die Abstimmungsprobleme aufgrund bereits vorhandener schlankerer Strukturen besser zu lösen vermag.[507] Betrug die Fertigungstiefe der Automobilhersteller in Deutschland 1990 noch ca. 35 %, so lag sie im Jahr 2003 bereits bei etwa 21 %.[508] Mit der zunehmenden Verlagerung von Leistungen auf die Zulieferindustrie wird versucht, die Managementkomplexität und Fixkostenbelastung zu verringern, die Markt- und Auslastungsflexibilität zu steigern sowie den Zugang zu Kosten- und Innovationspotenzialen auf dem Beschaffungsmarkt zu sichern.[509] Die Frage nach Eigenleistung oder Fremdbezug stellt sich allerdings nicht nur im Rahmen von Produktionsverlagerungen. Vor dem Hintergrund zunehmender Typen- und Variantenvielfalt, Produktkomplexität sowie den kürzeren Modelllebenszyklen ver-

---

[504] Vgl. Gromer, 1999, S. 32.
[505] Bei einem weltweiten Vergleich der Arbeitsproduktivität innerhalb der Automobilindustrie zeigte sich, dass die japanischen Hersteller bei der Automobilproduktion in Japan zwischen 13,5 und 25 Arbeitsstunden pro Fahrzeug benötigen, während die europäischen oder amerikanischen Hersteller bei der Produktion ihrer Fahrzeuge in Europa oder USA bei einer Produktivität von 15 bis 70 Arbeitsstunden pro Fahrzeug liegen. Vgl. Krogh, 2009, S. 9.
[506] Vgl. Müller, 2004, S. 13.
[507] Vgl. Hempfling-Wendelken, 1997, S. 15 ff.
[508] Die Fertigungstiefe hat sich seitdem in etwa auf diesem Niveau eingependelt. 2007 betrug die Fertigungstiefe 22 %. Vgl. VDA, 2008, S. 78.
[509] Vgl. Gromer, 1999, S. 44.

suchen die Hersteller, Forschungs- und Entwicklungsumfänge an Zulieferer fremdzuvergeben oder mit den Lieferanten bei der Entwicklung zu kooperieren. In der Studie „Automobilstandort Deutschland“ wird beispielsweise davon ausgegangen, dass sich der Entwicklungsanteil des Autoherstellers bis zum Jahre 2010 auf 50 % reduzieren wird.[510]

Da sich nur mit eigenständigen Produkten ein positives Markenbild gestalten lässt, muss trotz zunehmenden Outsourcings darauf geachtet werden, wettbewerbsrelevante Kompetenzen zu erhalten.[511] Ähnlich wie in der Fertigung konzentrieren sich die Automobilhersteller deswegen auch in der Entwicklung zunehmend auf solche Bereiche und Kompetenzen, die eine markenspezifische Differenzierung zulassen. In diesem Zusammenhang soll auf den Begriff der „Core Competences“ hingewiesen werden, der von den Autoren Prahalad und Hamel geprägt wurde.[512] „Kernkompetenzen eines Unternehmens sind das kollektive, durch Lernen angeeignete Know-how des Unternehmens, insbesondere die Fähigkeit, Prozesse und dezentrale Systeme im Hinblick auf eine beabsichtigte strategische Erfolgsposition zu koordinieren. Das strategische Denken muss darauf ausgerichtet sein, die künftig bedeutenden Kernkompetenzen zu erkennen und zu entwickeln“.[513] Nach Knafl versteht man Kernkompetenzen als „unternehmensweit gebündelte, immaterielle Ressourcen“, die dem „Aufbau und der laufenden Erneuerung von dauerhaften Wettbewerbsvorteilen“ dienen und „den Zugang zu einer Vielzahl von Märkten eröffnen“.[514] Kernkompetenzen ermöglichen somit eine Erzielung von im Wettbewerb überlegenen und nicht oder nur schwer nachahmbaren Problemlösungen. Während die Kernfertigungsbereiche in der Automobilbranche Karosserierohbau, Lackiererei, Fahrzeugmontage sowie Motorenproduktion sind,[515] liegen die Schwerpunkte in der Entwicklung auf der Konzeption des Fahrzeugs, dem Design, der Gesamtfahrzeugintegration und auf ausgewählten strategischen Innovationsfeldern.[516] Die Hersteller werden künftig in stärkerem Maße auch die technologische Projektführung als eine ihrer Kernkompe-

---

[510] Vgl. CAR/PriceWaterhouseCoopers/VDA, 2002, S. 7.

[511] Vgl. Fraunhofer-Institut/IML/Mercer, 2003, S. 4. Welche Bereiche der Produktion ausgelagert werden, wird zunehmend von der Positionierung der Automobilmarken bestimmt. 80 % der im Rahmen der Studie „Future Automotive Industry (FAST) 2015“ befragten Top-Manager erwarten, dass sich die Eigenwertschöpfung der Hersteller zukünftig konsequent aus der Marken- und Produktdifferenzierung ableiten wird. Premium-Anbieter werden dabei eine entsprechend höhere Eigenwertschöpfung anstreben als Volumenanbieter.

[512] Vgl. Prahalad/Hamel, 1990. Kernkompetenzen lassen sich hierbei in die Kategorien Marktzugangskompetenzen, Produktionskompetenzen sowie Produkt- und Servicekompetenzen unterscheiden. Vgl. Hamel/Heene, 1994, S. 16 ff.

[513] Bronder, 1992, S. 15.

[514] Knafl, 1995, S. 91.

[515] Am Beispiel BMW vgl. Müller-Stewens/Gocke, 1995, S. 12.

[516] Vgl. Reeg, 1998, S. 58 sowie Müller, 2004, S. 16.

tenzen ansehen.[517] Im Gegensatz zu diesen Kernbereichen werden sämtliche andere Unternehmensfunktionen als „Kannbereiche“ betrachtet und unterliegen dauernden „Make or Buy“-Entscheidungen, die vor allem nach wirtschaftlichen Kriterien gefällt werden.[518]

Parallel zur Reduktion der Wertschöpfungstiefe kam es gleichzeitig zu einer Neuorientierung der betrieblichen Beschaffungspolitik.[519] Dieser Wandel führte schließlich zu der in Kapitel 3.2.3.2 vorgestellten Neuausrichtung der Logistik- und Beschaffungsstrategien.

3.1.2.4 Veränderungen im Verhältnis von Automobil- und Zulieferindustrie

Die Verringerung der Fertigungs- und Entwicklungstiefe bewirkte nicht nur die Zunahme der Anforderungen vonseiten der Hersteller an die Zulieferindustrie. Auch die Beziehungen zwischen Herstellern und Lieferanten veränderten sich in den vergangenen Jahren dahingehend, dass es zu neuen Formen der Abhängigkeit des Herstellers von einigen seiner Zulieferer kam.[520] Der Fall Kiekert im Juni 1998 hat eindrucksvoll gezeigt, dass manchmal auch der Lieferant am längeren Hebel sitzt und dass konfrontatives Verhalten nur von kurzfristigem Erfolg gekrönt sein kann.[521]

Insgesamt haben die Beziehungen zwischen Automobilherstellern und ihren Zulieferern aufgrund deren Einflusses auf Kosten, Innovationsgrad und Qualität nachdrücklich an Bedeutung gewonnen. Zunehmend wird deshalb der Übergang vom konträren Abnehmer-Lieferanten-Verhältnis in ein partnerschaftliches Miteinander empfohlen.[522] Dies belegt auch das VDA-Grundsatzpapier „Gemeinsam zum Erfolg“ von 2001, das eine weitere Annäherung der Interessen von Fahrzeugherstellern und

---

[517] Vgl. VDA, 2002 (Jahresbericht), S. 15 f.

[518] Vgl. Müller-Stewens/Gocke, 1995, S. 12, Reeg, 1998, S. 58.

[519] Vgl. Fieten, 1992, S. 60.

[520] Vgl. Hempfling-Wendelken, 1997, S. 15 ff., Mendius/Wendeling-Schröder, 1991, S. 11 f. und S. 14, Diez, 2000, S. 5, Wildemann, 1993, S. 41.

[521] Als die Firma Kiekert, eine der weltweit führenden Unternehmen bei Autoschließsystemen und Systemlieferant für 36 internationale OEMs und Systemintegratoren, die Lieferung von Türschlössern kurzfristig einstellte, stand die Produktion bei Ford in Köln drei Tage lang still. Der Schaden belief sich auf mehr als 100 Mio. Euro. Branchenexperten vermuten, dass dieser Versorgungsengpass nicht Grund eines technischen Problems war, sondern, dass Kiekert dadurch Druck auf die laufenden Verhandlungen mit Ford ausüben wollte.

[522] Vgl. Hempfling-Wendelken, 1997, S. 15.

Zulieferern beschreibt, und in dem sich beide Seiten zur partnerschaftlichen und vertrauensvollen Zusammenarbeit verpflichten.[523]

Im Umgang mit Lieferanten gewinnen somit sogenannte „Soft Facts" an Bedeutung. Schon 1996 hatte BMW das Projekt AIM („Attraktivität im Markt") angestoßen, bei dem sich Hersteller und Zulieferer auf gemeinsame Verhaltensregeln festgelegt haben. Auch Daimler setzte mit der Initiierung der Tandem-Kooperation auf eine Abkehr von einseitigen Herstellervorgaben hin zu echten Partnerschaften, die keine Verlierer kennen.[524] Das Ziel der Hersteller ist es zunehmend, Geschäftsbeziehungen zu schaffen, die für beide Seiten attraktiv sind. Hohe Investitionen und Risiken müssen sich für den Zulieferer rentieren und durch langfristige Lieferverträge abgesichert sein.[525]

Die reibungslose Zusammenarbeit zwischen Automobilhersteller und Zulieferer macht die Schaffung eines geeigneten institutionellen Rahmens zur Koordination der arbeitsteiligen Aktivitäten notwendig. Zum einen sind dabei langfristige vertragliche Vereinbarungen sowie Anreizstrukturen zu etablieren, die opportunistisch motivierte Anpassungen von bereits getroffenen Vereinbarungen ausschließen. Zum anderen ist ein vertrauensvolles und kooperatives Verhältnis zwischen Hersteller und Lieferant unabdingbar, da eine Vielzahl von Aspekten der Zulieferbeziehung nicht abschließend festgelegt werden kann.[526] In Bezug auf die Reduzierung von Versorgungsrisiken (z. B. bei Engpasssituationen) haben persönliche Bindungen häufig größeren Einfluss als der Abschluss von Verträgen.[527] Zum Aufbau eines positiven Geschäftsklimas können folgende Verhaltensweisen beitragen:[528]

- Gegenseitige Akzeptanz und Offenheit
- Respektieren geistigen Eigentums
- Geheimhaltung vertraulicher Informationen gegenüber Dritten

---

[523] Vgl. VDA, 2001, S. 9. In diesem Zusammenhang siehe auch die Vereinbarungen „Grundsätze zum Materialpreisausgleich" sowie „Grundsätze für den gegenseitigen Schutz des geistigen Eigentums", die zur weiteren Verbesserung der Zusammenarbeit innerhalb der Wertschöpfungskette beitragen. Vgl. VDA, 2007, S. 71.

[524] Vgl. Brankamp/Tobias, 2002, S. 74.

[525] Vgl. Neumann/Koehler/Weissbarth, 2002, S. 8 f., Radermacher, 1994, S. 129 ff.

[526] Vgl. Hammes, 1994, S. 187, Williamson, 1990, S. 89 ff., Richter, 1992, S. 61 ff. oder Hanke, 1993, S. 156 f.

[527] Vgl. Rogler, 2002, S. 47. Large betont, dass die Intensität der sozialen Beziehungen nicht nur von den zugrunde liegenden Aufgaben abhängig ist, sondern v. a. von den beteiligten Mitarbeitern. Persönliche Vorlieben oder Abneigungen zwischen den jeweiligen Mitarbeitern beeinflussen die Beziehung stärker als eine Kooperationsvereinbarung der beiden Geschäftsführer. Vgl. Large, 1999, S. 137.

[528] Vgl. Becker, 1999, S. 71, Rogler, 2002, S .47.

- Sachlichkeit sowie seriöses Auftreten bei Verhandlungen
- Vermeidung unangemessenen Preisdrucks
- Großzügiges Verhalten, z. B. bei geringfügigen Qualitätsmängeln, die die eigene Produktion nicht beeinträchtigen
- Zuverlässigkeit bei eigenen Verpflichtungen, z. B. in Bezug auf die Pünktlichkeit der Zahlung

3.1.3 Konsequenzen für die Automobilzulieferindustrie

3.1.3.1 Entwicklung der Branche

Die Besonderheit von Lieferanten-Abnehmer-Beziehungen im Automobilbereich liegt vor allem darin, dass es sich bei den konstruierten oder produzierten Teilen um nicht standardisierte, speziell auf den Abnehmer zugeschnittene Produkte handelt, die ihre volle Eigenschaft erst durch ihre Integration in andere Leistungen oder Produkte der Automobilhersteller erfüllen.[529] Da der Erfolg des Zulieferers stark an den Erfolg des Automobilherstellers gekoppelt ist, sind die Geschäftsbeziehungen zwischen beiden Marktteilnehmern von einer grundsätzlichen, marktstufenimmanenten Abhängigkeit der Zulieferer gekennzeichnet.[530]

Mit der Neuausrichtung der Wertschöpfungskette veränderten sich auch die Beziehungen zwischen den Fahrzeugherstellern und ihren Zulieferern.[531] War dieses Verhältnis vormals von spezifizierten Kundenauftragsfertigungen bestimmt, so hat es sich im Laufe der Zeit immer mehr zu einer Zusammenarbeit von Partnern entwickelt, die ihre jeweiligen entwicklungs- und produktionsspezifischen Beiträge im Sinne der Optimierung des Gesamtprodukts koordinieren. Die Zulieferunternehmen haben dabei in immer stärkerem Umfang Aufgabenstellungen von Fahrzeugherstellern übernommen. Aus vielen Unternehmen sind geradezu „Think Tanks" innerhalb der automobilen Lieferkette geworden.

Die Zulieferindustrie hat sich in den letzten Jahren äußerst positiv entwickelt und hat in einigen Jahren sogar das Wachstum der Hersteller übertroffen. So betrug zwischen 2001 und 2005 die durchschnittliche jährliche Wachstumsrate der Hersteller 3,5 %, die der Zulieferer 5,7 %. Während dieser Zeit stiegen die F&E-Ausgaben

---

[529] Vgl. Fieten, 1991, S. 17, Abend, 1992, S. 7 f., Rauscher, 1993, S. 19 oder Hamer, 1988, S. 78.
[530] Vgl. Weigand, 1998, S. 108, Schildbach, 1985, S. 20 ff.
[531] Siehe hierzu auch Müller-Stewens/Gocke, 1995, S. 55 f.

bei den Herstellern um 4,4 % und bei den Zulieferern um 5,5 %.[532] Auch zukünftig sagt man der Zulieferindustrie ein starkes Wachstum voraus, das im Wesentlichen von drei Entwicklungen getrieben wird, die in den vorangegangenen Kapiteln bereits kurz skizziert wurden:[533]

a) Volumen-Wachstum der Weltautomärkte:
Wurden im Jahr 2000 weltweit 56,3 Mio. Fahrzeuge (Pkw/Kombi) verkauft, so ist damit zu rechnen, dass bis zum Jahre 2010 der Weltmarkt auf 76,3 Mio. Fahrzeuge ansteigt. Dies entspricht einem Mengen-Wachstum von knapp 36 %. Dabei sind die Schwellenländer außerhalb der Triade aufgrund des hohen Wirtschaftswachstums und des niedrigen Motorisierungsgrades besonders wachstumsintensiv.[534]

b) Wertwachstum der Fahrzeuginhalte:
Auf die Wachstumsverlangsamung der quantitativen Nachfrage in den reifen Märkten wurde vonseiten der Automobilhersteller mit der Belebung der qualitativen Nachfrage reagiert. Die dynamische Entwicklung der Fahrzeug-Preise resultiert dabei aus höherwertigen Fahrzeug-Inhalten.[535] Der durchschnittliche Neuwagenpreis in Deutschland stieg von 15.000 Euro in 1991 auf 20.045 Euro in 2000. 2007 betrug er bereits nahezu 25.000 Euro. Gegenüber dem Jahre 2000 bedeutet dies eine weitere Preissteigerung von fast 25 %. Expertenaussagen zufolge wird sich dieser Trend auch zukünftig fortsetzen.[536]

c) Outsourcing und Modulauto:
Der dritte bedeutende Einflussfaktor, auf dem das zukünftige Wachstumspotenzial der Automobil-Zulieferindustrie basiert, sind fortgesetzt sinkende Fertigungs- und Entwicklungstiefen bei den Automobilherstellern. Die Umsetzung des Kernkompetenz-Gedankens geht allerdings noch einen Schritt weiter. Die Fremdver-

---

[532] Vgl. Wyman, 2007, S. 20. 2007 lag der Umsatzanstieg der deutschen Zulieferindustrie beispielsweise sogar bei 7,0 % und damit auf gleichem Niveau wie das Wachstum der Hersteller. Vgl. VDA, 2008, S. 76. Auch beim Profitabilitäts-Vergleich zwischen Hersteller und Zulieferer zeigt sich ein ähnliches Bild. Vgl. Blatz, 2007, S. 19 ff.

[533] Vgl. CAR/PriceWaterhouseCoopers/VDA, 2002, S. 3–7. Dudenhöffer/Büttner, 2003, VDA, 2008, S. 76.

[534] Zahlenbasis vgl. Abbildung 3-1. Die Prognose für 2010 wird voraussichtlich sogar übertroffen, da bereits in 2007 weltweit 72 Mio. Fahrzeuge (Pkw und leichte Nutzfahrzeuge) abgesetzt wurden. VDA, 2008, S. 48.

[535] So besitzen die im Jahre 2001 in Deutschland verkauften Fahrzeuge zu fast 100 % komplette Airbag-Systeme, ABS und elektrische Zentralverriegelung. Die Ausstattungsraten mit elektrischen Fensterhebern (85 %), Klimaanlage (69 %), CD-Player (43 %), ESP (38 %), elektrischen Sitzverstellungen (29 %), Tempomat (15 %) oder Navigation (9 %) sind weitere Werte-Treiber.

[536] Vgl. Deloitte, 2008, S. 17, DAT, 2007, S. 12, Wyman, 2007, S. 19, Dudenhöffer/Büttner, 2003, S. 3 f.

gabe von Entwicklung und Produktion an externe Partner erfolgt zukünftig verstärkt für gesamte Fahrzeuge.[537] Der deutliche Trend zu modularen Fahrzeugstrukturen verstärkt die Verringerung der Fertigungstiefen zusätzlich. In sich geschlossene Bauteile wie das Cockpit, das Achssystem, das Radmodul (Corner Modules) oder das Frontend definieren die Fahrzeugstrukturen der Zukunft.[538] Bezogen auf einzelne Fahrzeug-Segmente wird sich die Outsourcing-Quote bis 2015 (im Vergleich zur Quote im Jahr 2004) voraussichtlich wie folgt entwickeln:[539]

- Motor: von 50 % auf 65 %
- Antrieb: von 65 % auf 80 %
- Chassis: von 77 % auf 83 %
- Exterieur: von 45 % auf 70 %
- Interieur: von 77 % auf 85 %
- Elektronik: von 85 % auf 85 %

Abschließend sei betont, dass dieser positive Trend nicht für alle Zulieferer gilt. Gemäß einer Untersuchung von Roland Berger und der Investmentbank Rothschild können sich innerhalb der Branche erhebliche Unterschiede ergeben. In Abhängigkeit von Unternehmensgröße (vereinfachte Grundregel: je größer, desto profitabler), Produktschwerpunkt (Chassis und Antriebsstrang am profitabelsten) und regionalem Schwerpunkt des Zulieferers (Zulieferer aus Wachstumsmärkten sind die Gewinner) unterscheidet sich die Profitabilität einzelner Betriebe.[540] Das folgende Kapitel soll deshalb auf den Wettbewerbsdruck innerhalb der Branche und die entsprechenden Anpassungsreaktionen der Zulieferer eingehen.

[537] Bereits heute werden Nischenfahrzeuge bei Entwicklungsdienstleistern wie EDAG oder Bertrand auf Basis von Volumenfahrzeugen komplett entwickelt. Die Auslagerung von Kleinserien, etwa des Audi A4 Cabrio bei Karmann (2002-2009), und die Übernahme von Serienproduktions-Aufgaben, wie etwa beim Porsche Boxster durch Valmet in Finnland (1997-2009) oder beim BMW X3 durch Magna Steyr Fahrzeugtechnik in Österreich (2003-2010), sind weitere Projekte, die diese Entwicklung illustrieren. Siehe hierzu auch o. V., 2003, S. 47 ff., Sczygiol/Nies/Brahm, 2002, S. 24 f. sowie Groher, 2003, S. 87.

[538] Siehe hierzu auch Kapitel 3.1.2.3.

[539] Vgl. Blatz, 2007, S. 17. Siehe auch CAR/PriceWaterhouseCoopers/VDA, 2002, S. 7 sowie Scholz, 2000, S. 39.

[540] Vgl. Roland Berger/Rothschild, 2007.

3.1.3.2 Wettbewerbsdruck und Anpassungsreaktionen

Die Neuausrichtung der Beschaffungspolitik der Automobilhersteller führte dazu, dass sich die **Anforderungen** an die Zulieferindustrie dramatisch veränderten. Neben der globalen Präsenz sowie ausgesprochenen Fertigungs- und Logistikfähigkeiten wird das heutige Anforderungsprofil an die Zulieferer maßgeblich von Innovationskraft, Entwicklungs- und Integrationskompetenz sowie Projektmanagement-Know-how bestimmt.[541]

Die Anpassungsreaktionen der Zulieferer veränderten die Struktur der Branche nachhaltig. So spiegelt sich die weltumspannende Ausrichtung der deutschen Automobilindustrie deutlich im Denken und Handeln ihrer Zulieferer wider. Das in den letzten Jahren überdurchschnittliche Wachstum der Auslandserlöse der Zulieferindustrie hat dazu geführt, dass der Anteil dieses Umsatzes inzwischen bei über 45 % liegt.[542] Mit mehr als 1.200 eigenen Tochtergesellschaften, Lizenznehmern oder Beteiligungsbetrieben in über 60 Ländern bewegt sich die deutsche Automobilzulieferindustrie in einem noch größeren geografischen Kreis als die deutschen Hersteller und trägt dadurch wesentlich zum Erfolg deutscher Marken im Ausland bei.[543] Auch die innovatorischen Leistungen der Zulieferindustrie sind aus der Gesamtentwicklung der Automobilindustrie nicht mehr wegzudenken. Zulieferunternehmen haben seit Anfang der 90er-Jahre ihre Forschungs- und Entwicklungsaufwendungen erheblich gesteigert. Erhebungen des Fraunhofer-Instituts Systemtechnik und Innovationsforschung belegen, dass das Entwicklungsbudget gemessen am Umsatz bei Zulieferern häufig sogar höher ist als bei den OEMs.[544]

Neben der Auslagerung von Produktions- und Entwicklungsumfängen wurden von den Automobilherstellern zunehmend auch zusätzliche Lasten und Risiken auf die Zulieferindustrie verlagert. Die Umlegung auftragsspezifischer Entwicklungskosten auf den Teilepreis bedeutet für den Zulieferer beispielsweise nicht nur die jahrelange Vorfinanzierung seines Entwicklungsaufwandes. Auch das Marktrisiko des Herstel-

---

[541] Vgl. Mendius/Wendeling-Schröder, 1991, S. 12 f., Hempfling-Wendelken, 1997, S. 15 ff., Schneider/Schwenker, 1999, S. 6 ff., Baur/Kaas/Kassner, et al., 2000, S. 12 f. Branchenuntersuchungen von McKinsey zeigen, dass sich operativ exzellente Unternehmen und Unternehmen mit operativer schwacher Leistung von 1991 bis 1996 in den Dimensionen „Qualität" und „Produktivität" weitgehend aneinander angeglichen haben. Operative Leistungsfähigkeit stellt somit eine notwendige, aber nicht länger hinreichende Voraussetzung zur Erlangung von Wettbewerbsvorteilen dar (Basisanforderung). Die operative Leistungsfähigkeit kann somit als „Eintrittskarte" zur Teilnahme am Wettbewerb verstanden werden, reicht allerdings nicht mehr aus, um sich von seinen Wettbewerbern zu differenzieren. Vgl. Baur/Kaas/Kassner, et al., 2000, S. 14 f. Siehe außerdem Interview mit F. J. Garcia Sanz, Chef des Konzern-Einkaufs bei VW, o. V., 2000, S. 32.

[542] Vgl. VDA, 2008, S. 76.

[543] Vgl. VDA, 2002 (Jahresbericht), S. 17 f.

[544] Vgl. VDA, 2001, S. 5. Vgl. hierzu auch Scholz, 2000, S. 39.

lers wird auf diese Weise auf den Lieferanten übertragen. So muss der Zulieferer häufig bei Nichterreichung der geplanten Absatzzahlen auf die volle Kompensation der erbrachten Entwicklungskosten verzichten. Weitere Geschäftspraktiken, wie die Nichterstattung bzw. Umlage der Werkzeug- und Prototypenkosten, die Abwälzung von Gewährleistungskosten ohne Erbringung von Nachweisen sowie die Verlängerung von Zahlungsfristen bringen die Zulieferunternehmen zunehmend in enorme finanzielle Schwierigkeiten.

Hiervon sind vor allem **kleine und mittlere Zulieferunternehmen** betroffen, die in Bezug auf ihre vergleichsweise knappe Finanzausstattung Wettbewerbsnachteile gegenüber großen Unternehmen besitzen. Während börsennotierte und konzerngeführte Unternehmen unter bestimmten Voraussetzungen die Möglichkeit haben, zur Ausweitung ihrer Aktivitäten Kapital über den freien Kapitalmarkt bzw. bei ihren Konzerngesellschaften zu beschaffen, müssen kleine und mittlere Zulieferbetriebe die notwendigen Investitionen meist eigenfinanziert durch nichtausgeschüttete Gewinne oder Kapitaleinlagen decken. Sie sind dementsprechend stark auf angemessene Renditen angewiesen.[545] Durch das Inkrafttreten der neuen Baseler Eigenkapitalvorschriften (Basel II) zum 1. Januar 2007[546] verschärften sich die Wettbewerbsbedingungen für viele kleine und mittelständische Unternehmen weiter.[547] Eine Studie der Universität Mannheim prognostizierte bei der Vorstellung der gesetzlichen Regelung, dass sich die Kreditkosten für den eigenkapitalschwachen deutschen Mittelstand um durchschnittlich ca. 1 % verteuern werden.[548] Auch bezüglich Personalmittelausstattung und Managementkapazitäten besitzen kleinere und mittlere Unternehmen tendenziell Nachteile gegenüber Großunternehmen. Dies zeigt sich vor allem bei der Anwerbung qualifizierter Mitarbeiter. Ein in der Regel wenig effektives Personalmanagement sowie geringere Gehaltsspielräume erschweren

545 Vgl. Kayser, 2001, S. 7.

546 Der Baseler Ausschuss für Bankenaufsicht hat im Januar 2001 einen Vorschlag zur Änderung der internationalen Eigenkapitalregelung vorgestellt. Im Mittelpunkt der gesetzlichen Bestimmungen von Basel II steht die zukünftige Verpflichtung der Banken, ihre Kreditvergabeentscheidung am individuellen Kreditrisiko zu orientieren. Das Kreditrisiko wird aufgrund einer individuellen Bonitätsbeurteilung, dem sogenannten „Rating", ermittelt. Basel II sieht somit die risikoadäquatere Eigenkapitalunterlegung für Banken vor, d. h. dass die Banken ihre Eigenmittelunterlegung für Kredite stärker nach der Bonität des kreditnehmenden Unternehmens ausrichten müssen. Damit werden in Zukunft auch die Kreditkonditionen in starkem Maße von der Bonität des jeweiligen Kunden abhängen. Vgl. www.iwk-muenchen.de, 2001.

547 Kayser weist hierbei auf eine im internationalen Vergleich ausgeprägte Fremdfinanzierungskultur des deutschen Mittelstands hin. Vgl. Kayser, 2001, S. 10.

548 Vgl. www.basel-ii.info.de, 2001.

kleinen und mittleren Betrieben häufig den Zugang zu entsprechenden Personalressourcen.[549]

Die Bewältigung der zunehmend anspruchsvolleren Anforderungen der Automobilhersteller setzt mittlerweile eine gewisse Mindestgröße voraus. Als eine der einschlägigsten Folgen dieser Entwicklung ist die Konsolidierungstendenz innerhalb der Automobilzulieferindustrie zu nennen. Ursächlich hierfür sind die Komplexität der Aufgaben, der hohe Finanzierungsbedarf, die Anforderungen an Entwicklungskapazität und -Know-how, die erwarteten Integrationsleistungen, die Globalisierungsanforderungen und das Besetzen der Märkte. Dieser Konzentrationsprozess hat in den letzten Jahren zu verstärkten Übernahmen deutscher Unternehmen durch ausländische Käufer sowie zur Bildung von global agierenden **Megalieferanten** geführt. Etliche Untersuchungen gehen davon aus, dass sich die Anzahl der Automobilzulieferer auch in den nächsten Jahren drastisch reduzieren wird.[550] Primäres Ziel von Fusionen, Übernahmen und Kooperationen sind die Erweiterung von Kompetenzen sowie die Realisierung von Marktanteilen und damit verbundenen Lern- und Skaleneffekten. Diese Konzentrationsprozesse, die sich sowohl kosten- als auch differenzierungsseitig positiv auf die Zielerreichung der Automobilhersteller auswirken, führen allerdings auch zu steigenden Risiken für den Hersteller. Den vormals stark einseitigen Abhängigkeiten der Zulieferunternehmen von den Herstellern stehen nun zunehmend Abhängigkeiten der Hersteller von wenigen Megalieferanten gegenüber.[551]

Nicht nur innerhalb der Zulieferindustrie kam es in den letzten Jahren verstärkt zu unternehmerischen Verflechtungen. Auch die Zusammenarbeit zwischen Zulieferern und Herstellern durch Bildung von **Kooperationen** wurde intensiviert. Ziel dieser Kooperationen aus Sicht der Hersteller sind die Sicherung von Marktressourcen sowie der Zugang zu komplementären Marktkompetenzen. Dies ermöglicht den Automobilherstellern u. a. den Einstieg in neue Geschäftsfelder. Kooperationen von OEMs mit Lieferanten erfolgen derzeit in Form von Kapitalbeteiligungen, Joint Ventures und Entwicklungsprojekten. Dabei erstrecken sich diese nicht nur auf Serienlieferanten, sondern auch zunehmend auf Konstruktions- und Entwicklungsbüros.

---

[549] Vgl. hierzu Gruhler, 1984, S. 137.

[550] Vgl. VDA, 2002 (Jahresbericht), S. 59. Bereits im Jahr 2001 vereinten die 100 größten Lieferanten ca. 30 % des Einkaufsvolumens der Automobilhersteller auf sich.

[551] Bereiche hoher Konzentration finden sich beispielsweise bei Schalt- und Automatikgetrieben, Fahrwerkregelsystemen sowie Sitzen.

Schließlich führen die technologischen Umbrüche auch zu radikalen Verschiebungen in der Zulieferstruktur. Die zunehmende Bedeutung von Elektronik und Software im Automobil lässt in etlichen Bereichen der Zulieferindustrie traditionelle Wettbewerbsvorteile dahinschmelzen und erfordert die Beherrschung neuer Fähigkeiten. **Neue Zulieferer** aus existenten Märkten werden zu neuen Partnern der Automobilunternehmen, fehlende Kompetenzen müssen durch Zukäufe aufgebaut werden. Diese Entwicklungen öffnen die Industrie zudem für Wettbewerber, die bislang als Automobilzulieferer nicht in Erscheinung traten, die nun aber im Auto eine attraktive Plattform für ihre eigenen Wachstumsambitionen finden.[552] Für die Hersteller wiederum entstehen hieraus häufig sogar Abhängigkeiten, die aus der geringen Nachfragemacht gegenüber den branchenfremden Lieferanten resultieren. Bei der Zusammenarbeit mit Lieferanten, die z. B. ihre Umsatzschwerpunkte im Consumer Electronic Bereich besitzen, erschwert der niedrige Umsatzanteil der Hersteller die Durchsetzung spezifischer Produktanforderungen. Die Praxis zeigt, dass Elektrik- und Elektronikhersteller die für die Automobilindustrie modifizierten Komponenten nicht entsprechend den Marktentwicklungszyklen anpassen, die Weiterentwicklung von Innovationen ablehnen oder nur schwer beeinflussbare Technologievorgaben machen.[553]

Trotz der generell positiven Entwicklung der Leistungsfähigkeit der Automobilzulieferindustrie und des weitestgehend klaren Verständnisses für die entscheidenden Erfolgsfaktoren, operiert eine große Anzahl von Automobilzulieferern am Limit.[554] Mit der weiteren Übertragung von Verantwortung wächst auch der Druck der Hersteller auf die Zulieferindustrie. Die Analysen der Studie von Wyman/HypoVereinsbank belegen, dass die Forderungen der Automobilhersteller nach Preissenkungen mittlerweile mehrheitlich die Kostensenkungsmöglichkeiten der Zulieferer übersteigen. Neben dem Preisdruck führen Vorfinanzierungszwänge, Gewährleistungsrisiken, neue Wettbewerber aus Niedriglohnländern, Materialkostensteigerungen und die zunehmende Produktkomplexität dazu, dass die wenigsten Zulieferer noch Reserven für etwaige Fehltritte sehen und ihr Agieren einem „Ritt auf

[552] Vgl. Baur/Kaas/Kassner, et al., 2000, S. 13.

[553] Der Unterschied des Produktlebenszyklus eines Automobils (6 Jahre Serie und 15 Jahre Ersatz) und eines Consumer-Electronic-Produkts (2 bis 3 Jahre) verhindert häufig die langfristige Zusammenarbeit zwischen OEM und Zulieferer. Dies kann wiederum die Ersatzteil- oder sogar die Serienversorgung gefährden.

[554] Vgl. Wyman/HypoVereinsbank, 2007, Roland Berger/Rothschild, 2007, Roland Berger/Rothschild, 2006. „Drastic cuts in production in the US, rising raw material prices and continuous pressure from automakers to reduce costs have combined to push some suppliers on both sides of Atlantic to the brink of the collapse." Franey, 2008, S. 1 f. Gemäß einer Studie von BBK-Rating in 2007 bezüglich der finanziellen Situation der weltweiten Zulieferindustrie wurde festgestellt, dass 14 % der europäischen Lieferanten und 33 % der nordamerikanischen Zulieferer sich auf unterschiedlichen Ebenen finanzieller Not befinden. Vgl. Franey, 2008, S. 1 f. sowie Kröger, 2008.

der Rasierklinge" gleicht.[555] Unternehmen mit zu dünner Kapitaldecke, zu geringen Liquiditätsreserven oder zu extremen Abhängigkeiten gehören folglich zu den ersten Opfern von Wirtschaftskrisen. Zumeist stehen dabei nicht die großen System- und Direktlieferanten, sondern v. a. die Unternehmen der zweiten und dritten Lieferantenebene unter immensem Druck.[556] Besonders betroffen sind auch jene Firmen, die von Private-Equity-Firmen übernommen wurden und denen die Finanzinvestoren die Zinslast des Zukaufs aufgebürdet haben.[557]

3.1.3.3 Strategische Positionierung der Zulieferer

Aufgrund der zunehmenden Tendenz zur Systementwicklung und Modularisierung[558] hat sich die Anzahl der Zulieferer, die direkten Kontakt zum Fahrzeughersteller besitzen, deutlich verringert. Wie oben bereits erwähnt, wird sich diese Entwicklung auch in den nächsten Jahren fortsetzen. Wesentliche Folge dieses Trends ist die Entstehung neuer Hierarchieebenen im Lieferwesen. Waren sämtliche Zulieferer früher gleichberechtigt in einer kaskadenartigen Lieferantenstruktur eingebunden, so ergibt sich nun eine Lieferantenpyramide, bestehend aus Systemlieferant, Komponentenlieferant und Teilefertiger.[559] Während die Teile- und Komponentenfertiger am unteren Ende der Pyramide (3rd Tier) aus Sicht der Hersteller teilweise zu Sublieferanten werden, erweitert sich das Aufgabenspektrum am oberen Ende der Pyramide für den sogenannten „Komponentenspezialisten" und „Systemlieferanten" (1st und 2nd Tier).[560] Die Übernahme von Integrationsaufgaben stellt die jüngste und wohl markanteste Veränderung in den Arbeitsbeziehungen zwischen Herstellern und Zulieferern dar. Die gestiegene Bedeutung von Integrationskompetenzen erklärt sich dabei vor allem durch die zunehmende Nachfrage nach optimierten Gesamtlösungen. Während die funktionale Integration auf die Verbesserung eines Systems zielt, konzentriert sich die räumliche Integration auf die Verringerung der Produkt- und Montagekosten.[561]

---

[555] Vgl. Wyman/HypoVereinsbank, 2007, sowie Blatz, 2007, S. 8, bei denen die sogenannte „Sandwich-Position" des Zulieferers (zwischen Automobilherstellern auf der einen Seite und Rohstofflieferanten auf der anderen Seite) verdeutlicht wird.

[556] Vgl. Flörecke, 2009, S. 14.

[557] 2008 wurden beispielsweise bereits ca. 100 Zulieferer in Deutschland von Finanzinvestoren beherrscht. Vgl. Flörecke/Krogh/Krust, 2008, S. 1.

[558] Siehe hierzu auch Kapitel 3.2.3.2.

[559] Vgl. Gromer, 1999, S. 63 ff., Wolters, 1995, S. 76, Groher, 2003, S. 83.

[560] Vgl. Reeg, 1998, S. 89, Diez, 2001 (Wertschöpfungskette), S. 76 f.

[561] Vgl. Baur/Kaas/Kassner et al., 2000, S. 24.

Trotz sehr guter Wachstumsprognosen in den kommenden Jahren wird es innerhalb der Automobilzulieferindustrie auch weiter zu einer starken Auslese kommen. Eine eindeutige strategische Positionierung und ein aus den Marktanforderungen abgeleitetes Geschäftsmodell werden entscheidend für den individuellen Unternehmenserfolg sein. Im Rahmen seiner strategischen Positionierung steht der Zulieferer vor der Entscheidung, welche Kundenanforderungen er zukünftig erfüllen möchte. Die strategischen Positionen können dabei z. B. entsprechend dem Know-how und den Kapazitäten der Unternehmen definiert werden.[562]

Ein Ansatz zur Ableitung der strategischen Positionierung der Zulieferer liefert McKinsey. Im Gegensatz zur oben beschriebenen Zulieferpyramide basiert dieser auf dem Gedanken einer differenzierteren Wertschöpfungsstruktur, in der unterschiedliche unternehmenspolitische Zielsetzungen ihren Raum finden. Mithilfe der drei Dimensionen Entwicklungsbeitrag, Montagebeitrag und Integrationsbeitrag wird für den Automobilzulieferer ein Spielfeld eröffnet, innerhalb dessen er sich strategisch positionieren muss.[563] Die Dimension „Integrationsbeitrag" beschreibt dabei die Intensität funktionsgetriebener und/oder räumlicher Integration sowie die Notwendigkeit und den Umfang eines komponentenübergreifenden Gesamtfahrzeugverständnisses. Die Dimension „Montagebeitrag" bezieht sich auf den Montageumfang des physisch gelieferten Produkts. Die Dimension „Entwicklungsbeitrag" umschreibt schließlich die Tiefenkompetenz in der Entwicklung einzelner Teile und Komponenten sowie die relative Wichtigkeit dieser als Hauptdifferenzierungsfaktor aus OEM-Sicht. Je nach Ausprägung des Integrationsgrades (hoch/niedrig) ergeben sich aus den drei Dimensionen acht mögliche strategische Positionen. Von diesen acht Positionierungen sind dabei die Lieferantenpositionen Standardteilelieferant, Komponentenspezialist, Systementwickler und Integrierter Partner am häufigsten in der Praxis vorzufinden.

Die HypoVereinsbank-/Mercer-Studie „Automobiltechnologie 2010" wählt einen ähnlichen Ansatz zur Erklärung der strategischen Positionierung von Lieferanten. Anhand der Merkmale Volumen, Innovationspotenzial und Integrationspotenzial werden die Zulieferer verschiedenen Geschäftsmodellen zugeordnet, für die sich individuelle

[562] Gromer belegt anhand unterschiedlicher Beispiele, dass sich die Einordnung der Zulieferbetriebe in das idealtypische Bild der Zulieferpyramide in der Praxis häufig als schwierig darstellt, da einzelne Zulieferer verschiedene Positionen innerhalb der Zulieferpyramide einnehmen können. Viele Unternehmen lassen sich dabei nicht eindeutig zuordnen und treten bei unterschiedlichen Kunden in unterschiedlichen Rollen auf. Vgl. Gromer, 1999, S. 65 ff.

[563] Vgl. Baur/Kaas/Kassner et al., 2000, S. 24 ff.

Gewinnmodelle und Erfolgsstrategien ergeben (siehe Abbildung 3-5). Als erfolgsversprechend werden im Rahmen der Studie die folgenden fünf Modelle vorgestellt:[564]

- Volumenanbieter: Operieren in Segmenten mit vergleichbaren und einfachen Standardprodukten in hoher Stückzahl und verfolgen eine Kostendegressionsstrategie, um in ihren Segmenten hohe Marktanteile zu erzielen.

- Nischenanbieter: Profitieren von der Fokussierung auf ausgewählte Abnehmer und der Spezialisierung auf maßgeschneiderte Kundenlösungen.

- Komponentenspezialisten: Sind zukünftige Innovationsschmieden, die sich über technologisch führende Produkte bei Systemintegratoren und Automobilherstellern profilieren. Der Komponentenspezialist ist wichtiger Zulieferer funktionskritischer und Know-how-intensiver Komponenten mit F&E-Differenzierungsmöglichkeit als Basis für Systeme und Module.

- Modul-/Systemspezialisten: Fällt die Aufgabe zu, Komponenten und Teile in Module zu Kundenlösungen zu integrieren und dabei permanent die Funktionalität ihres Systems bzw. Moduls zu optimieren. Erfolgsentscheidend ist hierbei, Veränderungen des Fahrzeugdesigns zu antizipieren bzw. aktiv voranzutreiben. Auch müssen neue Modul- und Systemdefinitionen frühzeitig erkannt und als Chance zum eigenen Wachstum genutzt werden.

- Systemintegratoren: Können dem OEM das umfangreichste Leistungsspektrum zur Verfügung stellen. Dabei fallen System- und Modulgrenzen zusammen; die integrierten Komponenten dienen einer übergeordneten Gesamtfunktion (System) und hängen räumlich zusammen. Durch ihre Akquisitionstätigkeit haben die Systemintegratoren in den letzten Jahren den Wandel innerhalb der Zulieferlandschaft stark vorangetrieben. Durch gezielte Zukäufe wurden globale Präsenzen aufgebaut und Produktportfolios komplettiert. Der Umsatz der Systemintegratoren wird durch das zunehmende Outsourcing künftig weiter wachsen. Ziel dieser Unternehmen muss es sein, sich auf die Kernkompetenzen zu konzentrieren und intelligente globale Produktionsnetzwerke aufzubauen. Nur so lassen sich die zu erwartenden neuen Anforderungen profitabel umsetzen.

Neben diesen fünf Geschäftsmodellen gewinnen auch Entwicklungsdienstleister zunehmend an Bedeutung. Diese besitzen aufgrund der Vielzahl an neuen Karosserie-Konzepten enormes Wachstumspotenzial.[565]

---

[564] Vgl. Mercer Management Consulting/HypoVereinsbank zitiert in VDA, 2002 (Jahresbericht), S. 59. Vgl. hierzu auch Wolters/Hirschfelder, 1999.

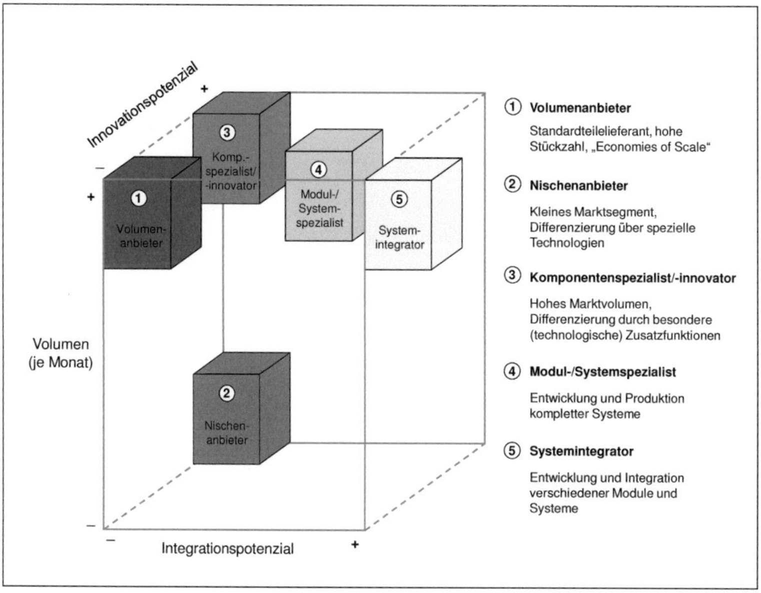

Abb. 3-5: Positionierungsmöglichkeiten in der Wertschöpfungsstruktur[566]

Je nach Geschäftsmodell besetzen die Zulieferer unterschiedliche Aufgabengebiete. Die einzelnen strategischen Positionen stehen dabei weitestgehend in einem komplementären Verhältnis zueinander und ergänzen sich gegenseitig. Untersuchungen im Rahmen der oben genannten Studie haben ergeben, dass keinesfalls nur die Nähe zum Fahrzeughersteller oder die Komplexität der Aufgaben zum Erfolg führt. Dies bedeutet, dass nicht die Zugehörigkeit zu einem Geschäftsmodell über den Erfolg eines Unternehmens entscheidet. Entscheidend ist die Anpassung des einzelnen Zulieferers an die Anforderungen seines Geschäftsmodells. Der Erfolg hängt entscheidend davon ab, wie gut die Erfolgsfaktoren beherrscht werden, die je nach der jeweiligen strategischen Positionierung ausschlaggebend sind. Erfolgreiche Zulieferer können somit in allen fünf Geschäftsmodellen existieren. Gemessen an der Rendite können Komponentenhersteller dabei durchaus erfolgreicher sein als Systemintegratoren.[567]

---

[565] Vgl. CAR/PriceWaterhouseCoopers/VDA, 2002, S. 7.

[566] Quelle: Mercer Management Consulting/HypoVereinsbank, zitiert in VDA, 2002 (Jahresbericht), S. 59.

[567] Vgl. Scholz, 2000, S. 41, der eine Studie der Fraunhofer-Gesellschaft zitiert, wonach Hersteller komplexer Teile mit einer Umsatzrendite von 3,4 % deutlich hinter Branchenkollegen zurückliegen,

3.2 Beschaffung in der Automobilindustrie

Da die Ableitung eines strategischen Risikomanagements auf den Funktionsbereich der Beschaffung ausgerichtet ist, soll zunächst ausführlich auf die strategische Bedeutung der Beschaffung im Allgemeinen (Kapitel 3.2.1) sowie auf deren spezifische Ausprägungen innerhalb der Automobilindustrie eingegangen werden (Kapitel 3.2.3, Kapitel 3.2.4). In diesem Zusammenhang wird auch die Einbindung der Beschaffungsfunktion in die betriebliche Wertschöpfung aufgezeigt, wobei die Integration innerhalb des Produktentstehungsprozesses im Vordergrund steht. Als Grundlage für die späteren Ausführungen zum strategischen Beschaffungsmanagement sowie zum Management von Risiken, die sich aus der Beziehung zwischen den Abnehmern und seinen Lieferanten ergeben, soll in Kapitel 3.2.2 auf die generellen Zusammenhänge von Lieferanten-Abnehmer-Beziehungen eingegangen und sollen unterschiedliche Beziehungstypen vorgestellt werden. Auf Basis der vorangegangenen Erkenntnisse soll abschließend ein Modell der Beschaffung entwickelt werden, aus dem das strategische Risikomanagement der Beschaffung abgeleitet wird (Kapitel 3.2.5). Dabei geht es im Wesentlichen darum, den Funktionsbereich der Beschaffung innerhalb der Automobilindustrie aus Sicht der vorliegenden Arbeit zu strukturieren und zu beschreiben.

Es sei darauf hingewiesen, dass sich die folgenden Ausführungen auf die Beschaffung von Produktionsmaterialien beziehen (also auf alle Teile, die in den Bau eines Fahrzeugs einfließen). Der sogenannte „indirekte“ oder „technische Einkauf“, der den Einkauf von Investitionen für die eigene Wertschöpfung, Gemeinkostenmaterialien oder Dienstleistungen umfasst, wird im Rahmen dieser Arbeit nicht näher beleuchtet. Bei gewissen Beschaffungsumfängen kann sich diese Einkaufsfunktion deutlich von den vorgestellten Einkaufsaufgaben unterscheiden.

die einfachere Teile herstellen. Gemäß der Untersuchung von Wyman/HypoVereinsbank gehören Kundenorientierung, unternehmerisches Handeln, Kostenbewusstsein, Mitarbeiterqualifikation und Innovationskompetenz zu den wichtigsten Erfolgsfaktoren, unabhängig von der jeweiligen Unternehmensgröße, dem Geschäftsmodell oder dem Tätigkeitsfeld. Bei der Orientierung am Endkunden besteht häufig jedoch noch Handlungsbedarf. Nur etwa 50 % der befragten Zulieferunternehmen betreiben Marktforschung. Nur die wenigsten Entwicklungsabteilungen richten somit ihre Produktstrategien an den Endkundenwünschen aus. Vgl. auch Wyman/ HypoVereinsbank, 2007.

3.2.1 Wesen der Beschaffung in modernen Industrieunternehmen

3.2.1.1 Begriff und Ziele der Beschaffung

In wissenschaftlichen Beiträgen erfolgt die Abgrenzung des **Beschaffungsbegriffs** häufig auf Grundlage einer verrichtungs- und einer objektorientierten Sichtweise.[568] Die verrichtungsorientierte Sichtweise beschreibt den Aufgabenbereich der Beschaffung, während die objektorientierte Dimension der Beschaffung Objekte zuordnet, an denen Verrichtungen vorgenommen werden.[569] Hinsichtlich der Verrichtungsdimension liegt der vorliegenden Arbeit die Begriffsdefinition von Arnold zugrunde, der die Beschaffung unternehmens- und marktorientiert begreift und ihr als Kernbereich des Versorgungsmanagements die Gestaltungsrolle zwischen dem Unternehmen und seiner beschaffungsseitigen Umwelt zuweist. Für die Objektdimension lassen sich zahlreiche Klassifikationsansätze finden. Im Hinblick auf die Problemstellung soll der Objektumfang auf Produktionsmaterialien und damit auf Sachgüter eingegrenzt werden.[570] Diese Abgrenzung entspricht auch der vorherrschenden Meinung in der Beschaffungsliteratur.[571]

Eng verwandt mit dem Begriff der Beschaffung ist der Begriff Einkauf. Während die wirtschaftswissenschaftliche Literatur dem Einkauf eher operative Tätigkeiten des Versorgungsvorgangs zuordnet, beschreibt der Beschaffungsbegriff die strategische Bedeutung der Versorgungsfunktion.[572] Da eine einheitliche Abgrenzung beider Begriffe in Literatur und Praxis fehlt,[573] sollen diese im weiteren Verlauf der Arbeit synonym verwendet werden.[574]

Die **Ziele der Beschaffung** leiten sich aus dem übergeordneten Zielsystem der Unternehmung ab und müssen hinsichtlich ihrer Interdependenzbeziehungen zu anderen betrieblichen Funktionen untersucht werden.[575] Dadurch wird sichergestellt, dass

---

568 Verrichtungsorientierte Abgrenzungen des Beschaffungsbegriffes finden sich in den Ausführungen von Grochla/Kubicek, 1976, S. 259, Arnold, 1982, S. 14 oder Harlander/Platz, 1987, S. 16. Die objektorientierte Präzisierung des Begriffes erfolgt beispielsweise bei Theisen, 1970, S. 2, dem Arbeitskreis Hax der Schmalenbach Gesellschaft, 1972, S. 768 oder bei Grochla, 1978, S. 13 ff.

569 Vgl. Grochla/Schönbohm, 1980, S. 15 ff.

570 Grundsätzlich können als Beschaffungsobjekte Sachgüter, Rechte, Dienstleistungen, Arbeitskräfte, Informationen und Kapital unterschieden werden. Vgl. hierzu außerdem auch die Abgrenzung des Begriffs „Sachgüter“ von Arnold in Anlehnung an Pfeiffer/Bischof, Arnold, 1997, S. 3 f.

571 Vgl. Arnold, 1997, S. 5.

572 Vgl. Arnolds/Heege/Tussing, 1996, S. 21–23, Kaufmann, 1999, S. 9 ff., Lindner, 1983, S. 2.

573 Vgl. Boutellier/Locker, 1998, S. XI.

574 Die Abgrenzung des Beschaffungsbegriffs zu den beiden Begriffen Materialwirtschaft und Logistik findet sich bei Arnold, 1997, S. 2 ff. wieder. Nach Arnold stehen diese drei Begriffe für einzelne Teilbereiche des Versorgungssystems und stellen dabei unterschiedliche Sichtweisen des Versorgungsproblems dar. Dementsprechend sollten sie nach Arnold nicht unabhängig voneinander betrachtet werden. Vgl. Arnold, 1997, S. 8 f.

575 Vgl. Arnold, 1997, S. 10, Sandig, 1971, S. 84.

die Beschaffung im Sinne der Unternehmensziele und in Abstimmung mit den Handlungen anderer Funktionsbereiche agiert.[576] Da die konkrete Ausprägung der Beschaffungsziele von unternehmensspezifischen Rahmenbedingungen wie Beschaffungsmärkten, Materialsortiment, Anzahl und Leistungsfähigkeit der Lieferanten, Aufgabenumfang des Beschaffungsmanagements oder Qualifikation der Mitarbeiter abhängt, ist eine detaillierte und verbindliche Formulierung des Beschaffungszielsystems für alle Unternehmen nicht möglich.[577] Auf hohem Abstraktionsniveau lassen sich allerdings aus den Sach- und den Formalzielen des Unternehmens allgemeingültige Zielkategorien für den Beschaffungsbereich entwickeln. Während das Sachziel der Unternehmung in der Erstellung von Gütern und/oder Leistungen für den Markt besteht, beschreibt das Formalziel das Streben nach Gewinn und Autonomieerhaltung.[578] Aus diesen beiden Zielkategorien leiten Grochla/ Schönbohm entsprechend folgende Hauptziele der Beschaffung ab:[579]

- Versorgungssicherheit
- Kostenreduzierung
- Qualitäts- bzw. Leistungsverbesserung
- Autonomieerhaltung

Während das Kostenreduzierungsziel die Kostenführerschaftsstrategie nach Porter[580] unterstützt, leistet das Qualitäts- und Leistungsverbesserungsziel einen Beitrag zur Differenzierungsstrategie des Unternehmens. Die Bedeutung der Formalziele hängt somit von der gewählten Wettbewerbsstrategie des Unternehmens ab. Da die Sicherstellung der Versorgung Grundlage der Leistungserstellung ist, stellt dieses abgeleitete Sachziel das Basisziel der Beschaffung dar, das unabhängig von der jeweiligen Wettbewerbsstrategie gesehen werden kann.[581]

Unternehmensziele besitzen allerdings auch eine nicht ökonomische Dimension.[582] Die neuere Unternehmenstheorie betrachtet Ziele, die über das Gewinn- und Rentabilitätsstreben hinausgehen, wie etwa Macht, Prestige oder Ethik.[583] In gleicher Weise gilt dies auch für die in Kapitel 3.1.1.4 bereits erwähnten sozialen und ökologischen Aspekte des wirtschaftlichen Handelns, die zunehmend an Bedeutung gewin-

576 Vgl. Large, 1999, S. 39.
577 Vgl. Hammann/Lohrberg, 1986, S. 47 f. und Arnold, 1997, S. 10.
578 Vgl. Grochla/Schönbohm, 1980, S. 25 f. und S. 32 f.
579 Vgl. Grochla/Schönbohm, 1980, S. 34 f.
580 Vgl. Porter, 1990, S. 71 ff.
581 Vgl. Arnold, 1997, S. 11 f.
582 Vgl. Schierenbeck, 1995, S. 67 ff., Meffert/Kirchgeorg, 1998, S. 48.
583 Vgl. Wiswede, 1995, S. 225, Heinen, 1986, 106 ff.

nen. Gerade auch im nicht ökonomischen Bereich trägt der Einkauf als Grenzsystem zu den Beschaffungsmärkten des Unternehmens eine entsprechende Verantwortung. Diese findet sich in der Praxis häufig im Zielsystem der Beschaffung wieder. So sollte sich beispielsweise jedes beschaffende Unternehmen fragen, ob die zu beschaffenden Güter für die beteiligten Menschen gesundheitliche Schäden hervorrufen bzw. inwiefern sich Beschaffungsentscheidungen auf die Be- bzw. Entlastung der Umwelt auswirken.[584]

3.2.1.2 Strategische Bedeutung der Beschaffung

Sowohl Theorie als auch Praxis maßen der Beschaffung in der Vergangenheit einen eher geringen Stellenwert bei.[585] Vor dem Hintergrund einer stabilen, statischen und einfach strukturierten Umwelt wurde der Beschaffungsbereich dabei vornehmlich als operativer Erfüllungsgehilfe gesehen, der den von anderen Unternehmensbereichen ermittelten Bedarf zu niedrigsten Kosten befriedigte.[586] Nach Wildemann waren die Einkaufsstrukturen nach traditionellem Verständnis u. a. geprägt von einseitiger Materialkostenausrichtung, einem hohem Anteil operativer Tätigkeiten, Reaktionsschwäche und einer geringen strategischen Involvierung. Kennzeichnend hierfür war die mangelnde Fähigkeit, zwischen dem „Dringenden" und dem „Wichtigen" zu unterscheiden.[587] Die Beschaffung stellte damit einen Funktionsbereich des Unternehmens dar, der insgesamt große Leistungsreserven aufwies.[588]

Die Veränderungen der Umwelt- und Unternehmensbedingungen, im Besonderen die zunehmende Verlagerung der Wertschöpfung auf andere Wirtschaftssubjekte, führten zu einer steigenden strategischen Bedeutung der Beschaffung und als Konsequenz daraus auch zu einer Neuausrichtung derselben.[589] Aufgrund der zunehmenden Anforderungen[590] entwickelte sich der Einkauf in vielen Unternehmen von seiner ursprünglichen Dienstleistungsfunktion hin zu einer strategischen Gestal-

---

[584] Vgl. Lindner, 1983, S. 59 ff., Bea/Haas, 1995, S. 519.
[585] Vgl. Berg 1981, S. 9, Hansen, 1990, S. 465, Koppelmann, 1992, S. 100. Keough bezeichnet in diesem Zusammenhang die Beschaffung sogar als „Forgotten Function". Vgl. Keough, 1993, S. 43.
[586] Vgl. Arnold, 1997, S. 15.
[587] Vgl. Wildemann, 2001, S. 3.
[588] Vgl. Koppelmann/Glantschnig, 1994, S. 2.
[589] Vgl. Arnold, 1997, S. 56.
[590] Becker führt diese Veränderungen auf eine Reihe von externen Randbedingungen zurück, welche die heutigen Beschaffungsentscheidungen wesentlich beeinflussen. Dazu gehören beispielsweise die wachsende Anzahl von Produktionsstandorten, zunehmend zyklische Märkte, eine rasche Veralterung technischer Vorschriften, abnehmende Produktlaufzeiten, ein weltweites Kosten- und Technologiegefälle, Konzentrationstendenzen in der Zulieferindustrie, tarifäre und nicht tarifäre Handelshemmnisse in Schwellenländern oder währungstechnische Anforderungen aus dem Fahrzeugverkauf. Vgl. Becker, 1999, S. 65.

tungsfunktion des Unternehmens.[591] Die strategische Aufgabe der Beschaffung liegt dabei in der Erschließung und Erhaltung von Erfolgspotenzialen und damit in der Sicherung und Verbesserung der Wettbewerbsfähigkeit.[592] Diese Erfolgspotenziale können durch den Einkauf sowohl kosten- als auch leistungsseitig beeinflusst werden.[593]

Kostenpotenziale ergeben sich aus der Tatsache, dass die Materialkosten den wichtigsten Kostenblock eines Unternehmens darstellen. Bei einem am Umsatz gemessenen Anteil von teilweise deutlich mehr als 60 % stehen diese folglich im Mittelpunkt von Rationalisierungsbemühungen.[594] Materialkostenreduzierungen haben darüber hinaus einen enormen Hebel auf das Unternehmensergebnis. Boutellier und Corsten beschreiben diesen Effekt plakativ, aber treffend, mit folgenden Worten: „Moderne Beschaffung bedeutet Gewinne einkaufen!“[595] Um den gleichen Erfolgseffekt einer Materialkosteneinsparung zu erreichen, muss eine im Vergleich weitaus höhere Umsatzsteigerung angestrebt werden.[596]

Das strategische Gewicht der Beschaffung begründet sich jedoch nicht nur aufgrund seiner direkten Ergebnisbeeinflussung durch Materialkostensenkungen, sondern in gleichem Maße auch aufgrund seiner Einflussmöglichkeiten auf die Leistungspotenziale des Unternehmens. Aufgrund ihrer Marktkenntnisse und ihrer Technologieübersicht trägt die Beschaffung wesentlich zur Erschließung technischer Innovationen bei und sichert dadurch den Technologiestatus der Unternehmung, gerade bei Industrien mit hoher Innovationsdynamik.[597] In der Automobilindustrie trifft dies beispielsweise derzeit besonders auf die für das Automobil wichtigsten Innovationsquellen aus den Bereichen Software und Elektronik zu, bei denen sich Wettbewerbsvorteile nur durch die Ideen, Fähigkeiten und Technologien branchenfremder Zulieferer realisieren lassen.[598]

Neben seinem direkten Einfluss auf die Erfolgspotenziale des Unternehmens trägt der Einkauf allerdings auch indirekt zur Erreichung derselben bei. Bei der Erschließung reglementierter Märkte unterstützt der Einkauf häufig sowohl produktions- als

---

[591] Vgl. Becker, 1999, 56 f., Droege & Company, 1998, S. 17, Pfisterer, 1988, S. 53.
[592] Schlüchtermann weist darauf hin, dass die strategischen Entscheidungen im Einkauf Einfluss auf das gesamte Leistungsgeschehen des Unternehmens haben. Vgl. Schlüchtermann, 2002, S. 148.
[593] Vgl. Lindner, 1983, S. 77 f., Large, 1999, S. 100.
[594] Vgl. Wildemann, 2001, S. 4 f.
[595] Boutellier/Corsten, o. J., S. 5.
[596] Vgl. Wildemann, 2001, S. 4 f. In dem von Wildemann dargestellten Beispiel hat eine 3 %ige Verringerung des Materialaufwandes die gleiche Renditewirkung wie eine 60 %ige Erhöhung des Umsatzes.
[597] Vgl. Lindner, 1983, S. 98.
[598] Siehe Kapitel 3.1.1.3.

auch vertriebsorientiert die Ziele des Unternehmens, z. B. bei der Erfüllung von Local-Content- oder Kompensationsverpflichtungen. Die Bedeutung des modernen Einkaufs lässt sich schließlich auch aus den zunehmend größer werdenden Herausforderungen bei der Erreichung des Sachziels, der Sicherstellung der Versorgung, ableiten. Aufgrund der weltweiten Verknappung von Ressourcen sowie der steigenden Komplexität und Dynamik der Beschaffungsmärkte kommt der Beschaffungsfunktion eine wachsende Bedeutung zu.[599] Diese wird mit zunehmender Tendenz einer Fremdvergabe von Produktions- und Entwicklungstätigkeiten entsprechend steigen.

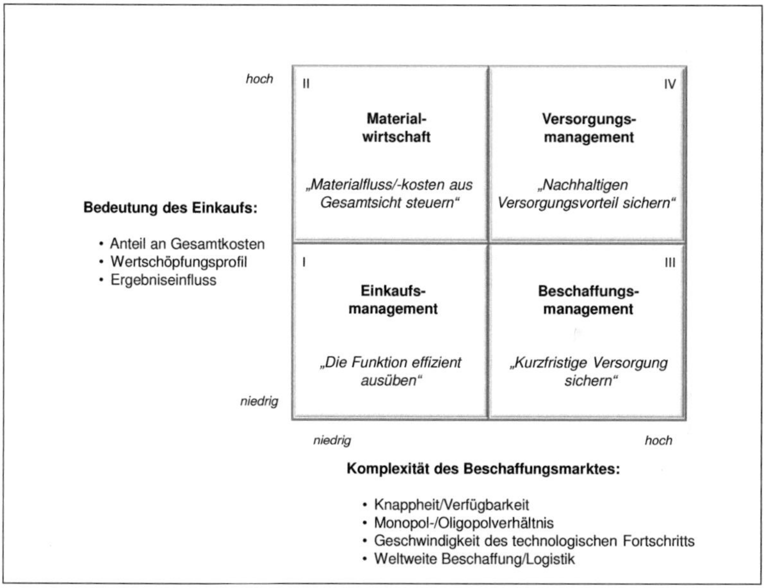

Abb. 3-6: Grundposition der Beschaffungsfunktion in der Unternehmung[600]

Die Veränderung der Beschaffungsfunktion, abgeleitet aus den beiden Perspektiven der unternehmensinternen Bedeutung (z. B. gemessen an der Zunahme der zugekauften Ware) sowie der Komplexität der Beschaffungsmärkte (z. B. gemessen an der Knappheit der eingekauften Waren), wird durch Abbildung 3-6 verdeutlicht. Auf Basis dieser Portfolio-Positionierung kann die Unternehmensführung die langfristige Ausrichtung des Einkaufs festlegen, um dabei sowohl das Nachfragegewicht des

---

[599] Vgl. Richter, 1997, S. 14.
[600] Quelle: Kraljic, 1988, S. 482.

Unternehmens gezielt auszunutzen als auch die Versorgungsrisiken auf ein akzeptables Niveau zu verringern. In Abhängigkeit von der jeweiligen Ausprägung dieser beiden Dimensionen lassen sich vier Grundpositionen der Beschaffung unterscheiden. Je stärker sich die Rolle der Beschaffung von einem reinen „Einkaufsmanagement" hin zu einem „Versorgungsmanagement" verschiebt, desto stärker wird auch die Notwendigkeit eines umfassend und langfristig ausgerichteten strategischen Managements der Beschaffung sein. Entsprechend nimmt die Wichtigkeit und Komplexität der Aufgaben der Einkaufsfunktion sowie die Tragweite der Einkaufsentscheidungen zu.

Den strategischen Anforderungen kann die Beschaffung dabei nur gerecht werden, wenn ihr die notwendige Akzeptanz im Unternehmen zuteilwird.[601] Diese drückt sich vor allem durch die organisationale und funktionale Einbindung im Unternehmen aus. Aus organisatorischer Sicht kommt die strategische Dimension der Beschaffung durch die Aufwertung innerhalb der Aufbauorganisation zum Ausdruck.[602] Aus funktionaler Sicht agiert der Einkauf zunehmend als funktions- und unternehmensübergreifender Moderator und hat idealtypisch eine sogenannte „Spielmacherrolle im Produktentwicklungsprozess"[603] inne. Er koordiniert zwischen dem Beschaffungsmarkt und dem eigenen Unternehmen und tritt als interner Verkäufer externer Kompetenzen auf.[604]

3.2.1.3 Gestaltungsaufgaben und Umfeld der Beschaffung

Die Grundlage für die Ableitung konkreter Aufgaben des Einkaufs bildet das Zielsystem, das aus den bereits genannten Hauptzielen sowie dem zumeist unternehmensindividuell ausgeprägten System von Subzielen besteht.[605]

Die in der Literatur vorzufindende unterschiedliche Betonung bzw. Vernachlässigung bestimmter Aufgabenkomplexe sowie die uneinheitliche Aufteilung der Beschaffung in Aufgaben, Prozesse, Instrumente und Methoden macht eine vollständige und all-

---

601 Vgl. Boutellier/Corsten, o. J., S. 18.

602 Vgl. Schlüchtermann, 2002, S. 150, Fischer, 1989, S. 20 ff. Bei vielen Unternehmen hat sich der Einkauf als gleichwertiger Partner der Bereiche Vertrieb, Produktion und Finanzen in der Unternehmenshierarchie etabliert und ist dementsprechend auch durch eine Vorstands- oder Geschäftsführungsfunktion vertreten. Vgl. Grochla, 1977, S. 184, Heimbrock, 2001, S. 19, Arnold, 1997, S. 71.

603 Becker, 1999, S. 60.

604 Vgl. Boutellier/Corsten, o. J., S. 18 f. und S. 86 und Becker, 1999, S. 58–70, Werner, 1997, S. 7.

605 Vgl. Lindner, 1983, S. 11.

gemeingültige Beschreibung der Aufgaben im Einkauf beinahe unmöglich.[606] Aus diesem Grund soll auf eine Vorstellung von Beispielen zunächst verzichtet werden. Anstelle dessen wird in Kapitel 3.2.5 ein eigener Systematisierungsansatz entwickelt, der wesentlich die Aufgaben der Beschaffungspraxis im Umfeld der Automobilindustrie im Fokus hat.

Trotz der unterschiedlichen Ausgestaltung der Beschaffungskategorien herrscht weitgehend Einigkeit über die fundamentalen Dimensionen eines Aufgabenkatalogs. Aufbauend auf der verrichtungsorientierten Definition der Beschaffung von Arnold[607] können die Beschaffungsaufgaben hinsichtlich einer **unternehmens-** und **marktorientierten Dimension** (Aufgabenbezug) unterschieden werden. Darüber hinaus kann bei der Abgrenzung der Beschaffungsaufgaben eine **strategische** und eine **operative Dimension** (Aufgabeninhalt) zugrunde gelegt werden (siehe hierzu auch Abbildung 3-7).[608]

Die marktorientierten Aktivitäten umfassen dabei alle den Beschaffungsmarkt berührenden Aufgaben, welche die Positionierung des Unternehmens auf den Beschaffungsmarkt im Sinne der Einkaufsziele unterstützen, während die nach innen gerichteten Aufgaben die unternehmensinternen Voraussetzungen zur Nutzung von Marktpotenzialen schaffen.[609] Im Spannungsfeld zwischen internen und externen Anforderungen versucht die Beschaffung, hierbei eine Harmonisierung der Interessen sicherzustellen.[610]

Die strategischen Aufgaben des Einkaufs, auf die in Kapitel 3.2.3 noch einmal ausführlich eingegangen wird, sorgen für den Aufbau und die Erhaltung der externen und internen Kosten- und Leistungspotenziale.[611] Die operative Einkaufsabwicklung dagegen handelt im Rahmen der Vorgaben des strategischen Einkaufs und umfasst alle Aktivitäten, die dazu dienen, die Bereitstellung der benötigten Materialien zu planen und umzusetzen sowie Störungen im Tagesgeschäft zu beheben.[612] Die Aufgaben reichen dabei „von der Bedarfsermittlung bis zur Bedarfsdeckung beim Be-

[606] Vgl. Lindner, 1983, S. 23 sowie Arnold, 1982, S. 90.
[607] Siehe Kapitel 3.2.1.1.
[608] Vgl. Meier, 1987, S. 97. In diesem Zusammenhang siehe auch Grochla/Schönbohm, 1980, S. 45 ff., die eine ähnliche Aufteilung der Beschaffungsaufgaben vornehmen und zwischen einer marktgerichteten bzw. betriebsgerichteten Beschaffungspolitik und Beschaffungsdisposition unterscheiden.
[609] Vgl. Weigand, 1998, S. 20 bzw. Katzmarzyk, 1988, S. 37 ff.
[610] Vgl. Arnold, 1982, S. 20.
[611] Vgl. Link, 1985, S. 11, Heimbrock, 2001, S. 147.
[612] Vgl. Katzmarzyk, 1988, S. 39, Heimbrock, 2001, S. 147, Hartmann, 1996, S. 91, Boutellier/Locker, 1998, S. 55 f., Link, 1985, S. 11.

darfsträger."[613] Während die strategische Gestaltungsfunktion die langfristige Versorgung garantiert, spielt der operative Einkauf bei der Sicherung der laufenden Versorgung eine entscheidende Rolle.[614] Da die Übergänge der Ordnungskriterien beider Dimensionen in der Praxis fließend sind (siehe Abbildung 3-7), stellt sich deren Abgrenzung häufig schwierig dar.[615]

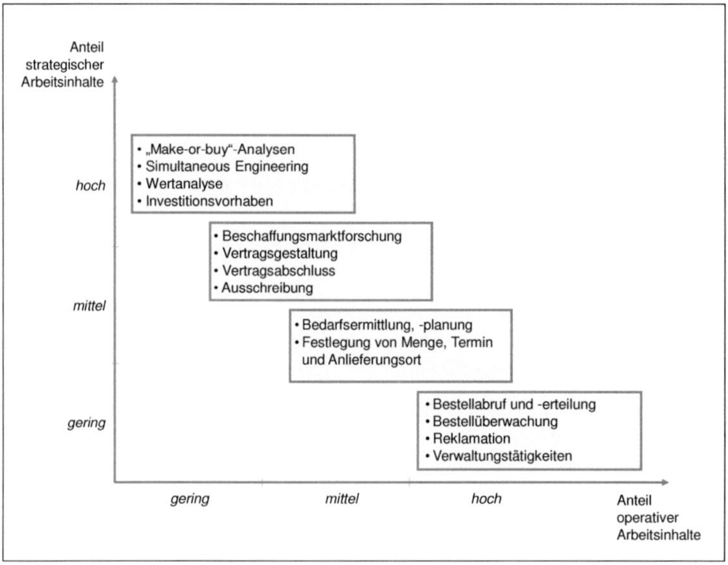

Abb. 3-7: Strategische und operative Aufgaben der Beschaffung[616]

Als Grenzsystem der Unternehmung wirkt die Beschaffung bei der Erfüllung ihrer Aufgaben nicht nur einseitig unternehmens- und marktgerichtet, auch umgekehrt wird das Handeln im Einkauf entscheidend durch das Unternehmensumfeld beeinflusst. Unternehmen und Markt stellen dabei Rahmenbedingungen beschaffungspolitischer Entscheidungen dar, die zumindest kurzfristig die Freiheitsgrade des Einkaufs einschränken.[617]

---

613 Hartmann, 1996, S. 91.

614 Vgl. Katzmarzyk, 1988, S. 40.

615 Vgl. Meier, 1987, S. 98.

616 Quelle: Wildemann, 1998 (Einkaufspotentialanalyse, 7. Aufl.), S. 138 zitiert in Heimbrock, 2001, S. 148.

617 Pfisterer spricht in diesem Zusammenhang von Beschaffungskonstellationen, die maßgeblich auf die Entscheidungen innerhalb der Beschaffung einwirken. Als wesentliche Rahmenbedingungen der Beschaffung beschreibt er den Absatzmarkt, den Beschaffungsmarkt, die rechtlich-politische Umwelt sowie das eigene Unternehmen selbst. Vgl. Pfisterer, 1988, S. 220 ff.

Unternehmensintern wird der Handlungsspielraum der Beschaffung von den Vorgaben, Vorleistungen und Anforderungen anderer Prozesspartner, die sowohl als „interne Lieferanten“ als auch als „interne Kunden“ auftreten können, bestimmt. Wichtige Schnittstellen der Beschaffungsaufgaben bestehen z. B. mit den Bereichen Forschung und Entwicklung, Produktion, Marketing/Vertrieb und Finanzen.[618] Andererseits besteht auch für die Beschaffung die Möglichkeit, auf die anderen Unternehmensfunktionen verändernd einzuwirken. Gerade die zunehmende Aufwertung des Einkaufs als „Drehscheibenfunktion“[619] im Unternehmen erhöht dabei seine Einflussmöglichkeiten. Aufgrund der innerbetrieblichen Interdependenzen sind strategische Entscheidungen unternehmensintern im Sinne einer Gesamtoptimierung der Aktivitäten abzustimmen.[620]

Neben den internen Bedingungen beeinflussen auch die externen Rahmenbedingungen das Handeln im Einkauf. Dazu gehören alle Umweltbedingungen, deren Veränderungen für die Realisation der Beschaffungsaufgaben von Bedeutung sind.[621] Diese sogenannte „relevante Umwelt“ lässt sich unterteilen in eine engere, aufgabenspezifische Umwelt (Markt) und eine globale Umwelt.[622] Die beschaffungspolitischen Handlungsmöglichkeiten eines Unternehmens hängen vor allem von den Gegebenheiten des Marktes ab.[623] So spielen z. B. die Störanfälligkeit gegenüber Lieferanten, die Verhandlungsstärke der Lieferanten oder die Entwicklung der Faktorpreise eine wichtige Rolle bei der Charakterisierung des Beschaffungsmarkts.[624] Einen wesentlichen Einfluss auf den preispolitischen Spielraum der Beschaffung besitzt beispielsweise die Marktform des Beschaffungsmarkts.[625] Die Bedingungen auf dem Beschaffungsmarkt werden allerdings auch von der globalen Umwelt beeinflusst, die somit indirekt die Handlungsspielräume der Beschaffungspolitik bestimmt.[626]

---

618 Vgl. Krampf, 2000, S. 100. Die Interdependenzen des Einkaufs mit dem Bereich F&E werden zudem ausführlich in Kapitel 3.2.4 beschrieben.

619 Vgl. Boutellier/Corsten, o. J., S. 86, Arnolds/Heege/Tussing, 1996, S. 377 f., Werner, 1997, S. 7.

620 Vgl. Katzmarzyk, 1988, S. 105, Meier, 1987, S. 240.

621 Vgl. Kubicek/Thom, 1976, Sp. 3.984 f.

622 Vgl. Bea/Haas, 1995, S. 76 f.

623 Vgl. Arnold, 1997, S. 46.

624 Vgl. Bea/Haas, 1995, S. 83.

625 Grundsätzlich lassen sich die Marktformen Monopol, Oligopol und Polypol unterscheiden. Vgl. Arnold, 1997, S. 48 ff.

626 Vgl. Arnold, 1997, S. 46, Weigand, 1998, S. 42.

3.2.2 Merkmale von Lieferanten-Abnehmer-Beziehungen

Da die bestehende und gewünschte Qualität der Beziehung zwischen dem Abnehmer und seinem Lieferanten eine wichtige Eingangsgröße bei der späteren Ableitung von Risikomanagement-Maßnahmen darstellt, sollen im Folgenden wesentliche Grundlagen der Bewertung von Lieferanten-Abnehmer-Beziehungen vorgestellt werden.[627]

Die Erschließung und Nutzung externer Erfolgspotenziale wird nicht nur von der Fähigkeit des Lieferanten bestimmt, sondern auch von der Art und Weise, wie dieser Lieferant in das von ihm zu beliefernde Unternehmen eingebunden wird und in welcher Form die Beziehung zwischen Zulieferer und Abnehmer ausgestaltet ist. Eine wichtige Rolle spielt hierbei die Auswahl von neuen Lieferanten. Da bei vielen Beziehungen ein kurzfristiger Lieferantenwechsel nicht mehr möglich ist und Nachbesserungen eines leistungsschwachen Lieferanten meist kostenintensiv und häufig nur begrenzt erfolgreich sind, erfährt die Auswahl der am besten geeigneten Partnerunternehmen eine wichtige strategische Bedeutung.[628] Die funktionierende Zusammenarbeit zwischen dem Lieferanten und dem Hersteller misst sich dabei primär an der Stellung des Lieferanten zum beschaffenden Unternehmen, der aktuellen Leistung in der Beziehung und der Bereitschaft des Lieferanten zur Zusammenarbeit in der Lieferanten-Abnehmer-Beziehung.[629]

Aus rechtlicher Sicht lassen sich zwei Phasen einer Lieferanten-Abnehmer-Beziehung unterscheiden: die Phase vor Vertragsabschluss und die Phase danach. Das Verhältnis zwischen beiden Parteien erfährt nach Williamson eine fundamentale Transformation: Während beispielsweise dem Nachfrager für die Entwicklung eines beziehungsspezifischen Beschaffungsobjekts vor der Lieferantenentscheidung mehrere Anbieter zur Auswahl stehen können, kann nach Entscheidung zur gemeinsamen Entwicklung der Markt für dieses Beschaffungsobjekt zum bilateralen Monopol werden. Für Abnehmer und Lieferant besteht jeweils das grundsätzliche Risiko, dass für das Beschaffungsobjekt nur noch der jeweilige Marktpartner als entsprechender Zulieferer bzw. Kunde zur Verfügung steht.[630]

---

[627] Bezüglich der Bewertung von Lieferanten-Abnehmer-Beziehungen aus einer risikoorientierten Perspektive siehe Kapitel 4.2.3.4.

[628] Vgl. Large, 1999, S. 143 f.

[629] Vgl. Large, 1999, S. 34 und S. 100 sowie Fieten, 1990, S. 376 f.

[630] Vgl. Williamson, 1985, S. 61 ff. und Williamson, 1984, S. 207 f. Weitere Ansätze, welche die Phasen von Lieferanten-/Abnehmerbeziehungen beleuchten, siehe Dwyer/Schurr/Oh, 1987, Frazier/Spekman/O'Neal, 1988, Ellram, 1991 (managerial guideline), Ellram, 1991 (life-cycle) sowie Landeros/Reck/Plank, 1995.

Lieferanten-Abnehmer-Beziehungen sind durch folgende Eigenschaften geprägt, die bereits vor Geschäftsabschluss, also in den Phasen der Lieferantensuche und -vorauswahl, das Verhältnis zwischen den beiden Parteien wesentlich bestimmen:[631]

- Als Lieferbeziehungen sind alle Lieferanten-Abnehmer-Beziehungen von einer gegenseitigen Abhängigkeit bestimmt, die bei beziehungsspezifischen Beschaffungsobjekten am größten ist.
- Lieferanten-Abnehmer-Beziehungen sind Geschäftsbeziehungen, die durch das Bestreben eines jeden Partners zur Maximierung des eigenen Erfolgs gekennzeichnet sind. Bei dem dadurch implizierten Verteilungsproblem stellt sich die Frage nach der „richtigen" Leistung bzw. nach dem „gerechten" Preis. Durch opportunistisches Verhalten versuchen beide Partner, den größeren Anteil am Gesamtnutzen zu erlangen.
- Lieferanten-Abnehmer-Beziehungen sind durch Unsicherheiten gekennzeichnet. Neben der Umweltunsicherheit spielt vor allem auch die aus der Informationsasymmetrie beider Parteien resultierende Verhaltensunsicherheit eine problembehaftete Rolle.[632]

Trotz „der in letzter Zeit oftmals favorisierten Partnerschaft mit Lieferanten"[633] haben auch andere Formen der Beziehung durchaus ihre Berechtigung. Da jeder Lieferantenbeziehung unterschiedliche Ziele und Rahmenbedingungen zugrunde liegen, sollte die Gestaltung einer Lieferanten-Abnehmer-Beziehung keiner „One Size Fits All"-Strategie folgen, sondern einer differenzierten Betrachtung unterzogen werden. In der Literatur erfolgt diese Differenzierung von Beziehungstypen uneinheitlich. Die Bandbreiten der verschiedenen Ansätze zur Strukturierung von Lieferantenbeziehungen können in die, allen Klassifikationen gemeinsamen, Extrempositionen **„Opportunismus"** und **„Partnerschaft"** zusammengefasst werden (siehe Abbildung 3-8).[634]

---

[631] Vgl. Large, 1999, S. 127 f.
[632] Vgl. hierzu auch Kapitel 2.3.4.2 und die Ausführungen zur Principal-Agent-Theorie.
[633] Wagner, 2001, S. 140. Siehe auch Kapitel 3.1.2.4.
[634] Vgl. Wagner, 2001, S. 139 f. Eine Typologie von Geschäftsbeziehungen findet sich in Wagner, 2001, S. 141 bzw. in Freiling, 1995, S. 193 ff.

Merkmale	Partnerschaftliche, interaktionsorientierte Lieferantenbeziehung	Rein marktliche, transaktionsorientierte Lieferantenbeziehung
Kriterien der Zuliefererauswahl: Preis, Leistung der Vergangenheit, Qualitätssicherung (BS 5750/ISO 9000 oder ähnliches, internes Qualitätskontrollsystem), technologische Leistungsfähigkeit, Personal, finanzielle Stabilität, Produktgestaltung, Leistungsfähigkeit in F&E etc.	Alles wichtig	Preis, Leistung der Vergangenheit, BS-5750- und ISO-9000-Zertifizierung wichtig
Dauer der Geschäftsbeziehung zwischen Zulieferer und Kunden	Langfristig	Kurzfristig
Grundlage von Preisänderungen	Kosteneinsparungspotenziale für beide Partner	Keine Angabe
Lieferantenstamm (für ein bestimmtes Produkt oder eine Dienstleistung)	Ein oder zwei Zulieferer	Viele Zulieferer
Wareneingangskontrolle	Nein	Ja
Erhebung der Zulieferer- und Kundenleistungen und Vereinbarung über regelmäßige Rückmeldungen	Ja	Nein
Weiterbildungsprogramme und technische Unterstützung der Lieferanten	Umfassend oder zumindest im Ansatz	Keine
Einrichten von Teams für Verbesserungsmaßnahmen	Umfassend oder zumindest im Ansatz	Gewöhnlich nicht, allenfalls begrenzt
Mitwirkung bei der Produktgestaltung	Umfassend oder zumindest im Ansatz	Gewöhnlich nicht, allenfalls begrenzt
Mitwirkung bei der Gestaltung von Logistikprozessen	Umfassend oder zumindest im Ansatz	Gewöhnlich nicht, allenfalls begrenzt
Regelmäßige Treffen auf leitender Managementebene	Umfassend oder zumindest im Ansatz	Gewöhnlich nicht, allenfalls begrenzt
Mitteilen von strategischen Informationen und Kostendaten	Umfassend oder zumindest im Ansatz	Gewöhnlich nicht, allenfalls begrenzt
Gemeinsame Investitionsplanung	Umfassend oder zumindest im Ansatz	Gewöhnlich nicht, allenfalls begrenzt
Austausch der Daten über Bedarfsvorhersagen, Umsatzdaten, Lagerbestandshöhen, Produktions- und Lieferpläne und deren Aktualisierung	Umfassend oder zumindest im Ansatz	Gewöhnlich nicht, allenfalls begrenzt

Abb. 3-8: Merkmale partnerschaftlicher und opportunistischer Lieferantenbeziehungen[635]

Bei einer Lieferantenbeziehung, die auf Opportunismus aufbaut, stehen die Mechanismen des Markts im Vordergrund. Dies bedeutet die Intensivierung des Wettbewerbs, geringere Austrittsbarrieren, größere Flexibilität sowie eine Minimierung der Transaktionskosten. Dagegen liegen die Vorteile einer partnerschaftlichen Beziehung in der gemeinsamen Umsetzung langfristiger Strategien, dem Anreiz beider Unternehmen zur gegenseitigen Hilfe sowie der Vermeidung ruinöser Preiswettbewerbe.[636] In diesem Zusammenhang wird häufig auch von Win-Win-Beziehungen gesprochen. Win-Win-Partnerschaften „sind Teile von hoch-interdependenten Supply Netzwerken, die einen strategischen Fit aller Akteure erforderlich machen“[637] und bei denen in letzter Konsequenz die Grenzen zwischen den beteiligten Unternehmen verschwinden.[638]

---

[635] Quelle: Jahns, 2005, S. 182. Vgl. hierzu auch Groher, 2003, S. 78.
[636] Vgl. Wagner, o. J., S. 47 ff.
[637] Reiss/Präuer, 2003, S. 29.
[638] Riffner und Weidelich warnen allerdings wiederum vor allzu intensiven zwischenmenschlichen Beziehungen zwischen dem Einkäufer und dem Verkäufer, da dadurch die Konfliktfähigkeit des Einkäufers schwindet. Zudem steht die Qualität der Beziehung häufig nicht zwangsläufig in einem

Gemäß Reiss und Präuer lassen sich Kooperationsbeziehungen mithilfe der drei Strukturdimensionen Interdependenz (wie eng sind Zulieferer eingebunden?), Integration (wie hoch ist der Grad an Gemeinsamkeiten?) und Symmetrie (wie gleichberechtigt verläuft die Zusammenarbeit?) beschreiben. Inwieweit eine Kooperation schließlich partnerschaftlichen Charakter besitzt, wird vor allem durch letztere Dimension bestimmt. Partnerschaftliche Kooperationsbeziehungen zeichnen sich dabei durch eine ausgewogene Gestaltung aus, wobei zwischen den Beteiligten weitgehende Interessen- bzw. Zielharmonie sowie Gleichberechtigung herrscht.[639]

Die Ausgestaltung der Beziehung in die eine oder andere Richtung hängt von internen und externen Einflussfaktoren, wie z. B. Beschaffungsobjekt oder -markt, ab.[640] Da die Unterhaltung partnerschaftlicher Beziehungen mit großem Koordinations- und Steuerungsaufwand verbunden ist, können Partnerschaften nur mit einer begrenzten Anzahl von Lieferanten eingegangen werden.[641] Im Rahmen der Untersuchung des Einflusses unterschiedlicher situativer Faktoren auf das Beschaffungsverhalten stellen Heide/John fest, dass partnerschaftliche Beziehungen nicht in jedem Falle Wettbewerbsvorteile bringen.[642] Bei gewachsenen Beziehungen besteht häufig die Gefahr der moralischen Verpflichtung zur Fortführung der Zusammenarbeit trotz besserer Alternativen. Zu enge persönliche Bindungen zwischen dem Abnehmer und dem Lieferanten können zudem das Risiko der Vorteilnahme und Voreingenommenheit verstärken.[643] Gerade beim Einkauf standardisierter Produkte bei klar definierten Schnittstellen findet man deshalb häufig singuläre und voneinander unabhängige Beschaffungstransaktionen, sogenannte „Spot-Beschaffungen", vor. Beide Geschäftspartner treten dabei als Opponenten auf, die versuchen, den jeweils größtmöglichen Erfolg für sich zu erzielen.[644] Spot-Beschaffungen zeichnen sich dabei vor allem durch die starke Preisfokussierung, die minimale persönliche Einbringung, die

kausalen Zusammenhang zur Qualität der Leistung. Die beiden Autoren weisen darauf hin, dass die Grundmaximen der Offenheit, Ehrlichkeit und Partnerschaft gegenüber dem Lieferanten selbstverständlich immer vor dem Hintergrund der Wahrung der Unternehmensinteressen gesehen werden sollten. Vgl. Riffner/Weidelich, 2001, S. 86 ff.

639 Vgl. Reiss/Präuer, 2003, S. 29 ff.

640 Eine ausführliche Beschreibung möglicher Einflussfaktoren findet sich in Wagner, 2001, S. 114–39. DaimlerChrysler gründete beispielsweise die Entscheidung über die Art der Beziehung auf folgende Faktoren: Anteil an den Wertschöpfungskosten, Abhängigkeit vom technologischen Wissen des Lieferanten, Wissen über Spezifikationen und das Design für eine Technologie oder ein Produkt, Anzahl möglicher Lieferanten, Höhe der Wechselkosten bzw. Wechselbarrieren, Verhandlungsmacht des Lieferanten, Maßgeblichkeit der Materialgruppe oder der Lieferanten für die Kaufentscheidung der Kunden bzw. Differenzierung gegenüber Kunden. Vgl. Wagner, o. J., S. 46.

641 Vgl. Bieber/Sauer, 1991, S. 238.

642 Vgl. Heide/John, 1990, S. 34. Im Gegenteil: Die beiden Autoren weisen darauf hin, dass die Intensivierung einer Beziehung sogar kontraproduktiv sein kann, wenn keine Veranlassung des Schutzes vor opportunistischen Verhalten bestünde.

643 Vgl. Large, 1999, S. 147 f.

644 Vgl. Werner, 1997, S. 56.

Kurzfristigkeit in der Beziehungsdauer sowie die hohe Versorgungssicherheit, die durch die gute Marktverfügbarkeit begründet ist, aus.[645]

In diesem Zusammenhang sei auf die empirische Untersuchung von Bensaou und Venkatraman hingewiesen.[646] Auf Basis eines Vergleichs US-amerikanischer und japanischer Automobilhersteller wurden dominante Konfigurationen von Beziehungen zu Lieferanten ermittelt. Die beiden Autoren leiten schließlich unterschiedliche Beziehungsmuster ab, die der oben genannten Klassifikationslogik folgen und somit im Spannungsfeld der beiden Grundtypen Opportunismus und Partnerschaft liegen. Bei der Analyse der Untersuchungsergebnisse zeigt sich, dass die Erfolgswirksamkeit der einzelnen Beziehungstypen v. a. vom Fit zwischen den Informationsverarbeitungsbedarfen und -fähigkeiten bestimmt ist. Bensaou/Venkatraman konstatieren, „that there are multiple ways to develop effective inter-firm relationships rather than one best way".[647]

Als Fazit bleibt somit festzuhalten, dass die Ausgestaltung einer Lieferanten-Abnehmer-Beziehung einer differenzierten Betrachtung folgen muss, um die Vorteile unterschiedlicher Beziehungsmuster mit vertretbarem Aufwand zu nutzen.[648]

3.2.3 Strategisches Beschaffungsmanagement

3.2.3.1 Strategische Entscheidungen im Beschaffungsbereich

Die vorangegangenen Kapitel machen deutlich, dass der Bereich der Beschaffung wesentlich zum Erfolg eines Unternehmens beitragen kann. Aufgrund seiner strategischen Bedeutung ist der Aufbau eines strategischen Beschaffungsmanagements zwingend erforderlich. Berg und Müller nennen die Themen „Produkt und Material", „Markt und Lieferant" sowie „Methoden und Organisation" als wichtigste strategische Handlungsfelder des Einkaufs.[649] Entsprechend gilt es, Antworten zu den folgenden Problemstellungen zu liefern:[650]

- Welche Beschaffungsobjekte sollen eingekauft werden?

---

[645] Weitere Charakteristika der beiden Beziehungsformen finden sich in Werner, 1997, S. 39 bzw. in Wagner, 2001, S. 143.
[646] Vgl. Bensaou/Venkatraman, 1995.
[647] Bensaou/Venkatraman, 1995, S. 1.486.
[648] Vgl. Dyer/Cho/Chu, 1998.
[649] Vgl. Berg/Müller, 1986, S. 250 ff. Siehe hierzu auch Bloech, 1986, 125 ff.
[650] Vgl. Wildemann, 1993, S. 6. Siehe hierzu auch Hammann/Lohrberg, die fünf Entscheidungsbereiche von Marketingstrategien im Beschaffungsbereich unterscheiden: Segmentierung des Beschaffungsmarkts, Marktverhalten, Beschaffungsvolumen, Einsatz des beschaffungspolitischen Instrumentariums, Zeitbezug der Strategie. Vgl. Hammann/Lohrberg, 1986, S. 50 f.

- Auf welchen Beschaffungsmärkten soll eingekauft werden?
- Mit welchen Beschaffungsquellen soll zusammengearbeitet werden?
- Wie soll die Geschäftsbeziehung zu den Beschaffungsquellen ausgestaltet werden?
- Welche Rolle soll die Beschaffung im Unternehmen spielen?
- Wie sind die internen Rahmenbedingungen der Beschaffung zu gestalten?

Im Sinne der hierarchischen Interpretation strategischer Planungsprozesse gibt die übergeordnete Unternehmensstrategie den Bezugsrahmen für die hierarchisch nachgelagerten funktionalen Strategien, wie beispielsweise Beschaffungsstrategien, vor.[651] Aufgrund des sogenannten „Gegenstromprinzips der Planung" können die strategischen Vorgaben der Beschaffung aber auch umgekehrt zum fundamentalen Bestandteil einer Unternehmensstrategie werden.[652] Hacker weist darauf hin, dass die funktionale Strategieebene weitgehend auf die Verbesserung externer Erfolgspotenziale ausgerichtet ist und dass eine klare Grenzziehung zu übergeordneten Strategieebenen (wie Unternehmens- oder Geschäftsfeldstrategie) aufgrund inhaltlicher Überschneidungen nicht notwendig und häufig auch nicht sinnvoll ist.[653]

Ziel des strategischen Beschaffungsmanagements ist es, „durch Analyse und Gestaltung der relevanten unternehmens- und umweltbezogenen Faktoren langfristige Beschaffungspotenziale zu entdecken, zu realisieren und zu sichern."[654] Dies bedeutet, dass Veränderungen der Umwelt frühzeitig antizipiert und „systematische, vorausschauende und proaktive"[655] Handlungsoptionen aufgezeigt werden müssen.

Wesentliche unternehmensinterne und -externe strategische Aufgabenfelder sind dabei wie folgt:[656]

- Vorverlagerung von Einkaufsaktivitäten im Produktentstehungsprozess.
- Einbindung der Beschaffungsfunktion in bereichsübergreifende Entscheidungsprozesse (z. B. im Rahmen der Bezugsartenfestlegung).
- Reduzierung von Komplexität, beispielsweise durch die Gestaltung der Teile-, Lieferanten-, Beschaffungsprozess-, Qualitäts- und Schnittstellenvielfalt.

---

[651] Vgl. Grochla, 1981, S. 5, Arnold, 1997, S. 60 f., Hacker, 2007, S. 46.
[652] Vgl. Wöhe, 1990, S. 141.
[653] Vgl. Hacker, 2007, S. 43 ff.
[654] Roland, 1993, S. 13.
[655] Arnold, 1997, S. 58.
[656] Vgl. Arnold, 1997, S. 18 und 64 ff., Weigand, 1998, S. 39 ff., Wildemann, 2001, S. 14 ff.

- Erschließung und Gestaltung von Markt- und Lieferantenpotenzialen zur Erzielung von Kosten- und Qualitätseffekten, beispielsweise durch weltweite Beschaffung, Bedarfskonzentration, Lieferantenentwicklung und -förderung oder durch die Vermeidung redundanter Arbeitsgänge.
- Identifizierung, Initiierung und exklusive Nutzung neuer Innovationspotenziale von Lieferanten.
- Schaffung differenzierter Lieferanten-Abnehmer-Beziehungen in Abhängigkeit von unterschiedlichen Beschaffungsproblemstellungen.
- Reibungslose Integration der Leistungen des Lieferanten in die Wertschöpfung unter Vermeidung zusätzlicher Anpassungsmaßnahmen (z. B. abgestimmte Geometrie bzw. qualitative und logistische Beschaffenheit der Güter).
- Erschließung horizontaler Verbundeffekte zur Schaffung von Rationalisierungsmöglichkeiten beim Lieferanten z. B. durch Einkaufskooperation oder durch wettbewerbsübergreifende Standardisierung von Produkten und Prozessen.

3.2.3.2 Beschaffungsstrategien

Wie in Kapitel 2.3.2.1 bereits aufgezeigt, kann die Strategieentwicklung als wesentlicher Bestandteil der strategischen Planung angesehen werden. Während Ziele wünschenswerte Zustände beschreiben und damit die Frage des „Was“ bzw. des „Wohin“ beantworten, legen Strategien über die Frage des „Wie“ den Weg fest, über den die angestrebten Soll-Zustände erreicht werden können.[657] Strategien stellen somit Maßnahmen dar, die auf die Erreichung eines bestimmten Ziels ausgerichtet sind.[658]

Dementsprechend umfassen Beschaffungsstrategien die strategischen Handlungsabsichten für den Bereich der Beschaffung. In diesem Sinne stellen Beschaffungsstrategien Funktionalstrategien dar, die der Schaffung von Erfolgspotenzialen auf Funktionsbereichsebene dienen.[659] Sie steuern und koordinieren die operativen Tätigkeiten und stellen das Bindeglied zwischen den grundsätzlichen Zielsetzungen der Beschaffung und der Beschaffungsabwicklung dar.[660]

---

[657] Vgl. Becker, 1988, S. 119.
[658] Vgl. Bea/Haas, 1995, S. 46.
[659] Vgl. Hacker, 2007, S. 43 ff.
[660] Vgl. Large, 1999, S. 29.

Im Folgenden seien wichtige strategische Felder vorgestellt, die zunehmend Eingang in die Beschaffungspraxis gefunden haben. Diese lassen sich den drei Klassen der „marktbezogenen", „produktbezogenen" und „lieferantenbezogenen" Beschaffungsstrategien zuordnen.

a) Marktbezogene Beschaffungsstrategien

Strategien zur Beeinflussung der Marktstrukturen können sowohl an der Angebotsseite als auch an der Nachfrageseite ansetzen. Auch wenn kurzfristige Veränderungen der Marktbedingungen nicht möglich sind, lassen sich mithilfe geeigneter Beschaffungsstrategien mittel- bis langfristig entsprechende Anpassungen herbeiführen.[661]

a1) Angebotsseitige Marktbeeinflussung

Angebotsseitig zielen marktbezogene Beschaffungsstrategien zum einen auf die Absicherung bestehender Beschaffungsquellen und zum anderen auf die Erschließung neuer Beschaffungsquellen ab.

Die Intensivierung bestehender Lieferbeziehungen wird dann angestrebt, wenn alternative Beschaffungsquellen nicht zur Verfügung stehen oder wenn z. B. der Ausfall bestehender Bezugsquellen bestandsgefährdend wirken kann. Als Beispiele können die Realisierung von Joint Ventures oder die kapitalbezogene Verflechtungen zwischen dem Hersteller und dem Zulieferer genannt werden. Auch die aktive Gestaltung einer vertrauensvollen und partnerschaftlichen Beziehung zum Lieferanten bzw. die vertragliche Absicherung durch langfristige Lieferverträge können geeignete strategische Handlungsoptionen darstellen.

Neben der Förderung bereits existierender Geschäftsbeziehungen stellt die Vergrößerung der Angebotskonkurrenz eine weitere Möglichkeit der angebotsseitigen Marktbeeinflussung dar. Beschaffungsstrategien richten sich hierbei z. B. auf die geografische Ausdehnung des Beschaffungsmarkts oder auf die systematische Förderung und Entwicklung von strategisch wichtigen Lieferanten. Dies kann beispielsweise durch einen entsprechenden Know-how-Transfer oder durch finanzielle Unterstützung erfolgen.

---

[661] Vgl. im Folgenden Grochla, 1981, S. 6 f., Meier, 1987, S. 156 ff., Arnold, 1982, S. 230–245, Arnold, 1997, S. 72–85.

a2) Nachfrageseitige Marktbeeinflussung

Ziel der nachfrageseitigen Beschaffungsstrategien stellt vor allem die Verbesserung der Verhandlungsposition des Abnehmers gegenüber seinen Zulieferern dar. Maßnahmen zur Stärkung der Nachfragemacht sollen gemäß Arnold entweder die Schaffung kollektiver Transaktionspotenziale ermöglichen oder die Verstärkung eigener Transaktionspotenziale sicherstellen.

Kollektive Transaktionspotenziale lassen sich beispielsweise durch die Gründung von Einkaufsgenossenschaften, durch die Durchführung von Einkaufsabsprachen[662] oder durch das Eingehen horizontaler Beschaffungskooperationen realisieren. Bei diesem sogenannten „Shared Sourcing“ sollen vor allem Skaleneffekte durch Mengenbündelung erzielt werden.

Beschaffungsstrategien zum Aufbau eigener Transaktionspotenziale zur Stärkung der Nachfragemacht können direkt die Beziehung zum Lieferanten betreffen. Sie lassen sich aber auch indirekt durch die relative Verstärkung der eigenen Machtposition gegenüber der Anbieterseite erreichen. Dies kann beispielsweise durch Verminderung oder Ausschaltung des Wettbewerbs auf eigener Marktseite geschehen. Eine Verbesserung der eigenen Position ließe sich schließlich auch durch nachfrageseitigen Verdrängungswettbewerb ermöglichen. Hier werden beispielsweise Inputfaktoren, die vom eigenen Unternehmen wie auch vom Wettbewerb benötigt werden, über den eigenen Bedarf hinaus eingekauft, um dadurch die Konkurrenz vom Bezug auszuschließen.

b) Produktbezogene Beschaffungsstrategien

Neben der angebots- und nachfrageseitigen Beeinflussung der Beschaffungsmärkte bilden produktbezogene Beschaffungsstrategien einen weiteren wichtigen Bestandteil der strategischen Beschaffungsplanung. Im Rahmen sogenannter „Sourcing-Konzepte“ werden für strategisch bedeutsame Produktgruppen (z. B. Integrationsmodule, vernetzte Systeme, umsatzstarke Module) unterschiedliche beschaffungsstrategische Grundprinzipien sinnvoll miteinander kombiniert.[663] Die Sourcing-Konzepte stellen dabei sicher, dass der Einkauf konzernweit einheitlich und zukunftsbezogen ausgerichtet wird. Sie bilden darüber hinaus die Grundlage für die im jeweiligen Einzelfall zu treffende konkrete Lieferantenauswahl.

---

[662] Eine Übersicht über Grundformen von Einkaufsabsprachen findet sich bei Köhler, 1977, S. 67 ff.
[663] Vgl. Arnold, 1997, S. 93.

Ausgangspunkt einer Sourcing-Strategie ist das einzukaufende Produkt und die aus diesem spezifischen Produkt abgeleiteten Anforderungen bezüglich Entwicklung und Fertigung. Die räumlich gegebenen Produktionsstrukturen des Herstellers und damit die zukünftigen „Verbau-Orte“ des Produkts stellen eine wichtige Rahmenbedingung dar. Die lokalen Bedarfe sind dabei unter Berücksichtigung entsprechender Investitions- und Logistikaufwendungen zentral zu steuern und in den Einkaufs-, Produktions- und Lieferverbund des Unternehmens zu integrieren. Als externe Rahmenbedingungen sind die heutigen und zukünftigen Charakteristika des Produkts und der Beschaffungsmärkte (z. B. Anzahl Anbieter, Angebotsmacht) zu berücksichtigen. Hierbei spielen auch Faktoren wie Zölle und Handelsbeschränkungen, Local-Content-Vorschriften oder Währungseinflüsse eine wichtige Rolle. Aus diesen Produkt- und Markttrends können schließlich die Anforderungen an potenzielle Lieferanten sowie an die zukünftigen Lieferanten-Abnehmer-Beziehungen abgeleitet werden.[664]

Bei der Entwicklung von Sourcing-Konzepten weist Arnold auf die Chronologie der Einzelentscheidungen hin. Er unterscheidet dabei zwei zeitliche Betrachtungsebenen, wobei die Entscheidung über Eigenfertigung und Fremdbezug vor den anderen Sourcing-Entscheidungen (siehe Abbildung 3-9) erfolgen soll.[665] Krampf verfeinert diesen Ansatz und schlägt ein hierarchisches Planungssystem vor, das zunächst mit der Definition des Beschaffungsobjekts (Modular/System Sourcing) beginnt und bei dem in sequenzieller Reihenfolge die weiteren Entscheidungen hinsichtlich der Bezugsart (Make or Buy), der Beschaffungsregion (Global/Local Sourcing) und der Lieferantenanzahl (Single/Multiple Sourcing) getroffen werden.[666]

---

[664] Vgl. Schuff, 2002, S. 69.
[665] Vgl. Arnold, 1997, S. 124. Dabei betont er, dass bei der Generierung einer optimalen Kombination aus obigen Sourcing-Typen gewisse Kombinationsmöglichkeiten von vornherein auszuschließen sind (z. B. Global Sourcing und JIT).
[666] Vgl. Krampf, 2000, S. 122 ff.

b1) Lieferant	sole	single	multiple
b2) Beschaffungsobjekt	unit	modular	system
b3) Beschaffungsareal	local	domestic	global
b4) Beschaffungszeit	stock	demand tailored	JIT/JIS
b5) Beschaffungssubjekt	individual		collective
b6) Wertschöpfungsort	external		internal

Abb. 3-9: Sourcing-Typen[667]

Im Zuge des Lean-Management-Konzepts[668] kam es nicht nur zu einer Neuausrichtung der internen Strukturen, auch Beziehungen und Prozesse zur externen Unternehmensumwelt, vor allem zum Beschaffungsmarkt, wurden neu überdacht. Bei der Neuorientierung der betrieblichen Beschaffungspolitik, die gerade von der japanischen Automobilindustrie vorgelebt wurde, standen vor allem die Beschaffungsansätze Single Sourcing, Modular/System Sourcing und Global Sourcing im Vordergrund. Aus Sicht der Logistik setzte sich für bestimmte Lieferumfänge zunehmend die Just-in-Time-Belieferung durch.

Als wichtige beschaffungspolitische Grundlage des modernen Einkaufs seien diese vier Trends anhand konkreter Beispiele der Automobilindustrie näher beleuchtet.

---

[667] Quelle: Arnold, 1997, S. 124.
[668] Siehe Kapitel 3.1.2.2.

b1) Single Sourcing

Mit der Verringerung der Fertigungstiefe gingen die Automobilhersteller zunehmend dazu über, auch die Anzahl der Direktlieferanten zu reduzieren.[669] Hierbei zeichnete sich eine eindeutige Tendenz hin zu einer Ein-Quellen-Belieferung ab. Diese Form der Beschaffung wird auch als Single Sourcing bezeichnet.

Ziel dieser Beschaffungsstrategie ist die Bündelung von Produktionsvolumina je Lieferumfang. Dadurch sollen beim Zulieferer Skaleneffekte erreicht werden, die sich in niedrigeren Herstellungskosten und damit auch in Preisnachlässen niederschlagen. Zudem wird eine mehrfache Ausrüstung der Lieferanten mit Werkzeugen vermieden, was wiederum die notwendigen Investitionen erheblich beeinflusst. Schließlich führt die Reduktion der direkten Lieferantenbasis zu einer Verringerung der Anzahl an Schnittstellen nach „draußen" und damit zu einer Senkung von Transaktionskosten. Dabei handelt es sich in erster Linie um Koordinationskosten für Vertragsanbahnung, -abwicklung und -kontrolle, Befähigungs- und Qualifizierungskosten sowie um Logistikkosten bei Transport, Lagerhaltung, Steuerung und „Monitoring".[670]

Bei der Frage nach der Anzahl der Beschaffungsquellen je Zukaufteil sind verschiedene Betrachtungsebenen zu unterscheiden, um letztendlich vergleichbare Aussagen treffen zu können. Eine Mehrlieferantenstrategie für ein Bauteil (z. B. für einen Stoßfänger) kann, abhängig von der Struktur des jeweiligen Automobilherstellers, auf Konzernebene, Markenebene, Produktlinienebene, Baureihenebene, Typenebene oder Variantenebene (und somit auf Sachnummernebene) erfolgen. Ein weiterer Ansatzpunkt für die Ausgestaltung der Lieferantenstrategie wäre auch die Einbeziehung der Produktionsstandorte, da häufig gleiche Baureihen in verschiedenen Werken gefertigt werden.[671] Die Auswahl eines Lieferanten für ein Teil könnte sich dann an den unterschiedlichen Montagestandorten orientieren.

[669] Vgl. Müller, 2004, S. 21. Müller betont, dass die Verringerung der Zahl der Direktlieferanten kein originäres Ziel der Hersteller darstellt.

[670] Vgl. Gromer, 1999, S. 49 ff., Wolters, 1995, S. 27.

[671] Z. B. die 3er-Reihe von BMW, die in Leipzig, München, Regensburg und Rosslyn (Südafrika) produziert wird.

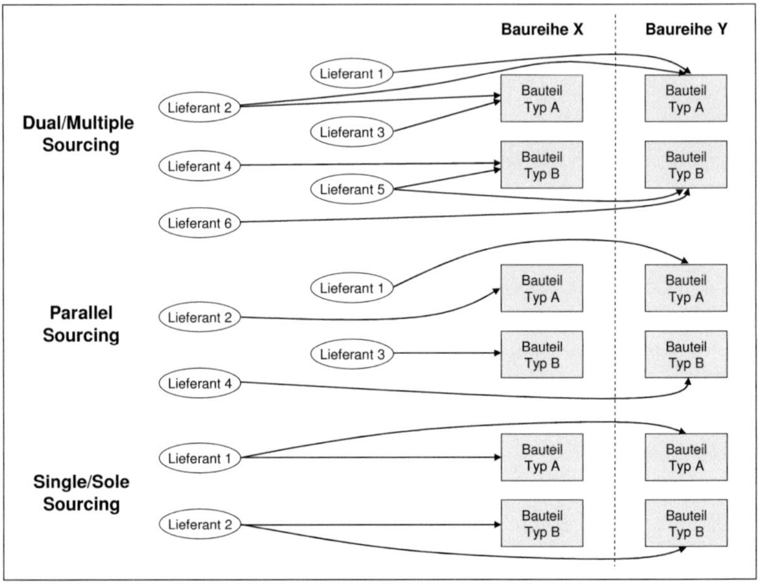

Abb. 3-10: Single vs. Multiple Sourcing am Beispiel der Automobilindustrie[672]

Auf Sachnummernebene ist der Single-Sourcing-Anteil aus oben genannten Gründen gewöhnlich sehr hoch.[673] Den Wettbewerb erhalten die Hersteller dadurch aufrecht, indem sie in den einzelnen Werken oder für einzelne Baureihen auf verschiedene Zulieferer zurückgreifen.[674] Man kann in diesem Zusammenhang also von einer Einquellenbelieferung ohne Aufgabe des Wettbewerbs sprechen.[675] Umso höher die Betrachtungsebene ist, desto wahrscheinlicher wird es auch, dass die Automobilproduzenten bei einer Komponente mit mehreren Lieferanten zusammenarbeiten.[676]

---

672 Quelle: leicht abgewandelt aus Wildemann, 2001, S. 79. In diesem Beispiel zeichnet sich der Dual- oder Multiple-Sourcing-Ansatz dahin gehend aus, dass für jedes Bauteil zwei/mehrere Lieferanten pro Baureihe zur Verfügung stehen. Die Belieferung eines Bauteils von einem Lieferanten pro Baureihe wird im obigen Beispiel als Parallel Sourcing bezeichnet. Bei der Single-Sourcing-Definition im Rahmen des obigen Beispiels beliefert schließlich ein Lieferant den Abnehmer mit sämtlichen Bauteilen eines bestimmten Typs quer über alle Baureihen.

673 So werden bei BMW ca. 80 % des Einkaufsvolumens über Single Sourcing bezogen, vgl. Becker, 1999, S. 66.

674 Vgl. Gromer, 1999, S. 51.

675 Vgl. Sauer, 1990, S. 253. Kaufmann verweist in diesem Zusammenhang auf eine empirische Studie von Homburg und stellt in Anlehnung an diese fest: „[...] companies clearly weigh the risks higher than the benefits from reducing the overall number of suppliers. The strategy [single sourcing; Anmerkung des Verfassers] in its pure form is far less common in practice than it is discussed in literature.“ Kaufmann, 1999, S. 16.

676 Umgekehrt gilt folglich: Umso niedriger die Betrachtungsebene, desto wahrscheinlicher findet man eine Single-Sourcing-Strategie vor.

Kurzfristige Versorgungsengpässe lassen sich dadurch zwar dennoch nicht kompensieren, mittelfristig gesehen wird allerdings eine Abhängigkeit zu einzelnen Zulieferpartnern vermieden.[677]

Abbildung 3-10 zeigt eine Möglichkeit der Abgrenzung unterschiedlicher produktbezogener Sourcing-Strategien auf, welche die Festlegung der Anzahl der Lieferanten pro Bauteil betrifft.

b2) Modular/System Sourcing

In der Beschaffungspolitik der Automobilhersteller spielt auch die Modular- bzw. System-Sourcing-Strategie eine wichtige Rolle. Dieser Ansatz zielt auf den Bezug von kompletten, teilweise bereits vollständig vormontierten und einbaufähigen Funktionsgruppen ab. Da an die Modul- und Systemlieferanten größere Beschaffungsumfänge vergeben werden, unterstützt das Sourcing-Konzept eine weitere Reduzierung der Fertigungstiefe sowie eine Verringerung der Anzahl der Direktlieferanten. Es trägt damit entscheidend zur Reduktion von Komplexität bei und ermöglicht den Herstellern, sich auf die wettbewerbsstrategisch wichtigen Kompetenzfelder zu konzentrieren.[678] Neben den zeitlichen Einsparungen bei der Montage vormontierter Baugruppen lassen sich mithilfe dieser Beschaffungsstrategie Kostenvorteile erzielen, die sich zum einen aus der Integrationsleistung selbst ableiten lassen und die zum anderen aus Produktionskostenvorteilen resultieren, die insbesondere dann entstehen, wenn der Lieferant mehrere Automobilhersteller beliefert. Weitere positive Effekte werden durch die Reduzierung der Transaktionskosten sowie die Nutzung von spezialisiertem Produkt- und Prozess-Know-how erzielt.[679]

Beim Modular Sourcing stehen montagebezogene Überlegungen im Vordergrund. Dementsprechend ist die einbauspezifische, räumliche Zusammengehörigkeit der Komponenten entscheidend.[680] Beispiele hierfür sind Türverkleidungen, Achsen oder der Dachhimmel.[681] Im Gegensatz dazu liegt der Fokus beim Outsourcing von Systemen in der Integration technologischer Zusammenhänge, die eine Grundfunktion erfüllen. Systeme, wie z. B. Brems-, Beleuchtungs- und Lenksysteme müssen dabei nicht zwangsläufig als Montageeinheit zusammengefasst werden.[682] Die Zusammen-

[677] Vgl. Wildemann, 2001, S. 78–81.
[678] Vgl. Gromer, 1999, S. 52 f., Diez, 2001 (Wertschöpfungskette), S. 73 ff., Wolters, 1995, S. 71 ff.
[679] Vgl. Gromer, 1999, S. 54.
[680] Vgl. Gromer, 1999, S. 54.
[681] Vgl. Müller, 2004, S. 18 ff.
[682] Vgl. Gromer, 1999, S. 54.

führung dieser beiden Ansätze führt zu sogenannten „Integrations- oder Großmodulen“. Dies könnte z. B. ein komplett montiertes Dach oder das Frontend-Modul sein.

Laut der Gemeinschaftsstudie „Automobilstandort Deutschland“ wird das Fahrzeug der Zukunft ein Modul-Auto sein, das in immer größere Umfänge aufgeteilt werden kann.[683] Die Anzahl der Module bzw. Systeme pro Fahrzeug wird deshalb auch abnehmen, wobei der Anteil der in diesen Modulen/Systemen gebundenen Herstellkosten enorm zunehmen wird.[684]

b3) Global Sourcing

Unter dem Begriff „Global Sourcing“ wird die systematische Ausdehnung des Einkaufs auf internationale Beschaffungsquellen mit dem Ziel der Erschließung von Kosten- und Innovationspotenzialen verstanden.[685] Beschleunigt wird diese Beschaffungsstrategie durch die Weiterentwicklung neuer Informations- und Kommunikationssysteme, der Wettbewerbsintensität und den damit verbundenen Preisverfall im Logistikdienstleistungssektor sowie den fortschreitenden Abbau handelspolitischer Hemmnisse.[686] Mit der Realisierung des europäischen Binnenmarkts und der wirtschaftlichen Entwicklung der osteuropäischen Länder hat sich der Beschaffungsmarkt für deutsche Automobilhersteller um Lieferanten erweitert, die aufgrund wesentlich niedriger Lohnkosten und wettbewerbsfähiger Qualität[687] zu einer ernsthaften Konkurrenz für die heimische Zulieferindustrie geworden sind.[688] Durch diese sich weiter fortsetzende Entwicklung steigen die Beschaffungsalternativen nicht nur für einfache Standardteile, sondern auch für technisch anspruchsvolle Systeme und Komponenten.

Dennoch spielt die Beschaffung aus Übersee für die Versorgung deutscher und europäischer Werke eine immer noch untergeordnete Rolle. Die Gründe hierfür liegen vor allem in der Kostenintensität des Transports und den entfernungsbedingten Risiken einer JIT-Anlieferung.[689] Ausländische Produktionsstätten deutscher Hersteller in Asien und Amerika werden dagegen zunehmend von lokalen Bezugsquellen

[683] Vgl. CAR/PriceWaterhouseCoopers/VDA, 2002, S. 6 f.
[684] Vgl. Roland Berger & Partner, 2000, S. 50. Arndt G. Kirchhoff, Vorsitzender des VDA-Mittelstandskreises geht davon aus, dass künftig das sogenannte „Modulauto“ in seiner einfachsten Form das Heck-, Front- und Dach-Modul sowie die Fahrgast-Zelle enthalten wird. Vgl. VDA, 2002 (Mittelstandstag).
[685] Vgl. Arnold, 1989, S. 58.
[686] Vgl. Schlüchtermann/Klöpfer/Pointner, 1999, S. 272.
[687] Vgl. Hanke, 1993, S. 90.
[688] Vgl. Müller-Stewens/Gocke, 1995, S. 26.
[689] Vgl. Gromer, 1999, S. 49.

beliefert.[690] Diese Entwicklung wird allerdings auch stark vom staatlichen Protektionismus dieser Märkte getrieben. Wie oben bereits erwähnt, steht der Einkauf hierbei in der Verpflichtung, einen Beitrag zur vertriebsseitigen Erschließung von Exportmärkten zu leisten.[691]

b4) Just-in-Time-Belieferung

Das JIT-Konzept beschreibt die Optimierung des Materialflusses entlang der gesamten Wertschöpfungskette durch produktionssynchrone Anlieferung von Komponenten, Modulen und Systemen ohne größere Zwischenlagerungen beim Automobilproduzenten. Ziel ist dabei die Reduzierung von Beständen, die Verkürzung von Durchlaufzeiten, die Steigerung der Produktivität sowie die Erhöhung der Flexibilität bezüglich Marktänderungen.[692] Die Automobilhersteller sind bei dieser Form der Anlieferung in ihrer Möglichkeit der Prüfung des Wareneingangs so eingeschränkt, dass sie sich auf die Qualität der zugelieferten Teile verlassen können müssen.[693] Das JIT-Konzept setzt außerdem die Existenz kostengünstiger und zuverlässiger Transportwege voraus.

Die Disposition der JIT-Bedarfe erfolgt mithilfe von Feinabrufen, die einen Vorlauf von maximal 24 Stunden besitzen.[694] Dies macht die EDV-gesteuerte Material- und Fertigungsplanung sowie die DV-technische Anbindung der Hersteller an deren Lieferanten notwendig. Um das Risiko eines „Bandstillstandes" zu minimieren, siedeln sich JIT-Lieferanten mit ihren Produktionsstätten auch häufig in unmittelbarer Nähe zum Hersteller an. Allerdings lassen sich die dem Anlieferungs-Konzept zugrunde liegenden Optimierungseffekte nicht bei jedem Teil in gleicher Weise erzielen. Variantenreiche, teure und großvolumige Teile leisten den größten Beitrag zur JIT-Ziel-

[690] Schlüchtermann verweist in diesem Zusammenhang auf die Interdependenzen zwischen Beschaffung und Produktion und macht deutlich, dass Beschaffungsentscheidungen in der Regel erst nach Festlegung des Produktionsstandortes getroffen werden können. Umgekehrt können Entscheidungen zur Dezentralisierung der Produktion auch von den Rahmenbedingungen der Beschaffung abhängen, z. B. in Bezug auf die beschaffungsseitige Annäherung an natürliche Rohstoffvorkommen. Vgl. Schlüchtermann, 1999, S. 53 ff.

[691] Vgl. auch Arnold, 1997, S. 112.

[692] Vgl. Gromer, 1999, S. 46.

[693] Vgl. Schraysshuen, 1992, S. 120, Abend, 1992, S. 108. Zu rechtlichen Problemen beim Entfall der Wareneingangskontrolle vgl. Graf von Westphalen, 1990, S. 263 ff.

[694] Vgl. hierzu und im Folgenden Meißner, 1992, S. 9, 12 und 13.

setzung.[695] Als Beispiele können Sitze, Stoßfänger, Kunststoff-Tankbehälter, Seitenverkleidungen, Kabelstränge oder Schiebedächer genannt werden.[696]

Der zunehmende Einkauf von Teilen und Komponenten weltweit erschwert allerdings die Umsetzung dieses Versorgungskonzepts. Die fortgeschrittenste Form des JIT-Gedankens ist das sogenannte „Just-in-Sequence-Konzept“ (JIS). Hierbei müssen die richtigen Teile nicht nur zeit-, mengen- und ortsgenau angeliefert, sondern taktgenau in der sequenziellen Reihenfolge der späteren Montage bereitgestellt werden.[697]

c) Lieferantenbezogene Beschaffungsstrategien

Lieferantenstrategien stellen die dritte wichtige Kategorisierung von Beschaffungsstrategien dar. Sie befassen sich entweder mit der Gestaltung der gesamten Lieferantenbasis oder mit der Gestaltung einzelner Lieferantenbeziehungen. Zielsetzung ist zum einen die Optimierung der Lieferantenstruktur des Unternehmens, zum anderen die Optimierung der individuellen Beziehungen zum Lieferanten.

Im Rahmen lieferantenbezogener Beschaffungsstrategien für einzelne Lieferanten legt das Unternehmen die langfristigen Ziele der Lieferantenbeziehungen fest, identifiziert Maßnahmen zur Zielerreichung und teilt die notwendigen Ressourcen zu. Bei der Entwicklung dieser Ressourcen sollte der Einkauf versuchen, eine hohe Übereinstimmung zwischen vorhandenen bzw. zukünftigen Lieferantenstärken und den internen Anforderungen zu erreichen. Ebenso müssen frühzeitig wichtige Risikopotenziale des Lieferanten identifiziert und entsprechende Maßnahmen zur Handhabung dieser abgeleitet werden.[698] In dem von Wagner zitierten Praxis-Beispiel werden drei Ausprägungen von Lieferantenstrategien unterschieden: Vorwärts-, Ertüchtigungs- und Ausstiegsstrategie. Aus diesen lassen sich klare Zielrichtungen für die zukünftige Zusammenarbeit mit dem Lieferanten ableiten. Von Lieferanten, mit denen beispielsweise eine „Vorwärtsstrategie“ verfolgt wird, erwartet der Hersteller wichtige Impulse zur Wettbewerbsverbesserung, d. h. kosten- und innovationswirksame Perspektiven bei der eigenen Produkt- und Prozessentwicklung.[699]

---

[695] Vgl. Gromer, 1999, S. 46. Insgesamt sind es laut Aussage der Automobilindustrie nur ca. 30 % der zugekauften Teile.
[696] Vgl. Bender, 1996, S. 106.
[697] Vgl. Eifert, 2002, S. 22, Hucht/Mühle, 2002, S. 106.
[698] Vgl. Wagner, 2001, S. 190.
[699] Vgl. Wagner, 2001, S. 191 f.

Lieferantenstrategien für die Lieferantenbasis legen die langfristigen Ziele des Lieferantenportfolios bzw. der Gesamtheit der Lieferanten fest und richten die Lieferantenbasis an den zukünftigen Anforderungen aus. Hierbei finden vor allem auch die Zusammenhänge zwischen den einzelnen Lieferantenbeziehungen Berücksichtigung. Die Zielgrößen einer Optimierung der Lieferantenbasis richten sich dabei an den spezifischen Erfordernissen des Unternehmens aus. Typische Zielgrößen sind beispielsweise:[700]

- Anzahl der Lieferanten
- Mix des Lieferantenportfolios, z. B. in Bezug auf den Lieferantentyp (Teile-, Komponenten-, Modul- oder Systemlieferanten)
- Maximale Verteilung des Beschaffungsvolumens pro Lieferant
- Regionale Verteilung der Lieferanten, z. B. der Anteil ausländischer Lieferanten
- Lieferantenrisiken
- Anteil an ISO-9000-zertifizierten Lieferanten
- Anteil an „Woman- or Minority-owned"-Lieferanten

3.2.4 Beschaffung als integrierter Bestandteil im Produktentstehungsprozess

Aufgrund der zunehmenden Bedeutung von Wissen als Produktionsfaktor[701] sind Unternehmen darauf angewiesen, externes Know-how zu finden und in das Unternehmen einzubinden.[702] Das Beschaffungsmanagement kann hier einen großen Beitrag leisten. Der Einfluss der Beschaffung sollte sich allerdings nicht nur auf die Identifikation und Initiierung von Innovationen beschränken, sondern sich auf den gesamten Produktentstehungsprozess erstrecken.[703] Innerhalb der Produktentwicklung werden die Strukturen des Bedarfs und ein großer Teil der Kosten bestimmt. Durch

[700] Vgl. Wagner, 2001, S. 198 f.

[701] Dies zeigt sich deutlich an der wachsenden Geschwindigkeit des technologischen Fortschritts mit den Folgen einer Abnahme der Halbwertszeit des bereits erzeugten Wissens, einer Verkürzung der Produktlebenszyklen sowie einer Steigerung des Umsatzanteils neuer Produkte am Gesamtumsatz. Wissen nimmt somit im Vergleich zu den traditionellen Produktionsfaktoren Arbeitsleistung, Betriebsmittel, Werkstoffe und Kapital eine dominierende Stellung ein. Vgl. Heimbrock, 2001, S. 52 ff. sowie dessen Verweis auf unterschiedliche Literaturquellen.

[702] Vgl. Boutellier/Corsten, o. J., S. 86.

[703] Vgl. Berg/Richtzenhain, 1991, S. 23.

die Beschaffung können dabei die Erfolgsgrößen Kosten, Zeit und Qualität in erheblichen Maße beeinflusst werden.[704]

Bevor die Gestaltungsaufgaben der Beschaffung im Rahmen der Produktentwicklung aufgezeigt werden, soll der Entwicklungsprozess zunächst auf Basis eines Phasenmodells grob skizziert werden. Der zeitliche Bezug der Beschaffungsaktivitäten innerhalb des Produktenstehungsprozesses schafft dabei zum einen ein Grundverständnis für die Rolle der Beschaffung im Kontext eines Fahrzeugprojekts und stellt zum anderen eine Grundlage für die spätere Ableitung eines Risikomanagements der Beschaffung dar.

3.2.4.1 Produktentstehungsprozess

Trotz der in der Literatur vorherrschenden Vielzahl von Phaseneinteilungen des Produktentstehungsprozesses[705] lassen sich, gemäß einer empirischen Studie von Gentner,[706] bezüglich der Vorgehensweise grundsätzliche Gemeinsamkeiten bei der Automobilentwicklung feststellen.

Die vorliegende Arbeit basiert im Wesentlichen auf dem Phasenschema von Clark/Fujimoto, das mit den Anforderungen innerhalb der Automobilindustrie vereinbar ist und die vier Phasen „Zieldefinition", „Konzeptdefinition", „Konzeptentwicklung" und „Serienentwicklung" unterscheidet (siehe Abbildung 3-11).[707]

Ergebnisse innerhalb oder bei Abschluss einzelner Projektphasen werden durch sogenannte „Meilensteine" gekennzeichnet. Diese geben einen Realisierungstermin vor und stellen einen Kontrollpunkt dar (Soll-Ist-Vergleich), der erfolgreich passiert werden muss, bevor das Projekt fortgesetzt werden kann. Für eventuell vorhandene Defizite sind Maßnahmen zur Sicherstellung der Zielerreichung zu vereinbaren.[708]

---

[704] Vgl. Boutellier/Corsten, o. J., S. 86.
[705] Beispielhafte Literaturquellen finden sich in Wangenheim, 1998, S. 18.
[706] Vgl. Gentner, 1994, S. 62 f.
[707] Der Ablauf eines Entwicklungsprojekts ist mit den spezifischen Rahmenbedingungen eines Unternehmens in Einklang zu bringen. Vgl. Smith/Reinertsen, 1991, S. 154. Dementsprechend unterscheidet sich die Anzahl der Phasen verschiedener Phasenmodelle. Nach Schubert kann diese zwischen zwei und zwölf schwanken. Vgl. Schubert, 1991, S. 74. Determinanten der Phaseneinteilung finden sich bei Platz, 1986, S. 127.
[708] Vgl. Cooper, 1990, S. 45 f.

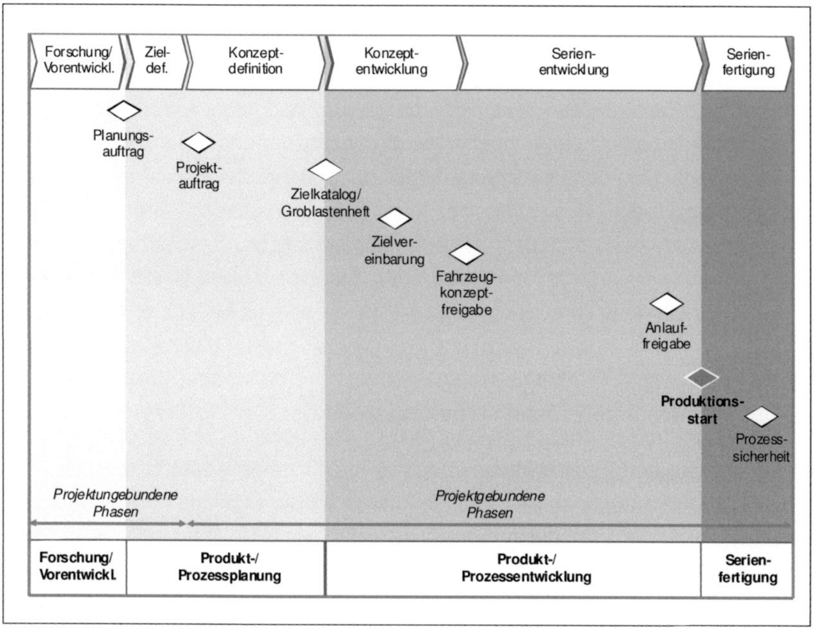

Abb. 3-11: Der Produktentstehungsprozess[709]

Den Entwicklungsphasen vorangestellt ist die modellungebundene Phase der **„Forschung und Vorentwicklung"**. Dabei handelt es sich eigentlich um einen fortwährenden Prozess, der parallel zu den Fahrzeugprojekten stattfindet. Da die Ergebnisse der Forschung und Vorentwicklung als Input in die Fahrzeugprojekte einfließen, wird diese Phase im Modell vorgeschaltet. Die Vorentwicklung ist losgelöst von der fahrzeugspezifischen Produktentwicklung und dient der Implementierung neuer Technologien in einzelne Subsysteme, ohne dabei die Problematik der Gesamtfahrzeugintegration zu berücksichtigen.[710] Im Rahmen der Vorentwicklung werden Reifegrade, Anwendungsmöglichkeiten, sowie Einsatztermine neuer Technologien mithilfe sogenannter „technologischer Roadmaps" aufgezeigt.[711] Die Vorentwicklung baut dabei auf den Ergebnissen der Forschung auf, in der auf Basis von

[709] Quelle: eigene Darstellung, in Anlehnung an Schaaf, 1999, S. 26., Wangenheim, 1998, S. 19, Boutellier/Corsten, o. J., S. 91, Wildemann, 2001, S. 18, Hahn, 1996, S. 968.
[710] Vgl. Specht/Beckmann, 1996, S. 16 f. und Schaaf, 1999, S. 27 f.
[711] Vgl. Weyrich, 1996, S. 121 f.

markt- und technologiebezogenen Trends und Entwicklungen die Grundlagen für Produkt- und Prozessinnovationen geschaffen werden.[712]

Die Phase der **Zieldefinition** stellt den Übergang zwischen der Vorentwicklung und der modellgebundenen Fahrzeugentwicklung dar. Die Vorentwicklung steuert dabei Innovationsangebote in das Fahrzeugprojekt ein.[713] Ziel dieser Phase, die mit einem Planungsauftrag initiiert wird, ist es, im Rahmen eines interdisziplinären Teams aus Unternehmensstrategie, Marketing, Entwicklung, Finanzen, Beschaffung und Produktion einen Zielkatalog und damit eine erste Zielvision zu entwickeln.[714] Diese bildet die Basis der weiteren Entwicklungsaktivitäten und umfasst u. a. Aspekte wie Definition der Produkteigenschaften, die Produktpositionierung, die Absatzziele, das Innovationskonzept, den betriebswirtschaftlichen Zielrahmen, den Projektterminplan, das Produktionskonzept und die Beschaffungsstrategien.[715]

Mit der Phase der **Konzeptdefinition** startet der eigentliche fahrzeugprojektspezifische Entwicklungsprozess. Ausgangspunkt ist die Erteilung eines Projektauftrags. Dabei wird der Zielkatalog fortgeführt und in konkrete technische, wirtschaftliche und zeitliche Zielvorgaben überführt.[716] Innerhalb der Konzeptdefinitionsphase werden häufig gleichzeitig mehrere stimmige, marktfähige und konkurrierende Gesamtfahrzeugkonzepte ausgearbeitet, aus denen in der folgenden Phase der Konzeptentwicklung das erfolgsversprechendste auszuwählen ist. Aufgrund der Komplexität der Problemstellung gehört dabei die Beherrschung auftretender Zielkonflikte zu den wichtigsten Herausforderungen.[717] Grundsätzlich kann davon ausgegangen werden, dass keines der konkurrierenden Fahrzeugkonzepte alle Projektziele verfolgt. Den Abschluss der Konzeptdefinition bildet der operative Zielkatalog, der die Zielvision bestätigt und sich durch ein hohes Maß an Stimmigkeit und Zielkonfliktfreiheit auszeichnet.[718]

Mit Beginn der Phase der **Konzeptentwicklung** verlässt das Entwicklungsprojekt den planerischen Teil und tritt in die Umsetzungsphase über. Die Erstellung von Konstruktionszeichnungen erfolgt heutzutage weitestgehend durch CAD-Systeme. Die dabei generierten Datensätze können zur Absicherung der Produktentwicklung für Produkt- und Prozess-Simulationen oder für das sogenannte „Rapid

[712] Vgl. Schaaf, 1999, S. 28 f.
[713] Vgl. Schaaf, 1999, S. 30.
[714] Vgl. Clark/Fujimoto, 1991, S. 109 f.
[715] Vgl. u. a. Clark/Fujimoto, 1991, S. 105, Cooper, 1988, S. 244 ff., Hahn, 1996, S. 968 ff.
[716] Vgl. Wangenheim, 1998, S. 20.
[717] Vgl. Schaaf, 1999, S. 33.
[718] Vgl. Eiletz, 1998, S. 103 ff.

Prototyping“[719] verwendet werden. Trotz der zunehmenden Bedeutung computerunterstützter Methoden spielt der traditionelle Modellbau bei der Erprobung nach wie vor eine wichtige Rolle.[720] Mithilfe von Prototypen werden in der Konzeptentwicklung und in der darauffolgenden Serienentwicklung umfangreiche Tests durchgeführt. Da der Bau dieser Versuchsträger inklusive der hierzu notwendigen Werkzeuge sehr kostenintensiv ist, fällt in dieser Phase ein großer Anteil der Entwicklungskosten an.[721] Stehen konkurrierende Konzepte zur Auswahl, sollte bis zum Meilenstein der Zielvereinbarung ein stimmiges und verbindliches Fahrzeugkonzept festgelegt werden. Gleichzeitig sollten die Produkt- und Projektziele fixiert werden. Nach Absicherung des Konzepts erfolgt schließlich die Fahrzeugkonzeptbestätigung, bei der „Package“ und Design endgültig festgelegt werden („Package und Design Freeze“).

Ziel der Phase der **Serienentwicklung** ist es, das verabschiedete Produktkonzept zur Serienreife zu führen. Wichtiger Bestandteil dieser Projektphase ist die Prozessentwicklung, die innerhalb der projektgebundenen Entwicklungsabschnitte in der Regel simultan zur Produktentwicklung erfolgt.[722] Die Prozessentwicklung umfasst sowohl technische als auch unterstützende Prozesse, wie Steuerungsprozesse in Logistik und Produktion. Während in den vorangegangenen Phasen bereits das Produktionskonzept und die Betriebsmittel geplant wurden, erfolgt in der Serienentwicklungsphase die Bestätigung des Fertigungskonzepts, die Erarbeitung von Arbeitsplänen sowie die Herstellung bzw. Installation von Werkzeugen und Fertigungsanlagen. Parallel dazu sind auch die indirekten Bereiche wie Kundendienst oder Marketing und Vertrieb auf den Produktionsstart (SOP) vorzubereiten. Wichtige Meilensteine bei der Produktentwicklung sind die Bestätigung der Komponenten- und Systemfunktionen sowie die Produktbestätigung, bei der die Gesamtfahrzeugeigenschaften freigezeichnet werden. Der Übergang von der Konstruktion zur Serienproduktion erfolgt in mehreren Stufen, sogenannten „Pilotserien“. In der Automobilindustrie unterscheidet man häufig die beiden Vorstufen Vorserie und Nullserie. Während die Produktion in der Vorserie noch modellhaften Charakter besitzt, erfolgt die Komponentenfertigung im Rahmen der Nullserie bereits mit Serienwerkzeugen und in hohen Stückzahlen.[723] Mit Abschluss der Nullserie erfolgt die Anlauffreigabe,

---

[719] Vgl. Heimbrock, 2001, S. 206 ff.

[720] Aufgrund der Produkthaftung sowie gesetzlich vorgeschriebener Tests (wie beispielsweise Crash Tests) kann auf seriennahe und funktionsfähige Fahrzeuge nicht völlig verzichtet werden. Vgl. Koch/Barth, 1995, S. 286.

[721] Vgl. Wangenheim, 1998, S. 21.

[722] Generell wird die Entwicklung neuer Prozesse auch losgelöst von der Entwicklung eines neuen Produkts in der Vorentwicklungsphase durchgeführt. Vgl. Wangenheim, 1998, S. 22.

[723] Auch für serienwerkzeugfallende Teile werden noch einmal umfangreiche Erprobungen durchgeführt. Gerade in dieser letzten Phase können häufig noch beträchtliche Probleme auftreten, die zu einer Gefährdung des Serienstarts führen können. Vgl. Wangenheim, 1998, S. 27.

in welcher der Produktionsprozess sowie die Anlauftauglichkeit des Produkts bestätigt werden.

3.2.4.2 Rolle der Beschaffung im Produktentstehungsprozess

Die Phasen des industriellen Beschaffungsprozesses lassen sich nach Wagner grob in eine Wissensphase und in eine Industrialisierungsphase unterteilen.[724] Beschaffungsprozesse haben dabei ihren Ursprung in einem Problem, das z. B. ein spezifizierter konkreter Bedarf oder eine vage Idee in Bezug auf die Zusammenarbeit mit Lieferanten sein kann. Nach der Identifizierung des Problems geht es zunächst darum, Wissen aufzubauen und mögliche Problemlösungen zu konkretisieren. Die anfänglich wenig strukturierten Aktivitäten im Rahmen der Vorentwicklungs- und Planungsphase gehen im weiteren Verlauf sukzessive in strukturierte Abläufe (Entwicklung- und Serienphase) über.

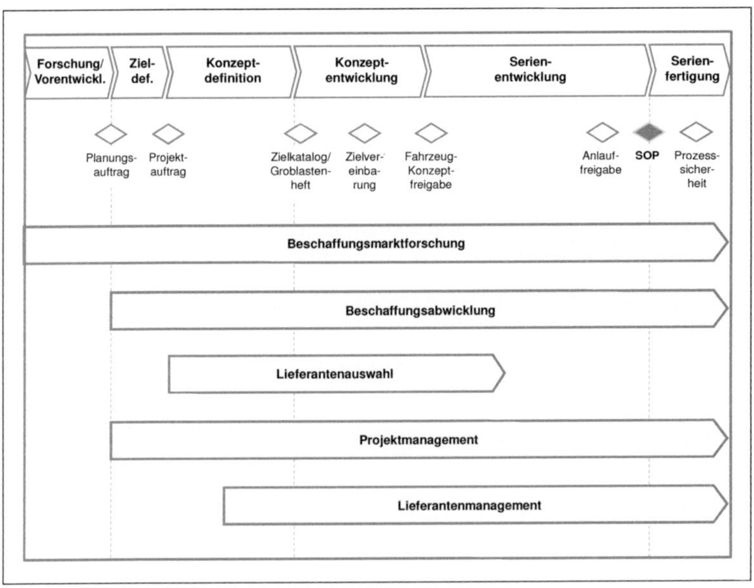

Abb. 3-12: Beschaffungsaufgaben im Produktentstehungsprozess[725]

[724] Vgl. Wagner, 2001, S. 152 f. und die darin zitierte Literatur von McGinnis/Vallopra, 1999 sowie von Lorenzoni/Lipparini, 1999, die in ihren Arbeiten diese Dichotomie unterstützen.

[725] Quelle: eigene Darstellung.

Aufbauend auf dem im vorherigen Kapitel vorgestellten Phasenmodell sollen im Folgenden die wichtigsten Aufgaben der Beschaffung im Rahmen des Produktentstehungsprozesses dargestellt werden. Einen Überblick liefert Abbildung 3-12. Es wird in diesem Zusammenhang darauf hingewiesen, dass sowohl zwischen den von Wagner vorgeschlagenen beiden Phasen des industriellen Beschaffungsprozesses als auch zwischen den in Abbildung 3-12 vorgestellten Beschaffungsprozessen keine scharfe zeitliche Trennung existiert, da es sich um fließende Übergänge handelt, die zunehmend einer Parallelisierung unterliegen. Die einzelnen Prozesse sind außerdem durch unterschiedliche Schnittstellen miteinander verbunden, auf die im Folgenden nicht näher eingegangen werden soll.

Organisatorische Einbindung

Da die Beschaffung bei der Erfüllung ihrer Aufgaben auf das gute Zusammenspiel mit anderen Funktionen angewiesen ist, ist eine gleichberechtigte Stellung im Unternehmen von erfolgskritischer Bedeutung.[726] Dies gilt insbesondere für die Beziehung zur Forschung und Entwicklung. Diese determiniert ca. 70-90 % der Kosten, Durchlaufzeiten und Produktfunktionen und nimmt damit maßgeblich Einfluss auf den Handlungsspielraum des Einkaufs.[727] Das Potenzial, das aus der Zusammenarbeit zwischen Forschung und Entwicklung und Beschaffung erwächst, kann nur genutzt werden, wenn die Beschaffung frühzeitig, möglichst bereits in der Planungsphase, in das Fahrzeugprojekt eingebunden wird.[728] Die frühe Einbindung des Einkaufs impliziert damit auch die baldige Integration der Lieferanten in das Entwicklungsvorhaben.[729] Um Fehlentwicklungen aufgrund unzureichender Informationsflüsse zu vermeiden, sollten die Lieferanten bereits in der Konzeptphase die cross-funktionale Teamarbeit unterstützen. Als Bindeglied zu den Beschaffungsmärkten sollte die Beschaffung dabei als „Innovationsquelle, Katalysator und Moderator von Optimierungsanstrengungen“[730] fungieren.

---

[726] Vgl. Droege & Company, 1998, S. 27.

[727] Vgl. Boutellier/Corsten, o. J., S. 87, Geider, 1986, S. 123, Lührig, 2006, S .44.

[728] Vgl. Schomburg, 2000, S. 118.

[729] Vgl. Becker, 1999, S. 61. Wolters umschreibt die frühe Einbindung der Lieferantenbasis mit dem Begriff „Forward Sourcing“, unter dem eine nach vorne gerichtete Beschaffung verstanden wird. Vgl. hierzu Wolters, 1999, S. 254–264.

[730] Vgl. Freemann/Cavinato, 1990, S. 8, Schraysshuen, 1992, S. 126, Mit den Möglichkeiten der strategischen Zusammenarbeit der Beschaffung mit anderen Unternehmensbereichen beschäftigen sich Watts/Kim/Hahn, 1992, S. 5 ff.

„Die beste technische Idee erbringt keinen Wettbewerbsvorteil, wenn das Unternehmen den richtigen Zeitpunkt der Markteinführung verpasst.“[731] Aus diesem Grund verfolgen viele Hersteller eine Beschleunigung von Innovations- und Entwicklungsprozessen. Die Verkürzung der Entwicklungszeit erfolgt mithilfe des „Simultaneous Engineering“-Ansatzes, bei dem alle betroffenen Bereiche zeitlich koordiniert werden und die Produkt- und Prozessentwicklung nicht mehr sequenziell, sondern parallel bei Herstellern und Zulieferern erfolgt.[732] Daneben strebt das Simultaneous-Engineering-Konzept die Verringerung von Entwicklungs- und Herstellkosten sowie die Verbesserung der Produktqualität an.[733] Ein wichtiger Aspekt bei der Verbesserung der Zusammenarbeit innerhalb des Entwicklungsprojekts ist darüber hinaus die Sicherstellung räumlicher Nähe zwischen den beteiligten Teammitgliedern. Die Gründung eines Entwicklungszentrums unter Einbindung externer Entwicklungskompetenzen (sogenannte „Resident Engineers“) schafft kurze Informationswege, fördert die Kommunikation und führt aufgrund gemeinsamer Lerneffekte ebenfalls zu einer Reduzierung der Entwicklungszeiten sowie einer qualitativen Verbesserung der Projektergebnisse.[734]

Beschaffungsmarktforschung

Die Beschaffungsmarktforschung umfasst „alle systematischen und methodischen Aktivitäten der Informationsgewinnung und -aufbereitung, die das Beschaffungsmanagement mit Informationen zu Beschaffungsmärkten und deren Umweltbedingungen sowie zu Lieferanten und Wettbewerbern versorgen, zum Zweck der weltweiten Erschließung und Integration externer Zulieferpotenziale.“[735] Im Phasenmodell des Produktentstehungsprozesses stellt die Beschaffungsmarktforschung einen kontinuierlichen Prozess dar, der parallel zu den einzelnen Fahrzeugprojekten abläuft und diese mit Informationen versorgt.

---

[731] Weigand, 1998, S. 44.

[732] Vgl. Krottmaier, 1995, S. 16. Siehe hierzu auch Hänggi, 1996, S. 37 ff., Heimbrock, 2001, S. 203 ff., Wildemann, 1993, S. 79 ff.

[733] Vgl. Bochtler/Laufenberg/Ludger, 1995, S. 2. Mithilfe des Simultaneous-Engineering-Ansatzes gelang den japanischen Herstellern eine Reduzierung von Durchlauf- und Bearbeitungszeiten in der Entwicklung und somit die drastische Einsparung von Entwicklungskapazitäten. Vgl. Womack et al., 1992, S. 124.

[734] Vgl. Boutellier/Corsten, o. J., S. 89, Groher, 2003, S. 220 ff., S. 237 f., Droege & Company, 1998, S. 88. Becker beschreibt anhand des Beispiels der Entwicklung der 3er-Reihe bei BMW, dass die beteiligten Lieferanten entsprechend den Schnittstellen der Module im Fahrzeug räumlich angeordnet wurden, vgl. Becker, 1999, S. 61.

[735] Weigand, 1998, S. 69.

Die Beschaffungsmarktforschung lässt sich in eine zeitraumbezogene und eine zeitpunktbezogene Betrachtungsweise unterscheiden.[736] Bei der zeitpunktbezogenen Informationsermittlung, der sogenannten „Querschnittsbetrachtung", liegt der Fokus auf der Analyse des gegenwärtigen Status eines Betrachtungsgegenstandes. Diese Form der Beschaffungsmarktforschung bedarf in der Regel eines entsprechenden Anlasses wie der Erschließung neuer Beschaffungsmärkte oder der Auswahl eines Lieferanten. Im Gegensatz dazu hat die zeitraumbezogene Längsschnittsbetrachtung zum Ziel, Trends und Veränderungen der relevanten Umwelt durch kontinuierliche Beobachtung zu erfassen.[737] Die Beschaffungsmarktforschung fungiert hier im Sinne eines Frühwarnsystems zur Antizipation von Chancen und Risiken auf den Beschaffungsmärkten.[738]

Bezogen auf den Produktentstehungsprozess stellt das Produkt das wesentliche Untersuchungsobjekt der Beschaffungsmarktforschung dar.[739] Der Einkäufer muss mit den technischen Details des Beschaffungsobjekts und dessen Herstellungsverfahren vertraut sein, um den technologischen Fortschritt bei Produkt und Prozess verfolgen zu können.[740] Kernaufgabe ist es, die Beschaffungsmärkte im Hinblick auf erfolgsversprechende Innovationen zu untersuchen und diese in die projektungebundenen Phasen des Produktentstehungsprozesses bzw. direkt in die Fahrzeugprojekte einzusteuern.[741] Um im Sinne eines solchen Innovationsmanagements erfolgreich und zielgerichtet arbeiten zu können, sollte der Einkauf ständig über das zukünftige Produktprogramm und den sich daraus abgeleiteten Bedarf informiert sein.

Die Beschaffungsmarktforschung unterstützt sowohl projektungebunden als auch projektgebunden alle Phasen des Produktentstehungsprozesses und stellt dabei eine wichtige Grundlage bei der Entwicklung von Beschaffungsstrategien dar. In der Planungsphase eines Fahrzeugprojekts werden die projektübergreifenden Informationen der Beschaffungsmarktforschung für das jeweilige Projekt übersetzt und entsprechend adaptiert.

---

[736] Hammann/Lohrberg sprechen hierbei von einer laufenden und einer fallweisen Beschaffungsmarktforschung. Vgl. Hammann/Lohrberg, 1986, S. 76.
[737] Vgl. Arnolds/Heege/Tussing, 1996, S. 117 f.
[738] Vgl. Reinelt, 1999, S. 455 ff.
[739] Weitere Untersuchungsobjekte nach Arnolds/Heege/Tussing sind z. B. angebots- und nachfrageseitige Marktstrukturen, Marktbewegungen und -entwicklungen, Lieferanten oder Preise der Beschaffungsobjekte. Vgl. Arnolds/Heege/Tussing, 1996, S. 120–138.
[740] Vgl. Arnolds/Heege/Tussing, 1996, S. 121 f.
[741] Vgl. Becker, 1999, S. 62, Menze, 1993, S. 217 f.

Beschaffungsabwicklung

Im Rahmen der Bedarfsanalyse erfolgt die Feststellung und Koordination der funktionsspezifischen Anforderungen bezüglich Objekten und Modalitäten der Beschaffung. Um die bestmögliche Unternehmensversorgung sicherzustellen, ist der Bedarf der einzelnen Funktionsbereiche nicht nur intern abzustimmen, sondern es sind auch externe Realisationsmöglichkeiten zu berücksichtigen mit dem Ziel einer konfliktlösenden Gesamtsystemoptimierung.[742]

Ein wesentlicher Bestandteil der Beschaffungsabwicklung ist die Sicherstellung der Teileversorgung innerhalb der einzelnen Entwicklungsphasen.[743] Gemäß dem Produktlebenszyklus müssen hierbei Bestellungen für Versuchs-, Erstmuster-, Serien- und Ersatzteile erzeugt werden. Dementsprechend startet die Bestellabwicklung bereits in der Phase der Konzeptentwicklung. In der Serienentwicklung steht die Beschaffung der notwendigen Sonderbetriebsmittel beim Lieferanten im Vordergrund.[744] Während der Serienfertigung erfolgen auf Basis von Rahmenverträgen automatisch generierte Lieferabrufe, die dem Lieferanten elektronisch übermittelt und von der Disposition gesteuert werden.

Da zwischen dem Vertragsabschluss und der Leistungserbringung ein gewisser Zeitraum liegt und bis zur Anlieferung unterschiedliche Risiken die reibungslose Abwicklung des Beschaffungsvorganges vereiteln können, ist der weitere Beschaffungsvorgang durch die Einrichtung von Termin- und Ablaufkontrollen, Quantitäts- und Qualitätsprüfungen sowie Rechnungsprüfungen zu überwachen.[745] Abhängig von der Größe des Einkaufs und seiner Organisation können diese Aktivitäten im Rahmen der operativen Beschaffungsabwicklung mehr oder weniger unterstützt bzw. koordiniert werden.

Lieferantenauswahl

Die Lieferantenauswahl gehört zu den wichtigsten Aufgaben im Bereich der Beschaffung.[746] Zum einen werden dadurch die externen Erfolgspotenziale bestimmt, zum anderen lassen sich Fehlentscheidungen im Nachhinein nur noch mit hohem

---

[742] Vgl. Schubert, 2004, S. 25, Hartmann, 2007, S. 73 f.

[743] Vgl. Katzmarzyk, 1988, S. 39 f.

[744] Die Beschaffung der für die Herstellung der Produktionsmaterialien notwendigen Werkzeuge beim Lieferanten kann durchaus in die Verantwortung des Produktionsmaterialeinkaufs fallen und muss nicht vom technischen Einkauf übernommen werden, der sich stärker auf die Ausstattung der eigenen Produktion kümmert.

[745] Vgl. Grochla/Schönbohm, 1980, S. 169 ff., Large, 1999, S. 189.

[746] Vgl. Gregory, 1986, S. 24.

Aufwand korrigieren. Aus strategischer Sichtweise werden häufig zwei Stufen der Lieferantenauswahl unterschieden. Beide bauen auf den langfristig ausgerichteten Beschaffungsstrategien auf. Im Rahmen der strategischen Lieferantenauswahl (Lieferantenvorauswahl) werden Neulieferanten in das Lieferantenportfolio aufgenommen. Alleiniges Entscheidungskriterium ist hierbei das Erfolgspotenzial des Lieferanten, wobei die tatsächliche Bedarfsentstehung vorweggenommen wird. Im Gegensatz dazu geht es bei der operativen Lieferantenauswahl um die konkrete Vergabe eines Beschaffungsobjekts. Die Auswahl erfolgt auf Basis des in der strategischen Auswahl eingegrenzten Lieferantenstamms.[747] Während die strategische Lieferantenentscheidung projektunabhängig erfolgen kann und in engem Zusammenhang mit der strategischen Beschaffungsplanung bzw. der Beschaffungsmarktforschung steht, findet das operative Auswahlverfahren in verschiedenen Phasen des Produktstehungsprozesses statt. Abhängig vom fremdzuvergebenden Leistungsspektrum können die Auswahlmethoden Konzeptwettbewerb, Serienentwicklungswettbewerb und Produzentenwettbewerb unterschieden werden.[748]

Der Konzeptwettbewerb startet bereits in der Konzeptdefinitionsphase und umfasst in der Regel komplexere und hochwertigere Lieferumfänge wie Module, Systeme oder Integrationsmodule. Die Lieferanten werden mit den wichtigsten technischen Rahmendaten, wie Funktion, Gewicht oder verfügbaren Bauraum sowie zum Teil auch mit Preis- und Mengeninformationen ausgestattet und müssen innerhalb eines relativ kurzen Zeitraums konkrete Produktkonzepte vorstellen.[749] Der ausgewählte Lieferant zeichnet für die weitere Verfeinerung und Entwicklung des Konzepts verantwortlich und ist häufig auch Partner in der Serienentwicklung des Produkts.

Im Gegensatz zum Konzeptwettbewerb findet der Serienentwicklungswettbewerb auf Basis eines vom Hersteller erstellten Groblastenheftes statt. Da die Konzeptentwicklung vollständig beim Automobilhersteller erfolgt, wird bei diesem Auswahlverfahren die Weiterentwicklung des Produkts zur Serienreife fremdvergeben.[750] Der Serienentwicklungswettbewerb sollte idealtypisch bis zur Zielvereinbarung abgeschlossen sein. In der Regel werden die ausgewählten Konzept- und Serienentwicklungspartner auch für die spätere Fertigung nominiert.

Im Rahmen des Produzentenwettbewerbs werden schließlich Fertigungspartner ausgewählt. Konzeptentwicklung und Serienentwicklung finden dementsprechend beim

---

[747] Vgl. Large, 1999, S. 144.
[748] Vgl. Becker, 1999, S. 66 ff. Vgl. hierzu auch Wolters, 1999, S. 259 ff.
[749] Vgl. Flik/Kampf/Kern/Thumm, 1993, S. 3 und Becker, 1999, S. 62.
[750] Vgl. Becker, 1999, S. 68.

Hersteller statt. Die Auswahl erfolgt nach Bestätigung des Fahrzeugkonzepts zu Beginn der Serienentwicklungsphase auf Basis eines detaillierten Lastenheftes.

Projektmanagement

Die komplexen Herausforderungen eines Entwicklungsprojekts verlangen vom Einkauf mehr als nur die Beschaffung von Teilen. Der Einkauf tritt funktionsübergreifend als Spielmacher auf, dessen Verantwortung es ist, durch Optimierung der Parameter Kosten, Qualität und Zeit, Wettbewerbsvorteile zu generieren.[751] Jeder einzelne Lieferumfang ist dabei erfolgskritisch und muss als eigenständiges Projekt am übergeordneten Gesamtterminplan ausgerichtet und von der Entwicklung bis hin zum Serienstart begleitet werden.[752] Im Rahmen seiner Funktion als Projektmanager muss der Einkauf die Erreichung der Projektziele planen, steuern und kontrollieren und bei Abweichungen entsprechende Gegenmaßnahmen einleiten.[753]

Die wichtigsten Gestaltungsaufgaben im Sinne dieses Projektmanagements sind hierbei das Kostenmanagement, das Produktmanagement, das Qualitätsmanagement, das Änderungsmanagement und die Anlaufsteuerung.

Kostenmanagementaktivitäten erfolgen zwar über den gesamten Produktlebenszyklus hinweg, die Effektivität von Einsparungsmaßnahmen ist allerdings in den frühen Projektphasen am größten. Durch eine kostengerechte Produktgestaltung („Design to Cost“) können nachhaltige Kostenvorteile in der Vermarktungsphase erzielt werden.[754] Die Design-to-Cost-Methodik beschreibt das Entwerfen und Konstruieren nach Kostengesichtspunkten unter Berücksichtigung gegebener Rahmenbedingungen. Die Kosten sind somit nicht das Ergebnis bestimmter technischer Prämissen, sondern zählen als festgesetzte Größe gleichberechtigt zum Gesamtkonzept. Ausgangspunkt dieses Ansatzes ist die Bestimmung von Zielkosten.[755] Eine Möglichkeit der Ableitung von Zielkosten stellt beispielsweise das marktorientierte Target Costing dar, das die Ausrichtung der Produktkosten am Markt „zum Dreh- und

---

751 Vgl. hierzu auch Groher, 2003, S. 221 f.

752 Als Projekt kann ein Vorhaben beschrieben werden, das im Wesentlichen durch die Einmaligkeit der Bedingungen in ihrer Gesamtheit gekennzeichnet ist. Hierzu zählen entsprechende Zielvorgaben, zeitliche, finanzielle, personelle oder andere Begrenzungen, Abgrenzungen gegenüber anderen Vorhaben und die projektspezifische Organisation. Vgl. DIN, 1985, S. 348.

753 Zunehmend nimmt der Einkauf heute auch die Funktion eines Modulleiters war, der das gesamte Entwicklungsvorhaben und damit die Aufgaben der Entwicklung, der Qualität und der Logistik koordiniert. Vgl. hierzu auch Heimbrock, 2001, S. 210 f.

754 Vgl. Friedmann, 1997, S. 105, Lührig, 2006, S. 47 ff.

755 Vgl. hierzu Domin/Maskow, 1985.

Angelpunkt eines Produktentwicklungsvorhabens"[756] macht. Dabei müssen aber nicht nur die Kosten, sondern auch die Produktmerkmale den Anforderungen des Marktes genügen.[757] Da bis zur Konzeptentwicklung mehr als 70 % der Kosten festgelegt werden, sollten die Rationalisierungsbemühungen des Einkaufs im Rahmen unterschiedlicher Programme des Kostenmanagements bereits hier ansetzen.[758] Die Wertanalyse („Value Engineering“) ist dabei der wichtigste Hebel. Im Mittelpunkt der Analyse steht die Frage, ob einzelne Elemente eines Produkts bzw. Verfahrensschritte des Herstellungsprozesses eliminiert oder kostengünstig ersetzt werden können, ohne dass der Funktions- oder Nutzwert des Produkts beeinträchtigt wird.[759] Bei der Wertanalyse am fertig konstruierten Teil steht die technische Entfeinerung, die Materialsubstitution oder die Variantenreduzierung des Wertanalyseobjekts im Vordergrund. Diese Modifizierung erfolgt häufig auch noch nach Serienstart im Rahmen von modellbezogenen Kostensenkungsprogrammen. Hier kann es im Extremfall zu einem Redesign des Konzepts kommen, das im Rahmen sogenannter „Facelifts“ eingesteuert werden kann.[760] Setzt der Value-Engineering-Ansatz bereits während der Planung und Konstruktion eines Produkts an, spricht man häufig auch von der Wertgestaltung. Bei der wertanalytischen Untersuchung von Kaufteilen sollten grundsätzlich die Zulieferer einbezogen werden, da dadurch die Erfolgsaussichten deutlich steigen.[761] Die Notwendigkeit eines unternehmensübergreifenden Kostenmanagements lässt sich v. a. auch dadurch begründen, dass nicht nur einzelne Hersteller von Produkten miteinander konkurrieren, sondern logistische Ketten und Netzwerke.[762] In vielen Organisationen der betrieblichen Praxis erfährt der Einkäufer zudem Unterstützung von sogenannten „Kostenmanagern“. „They help analyze the current cost situation, proactively initiate supply management decisions/plans, and present the financial effects of those decisions."[763] Kostenmanagement in der laufenden Serie findet schließlich auch im Rahmen der in der Automobilindustrie üblichen, in der Regel jährlichen Preisverhandlung mit dem Lieferanten statt. Ansatzpunkte sind die erwarteten Fortschritte in der Produktivität, Volumenänderungen oder branchen- bzw. technologiespezifische Veränderungen.[764]

Das **Produktmanagement** findet in der Planungsphase eines Entwicklungsprojekts statt. Hierunter versteht man die Erschließung von Kostenpotenzialen durch Modul-

[756] Friedmann, 1997, S. 15.
[757] Vgl. Seeberger/Seidenschwarz, 1993, S. 164, Diez, 2001 (Verkehrsträger), S. 42.
[758] Vgl. Schuff, 2002, S. 64.
[759] Vgl. Droege & Company, 1998, S. 41.
[760] Vgl. Schuff, 2002, S. 64–66.
[761] Vgl. Riffner/Weidelich, 2001, S. 148 und S. 160.
[762] Vgl. Melzer-Ridinger, 2002, S. 30.
[763] Kaufmann, 1999, S. 20.
[764] Vgl. Schuff, 2002, S. 65 f.

arisierung oder Standardisierung von Komponenten. Letztere kann durch die Nutzung von Teilesynergien innerhalb einer Baureihe bzw. baureihen-, marken- oder sogar wettbewerbsübergreifend erreicht werden. Da bei der Übernahme von Marktstandards die Rationalisierungseffekte am größten sind, hat der Einkauf aufgrund seiner spezifischen Marktkenntnis wesentlichen Einfluss auf die Senkung von Herstellkosten. Diese resultiert dabei nicht nur aus Skaleneffekten, sondern vor allem auch aus der Reduzierung der Entwicklungskosten.[765] Bei der Modularisierung liegen die Kostensenkungspotenziale zum einen in der Fahrzeugintegration. Zum anderen werden durch die Vormontage von Modulen Montageflächen freigesetzt, die zu einer Kapazitätssteigerung innerhalb der einzelnen Takte führen. Der Einkauf kann durch Mehrfachverwendung von Modulen zur Optimierung der Modul- und Systemkonfiguration beitragen.[766]

Um den geforderten Qualitätsstand zum Serienanlauf sicherzustellen, muss das **Qualitätsmanagement** bereits in der Produktentstehungsphase ansetzen. Hierbei werden präventive Methoden und Maßnahmen wie „Quality Function Deployment" zur Zieldefinitionsphase oder Risikoanalysen nach Auswahl der Lieferanten eingesetzt.[767] Nach der Produktbestätigung wird die Produktqualität von Kaufteilen anhand von Erstmustern abgeschätzt.[768] Als Erstmuster werden Lieferumfänge bezeichnet, die vollständig unter serienmäßigen Bedingungen hergestellt worden sind.[769] Neben dem Produkt sind im weiteren Verlauf auch die Prozessfähigkeit sowie die Serienreife des Lieferanten zu überprüfen.[770] Zur Sicherstellung, ob der Lieferant das Produkt auch in der geforderten Stückzahl qualitäts- und termingerecht bereitstellen kann, werden Lieferantenbesuche, Auditierungen und Probeläufe unter seriennahen Bedingungen durchgeführt.[771]

Wenn die mit dem Lieferanten für ein Kaufteil getroffenen Vereinbarungen geändert werden, muss der Einkauf durch konsequentes **Änderungsmanagement** dafür Sorge tragen, dass die beschlossenen Änderungsmaßnahmen mit dem besten Wir-

---

[765] Schuff spricht hier von sogenannten „Carry over"- und „Carry forward"-Strategien. Carry-over-Teile werden als Gleichteile von einer bereits existierenden Baureihe in ein neues Fahrzeugmodell übernommen. Carry-forward-Komponenten werden von Beginn an als Gleichteile für verschiedene Baureihen oder Produktlinien geplant. Wird beispielsweise im Rahmen einer Carry-forward-Strategie ein Autoradio als Standardteil für verschiedene Baureihen, die in unterschiedlichen Fahrzeugklassen positioniert sind, geplant, kommt die kleinere Fahrzeugklasse in den Genuss eines überdimensionierten Autoradios, das auch in der höheren Klasse bestehen kann. Vgl. Schuff, 2002, S. 60.

[766] Vgl. Schuff, 2002, S. 60.

[767] Vgl. Becker, 1999, S. 63.

[768] Vgl. Wangenheim, 1998, S. 32.

[769] VDA, 1975, S. 18.

[770] Vgl. Wildemann, 2001, S. 107.

[771] Vgl. Wangenheim, 1998, S. 32.

kungsgrad realisiert werden. Änderungsmanagement heißt zum einen die klare Beschreibung des Änderungsumfangs und der Kostenauswirkung sowie die strikte Einhaltung der Entscheidungsabläufe. Dabei darf die Freigabe und Einleitung der Änderung erst nach Bereitstellung der Budgetmittel erfolgen. Für den Lieferanten ist dies durch schriftliche Freigabe sichtbar. Erst dann erfolgt die Bezahlung des Lieferanten.

Im Rahmen der **Anlaufsteuerung** stellt der Einkauf sicher, dass die zu betreuenden Kaufneuteile in Projektneuanläufen in der benötigten Anzahl, zum geplanten Termin, in der vereinbarten Qualität, am vereinbarten Ort und zu vereinbarten betriebswirtschaftlichen Bedingungen bereitstehen. Neben der Absicherung des gesamten Prozesses für Kaufneuteile und geänderte Serienteile erfolgen hierbei die zeitliche Einplanung von Serienwerkzeugen sowie das Erarbeiten von Konfliktlösungen bei Termin- und Kapazitätsengpässen.

Lieferantenmanagement

Da die Potenziale eines Lieferanten für den Abnehmer erst durch die Integration in eine Lieferanten-Abnehmer-Beziehung verfügbar werden, gehört die Gestaltung der Beziehung zu einem zentralen Element des Beschaffungsmanagements.

Unter dem Begriff „Lieferantenmanagement“ soll die Steuerung, Gestaltung und Entwicklung von Lieferanten-Abnehmer-Beziehungen verstanden werden. Das Lieferantenmanagement hat sich dabei stets darum zu bemühen, die Potenziale aus Lieferantenbeziehungen unter Aufwand-Nutzen-Aspekten bestmöglich zu erschließen.[772] Ziel ist es, durch bewusste Beeinflussung der Lieferantenstruktur oder einzelner Lieferanten die aktuellen oder zukünftigen Lieferanten-Abnehmer-Beziehungen zu verändern. Unterschiedliche Gründe sind dafür ausschlaggebend.

Da zwischen der Vorentwicklungsphase und der Nachserienphase (Ersatzteilversorgung) häufig Jahrzehnte liegen, verändern sich zwangsläufig auch die Beziehungen zwischen den beiden Parteien. Die Notwendigkeit eines Lieferantenmanagements leitet sich deshalb „aus den ex post eintretenden Ereignissen und damit aus den Veränderungen, von denen die Beziehung betroffen ist“, ab.[773] Diese Veränderungen der Rahmenbedingungen können vom Abnehmer, vom Zulieferer oder aber auch von der relevanten Umwelt des Unternehmens, z. B. dem Beschaffungsmarkt, ausgelöst werden. Weiterer Anpassungsbedarf ist dann erforderlich,

---

[772] Vgl. Wagner, 2001, S. 113.
[773] Large, 1999, S. 215.

wenn es um die Beseitigung konkreter Probleme in der Lieferanten-Abnehmer-Beziehung geht. Diese treten beispielsweise bei Nichterfüllung der Leistungsanforderungen oder bei Verletzung allgemeiner Verhaltensverpflichtungen auf. Neben diesen beiden reaktiven Steuerungsmaßnahmen ist schließlich auch die proaktive Steuerung ein wesentlicher Bestandteil des Lieferantenmanagements. Durch frühzeitige Antizipation sollen rechtzeitig die Risiken unerwünschten Verhaltens verhindert, aber auch neu entstehende Chancen genutzt werden.[774]

Auch das Lieferantenmanagement kann sowohl projektgebunden als auch projektübergreifend erfolgen. Das projektgebundene Lieferantenmanagement findet nach Initiierung der Beziehung durch die Lieferantenauswahl statt. Hierbei sind beispielsweise entsprechende „Supplier Roadmaps" mit ausgewählten Lieferanten zu entwickeln, die eine wichtige Grundlage einer zielgerichteten Integration des Lieferanten in den Produktentwicklungsprozess bilden.[775] Der Anstoß eines projektübergreifenden Lieferantenmanagements erfolgt z. B. durch die Entwicklung entsprechender Lieferantenstrategien (die wiederum eine Eingangsgröße der Lieferantenauswahl darstellen). Auslöser dieser Anpassungsreaktionen sind dabei Veränderungen der Rahmenbedingungen der Beziehungen (z. B. Anforderungen an den Lieferanten).

Im Folgenden sollen „das Management der Lieferantenbasis" und „die Lieferantenentwicklung" als wichtige Aufgaben eines Lieferantenmanagements vorgestellt werden.[776]

Das **Management der Lieferantenbasis** ist lieferantenbezogen und findet somit projektübergreifend statt. Als Folge von Einzelentscheidungen im Rahmen projektbezogener Lieferantenauswahlverfahren weist die Lieferantenbasis häufig eine aus Ge-

---

[774] Vgl. Large, 1999, S. 215 ff.

[775] Vgl. Groher, 2003, S. 331 (Abbildung 6-2). Die „Supplier Roadmap" zeigt die Meilensteine der Lieferanteneinbindung auf. Mit ihrer Hilfe können die Produktentwicklungen des Abnehmers und seiner Lieferanten an gemeinsamen Zielen ausgerichtet und synchronisiert werden, sodass die „Time-to-Market-Spanne" der Unternehmen verkürzt wird und Produktinnovationsfähigkeiten verbessert werden. Der Einkauf prüft hierbei, ob der Lieferant fähig und bereit ist, den Entwicklungen des Abnehmers zu folgen. Mithilfe der Supplier Roadmap wird somit versucht, Einfluss auf die Innovationsstrategie des Lieferanten zu nehmen, um den Lieferanten zu einer möglichst abnehmerspezifischen Problemlösung zu bewegen.

[776] Die Abgrenzung der beiden Kernaufgaben des Lieferantenmanagements orientiert sich sehr stark an der Sichtweise von Wagner. Wagner unterscheidet hierbei die Teilaufgaben „Management der Lieferantenbasis", „Lieferantenentwicklung" und „Lieferantenintegration". Vgl. Wagner, 2001. Im Gegensatz zu Wagner stellt aus Sicht der vorliegenden Arbeit die Integration der Lieferanten in das Projekt bzw. die Einbindung der Einkaufsfunktion in das Unternehmen weniger eine Aufgabe als eine Zielsetzung dar, die z. B. im Rahmen der Kernaufgaben Lieferantenauswahl oder Projektmanagement umgesetzt werden. Unter der Aufgabe „Management der Lieferantenbasis" subsumiert Wagner außerdem die Lieferantenauswahl. Aufgrund ihrer strategischen Bedeutung und ihres initiierenden Charakters wird im Rahmen der vorliegenden Arbeit die Lieferantenauswahl, wie oben bereits gezeigt, als eigenständige Kernaufgabe beschrieben.

samtsicht suboptimale Struktur auf. Dies liegt zum einen daran, dass sich Lieferantenentscheidungen im Einzelfall kaum an der bestehenden Lieferantenstruktur des Unternehmens orientieren. Zum anderen erfolgt die Auswahl der Lieferanten im Tagesgeschäft, z. B. aufgrund von Zeitdruck, nicht immer idealtypisch geordnet. Schließlich trägt auch die Dynamik dazu bei, dass eine früher passende Struktur sich zu einer unter Umständen problembehafteten Struktur verändert hat.[777]

Die Lieferantenbasis bedarf somit einer regelmäßigen Analyse und Anpassung. Grundlage hierfür ist zunächst eine geeignete Klassifizierung.[778] Dabei sind nicht nur Klassifikationsmerkmale des Lieferanten heranzuziehen, sondern auch Merkmale der Geschäftsbeziehung.[779] Nach Bewertung der Lieferantenstruktur sind unterschiedliche Maßnahmen zu ihrer Gestaltung einzuleiten. Die Neuverteilung des Einkaufsvolumens zwischen bestehenden Lieferanten, die Beendigung einer Beziehung bzw. der Suche nach Neulieferanten oder die engere Einbindung von Lieferanten wären dafür beispielhaft zu nennen.[780] Die Optimierung der Lieferantenstruktur verfolgt häufig auch das Ziel der kontinuierlichen Reduktion der Anzahl der Lieferanten, um Skaleneffekte zu erreichen, Transaktionskosten zu senken, die internen Ressourcen zu konzentrieren oder intensivere Partnerschaften zu pflegen. Das projektübergreifende Management der Lieferantenbasis umfasst aber auch Aktivitäten wie die Bewertung, Auditierung und Auszeichnung von Lieferanten, die Veranstaltung von Lieferantentagen oder die Einrichtung eines „Key Supplier Managements".[781]

Die zweite bedeutende Aufgabe des Lieferantenmanagements ist die **Lieferantenentwicklung.** Diese kann projektübergreifend als Maßnahme bei der Optimierung der Lieferantenbasis eingesetzt werden oder projektgebunden bei der Eskalation von Leistungsstörungen im Rahmen des Projektmanagements. Charakteristisch für alle Ansätze der Lieferantenentwicklung ist, dass der Abnehmer durch aktive Unterstützung des Lieferanten in Vorleistung geht und damit ein Interesse zur weiteren partnerschaftlichen Zusammenarbeit signalisiert. Entwicklungsmaßnahmen bei bestehenden Lieferanten werden Lieferantenförderung genannt, Unterstützungsleistungen bei neuen oder potenziellen Lieferanten werden unter dem Begriff „Lieferantenentwicklung" subsumiert. Bei Maßnahmen, die nicht auf eine Leistungsverbesserung, sondern auf die Erbringung von Leistungen abzielen, die bisher nicht zum Spektrum

[777] Vgl. Large, 1999, S. 113 f.
[778] Vorschläge zur Klassifikation der Lieferantenbasis finden sich bei Large, 1999, S. 99–110.
[779] Vgl. Large, 1999, S. 99 f.
[780] Vgl. Large, 1999, S. 120 ff., vgl. hierzu auch die lieferantenbezogenen Beschaffungsstrategien in Kapitel 3.2.3.2.
[781] Vgl. u. a. Wagner, 2001, S. 201–208, Riffner/Weidelich, 2001, S. 47 ff., S. 63 ff., S. 66 ff. S. 72 f.

des Lieferanten zählten, spricht man von einem sogenannten „Reverse Marketing“.[782]

3.2.5 Modell eines ganzheitlichen Beschaffungsmanagements

Um die Notwendigkeit der Entwicklung eines Modells eines ganzheitlichen Beschaffungsmanagements zu verdeutlichen,[783] soll zunächst noch einmal auf die eigentliche Zielsetzung der vorliegenden Arbeit eingegangen werden. Diese liegt in der Entwicklung eines Risikomanagement-Modells, das speziell auf die Anforderungen der Beschaffung innerhalb der Automobilindustrie zugeschnitten ist. Die Ableitung dieser Anforderungen bedarf zunächst der detaillierten Abgrenzung des Anwendungsgebietes. Je genauer die funktions- und branchenspezifischen Rahmenbedingungen des zu entwickelnden Risikomanagements herausgearbeitet werden, desto präziser lassen sich Aussagen zum Aufbau eines solchen Modells formulieren.

Aufbauend auf den vorangegangenen Ausführungen soll deshalb ein Modell eines ganzheitlichen Beschaffungsmanagements beschrieben werden, das die Grundlage für das im weiteren Verlauf zu entwickelnde Risikomanagement-Modell der Beschaffung darstellt.[784]

Wie in Kapitel 2.3.2 bereits erläutert kann das strategische Management von Risiken als integraler Bestandteil der Unternehmensführung verstanden werden. Dies gilt im übertragenen Sinne auch für ein funktionsbezogenes Risikomanagement und dessen Einbindung in das Beschaffungsmanagement. Die Entwicklung eines ganzheitlich orientierten Beschaffungsmodells stellt dabei nicht nur eine notwendige Voraussetzung für die Ableitung der Struktur bzw. der inhaltlichen Ausprägung eines Risikomanagements der Beschaffung dar. Es vereinfacht auch die Identifikation, Bewertung und Handhabung von Risiken sowie die Analyse der zugrunde liegenden Ursachen-Wirkungs-Zusammenhänge.

Da die betriebswirtschaftliche Literatur keine einheitliche Abgrenzung der Beschaffungsfunktion liefert und die in der Literatur vorgestellten Modelle relativ abstrakt sind und keinen konkreten Bezug zur Beschaffungsfunktion im Umfeld der Automobil-

[782] Vgl. Wagner, 2001, S. 208–222, Wildemann, 2001, S. 155 ff.

[783] Modelle stellen vereinfachte Abbildungen der Realität oder eines denkbaren Sachzusammenhangs dar, die durch Abstraktion auf die wesentlichen Informationen reduziert sind. Vgl. Horváth, 2001, S. 101.

[784] Als wichtige Gestaltungsgrundsätze eines ganzheitlichen Ansatzes werden die Eigenschaften „systemorientiert“, „situativ“, „zielorientiert und prospektiv“ sowie „inhalts- und vorgehensorientiert“ beschrieben. Vgl. Wojda/Buresch, 1997, S. 28 ff.

industrie aufweisen, soll im Folgenden ein eigener Ansatz vorgestellt werden. Ziel ist es, die konkreten Belange der Beschaffung innerhalb der Automobilindustrie zu adressieren und die Übertragbarkeit von Problemlösungen auf die betriebliche Praxis zu vereinfachen. Aus diesem Grunde soll die begriffliche und inhaltliche Abgrenzung der strategischen und operativen Beschaffungsverantwortung sowie deren Strukturierung und Priorisierung primär aus den Erfahrungen der Beschaffungspraxis abgeleitet werden. Neben den unternehmensinternen Prämissen fließen in das Modell auch branchenspezifische Rahmenbedingungen des Beschaffungsumfeldes ein. Als generisches Modell konzipiert, soll der Ansatz unternehmensspezifische Anpassungen ermöglichen und eine pragmatische und umfassende Sicht auf die Beschaffung sicherstellen.

Wie in den vorangegangenen Kapiteln bereits ausgeführt, baut die zu entwickelnde Konzeption auf den Grundlagen des Systemansatzes auf. Gemäß Ulrich/Probst muss sich die Entwicklung dieses Konzepts an der entsprechenden Problemstellung ausrichten, wobei die Konstruktion von Systemen, Systemperspektiven und Systemelementen mit hohen Freiheitsgraden verbunden ist.[785] Wesentlich bestimmt wird die Systemabgrenzung durch den Standpunkt des Beobachters, den Bezugsrahmen, das Vorauswissen, die Prämissen, die Erwartungen sowie die Wertehaltungen.[786] Entscheidend hierbei ist, „jene Elemente und Beziehungen zu erfassen, die eine bestimmte Problemsituation produziert."[787]

Hinsichtlich der Abgrenzung der Beschaffung zu ihrer Systemumwelt soll das Beschaffungssystem als Subsystem der Unternehmung aufgefasst werden. Die Unternehmung bildet dabei einen Ordnungsrahmen, innerhalb dessen die Beschaffung mit anderen Funktionsbereichen in Interaktion tritt. Diese anderen Funktionsbereiche können ebenfalls als Teilsysteme der Unternehmung interpretiert werden. Eine wichtige Anlehnung an das übergeordnete System der Unternehmung erfährt die Beschaffung so beispielsweise bei der Entwicklung seines funktionsbezogenen Zielsystems. Dieses wird entweder direkt aus dem Zielsystem der Unternehmung abgeleitet oder muss mit diesem harmonisiert werden. Die Unternehmung als Umsystem der Beschaffung ist wiederum selbst im Supersystem der Umwelt eingebettet. Die Beschaffung stellt dabei ein Grenzsystem zur Unternehmensumwelt dar, das auf die Erhaltung und Schaffung externer Erfolgspotenziale ausgerichtet ist.[788] Abhängig

[785] Vgl. Ulrich/Probst, 1988, S. 36 sowie Horváth, 2001, S. 131 ff., der die Grundsätze der Systemgestaltung beschreibt.
[786] Vgl. Bleicher, 1999, S. 80.
[787] Bleicher, 1999, S. 80.
[788] Vgl. Hacker, 2007, S. 44 f.

vom Grad der Verflechtung zwischen der Beschaffung und seiner Umwelt soll zwischen einer weiteren Unternehmensumwelt (globale Umwelt) und einer engeren Unternehmensumwelt (aufgabenspezifische Umwelt) unterschieden werden.[789] Zur Reduktion der Komplexität des betrieblichen Handlungsgefüges wird schließlich auch das Beschaffungssystem untergliedert. Innerhalb des Funktionsbereichs der Beschaffung soll zwischen den Subsystemen Führung und Ausführung unterschieden werden.[790] Das Führungssystem stellt hierbei die zielorientierte Einflussnahme auf das Ausführungssystem sicher.

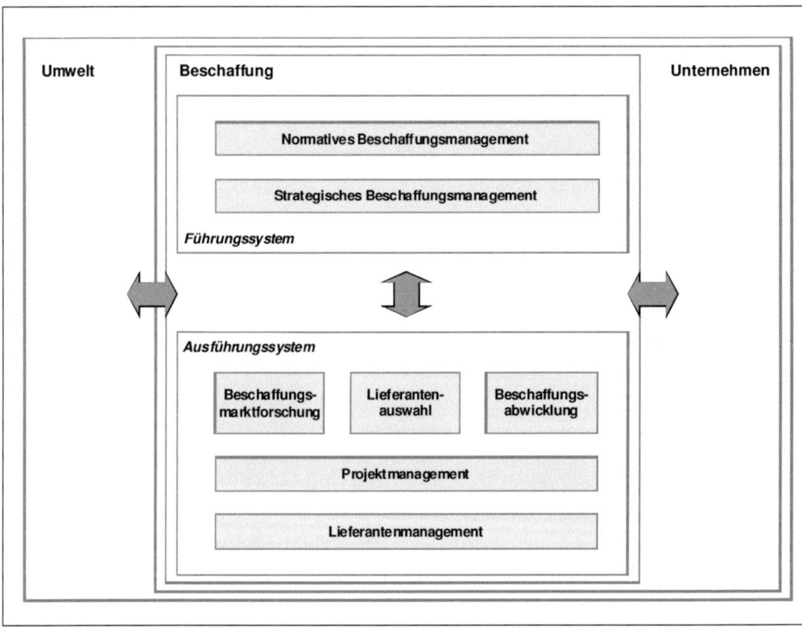

Abb. 3-13: Bestandteile des Beschaffungsmodells[791]

---

[789] Vgl. Bea/Haas, 1995, S. 76. Siehe außerdem Kapitel 3.2.1.3.

[790] Vgl. Horváth, 2001, S. 112. Siehe auch Kapitel 2.3.1.

[791] Quelle: eigene Darstellung. In diesem Zusammenhang sei auf das Modell der Beschaffungsprozesskette von Kaufmann verwiesen, das transaktionsübergreifende und transaktionsbezogene Prozesse unterscheidet. Während die transaktionsübergreifenden Prozesse systemgestaltend auf das Beschaffungssystem wirken und somit Führungsprozesse darstellen, bedienen sich die transaktionsbezogenen Prozesse des Beschaffungssystems (systemnutzend) und besitzen eher operativen Charakter. Die Systematik des Führungssystems orientiert sich an dem Konzept strategischer Unternehmensführung von Hahn. Kaufmann differenziert hierbei die Teilprozesse Ziel- und Strategieentwicklung, Organisation, Information und Kommunikation, Kostenmanagement sowie Personal- und Risikomanagement. Das Ausführungssystem ist an den Verhandlungsprozess mit den Phasen Verhandlungsvorbereitung, Verhandlungsdurchführung sowie Verhandlungsum-

Abbildung 3-13 zeigt die wesentlichen Bestandteile des Beschaffungsmodells. Es verdeutlicht die verschiedenen Betrachtungsebenen des Gesamtsystems (Umwelt ➡ Unternehmen ➡ Funktion der Beschaffung ➡ Führung und Ausführung) sowie die jeweiligen Komponenten der beiden Beschaffungssubsysteme Führung und Ausführung, die nachfolgend noch einmal eingehender diskutiert werden.

a) Führungssystem

Zur Verringerung der Komplexität innerhalb des Führungssystems wird dieses in weitere Funktionen untergliedert, die ebenfalls als Teilsysteme des Führungssystems interpretiert werden können.[792] In Kapitel 2.3.2.1 wurden die wichtigsten Teilfunktionen bzw. Teilsysteme der strategischen Unternehmensführung sowie ihre Beziehungen untereinander vorgestellt. Diese finden nun Eingang in das Beschaffungsmodell, wobei zwischen einer normativen und einer strategischen Zuordnung innerhalb des Führungssystems unterschieden werden soll.[793]

Da die Grundprinzipien der unternehmerischen Führungsaufgaben auf den Bereich der Beschaffung übertragen werden können, soll im Folgenden nur auf die Modellspezifika einzelner Teilsysteme eingegangen werden.

In Anlehnung an das bereits vorgestellte Prozessmodell der strategischen Planung von Welge/Al-Laham[794] baut auch das Beschaffungsmodell auf ein übergeordnetes Normen- und Wertesystem auf, das als verbindliche Grundlage der Zielbildung und Beschaffungsplanung fungiert. Die Entwicklung dieses Wertesystems erfolgt im Teilsystem des **normativen Beschaffungsmanagements.** Das normative Beschaffungsmanagement umfasst die Komponenten Beschaffungspolitik, Beschaffungsleitbild sowie Beschaffungskultur. Auf Basis genereller Ziele, Grundsätze und Spielregeln wird das Verhalten der am Beschaffungsprozess Beteiligten sowohl nach

setzung angelehnt. Das Ausführungshandeln beginnt mit der Ermittlung und der Analyse des Beschaffungsbedarfes und endet schließlich mit der Einlagerung bzw. der Bereitstellung der beschafften Güter bzw. der Bezahlung des vereinbarten Kaufpreises. Vgl. Kaufmann, 1999, S. 13. Beim Vergleich der beiden Modelle lassen sich grundsätzliche Gemeinsamkeiten erkennen, wobei v. a. die inhaltliche Ausprägung des Ausführungssystems stärker auf die Anforderungen innerhalb der Automobilindustrie zugeschnitten ist.

792 Siehe Kapitel 2.3.1.

793 Siehe auch das „St. Galler Management-Modell" von Ulrich/Krieg, 1974, das eine normative, strategische und operative Ebene unterscheidet. Während im vorliegenden Modell die normative und strategische Ebene Bestandteil des Führungssystems sind, wird die operative Ebene durch das Ausführungssystem repräsentiert.

794 Siehe Abbildung 2-6.

innen als auch nach außen determiniert.[795] Im Vordergrund steht das Verhalten gegenüber den Anspruchsgruppen der Beschaffung (in erster Linie Mitarbeiter und Lieferanten). Gegenüber Lieferanten können beispielsweise Qualitätsgrundsätze, Preispolitik bzw. die Einstellung zu lang- oder kurzfristigen Beziehungen formuliert werden.[796] Neben internen Bestimmungen kann das Beschaffungsverhalten auch unternehmensextern durch die unternehmensübergreifende Vereinbarung ethischer Grundsätze beeinflusst werden.[797] Eine branchengerichtete Beschaffungspolitik stellt beispielsweise das bereits vorgestellte VDA-Grundsatzpapier „Gemeinsam zum Erfolg" dar, in dem sich die deutschen Automobilhersteller zu einem Verhaltenskodex gegenüber ihren Zulieferern verpflichteten.[798] Diese Leitlinien stellen zum einen die konforme Umsetzung der Beschaffungsstrategien aufgrund gemeinsamer Wahrnehmungs-, Denk- und Handlungsprozesse sicher, zum anderen schärfen sie den Ruf des Unternehmens sowie das Vertrauen der Beschaffungsmärkte.[799] Im Rahmen der Beschaffungspolitik werden häufig auch spezifische Beschaffungsprogramme für ausgewählte Lieferantengruppen festgelegt. Als Beispiel sei die Firma DaimlerChrysler genannt, die in den USA im Rahmen ihrer „Minority Sourcing"-Politik die Beschaffung bei solchen Zulieferunternehmen förderten, die in Besitz von gesellschaftlichen Minderheiten sind.[800]

Der zweite wichtige Baustein des Führungssystems ist das **strategische Beschaffungsmanagement,** das die Subsysteme strategische Planung, Informationsmanagement, Personalmanagement und Organisation unterscheidet. Da sowohl Objekt als auch Aufgaben des strategischen Managements auf die Beschaffung als Grenzsystem des Unternehmens übertragen werden können, soll die Ausgestaltung eines Führungssystems der Beschaffung der Gesamtkonzeption der strategischen Unternehmensführung folgen. Der Aufbau eines strategischen Beschaffungsmanagements verlangt dabei die Entwicklung und die laufende Harmonisierung von

---

[795] Vgl. hierzu auch Stark, 1973, S. 40 ff. Aus der Forderung nach einer Orientierung an unternehmensphilosophischen Werten für die Gesamtunternehmung leitet Stark die Notwendigkeit einer normativen Funktion für die strategische Beschaffung ab.

[796] Vgl. Welge/Al-Laham, 1992, S. 48.

[797] So hat beispielsweise der Bundesverband Materialwirtschaft, Einkauf und Logistik e. V. (BME) ethische Standards definiert, die im Rahmen des Beschaffungsmanagements zu beachten sind. Vgl. hierzu Large, 1999, S. 54.

[798] Vgl. VDA, 2001.

[799] Vgl. Hinterhuber/Friedrich/Al-Ani/Handlbauer, 1996, S. 47.

[800] Ähnliche Förderprogramme existieren z. B. auch in Südafrika, so das „Black Economic Empowerment".

Führungsteilsystemen sowie die aktive und konsequente Ausrichtung sämtlicher Beschaffungsaktivitäten auf die Bedürfnisse der Umwelt.[801]

Da die Grundsätze der strategischen Unternehmensführung auch für das Teilsystem des strategischen Beschaffungsmanagements im Modell gelten, wird noch einmal auf das Kapitel 2.3.2.1 verwiesen. Es soll allerdings betont werden, dass

- der Planungsprozess innerhalb des Modells sowohl die planungsinitiierende Phase der Zielbildung als auch die planungsbegleitende Phase der strategischen Kontrolle beinhaltet;
- bei der Gestaltung leistungsfähiger Organisationsstrukturen innerhalb des Subsystems Organisation die Positionierung der Beschaffung in der Unternehmenshierarchie (bzw. innerhalb der betrieblichen Wertschöpfung) die Abgrenzung und organisatorische Verankerung von zentralen und dezentralen Aufgaben (bzw. von strategischen und operativen Beschaffungsaktivitäten) sowie die Bildung crossfunktionaler Organisationseinheiten, wie Projektteams, Ausschüsse, Gremien, Workshops oder Konferenzen zu den wesentlichen Aufgabenfeldern gehören.[802]

<u>b) Ausführungssystem</u>

In Anlehnung an Kaufmann sei zunächst auf die Einordnung der Ausführungsprozesse im Gesamtkontext des Modells hingewiesen. Kaufmann vermeidet die begriffliche Abgrenzung zwischen strategischen und operativen Aufgabenkomplexen, da auch vermeintlich operative Ausführungen zum Teil strategischen Charakter besitzen (siehe beispielsweise den Prozess der Lieferantenauswahl). In diesem Sinne bezeichnet er die Ausführungsprozesse als einzeltransaktionsbezogen und systemnutzend und die Führungsprozesse als transaktionsübergreifend und systemgestaltend.[803] Dieser Sichtweise wird im vorliegenden Modell bei der inhaltlichen Ausgestaltung des Ausführungssystems gefolgt. Die vorgestellten Prozesse des Ausführungssystems sind somit nicht vereinfacht als operative Tätigkeiten zu verstehen, sondern können durchaus strategischen Charakter besitzen.

---

[801] Vgl. Bea/Haas, 1995, S. 6 f. Als Objekt des strategischen Managements definieren die beiden Autoren die Veränderungen der Unternehmensumwelt sowie die Anforderungen an die Unternehmung (in Bezug auf die Beziehungen zur Umwelt und auf die Binnenstruktur des Unternehmens). Als Kernaufgabe des strategischen Managements steht der Leitgedanke des „strategischen Fits" im Vordergrund. Siehe hierzu auch Kapitel 2.3.2.1.

[802] Vgl. Large, 1999, S. 229–258.

[803] Vgl. Kaufmann, 2001, S. 42.

Das Ausführungssystem zeigt die wesentlichen Handlungsfelder der Beschaffung im spezifischen Umfeld der Automobilindustrie auf. Die Strukturierung und Dekomposition der Prozesse erfolgt dabei auf Basis von Praxiserfahrungen des Verfassers sowie von Strukturierungsvorschlägen der Beschaffungsliteratur.[804] In diesem Zusammenhang wird die Erweiterung des Systemansatzes durch die Prozessorientierung aufgeführt. Dieser Ansatz löst sich von der funktionalen Sichtweise und bildet das Gesamtsystem der Unternehmen als System von Prozessen ab. Die Prozessstruktur besteht dabei aus Teilprozessen auf verschiedenen Ebenen, zwischen denen Verbindungen oder Beziehungen existieren. Analog zur Systemhierarchie wird hier von einer Prozesshierarchie gesprochen.[805]

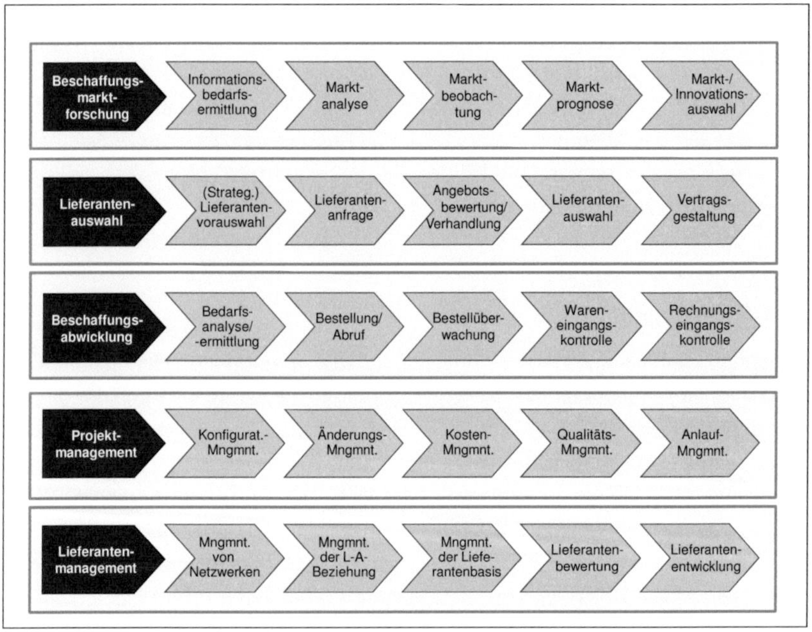

Abb. 3-14: Das Ausführungssystem des Beschaffungsmodells[806]

Gemäß den Ausführungen des Kapitels 3.2.4.2 soll das Ausführungssystem die Hauptprozesse Beschaffungsmarktforschung, Beschaffungsabwicklung, Lieferanten-

[804] Vgl. hierzu auch Webster, 1965, Robinson/Faris/Wind, 1967, Backhaus/Günter, 1976, Ghingold/Wilson, 1998, Schomburg, 2000, S. 118, A. T. Kearny, 1998, Kaufmann, 1999, S. 13.

[805] Vgl. Horváth, 2001, 108 ff. Das in 90er-Jahren stark verbreitete Business-Reengineering-Konzept von Hammer und Champy gründet beispielsweise auf dieser Philosophie. Vgl. Hammer/Champy, 1994.

[806] Quelle: eigene Darstellung.

auswahl, Projektmanagement und Lieferantenmanagement unterscheiden. Das jeweilige Herunterbrechen dieser fünf genannten Hauptprozesse auf die nächsttiefere Prozessebene dient der inhaltlichen Abgrenzung und Veranschaulichung (siehe Abbildung 3-14). Im Hinblick auf das im weiteren Verlauf der Arbeit zu entwickelnde Risikomanagement-Modell soll diese Prozesssystematik Ansatzpunkte für ein Risikomanagement innerhalb des Ausführungssystems liefern.

Die Gliederung der Hauptprozesse **Beschaffungsmarktforschung, Beschaffungsabwicklung und Lieferantenauswahl** erfolgt weitestgehend auf Basis des Lebenszykluskonzepts.[807] Bei der Dekomposition von Prozessen nach dem Lebenszykluskonzept folgen die einzelnen Subprozesse einer sequenziellen Reihenfolge, wobei der Output eines Prozessschrittes den Input des darauffolgenden Prozessschrittes darstellt. Jeder dieser drei Hauptprozesse lässt zusätzlich eine Unterscheidung in unterschiedliche Domänen zu. Domänen stellen Segmente dar, die einen Einfluss auf den Prozessfluss haben können. Die Modellierung solcher Teilsysteme ist beispielsweise unter regionalen, zeitlichen oder verschiedenen funktionalen Aspekten möglich. Während im Rahmen der Beschaffungsabwicklung unterschiedliche Domänen in Bezug auf die verschiedenen Bestellobjekte (Versuchs-, Erstmuster-, Serien- und Ersatzteile bzw. Betriebsmittel) gebildet werden können, lassen sich bei der Lieferantenauswahl Domänen in Bezug auf die Anforderungen an den fremdzuvergebenden Lieferumfang unterscheiden (Konzept-, Entwicklungs- und Produzentenwettbewerb sowie Portfolioauswahl). Die Beschaffungsmarktforschung kann schließlich auf das Produkt, den Markt, den Lieferanten und den Preis gerichtet sein und somit entsprechende Domänen differenzieren. Die in Abbildung 3-14 dargestellten Subprozesse der drei Hauptprozesse Beschaffungsmarktforschung, Beschaffungsabwicklung und Lieferantenauswahl besitzen für alle oben identifizierten Domänen weitestgehend Gültigkeit. Ablaufspezifische Abweichungen in Bezug auf einzelne Domänen zeigen sich erst auf niedriger Dekompositionsebene. Aus diesem Grunde soll im Folgenden hinsichtlich der oben genannten Hauptprozesse auf eine Differenzierung nach Domänen verzichtet werden.

Die Hauptprozesse **Projektmanagement und Lieferantenmanagement** folgen einer anderen Gliederungssystematik. Diese beiden Hauptprozesse fassen solche Subprozesse zusammen, die Gemeinsamkeiten bezüglich bestimmter Merkmale aufweisen. Der Hauptprozess Projektmanagement subsumiert alle beschaffungsspezifischen Prozesse innerhalb eines Fahrzeugprojekts, die sowohl produkt- als auch prozessseitig die Erreichung von Kosten-, Qualitäts- und Zeitzielen anstreben.

---

[807] Vgl. hierzu auch Pfisterer, 1988, S. 62 ff.

Hierbei handelt es sich im Wesentlichen um Planungs- und Kontrollprozesse sowie um Steuerungs- und Koordinationsprozesse. Der Hauptprozess Lieferantenmanagement beinhaltet schließlich alle Prozesse und Abläufe, die sich auf einzelne Lieferanten, auf einzelne Lieferantennetzwerke oder auf die gesamte Lieferantenbasis beziehen. Gemäß den vorangegangenen Ausführungen können diese Prozesse dabei sowohl projektgebunden als auch projektungebunden ablaufen.

Es sei erwähnt, dass die in Abbildung 3-14 dargestellten Subprozesse unterschiedliche Aggregationsniveaus besitzen. Während z. B. der Subprozess Angebotsbewertung eine Zusammenfassung von einzelnen aufeinanderfolgenden Aktivitäten innerhalb des Hauptprozesses Lieferantenauswahl beschreibt, umfasst der Subprozess Kostenmanagement eigenständige Prozesse, die innerhalb des Produktentstehungsprozesses zeitlich unabhängig voneinander stattfinden, die allerdings inhaltlich logisch unter dem Begriff „Kostenmanagement“ zusammengefasst werden können. Das Aggregationsniveau und damit die Komplexität des Subprozesses Kostenmanagement ist somit vergleichsweise höher einzuschätzen (aufgrund der unterschiedlichen Themen und Einzelaktivitäten) als das des Subprozesses Angebotsbewertung. Die Tatsache, dass einzelne Subprozesse ein niedrigeres Aggregationsniveau aufweisen als andere, kann als Priorisierung verstanden werden, die sich an der jeweiligen Problemstellung ausrichten sollte.

Zudem sei auf eine wichtige Abgrenzung zwischen zwei Teilsystemen hingewiesen, die einen engen inhaltlichen Bezug zueinander aufweisen. Sowohl das Informationsmanagement als Teilsystem der Führung sowie die Beschaffungsmarktforschung als Teilsystem der Ausführung behandeln das Management von Informationen. Beide Teilsysteme können in die Teilprozesse der Informationsbedarfsermittlung und -beschaffung (siehe Marktanalyse, Marktbeobachtung und Marktprognose in Abbildung 3-14) sowie der Informationsverarbeitung (siehe Markt- und Innovationsauswahl in Abbildung 3-14) unterteilt werden. Während das Informationsmanagement den Überbegriff über sämtliche externe und interne Informationen sowie über die in der Beschaffung eingesetzten Methoden und Tools darstellt,[808] konzentriert sich die Beschaffungsmarktforschung ausschließlich auf die externe Beschaffungsumwelt. Somit stellt der Prozess der Beschaffungsmarktforschung im Beschaffungsmodell eine Teilmenge des übergeordneten Informationsmanagements dar. Aufgrund der Bedeutung der Beschaffungsmärkte im Rahmen dieser Untersuchung sowie der häufig in der Praxis vorzufindenden Existenz dieser Funktion als Teilbereich der Beschaffung wird die Beschaffungsmarktforschung explizit im Ausführungssystem des

[808] Vgl. Bea/Haas, 1995, S. 231 ff.

Beschaffungsmodells aufgeführt. Aus Sicht des strategischen Beschaffungsmanagements hat die Beschaffungsmarktforschung zum Ziel, „die zukünftigen Auswirkungen der Beschaffungsmärkte auf die internen und externen Erfolgspotenziale rechtzeitig zu erkennen."[809] Das Informationsmanagement besitzt konsolidierenden Charakter interner und externer Managementinformationen, die der Beschaffungsführung zugänglich gemacht werden.

Abschließend sei betont, dass der Vorteil des eigenen Konzepts, das auf den Erfahrungen der betrieblichen Praxis aufbaut und deren spezifische Anforderungen und Problemstellungen berücksichtigt, darin liegt, die Übertragung der aus diesem Ansatz abgeleiteten Gestaltungsvorschläge auf die Praxis zu vereinfachen. Aufgrund der Einfachheit, Verständlichkeit und Praxistauglichkeit führt es zudem zu einer Erhöhung der Akzeptanz bei der Implementierung und Anwendung der entsprechenden Ableitungen. Das Beschaffungsmodell liefert somit eine geeignete Grundlage für die Entwicklung eines strategischen Risikomanagements im Bereich der Beschaffung.

3.3 Strukturierung von Beschaffungsrisiken

Die Strukturierung des Beschaffungssystems nach Risikogesichtspunkten macht auch eine sorgfältige Analyse von Beschaffungsrisiken notwendig. „Henke betont, dass gerade die Vielfalt und Komplexität einer ganzheitlich und integrativ betrachteten Beschaffung die Strukturierung ihrer Risiken so schwierig machen.[810]

Unter Beschaffungsrisiken soll die Summe aller Verlustgefahren verstanden werden, die aus einer wirkungsorientierten Sicht die Erreichung der Beschaffungsziele gefährdet und die ursachenorientiert dem Beschaffungssystem sowie seinen Umsystemen entspringt. Bei einer Risikoklassifikation wird versucht, Risiken zu homogenen Risikoklassen zusammenzufassen. Ein Klassifikationssystem darf dabei nicht als etwas Absolutes missverstanden werden. Es handelt sich vielmehr um die Betonung einer bestimmten Sicht, die von der Wahl der im Einzelfall zweckmäßigen Klassifikationsmerkmale abhängt. Im Folgenden wird eine solche, aus den vorangegangenen Überlegungen deduktiv abgeleitete Struktur idealtypisch vorgestellt, die in der Praxis durchaus weiter ergänzt und verfeinert sowie den situativen Bedingungen

---

[809] Large, 1999, S. 83.
[810] Vgl. Henke, 2009, S. 85 ff. sowie Pfohl, 2002, S. 47.

eines Unternehmens angepasst und zu einem mehrdimensionalen Risikoklassensystem ausgebaut werden kann.[811]

Durch die Klassifikation wird eine deutliche Zunahme der Transparenz erreicht und dadurch die Komplexität wesentlich verringert. Klassifikationen helfen schließlich auch bei der Unterscheidung von Wesentlichem und Unwesentlichem und tragen so zur Konzentration des Risikomanagements auf strategische Fragestellungen bei.

Grundlage der nachfolgenden Klassifizierung ist die in Kapitel 2.1.3 vorgestellte Unterscheidung in ursachen- und wirkungsorientierte Klassen, die nun auf den Beschaffungsbereich übertragen werden.

3.3.1 Wirkungsorientierte Klassifizierung

Wirkungen eines Risikos stellen Konstrukte dar, die für die Beschaffung als bedeutsam erachtete Abweichungen verfolgter Zielsetzungen beschreiben. Nach Pfisterer haben Wirkungen die Aufgabe, „Soll-Ist-Abweichungen zu thematisieren, d. h. inhaltlich zu konkretisieren, damit im Fall einer Ursachenanalyse ein Rückgriff auf das an späterer Stelle zu entwickelnde allgemeine Zuordnungsschema von Ursachenmöglichkeiten zu Beschaffungswirkungen möglich ist."[812] Um die Wirkungen von Beschaffungsrisiken identifizieren und klassifizieren zu können, müssen die Ziele der Beschaffung herangezogen werden, deren Nichterreichung sie in erster Linie widerspiegeln.[813] Gemäß Ackermann gibt es „ohne vollständig und präzise definierte Ziele [...] weder Risiken noch Chancen."[814]

Die Voraussetzung für die Identifizierung eines Eintritts von Störungen innerhalb der einzelnen Teilsysteme und deren Substrukturen ist somit die Definition von Teilzielen

---

811 Es sei darauf hingewiesen, dass sich die gesamte Risikostruktur der Beschaffung bis hin zu den Einzelrisiken nicht allgemeingültig darstellen lässt. Eine derartige Baumstruktur von Risiken kann nur unternehmensspezifisch aufgestellt werden. Dies gilt umso mehr, je konkreter die Risiken formuliert sind, d. h. je geringer ihr Aggregationsgrad ist. Die Unterscheidung verschiedener Aggregationsebenen ist in der Praxis allerdings deshalb erforderlich, um geeignete Ansatzpunkte für das Risikomanagement zu schaffen. Bestimmte Maßnahmen greifen beispielsweise bei Einzelrisiken, während umgekehrt auch Maßnahmen auf höherer Aggregationsebene denkbar sind und im Extremfall sogar bis zur Gesamtunternehmensebene reichen (z. B. stille Reserven zur Risikodeckung).

812 Pfisterer, 1988, S. 213. Pfisterer weist darauf hin, dass Wirkungen Soll-Ist-Abweichungen charakterisieren, die beidseitig außerhalb des Zielkorridors liegen. Neben Unterschreitungen können Wirkungen somit auch die Überschreitung von Zielsetzungen beinhalten. Vgl. Pfisterer, 1988, S. 214.

813 Vgl. Haindl, 1996, S. 6.

814 Ackermann, 1999, S. 56. Lindner konstatiert, dass die mit der Aufgabenstellung im Beschaffungsbereich verbundenen Entscheidungsprobleme erst durch die Kenntnis der Beschaffungsziele erfasst und beurteilt werden können. Vgl. Lindner, 1983, S. 11.

für die zugrunde liegenden Prozesse und Funktionen, die zum einen aus den Hauptzielen der Beschaffung abgeleitet werden und zum anderen durch ein entsprechendes Kennzahlensystem operationalisiert werden sollen. Aufgrund der Komplexität eines solchen Zielsystems, bei dem im Idealfall die Ziele bis auf Einzelprozess- bzw. Mitarbeiterebene heruntergebrochen werden, können im Rahmen dieser Arbeit nicht alle möglichen negativen Zielabweichungen innerhalb des Beschaffungssystems und damit nicht sämtliche Wirkungen von Beschaffungsrisiken ausgeführt werden. Die Beschäftigung mit der Auswirkung von Beschaffungsrisiken soll sich deshalb auf die oberste Ebene des Zielsystems, also die Hauptziele der Beschaffung, konzentrieren.

Als Hauptziele der Beschaffung wurden in Kapitel 3.2.1.1 die folgenden Ziele abgegrenzt: Versorgungssicherheit, Kostenreduzierung, Qualitäts- bzw. Leistungsverbesserung, soziale und ökologische Verantwortung sowie Autonomieerhaltung. Aus diesen fünf Zielfeldern lassen sich die für die vorliegende Arbeit relevanten wirkungsorientierten Risikoklassen ableiten:[815]

- Versorgungsrisiken
- Kostenrisiken
- Qualitätsrisiken
- Innovationsrisiken[816]
- Imagerisiken[817]
- Abhängigkeitsrisiken[818]

Bei der Beurteilung des Zusammenhangs zwischen den definierten Zielen und der Risikosituation des Unternehmens wird deutlich, dass die Zielvorgaben wichtige Ein-

---

[815] Vgl. in diesem Zusammenhang die Risikosystematik von Haindl. In seinen Ausführungen konzentriert sich Haindl auf die Risikoklasse „Lieferrisiken", die aus dem Hauptziel der operativen Beschaffungsplanung, dem sogenannten „materialwirtschaftlichen Optimum" abgeleitet wird. Vgl. hierzu auch Leenders/Fearon/England, 1989, S. 24 ff. bzw. Grochla/Schönbohm, 1980, S. 37. Unter der von Haindl beschriebenen Risikoklasse „Lieferrisiken" sind im Verständnis der vorliegenden Arbeit somit die Risikoklassen „Versorgungs-, Kosten- und Qualitätsrisiken" subsumiert. Die Definition von Haindl beschränkt sich allerdings auf Risiken mit operativem Charakter (also reine Risiken), die ausschließlich durch externe Störquellen verursacht werden. Vgl. Haindl, 1996, S. 8, 11, 17. In diesem Zusammenhang sei außerdem auf die Einteilung von Beschaffungsrisiken nach Mikus hingewiesen, die allerdings keine klare Abgrenzung zwischen einer ursachen- und einer wirkungsorientierten Sichtweise durchführt. Im Sinne der Wirkungsorientierung werden Termin-, Mengen-, Qualitäts-, Preis- und Geheimhaltungsrisiken unterschieden. Außerdem werden Risiken in Bezug auf das Ziel Ökologieverträglichkeit genannt. Zudem spricht Mikus von Gefahren bezüglich der Unabhängigkeit des Unternehmens sowie des Verlustes von Know-how und des Technologiestatus. Auch das Imagerisiko findet schließlich Erwähnung. Vgl. Mikus, 1998, S. 194 ff.

[816] Abgeleitet aus den Leistungszielen der Beschaffung.

[817] Abgeleitet aus dem Beschaffungsziel der sozialen und ökologischen Verantwortung, das einen wichtigen Beitrag zum Image eines Unternehmens liefert.

[818] Abgeleitet aus dem Autonomieerhaltungsziel der Beschaffung.

flussgrößen bei der Evaluierung der Risikosituation sind. Die Höhe des Risikos ist somit auch abhängig von der Definition der zugrunde liegenden Ziele. Insofern spielt die Güte dieser Ziele eine entscheidende Rolle – falsch gewählte Ziele können unangemessene Reaktionen im Sinne eines Risikomanagements auslösen. Die Festlegung der geeigneten Ziele und Zielwerte ist daher keine einfache Aufgabe und muss sorgfältig durchdacht werden.

3.3.1.1 Versorgungsrisiken

Die reibungslose Marktbelieferung stellt eine wichtige Voraussetzung zur Sicherung der Marktposition dar. Das risikopolitische Ziel lautet daher: Vermeiden von Betriebsstillständen, die zu einer Unterbrechung der Marktbelieferung führen.[819] Die Wirkungsklasse „Versorgungsrisiken“ fasst alle Beschaffungsrisiken zusammen, die zu einer Gefährdung des Ziels der Versorgungssicherung fremdbezogener Beschaffungsobjekte mit den Dimensionen Menge, Zeit und Raum führen. Entsprechend sollen hier die Störungen „Fehlende Bedarfsdeckung“, „Nichtlieferung“, „Lieferverzug“, „Falschlieferung“ und „Fehllieferung“ unterschieden werden:[820]

- Die Störgröße „Fehlende Bedarfsdeckung“ beschreibt den Fall, dass die vom Unternehmen benötigten Produktionsfaktoren am Markt nicht verfügbar sind oder nicht angeboten werden.[821]
- Von einer „Nichtlieferung“ spricht man, wenn der Lieferant bis Ablauf des Betrachtungszeitraumes die bestellten Produktionsfaktoren nicht liefert.
- Ein „Lieferverzug“ tritt ein, wenn die Lieferung erst nach dem geplanten Zeitpunkt erfolgt.
- Bei einer „Falschlieferung“ liefert der Zulieferer entweder falsche Teile, die vom Abnehmer nicht verwendet werden können, oder er liefert Teile an die falsche Lieferadresse. Genauso wie bei der Nichtlieferung ist die gelieferte Istmenge gleich null.
- Als „Fehllieferung“ seien schließlich Unter-, Über-, aber auch Teillieferungen verstanden, die ebenfalls zu Störungen im eigenen Logistikablauf führen können.[822]

---

[819] Vgl. Hoffmann, 1985, S. 149.
[820] Vgl. hierzu u. a. Kollerer, 1978, S. 22 u. 43 und Kromschröder, 1988, S. 256.
[821] Vgl. Rogler, 2002, S. 34 f. Rogler spricht in diesem Zusammenhang von Bedarfsdeckungsrisiken.
[822] Vgl. Large, 1999, S. 206.

Die Ursachen von Versorgungsrisiken können sowohl interner als auch externer Natur sein. Neben externen Ereignissen wie Insolvenz, Streik, höherer Gewalt, Produktions- oder Logistikproblemen auf Lieferanten- oder Sublieferantenebene können auch interne Störungen, wie Dispositions- oder Kommunikationsprobleme zu Versorgungsrisiken führen.[823]

Die Auswirkungen dieser Störungen sind von der entsprechenden Phase im Produktlebenszyklus abhängig. In der Serienphase führen Versorgungsrisiken zu lieferbedingten Betriebsunterbrechungen und damit zu einem Stillstand in der Produktion. Versorgungsrisiken in der Produktentwicklungsphase dagegen können eine Unterbrechung der Entwicklung und damit eine Verschiebung des Produktionsstarts hervorrufen. Der verursachte Schaden bemisst sich zum einen in den Aufwendungen von Schadensminderungsmaßnahmen. Weit schwerwiegender kann sich allerdings ein Versorgungsrisiko in der Unterversorgung der Absatzmärkte und damit zu einem Ausfall von Erträgen auswirken. Da sich die Beeinträchtigung eines Produktionsbereiches häufig auf weitere Produktionsabschnitte fortsetzt, können Versorgungsrisiken, je nach Bedeutung des ausgefallenen Beschaffungsobjekts sowie Dauer des Lieferausfalls, enorme Schäden bedingen.[824]

3.3.1.2 Kostenrisiken

Unter der Wirkungskategorie „Kostenrisiken“ werden alle Beschaffungsrisiken subsumiert, die die Gefahr einer unvorhergesehenen Kostenerhöhung für fremdbezogene Beschaffungsobjekte bergen und zu einer Abweichung der Kostenziele führen.[825] Während in der Entwicklungsphase die Zielvorgaben beispielsweise aus dem Ansatz des Target Costings bauteilspezifisch abgeleitet werden, werden in der Serienphase häufig pauschale jährliche Kostensenkungsziele definiert, die den Er-

---

823 Vgl. hierzu auch die Ausführungen von Rogler, 2002, die sehr ausführlich das Management von Liefer-, Transport- und Lagerrisiken diskutiert. Der von Rogler hierfür verwendete Überbegriff des Beschaffungsrisikos wird durch diese Dreiteilung ursachenbezogen strukturiert.

824 Vgl. Haindl, 1996, S. 10.

825 Hierunter sind folglich auch Preis- und Entgeltrisiken zu verstehen, welche die Gefahr ungünstiger Preisentwicklungen beinhalten. Diese Kategorie bezieht sich nicht nur auf die Kontrahierungspolitik des einzelnen Zulieferers mit seiner Preis- und Konditionen-Gestaltung, sondern vor allem auf jene Faktoren, die den Preis im relevanten Beschaffungsmarkt insgesamt beeinflussen. Generell wird die Beschaffung eines Einsatzgutes immer dann mit einem Risiko verbunden sein, wenn der Beschaffungsmarkt für das Objekt durch starke Preisschwankungen gekennzeichnet ist. Unterliegt ein Beschaffungsobjekt im Zeitablauf Preissteigerungen, so hängt das damit verbundene Entgeltrisiko in erster Linie auch davon ab, ob das Unternehmen die erhöhten Preise an den Absatzmarkt weitergeben kann. Vgl. Weigand, 1998, S. 86.

gebnisbeitrag des Einkaufs bestimmen und mit den Lieferanten verhandelt werden müssen.[826]

Die Risiken können entweder vom Beschaffungsmarkt ausgelöst werden oder aber interne Ursachen haben. Beispiele hierfür sind volatile Rohstoffmärkte, Währungsschwankungen, Preiserhöhungen des Lieferanten, Mengenänderungen oder technische Änderungen. Ein möglicher Schaden schlägt sich unmittelbar auf Herstellkosten, Materialnebenkosten, Entwicklungskosten, Overheadkosten, Transportkosten oder Betriebsmittel nieder.

Da sich jedes Beschaffungsrisiko entweder unmittelbar oder mittelbar auf die Finanzsituation des Unternehmens auswirken kann, soll die Risikoklasse „Kostenrisiken" weiter abgegrenzt werden:

- Beschaffungsrisiken, die sich direkt auf die Zielkosten des Produkts auswirken, seien als „Kostenrisiken im engeren Sinne" verstanden.
- Beschaffungsrisiken, welche die Kosten des Unternehmens mittelbar beeinflussen, werden als „Kostenrisiken im weiteren Sinne" abgegrenzt. Hierunter fallen beispielsweise Opportunitätskosten aufgrund entgangener Erlöse, Gewährleistungskosten aufgrund qualitativer Mängel, Kosten von Nacharbeit oder der Abwendung von Schäden.

Da „Kostenrisiken im weiteren Sinne" eine Folge der Risikoeintritte der anderen Wirkungskategorien sind, soll die Risikoklasse „Kostenrisiken" in der vorliegenden Arbeit nur im Sinne der engen Begriffsauffassung verstanden werden.

In Bezug auf die Ursachen enger Kostenrisiken seien die folgenden Beispiele genannt: Produktionsfaktoren, die bestellt und unter Umständen bereits geliefert wurden, hätten zu einem späteren Zeitpunkt günstiger erworben werden können. Oder sie stellen sogenannte „Obsoletbestände" dar, die nicht mehr benötigt werden. Das Gleiche gilt bei An- oder Vorauszahlungen vor Anlieferung der Güter, die bei Ausfall der Lieferungen vom Lieferanten nicht mehr zurückgezahlt werden können.[827]

Abschließend wird darauf hingewiesen, dass unter Kostenrisiken auch Abweichungen bei Funktionskosten, die bei der Erfüllung der Beschaffungsaufgabe anfallen, subsumiert werden.

[826] Siehe hierzu die Ausführungen zum Kostenmanagement in Kapitel 3.2.4.2.
[827] Vgl. Rogler, 2002, S. 34 f., Pfisterer, 1988 S. 216 f.

3.3.1.3 Qualitätsrisiken

Beschaffungsrisiken, die eine Gefährdung der Produkt- oder Prozessqualität darstellen, werden als Qualitätsrisiken bezeichnet.[828] Bei Lieferungen von qualitativ minderwertigen Teilen soll von „Schlechtlieferungen" gesprochen werden.[829]

Ursachen von qualitativen Risiken können beispielsweise konstruktiv bedingt sein bzw. durch die mangelnde Reife der Entwicklung, durch Anlagenprobleme des Lieferanten oder durch instabile und nicht abgesicherte Fertigungsprozesse ausgelöst werden. Auch die Qualität der Anwendung unternehmensinterner Beschaffungsprozesse fällt in diese Risikoklasse. Die unter Zeitdruck durchgeführte Auswahl von Lieferanten bzw. Verhandlung von Verträgen sind Beispiele für Risiken, welche die Prozessqualität negativ bestimmen und die letztlich in der Auswahl eines falschen Lieferanten bzw. in der Vereinbarung von nicht optimalen Konditionen münden können. Als weitere häufige Ursache von Qualitätsrisiken sind Transportschäden zu nennen.[830] Weigand spricht im Zusammenhang mit Qualitätsmängeln auch von Leistungsrisiken, welche die Inkongruenz zwischen bedarfsadäquater und tatsächlich erhaltener Leistung beschreiben.[831]

Die Qualitätsproblematik nimmt erheblichen Einfluss auf die Kostenseite. Der Hauptkostentreiber ist dabei nicht die Fehlerfreiheit der Produkte, sondern ihre Fehlerhaftigkeit. Die internen Kosten schlechter Qualität (wie beispielsweise Fehlererkennung, Ausschuss, Mehrarbeit/Nacharbeit oder Wiederholungstests) sowie die externen Fehlerkosten (z. B. Gewährleistungskosten, Kulanz, Produkthaftung, Vertragsstrafen oder Rückrufaktionen) können die Fehlerverhütungskosten deutlich übersteigen.[832] Ziel der Senkung von Qualitätskosten ist es, durch vorbeugende Maßnahmen fehlerbedingte Kosten zu vermeiden. Qualitätsrisiken stehen aber auch im Zusammenhang zu den anderen Wirkungskategorien. So können sich Qualitätsrisiken beispielsweise direkt auf die Versorgung, das Differenzierungspotenzial oder das Image[833] des Unternehmens auswirken. Unzufriedene Kunden aufgrund zu spät ausgelieferter

---

[828] Mit dem Begriff Qualität sei das Urteil aus Sicht des Bedarfsträgers und Anspruchsstellers hinsichtlich der Erfüllung seiner Erwartungen durch die Leistung des Erzeugnisses ausgedrückt. Vgl. Pfisterer, 1988 S. 105.

[829] Vgl. Haindl, 1996, S. 9.

[830] Vgl. Rogler, 2002, S. 35 f.

[831] Vgl. Weigand, 1998, S. 86.

[832] Vgl. Sattler, 1995, Braun, 1984, S. 136 ff., Härterich, 1987, 92 ff., Arnolds/Heege/Tussing, 1996, S. 374. Aufgrund von Defekten an der Bremsanlage, der Lichtmaschine und des Batteriesteuergeräts musste die Firma DaimlerChrysler im März 2005 weltweit rund 1,3 Millionen Mercedes-Modelle in die Werkstätten zurückrufen. Ursache der größten Rückrufaktion der Geschichte des Unternehmens waren fehlerhafte Bauteile des Zulieferers Bosch. Vgl. o. V., 2005.

[833] Vgl. Mikus, 1998, S. 196.

Fahrzeuge oder qualitativer Produktmängel können für den Hersteller zusätzlich Umsatzausfälle und damit Opportunitätskosten bedeuten.

3.3.1.4 Innovationsrisiken

Im Gegensatz zu Kostenrisiken beziehen sich Innovationsrisiken im Sinne von Porter auf die Gefahr eines Differenzierungsverlustes des Unternehmens. Unter Innovationsrisiken werden alle Beschaffungsrisiken subsumiert, die den Zugang zu Produkt- und Prozess-Innovationen in den Beschaffungsmärkten gefährden und welche die Gefahr eines Know-how-Abflusses bergen. Besonders schwerwiegend ist dieses Problem dann, wenn das Know-how des Herstellers durch den Transfer an den Zulieferer auch dem Wettbewerb des Herstellers zugänglich gemacht wird.[834] Zugrunde liegende Ziele im Zielsystem der Beschaffung könnten zum einen die Absicherung bestehender sowie die Sicherstellung des Zugangs zu neuen Innovationen und Innovationsquellen sein. Der Betrachtungshorizont umfasst dabei die Vergangenheit und damit die bereits im Produktprogramm befindlichen Produkte, die Gegenwart mit ihren aktuellen Vergabeentscheidungen wie auch die Zukunft mit möglichen Innovationen für das zukünftige Produktspektrum. Innovationsziele des Unternehmens, die sich auf den Einkauf übertragen lassen, sind beispielsweise die Anzahl von fremdbeschafften „Unique Selling Propositions“ (Alleinstellungsmerkmalen) pro Baureihe oder die Anzahl der Lieferanten-Innovationen, die in den nächsten Jahren auf den Markt kommen sollen.

Ursachen von Innovationsrisiken können sowohl interne Entscheidungen als auch externe Entwicklungen sein, wie beispielsweise die Fremdvergabe wichtiger Technologien, die Abhängigkeit von der Innovationskraft externer Partner, abnehmende Entwicklungskapazitäten des Lieferanten, Konzentrationstendenzen in der Zulieferindustrie, die zu einer Nivellierung des technischen Fortschritts führen[835] oder die fehlende Attraktivität des eigenen Unternehmens als Abnehmer auf den Beschaffungsmärkten. Innovationsrisiken entstehen aber auch dann, wenn der externe Entwicklungspartner technologisch seiner Konkurrenz hinterherhinkt oder Technologien vorantreibt, die mit der eigenen Unternehmensstrategie nicht vereinbar sind.

Innovationsrisiken spiegeln sich im erschwerten Zugang zu Innovationen, in der verkürzten Alleinstellung bei Innovationen, im erschwerten Abschluss von Exklusivitäts-

---

[834] Vgl. Weigand, 1998, S. 45, Bär, 200, S. 454 f., Mikus, 1998, S. 194, Baaken, 1993, S. 17.
[835] Vgl. Becker, 1999, S. 71.

vereinbarungen[836] sowie in der fehlenden technologischen Beurteilungskompetenz[837] wider. Die Einschränkung von Differenzierungsmöglichkeiten wirkt sich auf die Marktstellung und das Image des Unternehmens aus und schlägt sich letztendlich in den zukünftigen Absätzen des Unternehmens nieder.

3.3.1.5 Imagerisiken

Imagerisiken leiten sich nicht nur aus den Hauptzielen des Unternehmens, sondern auch aus seinen moralischen und ethischen Ansprüchen sowie aus seiner sozialen und ökologischen Verantwortung ab.[838] Mögliche Ziele für den Funktionsbereich der Beschaffung stellen beispielsweise soziale Gestaltungsziele (z. B. Förderung von Behindertenwerkstätten), politische Ziele (z. B. keine Beschaffung in totalitären Staaten), Strukturerhaltungsziele (z. B. Beschaffung bei mittelständischen Betrieben), Beschäftigungsziele (z. B. Arbeitsplatzerhaltung bei Zulieferern), Verhaltensziele (z. B. Loyalität, Fairness und Vertragstreue im Umgang mit dem Lieferanten) oder ökologische Ziele (z. B. „Green Sourcing") dar.

Unter dem Begriff „Imagerisiken" sollen alle Beschaffungsrisiken zusammengefasst werden, die den Ruf des Unternehmens gefährden und somit einen Vertrauensverlust am Beschaffungsmarkt[839], aber auch einen Imageverlust bei Shareholdern, Kunden oder Mitarbeitern verursachen.

Das Image eines Unternehmens[840] als Zeichen der Anerkennung seiner Leistungsfähigkeit von Dritten setzt sich aus den Erfolgsbeiträgen der einzelnen Teilbereiche des Unternehmens zusammen. Der Einkauf repräsentiert das Unternehmen auf den Beschaffungsmärkten und bestimmt dadurch das Ansehen des Unternehmens in der Zulieferbranche. Sandig spricht hier vom „Ruf des Beschaffers".[841] Dieser ist im Wesentlichen bestimmt durch konstruktives und integres Verhalten des Einkaufs ge-

---

[836] Bei technischen Neuerungen wird innerhalb der Automobilindustrie häufig ein Exklusivitätszeitraum von mindestens 9 Monaten angestrebt. Liegt dieser Zeitraum darunter, kann in der Regel nicht sichergestellt werden, dass der Kunde diese Neuerung mit dem Automobilhersteller in Verbindung bringt.

[837] Vgl. Lincoln/Ahmadjian/Mason, 1998, S. 247 f.

[838] Siehe hierzu auch Budde, 2001, S. 52: „Image, Goodwill und gesellschaftspolitische Stellung sind Prioritäten der Zukunft"

[839] Vgl. z. B. Heimbrock, 2001, S. 20.

[840] Unter Image sei das Gesamtbild, das sich eine Person von einem Meinungsgegenstand macht, verstanden. Dabei wird primär auf die gefühlsmäßige Auseinandersetzung mit dem Beurteilungsobjekt abgestellt. Vgl. Schweiger, 1995, Sp. 915. Als Imagearten sind grundsätzlich das Produktgruppenimage, das sich auf eine ganze Gattung von Produkten bezieht, das Markenimage und das Firmenimage zu unterscheiden. Vgl. Schweiger, 1995, Sp. 918.

[841] Vgl. Sandig, 1935, S. 180.

genüber seinen Lieferanten. Unter Konstruktivität sollen nach Katzmarzyk die Verhaltensweisen Zielorientierung, Kommunikationsfähigkeit, Überzeugungskraft, Problemanalyse, Urteilsvermögen und Offenheit verstanden werden.[842] „Integrität bedeutet, sich im Umgang mit Lieferanten und Anbietern fair und unbestechlich zu verhalten sowie als ein zuverlässiger Geschäftspartner aufzutreten."[843] Dabei sollten die Interessen der Marktpartner berücksichtigt und deren Existenz nicht durch übermäßige Machtausübung gefährdet werden.[844] Da Lieferanten ihre Leistung nicht voraussetzungslos jedem, der ihnen eine Vergütung dafür gewährt, zur Verfügung stellen, ermöglicht ein guter Ruf aber auch den Zugang zu externen Ressourcen.[845] Umgekehrt kann in einer bestehenden Beziehung ein gutes Image zur Erhöhung der Versorgungssicherheit beitragen, insbesondere bei der Verknappung externer Ressourcen.[846]

Das Verhalten des Einkaufs wird allerdings nicht nur von den Beschaffungsmärkten kritisch betrachtet. Auch die Finanzmärkte, wie in Kapitel 3.1.1.4 bereits beschrieben, achten zunehmend auf die Einflussnahme des Unternehmens auf seine externen Partner. Bei Kaufentscheidungen der Kunden wird zudem auf ökologische und ethisch-moralische Zusammenhänge Wert gelegt. Die Verbraucher suchen nach Produkten mit einer fairen und nachhaltigen Produkthistorie. Dies bedeutet, dass es nicht mehr ausreicht, eigene soziale und ökologische Normen im Unternehmen zu etablieren. Fortschrittliche Unternehmen setzen heute die Einhaltung dieser Normen von allen Lieferanten über die gesamte Wertschöpfungskette hinweg voraus, halten diese nach und leiten bei einem Verstoß Sanktionsmaßnahmen ein. Die direkte oder indirekte Zusammenarbeit mit unseriösen oder zweifelhaften Zulieferern kann zur Gefahr einer Boykottierung des Unternehmens vonseiten der Finanz-, Arbeits- oder Nachfragemärkte führen.[847]

3.3.1.6 Abhängigkeitsrisiken

Da Lieferanten-Abnehmer-Beziehungen eine völlige Autarkie in der Regel nicht zulassen, gehören beidseitige Abhängigkeiten zum Wesen einer jeden Austauschbeziehung. In der Marketingforschung wird vereinzelt der Begriff „relative Abhängigkeit"

---

842 Vgl. Katzmarzyk, 1988, S. 103.
843 Katzmarzyk, 1988, S. 103.
844 Vgl. Lindner, 1983, S. 110.
845 Vgl. Sandig, 1935, S. 180.
846 Vgl. Katzmarzyk, 1988, S. 103.
847 Vgl. Hoffmann, 1985, S. 146.

verwendet.[848] Dieser bezieht sich auf die Differenz zwischen der eigenen Abhängigkeit und der Abhängigkeit des anderen Akteurs. Hiermit wird dem Aspekt Rechnung getragen, dass im Rahmen interorganisationaler Austauschbeziehungen sowohl die abnehmende als auch die liefernde Partei zu einem gewissen Grad darauf angewiesen ist, die Beziehung zum jeweils anderen Akteur zu erhalten, damit die entsprechenden Ziele erreicht werden können. Mit dem Eingehen der Geschäftsbeziehung entsteht für beide Akteure bereits ein bestimmtes Ausmaß an Abhängigkeit. Entsprechend beschreibt das Beschaffungsziel der „Autonomieerhaltung" auch die Erhaltung der relativen Unabhängigkeit eines Unternehmens von den Märkten der Beschaffung.[849]

Abhängigkeiten sind dann gegeben, wenn die Handlungsfreiheit von zumindest einem der beiden Partner einer Lieferanten-Abnehmer-Beziehung eingeschränkt ist, d. h., dass mindestens eine Partei imstande ist, Druck auf die andere auszuüben.[850] Da Abhängigkeiten für einen Partner innerhalb einer Austauschbeziehung die Möglichkeit eröffnen, den anderen auszunutzen, zu diskriminieren oder zu erpressen, bedeutet ein Abhängigkeitsverhältnis immer auch eine Ungleichverteilung von Macht.[851]

Bei der Betrachtung von Abhängigkeitsproblemen lassen sich prinzipiell zwei Dimensionen unterscheiden: Zum einen wird die Abhängigkeit durch die Stärke der Abhängigkeitsbeziehung, zum anderen durch deren Richtung beschrieben. Letztere legt fest, welcher der beiden Partner einer Lieferanten-Abnehmer-Beziehung sich in einer stärkeren Abhängigkeit vom Gegenüber befindet. Grundsätzlich können einseitige und gegenseitige Abhängigkeitsbeziehungen unterschieden werden.

Neben den beiden Dimensionen Stärke und Richtung ist für die Einschätzung von Lieferanten-Abnehmer-Beziehungen auch bedeutend, welche Form einer Abhängigkeit existiert. Hierbei soll zum einen die Abhängigkeit des Abnehmers von der Leistungsfähigkeit des Lieferanten, zum anderen die Abhängigkeit des Abnehmers von der Leistungsbereitschaft des Lieferanten differenziert werden.

Die Abhängigkeit von der Leistungsbereitschaft oder dem Wohlverhalten einer Partei ist dann gegeben, wenn innerhalb der Beziehung eine einseitige Abhängigkeit einer Partei existiert und diese Beziehung somit durch ein deutliches Machtgefälle charakterisiert ist. Die Soziale Austauschtheorie spricht in diesem Zusammenhang von

848 Vgl. Anderson/Narus, 1990, S. 43, Buchanan, 1992, S. 69, Gundlach/Cadotte,1994, S. 524.
849 Vgl. Katzmarzyk, 1988, S. 103 f.
850 Vgl. Bourantas, 1989, S. 140.
851 Siehe hierzu Kapitel 2.3.4.2.

asymmetrischen Beziehungen.[852] Abhängigkeiten sind allerdings auch in symmetrischen Lieferanten-Abnehmer-Beziehungen möglich. Aufgrund des interdependenten Charakters dieser Beziehungen werden die gegenseitigen Abhängigkeiten dabei weniger von der Leistungsbereitschaft als von der Leistungsfähigkeit bzw. dem Wohlergehen des jeweiligen Austauschpartners verursacht.[853]

Übertragen auf die Lieferanten-Abnehmer-Beziehung sind Abhängigkeiten dann kritisch, wenn folgende Bedingungen erfüllt sind:[854]

- Die vom Lieferanten erbrachte Leistung hat eine hohe Bedeutung für die Erreichung der Unternehmensziele.
- Der Lieferant kann nicht kurzfristig substituiert werden.
- Die Abhängigkeitsbeziehung ist durch Asymmetrie zugunsten des Lieferanten gekennzeichnet.
- Die Ansprüche des Lieferanten sind mit den eigenen Zielvorstellungen und Ansprüchen nicht kompatibel.

Unter der Risikoklasse „Abhängigkeitsrisiken" sollen somit alle Beschaffungsrisiken subsumiert werden, die zu kritischen Abhängigkeiten des Abnehmers innerhalb einer Lieferanten-Abnehmer-Beziehung führen. Hierbei sollen nicht nur einseitige Abhängigkeiten des Abnehmers von seinem Zulieferer bzw. gegenseitige Abhängigkeiten beider Parteien Berücksichtigung finden. Auch die wirtschaftliche Abhängigkeit eines Zulieferers von seinem Abnehmer kann aus Sicht des Abnehmers zum Risiko werden, das die Einschränkung seiner Autonomie berührt.[855]

In Bezug auf die Wirkung einer Abhängigkeit lässt sich Folgendes feststellen: Das Eintreten des Risikos, gleichbedeutend mit dem Auftreten einer Abhängigkeit, löst in der Regel nicht unmittelbar einen ökonomischen Schaden aus. Eine kritische Konsequenz der Abhängigkeit ergibt sich allerdings dann, wenn die vom Lieferanten erwartete Leistung aufgrund abnehmender Fähigkeit oder Bereitschaft nicht mehr wie gewünscht erbracht wird. Die Folge sind beispielsweise die bereits vorgestellten Ver-

---

[852] Vgl. Emerson, 1962, S. 34.
[853] Vgl. Freiling, 1995, S. 43 und S. 47.
[854] Vgl. Hermann, 1996, S. 96.
[855] Diese kann beispielsweise zur Folge haben, dass der Abnehmer aus sozialer Verpflichtung (oder zur Vorbeugung eines möglichen Imageschadens) weiterhin mit diesem Lieferanten zusammenarbeitet, um die Überlebensfähigkeit dieses Lieferanten nicht zu gefährden, obwohl dieser Lieferant bei einer unvoreingenommenen und objektiven Lieferantenbewertung u. U. nicht zur „ersten Wahl" des Abnehmers gehören würde.

sorgungs-, Kosten-, Qualitäts-, Innovations- oder Imagerisiken.[856] Die Wirkung einer Abhängigkeit bei gleichzeitigem Eintritt eines weiteren Risikos liegt beispielsweise in der limitierten Handlungsflexibilität des Risikomanagers begründet. Auf das Schadenspotenzial bezogen, kann eine Abhängigkeit damit einen verstärkenden Effekt zur Folge haben („Multiplikatoreffekt“).[857] Ursachenseitig können einseitige Abhängigkeiten das Schadenspotenzial durch Erhöhung der Eintrittswahrscheinlichkeit möglicher Beschaffungsrisiken beeinträchtigen, z. B. durch die zunehmende Gefahr des Machtmissbrauchs des Lieferanten. Ein opportunistisches Verhalten des Lieferanten kann sich in sinkender Verhandlungsbereitschaft, schlechterer Servicequalität oder in geringerer Flexibilitätsbereitschaft ausdrücken.[858]

Zusammenfassend sei festgehalten, dass sich Abhängigkeiten wirkungs- und ursachenseitig auf den erwarteten Schadensumfang (als Produkt aus Eintrittswahrscheinlichkeit und möglicher Schadenshöhe) auswirken können. Voraussetzung dafür ist die Existenz einer Lieferanten-Abnehmer-Beziehung. Inwieweit sich hieraus entsprechende Abhängigkeiten vom Wohlergehen bzw. vom Wohlverhalten des jeweiligen Partners ergeben, wird in Kapitel 4.2.3.4 ausführlich erläutert.

Abschließend wird betont, dass Abhängigkeiten nicht pauschal als negative Erscheinungen zu bewerten sind. Vielmehr muss beachtet werden, dass mit Abhängigkeiten auch Chancen verknüpft sind. So kann die fruchtbare Beziehung zweier voneinander abhängiger Unternehmen als Vorteil interorganisationaler Abhängigkeit betrachtet werden.[859] Die positiven Effekte der Abhängigkeit sind dann besonders deutlich, wenn ein signifikanter Machtvorteil einer Organisation im Austauschverhältnis nicht besteht. Sie sind aber grundsätzlich auch bei stärker ausgeprägten Machtasymmetrien möglich.[860]

---

[856] Hier sei angemerkt, dass sich einseitige Abhängigkeiten durchaus negativ auf die Leistungsbereitschaft auswirken können.

[857] Die Aufrechterhaltung der Versorgung bei Ausfall eines Lieferanten (Versorgungsrisiko) hängt maßgeblich davon ab, wie viele alternative Beschaffungsquellen existieren. Weist das Lieferantenportfolio des Unternehmens z. B. aufgrund eines Single-Sourcing-Ansatzes oder aufgrund der Marktsituation keine Alternativlieferanten auf, existieren also Abhängigkeiten zu diesem Lieferanten, wird die Schadenserwartung entsprechend höher sein.

[858] Vgl. hierzu auch Baaken, 1993, S. 17. Weitere Verhaltensmerkmale sind häufig, dass vonseiten der Zulieferer Preise nachverhandelt, wichtige Informationen verfälscht oder Ideen gestohlen werden und dass die Anstrengungen in der Vertragserfüllung nachlassen.

[859] Siehe hierzu auch Kapitel 3.2.2.

[860] Vgl. Freiling, 1995, S. 43.

3.3.2 Ursachenorientierte Klassifizierung

Aufgrund des umfangreichen Verantwortungsbereiches der Beschaffung sowie seiner erheblichen Anzahl von wechselseitigen Beziehungen zu anderen Unternehmensfunktionen und der Unternehmensumwelt sind die potenziellen Ursachen für Risiken innerhalb des Beschaffungsbereiches vielfältig. Eine vollständige Darstellung aller Beschaffungsrisiken ist kaum möglich und würde den Rahmen dieser Arbeit sprengen. Im Rahmen der nachfolgenden Ausführungen soll versucht werden, durch Aufbau eines Klassensystems den Systematisierungsansatz der ursachenorientierten Sichtweise weiterzuentwickeln.

Risiken können sowohl durch unternehmensinterne Entwicklungen und Vorgänge als auch durch unternehmensexterne Ereignisse ausgelöst werden. Dieser Differenzierung liegt die Perspektive eines einzelnen Unternehmens zugrunde. Im Zusammenhang mit Netzwerken ergibt sich indes ein anderes Bild. Aus der Sicht einer Lieferanten-Abnehmer-Beziehung existiert beispielsweise eine Reihe von Kontextfaktoren, die weder extern noch intern, sondern vielmehr netzwerk- bzw. beziehungsspezifisch sind.[861] Neben der in Kapitel 2.1.3.1 bereits vorgestellten Möglichkeit der Strukturierung nach exogenen und endogenen Risikoursachen soll deshalb auch die Beziehung zwischen dem Lieferanten und dem Abnehmer als Quelle potenzieller Beschaffungsrisiken Berücksichtigung finden. Diese drei Ursachenkategorien werden im folgenden Kapitel in unterschiedliche Subklassen eingeteilt und mithilfe von Beispielen näher erläutert.

3.3.2.1 Exogene Risiken

Diese Ursachenkategorie fasst alle Risiken zusammen, die aus der für die Beschaffung relevanten Umwelt resultieren. Wie bereits erläutert, lässt sich die relevante Umwelt in eine weitere Unternehmensumwelt, die sogenannte „globale Umwelt", und eine engere Unternehmensumwelt bzw. aufgabenspezifische Umwelt unterteilen.[862] Die aufgabenspezifische Umwelt soll dabei alle Umweltelemente umfassen, mit denen die Unternehmung direkt in Interaktion steht, während die globale Umwelt generelle Rahmenbedingungen enthält, die in der Regel einen eher indirekten Bezug zu den Beschaffungsaufgaben haben. Gemäß dieser Abgrenzung sollen in den folgenden Ausführungen die Risikoklassen Umfeldrisiken als Risiken der weiteren Unter-

---

[861] Vgl. hierzu auch Kajüter, 2007, S. 17.
[862] Siehe Kapitel 3.2.1.4.

nehmensumwelt und Markt- bzw. Lieferantenrisiken als Risiken der engeren Unternehmensumwelt unterschieden werden.

3.3.2.1.1 Umfeldrisiken

Unter der Ursachenkategorie „Umfeldrisiken" seien alle Beschaffungsrisiken verstanden, die dem globalen Umfeld des Verantwortungsbereiches der Beschaffung entspringen und gleichzeitig die Ziele der Beschaffung gefährden.[863] Die Abgrenzung der Risikoklassen der weiteren Unternehmensumwelt ist an die Segmentierung des betrieblichen Umsystems von Steinmann/Schreyögg angelehnt. Die beiden Autoren unterscheiden die Segmente makroökonomische Umwelt, technologische Umwelt, politisch-rechtliche Umwelt, sozio-kulturelle Umwelt und natürliche Umwelt:[864]

Die **ökonomische Umwelt** beinhaltet die generelle ökonomische Situation eines Raumes, die auf die für die Unternehmung relevanten Märkte ausstrahlt. Diese ist z. B. bestimmt durch die Entwicklung gesamtwirtschaftlicher Einflussfaktoren, wie z. B. des Bruttosozialprodukts, der Arbeitslosigkeit, der Konjunktur oder der Wechselkursstabilität. Da die Entwicklung der Beschaffungsmärkte in erheblichem Umfang von der Entwicklung der Gesamtwirtschaft geprägt ist, können sich Veränderungen der ökonomischen Rahmenbedingungen auf die Beurteilung des Potenzials internationaler Zuliefermärkte auswirken.

Technologische Veränderungen bei Fertigungsverfahren, Werkstoffen oder Produkten können die Technologieposition des Unternehmens gefährden und Innovationsrisiken hervorrufen. Diese entstehen beispielsweise dann, wenn die Lieferanten des Abnehmers Technologiesprünge versäumen, einen technologischen Wandel nicht erkennen oder auf Technologien setzen, die nicht mit der Strategie des Unternehmens harmonisieren. Entwicklungen der technologischen Umwelt sind einer weltweiten Beobachtung zu unterziehen und sollten frühzeitig antizipiert werden.

Das Segment der **politisch-rechtlichen Umwelt** beinhaltet jene Einflussfaktoren, die vom Staat oder anderen gesetzgebenden Körperschaften an die Unternehmung oder

---

[863] Gemäß Welge/Al-Laham umfasst die globale Umwelt „die Menge der generellen Bedingungen in einem geographischen Raum, die für eine größere Anzahl von Unternehmungen gelten und den Handlungsspielraum der Unternehmung sowohl direkt als auch indirekt beeinflussen." Welge/Al-Laham, 1992, S. 84.

[864] Vgl. Steinmann/Schreyögg, 1997, S. 159. Vgl. hierzu auch Gutmannsthal-Krizanits, 1994, 232-237, Kubicek/Thom, 1976, Sp. 3.988 f., Welge/Al-Laham, 1992, S. 86 ff., Ehrmann, 1995, S. 116 ff., Meissner, 1995, S. 28, Heuer, 1988, S. 173 ff. Zur Systematisierung außenhandelsspezifischer Risiken siehe auch Fasse, 1995, S. 111–119.

den Beschaffungsmarkt herangetragen werden. Interventionen des Staates können z. B. durch nicht tarifäre Handelshemmnisse, Zollvorschriften, Local-Content-Auflagen, Einfuhrkontingente oder Preiskontrollen erfolgen. Rechtliche Risiken können beispielsweise direkt Einfluss auf die wirtschaftliche Situation des Unternehmens bzw. des Lieferanten haben (z. B. Legalisierung von Monopolen, Basel II) oder entstehen dann, wenn Veränderungen rechtlicher Grundlagen vonseiten des Unternehmens bzw. des Lieferanten aus Unwissenheit oder Vorsatz nicht berücksichtigt werden (z. B. Umweltschutzgesetze wie die EU-Altautorichtlinie). Aus dem politischen Umfeld stellen die politische Stabilität eines Landes, ein möglicher Regierungswechsel, die Anfälligkeit bezüglich sozialer oder militärischer Konflikte und Unruhen sowie Enteignung und Verstaatlichung Risikopotenziale dar, die es zu beachten gilt. Die Wirkung dieser Umfeldrisiken ist vielfältig und kann alle Wirkungsklassen von Beschaffungsrisiken betreffen.

Aufgrund der Globalisierung der Beschaffungsaktivitäten erfahren auch die Risiken der **sozio-kulturellen Umwelt** eine steigende Bedeutung. Hierunter werden die Veränderungen gesellschaftlicher Werte und Einstellungen sowie kultureller Normen verstanden. Vor dem Hintergrund einer zunehmend geforderten politischen Verantwortung des Abnehmers für seine Zulieferer, gerade im ökologischen und sozialen Umfeld, sollte das beschaffende Unternehmen die abgeleiteten Konsequenzen eines gesellschaftlichen Wertewandels auch auf seine Lieferanten übertragen. Risiken aus Sicht der Beschaffung manifestieren sich hierbei nicht zuletzt in Imageschäden für den Abnehmer. Außerdem können sozio-kulturelle Distanzen zwischen Abnehmer und Lieferant, die in der spezifischen Lebensart und Geschäftssitten, in religiösen Überzeugungen, Sprachproblemen oder in Mentalitätsunterschieden gründen, die Zusammenarbeit zwischen beiden Partnern erschweren oder gar verhindern.

Risiken aus der **natürlichen Umwelt** resultieren schließlich aus Bedrohungen der Umwelt, wie der Verschwendung natürlicher Ressourcen oder der Umweltverschmutzung. Da Flutkatastrophen, Wirbelstürme und Erdbeben heutzutage ebenfalls ein zunehmendes Risiko für die Versorgungssicherheit beschaffender Unternehmen darstellen, können auch Risiken höherer Gewalt in diese Risikokategorie mit aufgenommen werden. Lieferantenentscheidungen sollten dabei vor allem auch die Risiken der geografischen Lage (z. B. in Bezug auf mögliche Versorgungsrisiken) sowie das entsprechende Klima berücksichtigen.

3.3.2.1.2 Marktrisiken

Die Ursachenkategorie „Marktrisiken" umfasst alle Beschaffungsrisiken, die für ein Unternehmen aus der Struktur und der Beschaffenheit der Angebots- und Nachfragemärkte resultieren und in der Gefährdung der Beschaffungsziele gründen. Als Marktteilnehmer eines Beschaffungsmarkts werden sowohl die Gruppe der Anbieter als auch die Gruppe der Mitnachfrager des beschaffenden Unternehmens unterschieden.[865] Die Ableitung von Marktrisiken basiert somit auf den Marktbeziehungen innerhalb sowie zwischen diesen beiden Gruppen.[866]

Als Grundlage für eine Ableitung potenzieller Risiken, die den **Angebotsmärkten** entspringen, sind zunächst die Anzahl der Marktteilnehmer sowie deren jeweiligen Marktanteile und Kapazitäten zu ermitteln. Hieraus lassen sich Erkenntnisse über das Volumen sowie über die Struktur des Angebotsmarkts gewinnen. Letztere wird mithilfe des Marktformenschemas beschrieben, das die Marktformen Monopol, Oligopol und Polypol differenziert. Da sich die Konkurrenzsituation innerhalb des Zuliefermarkts stark auf die Verhandlungsposition und -macht des Abnehmers auswirkt, ist es für den Nachfragemarkt von großer Bedeutung, ob der Angebotsmarkt zersplittert ist oder sich auf wenige bzw. nur einen einzigen Anbieter konzentriert.[867] Kosten- und Versorgungsrisiken für den Abnehmer können sich beispielsweise dann ergeben, wenn der Angebotsmarkt monopolistische Strukturen aufweist, wenn also wenig potenzielle Teilnehmer existieren. Mangelnder Wettbewerb kann darüber hinaus zu einer Nivellierung des technologischen Fortschritts führen.[868] Die Konkurrenzsituation eines Beschaffungsmarkts beschreibt Hinterhuber mit dem Begriff der Marktqualität.[869] Die Ursachen für eine niedrige Marktqualität liegen beispielsweise in hohen Eintrittsbarrieren des Markts, fehlenden Bedrohungen durch neue Lieferanten, substitutive Produkte oder Problemlösungen oder der geringen Rivalität unter den bestehenden Wettbewerbern z. B. aufgrund des Angebots differenzierter Produkte begründet.[870] Weitere angebotsmarktseitige Verhandlungsmacht entsteht z. B. da-

---

[865] Als Beschaffungsmarkt soll „der Markt verstanden werden, der sich zusammensetzt aus der Gesamtheit aller tatsächlichen und möglichen Beziehungen eines Unternehmens zu den Anbietern von Beschaffungsobjekten, um die mit weiteren Nachfragern zur Verwirklichung der jeweiligen Unternehmensziele konkurriert werden kann." Brodersen, 2000, S. 36.

[866] Es sei in diesem Zusammenhang erwähnt, dass auch der Absatzmarkt der Automobilhersteller beschaffungsseitige Risiken auslösen kann. Auch diese Risiken seien unter der Ursachenkategorie „Marktrisiken" subsumiert. Vgl. Pfisterer, 1988, S. 223 f. Pfisterer beschreibt hierbei das Risiko möglicher Obsoleszenzen von Beschaffungsobjekten, wenn es beispielsweise auf der Nachfrageseite zu unvorhergesehenen Anspruchsänderungen kommt und die entsprechenden Beschaffungsobjekte nicht in andere Endprodukte verbaut werden können.

[867] Vgl. Weigand, 1998, S. 129, Arnolds/Heege/Tussing, 1996, S. 125.

[868] Vgl. Becker, 1999, S. 71.

[869] Vgl. Hinterhuber, 1982, S. 58 ff.

[870] Vgl. Porter, 1990, S. 36 sowie Arnolds/Heege/Tussing, 1996, S. 123 ff.

durch, dass der entsprechende Nachfragemarkt als Kunde für den Angebotsmarkt relativ unwichtig ist. Darüber hinaus können auch aus dem Verhältnis zwischen Angebots- und Bedarfsmengen Risiken erwachsen. Kann der Angebotsmarkt aufgrund von Knappheiten als Verkäufermarkt bezeichnet werden, verschärft sich die Risikosituation des beschaffenden Unternehmens. Häufig sind diese Beschaffungsmärkte durch starke Preisschwankungen gekennzeichnet, die zu erheblichen Kostenrisiken für das beschaffende Unternehmen führen können.[871]

Da der Abnehmer mit anderen Wettbewerbern aus verschiedensten Branchen in Konkurrenz um die vom Angebotsmarkt offerierten Ressourcen steht, lassen sich beschaffungsseitige Gefährdungen des Unternehmens auch aus der Struktur des **Nachfragemarkts** ableiten.[872] Zur Einschätzung der eigenen Marktstellung sind Anzahl und Struktur der Beschaffungskonkurrenten sowie deren Nachfragevolumen und Marktanteile zu erheben.[873] Bei der Analyse der Risikosituation spielt neben der Marktform[874] auch das Konkurrenzverhalten, das maßgeblich durch die Marktform bestimmt ist, eine bedeutende Rolle. Zunehmender Wettbewerb auf dem Nachfragemarkt ist dann zu erwarten, wenn die strategische Bedeutung des Beschaffungsmarkts groß ist.[875] Wird die im Vergleich zur Beschaffungskonkurrenz eigene Marktposition[876] als schwach eingestuft, kann es vonseiten der anderen Abnehmer zu empfindlichen Wettbewerbsbeschränkungen für das Beschaffungsunternehmen kommen. Bei angespannter Versorgungssituation besteht dann die Gefahr, dass die Konkurrenz am Nachfragemarkt versuchen wird, die eigene Beschaffung vom Markt zu verdrängen. Dies kann sich z. B. darin äußern, dass knapp werdende Güter frühzeitig aufgekauft oder Exklusivitätsvereinbarungen mit dem Lieferanten abgeschlossen werden.[877] Im Extremfall führt eine dominante Marktstellung der Konkurrenz dazu, dass einem Lieferanten bestimmte Verhaltensweisen vorgeschrieben werden oder eine Belieferung an andere Abnehmer vertraglich untersagt wird.[878] Zudem kann auch das Kooperationsverhalten der Beschaffungskonkurrenz die Marktstellung negativ beeinträchtigen. So schränken vertikale Kooperationen die Anzahl der potenziellen Anbieter ein, während horizontale Einkaufskooperationen aufgrund der Bün-

---

[871] Vgl. Weigand, 1998, S. 86. Als Beispiel wäre hierbei der Rohstoffmarkt für Edelmetalle zu nennen, der von einer besonders großen Volatilität gekennzeichnet ist.
[872] Vgl. Weigand, 1998, S. 75.
[873] Vgl. Lensing/Sonnenmann, 1995, S. 118.
[874] Im Marktformenschema des Nachfragemarkts wird entsprechend zwischen Monoon, Oligoon und Polyon unterschieden, Grochla/Schönbohm, 1980, S. 51 f.
[875] Vgl. hierzu auch Bloech, 1986, S. 122 f.
[876] Z. B. bezogen auf das Beschaffungsvolumen, das Beschaffungspotenzial oder die Marktattraktivität.
[877] Vgl. Arnolds/Heege/Tussing, 1996, S. 126.
[878] Vgl. Lindner, 1983, S. 245.

delung von Transaktionsmacht die Marktstellung des beschaffenden Unternehmens schwächen. Je geringer die Zahl der Nachfragewettbewerber ist, desto größer ist bei drohenden Versorgungsschwierigkeiten die Notwendigkeit, das Verhalten der Konkurrenten auf der Nachfrageseite unter die Lupe zu nehmen. Die Beschaffungsaktionen eines mächtigen konkurrierenden Abnehmers können in einer derartigen Situation die eigenen Bedarfsmöglichkeiten stärker gefährden, als wenn auf einem Markt sehr viele Nachfrager mit relativ kleinen Marktanteilen um die angebotenen Mengen konkurrieren.[879]

3.3.2.1.3 Lieferantenrisiken

Beschaffungsrisiken, die, vom einzelnen Lieferanten ausgehend, zu einer Gefährdung der Erreichung der Beschaffungsziele führen können, werden unter der Ursachenkategorie „Lieferantenrisiken“ subsumiert. Hierunter fallen auch jene Risiken, die aus dem spezifischen Umfeld des Lieferanten und dessen Beziehungsgeflecht zu Sublieferanten, Kunden, Wettbewerbern oder Shareholdern entstehen. Risiken für den Lieferanten können somit auch zu Risiken des eigenen Unternehmens werden, Abhängigkeiten des Lieferanten von Dritten können zu Abhängigkeiten des eigenen Unternehmens führen.

Im Gegensatz zu der im vorherigen Kapitel beschriebenen Ursachenkategorie „Marktrisiken“ steht bei dieser Ursachenkategorie nicht die Gesamtheit der ökonomischen Beziehungen zwischen Anbietern und Nachfragern im Vordergrund, sondern die einzelnen Beschaffungsquellen selbst. Während sich Marktrisiken aus der Marktposition des beschaffenden Unternehmens sowie der Marktstruktur der Angebots- und Nachfragemärkte ableiten lassen, werden Lieferantenrisiken aus der unternehmensinternen und -externen Perspektive eines konkreten Lieferanten aus Sicht des Abnehmers ermittelt.

Risiken der internen Risikoperspektive beschreiben das Unternehmen des Lieferanten im Innenverhältnis, während die externe Risikoperspektive die weitere und engere Unternehmensumwelt des Lieferanten und seine Beziehung zu Stakeholdern umfasst. Innerhalb der Kategorie der unternehmensinternen Lieferantenrisiken sollen die Risikoklassen „Risiken aus Corporate Governance“, „Risiken aus der strategischen Positionierung“, „Risiken aus der wirtschaftlichen und finanziellen Lage“, „Risiken aus der Leistungsebene“ sowie „Risiken aus dem Imageprofil“ unterschie-

[879] Vgl. Arnolds/Heege/Tussing, 1996, S. 126.

den werden. Die Kategorie der unternehmensexternen Lieferantenrisiken umfasst die Risikoklassen „Risiken aus der Beziehung des Lieferanten zu seinen Vorlieferanten", „Risiken aus der Beziehung des Lieferanten zu weiteren Kunden" sowie „Risiken aus der Wettbewerbsposition des Lieferanten".

Lieferantenrisiken der Risikoklasse **Risiken aus Corporate Governance** beinhalten alle Beschaffungsrisiken, die z. B. im Führungsstil, in der Unternehmenskultur, im Betriebsklima oder in der Organisation des beliefernden Unternehmens liegen.[880] Im Besonderen sei die fehlende Nachfolgeregelung kleiner und mittelständischer Unternehmen erwähnt, die häufig ursächlich für spätere Versorgungsrisiken der Abnehmer sind.[881] Eine weitere Gefährdung für das beschaffende Unternehmen kann aus den Eigentumsverhältnissen der Zulieferer resultieren. Zulieferunternehmen, die beispielsweise nicht zum Kerngeschäft ihrer Konzernmutter gehören oder deren Muttergesellschaft sich zu einer starken Shareholder-Value-Orientierung bekennt, sind gerade in konjunkturellen Schwächeperioden stärker von einer Veräußerung oder einer wirtschaftlichen Ausbeutung des Mutterkonzerns bedroht. Lieferantenrisiken für den Abnehmer resultieren häufig auch aus der unzureichenden Managementkompetenz des Zulieferunternehmens. Gemäß einer Studie der Unternehmensberatung Wieselhuber & Partner, welche die Gründe von Insolvenzfällen mittelständischer Unternehmen untersuchte, sind nicht die ungünstigen wirtschaftlichen Randbedingungen, sondern die durch Managementfehler ausgelösten nachhaltigen strategischen Schwächen die häufigste Ursache von Firmenpleiten.[882]

Anhaltspunkte zur Einschätzung von **Risiken aus der strategischen Positionierung des Lieferanten** lassen sich aus der Beurteilung des bereits realisierten bzw. angestrebten Geschäftsmodells[883], seiner Wachstumsneigung, seiner Diversifikationsabsichten, seiner Kooperationsbereitschaft und seinen Internationalisie-

---

880 Siehe hierzu auch Romeike, 2004, S. 110: „Die Risiken aus Corporate Governance und des Managements umfassen die Risiken, die mit dem Ziel einer guten, verantwortungsvollen und auf die langfristige Wertschöpfung ausgerichteten Unternehmensführung und Kontrolle verknüpft sind." Bei dem Begriff „Corporate Governance" geht es um die effiziente Führung und Kontrolle von Unternehmen. Der Cadbury Report aus dem Jahre 1992, benannt nach dem Vorsitzenden der staatlichen Kommission Sir Adrian Cadbury, stellt einen Meilenstein innerhalb der Corporate-Governance-Debatte dar. Seine Empfehlungen gehören zu den Listing Rules der Londoner Börse. Gemäß den Vorschlägen der britischen Cadbury Kommission kann Corporate Governance als „the system by which companies are directed and controlled" definiert werden. Cadbury Report (The Financial Aspects of Corporate Governance), 1. Dezember 1992, S. 15, vgl. Homepage des European Corporate Governance Institutes (www.ecgi.org). Vgl. hierzu auch Berrar, 2001, S. 25 ff.

881 Eine detaillierte Analyse strategischer Risiken kleiner und mittlerer Unternehmen findet sich in Hermann, 1996, S. 127–161.

882 Im Rahmen dieser Analyse vom Frühjahr 2003 wurden 52 Insolvenzfälle mittelständischer Unternehmen mit einem Umsatz von mindestens 15 Millionen Euro untersucht. Vgl. Deckstein, 2003, S. 21.

883 Vgl. Kapitel 3.1.3.3.

rungsbestrebungen erkennen.[884] Risiken für den Automobilhersteller ergeben sich häufig auch dadurch, dass viele Lieferanten sich zunehmend als Konkurrenz zu den Herstellern positionieren. Aufgrund der in Kapitel 3.1.1.4 bereits erwähnten Gruppenfreistellungsverordnung und mithilfe der Vertriebsmöglichkeiten durch das Internet drängt die Automobilzulieferindustrie in steigendem Maße in den sogenannten „Aftermarket" der Hersteller vor und versucht, die für den Hersteller produzierten Serienteile als Ersatzteile direkt an die Handelsorganisation, die freien Werkstätten oder den Endkunden zu vertreiben.[885]

Die Stabilität eines Unternehmens kann schließlich auch aus der wirtschaftlichen und finanziellen Entwicklung abgeleitet werden. Mithilfe der Kennzahlen „Umsatz", „Marktanteil", „Eigenkapitalanteil", „Jahresüberschuss", „Liquidität", „Verschuldung" und „Investitionsvolumen" lassen sich **Risiken aus der wirtschaftlichen und finanziellen Lage** identifizieren.[886] Gefahren für den Abnehmer treten dabei nicht erst im Fall eines Konkurses eines Lieferanten auf.[887] Eine schwache finanzielle Basis führt unter Umständen auch dazu, dass notwendige Investitionen, Produktverbesserungen und Entwicklungen nicht durchgeführt werden können oder der Abnehmer auf Forderungen gegenüber dem Lieferanten, z. B. aus Garantievereinbarungen, verzichten muss.[888]

Unter **Beschaffungsrisiken auf der Leistungsebene** eines Lieferanten seien alle Störgrößen subsumiert, die aus den primären und unterstützenden Aktivitäten des Wertschöpfungsprozesses abgeleitet werden können. Die Ursachen solcher Risiken können vielfältig sein und können sowohl durch technische Störungen als auch durch menschliches Versagen ausgelöst werden. In diesem Zusammenhang weisen Arnolds/Heege/Tussing darauf hin, dass Lieferanten häufig dazu neigen, Aufträge anzunehmen, die ihre qualitativen und quantitativen Fähigkeiten übersteigen.[889] Auch das Verhalten des Lieferanten soll als mögliche Risikoquelle genannt werden. Bestechung der Einkaufsmitarbeiter stören nicht nur die sozialen Beziehungen zwi-

---

[884] Vgl. Pampel, 1993, S. 258.

[885] In diesem Zusammenhang sei beispielsweise auf die B2B-Plattform für den freien Kfz-Ersatzteilmarkt TecCom verwiesen, die ausgewählten Zulieferern den Vertrieb ihrer Ersatzteile über ein Internet-Portal ermöglicht. Zu den Gesellschaftern der TecCom GmbH zählen die führenden Unternehmen der europäischen Teileindustrie.

[886] Vgl. Weigand, 1998, S. 155.

[887] Gerade bei kleinen und mittelständischen Lieferanten verlieren die Hersteller nicht nur zum Teil strategisch wichtige Partner. Hinzu kommt, dass diese Lieferanten in den komplexen Anläufen des Abnehmers eingebunden sind. Eine Insolvenz des Lieferanten führt für den Automobilhersteller in der Regel zu hohen Folgekosten, wie Ersatzbeschaffung, Terminverzögerung, Qualitätseinbußen, Vertragsstrafen, Neuentwicklungen etc. Vgl. Nollau/Keller/Merkel, 2005, S. 162.

[888] Vgl. Arnolds/Heege/Tussing, 1996, S. 131 f.

[889] Vgl. Arnolds/Heege/Tussing, 1996, S. 133.

schen beiden Partnern, sondern können bei Auswahl des falschen Lieferanten auch einen erheblichen Einfluss auf die Beschaffungsziele ausüben.[890]

Abschließend sei die **Reputation des Zulieferers** als mögliche, vom Lieferanten verursachte Risikoquelle erwähnt. Ein schlechtes Image eines Lieferanten in der Öffentlichkeit, in den Medien oder beim Kunden des Abnehmers kann sich als Ausstrahlungseffekt auf das abnehmende Unternehmen übertragen.[891]

Die unternehmensexternen Lieferantenrisiken für den Abnehmer lassen sich aus den fünf Triebkräften des Branchenwettbewerbs ableiten.[892] So können beispielsweise Risiken für den Abnehmer aus der **Beziehung des Lieferanten zu seinem Vorlieferanten** entstehen. Diese treten dann ein, wenn sich der Lieferant in einer Abhängigkeitsposition von seinen Vorlieferanten befindet. Ist dieser Vorlieferant zudem ein Konkurrent des beschaffenden Unternehmens (z. B. aufgrund eines Gegengeschäftes), ist eine solche Abhängigkeit besonders schwerwiegend. Beliefert ein Lieferant neben dem eigenen Unternehmen auch die **Konkurrenz** auf der Absatzseite, können sich für den Abnehmer unter gewissen Umständen Gefahrenpotenziale entwickeln. So ist z. B. die Gefahr des Abflusses von Know-how an die Konkurrenz besonders groß, wenn marktdifferenzierende Produkte in intensiver Zusammenarbeit mit dem Lieferanten entwickelt werden. Das Gleiche gilt, wenn beide Konkurrenten das gleiche Produkt beziehen. Hier könnte der Wettbewerber von Produktverbesserungen profitieren, die vom Abnehmer angeregt wurden. Weitere Gefahrenpotenziale drohen schließlich, wenn der Konkurrent aufgrund seiner großen Verhandlungsmacht gegenüber dem gemeinsamen Lieferanten Einschränkungen bei der Versorgung des eigenen Unternehmens erwirken kann. Diese Gefahr wird besonders dann evident, wenn das Konkurrenzunternehmen und der Lieferant kapitalmäßig verflochten sind.[893] Schließlich liefert auch die **Wettbewerbsposition des Lieferanten** wichtige Hinweise für mögliche Beschaffungsrisiken des Abnehmers. Je stabiler die Marktstellung des Lieferanten, desto größer ist letztendlich auch die Versorgungssicherheit für den Abnehmer. Gemäß Porter ist es strategisch gesehen „wünschenswert, bei Lieferanten zu kaufen, die ihre Wettbewerbsposition im Blick auf ihre Produkte und Leistungen beibehalten oder verbessern werden."[894] Versorgungsrisiken werden dementsprechend von Lieferanten verursacht, bei denen die Gefahr besteht, dass sie vom Markt verdrängt werden. Die Auswahl von Lieferanten, die auch in Zukunft in der Lage sein werden, die Bedürfnisse des Unternehmens zu erfüllen, verhindert da-

---

[890] Vgl. Homann, 1997, S. 204–205.
[891] Vgl. Pampel, 1993, S. 258 f.
[892] Vgl. Porter, 1990, S. 33 f.
[893] Vgl. Arnolds/Heege/Tussing, 1996, S. 135.
[894] Vgl. Porter, 1990, S. 175.

rüber hinaus zusätzliche Kosten, die ein Lieferantenwechsel nach sich ziehen würde. Bei der Frage nach der Wettbewerbsfähigkeit ist nicht nur die Positionierung innerhalb des bestehenden Wettbewerbs zu prüfen, auch **neue Konkurrenten** sowie **Substitutionsprodukte** können zu einer Gefährdung des Lieferanten und damit auch des Abnehmers führen.

3.3.2.2 Endogene Risiken

Unter der Ursachenkategorie „endogene Risiken" sollen alle Beschaffungsrisiken subsumiert werden, die innerhalb des Unternehmens beschaffungsseitig oder von anderen Funktionsbereichen ausgelöst werden. In Anlehnung an das in Kapitel 3.2.5 vorgestellte Beschaffungsmodell werden somit die Ursachenkategorien, „Führungsrisiken", „Ausführungsrisiken" sowie „Risiken aus dem unternehmensinternen Umfeld" unterschieden.

3.3.2.2.1 Führungsrisiken

Ursachen von Beschaffungsrisiken auf der Führungsebene können sowohl auf normativer Ebene als auch auf strategischer Managementebene ausgelöst werden. Die potenziellen Risikoursachen der Ursachenkategorie „Führungsrisiken" sind hierbei vielfältig und sollen mithilfe einzelner Beispiele veranschaulicht werden.

Zunächst sei auf die **Risiken des normativen Beschaffungsmanagements** eingegangen. „Da Unternehmensgrundsätze den Charakter langfristiger verbindlicher Verhaltens- und Entscheidungsrichtlinien haben, können sie bei stark dynamischer Umwelt, d. h. bei sich rasch ändernden Prämissen, zu Fehlverhalten führen und damit selbst zur Risikoquelle werden."[895] Dieser Zusammenhang wird am Beispiel der Beschaffungskultur verdeutlicht. Stark ausgeprägte Unternehmenskulturen sind für das Leistungsvermögen einer Unternehmung in mehrfacher Hinsicht bedeutsam. Steinmann/Schreyögg führen Aspekte wie die Effizienz des Kommunikationsnetzes, die Geschwindigkeit der Informationsverarbeitung und der Entscheidungsfindung oder die Höhe des Kontrollaufwandes sowie der Motivation und Loyalität der Mitarbeiter an.[896] Den Vorzügen einer starken Unternehmenskultur können jedoch auch eine Reihe negativer Effekte gegenüberstehen. Starke Kulturen können beispielsweise zu starren Palästen werden, die jedweder Veränderung widerstreben. Kritik

[895] Braun, 1984, S. 101.
[896] Vgl. Steinmann/Schreyögg, 1997, S. 619 ff.

oder Warnsignale, die zur bestehenden Kultur im Widerspruch stehen, drohen verdrängt und überhört zu werden. Mit den Worten der Systemtheorie ausgedrückt, laufen starke Kulturen Gefahr, zu geschlossenen Systemen zu werden. Sie neigen dazu, Konformität in gewissem Umfang zu erzwingen und weisen deshalb einen Mangel an Flexibilität und Anpassungsfähigkeit auf. Solche Aspekte sind im Rahmen des Risikomanagements zu berücksichtigen. Das Ziel, eine starke Unternehmenskultur zu entwickeln, erscheint vor dem Hintergrund dieser Überlegungen als zweischneidiges Schwert. In Bezug auf die Flexibilität eines Systems sollte deshalb die Stoßrichtung umgedreht und die Kulturentwicklung als ein reflexiver Prozess verstanden werden, der das System von einer zu starken Kultur löst, um Freiräume für Neues zu schaffen.

Als weitere Risikoklasse der Ursachenkategorie Führungsrisiken seien die **Risiken des strategischen Beschaffungsmanagements** genannt. In dieser Risikoklasse sind alle Beschaffungsrisiken zusammengefasst, die ausschließlich auf strategischen Entscheidungen innerhalb des Führungssystems beruhen. Sie entstehen z. B. im Rahmen der strategischen Beschaffungsplanung bei der Entwicklung von markt-, produkt- oder lieferantenbezogenen Beschaffungsstrategien oder innerhalb der Teilsysteme Informationsmanagement, Personalmanagement und Organisation.[897] Während die Unsicherheit als primäre Ursache für Risiken innerhalb des strategischen Beschaffungsmanagements betrachtet wird, liegt ein weiterer Grund im menschlichen Versagen der für die Planung zuständigen Einkaufsverantwortlichen. Hier handelt es sich um die fehlerhafte Erfüllung von originären Managementaufgaben oder

[897] In diesem Zusammenhang sei auch auf die begriffliche Abgrenzung zu den in Kapitel 2.3.3 vorgestellten „strategischen Risiken" hingewiesen. Unter „strategische Risiken" seien alle Risiken verstanden, die hohe Schadenspotenziale in sich bergen und existenzgefährdenden Charakter besitzen können. Sie können sowohl von endogenen wie auch exogenen Ursachen ausgelöst werden. Vgl. auch Schinle, 1987, S. 95 ff., Kupsch, 1995, S. 532, Neubürger, 1989, S. 28 ff. Da ihre definitorische Abgrenzung auf die negative Wirkung auf die Erfolgspotenziale des Unternehmens zurückzuführen ist, hat diese Typisierung eher wirkungsorientierten Charakter. Dennoch besteht zwischen den beiden Klassifizierungsansätzen „Führungsrisiken" und „strategischen Risiken" ein enger Zusammenhang: Da strategische Entscheidungen üblicherweise weiter in die Zukunft reichen als taktische oder operative Entscheidungen, ist die Unsicherheit und damit das Risiko einer Fehlentscheidung in der Regel auch größer. Vgl. hierzu auch Voigt, 1992, S. 487 und S. 496 f. Zudem zeigt sich, dass die vom Management zu treffenden Entscheidungen zumeist eine große Tragweite besitzen. Fehlentscheidungen auf normativer und strategischer Ebene können für Unternehmen oft existenzielle Gefahren bedeuten, sodass „Führungsrisiken" häufig auch gleichzeitig „strategische Risiken" darstellen. Holst betont, dass der Einfluss externer Ursachen für das Zustandekommen von Unternehmenskrisen nicht überschätzt werden sollte: „Vielmehr ist die Bedeutung interner Ursachen und hierbei insbesondere die der Unternehmensführung und seiner Qualifikation für die Krisenentstehung herauszustellen, ohne dies dabei gleichzeitig zur alleinigen Ursache zu erklären." Holst, 1998, S. 8. Diese Einschätzung bestätigt auch Lück. Er weist darauf hin, dass im Rahmen der empirischen Insolvenzforschung zunehmend festgestellt wird, dass Führungsfehler, Managementmängel sowie Probleme, die vom Unternehmer bzw. Manager selbst ausgehen, zu den häufigsten Ursachen von Unternehmenskrisen und Verlustfällen gehören. Vgl. Lück, 2000 (Risikomanagementsystem), S. 1.473.

die Nichterfüllung von Pflichten, die der Einkaufsleitung obliegen.[898] Ansatzpunkte für Fehlentscheidungen liefert der gesamte Planungsprozess. Als Beispiele können falsch gesetzte Ziele, nicht ausreichend fundierte Problemanalysen, Prognosen, die auf falschen Prämissen aufbauen oder Bewertungen, denen falsche oder falsch gewichtete Kriterien zugrunde liegen, genannt werden.[899] Neben der Willensbildung können Risiken auch aus dem Prozess der Willensdurchsetzung resultieren. Richtige Entscheidungen, die vom Management nicht durchgesetzt werden können bzw. fehlende Kontroll- und Abweichungsanalysen stellen ein ebenso hohes Risiko dar wie die Fehlentscheidung selbst.[900] Neben dieser funktionalen Betrachtung des Managements, bei der die Aufgaben und Funktionen des Managements im Vordergrund stehen, lassen sich Managementrisiken auch aus einer institutionalen Sicht heraus ableiten.[901] Dabei stehen die Person des Managers sowie die organisatorische Struktur des Managements im Fokus. Managementrisiken aus einer institutionalen Sichtweise begründen sich beispielsweise, wenn das Management aufgrund persönlicher Interessen bewusste Handlungen ausführt, die den beschaffungspolitischen Zielen und Erwartungen des Unternehmens widersprechen, oder wenn zu große oder zu kleine Leitungsspannen bzw. eine unzureichend klare Delegation von Verantwortungsbereichen und Kompetenzen existieren.[902]

3.3.2.2.2 Ausführungsrisiken

Unter der Ursachenkategorie „Ausführungsrisiken" werden alle Beschaffungsrisiken subsumiert, deren Ursachen nicht dem Führungssystem des Unternehmens entspringen, sondern auf der Leistungsseite entstehen. Kaufmann weist darauf hin, dass Beschaffungstransaktionen durch Eigenschaften gekennzeichnet sind, die normalerweise für die Charakterisierung strategischer Entscheidungen herangezogen werden, wie z. B. den Einfluss auf Unternehmenserfolg oder die zeitliche Bindung an den Zulieferer.[903] Aus diesem Grunde stellen Risiken der Ursachenkategorie

---

[898] Vgl. Schinle. 1987, S. 55 ff., Fasse, 1995, S. 27 f.
[899] Vgl. Lück, 2000 (Managementrisiken), S. 318 f., Gottwald, 1990, S. 146 ff.
[900] Vgl. Lück, 2000 (Managementrisiken), S. 319 f.
[901] Zur Abgrenzung des Managements als Funktion bzw. als Institution vgl. Steinmann/Schreyögg, 1997, S. 6 f., Staehle, 1994, S. 69 und 86 ff. und Schierenbeck, 1995, S. 81 f.
[902] Vgl. Lück, 2000 (Managementrisiken), S. 317. Als Beispiele krimineller Aktivitäten des Managements führt Lück die Unterschlagung von Firmengeldern zur eigenen Bereicherung, die Verschleierung von Verlusten zur persönlichen Imagewahrung oder die Annahme von Schmier- oder Bestechungsgeldern an.
[903] Vgl. Kaufmann, 2001, S. 42.

„Ausführungsrisiken" nicht ausnahmslos „operative Risiken" dar,[904] sondern können durchaus strategisch-kritischen Charakter besitzen. Die Ursachenkategorie „Ausführungsrisiken" umfasst somit sowohl Risiken, deren Risikopotenzial eher gering ist (z. B. Risiken der Beschaffungsabwicklung), als auch Risiken aus Entscheidungsprozessen wie der Lieferantenauswahl, die zu erheblichen Schäden für das Unternehmen führen können. In Analogie zu den oben genannten potenziellen Ursachen von „Führungsrisiken" gründen „Ausführungsrisiken" ebenfalls auf Fehlentscheidungen aufgrund von Unsicherheit, auf bewusstem Fehlverhalten der prozessbeteiligten Mitarbeiter oder schlichtweg auf menschlichem Versagen.

„Ausführungsrisiken" stellen z. B. Planungs- und Handlungsfehler der Mitarbeiter dar. So können Fehler bei der Bedarfsermittlung, bei der Planung von Bestellmengen und -terminen, bei Einkaufsverhandlungen oder bei der Wareneingangskontrolle die kosten-, zeit- und qualitätsgerechte Versorgung erheblich beeinträchtigen.[905] Auch Nachlässigkeiten, wie beispielsweise eine zu späte Weitergabe von Informationen an den Lieferanten, eine zu knappe Terminierung der einzelnen Meilensteine im Projekt oder eine telefonische Vereinbarungen mit Lieferanten ohne schriftliche Absicherung, können die geplante Erreichung der Beschaffungsziele grundsätzlich gefährden.[906] Werden bei der Bestandsoptimierung Konzepte verfolgt, bei denen neben kleineren Losgrößen und kürzeren Bestellintervallen auch der Abbau von Sicherheitsreserven vorgesehen ist, können Störungen in den Abläufen des Lieferanten noch schneller zu Betriebsunterbrechungen führen.[907] Werden zur Reduzierung von externen Versorgungsrisiken dagegen umgekehrt vermehrt Lagerbestände aufgebaut, erhöhen sich andererseits wiederum die Risiken der Lagerhaltung. Rogler unterscheidet z. B. zwischen Lagermengen-, Lagerqualitäts- und Lagerwertrisiken. Während Minderungen der Menge oder Qualität durch Verderb oder Brand verursacht werden können, treten Wertminderungen des Bestandes z. B. dann ein, wenn die Marktpreise der bevorrateten Roh-, Hilfs- und Betriebsstoffe fallen oder wenn diese nicht weiter benötigt werden.[908] Ein weiteres Risiko überhöhter Lagerhaltung äußert sich in Form einer zu hohen Kapitalbindung.[909]

Neben möglichen Beschaffungsrisiken aus dem krankheitsbedingten Ausfall von Mitarbeitern oder der Störung in den EDV- und Informationsverarbeitungssystemen

---

[904] Als Gegenstück zu den „strategischen Risiken" stehen „operative Risiken" für kurzfristig wirksame Risiken, die das alltägliche Störpotenzial betreffen und deren Bedeutung weniger wichtig ist. Vgl. Freidank, 2000, S. 351.
[905] Vgl. Mikus, 1998, S. 196.
[906] Vgl. Large, 1999, S. 197 f.
[907] Vgl. Haindl, 1996, S. 4 f. und Mikus, 1998, S. 196.
[908] Vgl. Rogler, 2002, S. 120 f.
[909] Vgl. Freidank, 2000, S. 354.

seien schließlich noch Risiken genannt, die aus dem bewussten Fehlverhalten von Einkaufsmitarbeitern resultieren. Risiken auf leistungswirtschaftlicher Ebene entstehen zum einen aus der Tatsache, dass sich Mitarbeiter grundsätzlich anders verhalten, als dies den Zielen und den Erwartungen der Führung entspricht.[910] Zum anderen stellen vor allem auch dolose Handlungen mögliche Risikoursachen im Beschaffungsbereich dar. Dolose Handlungen sind beispielsweise Diebstahl, Zerstörung, Unterschlagung oder Bestechung.[911] Als wesentliches Risikopotenzial sei in diesem Zusammenhang die Beziehung zwischen dem Einkaufsmitarbeiter und seinem Lieferanten genannt. Gerade im Einkauf ist die Gefahr von Vermögensschäden infolge persönlicher Bereicherungen, z. B. durch Vereinbarung überhöhter Beschaffungspreise mit den Lieferanten gegen Zahlung von Schmiergeldern, besonders groß.[912]

3.3.2.2.3 Risiken aus dem unternehmensinternen Umfeld

Endogene Risiken entstehen nicht nur innerhalb des Verantwortungsbereiches der Beschaffung. Auch andere Unternehmensfunktionen nehmen Einfluss auf die Beschaffung und können so die Nichterreichung der Beschaffungsziele gefährden.[913] Genauso wie die „exogenen Risiken", die nach Haller[914] auch als Bedingungsrisiken bezeichnet werden können, stellen die vom Unternehmensumfeld verursachten Beschaffungsrisiken in gewisser Weise auch Rahmenbedingungen der Beschaffung dar, die nur bedingt beeinflussbar sind. In Analogie zu den Ausführungen von Dreger soll deshalb von „bedingt freien Aktionsrisiken" gesprochen werden.[915] Diese seien im Folgenden exemplarisch vorgestellt.

Da der Einkauf von Produktionsmaterialien erhebliche finanzielle Ressourcen bindet, spielt die Zusammenarbeit zwischen den Funktionsbereichen Beschaffung und **Finanzwesen** eine wichtige Rolle. Risiken für die Beschaffung entstehen beispielsweise dann, wenn das finanzielle Gleichgewicht des Unternehmens gestört ist. Liquiditätsschwierigkeiten können dazu führen, dass das beschaffende Unternehmen nicht weiter in der Lage ist, seine Bedarfe am Beschaffungsmarkt zu decken. Häufig

---

910 Vgl. Ackermann, 1999, S. 66, Gutmannsthal-Krizanits, 1994, S. 241 f.

911 Vgl. Bär, 2000, S. 449.

912 Vgl. Freidank, 2000, S. 354. Aufgrund des hohen Anteils fremdbeschaffter Produkte weist Büschemann auf die besondere Anfälligkeit für Schmiergelder bei Einkaufsverantwortlichen im automobilen Umfeld hin. Vgl. Büschemann, 2005, S. 17.

913 Selbstverständlich kann die Funktion der Beschaffung auch umgekehrt die Zielerreichung anderer Unternehmensfunktionen beeinflussen und Auslöser von Risiken sein.

914 Vgl. Haller, 1986, S. 19 f.

915 Vgl. Dreger, 2000, S. 106. In diesem Sinne können die Risiken der oben vorgestellten Ursachenkategorien „Führungsrisiken" und „Ausführungsrisiken" als „freie Aktionsrisiken" verstanden werden.

kann bereits das Bekanntwerden von solchen Zahlungsengpässen Versorgungsrisiken auslösen. Da die Lieferanten ihrerseits versuchen, die Gefahren eines vollständigen oder teilweisen Verlustes der gelieferten Ware zu minimieren, werden sie unter Umständen die entsprechenden Lieferungen verzögern oder zurückhalten.[916]

Als wichtiger Netzwerkpartner der Beschaffung stellen auch die entwicklungsseitigen Aktivitäten Risikopotenziale für die Beschaffung dar. Die unvollständige oder zeitlich verzögerte Bereitstellung von Lastenheften durch die **Entwicklung**sfachstellen kann auf Seiten der Beschaffung zu einer Verzögerung der Ausschreibung führen, was wiederum eine Gefährdung der termingerechten Lieferantenauswahl zur Folge hätte. Kostenrisiken werden vor allem durch konzept- oder konstruktionstechnische Änderungen der bereits mit dem Lieferanten getroffenen Vereinbarungen ausgelöst. Eine Veränderung der ausgeschriebenen Leistung zieht meist Nachverhandlungen nach sich und hat in vielen Fällen eine Erhöhung der Kosten zur Folge. Im schlimmsten Fall müssen die im Nachhinein angepassten Leistungspakete komplett neu ausgeschrieben werden, was einen entsprechenden Verzug innerhalb des Fahrzeugprojekts auslösen kann.[917] Schließlich soll auf die zu beschaffenden Güter als mögliche Risikoquelle hingewiesen werden. Viele Beschaffungsprobleme tragen ihren Ursprung in den von der Entwicklung definierten Produktanforderungen.[918] Die technischen Anforderungen sowie der Standardisierungsgrad der zu beschaffenden Komponenten, Systeme oder Module tragen häufig zu einer Limitierung der Beschaffungsmöglichkeiten am Markt bei, was wiederum zu Kostenrisiken führen kann. Zum anderen können durch die Produktanforderungen auch Qualitäts- und Versorgungsrisiken verursacht werden, da eine Kongruenz zwischen dem Bedarf und dem Leistungsvermögen des Lieferanten nicht immer von vornherein gewährleistet ist.

Schließlich seien die Einflüsse der **Produktion** bzw. des **Vertriebs** auf die Beschaffung genannt. Wie bereits erwähnt, übt die Beschaffung einen wesentlichen Einfluss bei der Erschließung reglementierter Märkte aus. Die Erfüllung von Local-Content-Anforderungen führt nicht nur zu steuerlichen Entlastungen und damit zu wettbewerbsfähigeren Verkaufspreisen, auch die Nachfrage kann in Verbindung mit dem steigenden Bekanntheitsgrad des Automobilherstellers aufgrund einer Produktion vor Ort eine deutliche Belebung erfahren. Mit dieser in den Beschaffungszielen manifestierten Verantwortung trägt die Beschaffung aber auch einen Großteil der Risiken eines solchen Vorhabens. Diese reichen von Umsatzausfall- bzw. Kostenrisiken bei Nichterfüllung der Local-Content-Verpflichtungen über Versorgungs- und Qualitätsri-

[916] Vgl. Pfisterer, 1988, S. 235 f.
[917] Vgl. Bär, 2000, S. 458.
[918] Vgl. Large, 1999, S. 61.

siken bei nicht ausreichend qualifizierten lokalen Lieferanten bis hin zu Innovationsrisiken aufgrund eines möglichen Know-how-Abflusses. Letzeres fürchten beispielsweise derzeit die Automobilhersteller vor allem bei der Erschließung und Entwicklung des chinesischen Markts.

3.3.2.3 Beziehungsrisiken

Neben den bereits vorgestellten Risikoursachen aus dem exogenen und endogenen Umfeld der Unternehmung lassen sich auch aus der Lieferanten-Abnehmer-Beziehung Gefährdungen der Beschaffungsziele ableiten. Als typische Gefahren können hier sowohl Abstimmungs-, Kommunikations-, Leistungsabgrenzungs- und Schnittstellenprobleme als auch kulturell sowie sprachlich bedingte Barrieren genannt werden.[919] Die wohl schwerwiegendsten Risiken, die für den Hersteller aus der Beziehung zu seinem Lieferanten entstehen können, stellen allerdings Abhängigkeiten und damit Autonomieeinschränkungen dar.

In diesem Zusammenhang sei auf die Ausführungen von Kaufmann hingewiesen.[920] Bei der Beschreibung des Lieferantenauswahlprozesses und den hierfür notwendigen Vorbereitungen im Rahmen der Vorauswahl weist Kaufmann auf die Notwendigkeit hin, die Verhandlungsmacht beider Parteien zu analysieren. Als Werkzeug für eine solche Analyse wird ein Portfolio (siehe Abbildung 3-15) vorgestellt, in dem die relative „Best Alternative to a Negotiated Agreement“ (BATNA) aus Sicht beider Parteien bewertet wird. Auf Basis dieser Hilfsgröße,[921] welche die Entscheidungsfreiheit bzw. die Unabhängigkeit einer Partei von einer anderen Partei repräsentiert, soll schließlich die jeweilige Verhandlungsmacht dieser beiden Parteien abgeleitet werden. Eine hohe BATNA eines Akteurs spiegelt somit die relative Unabhängigkeit dieses Akteurs von der anderen Partei wider. Die relative BATNA beider Verhandlungspartner bestimmt dabei den jeweiligen Verhandlungsspielraum.[922]

[919] Zu den Ursachen von Kooperationsrisiken siehe auch Steven/Pollmeier, 2007, S. 279.
[920] Vgl. Kaufmann, 1999, S. 26 ff.
[921] Kaufmann verweist hierbei wiederum auf die wissenschaftlichen Beiträge von Fisher/Ury/Patton, 1991 und Raiffa, 1997.
[922] Kaufmann betont in diesem Zusammenhang, dass dieses Konzept trotz des fehlenden empirischen Nachweises von erfahrenen Einkäufern seine Bestätigung findet.

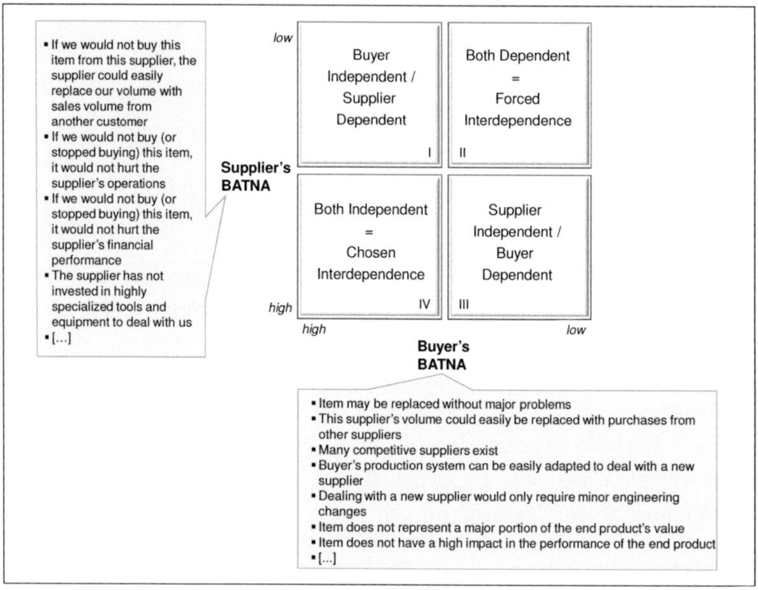

Abb. 3-15: Bewertung der Verhandlungsmacht nach Kaufmann[923]

Die obige Abbildung macht deutlich, dass die Beziehungsrisiken des Herstellers von der jeweiligen Beziehungskonstellation zum Lieferanten abhängen. Da diese Risiken nicht eindeutig durch exogene oder endogene Ereignisse bestimmt sind, begründet sich hieraus der hybride Charakter der Ursachenklasse „Beziehungsrisiken“.

Das Entstehen kritischer Abhängigkeiten innerhalb existenter Beziehungen kann zwar durch das Eintreten singulärer exogener oder endogener Ereignisse ausgelöst werden.[924] Der Ursachen-Wirkungs-Zusammenhang ist hierbei allerdings nicht immer eindeutig und hängt maßgeblich von der Robustheit der zugrunde liegenden Lieferanten-Abnehmer-Beziehung ab. Kritische Abhängigkeiten treten erst dann auf, wenn das risikoauslösende Ereignis das Machtverhältnis zwischen beiden Parteien verän-

[923] Quelle: in leicht modifizierter Form übernommen von Kaufmann, 1999, S. 27.

[924] Hier sei auf die Untersuchung von Bensaou erwähnt, in der das Abhängigkeitsverhältnis zwischen Herstellern und Zulieferern auf die Höhe der jeweils getätigten spezifischen Investitionen reduziert wird. Bensaou schlägt einen Bezugsrahmen vor, der Hinweise zur Gestaltung von verschiedenen Formen der Zusammenarbeit in Lieferanten-Abnehmer-Beziehungen liefern soll. Er identifiziert vier unterschiedliche Beziehungsformen („Market Exchange“, „Captive Supplier“, „Captive Buyer“, „Strategic Partnership“), die der Einteilung von Kaufmann in Abbildung 3-15 entsprechen. Für jede Form der Zusammenarbeit ermittelt Bensaou zudem Kontextfaktoren sowie Mechanismen zur Steuerung dieser Beziehungen. Somit kann bestimmt werden, unter welchen Bedingungen welche Form der Zusammenarbeit am besten geeignet ist. Er stellt fest, dass die Form der Zusammenarbeit an den jeweiligen Kontext anzupassen ist. Vgl. Bensaou, 1999, S. 36–44.

dert. Robuste Beziehungen vermögen dabei autonomiegefährdende Ereignisse zu absorbieren. Bei weniger robusten Beziehungen kann allerdings der Eintritt dieser Ereignisse zu einer Verschiebung der entsprechenden Machtverhältnisse führen mit der möglichen Folge einer kritischen Abhängigkeit. Das Auftreten von Abhängigkeiten lässt sich somit nicht direkt aus einzelnen Ereignissen ableiten, sondern ist immer erst im Zusammenhang mit der jeweiligen Lieferanten-Abnehmer-Beziehung zu beurteilen.

Zur Verdeutlichung dieses Zusammenhangs sei auf Abbildung 3-16 verwiesen.

Die Beeinflussung der Beziehung kann sowohl durch unternehmensinterne (a) als auch durch unternehmensexterne (b) Ereignisse erfolgen. Diese endogenen und exogenen Risikoursachen wirken sich nicht nur direkt auf die Gefährdung der Erreichung der Beschaffungsziele aus [(c), (d)], sondern können durch die Beeinflussung der Lieferanten-Abnehmer-Beziehung auch indirekt Einfluss auf das Zielsystem der Beschaffung nehmen.

Die Beziehung als Risikoursache kann dabei unterschiedliche Wirkungen erzeugen und sich zum einen direkt (e) auf die Erreichung der Beschaffungsziele (z. B. auf das Versorgungs- oder Kostenziel) niederschlagen. Zum anderen ist auch die mögliche Gefährdung des Ziels der Autonomieerhaltung denkbar. Ausgangspunkt ist die Verschiebung der Beziehungskonstellation (f) durch Veränderung der Supplier- und/oder Buyer-BATNAs. Diese Verschiebung kann dabei eine signifikante Veränderung der Machtverhältnisse zwischen beiden Parteien zuungunsten des Abnehmers zur Folge haben und so zu einseitigen Abhängigkeiten führen (g).[925] Wie in Kapitel 3.3.1.6 bereits erläutert, haben kritische Abhängigkeiten schließlich Einfluss auf die Höhe des Risikopotenzials des Funktionsbereichs der Beschaffung (h), indem sie sowohl die Eintrittswahrscheinlichkeit sonstiger Risiken als auch die Schadenshöhe bei Eintritt dieser negativ beeinflussen.

---

[925] Beispiel: Das Ereignis „Fusion zweier für den Abnehmer bedeutender Lieferanten“ muss nicht automatisch zu einer Abhängigkeit des Abnehmers führen. Das Ereignis hat aber Einfluss auf die Beziehungskonstellation zwischen den beiden Unternehmen. Verändert sich hierbei das Machtverhältnis deutlich zugunsten der fusionierten Unternehmen, lassen sich aus dem Ereignis „Fusion zweier für den Abnehmer bedeutender Lieferanten“ kritische Abhängigkeiten ableiten.

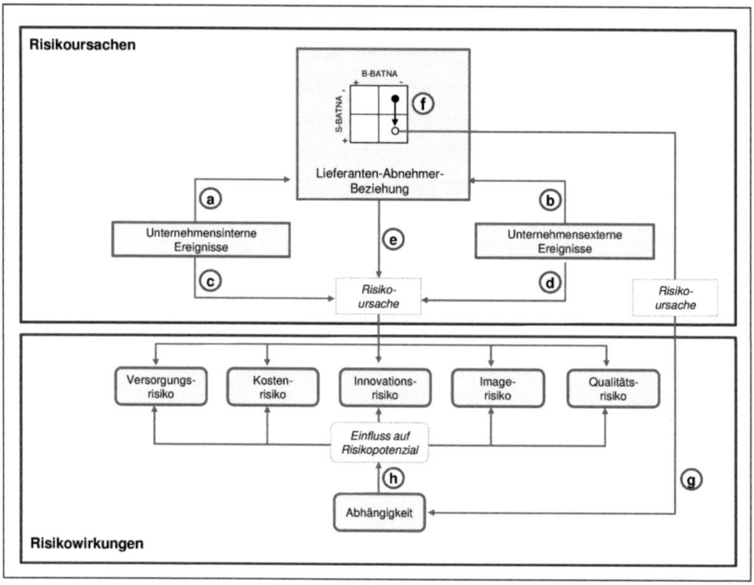

Abb. 3-16: Ursache und Wirkung von Beziehungsrisiken und Abhängigkeiten[926]

3.3.3 Ursachen-Wirkungs-Zusammenhänge

Systemverhalten entsteht durch das Zusammenwirken von Teilen. Dieses Zusammenwirken ist nur möglich, wenn zwischen diesen Teilen entsprechende Verbindungen existieren. Die Verbindungen können dabei z. B. monokausaler Art sein, d. h., dass ein Tatbestand auf eine einzige Ursache zurückgeführt werden kann.[927]

In den seltensten Fällen genügt die Beschreibung einer einzigen Risikoquelle, um bereits Aussagen darüber treffen zu können, ob eine Risikowirkung eintreten wird oder nicht. Im Gegenteil, in der Realität herrschen oft starke Verkettungen einzelner Risiken. Bei komplexen Sachverhalten wirkt bereits im Vorfeld eine Vielzahl von unterschiedlichen Faktoren zusammen, bevor es zu einer Negativwirkung kommt.[928] Die Kenntnis der Ursachen-Wirkungs-Beziehungen ist deshalb von großer Bedeutung. Um wirkungsvolle risikopolitische Maßnahmen einsetzen zu können, ist es vorteilhaft, nicht nur das letzte Glied einer Ursachen-Wirkungs-Kette als risikoauslö-

---

926 Quelle: eigene Darstellung.
927 Vgl. Ulrich/Probst, 1988, S. 36 f.
928 Vgl. Schuy, 1989, S. 95.

senden Faktor zu erkennen, sondern auch die Verbindungen zwischen den relevanten Risikofaktoren aufzudecken, um die eigentliche Risikoquelle am Beginn der Kette zu identifizieren.[929] Schinle schreibt der unkoordinierten und analytischen Einzelbekämpfung verflochtener Störungsursachen deshalb eine eher negative Auswirkung zu.[930]

Die Diskussion über Ursachen-Wirkungs-Beziehungen im Beschaffungsbereich soll im Folgenden die Zusammenhänge innerhalb sowie zwischen den in den beiden vorhergehenden Kapiteln vorgestellten Ursachen- und Wirkungskategorien deutlich machen. Wenn die Nichterreichung der Beschaffungsziele durch mehr als eine Ursache gefährdet wird, können diese Ursachen entweder gleichzeitig oder aber als miteinander verbundene Kausalkette auftreten.

Im ersten Fall sind die Risikoereignisse unabhängig voneinander und führen erst durch ihr gemeinsames Auftreten zu einer Gefahrensituation für das Unternehmen. Koppelmann weist in diesem Zusammenhang darauf hin, dass die Höhe des Beschaffungsrisikos nicht allein durch das Marktrisiko bestimmt wird, sondern auch durch mögliche Auswirkungen im Unternehmen selbst: „Erst Marktrisiken und betriebliche Risiken gemeinsam machen das Beschaffungsrisiko aus."[931] Extern verursachte Risiken können sich also in vielfältiger Weise mit intern verursachten Risiken verbinden. Diese Verbindung kann zu einer Verstärkung der Risikowirkung und damit zu einer Zunahme des Schadenspotenzials führen.[932] Bär führt hier beispielsweise das Risiko einer belieferungsinduzierten Unterbrechung der Produktion an, das verstärkt wird durch die Tendenz der Einschränkung der Lagerhaltung sowie durch Abhängigkeiten des Abnehmers zu einzelnen Lieferanten, die im Rahmen von Single-Sourcing-Strategien entstehen.[933] Interne Risikoursachen machen somit den Schadenseintritt erst möglich oder können auf das Schadenspotenzial des externen Risikos in ungünstiger Weise verstärkend wirken.[934]

Risiken entstehen zum Teil aus sehr komplexen Kausalverläufen. Die vielschichtigen Abhängigkeiten möglicher Risikoursachen können dabei zu regelrechten Überschneidungen von Ursachen und deren Folgewirkungen führen. Schuy betont die

[929] Vgl. Gutmannsthal-Krizanits, 1994, S. 216 f. Holst weist darauf hin, dass Unternehmenskrisen häufig nicht auf einzelne Ursache zurückzuführen sind, sondern eine Ursachenpluralität vorliegt, die sich sachlich und zeitlich überlagern kann. Vgl. Holst, 1998, S. 7.

[930] Vgl. Schinle, 1987, S. 100.

[931] Koppelmann, 1986, S. 154. Er führt hierbei beispielhaft an, dass das Beschaffungsrisiko für ein Produkt völlig anders einzuschätzen ist, je nachdem, ob das Unternehmen ein Lager unterhält oder nicht.

[932] Vgl. Ackermann, 1999, S. 73, Romeike, 2004, S. 110.

[933] Vgl. Bär, 2000, S. 457.

[934] Ein weiteres Beispiel aus dem Beschaffungsbereich findet sich in Pfisterer, 1988, S. 209.

Möglichkeit von wechselseitigen Zusammenhängen. Eine Wirkung kann dabei auf die Ursache zurückwirken und damit selbst zur Ursache werden.[935] Aufgrund der Vielzahl möglicher Verzweigungen einer Kausalkette ist es häufig problematisch, die primären Ursachen zu identifizieren.[936]

Im Folgenden sollen die Kausalzusammenhänge der oben vorgestellten Ursachen- und Wirkungskategorien grob aufgezeigt werden. So lassen sich hierbei Zusammenhänge zwischen Ursachen- und Wirkungskategorien [a)], innerhalb bzw. zwischen den Ursachenkategorien [b), c)] sowie zwischen den Wirkungskategorien [d)] aufzeigen.[937]

a) Risikozusammenhänge zwischen Ursachen- und Wirkungsklassen

Das Verhältnis zwischen Risikoquellen und Risikowirkungen ist häufig durch „n:n-Beziehungen" geprägt, das heißt, dass mehrere Ursachen eine Wirkung auslösen können. Dies bedeutet aber auch, dass unterschiedliche Wirkungen auf eine Ursache zurückzuführen sind.[938] So kann der Abriss der Versorgung der Montage beim Automobilhersteller (Wirkungsklasse Versorgungsrisiko) von einem Generalstreik (Ursachenklasse Umfeldrisiko), von einem Exportverbot für Rohstoffe (Ursachenklasse Marktrisiko) oder von einem Brand beim Lieferanten mit der Folge eines Produktionsausfalls (Ursachenklasse Lieferantenrisiko) ausgelöst werden. Umgekehrt verursacht beispielsweise ein Transportproblem eines Lieferanten (Ursachenklasse Lieferantenrisiko) nicht nur einen Stillstand in der Produktion (Wirkungsklasse Versorgungsrisiko), sondern kann im weiteren Verlauf auch zu entgangenen Deckungsbeiträgen (Wirkungsklasse Kostenrisiko) bzw. zu unzufriedenen Kunden (Wirkungsklasse Imagerisiko) führen.

b) Zusammenhänge innerhalb einzelner Ursachenklassen

Auch innerhalb der einzelnen Ursachenklassen gibt es unterschiedliche Formen der Beeinflussung. In Bezug auf die exogenen Risiken lässt sich generell feststellen, dass das Makroumfeld das Mikroumfeld stärker beeinflusst als umgekehrt.

---

935 Vgl. Schuy, 1989, S. 68 f.

936 Vgl. Holst, 1998, S. 8.

937 „Dann stossen wir auch darauf, dass eine Ursache verschiedene Wirkungen haben kann, und jede dieser Wirkungen wiederum verschiedene andere Wirkungen." Ulrich/Probst, 1988, S. 37.

938 Vgl. Brühwiler, 2001, S. 69 bzw. Ulrich/Probst, 1988, S. 37.

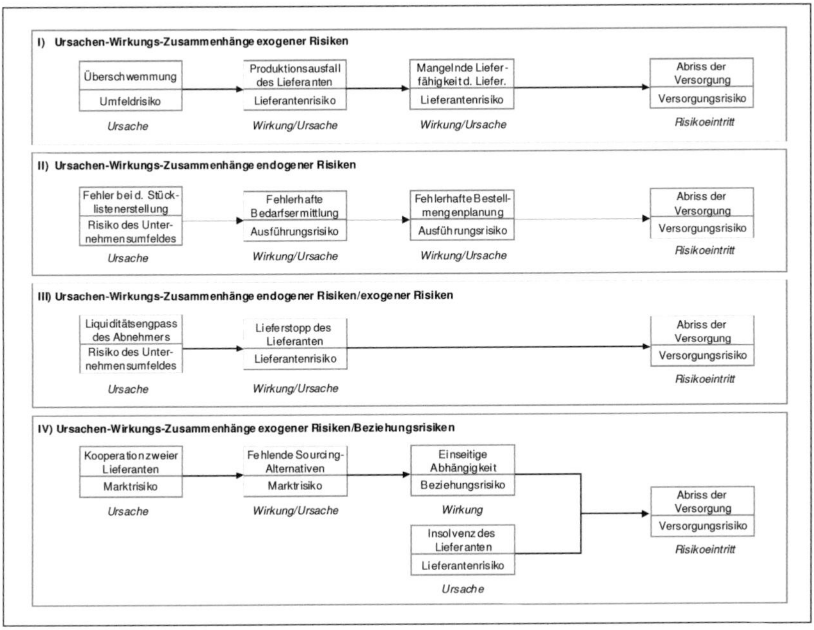

Abb. 3-17: Mögliche Ursachenverkettungen eines Versorgungsrisikos[939]

So können beispielsweise Umfeldrisiken oder Marktrisiken direkten Einfluss auf Lieferantenrisiken haben [Abbildung 3-17, Beispiel I)]. Dieser Zusammenhang gilt grundsätzlich auch für endogene Risikoursachen [siehe Beispiel II)]: Risikoursachen aus dem Führungssystem der Beschaffung wirken sich dabei deutlich häufiger und schwerwiegender auf das Ausführungssystem aus als im entgegengesetzten Fall.

c) Zusammenhänge zwischen den einzelnen Ursachenklassen

Viele Risiken sind untereinander verkettet, sodass, ausgelöst durch ein ursächliches Ereignis, verschieden Arten von Risiken in weiterer Folge auftreten können. Da die Ursachenkategorien aus dem offenen Beschaffungssystem abgeleitet wurden, gibt es auch zwischen den drei vorgestellten Ursachenkategorien (exogene Risiken, endogene Risiken, Beziehungsrisiken) unterschiedlichste Verknüpfungen. Der Einfluss von exogenen und endogenen Ursachen auf die Lieferanten-Abnehmer-Beziehung wurde bereits im vorhergehenden Kapitel aufgezeigt (siehe Abbildung 3-

[939] Quelle: eigene Darstellung.

16). In Abbildung 3-17 [Beispiel III)] sei der Zusammenhang zwischen einem endogenen und einem exogenen Risiko beispielhaft vorgestellt. Aufgrund von Liquiditätsengpässen des eigenen Unternehmens und der dadurch begründeten offenen Verbindlichkeiten gegenüber dem Lieferanten stoppt dieser die weitere Versorgung, was schließlich zum Eintritt eines Versorgungsrisikos für das beschaffende Unternehmen führt. Der Ursachen-Wirkungs-Zusammenhang im Beispiel IV) zeigt schließlich, wie der Eintritt eines exogenen Risikos (Insolvenz) vor dem Hintergrund des Vorhandenseins eines Beziehungsrisikos (einseitige Abhängigkeit, die wiederum von externen Risiken ausgelöst wurde) in der gemeinsamen Wirkung zu einem Versorgungsrisiko für das Unternehmen werden kann.[940]

d) Zusammenhänge zwischen den einzelnen Wirkungsklassen

Schließlich sind auch Interdependenzen zwischen mehreren Wirkungskategorien möglich, sodass eine denkbare Ursache eine Kette von Wirkungen auslöst.[941] Abbildung 3-18 veranschaulicht mögliche Ursachen-Wirkungs-Beziehungen innerhalb der wirkungsorientierten Risikokategorien Kosten-, Image-, Versorgungs-, Innovations-, Qualitäts-, Abhängigkeitsrisiken. Es wird auch hier betont, dass diese Abbildung keinen Anspruch auf Vollständigkeit erhebt, sondern evidente sowie häufig vorzufindende Ursachen-Wirkungs-Zusammenhänge innerhalb der Wirkungsklassen aufzeigt. Aufgrund komplexer Verschachtelungen der Ereignisse sind grundsätzlich auch Kausalzusammenhänge denkbar, die in der folgenden Abbildung nicht aufgezeigt werden (z. B. Kostenrisiken, die sich auf das zukünftige Forschungs- und Entwicklungsbudget niederschlagen und damit Innovationsrisiken zur Folge haben können).

Wie bereits beschrieben, können grundsätzlich alle Risiken aus wirkungsorientierter Sicht als „Kostenrisiken im weiteren Sinne“ bezeichnet werden, da Risiken des leistungswirtschaftlichen Bereichs Wirkungen im finanzwirtschaftlichen Bereich nach sich ziehen oder sich der Risikoeintritt unmittelbar im finanzwirtschaftlichen Bereich ereignet.[942] Der Eintritt von Abhängigkeits- und Qualitätsrisiken ist tendenziell eher ursächlich für weitere Beschaffungsrisiken. Neben den bereits erwähnten Kosten wirken sich Abhängigkeiten häufig auf die Versorgung und das Differenzierungspotenzial (Innovationsrisiko) aus. Qualitätsrisiken führen vielfach neben ihrer negati-

[940] Die einseitige Abhängigkeit des Abnehmers könnte z. B. auch eine direkte Reaktion des Lieferanten auslösen. Aufgrund der Machtposition des Lieferanten könnte dieser eine Preiserhöhung durchsetzen, was für das beschaffende Unternehmen ein Kostenrisiko zur Folge hätte.
[941] Vgl. Pfisterer, 1988, S. 285.
[942] Vgl. Mugler, 1979, S. 75.

ven Wirkung auf die Kosten des Unternehmens zu Versorgungsrisiken und Imagerisiken. In Bezug auf die Wirkungskategorien der vorliegenden Arbeit besitzen Abhängigkeiten daher eher Ursachencharakter, während Kostenrisiken in der Regel eher Wirkungscharakter haben.[943] Zu den Imagerisiken sei vermerkt, dass sie hinsichtlich des Images des Herstellers auf dem Beschaffungsmarkt beispielsweise ursächlich für Versorgungs- oder Innovationsrisiken sein können. Im Gegensatz dazu hat der Eintritt von Imagerisiken auf dem Absatzmarkt vor allem Wirkungscharakter. Vom Beschaffungsmarkt verursachte Qualitätsrisiken können sich hierbei auf das Image des Unternehmens aus Kundensicht auswirken.

Es wird darauf hingewiesen, dass in Abbildung 3-18 nur positive Korrelationen dargestellt werden (d. h., dass der Eintritt eines Risikos zum Eintritt eines weiteren Risikos führt). Die Risikosituation schaukelt sich auf diese Weise auf. Als Beispiel sei die Erhöhung des Qualitätsrisikos genannt, die zu einem zunehmend negativen Einfluss auf das Ziel der Versorgungssicherheit führen kann (Qualitätsmängel in der Entwicklung führen aufgrund der damit einhergehenden Nacharbeiten zu einem verzögerten Produktionsstart).

Grundsätzlich sind allerdings auch negative Kausalzusammenhänge zwischen diesen Risikoklassen denkbar. Ulrich/Probst sprechen von entgegengerichteten Wirkungen.[944] Diese Zusammenhänge sind vor allem im Rahmen des Managements von Risiken von Bedeutung. Maßnahmen, die beispielsweise an einer Beseitigung eines Innovationsrisikos ansetzen, können sich wiederum negativ auf die Erreichung der Kostenziele auswirken (z. B. durch Erhöhung der Zulieferpreise) bzw. Abhängigkeitsrisiken verursachen (z. B. durch langfristige Bindung an innovativen Zulieferpartnern). Aufgrund des konkurrierenden Charakters einzelner Ziele sind somit auch entgegengerichtete Beziehungen zwischen den Wirkungskategorien denkbar.[945] Die Reduktion eines Risikos kann auf der anderen Seite zur Erhöhung eines anderen Risikos führen. Als weiteres Beispiel soll in diesem Zusammenhang der Einfluss einer Kostenreduktion auf die Ziele Versorgungssicherheit, Qualität und Innovation genannt werden.

---

[943] Dieser Ursachen-Wirkungs-Zusammenhang lässt sich beispielsweise auch in der Grundkonzeption der Balanced Scorecard feststellen, wo sich die Zielerreichung innerhalb der einzelnen Scorecard-Perspektiven schließlich auf der Finanzebene widerspiegelt. Anmerkung: Kaplan/Norton verstehen ihr Balanced-Scorecard-Konzept als eine Führungsmethode, die Kennzahlen für Treiber des zukünftigen finanziellen Erfolges liefert. In einer Balanced Scorecard sind – verteilt über verschiedenen Perspektiven – die wichtigsten Erfolgsfaktoren des Unternehmens als Ursachen-Wirkungs-Zusammenhang konkretisiert aufgeführt. Vgl. Kaplan/Norton, 1996, 75-85 sowie Müller, 2000, S. 116 ff., Weber, 2000 (Scorecard), S. 67.

[944] Vgl. Ulrich/Probst, 1988, S. 136 f.

[945] Zielkonflikte beschreiben somit Chancen-Risiken-Beziehungen.

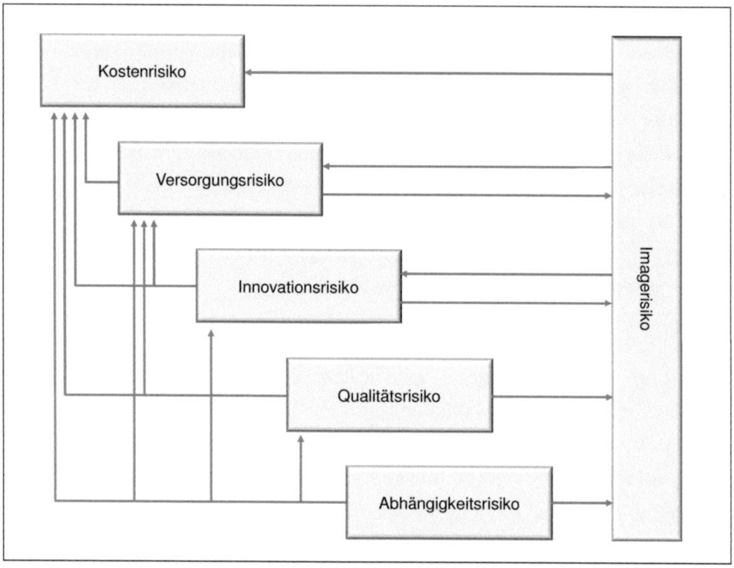

Abb. 3-18: Ursachen-Wirkungs-Beziehungen innerhalb der Wirkungsklassen[946]

Die Wirkungsverläufe zwischen den Elementen eines Systems sind nicht nur gleichgerichteter oder entgegengerichteter Art, sondern auch unterschiedlich intensiv. Mit der Intensität sei das Ausmaß einer Beeinflussung beschrieben. Da auch innerhalb der oben genannten Wirkungsklassen eine Quantifizierung nicht immer möglich ist, muss die Bewertung qualitativ erfolgen. Ulrich/Probst weisen darauf hin, dass es oft besser ist, die „Unexaktheit" von qualitativen Bezeichnungen in Kauf zu nehmen und Abstufungen der Wirkungsintensität verbal auszudrücken.[947]

Für die Bewertung von Ursachen-Wirkungs-Zusammenhängen ist neben der Richtung und der Intensität auch die Überprüfung der Zeit notwendig. Da Wirkungsverläufe Zeit benötigen, ist es für das Management von Risiken wichtig zu wissen, ob Wirkungen rasch oder aber erst sukzessive eintreten. Häufig führen Fehleinschätzungen in zeitlicher Hinsicht dazu, dass Eingriffe in die Situation zum falschen Zeitpunkt erfolgen oder dass aus einem nicht im Voraus erkannten langsamen Ablauf fälschlicherweise angenommen wird, dass entsprechende Risikomanagement-Maßnahmen keinerlei Wirkung haben. Es kann sich z. B. zeigen, dass sich ein Risiko nicht nur stark, sondern auch rasch auf die Zielerreichung auswirkt oder dass ein Ri-

[946] Quelle: eigene Darstellung.
[947] Vgl. Ulrich/Probst, 1988, S. 138.

siko zwar ebenfalls starke Wirkungen erzeugt, aber nur auf längere Frist. Von solchen Einsichten hängt die Planung von Maßnahmen in zeitlicher Hinsicht ab.[948] Gewisse Effekte lassen sich in kurzer, andere nur in längerer Zeit bewirken. Dementsprechend müssen zukünftige Zeitperioden festgelegt werden, in denen Maßnahmen getroffen und wirksam werden sollen. Diese zeitliche Fixierung ist ein Bestandteil der Problemdefinition.[949] Für den Risikomanager ist der Zeitaspekt somit in zweierlei Hinsicht von Bedeutung: „Einmal als Merkmal der Eigendynamik der Situation, die sich im Gesamten wie in einzelnen Wirkungsverläufen schneller oder langsamer verändern kann, und sodann bei der Planung der Maßnahmen, mit denen wir selbst die Situation gezielt verändern wollen."[950]

Zusammenfassend lässt sich feststellen, dass das Risikomanagement sowohl an Richtung, Intensität und Zeitverlauf von Risiken und deren Ursachen-Wirkungs-Zusammenhängen ansetzt. Maßnahmen sind an diesen drei Merkmalen auszurichten.

Abschließend wird darauf hingewiesen, dass an die Vorstellung einer linearen Kausalkette diejenige eines Netzwerkes treten muss.[951] Zum Verständnis dynamischer Ganzheiten bilden lineare Ursachen-Wirkungs-Ketten kein passendes Modell mehr. Insbesondere strategische Entscheidungsprobleme weisen komplexe und verschiedenartige Zusammenhänge auf, in denen vielschichtige Ursachen-Wirkungs-Beziehungen zwischen den verschiedenen risikoauslösenden Faktoren und ihren potenziellen Wirkungen existieren.[952]

---

[948] Vgl. Ulrich/Probst, 1988, S. 156. So gehört die Beeinflussung eines Risikos im ersten Fall zur kurzfristigen Planung, während im zweiten Fall die entsprechenden Maßnahmen Gegenstand der langfristigen oder strategischen Planung sein müssen.
[949] Ulrich/Probst, 1988, S. 154.
[950] Ulrich/Probst, 1988, S. 153.
[951] Vgl. Ulrich/Probst, 1988, S. 38.
[952] Vgl. Schuy, 1989, S. 195 f.

4. MODELL EINES STRATEGISCHEN RISIKOMANAGEMENTS DER BESCHAFFUNG

Aufbauend auf den Grundlagen des Risikomanagements (Kapitel 2) und des Beschaffungsmanagements in der Automobilindustrie (Kapitel 3) sollen in Kapitel 4 die wesentlichen Merkmale eines strategischen Risikomanagements für den Bereich der Beschaffung abgeleitet werden.

In **Kapitel 4.1** sollen zunächst konzeptionelle Überlegungen zur Gestaltung eines Risikomanagement-Modells erfolgen. Bevor auf das eigene Modell eines strategischen Risikomanagements der Beschaffung eingegangen wird, sollen vorab Einblicke in die bereits existierende Beschaffungs- und Risikomanagement-Literatur gegeben und unterschiedliche Ansätze mit wegweisendem Charakter für die eigene Konzeption vorgestellt werden. Im Anschluss werden in **Kapitel 4.2** die einzelnen Teilsysteme des Führungs- und Ausführungssystems eines beschaffungsbezogenen Risikomanagements erläutert. Dabei geht es im Wesentlichen um die inhaltliche Beschreibung der einzelnen Module des Risikomanagement-Systems. Vereinzelt wird die Argumentation durch Beispiele sowie durch die Vorstellung von Instrumenten zur Umsetzung unterstützt. Da ein strategisches Risikomanagement der Beschaffung wesentlich durch die strategischen Handlungsoptionen zur Bewältigung von Risiken bestimmt wird, soll dieser Bestandteil des Risikomanagement-Prozesses in **Kapitel 4.3** besondere Berücksichtigung finden. Zur Abrundung des ganzheitlichen Anspruchs der Arbeit wird in **Kapitel 4.4,** aufbauend auf der funktionalen Abgrenzung durch das Risikomanagement-Modell, auf den institutionalen Bezug des Modells eingegangen. Das Risikomanagement wird erst über die Einbettung in das Organisationssystem zum Laufen gebracht.[953] Hier spielen sowohl aufbau- als auch ablauforganisatorische Aspekte eine wesentliche Rolle. Erst auf der Grundlage einer integrierten strukturellen und prozessualen Betrachtung kann eine umfassende Darstellung eines strategischen Risikomanagements der Beschaffung erfolgen.

---

[953] Vgl. z. B. Hoffmann, 1985, S. 27, der darauf hinweist, dass die Realisierung risikopolitischer Entscheidungen im Unternehmen voraussetzt, dass der Prozess der Risikobewältigung in die Organisation des Unternehmens integriert wird.

4.1 Konzeption eines Risikomanagement-Modells der Beschaffung

4.1.1 Risikomanagement-Konzepte in der Literatur

Ziel dieses Kapitels ist es, einen Überblick über die bestehenden Risikomanagement-Ansätze in der Literatur zu geben und deren konzeptionelle Grundlagen und inhaltliche Schwerpunkte grob zu skizzieren. Hierbei sollen zum einen Ansatzpunkte für die eigene Konzeption eines strategischen Risikomanagements der Beschaffung abgeleitet werden, zum anderen soll aufgezeigt werden, für welche Teilaspekte eines Risikomanagements im Bereich der Beschaffung noch keine zufriedenstellenden Lösungen existieren und wo durch den eigenen Ansatz entsprechende Lücken zu schließen sind.

Zunächst soll untersucht werden, inwiefern die Risikothematik Einzug in die **Beschaffungsliteratur** gehalten hat. Schubert stellt fest, dass „eine umfassende Integration der Risikodimensionen noch aussteht."[954] Auch wenn in jüngeren Literaturbeiträgen eine verstärkte Berücksichtigung der Risikoproblematik erfolgt, existiert keine systematische Einbeziehung der Risikoperspektive in sämtliche Beschaffungsentscheidungen. Auch die Ableitung von funktionalen und organisationalen Gesichtspunkten eines Risikomanagements auf Basis eines geschlossenen Systems fehlt. Risikoaspekte werden zumeist im Zusammenhang mit der Strukturierung des Beschaffungsrisikos und dessen Ursachen diskutiert. In einigen Fällen gehen Beiträge auch näher auf die einzelnen Bestandteile des Risikomanagement-Prozesses ein, wobei allerdings eine differenzierte und übergreifende Sichtweise fehlt.[955]

Im nächsten Schritt soll die bestehende **Risikomanagement-Literatur** dahingehend analysiert werden, inwiefern der Bereich der Beschaffung im Zusammenhang mit dem Management von Risiken bereits explizit berücksichtigt wurde oder inwiefern sich allgemeine Konzepte auf den Bereich der Beschaffung übertragen lassen. Schubert stellt fest, dass sich gerade die deutschsprachige Literatur um eine systematische Integration der Risikoperspektive in sämtlichen unternehmerischen Ent-

---

954 Schubert, 2004, S. 94. Vgl. hierzu auch Schubert, 2004, S. 95, Abb. 19, wo unterschiedliche Beiträge der Beschaffungsliteratur in Bezug auf die Berücksichtigung der Risikoproblematik gegenübergestellt werden.

955 Als Beispiele für die Strukturierung von Beschaffungsrisiken und der Identifizierung von Ursachenkategorien seien die Beiträge von Arnolds/Heege/Tussing, 2001, Melzer-Ridinger, 2001 (Teil 1-4), Koppelmann, 2000, 1982, Meyer, 1990, Pfisterer, 1986 und Kraljic, 1977 genannt. Melzer-Ridinger, 2001 (Teil 3, Teil 4) und Koppelmann, 1982 diskutieren zudem Aspekte der Risikobewältigung, während Pfisterer, 1986 und Meyer, 1990 die Beschaffungskontrolle bzw. die Beschaffungsziele im Fokus ihrer Untersuchungen haben und damit Rückschlüsse auf ein Risikomanagement im Beschaffungsbereich zulassen.

scheidungen bemüht.[956] Da die Literaturbeiträge hierbei unterschiedliche inhaltliche und anwendungsbezogene Schwerpunkte setzen, sind die beschriebenen Aufgaben eines Risikomanagements entsprechend vielfältig:[957]

- Die überwiegende Mehrzahl der Beiträge bezieht sich auf allgemeine Risikoaspekte der Unternehmensführung. Sie liefern Ansatzpunkte und Methoden zur Strukturierung von Risiken, zur Segmentierung risikorelevanter Analysefelder, zur Identifikation, Bewertung und Bewältigung von Risiken und teilweise auch zur Organisation eines Risikomanagements.[958]

- Veröffentlichungen, die sich mit einem Risikomanagement innerhalb der Beschaffung explizit auseinandersetzen, sind bei Nübling, Haindl und Schubert zu finden.[959] Auch Mikus sowie Rogler schließen in ihren Arbeiten beschaffungsspezifische Risikoaspekte ein.[960]

- Außerdem sind die in jüngster Vergangenheit erschienenen Beiträge zum Risikomanagement in Supply Chains zu berücksichtigen. Hier liegt die Betonung auf ein unternehmensübergreifendes, auf die gesamte Supply Chain ausgerichtetes Risikomanagement.[961] Im Fokus steht das Netzwerk, das sich vom Rohstofflieferanten bis zum Endkunden erstreckt.[962]

Zusammenfassend kann festgestellt werden, dass es innerhalb der allgemeinen Risikomanagement-Literatur durchaus Ansätze zur ganzheitlichen Strukturierung der Risikomanagement-Funktion sowie zur strategischen Handhabung von Risiken

---

[956] Vgl. Schubert, 2004, S. 101. Im Gegensatz hierzu vertritt die englischsprachige Literatur einen deutlich engeren Risikomanagement-Ansatz, der historisch geprägt ist und im Zusammenhang mit der Versicherungsbranche steht.

[957] Auch in diesem Zusammenhang sei auf die Übersicht von Schubert verwiesen, der sehr ausführlich unterschiedliche Literaturbeiträge zum Risikomanagement tabellarisch gegenüberstellt. Vgl. Schubert, 2004, S. 98–100.

[958] Vgl. hierzu Braun, 1984, Brühwiler, 1980, 2001, Falkinger, 2007, Farny, 1979, Fasse, 1995, Götze/Mikus, 2001 (Risikomanagement), Götze/Mikus, 2001 (Entscheidungsmodelle), Gutmannsthal-Krizanits, 1994, Härterich, 1987, Haller, 1986, Hermann, 1996, Hoffmann, 1985, Holst, 1998, Imboden, 1983, Kratzheller, 1997, Kupsch, 1995, Lück, 1998 (Risikomanagementsystem), Lück, 1998 (Elemente), Mikus, 1998, Mikus, 2001, Mikus/Götze, 1999, Mugler, 1979, Neubürger, 1989, Peter, 2001, Rogler, 2001, Schnorrenberg/Göbels, 1997, Schuy, 1989, Stahl, 1992, Weber/Weißenberger/ Liekweg, 2001, Wolf/Runzheimer, 2000.

[959] Vgl. Nübling, 1991, Haindl, 1996, Schubert, 2004.

[960] Vgl. Mikus, 1998, Rogler, 2002.

[961] Vgl. Henke, 2009, Götze/Mikus, 2007, Kajüter, 2007, Wels, 2008, Ziegenbein, 2007, Pfohl, 2002.

[962] Vgl. Wels, 2008, S. 41. Die Wechselwirkungen zwischen den einzelnen Teilnehmern der Supply Chain sind dabei durch Waren-, Informations- und Finanzflüsse charakterisiert und berücksichtigen beschaffungs-, produktions- und vertriebsseitige Aspekte.

gibt.[963] Hieraus lassen sich Ansatzpunkte für die Übertragung dieser Konzepte auf die Funktion der Beschaffung ableiten.

Literaturbeiträge, die ein beschaffungsseitiges Risikomanagement explizit thematisieren, gehen nur zum Teil auf die durchgängige Integration der Risikodimension in die Aufgaben, Prozesse und Entscheidungen der Beschaffung ein. Dies gilt sowohl für Beiträge, die sich auf das Risikomanagement im Umfeld der Beschaffung beziehen, als auch für neuere Veröffentlichungen, die das Management von Supply Chains im Fokus haben. Da in den Beiträgen zum Supply-Risikomanagement auch nur einzelne Ausschnitte des gesamten Problemfelds beleuchtet werden, lässt sich subsumieren, dass ganzheitliche Ansätze, die das Risikomanagement innerhalb der Funktion der Beschaffung umfassend beleuchten, sowie eine durchgängige Strukturierung und Systematisierung von Risiken und Risikostrategien weitestgehend fehlen.

Als Ausnahme hierzu sei der Beitrag von Schubert erwähnt, der sich sehr ausführlich und differenziert mit der Risikodimension im Rahmen der Entscheidungsfindung im Beschaffungsmarketing auseinandersetzt. Dabei wird eine Anpassung der Aufgaben im Rahmen der Identifikation, Analyse/Bewertung sowie Bewältigung von Risiken an die Anforderungen der Beschaffung vorgenommen und die Einbindung der Risikomanagement-Funktion in die Organisation vorgestellt. Trotz des sehr umfassenden Charakters ist auch dieses Konzept, wie innerhalb der Risikomanagement-Literatur meist üblich, an die Struktur des Risikomanagement-Prozesses angelehnt. Es findet somit keine Übertragung von Ansätzen strategischer Unternehmensführung auf das Risikomanagement der Beschaffung statt. In diesem Zusammenhang sei auf Falkinger hingewiesen, der die Gleichsetzung von Risikomanagement und Risikomanagement-Prozess kritisch beurteilt. Auch die vorliegende Arbeit beurteilt diese Sicht kritisch.

Falkinger betont, dass mit Ausnahme von Arbeiten, die auf einer systemtheoretischen Analyse aufbauen, „die überwiegende Mehrzahl der Beiträge zum Risikomanagement den engen und selbstgewählten Rahmen des Risikomanagementprozesses nicht verlässt.“[964] Die Verwendung des Risikomanagement-Prozesses als Ordnungsschema kann zwar in engem Zusammenhang mit dem Teilsystem der strategischen Planung und Kontrolle gesehen werden, es berücksichtigt aber nicht die weiteren Teilsysteme des strategischen Managements wie beispielsweise das Informations- und Organisationssystem bzw. die Unternehmenskultur.[965]

---

[963] Auf diese sei im Folgenden noch näher eingegangen.
[964] Falkinger, 2007, S. 62.
[965] Vgl. Falkinger, 2007, S. 60 ff.

Diese werden zwar häufig mit Hinweis auf deren Bedeutung auch im Risikokontext erwähnt, aber nur selten explizit thematisiert, obwohl es außer Frage steht, dass sie einen Bezug zum Risiko aufweisen. Information, Organisation und Unternehmenskultur werden vom Risiko beeinflusst und beeinflussen ihrerseits das Risiko. Um fachspezifische Grenzen zu überwinden und ein ganzheitliches Modell eines Risikomanagements zu verfolgen, schlägt Falkinger deshalb den Ansatz des strategischen Fit als Gliederungsschema und Basis einer gedanklichen Ordnung vor.

Neben der fehlenden ganzheitlichen Integration des Risikomanagements in das Führungssystem kann hinsichtlich der relevanten Literaturbeiträge außerdem festgehalten werden, dass die Einbindung eines Risikomanagements in das Ausführungssystem der Beschaffung meist nur sehr allgemein umschrieben wird. Eine Übertragbarkeit auf die betriebliche Praxis ist also nicht ohne Weiteres durchführbar. Dies hängt nicht zuletzt damit zusammen, dass das Ausführungssystem der Beschaffung in vielen Fällen nicht ausreichend genug strukturiert und abgegrenzt ist. Somit bleibt auch die Adaption eines Risikomanagements an dieses Ausführungssystem vage; Empfehlungen zur Operationalisierung fehlen entsprechend.

Aus der Vielzahl von Risikomanagement-Beiträgen sollen im Folgenden fünf Ansätze vorgestellt werden, die eine differenzierte Einbindung des Risikomanagements in das Führungssystems vorsehen und auf einem Strukturierungsansatz aufbauen, der über den Risikomanagement-Prozess hinausgeht. Die beschriebenen Risikomanagement-Modelle sind allgemeiner Natur, berücksichtigen nicht die funktionsspezifischen Anforderungen der Beschaffung und leiten sich allesamt aus der theoretischen Basis der Systemtheorie ab. Sie liefern wichtige Anregungen für die Entwicklung eines eigenen Risikomanagement-Modells, das im nächsten Kapitel vorgestellt werden soll.

a) Risikomanagement-Ansatz nach Haller

Das auf dem „St. Galler Management-Modell“ von Ulrich/Krieg[966] basierende Konzept eines integrierten Risikomanagements von Haller stellt einen Ansatz zur Einbindung des Risikomanagements in die Unternehmensführung dar.[967] Ausgangspunkt ist dabei nicht die operativ ausgerichtete Optimierung einzelner Kostenpositionen, sondern eine unmittelbar mit der Strategieentwicklung verbundene und in strategische Fragestellungen integrierte Risikobetrachtung. Der Ansatz versteht sich als Methode zur ganzheitlichen Analyse und Bewältigung von Risiken. Das Konzept folgt

[966] Vgl. Ulrich/Krieg, 1974.
[967] Vgl. Haller, 1986, S. 7–43.

dem Verständnis von Risiko als „Summe der Möglichkeiten, dass sich Erwartungen des Systems Unternehmung aufgrund von Störprozessen nicht erfüllen".[968] Im Zentrum des Konzeptes steht also nicht nur der einzelne Risikofaktor, sondern die Verknüpfung möglicher Störprozesse untereinander als Kette von Risikoursachen und -wirkungen. Der Ansatz betont die Sicherheit des Unternehmens als Leitidee für das Risikomanagement. Die Umsetzung erfolgt dabei im Rahmen des dreistufigen Sicherungs- bzw. Risikomanagement-Prozesses, der kontinuierlich zu durchlaufen und optimal in die Organisation zu integrieren ist (siehe Abbildung 4-1). Wesentliches Merkmal des Risikomanagement-Ansatzes nach Haller ist die Integration der technischen, sozialen und ökonomischen Dimension im Rahmen einer umfassenden, über das System Unternehmung hinausgehenden Risikobewältigung sowie die bewusste Auseinandersetzung mit Aktions- und Bedingungsrisiken.

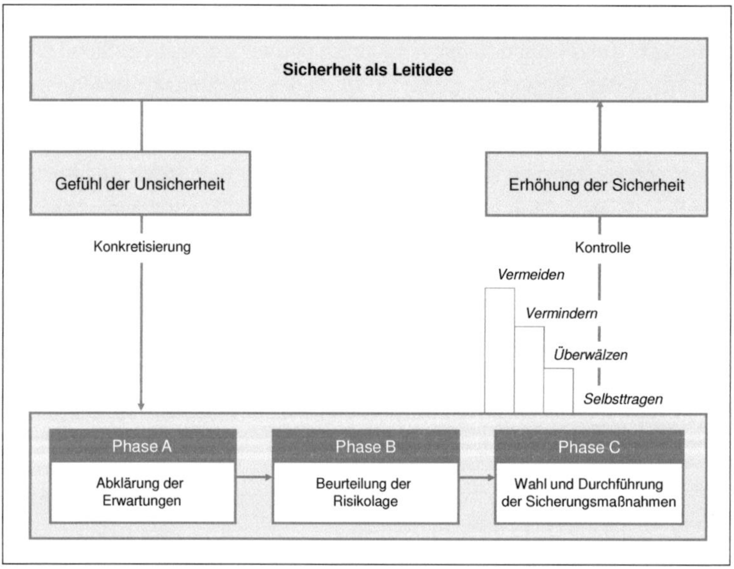

Abb. 4-1: Der Sicherungsprozess im integrierten Risikomanagement nach Haller[969]

[968] Haller, 1986, S. 18.
[969] Quelle: Haller, 1986, S. 27.

b) Risikomanagement-Ansatz nach Mensch

In seinem führungsorientierten Ansatz bezeichnet Mensch das Risiko als Gefahr von Fehlentscheidungen, die primär auf Informationsdefiziten beruhen. Der Ansatz ist auf die informationellen Aspekte von Entscheidungen fokussiert.[970] Risiken als Bestandteil jeder unternehmerischen Entscheidung gehören somit zum integralen Bestandteil von Führungsaufgaben innerhalb aller Unternehmensbereiche. Im Sinne dieses Verständnisses ist der Risikomanagement-Prozess in den Entscheidungsprozess zu integrieren. Entsprechend bildet der Planungs-, Steuerungs- und Kontrollprozess in Verbindung mit dem Informationsversorgungs- und -verwendungsprozess, in dem die Ursachen für mögliche Fehlentscheidungen liegen, die Grundlage des von Mensch vorgeschlagenen Risikomanagements (siehe Abbildung 4-2).[971] Das Controlling als informationell koordinierende Funktion bildet im Risikomanagement-System nach Mensch ein zentrales Element.

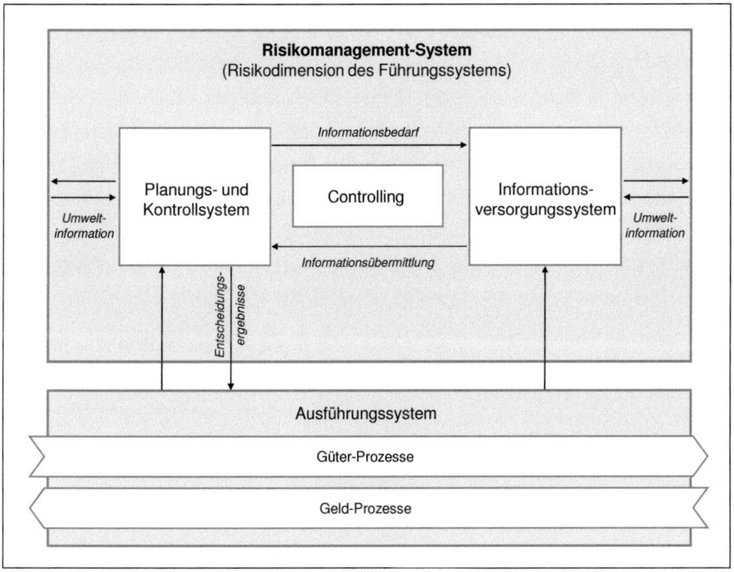

Abb. 4-2: Risikomanagement nach Mensch[972]

[970] Vgl. Mensch, 1991, S. 47 f.
[971] Vgl. Mensch, 1991, S. 101 ff.
[972] Quelle: leicht abgewandelt aus Mensch, 1991, S. 102.

c) Risikomanagement-Ansatz nach Pollanz

Das in Abbildung 4-3 vorgestellte Risikomanagement-System nach Pollanz setzt auf dem bestehenden Überwachungssystem auf und zielt darauf ab, dieses zu systematisieren und gegebenenfalls zu vervollständigen.[973] Als Bezugsrahmen wird das „Integrated Framework – Internal Control" nach COSO herangezogen, welches die Metastruktur interner Überwachungssysteme darstellt und somit auch die Grundlage des Risikomanagement-Konzepts nach Pollanz bildet.[974] Durch die Vorgabe universeller Komponenten und Standards nach COSO soll die systematisierte Einrichtung eines Risikomanagement-Systems erfolgen. Dabei soll bereits Bestehendes berücksichtigt und der Aufbau neuer Prozesse und Berichtsstränge vermieden werden. Grundlage des Risikomanagement-Ansatzes ist der Risikomanagement-Ordnungsrahmen (RIMOR), in dem die Risikomanagement-Ziele, die einzelnen Komponenten eines Risikomanagements sowie Aussagen zur Risikoneigung und Risikopolitik definiert werden. Die Einrichtung des Risikomanagement-Systems basiert auf der Anwendung systembildender und systemkoppelnder Maßnahmen.[975] Durch systembildende Maßnahmen soll das Risikomanagement-System konstituiert werden. Auf Basis der Risikomanagement-Organisation und der Risikomanagement-Rahmengrundsätze werden die Anforderungen an das zu etablierende System abgeleitet, Methoden und Tools bestimmt sowie der Ablauf des Risikomanagement-Prozesses unternehmensindividuell determiniert. Das Risikomanagement-Handbuch stellt dabei ein zentrales Instrument systembildender Maßnahmen dar. Demgegenüber stellen die systemkoppelnden Maßnahmen die sinnvolle Einbindung des Risikomanagement-Systems in das bestehende Überwachungssystem sicher. Integrationsplattformen bilden hierbei das interne Kontrollsystem, das Früherkennungssystem, das Controllingsystem sowie die interne Revision.

---

[973] Vgl. Pollanz, 1999, S. 393–399.

[974] Die Studie „Internal Control – Integrated Framework" vom Committee of Sponsoring Organizations of the Treadway Commission (COSO) aus dem Jahr 1992 hatte zum Ziel, einen einheitlichen Rahmen für die unterschiedlichen „Internal Control"-Begriffe sowie Normen zur Beurteilung der „Internal Control"-Systeme zu schaffen. Vgl. Pollanz, 1999, S. 396.

[975] Siehe in diesem Zusammenhang auch den Risikomanagement-Ansatz von Wolf, 2003, S. 70 ff., der eine ähnliche Systematisierung eines Risikomanagement-Systems vorschlägt.

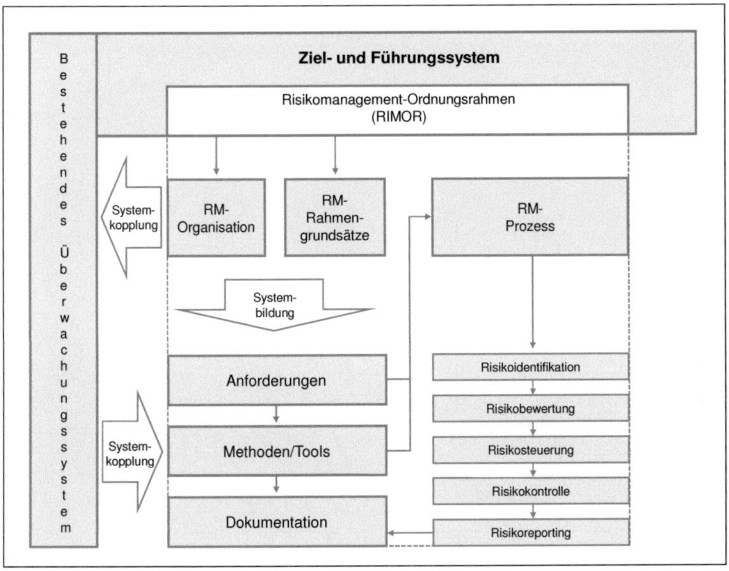

Abb. 4-3: Risikomanagement-System nach Pollanz[976]

d) Risikomanagement-Ansatz nach de Zeeuw

Das Rahmenmodell eines ganzheitlichen Risikomanagements nach de Zeeuw basiert auf dem St. Galler Risikomanagement-Modell von Haller. Aufbauend auf dem spekulativen Ansatz unterscheidet de Zeeuw die Risikomanagement-Disziplinen eines normativen und strategischen, eines traditionellen, eines Prozess-, eines Projekt- und eines externen Risikomanagements (siehe Abbildung 4-4). Darüber hinaus sieht das Modell eine Risikomanagement-Koordination vor, die aus einer übergeordneten Perspektive für die Definition und Umsetzung der Risikopolitik verantwortlich ist. Im Rahmen des Risikomanagement-Outsourcings wird schließlich sichergestellt, dass auch fremdvergebene Leistungen einem Risikomanagement unterliegen bzw. dass externe Partner zur Unterstützung eines Risikomanagements eingesetzt werden. Das Modell stellt die wichtigen Ansatzpunkte eines ganzheitlichen Risikomanagements im Unternehmen vor und liefert dabei ein Grundgerüst einer funktionalen und institutionalen Abgrenzung.[977]

[976] Quelle: leicht abgewandelt aus Pollanz, 1999, S. 397.
[977] Vgl. de Zeeuw, 1999, S. 37–41.

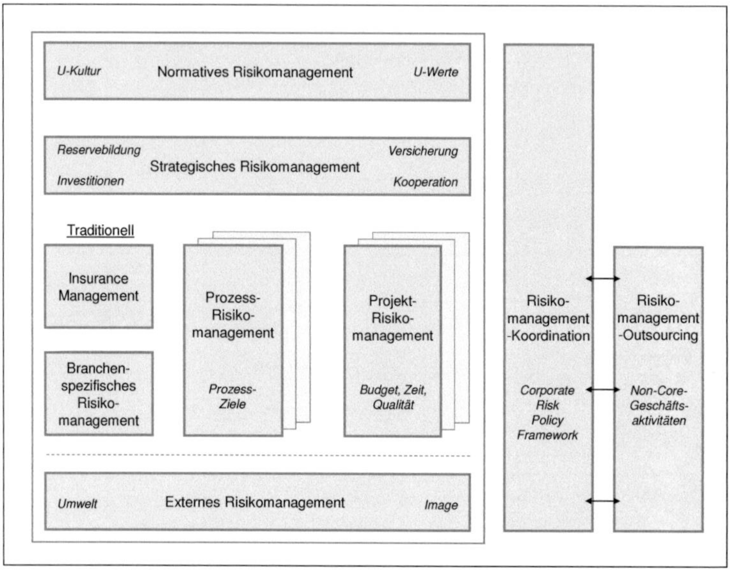

Abb. 4-4: Ganzheitliches Risikomanagement-Modell nach de Zeeuw[978]

e) Risikomanagement-Ansatz nach Peter

Der Risikomanagement-Ansatz von Peter (siehe Abbildung 4-5) folgt ebenfalls der St. Galler Schule und baut auf dem „St. Galler Konzept integriertes Management“ von Bleicher auf.[979] Grundlage und Charakteristik des St. Galler Führungsverständnisses ist die Unterscheidung normativer, strategischer und operativer Managementebenen, wobei es die Aufgabe eines integrierten Managements ist, den Anforderungen aller drei Ebenen gerecht zu werden. In vertikaler Sicht werden die Managementebenen von drei weiteren Dimensionen durchkreuzt. Die Struktur- und die Verhaltensdimension bilden den Rahmen für die Dimension der Aktivitäten, die wiederum in Wechselbeziehung zu diesen beiden Dimensionen stehen. Nach Peter wird durch Strukturen, Verhalten und Aktivitäten die Ausgestaltung des Risikomanagement-Systems bestimmt, das im Zeitablauf anzupassen und fortwährend zu verbessern ist. Durch die horizontale und vertikale Integration sollen die einzelnen Mo-

---

[978] Quelle: de Zeeuw, 1999, S. 38.

[979] Vgl. Bleicher, 1999. Das Konzept von Bleicher knüpft an dem „St. Galler Management-Modell“ von Ulrich/Krieg, 1974 an. Siehe hierzu auch Kapitel 4.1.3, wo der Ansatz von Bleicher bereits im Zusammenhang mit der Vorstellung unterschiedlicher Beschaffungsmodelle erwähnt wird.

dule zu einem handlungsfähigen Ganzen zusammengefügt werden.[980] Der Ansatz stellt auf diese Weise sicher, „dass die Risikoproblematik im Management strukturiert und differenziert in den verschiedenen Führungsdimensionen zu betrachten ist."[981]

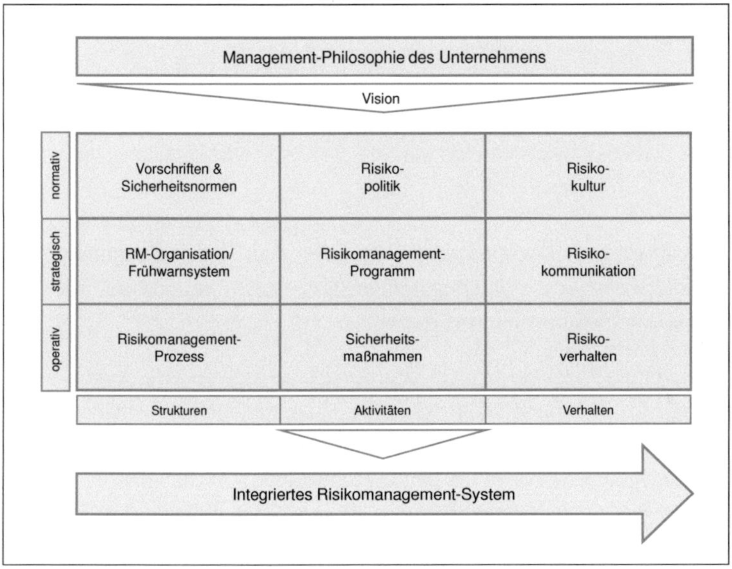

Abb. 4-5: Integriertes Risikomanagement nach Peter[982]

f) Überblick und Vergleich

Trotz der gemeinsamen theoretischen Basis und grundsätzlichen Auffassung eines Risikomanagements als integrierter Bestandteil der Unternehmensführung lassen sich beim Vergleich der oben vorgestellten Ansätze unterschiedliche Strukturierungsvorschläge und Schwerpunkte eines unternehmensweiten Risikomanagement-Modells erkennen. Abbildung 4-6 stellt die fünf Ansätze noch einmal vergleichend gegenüber.

In Bezug auf den Gegenstand eines Risikomanagements zeigt sich, dass die auf der St. Galler Schule basierenden Risikomanagement-Ansätze von Haller, de Zeeuw und Peter sowie der Ansatz von Pollanz spekulative Risiken berücksichtigen, das Modell

[980] Vgl. Peter, 2001, S. 99–103.
[981] Peter, 2001, S. 100.
[982] Quelle: Peter, 2001, S. 102.

von Mensch hingegen eine eingeschränktere Perspektive wählt und ausschließlich auf Risiken abzielt, die durch Fehlentscheidungen aufgrund mangelnder Informationen resultieren.

In unterschiedlichem Maße werden auch die Teilsysteme des Führungssystems beschrieben. Die Risikomanagement-Modelle, die auf der St. Galler Management-Philosophie basieren, betonen die normativen Komponenten des Führungssystems (Risikopolitik und -kultur) und grenzen diese von der strategischen Managementebene ab. Das Risikomanagement-Modell von Mensch leitet sich aus dem Führungssystem (mit den Teilsystemen Planung, Kontrolle und Information) ab und berücksichtigt zudem die zentrale Funktion eines Controllings als koordinierende Komponente innerhalb eines Risikomanagement-Systems. Das Risikomanagement wird hier als Risikodimension des Führungssystems aufgefasst, die sich auf alle Entscheidungen der Unternehmensführung bezieht.

Besondere Erwähnung findet bei Mensch das Ausführungssystem, das in den anderen Modellen nur im Zusammenhang mit dem Risikomanagement-Prozess angedeutet wird.[983] De Zeeuw beispielsweise sieht die Erweiterung des Prozesssystems um ein Risikomanagement-System als den entscheidenden Ansatzpunkt zur Implementierung eines Risikomanagement-Systems im operativen Bereich. Die Prozessmanager übernehmen hierbei auch die Verantwortung für die entsprechenden Risiken.

Ein wichtiges Differenzierungsmerkmal der einzelnen Ansätze sind ihre unterschiedlichen Schwerpunkte. Abgeleitet aus den Anforderungen des KonTraG hat beispielsweise der Ansatz von Pollanz zum einen die inhaltliche Abgrenzung zu den bereits bestehenden Überwachungssystemen des Unternehmens und zum anderen die Integration des Risikomanagements in das Überwachungssystem zur Vermeidung redundanter Berichtsstrukturen zum Ziel. De Zeeuw hebt die externe Perspektive eines Risikomanagements hervor, ohne allerdings auf eine echte Integration von Risikomanagement-Aktivitäten der externen Partner innerhalb der Supply Chain einzugehen. Mensch betont die zentrale Bedeutung eines Risiko-Controllings, während Haller die Prozessorientierung sowie das Wechselspiel zwischen Unternehmen und Umwelt und Peter, in Erweiterung des Ansatzes von Haller, auf das Risikomanagement über unterschiedliche Management-Ebenen sowie die Bedeutung des Risiko-Dialogs fokussiert.

[983] Mit Ausnahme von Pollanz, der auf das Ausführungshandeln nicht näher eingeht.

	RM-Modell nach Haller, 1986	RM-Modell nach Mensch, 1992	RM-Modell nach Pollanz, 1999	RM-Modell nach de Zeeuw, 1999	RM-Modell nach Peter, 2001
Theoretische Grundlage	Systemtheorie. Abgeleitet aus „St. Galler Management-Modell“ nach Ullrich/Krieg.	Systemtheorie.	Systemtheorie. Abgeleitet aus der Metastruktur des RM nach COSO.	Systemtheorie. Abgeleitet aus „St. Galler RM-Modell“ nach Haller.	Systemtheorie. Abgeleitet aus „St. Galler Konzept integr. Mngmnt.“ nach Bleicher.
RM-Einbindung in das Führungssystem	Risikobewusste Unternehmensführung. RM ist darauf ausgerichtet, in allen Führungstätigkeiten und unter allen Führungsaspekten das wesentliche Risiko besser zu erkennen und zu beurteilen.	Führungsorientierter Ansatz. RM als Risikodimension aller Führungsaufgaben. Bezieht sich auf sämtliche Entscheidungen der Unternehmensführung.	RM als Bestandteil eines integrierten Führungssystems.	RM wird auf die Entscheidungsfindung ausgedehnt.	RM als begleitende Führungsfunktion. Risikoproblematik im Management ist strukturiert und differenziert zu betrachten.
Berücksichtigung des Ausführungssystems	Abgrenzung zwischen Führungs-, Versorgungs- und Vollzugsbereich.	Explizite Berücksichtigung d. Ausführungssystems im Modell.	Keine Berücksichtigung.	RM-Elemene des Ausführungssystems werden vorgestellt.	Hinweis auf operative Gestaltungsebene des RM.
Gegenstand des RM	Spekulative Risiken.	Risiko als Gefahr einer Fehlentscheidung und auf Informationsdefiziten beruhend.	Spekulative Risiken.	Spekulative Risiken.	Spekulative Risiken.
RM-Fokus bzw. RM-Abgrenzung	Sicherheit als Leitidee. Berücksichtigung systemübergreifender Aspekte. Zusätzliche Integration der soziologischen, technologischen und ökologischen Gestaltungsebene.	Integration des RM in die Teilsysteme des Führungssystems. Zusammenspiel mit Ausführungssystem.	Integration in das bestehende prozessabhängige und -unabhängige Überwachungssystem (Controlling, Früherkennungssystem, internes Kontrollsystem sowie Revision).	Abgrenzung interner und externer Elemente des RM-Systems sowie Integration des RM in die Geschäftsprozesse.	RM als Auseinandersetzung mit Werten. Abstimmung verhaltensbezogener, struktureller und aktivitätsorientierter Aspekte. Risiko-Dialog. Integration des RM in Geschäftsprozesse.
RM-Bestandteile	Unternehmensführung, -bereiche und Umweltspähren.	Planungs- und Kontrollsystem, Informationsversorgungssystem, Controlling als Koordinationsfunktion.	Systembildende Elemente (Organisation, Grundsätze, Prozess) und syst.-koppelnde Maßnahmen.	Normatives, strategisches, traditionelles, Prozess-, Projekt- und externes RM.	RM-Elemente (Strukturen, Aktivitäten und Verhalten) auf normativer, strategischer und operativer Ebene.
Kritik	Fehlende differenzierte Beschreibung der RM-Bestandteile. Umsetzung in die betriebliche Praxis.	Fehlende Ganzheitlichkeit: Risiko nicht nur Ursache informationeller Probleme.	Kein Hinweis auf Ausführungssystem. Umsetzung erfordert Konkretisierung.	RM-Integration in das Führungssystem. Integration des systemexternen RM. Interne Koordination des RM-Systems.	Darstellung der normativen, strategischen und operativen Teilsysteme des Führungssystems. Externe RM-Perspektive.

Abb. 4-6: Risikomanagement-Ansätze im Überblick[984]

[984] Quelle: eigene Darstellung.

Ein Kritikpunkt, der alle Risikomanagement-Ansätze trifft, ist ihre Übertragbarkeit auf die Unternehmenspraxis. Dies kommt v. a. dann zum Tragen, wenn keine allgemeine und übergreifende Risikomanagement-Perspektive, sondern eine funktionsspezifische Sichtweise Grundlage der Auseinandersetzung mit dem Thema Risikomanagement ist. Gerade in Bezug auf das Ausführungssystem finden sich hier nur wenige Hinweise einer erfolgreichen Umsetzung dieser Risikomanagement-Konzepte. Entsprechend sind unternehmens- und aufgabenspezifische Konkretisierungen notwendig.

Trotz dieser Kritik bleibt abschließend festzustellen, dass die unterschiedlichen Modelle, gerade auch aufgrund der unterschiedlichen Sichtweisen auf das Risikomanagement-Phänomen, interessante Anregungen und Denkhilfen für die eigene Entwicklung eines Risikomanagement-Modells der Beschaffung im Rahmen der vorliegenden Arbeit liefern.

4.1.2 Eigener Ansatz

Beim Vergleich der im vorherigen Kapitel vorgestellten Modelle lässt sich feststellen, dass es in der Literatur bereits Ansätze gibt, die sich mit den Anforderungen eines ganzheitlichen und integrierten Risikomanagements auseinandersetzen. Diese Beiträge beschäftigen sich allerdings überwiegend mit allgemeinen Risikoaspekten der Unternehmensführung. In Bezug auf die Übertragung dieser allgemeinen Risikomanagement-Ansätze auf die Funktion der Beschaffung weist die Literatur noch Defizite auf.

Es besteht deshalb der **Bedarf an einem ganzheitlichen Modell für den Beschaffungsbereich,** in dem die für einen systematischen Umgang mit Beschaffungsrisiken erforderlichen Aufgaben eines Risikomanagements logisch strukturiert, beschrieben und in einem Gesamtzusammenhang gebracht werden. Darauf aufbauend sollen Gestaltungsvorschläge zur Umsetzung eines strategischen Risikomanagements der Beschaffung innerhalb der betrieblichen Praxis abgeleitet werden.

Da das Risikomanagement eines Gesamtsystems nicht möglich ist, „ohne die Risiken, die in den einzelnen Teilsystemen auftreten, einzubeziehen“[985], sind die Aufgaben eines Risikomanagements an die Anforderungen der Beschaffung und an Organisation und Abläufe anzupassen. Die Ableitung des strategischen Risikomanage-

[985] Brühwiler, 2001, S. 50.

ments der Beschaffung baut im Folgenden auf einem Modell auf,[986] das den funktionalen, institutionalen und instrumentalen Rahmen für die Umsetzung eines Risikomanagements der Beschaffung darstellt und zur Ableitung von Handlungsempfehlungen herangezogen werden kann.

In Anlehnung an die im vorherigen Kapitel näher ausgeführten allgemeinen Risikomanagement-Ansätze baut die Systematisierung des hier vorgestellten Risikomanagement-Systems auf den einzelnen **Teilsystemen des Führungs- und Ausführungssystems** der Beschaffung auf. Im Vordergrund steht dabei die Ableitung der spezifischen Aufgaben eines Risikomanagements der Beschaffung innerhalb der einzelnen Teilsysteme und nicht die allgemeine Beschreibung der Prozesse und Werkzeuge zur Identifikation, Bewertung und Bewältigung von Beschaffungsrisiken (selbstverständlich ohne diese Aspekte gänzlich zu vernachlässigen).[987] Auf Basis dieser neuen Perspektive sollen die in der Literatur bereits bestehenden, sich am Risikomanagement-Prozess orientierenden Risikomanagement-Ansätze der Beschaffung ergänzt und verbessert werden.

Ziel des Modells ist es, eine Risikoorientierung innerhalb der Beschaffung auf allen Managementebenen und Funktionsteilbereichen sicherzustellen.[988] Dies soll Führungskräfte dahin gehend sensibilisieren, Risikoaspekte in sämtlichen Beschaffungsentscheidungen einzubeziehen. Zudem soll dieses Modell einen Bezugsrahmen schaffen, der ein einheitliches und koordiniertes Vorgehen bei der Einschätzung und Bewältigung von Risiken ermöglicht.

Bei der Implementierung eines Risikomanagements in der betrieblichen Praxis sind die bereits vorhandenen Risikomanagement-Aktivitäten zu berücksichtigen. Auch ohne das Vorhandensein eines explizit formulierten Risikomanagements kann grundsätzlich nicht davon ausgegangen werden, dass innerhalb der einzelnen Teil-

---

[986] Gemäß Peter leitet sich die Integration der verschiedenen Risikoperspektiven in einem einheitlichen Konzept „aus der primären Aufgabe der Managementlehre ab, praktisches Wissen zu entwickeln, das von Führungskräften beim Lösen ihrer Probleme in der realen Welt angewendet werden kann." Peter, 2001, S. 91.

[987] Siehe z. B. Kapitel 3.3. Im Rahmen der Strukturierung der Beschaffungsrisiken wurde eine wesentliche Grundlage für die Identifikationsaufgabe geleistet. Die strategische Bewältigung von Beschaffungsrisiken als wichtigem Beitrag eines strategischen Risikomanagements der Beschaffung wird in Kapitel 4.3 vorgestellt. Hierbei werden auch generische Methoden und Werkzeuge aufgezeigt.

[988] In Anlehnung an die Definition eines Risikomanagement-Systems von Schönbächler stellt das Risikomanagement-Modell für das Management ein Führungsinstrument und für die Mitarbeiter ein Arbeitsinstrument dar. Für Schönbächler ist das Risikomanagement-System „ein praktischer Orientierungsrahmen, der Ziele, Organisationsstrukturen und Maßnahmen der kontinuierlichen Risikoverbesserung beschreibt." Schönbächler, 2000, S. 1.208. Bezüglich der Mindestanforderungen an ein Risikomanagement siehe auch Rosen, 2000, S. 13 ff.

systeme keine bzw. eine nur rudimentäre Handhabung von Risiken existiert. Sowohl in der Theorie als auch in der Praxis sind die einzelnen Aufgaben der Beschaffung in ihrer Grundfunktion bereits mehr oder weniger auf die Erkennung, Bewertung und Beherrschung von Störgrößen ausgerichtet. Ohne ausdrücklich von einem Risikomanagement zu sprechen, funktionieren die unterschiedlichen Substrukturen des Führungs- und Ausführungssystems dabei im Sinne eines Abweichungsmanagements. Die Aktivitäten werden häufig durch unterschiedliche Formen der Kontrolle initiiert, die vielen Beschaffungsprozessen immanent sind.[989] Dies impliziert nicht zuletzt der systemische Charakter mit den Einflussmechanismen Regelung, Steuerung und Anpassung.[990] Die Einführung eines Risikomanagement-Systems erfolgt somit in der Regel nicht auf Basis eines „Grüne-Wiese-Ansatzes".[991] Vor dem Hintergrund einer ganzheitlichen Betrachtungsweise stellen die risikomanagementimmanenten Teilsysteme häufig allerdings nur Insellösungen dar, die eines zusammenfassenden Überbaus bedürfen. Diese Lücke soll durch das Risikomanagement-Modell geschlossen werden.

In Bezug auf die bereits existierenden Risikomanagement-Aktivitäten soll das idealtypische Modell auch dahin gehend Verwendung finden, das bestehende Risikomanagement der Beschaffung gezielt und strukturiert zu erfassen und auf dieser Grundlage entsprechende Handlungsbedarfe und Ansatzpunkte einer Weiterentwicklung abzuleiten. Hierbei sei betont, dass die Bestandsaufnahme der bereits existierenden Funktionen sowie der Versuch ihrer Einbindung in ein ganzheitliches Konzept die Akzeptanz im Unternehmen erhöht und die nicht zu unterschätzenden Umsetzungsbarrieren bei der Einführung des Risikomanagement-Systems deutlich reduziert.[992] Da Nachvollziehbarkeit, Nachweisbarkeit und Prüfbarkeit eines Systems

---

[989] In den verschiedenen Phasen innerhalb des Produktentstehungsprozesses greifen deshalb entsprechend Überwachungskontrollen (z. B. im Rahmen der Beschaffungsmarktforschung), Prämissen- und Planfortschrittskontrollen (z. B. im Rahmen des Projektmanagements) und Ergebniskontrollen (z. B. im Rahmen der Beschaffungsabwicklung) ein. Vgl. hierzu Kapitel 2.3.2.1.

[990] „In der ganzheitlichen Konzeption der Betriebswirtschaftslehre stellen Schadenverhütung und Schadenausgleich einen Leistungsbereich dar, der allen anderen Leistungsbereichen beigeordnet ist. [...] Denn vernunftmäßig gebotenes Handeln ist Gegenstand jeder unternehmenspolitischen Entscheidung unter Berücksichtigung der Unsicherheit" Mugler, 1979, S. 43.

[991] Peter betont in diesem Zusammenhang, dass die Entwicklung eines integrierten Risikomanagement-Systems nicht losgelöst von den bereits bestehenden Managementsystemen erfolgen darf. Vgl. Peter, 2001, S. 172. Peter bemerkt zudem, dass diese Systeme nicht additiv, sondern integrativ in das Risikomanagement-System einbezogen werden sollen, vgl. Peter, 2001, S. 177. Siehe hierbei auch Matzenbacher et al., 1999, S. 12, die entsprechende Hinweise bei der Einführung eines Risikomanagement-Systems der Beschaffung geben.

[992] Gemäß Haller sind „bereits vorhandene Konzepte aufzuarbeiten, Lücken zu ergänzen und die Sicherheitspolitik im Gesamtzusammenhang zu formulieren." Haller, 1986, S. 26. Gerade die Integration etablierter „Fakultäten" (wie Qualitäts-, Umwelt- oder Sicherheitsmanagementsysteme) unter dem Zeltdach eines Risikomanagements erweist sich häufig als schwierig. Vgl. Seghezzi,

eine Dokumentation desselben erfordern, kann das Modell schließlich auch als Grundlage hierfür verwendet werden.

Risiken werden grundsätzlich dort gestaltet, wo Entscheidungen gefällt werden. Die funktionale Entwicklung der einzelnen Teilsysteme des Risikomanagement-Modells soll deshalb auf dem in **Kapitel 3.2.5** vorgestellten **Beschaffungsmodell** gründen. So wird sichergestellt, dass die Risikomanagement-Aktivitäten Einzug in die einzelnen Teilsysteme der Beschaffung halten. Die Unterscheidung in normative, strategische und operative Elemente stellt zudem die Ganzheitlichkeit des Ansatzes sicher. Die in Kapitel 2.3.2 getroffene Annahme bezüglich eines strategischen Risikomanagements wird auf diese Weise bestätigt: Das strategische Risikomanagement der Beschaffung ist weniger als Subsystem anzusehen, sondern als Managementkonzept, das die Beschaffung in all seinen Funktionen durchdringt. Die Funktion der Beschaffung definiert dabei die Anforderungen, denen das Risikomanagement gerecht werden muss.

Dieser Zusammenhang sei in Abbildung 4-7 verdeutlicht: Das hier vorgestellte Risikomanagement-Konzept der Beschaffung unterscheidet zum einen **Risikomanagement-Teilsysteme,** die sich innerhalb unterschiedlicher Systeme auf verschiedenen Systemebenen befinden, und zum anderen den **Risikomanagement-Prozess,** der innerhalb eines jeden Moduls in unterschiedlicher Ausprägung und Intensität zur Anwendung kommen kann.[993] Analog dem bereits vorgestellten Beschaffungsmodell[994] handelt es sich bei dem vorliegenden Risikomanagement-Modell um ein dem Systemansatz folgendes, offenes System, das in die übergeordneten Systeme der Unternehmung und der Umwelt eingebettet ist. Aufgrund der sich ständig ändernden Umweltbedingungen sollte das Risikomanagement-System im Kontext des situativen Ansatzes grundsätzlich einer regelmäßigen Überwachung und Anpassung bzw. Weiterentwicklung unterzogen werden.[995]

1997, S. 11 ff. Anpassungsbemühungen werden dabei mit der Begründung abgelehnt, dass entsprechende Strukturen und Prozesse bereits existieren würden. Vgl. Holst, 1998, S. 3.

[993] Es sei darauf hingewiesen, dass einzelne Risikomanagement-Module auch eine Spezialisierung des Risikomanagement-Prozesses bzw. eine übergreifende Funktion innerhalb der Gesamtaufgabe eines Risikomanagements der Beschaffung darstellen können. Die einzelnen Aktivitäten des Risikomanagement-Prozesses müssen somit nicht immer komplett innerhalb eines jeden Moduls durchlaufen werden. So liegt beispielsweise der Schwerpunkt des Moduls Frühaufklärung in der Risikoidentifikation sowie in der Risikoanalyse und -bewertung.

[994] Siehe Kapitel 3.2.5.

[995] Zur Rolle der Internen Revision siehe auch Kapitel 4.4.2.

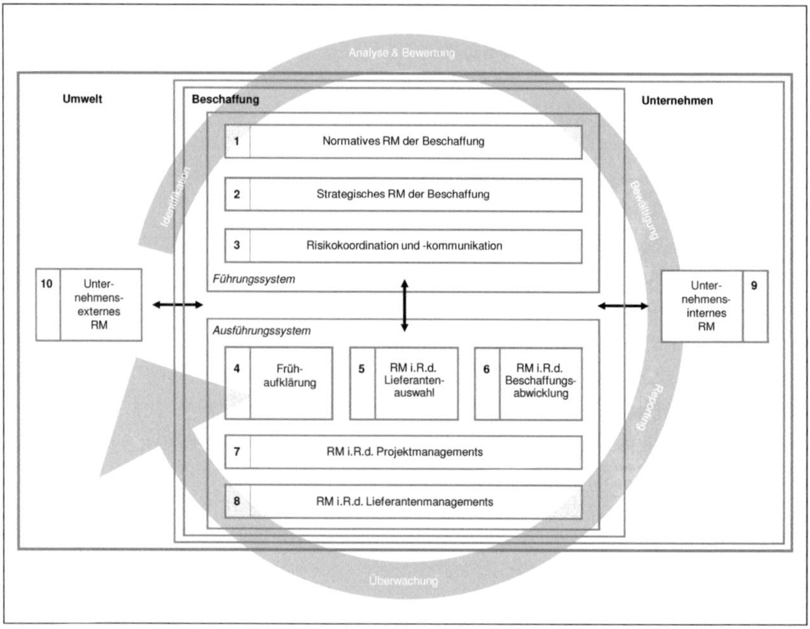

Abb. 4-7: Modell eines strategischen Risikomanagements der Beschaffung[996]

a) Die Risikomanagement-Teilsysteme

Aufbauend auf der Systematisierung und den Grundprinzipien des Beschaffungsmodells unterscheidet das Risikomanagement-Modell der vorliegenden Arbeit insgesamt zehn Risikomanagement-Module. Acht Module leiten sich direkt aus den Teilsystemen des Führungs- und Ausführungssystems des Beschaffungsmodells ab (siehe die im Folgenden durchgeführte Gruppierung a1 und a2). Die restlichen zwei Module ergeben sich aus den Schnittstellen des Beschaffungsbereichs zu übergeordneten Umsystemen (siehe Gruppierung a3).

a1) Risikomanagement-Module des Führungssystems:

Das Risikomanagement auf Führungsebene der Beschaffung unterscheidet die Teilbereiche

---

[996] Quelle: eigene Darstellung.

❶ normatives Risikomanagement (siehe Kapitel 4.2.1),

❷ strategisches Risikomanagement (siehe Kapitel 4.2.2) sowie

❸ Risikokoordination und -kommunikation (siehe Kapitel 4.2.3).

Diese Teilsysteme beeinflussen sowohl unmittelbar als auch mittelbar das ausführende Handeln innerhalb des Risikomanagement-Modells. Das Ausführungssystem richtet sich dabei zum einen an den normativen und strategischen Vorgaben aus und setzt zum anderen die risikoorientierten Beschaffungsstrategien um.

Das Führungssystem des Risikomanagement-Modells soll außerdem ergänzt werden um das Teilsystem der Risikokoordination und -kommunikation. Dieses Modul, das sich nicht direkt aus dem Beschaffungsmodell ableitet, dient der zielorientierten Informationsversorgung und Verhaltensbeeinflussung der Führung.[997] Mit seinen Subsystemen Risikocontrolling, Risikoaggregation und Risikokommunikation besteht die Aufgabe dieses Moduls wesentlich in der Koordination und Harmonisierung des gesamten Risikomanagement-Systems.

a2) Risikomanagement-Module des Ausführungssystems

Die Risikomanagement-Module des Ausführungssystems bauen auf den korrespondierenden Teilsystemen bzw. -prozessen des Beschaffungsmodells auf. In Kapitel 3.2.5 wurde bereits zwischen den Basisprozessen Beschaffungsmarktforschung, Beschaffungsabwicklung und Lieferantenauswahl sowie den flankierenden Prozessen Projektmanagement und Lieferantenmanagement unterschieden. Die Basisprozesse entsprechen in ihren Grundprinzipien dem Beschaffungsmarketingprozess nach Koppelmann[998] und sind auf die Auswahl von Produkten, Märkten und Lieferanten sowie die operative Aktivierung der Lieferantenleistung gerichtet. Die flankierenden Prozesse hingegen sind bereits in ihrer ursprünglichen Konzeption auf Störungen von innen und außen ausgerichtet und entsprechen in ihrer Grundanlage den Intentionen eines Risikomanagements. Als Unterstützungs- und Überwachungsfunktionen harmonisieren sie das Beschaffungssystem mit seinen unternehmensinternen und -externen Umsystemen, den unterschiedlichen Fahrzeugprojekten und der Lieferantenbasis und optimieren den Ablauf im Sinne der Beschaffungsziele. Diese Len-

[997] Vgl. Wolf, 2003, S. 72 ff.
[998] Vgl. Koppelmann, 2000, S. 43.

kungsfunktionen, die das Funktionieren des Systems sicherstellen, sind in komplexen Systemen in der Regel über das gesamte System verteilt.

Aufbauend auf dieser Unterscheidung leiten sich für das Risikomanagement-Modell folgende Teil-Module ab:[999]

❹ Frühaufklärung (siehe Kapitel 4.2.4)

❺ Risikomanagement im Rahmen der Lieferantenauswahl (siehe Kapitel 4.2.5)

❻ Risikomanagement im Rahmen der operativen Beschaffungsabwicklung (siehe Kapitel 4.2.6)

❼ Risikomanagement im Rahmen des Projektmanagements (siehe Kapitel 4.2.7)

❽ Risikomanagement im Rahmen des Lieferantenmanagements (siehe Kapitel 4.2.8)

Neben der Umsetzung der Vorgaben des Führungssystems werden innerhalb des Ausführungssystems auch eigenständige Risikomanagement-Aufgaben verfolgt. Diese spielen eine wichtige Rolle, da Risiken und ihre entsprechenden Wirkungen meist erst im operativen Tagesgeschäft in Erscheinung treten. Sind diese Bedrohungen akut, ist rasches und zielgerichtetes Eingreifen erforderlich. Schuy betont, dass schnelle und kreative Aktionen in Bezug auf sich konkretisierende oder bereits unmittelbare Bedrohungen primäre Aufgabe eines operativen Risikomanagements ist.[1000] Der Mitarbeiter muss wissen, wann er wen einschaltet und was er selbst zur Behebung von akuten Störungen beitragen kann. Mit der Kürze der Reaktionszeiten bzw. der Einschränkung der Reaktionsmöglichkeiten steigt zudem die Notwendigkeit an Aktions- und Reaktionsflexibilität. Auch beim Eintritt akuter Störungen verliert das strategische Risikomanagement seine Adaptionsfunktion für ein operatives Risikomanagement nicht. Das strategische Risikomanagement sollte hierbei z. B. die Voraussetzungen für ein flexibles, unbürokratisches und unkonventionelles Handeln auf operativer Ebene schaffen. Insofern ist es also entscheidend, die Mitarbeiter im Umgang mit Risiken zu sensibilisieren und ihnen hierfür klare Handlungsanweisungen im operativen Geschäft zur Verfügung zu stellen.

---

[999] Damit wird auch der Empfehlung von de Zeeuw gefolgt, der die Prozessorganisation als den entscheidenden Ansatzpunkt zur Implementierung eines Risikomanagement-Systems im operationellen Bereich sieht. Hierbei wird das jeweilige Prozesssystem um ein Risikomanagement-System erweitert. Vgl. de Zeeuw, 1999, S. 39.

[1000] Vgl. Schuy, 1989, S. 238 f.

Die Ausführungen der Kapitel 4.2.4 bis 4.2.8 zeigen die wichtigsten Handlungsfelder eines Risikomanagements innerhalb des Ausführungssystems der Beschaffung auf. In der Praxis müssen hierfür entsprechende Prozesse unternehmensindividuell beschrieben werden, die durch Methoden, Werkzeuge und IT-Systeme unterstützt werden. Aufgrund der Individualität und Komplexität dieser Aufgabe kann die vorliegende Arbeit die konkrete Ausgestaltung eines solchen operativen Risikomanagements nur bedingt unterstützen. Mithilfe von Beispielen oder der Formulierung prinzipieller Sichtweisen sollen im folgenden Kapitel dennoch Anregungen für die praxisorientierte Umsetzung gegeben werden.

a3) Risikomanagement-Module des Umsystems der Beschaffung

Das Risikomanagement-Modell wurde als offenes System entwickelt, das auch die konzeptionelle Einbeziehung von Systemen des beschaffungsseitigen Umfeldes vorsieht. Aufgrund der Situation der Beschaffungsfunktion als Schnittstelle und Mittler zwischen verschiedenen Anspruchsgruppen innerhalb und außerhalb des Unternehmens und der daraus resultierenden komplexen Risikosituationen spielt die aktive Einbeziehung dieser Umsysteme für das Risikomanagement der Beschaffung eine entscheidende Rolle.

Neben den beschaffungsinternen Risikomanagement-Aktivitäten sieht das Modell somit auch beschaffungsexterne Risikomanagement-Aktivitäten vor. Diese werden zwar nicht von der Funktion der Beschaffung verantwortet, müssen allerdings mit dieser abgestimmt bzw. von dieser harmonisiert und gesteuert werden, um dem ganzheitlichen und übergreifenden Charakter gerecht zu werden. Folgende Unterscheidung sei hierbei getroffen:

❾ Unternehmensinternes Risikomanagement (siehe Kapitel 4.2.9)

❿ Unternehmensexternes Risikomanagement (siehe Kapitel 4.2.10)

b) Der Risikomanagement-Prozess

Die allgemeinen Aufgaben des Risikomanagements sind durch den Risikomanagement-Prozess beschrieben.[1001] Diese grob strukturierten Aufgaben müssen nun innerhalb des Systems der Beschaffung zur Anwendung gebracht werden. In Anleh-

[1001] Siehe Kapitel 2.2.3.

nung an die Ausführungen von Mensch, der das Risikomanagement als die Einbeziehung des Risikos in jedes Entscheidungskalkül interpretiert,[1002] werden die Teilsysteme des Beschaffungsmodells hierbei im Sinne eines Risikomanagements ausgestaltet. Innerhalb dieser Teilsysteme werden die jeweiligen Aufgaben eines Risikomanagements der Beschaffung abgeleitet. Ziel ist es, den Risikomanagement-Prozess in allen Teilprozessen und -funktionen der Beschaffung zu verankern, um somit die ganzheitliche Integration des strategischen Risikomanagements in das Beschaffungssystem zu ermöglichen.

In diesem Zusammenhang sei abschließend darauf hingewiesen, dass die idealtypische Forderung nach Vollständigkeit[1003] nicht darüber hinwegtäuschen darf, dass eine komplette Erhebung und Überwachung von Risiken in der betrieblichen Praxis nicht zu leisten ist. Zur Strukturierung und Bewältigung der hochkomplexen Risikosituation im Unternehmen ist deshalb eine differenzierte Betrachtung erforderlich, auf deren Basis die wichtigsten Handlungsfelder unternehmensspezifisch ermittelt und priorisiert werden. Die Notwendigkeit der Konzentration steht dabei auch im Einklang mit der Forderung von Brühwiler, der das strategische Risikomanagement mehr der Wesentlichkeit als der Vollständigkeit verpflichtet sieht.[1004] Hierbei geht es nicht nur um den Einsatz von Maßnahmen zur Bewältigung von Risiken, sondern auch um die Fokussierung auf bestimmte Risikoobjekte im Rahmen der Identifikation von Risiken.

4.2 Teilsysteme des Risikomanagement-Modells der Beschaffung

4.2.1. Normatives Risikomanagement

In Kapitel 3.2.5 wurde das normative Beschaffungsmanagement als Bestandteil eines ganzheitlichen Beschaffungsmanagementansatzes beschrieben. Das Beschaffungsmodell unterscheidet hierbei die Elemente der Beschaffungspolitik und der Beschaffungskultur und weist dem normativen Risikomanagement die Kernaufgabe der verbindlichen Festlegung und Formulierung der Wert- und Wunschvorstellungen der obersten Managementhierarchien für nachfolgende Führungsstufen zu. Da diese Unternehmensgrundsätze den Charakter langfristiger Verhaltens- und Entschei-

[1002] Vgl. Mensch, 1991, S. 42. Auch Haller betont, dass sich Risiken in allen Gestaltungsebenen des Managements manifestieren. Vgl. Haller, 1986, S. 18 f.

[1003] Siehe beispielsweise Kapitel 2.3.3, Fußnote 325.

[1004] Vgl. Brühwiler, 2001, S. 69. Das Institut der Wirtschaftsprüfer (IDW) formuliert die „Vollständige Erfassung aller wesentlichen Risiken“ als eine Mindestanforderung an ein Risikomanagement. Darüber hinaus sollten folgende weitere Anforderungen erfüllt werden: „Einrichtung eines permanenten Prozesses“, „Berichterstattung der wesentlichen Risiken an den Vorstand“, „Dokumentation des Risikomanagements“, „Überwachung des Risikomanagement-Systems“. Vgl. Rosen, 2000, S. 13 ff.

dungsrichtlinien haben, können sie bei stark dynamischer Umwelt, d. h. bei sich rasch ändernden Prämissen, zu Fehlverhalten führen und damit selbst zur Risikoquelle werden.[1005]

Auch das Risikomanagement der Beschaffung bedarf einer normativen Ausprägung.[1006] Eine wesentliche Aufgabe besteht dabei, die Konformität von Unternehmensgrundsätzen, Normen und Werten mit den Umweltveränderungen zu überprüfen und zu sichern sowie „die gesetzlichen und politischen Vorgaben im Sicherheits- und Risikobereich optimal in die Führungstätigkeit zu integrieren."[1007] Analog dem Ansatz des strategischen Beschaffungsmanagements soll das normative Risikomanagement ebenfalls die Bestandteile Risikopolitik und Risikokultur unterscheiden. Hierbei werden die Grundsätze und Richtlinien zur Ausgestaltung eines Risikomanagements auf Führungs- und Ausführungsebene beschrieben.[1008] Risikopolitik und -kultur legen nicht nur das anzustrebende Risikoniveau fest und beeinflussen „die risikopolitischen Aktionen im Hinblick auf erwartete Risikowirkungsfolgen"[1009]. Die Vorgabe von Entscheidungskriterien und Orientierungsmustern stabilisiert das Risikoverhalten des Managements gerade dann, wenn Risiken noch nicht eindeutig spezifiziert werden können.[1010] „Je unbekannter die Risiken sind, auch im Hinblick auf ihre Wirkung, umso abstrakter sind Kriterien zu formulieren, die nicht an bestimmte Risikosituationen gebunden sind."[1011]

Das bewusste Involvieren der obersten Managementebenen fördert außerdem die Akzeptanz im Unternehmen und erhöht die Erfolgsaussichten bei der Implementierung des Risikomanagement-Systems.[1012] „Die normativen Vorgaben weisen somit dem strategischen Risikomanagement den Weg."[1013]

[1005] Vgl. Braun, 1984, S. 101. Siehe auch Kapitel 3.3.2.2.1.

[1006] Die Abgrenzung zwischen dem normativen Management und dem normativen Risikomanagement erfolgt in der Literatur uneinheitlich. Zum einen wird Risikopolitik als Teil der Unternehmenspolitik gesehen, zum anderen werden Risikopolitik und Unternehmenspolitik gleichgesetzt. Mugler, 1979, S. 42.

[1007] Peter, 2001, S. 123.

[1008] Vgl. Haller, 1986, S. 25.

[1009] Schuy, 1989, S. 233.

[1010] Vgl. Schuy, 1989, S. 233 f.

[1011] Schuy, 1989, S. 234.

[1012] Vgl. Peter, 2001, S. 120 sowie Kremers, 2002, S. 72.

[1013] Peter, 2001, S. 137.

4.2.1.1 Risikopolitik

Da auf unternehmenspolitischer Ebene jene Entscheidungen getroffen werden, die für die Sicherheit des Unternehmens als System von fundamentaler Bedeutung sind, obliegt es der Unternehmenspolitik, die Aufgabe der Sicherung der Unternehmensexistenz umfassend wahrzunehmen.[1014] Die Existenzsicherung drückt sich in der Sicherung von Erfolgspotenzialen aus und wird neben dem Ziel der Gewinnmaximierung häufig als oberste Zielsetzung des Unternehmens betrachtet.[1015] Auch aus der Systemtheorie heraus lässt sich das Ziel der Sicherheit als Metaziel begründen.[1016] Systemtheoretisch handelt es sich bei der Erhaltung des Unternehmens „um das Anstreben eines Fließgleichgewichts eines offenen Systems“[1017]. Die Stabilisierung dieser Homöostase erfolgt durch den bereits beschriebenen kybernetischen Regelkreis, dessen Sollwerte die Unternehmensziele darstellen.

Im Streben nach Sicherheit erfährt das Risikomanagement somit Begründung und Rechtfertigung.[1018] Koch definiert Sicherheit als Abwesenheit von Gefahr oder Minimierung von Risiken.[1019] Ziel des Risikomanagements ist es, die Unternehmensführung bei der Verwirklichung des Ziels der nachhaltigen Existenzsicherung zu unterstützen.[1020] Auf normativer Ebene gründet das Risikomanagement auf einer systematischen, zielgerichteten und eindeutig formulierten Risikopolitik, die als Instrument eines modernen Risikomanagements zunehmend an Bedeutung gewinnt.[1021]

Die Risikopolitik stellt die Konkretisierung der „Unternehmenssicherung als unternehmenspolitische Leitidee“[1022] dar und dient als Bezugsrahmen bei der Identifikation, Bewertung und Handhabung von Risiken. Sie bildet einen Orientierungsrahmen für risikobezogene Entscheidungen und ermöglicht die zielgerichtete Ausprägung der weiteren Bestandteile des Risikomanagement-Systems.[1023] Als Bestandteil einer umfassenden Unternehmenspolitik beschreibt die Risikopolitik die generelle Einstellung

---

[1014] Vgl. Mugler, 1979, S. 49.
[1015] Vgl. Mensch, 1991, S. 65, Braun, 1984, S. 44, Mugler, 1979, S. 18 ff. Bereits 1933 hat sich Sandig mit dem Zielpaar „Gewinn“ und „Sicherheit“ beschäftigt und daraus die prozessgestaltenden Funktionen des Treibens und Bremsens abgeleitet. Beide Ziele haben sowohl eine komplementäre als auch eine konkurrierende Beziehung. Die Erzielung von Gewinn kann einerseits als Mittel zur Verwirklichung von Sicherheit angesehen werden. Andererseits ist es zur Gewinnerzielung aber notwendig, Sicherheit aufzugeben, d. h. Risiken einzugehen. Vgl. Sandig, 1933, S. 349 ff.
[1016] Vgl. Haller, 1986, S. 25.
[1017] Mugler, 1979, S. 33.
[1018] Vgl. Braun, 1984, S. 45 und S. 104.
[1019] Vgl. Koch, 1992, S. 171. Aufwendungen in die Sicherheit eines Unternehmens reduzieren somit die Wahrscheinlichkeit des Eintritts sowie das Ausmaß des Schadens.
[1020] Vgl. Braun, 1984, S. 45.
[1021] Vgl. Peter, 2001, S. 123 ff., S. 127 ff.
[1022] Ulrich, 1978, S. 175 f.
[1023] Vgl. Dahmen, 2002, S. 48.

zu Risiko, Sicherheit und Kontrolle (im Sinne der Corporate Governance). Sie wird von den gesetzlichen und internen Vorschriften und Sicherheitsnormen getragen und durch die unternehmensspezifische Risikokultur geprägt.

„Sicherheit" als übergeordnete Zielsetzung gilt auch für den Bereich der Beschaffung als Orientierungsgröße. Sie steht über den übrigen Beschaffungszielen im Sinne eines Grundgedankens, der von der Beschaffungspolitik formuliert wird und bei allen Unternehmensentscheidungen durchgängig Berücksichtigung findet.[1024] Übertragen auf den Funktionsbereich der Beschaffung stellt die Risikopolitik einen integrierten Bestandteil der Beschaffungspolitik dar. Die Risikopolitik der Beschaffung sollte sich in zentralen Grundsätzen manifestieren, auf deren Grundlage strategische und taktische Maßnahmen abzuleiten sind.[1025] Diese Grundsätze „haben allgemein die Aufgabe, eine Geisteshaltung zu wecken und zu fördern, welche eine risikoorientierte Planung als Grundlage allen Tuns und als stabilisierendes Element anerkennt".[1026] Sie sind situationsungebunden und in ihrer zeitlichen Reichweite unbeschränkt.[1027] Risikopolitische Grundsätze beinhalten damit die grundlegende Einstellung der Unternehmens- bzw. Bereichsleitung zur Handhabung von Risiken und stellen damit ein unternehmenseinheitliches Vorgehen im Umgang mit Risiken sicher. Alle Führungskräfte und Mitarbeiter sollen durch diese Verhaltensregeln zu einem angemessenen Umgang mit Risiken angeleitet werden.[1028]

Zusammenfassend lassen sich folgende Charakteristika der Risikopolitik eines Unternehmens beschreiben:[1029]

- Die Risikopolitik bildet den Ausgangspunkt bei der unternehmensweiten Implementierung eines Risikomanagements.

[1024] Vgl. Haller, 1986, S. 24 ff. Haller stellt fest, dass auf die Sicherheit als Führungskomponente verzichtet werden könnte, wenn bei Entscheidungen sämtliche Folgen möglicher Zielabweichungen berücksichtigt werden würden. Dieser idealtypischen Forderung wird in der betrieblichen Praxis allerdings in der Regel nicht Genüge getan, was die Einbeziehung der Sicherheit als Leitmotiv auf normativer Ebene rechtfertigt.

[1025] Vgl. Mugler, 1979, S. 42. Dahmen betont, dass die Risikopolitik in einem Leitbild oder einer Vision manifestiert werden sollte, die in knapper Form die grundlegenden Vorstellungen über die Zwecke des Risikomanagements und die Verhaltensweisen der Mitarbeiter beschreibt. Vgl. Dahmen, 2002, S. 49.

[1026] Braun, 1984, S. 102.

[1027] Vgl. Hoffmann, 1985, S. 100.

[1028] Wenn aus Sicht der Unternehmensleitung z. B. Währungsrisiken begrenzt werden sollen, kann dies durch die Festlegung einer entsprechenden Risikopolitik erfolgen, die eine Absicherungsverpflichtung für Fremdwährungspositionen vorsieht. Ebenso kann der Umgang mit schwerwiegenden Risiken in einer risikopolitischen Richtlinie manifestiert werden, z. B. einer Insolvenzrichtlinie, welche die wichtigsten Grundsätze und Handlungsmaximen bei Eintritt eines Insolvenzfalls beim Lieferanten beschreibt.

[1029] Vgl. Peter, 2001, S. 130 f., Braun, 1984, S. 102, Hoffmann, 1985, S. 144.

- Als Bestandteil der allgemeinen Unternehmenspolitik formuliert die Risikopolitik die Grundhaltung der Führung zu den Themen Risiko, Sicherheit und Kontrolle.
- Auf Basis eines in der Risikopolitik beschriebenen, übergeordneten Sicherungsziels sind die Risikomanagement-Maßnahmen auf allen Managementebenen abzuleiten.
- Mithilfe von Grundsatzentscheidungen und Verhaltensnormen (z. B. Einstellung zum Risiko) unterstützt die Risikopolitik das Risikomanagement bei der Lösung von Problemen in Risikosituationen.[1030]
- Neben der Abgrenzung des Aufgaben- und Verantwortungsumfangs liefert die Risikopolitik Aussagen zur begrifflichen Abgrenzung des Risikomanagements, zur prozessualen Ausgestaltung des Risikomanagements, zur Verteilung der Risikoressourcen, zu Zielvorgaben sowie zu einzusetzenden Methoden und Tools.

Unabhängig von der risikobezogenen Vision ist die Unternehmung v. a. auch an Gesetze, Richtlinien und Verordnungen gebunden, die den Bereich der Sicherheit betreffen und die intern durch Sicherheitsnormen (Leitlinien, Richtlinien, Verfahrensanweisungen) repräsentiert werden, welche die Konkretisierung und die betriebliche Umsetzung der gesetzlichen Regelungen darstellen.[1031] Auch diese müssen bei der Ausgestaltung einer Risikopolitik entsprechende Berücksichtigung finden.[1032]

[1030] In weiteren Regelungen werden Handlungsspielräume für die einzelnen Mitarbeiter definiert, sodass Risiken nicht in einem unkontrollierten Umfang auftreten. So sollte beispielsweise festgelegt werden, welche Risiken eingegangen werden sollen, welches Verhältnis zwischen Chancen und Risiken mindestens einzuhalten ist, ab welcher Schadenshöhe Maßnahmen zur Risikobewältigung einzuleiten sind und was die maximale Verlustgrenze ist. Mit der maximalen Verlustgrenze wird bestimmt, ab welchem finanziellen Risiko Strategien oder Projekte von der Realisierung ausgeschlossen werden, unabhängig von den damit einhergehenden Chancen. Vgl. Lück, 2000 (Managementrisiken), S. 326 sowie Hinterhuber, 1998, S. 12. Brühwiler fordert in diesem Zusammenhang auch die Festlegung einer Risikoschwelle, die als Sicherheitsziel bzw. als Akzeptanzlinie zu verstehen ist. Risiken, die über der definierten Schwelle liegen, sind durch geeignete Maßnahmen so weit zu vermindern, dass sie unterhalb der Risikoschwelle positioniert werden können. Falls solche Risiken aufgrund der zugrunde liegenden Chancen bewusst akzeptiert werden, ist diesen Risiken erhöhte Aufmerksamkeit zu schenken, z. B. in Form von Frühwarnindikatoren. Vgl. Brühwiler, 2001, S. 75 f. sowie Kapitel 4.2.3.2.

[1031] Beispielsweise rechtliche Anforderungen (z. B. Umweltgesetzgebung), internationale Normen (wie die CCC-Regelung bei der Einführung bestimmter Waren nach China), nationale Richtlinien und Empfehlungen von Verbänden (z. B. staatliche Förderprogramme wie „Black Economic Empowerment“) sowie technische Normen (z. B. DIN-Normen), die die Unternehmenstätigkeit einschränken bzw. an die sich unternehmerische Aktivitäten halten müssen.

[1032] Vgl. Peter, 2001, S. 123 sowie Dahmen, 2002, S. 48.

Beispiele möglicher Risikogrundstrategien zeigt Hoffmann.[1033] Die Entwicklung dieses sogenannten „Risikomanagement-Mix“ baut auf dem Risikoinventar sowie auf risikopolitischen Grundsatzentscheidungen auf. Die folgenden Entscheidungsregeln, auf deren Grundlage die späteren Risikomaßnahmen abgeleitet werden, lassen sich auch auf den Funktionsbereich der Beschaffung übertragen:

- Höchste Priorität hat die Absicherung gegen Katastrophenrisiken, da sich deren Eintritt bestandsgefährdend auf das Unternehmen auswirken kann. Da Großrisiken nicht gänzlich vermieden werden können, müssen die möglichen Schäden durch Versicherungsschutz abgesichert werden.

- Zweithöchste Priorität haben Maßnahmen, die sich auf die Erfüllung der behördlichen Auflagen beziehen.

- Nächsthöhere Bedeutung erlangen die Maßnahmen, die der Erfüllung des durch die Unternehmensleitung festgelegten Sicherheitsniveaus dienen.

- Danach folgen Maßnahmen zur Behebung von Kleinschäden. Diese sollen selbst getragen werden.

- Bei allen anderen Risiken, die nicht von den obigen vier Entscheidungsregeln betroffen sind, soll versucht werden, die Kosten-Nutzen-Relation zwischen den Kosten der risikopolitischen Maßnahmen und dem Nutzen der Maßnahmen zu optimieren. Hoffmann schlägt hierfür unterschiedliche Methoden der Investitionsrechnung wie die Break-even-Analyse oder die Kapitalwertmethode vor.

Die in der Risikopolitik beschriebene grundsätzliche Einstellung der Führungskräfte zum Risiko wird neben den gesetzlichen Vorschriften und Sicherheitsnormen im Wesentlichen von der im Laufe der Jahre etablierten, unternehmensspezifischen „Risikokultur“ im Unternehmen bestimmt.[1034] Diese erfüllt eine handlungsorientierende und verhaltenssteuernde Funktion. Mithilfe festgelegter Verhaltensnormen soll das Ziel der „Sicherheit“ koordiniert durchgesetzt und die Risikobereitschaft im erwünschten Ausmaß unterstützt werden.[1035] So wird mit der Festlegung der Schadensgrenze für selbst zu tragende Risiken die strategische Ausrichtung der Risikopolitik bestimmt. Wird diese Grenze eher niedrig angesetzt, so ist die Risikopolitik risikoscheu ausgerichtet. Umgekehrt setzt eine risikoaffine Strategie einen möglichst großen Spielraum bei den selbst zu tragenden Risikokosten voraus. Die Risikopräfe-

[1033] Vgl. Hoffmann, 1985, S. 155 ff.
[1034] Vgl. Peter, 2001, S. 131.
[1035] Vgl. Haller, 1986, S. 26.

renz bestimmt somit „die Gewichtung des Ziels der Unternehmenssicherung sowie der daraus abgeleiteten operationalen Ziele.“[1036]

Auf die Risikokultur als Element des normativen Risikomanagements sei im folgenden Kapitel eingegangen.

4.2.1.2 Risikokultur

Gewachsene Werthaltungen und Überzeugungen lassen sich nicht problemlos verändern.[1037] Insofern kann auch ein Wandel des allgemeinen Risikobewusstseins nicht willkürlich erfolgen, sondern muss sich evolutionär im Rahmen einer tief greifenden Veränderung der Unternehmenskultur entwickeln. Dabei sind die Mitarbeiter als Träger der Kultur in diesen Entwicklungsprozess einzubinden.[1038] Nur ein fest in der Unternehmenskultur verankertes Risikobewusstsein durchdringt sämtliche Führungsebenen des Unternehmens und bildet die nachhaltige Akzeptanz eines Risikomanagements heraus.[1039]

Peter führt drei Einflussmöglichkeiten an, mit denen sich das Risikoverhalten der Mitarbeiter gezielt in die gewünschte Richtung lenken lässt:[1040] Neben verbindlichen, mit Androhung von Bestrafung belegten Sicherheitsvorschriften unterstützt die gezielte Information und Instruktion, beispielsweise mithilfe geeigneter Trainings- und Schulungsmaßnahmen, das individuelle Risikoverhalten. Wichtige Voraussetzung für den Erfolg der Entwicklung der Risikokultur ist aber das vorgelebte Führungsverhalten des Managements. Vorgesetzte dienen als Vorbilder und schaffen Motivation durch Belohnung und Anerkennung. Gerade die Auseinandersetzung des Topmanagements mit Risiken bestimmt wesentlich die Qualität und die Effizienz eines Risikomanagements.[1041] Je nach Risikosituation sind im Rahmen der Risikopolitik einzelne Maßnahmen anzuordnen oder eine Kombination aus Vorschrift, Information und Vorbild einzusetzen.

Risikopolitik und Risikokultur greifen ineinander und beeinflussen sich gegenseitig.[1042] Während die Risikopolitik auf der einen Seite den Umgang mit Risiken be-

---

[1036] Braun, 1984, S. 104.
[1037] Vgl. Kremers, 2002, S. 71.
[1038] Vgl. Dahmen, 2002, S. 53 f.
[1039] Vgl. Rischar, 1988, S. 4, Affolter/Zehnder, 2001, S. 553.
[1040] Vgl. Peter, 2001, S. 170 in Anlehnung an Renggli, 1992, S. 26 f. sowie Brühwiler, 1980, S. 60 f.
[1041] Vgl. Felten, 1991, S. 207, Vogler/Gundert, 1998, S. 2.379.
[1042] Vgl. Peter, 2001, S. 137.

stimmt, darf sie auf der anderen Seite nicht im Widerspruch zur gelebten Risikokultur stehen, da sie ansonsten ihre Akzeptanz zu verlieren droht.[1043]

Die Risikokultur prägt sowohl die Wahrnehmung und Einschätzung von Risiken als auch die generelle Bereitschaft und Einstellung zum Eingehen von Risiken im Rahmen konkreter Entscheidungssituationen.[1044] Sie fungiert dabei als Bezugsrahmen bei der Ausgestaltung der Aufgaben und Strukturen eines Risikomanagement-Systems.[1045] Damit beeinflusst die Risikokultur den gesamten Risikomanagement-Prozess, von der Identifikation über die Bewertung bis zur Handhabung von Risiken.

Die **Risikowahrnehmung** kann generell unterschiedlich ausgeprägt sein und wird häufig von den Persönlichkeitsmerkmalen Einzelner bestimmt. „Was als Problem wahrgenommen und bearbeitet wird, ist keinesfalls vorgegeben, sondern muss zunächst als solches erkannt und angegangen werden."[1046] Haller weist beispielsweise in diesem Zusammenhang darauf hin, dass in vielen Unternehmen das Risikobewusstsein für externe Risiken wesentlich stärker ausgeprägt ist als für interne Risiken. Die Einstellung des Einzelnen bezüglich der Unsicherheit seines Handelns hängt somit nicht von der tatsächlichen Gefahr ab, sondern davon, wie diese Gefahr empfunden wird.[1047]

Sowohl Ablauf als auch Ergebnis von Entscheidungen werden hauptsächlich durch die **Einstellung** des Entscheidungsträgers zu Sicherheit und Risiko bestimmt.[1048] Mithilfe von in der Risikopolitik beschriebenen Verhaltensnormen unterstützt die Risikokultur diese individuellen Verhaltensweisen, die nach Kupsch durch die Determinanten Persönlichkeitsstruktur des Entscheiders[1049], spezifische Entscheidungs-

---

[1043] Vgl. Dahmen, 2002, S. 48.

[1044] Vgl. Sitkin/Pablo, 1992, S. 15 ff., welche die Schlüsseldeterminanten des individuellen Risikoverhaltens, basierend auf den beiden Größen Risikowahrnehmung und Risikoeinstellung, in einem Modell beschreiben.

[1045] Vgl. Peter, 2001, S. 131.

[1046] Peter, 2001, S. 132.

[1047] Vgl. Haller, S. 21. Auch Koch greift diesen Aspekt anhand einiger Beispiele auf und führt an, dass eigenbestimmte Risiken von Menschen generell schneller eingegangen werden, auch wenn hierbei häufig große Gefahren auf sich genommen werden. Menschliches Verhalten wird dabei sehr stark von Hoffnungen, Ängsten oder Wunschvorstellungen geprägt. Externe Risiken, die nicht vom Einzelnen beeinflusst werden können, werden dagegen möglichst gänzlich vermieden. Vgl. Koch, 1992, S. 172 sowie Brühwiler, 2001, S. 120 f.

[1048] Vgl. hierzu auch Kapitel 2.2.4.

[1049] Persönlichkeitsmerkmale, die sich auf die Einstellung zu Risiken auswirken können, sind z. B. Selbstvertrauen, Durchsetzungswillen oder Pflichtbewusstsein sowie die persönlichen Erfahrungen und Kenntnisse des Einzelnen. So prägen auch die bisherigen Erfolge und Misserfolge die Einschätzung einer Situation und damit das Risikoverhalten des Entscheiders. Vgl. Neubürger, 1980, S. 44 f. sowie Kupsch, 1973, S. 152 ff.

situation[1050], Art des Risikos[1051] sowie Möglichkeit der Risikohandhabung beeinflusst werden.[1052] Dadurch entwickelt sich eine langfristige und konstante Einstellung zu Risiken, welche die Rationalität von Entscheidungen erhöht und darüber hinaus die Glaubwürdigkeit des Unternehmens bei Mitarbeitern, Kapitalgebern und Partnern verbessert. Die einheitliche Risikoeinstellung sollte auf allen Planungs- und Entscheidungsebenen offengelegt werden, um damit eine unternehmensweit konforme Handhabung von Risiken zu gewährleisten.[1053] Sie basiert auf einer gemeinsamen Begriffsauffassung, dem getragenen Verständnis für das Risikomanagement, dokumentierten Prozessen und Formen der Risikohandhabung sowie dem bereits erwähnten vorbildlichen Verhalten des oberen Managements.[1054] Die in der Risikopolitik verankerte Aufrechterhaltung einer angemessenen Risikobereitschaft zielt dabei nicht auf die generelle Risikovermeidung ab, sondern auf die aktive und bewusste Auseinandersetzung mit Risiken und deren zugrunde liegenden Chancen.[1055]

Die Vielfalt unternehmerischen Handelns führt dazu, dass sich in der betrieblichen Praxis unterschiedliche Arten von Unternehmenskulturen beobachten lassen. Bei der Typisierung von Unternehmenskulturen wird versucht, unterschiedliche Kulturtypen vor dem Hintergrund gegebener Problemstellungen abzuleiten.[1056] Hierbei spielt häufig die Risikobereitschaft des Unternehmens eine wichtige Rolle. Die Typologien dienen dabei primär einem deskriptiven Wissenschaftsziel und reduzieren Komplexität durch die Konzentration auf einige wenige Merkmale.

Die in Abbildung 4-8 gezeigte Risiko- und Kontrollkultur der Wirtschaftsprüfungsgesellschaft KPMG soll sowohl Führungskräfte als auch Mitarbeiter für eine risikoorientierte (Selbst-)-Kontrolle sensibilisieren. Ein erfolgreicher Umgang mit Risiken kann nur dann erfolgen, wenn eine ausgewogene Balance von Risiko und Kontrolle gefunden wird.[1057] Ziel sollte es sein, ein risikobewusstes Unternehmen zu schaffen.

[1050] In Zeiten der Krise erlangt das Sicherheitsstreben gegenüber anderen Zielen zunehmend an Bedeutung. Vgl. Haberfellner, 1975, S. 41 ff., Meyer, 1990, S. 132.

[1051] So hängt das individuelle Risikoverhalten beispielsweise auch davon ab, ob der Einzelne gezwungen wird, ein Risiko auf sich zu nehmen (oder ob er frei entscheiden kann), ob ein Risiko fassbar und bekannt ist (oder wenig durchschaubar und fremd) oder ob das Risiko eine persönliche Bedrohung für den Entscheidungsträger darstellt. Vgl. Peter, 2001, S. 169.

[1052] Vgl. Kupsch, 1973, S. 52 sowie Neubürger, 1989, S. 34 ff.

[1053] Vgl. Braun, 1984, S. 102, Mugler, 1979, S. 49.

[1054] Vgl. Peter, 2001, S. 133.

[1055] Vgl. Dahmen, 2002, S. 48, Dempfle, 1992, S. 155, Braun, 1984, S. 59.

[1056] Vgl. Dahmen, 2002, S. 53.

[1057] Vgl. KPMG Deutsche Treuhand-Gesellschaft, 1998, S. 9. Koch vergleicht die auf eine gesicherte Gewinnerzielung angelegte Unternehmenspolitik mit einer Gratwanderung. „Links gähnt die Schlucht mangelnder Konkurrenzfähigkeit bei der derzeitigen Marktlage, wenn man zu sehr auf Sicherheit bedacht ist. Rechts droht der Abgrund des Zusammenbruchs in unvorhergesehene Krisen, falls man zu wenig für die Sicherheit tut." Koch, 1976, S. 331.

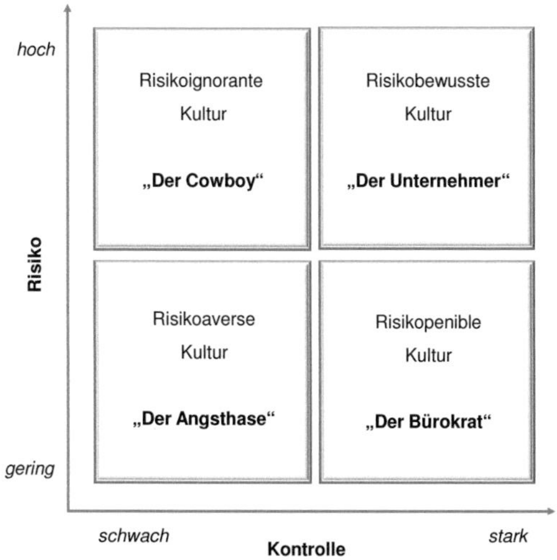

Abb. 4-8: Risikokulturtypen nach KPMG[1058]

Im dargestellten Portfolio optimiert der „Unternehmer“ Chancen und Gefahren, geht Risiken sehr bewusst und kalkuliert ein und verfügt bei hohen Risiken über ein systematisches Kontrollsystem, das ihm die nötigen Informationen zur Verfügung stellt. Risikobereitschaft zeigt sich hier in zweierlei Hinsicht: zum einen leistungsseitig im Eingehen von Risiken und dem entsprechenden Nutzen von Chancen. Zum anderen aber auch kontrollseitig in der Einrichtung entsprechender Kontrollsysteme. Während sich der „Cowboy“ in Bezug auf die beiden Dimensionen der Risikobereitschaft risikofreudig verhält, handelt der „Bürokrat“ sowohl leistungsseitig als auch kontrollseitig äußerst konservativ und damit risikoavers. In beiden Fällen herrscht kein harmonisiertes Verhältnis zwischen Risiko und Kontrolle. Der „Unternehmer“ und der „Angsthase“ dagegen setzen ihrer größeren bzw. geringeren unternehmerischen Risikobereitschaft konsequenterweise auch mehr oder weniger Kontrolle entgegen. In Bezug auf diese beiden Risikomanagement-Stile lässt sich allerdings feststellen, dass die Chancen und damit das Entwicklungspotenzial des „Angsthasen“ im Vergleich zum „Unternehmer“ deutlich limitiert sind. Jede Veränderung wird per se als problematisch erachtet. Hieraus können langfristig ebenfalls strategische Bedrohungen des Unternehmens entstehen.

[1058] Quelle: Risiko- und Kontrollkultur in Anlehnung an KPMG Deutsche Treuhand-Gesellschaft, 1998, S. 9.

Die Risiko- und Kontrollkultur eines Unternehmens ist allerdings auch von Bestimmungsfaktoren geprägt, die sich aus dem situativen Unternehmenskontext ergeben. Peter führt neben der Entwicklungsphase des Unternehmens auch die Branchenzugehörigkeit des Unternehmens, die Regulierungsdichte am Markt sowie die externe Risikoakzeptanz (z. B. von Behörden oder Kunden) an.[1059]

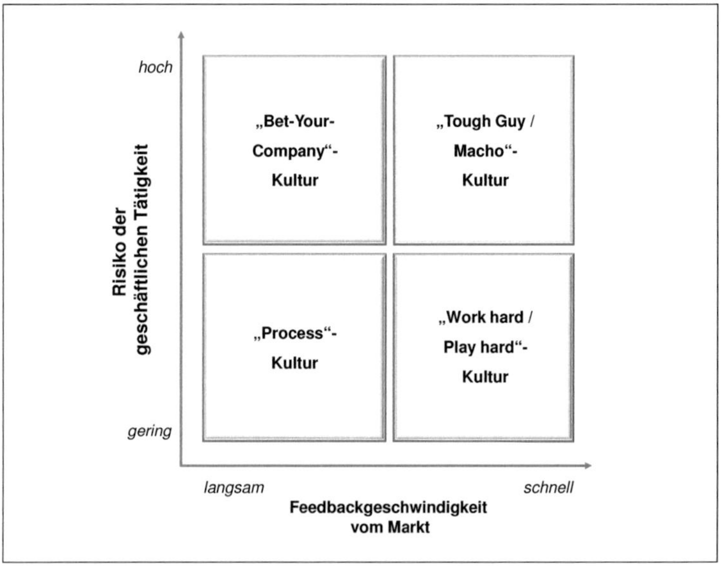

Abb. 4-9: Risikokulturtypen nach Deal/Kennedy[1060]

In diesem Zusammenhang sei auf die Kulturtypen nach Deal und Kennedy (siehe Abbildung 4-9) hingewiesen.[1061] Aufbauend auf den Dimensionen „Risiko der geschäftlichen Tätigkeit" und „Feedbackgeschwindigkeit vom Markt" unterscheiden die beiden Autoren vier Kulturtypen, die sich unterschiedlichen Berufs- oder Industriezweigen zuordnen lassen. Während die Dimension „Risiko der geschäftlichen Tätigkeit" die grundsätzliche und geschäftsspezifische Bedeutung der Handlungskonsequenzen beschreibt, formuliert die „Feedbackgeschwindigkeit vom Markt" die Erwartungshaltung des Entscheidungsträgers in Bezug auf sein Handeln. Mit dieser

---

[1059] Vgl. Peter, 2001, S. 136.

[1060] Quelle: Deal/Kennedy, 1982, S. 107 ff.

[1061] Siehe außerdem die Risikokulturtypen nach Dempfle, der einen ähnlichen Ansatz wie Deal/Kennedy beschreibt und im Rahmen der Untersuchung der Risikokultur von Banken den Informationsfluss (im Sinne von Qualität und der Geschwindigkeit von Informationen) und die Risikobereitschaft in einem Portfolio gegenüberstellt und dabei die Kulturtypen „Verwaltungskultur", „Verkaufskultur", „Investitionskultur" und „Spekulationskultur" ableitet. Vgl. Dempfle, 1992, S. 30.

Dimension wird auch die Möglichkeit eines Eingreifens bzw. Gegensteuerns aufgezeigt. Während die „Tough Guy/Macho“-Kultur beispielsweise typisch für Werbeagenturen ist, findet sich die „Bet your Company“-Kultur z. B. in Forschungsinstituten oder im Anlagenbau wieder. Hier werden große Risiken aufgrund hoher Investitionen eingegangen, während sich das Feedback des Markts u. U. erst nach mehreren Jahren einstellt. Als Beispiele einer niedrigen Risikobereitschaft wurden im Falle eines schnellen Feedbacks vom Markt („Work hard/Play hard“-Kultur) Verkaufsabteilungen genannt, während langsames Feedback vom Markt im Falle der „Process“-Kultur bei Versicherungsunternehmen vorzufinden ist.

In Bezug auf den Funktionsbereich der Beschaffung sind, abhängig von der Komplexität der eingekauften Leistung, tendenziell eher Kulturtypen wie „Bet your Company“ beim Einkauf von Entwicklungs- sowie Fertigungsleistungen komplexer Systeme bzw. „Work hard/Play hard“ beim Einkauf von „Commodities“ vorzufinden.

Zusammenfassend sei festgestellt, dass die Ausgestaltung des Risikomanagement-Konzepts in Abhängigkeit von der jeweiligen Risiko- und Kontrollkultur des Unternehmens erfolgen sollte. Diese wird wiederum wesentlich von den spezifischen Rahmenbedingungen des Unternehmens geprägt. Das Risikophänomen als kulturelle Herausforderung beeinflusst dabei als unternehmensinterne Größe „das Verhalten und die Kommunikationsformen der Mitarbeiter und Führungskräfte“ und legt als unternehmensexterne, gesellschaftliche Größe fest, „welches Risikoverhalten die Öffentlichkeit überhaupt noch akzeptiert.“[1062]

4.2.2 Strategisches Risikomanagement

Das strategische Risikomanagement gründet auf den Prinzipien des normativen Risikomanagements.[1063] Die normativen Grundsätze stellen dabei eine Orientierungshilfe dar und bilden den risikobezogenen Rahmen bei der Gestaltung der Beschaffungsstrategien.[1064]

Während die normativen Stellhebel der Risikopolitik und -kultur noch weitgehend abstrakt auf das Management von Risiken wirken, stellt die strategische Beschaffungsplanung ein zentrales Aufgabenfeld des Risikomanagements dar.[1065] Da bei der Planung zukünftige Entscheidungs- und Handlungsspielräume erkannt, eingegrenzt

[1062] Peter, 2001, S. 136.
[1063] Vgl. Braun, 1984, S. 130.
[1064] Vgl. Peter, 2001, S. 137.
[1065] Vgl. Schuy, 1989, S. 234.

und strukturiert werden, gehört die Identifikation, Bewertung und Handhabung möglicher Risiken zum wesentlichen Bestandteil eines jeden Planungsprozesses. Jede Strategie ist hierbei bezüglich des mit ihr verbundenen Risikos zu bewerten.[1066] Das Risikomanagement im Rahmen der strategischen Planung hat die Aufgabe, risikowirksame Situationen oder Prozesse im Planungskontext zu erfassen und entsprechende risikopolitisch notwendige Aktivitäten und Maßnahmenpläne abzuleiten.[1067] Hermann weist in diesem Zusammenhang auf den ambivalenten Charakter der strategischen Planung hin. Aufgrund der der Planung immanenten Selektions- und Interpretationswirkung ist diese nicht nur für die Bewältigung von Risiken verantwortlich, sondern trägt auch zur Entstehung von Risiken bei.[1068]

Im Mittelpunkt des Kapitels 4.2.2 steht somit die Funktion des Risikomanagements innerhalb der einzelnen Phasen der strategischen Beschaffungsplanung. Beispiele von strategischen Beschaffungsentscheidungen, die durch entsprechende Risikoüberlegungen angereichert werden müssen, sind

- strategische Entscheidungen bezüglich der Entwicklung eines konkreten Beschaffungsmarkts,
- strategische Entscheidungen innerhalb der Initialphase eines Produktprojekts,
- strategische Entscheidungen zur Versorgung eines Werkes,
- Untersuchungen der Abhängigkeit von Lieferanten oder allgemein der Lieferantenbasis,
- Auswahlprozesse für einen strategisch wichtigen Lieferumfang,
- Entscheidungen bezüglich des Eingehens strategischer Partnerschaften,
- generelle Auswirkungen einer neuen gesetzlichen Regelung.

Neben der strategischen Beschaffungsplanung soll abschließend auch der Risikomanagement-Bezug der weiteren Teilschritte des strategischen Beschaffungsmanagements kurz diskutiert werden.

[1066] Vgl. Neubürger, 1989, S. 39 f.
[1067] Vgl. Schuy, 1989, S. 234.
[1068] Vgl. Hermann, 1996, S. 112.

4.2.2.1 Risikomanagement im Rahmen der strategischen Planung und Kontrolle

a) Risikomanagement im Rahmen der Zielbildung

Da das normative Risikomanagement einer Konkretisierung bedarf, sind die risikopolitischen und risikokulturellen Grundsatzentscheidungen bei der Entwicklung der Beschaffungsziele zu berücksichtigen.[1069] Entsprechend den vorangegangenen Ausführungen stellen das übergeordnete Sicherheitsziel sowie die anzustrebende Risikobereitschaft die normativen Grundlagen bei der Definition von Risikozielen dar.

Mit der Einbeziehung des Risikoaspekts in das Zielsystem der Beschaffung wird der Einfluss des Risikos auf den weiteren Verlauf der strategischen Planung festgelegt und der Sollzustand der Risikolage beschrieben.[1070] Dies gilt v. a. für die Berücksichtigung der Unsicherheit bei der Auswahl strategischer Entscheidungsalternativen.[1071] So lässt sich die Sicherheitspräferenz als Entscheidungsgrundlage für jedes einzelne Beschaffungsziel definieren und kann neben Art, Höhe und Zeit als weitere Dimension der Zielerreichung betrachtet werden.[1072]

Neben der Risikopräferenz als Bestimmungsmerkmal von Beschaffungszielen lässt sich der Risikogedanke auch in anderer Form im Zielsystem der Beschaffung verankern. Zum einen wird das Sicherheitsstreben bereits indirekt im Rahmen der Definition „normaler" Beschaffungsziele erfasst. So ist beispielsweise die Erreichung von Versorgungs-, Qualitäts- oder Autonomiezielen bereits auf die Handhabung von Risiken gerichtet und liefert damit einen Beitrag zur Sicherung des Unternehmensbestandes.

Zum anderen lassen sich die Aspekte Risiko und Sicherheit auch in Form selbstständiger Ziele in das Zielsystem der Beschaffung aufnehmen. Mikus führt Ziele zur Erhöhung der Flexibilität bzw. zur Vermeidung von Störungen oder Unfällen an. In diesem Zusammenhang sind auch Ziele zur Verminderung der Risikoanfälligkeit im Unternehmen, zur Sicherung der Voraussetzungen für die Leistungserstellung oder zur Streuung von Risiken zu nennen. Viele dieser Ziele haben den Charakter risikopolitischer Maßnahmen.[1073] Die Aufnahme explizit formulierter Risikoziele betont die Bedeutung des Sicherheitsziels, fördert das Risikobewusstsein der Mitarbeiter und schafft die Voraussetzung einer einheitlichen Umsetzung im Unternehmen.[1074] Haller

[1069] Vgl. Kremers, 2002, S. 72, Braun, 1984, S. 104 und Dahmen, 2002, S. 53.
[1070] Vgl. Schuy, 1989, S. 235. „Erst die Zielsetzung liefert das Entscheidungskriterium für die Lösung eines Entscheidungsproblems." Kremers, 2002, S. 73.
[1071] Vgl. Mikus, 1998, S. 189, Kremers, 2002, S. 73.
[1072] Vgl. Mensch, S. 1991, S. 49 ff.
[1073] Vgl. Mikus, 1998, S. 186 f.
[1074] Vgl. Kremers, 2002, S. 73.

spricht hier auch von einem durch Bedingungsrisiken beschriebenen, speziellen Schutzkonzept. Dieses wird in der Praxis häufig vernachlässigt. Aufgrund seiner ganzheitlichen Auffassung unterstützt das strategische Risikomanagement die Definition eines im Sinne der Sicherheitspolitik lückenlosen und in sich schlüssigen Zielsystems.[1075]

Eine detaillierte Ableitung von Risikomanagement-Zielen sowie deren Integration in das Zielsystem des Unternehmens erfordert zunächst die Analyse des bestehenden Zielsystems. Erst wenn bekannt ist, welche konkreten Ziele das Unternehmen verfolgt und welche Bedeutung die einzelnen Ziele besitzen, ist die Einbeziehung der Risikomanagement-Ziele in das Zielsystem möglich.[1076]

Bei der Formulierung expliziter Risikoziele sollten auch die Zielbeziehungen zwischen den risikobezogenen und den „normalen" Beschaffungszielen untersucht werden.[1077] Aufgrund ihres Wesens stellen Sicherheitsziele, zumindest aus einer kurzfristigen Perspektive heraus, häufig Neben- bzw. Unterziele dar, die zur Erreichung von Oberzielen beitragen.[1078] Sie können aber auch auf Motiven beruhen, die unabhängig von den originären Beschaffungszielen sind. Beispielhaft wären hier gesetzliche Vorschriften oder übergeordnete Leitlinien und Normen zu nennen.[1079]

Wenn zwischen den Sicherheitszielen und den anderen Beschaffungszielen grundsätzlich zwar komplementäre bzw. indifferente Zielrelationen existieren, so sind, wie bereits beschrieben, auch ebenso konkurrierende Beziehungen denkbar. Als Beispiel wäre hier die Intensivierung der Zusammenarbeit mit einem Lieferanten zur Erschließung potenzieller Innovationen bei dem gleichzeitigen Risiko der Erhöhung der unternehmensseitigen Abhängigkeit von diesem Lieferanten zu nennen. Der Zielkompromiss sollte dabei in erster Linie von der Risikobereitschaft und den normativen Aussagen der Risikopolitik getrieben sein.[1080] Zielkonflikte zwischen dem Sicherheitsziel und dem Streben nach Gewinnmaximierung treten allerdings nicht nur bei der Vermeidung von Risiken auf. Auch die Verminderung von Risiken kann zu einer Disharmonie der beiden Oberziele führen. Dies sei am Beispiel der Zielrelation zwischen Versorgungssicherung und Kostenminimierung bzw. Gewinnmaximierung

[1075] Vgl. Haller, 1986, S. 25 f.
[1076] Vgl. Braun, 1984, S. 41.
[1077] Vgl. Brühwiler, 1980, S. 54.
[1078] Vgl. Mikus, 1998, S. 187 und Braun, 1984, S. 45. Braun weist gleichzeitig darauf hin, dass das Sicherheitsstreben als langfristige Zielsetzung kongruent mit dem Ziel der nachhaltigen Gewinnerzielung ist. So beschreibt Mugler den Bedeutungszusammenhang zwischen der kurzfristigen und langfristigen Perspektive des Sicherheitsziels wie folgt: „Um die Sicherheit von morgen zu gewinnen, muss der Mensch die Sicherheit von heute aufgeben." Mugler, 1978, S. 5.
[1079] Vgl. Koch, 1979, Sp. 1.840.
[1080] Vgl. Braun, 1984, S. 44.

verdeutlicht. Beide Ziele stehen zunächst in einem komplementären Verhältnis: je höher der Grad an Versorgungssicherheit, desto geringer ist der Aufwand aufgrund von Versorgungsstörungen. Die Bewältigung der Versorgungsrisiken ist allerdings mit Kosten verbunden (z. B. durch Aufbau von Sicherheitsbeständen), die sich bei steigendem Sicherheitsgrad überproportional entwickeln.[1081]

Wie obige Beispiele veranschaulichen, verfolgt das Sicherheitsziel keine Vermeidung oder Verminderung von Risiken, sondern die Herstellung eines optimalen Sicherheitsgrads. Dabei ist ein Gesamtrisikoniveau anzustreben, das die Erreichung der primären Beschaffungsziele zulässt und gleichzeitig die Verlustgefahren auf ein für das Unternehmen akzeptables Maß reduziert. Die angestrebte Risikolage manifestiert sich schließlich im Zielsystem der Beschaffung.[1082]

b) Risikomanagement im Rahmen der strategischen Analyse

Wie in den vorangegangenen Ausführungen bereits beschrieben, stellt die strategische Analyse eine Phase des strategischen Planungsprozesses dar, in der durch Analyse und Prognose der umweltseitigen Chancen und Risiken sowie der unternehmensseitigen Stärken und Schwächen die Grundlagen des Entscheidungsprozesses innerhalb der nachfolgenden Phase der Strategieformulierung geschaffen werden. Auf deren Basis erfolgen der Aufbau und die nachhaltige Sicherung von Erfolgspotenzialen.

Bevor im Rahmen des strategischen Risikomanagements Entscheidungen über Umfang und Struktur des Sicherungsprogramms getroffen werden können, muss vorab geklärt werden, ob und in welchem Umfang es der Unternehmenssicherung bedarf und in welchen Bereichen die Risikoschwerpunkte liegen.[1083] Im Rahmen der strategischen Analyse erfordert dies eine besonders intensive Auseinandersetzung mit den entsprechenden Beschaffungsrisiken.

Ziel des strategischen Risikomanagements ist es, den Planungsschritt der strategischen Analyse durch die fokussierte Auseinandersetzung mit den Risiken der Beschaffung konzeptionell sowie instrumentell zu unterstützen. Während sich die strategische Beschaffungsplanung vorwiegend auf aktuelle und potenzielle Chancen

---

[1081] Vgl. auch Kapitel 2.2.4 zur optimalen Risikoposition.
[1082] Vgl. Braun, 1984, S. 45 und Kremers, 2002, S. 73.
[1083] Vgl. Koch, 1976, S. 339.

konzentriert, obliegt es dem Risikomanagement, die mit den Chancen korrespondierenden Risiken aufzudecken und zu bewerten.

Da die strategische Analyse im Sinne des Planungsprozesses vor der Alternativensuche, -beurteilung und -auswahl stattfindet, beinhaltet diese zunächst ausschließlich die Risikosituation, die im Verlauf des Betrachtungszeitraumes ohne Einbeziehung der Wirkungen eigener Handlungen zu erwarten ist. Mikus spricht hier auch von einer Lageanalyse bzw. -prognose. Da die im nächsten Schritt des strategischen Planungsprozesses identifizierten strategischen Handlungsoptionen ebenfalls risikowirksam sind, muss es in der Phase der Strategieformulierung eine Rückkopplung zur strategischen Analyse geben, um auch die entsprechenden Entscheidungsoptionen gemäß ihrer Risikorelevanz untersuchen und bewerten zu können. Damit wird sichergestellt, dass auch die Alternativenauswahl auf Basis von Risikogesichtspunkten erfolgt.[1084]

In Anlehnung an den Risikomanagement-Prozess baut die strategische Analyse auf die Teilprozesse der Risikoidentifikation, der Risikoanalyse sowie der Risikobewertung auf.[1085]

Die Grundlage der Risikoidentifikation bilden dabei die in Kapitel 3.3 vorgestellten Risikoklassen. Die Identifikation potenzieller Risiken bzw. risikoauslösender Faktoren kann dabei sowohl progressiv als auch retrograd erfolgen und setzt somit an den möglichen Risikoquellen sowie an den einzelnen relevanten Beschaffungszielen an. Neben der Identifizierung der relevanten Umweltsegmente (Umfeld, Markt, Lieferant) und dem Aufspüren externer Bedrohungen wird im Rahmen der Analyse der unternehmens- bzw. beschaffungsinternen Rahmenbedingungen sowie der existierenden Lieferantenbeziehungen die Risikoanfälligkeit des Unternehmens ermittelt. In der Phase der Risikoidentifikation sind die für den betrachteten Führungsprozess und damit die für eine strategische Entscheidung relevanten speziellen Risikoursachen sowie die durch sie bewirkten Risiken möglichst vollständig zu erfassen, da sie sich ansonsten einer Einflussnahme entziehen und sich die Gefahr der Nichterreichung der Ziele erhöht. Es sollte versucht werden, neu entstehende sowie bereits existie-

[1084] Vgl. Mikus, 1998, S. 191. Mikus verweist allerdings auch auf mögliche Rückkopplungen zur Phase der Zielbildung, falls die Ziele den Risiken angepasst werden müssen. Vgl. Mikus, 1998, S. 215.

[1085] Fasse weist in diesem Zusammenhang darauf hin, dass in der Praxis die idealtypische Trennung zwischen der Risikoidentifikation und der Risikoanalyse bzw. -bewertung oftmals nicht gelingt, da sich beide Phasen in der Regel durch Vor- und Rückkopplungen überlappen. Vgl. Fasse, 1995, S. 205.

rende, bislang noch nicht wahrgenommene Risiken ebenso zu erfassen wie Änderungen bei früher identifizierten Risiken.[1086]

Bei der Analyse der Risikoursachen sollte auch die zeitliche Dimension einbezogen werden, „da sich die Ausprägung und Wirkung eines risikoauslösenden Faktors in Abhängigkeit vom Betrachtungszeitraum ändern kann und die Entstehungsdauer von Störungen und damit die Vorhersehbarkeit für die Risikohandhabung von Bedeutung ist".[1087] In Bezug auf die zeitliche Dimension sollte außerdem bestimmt werden, „wann und über welchen Zeitraum die Wirkungen eintreten werden und ob zu verschiedenen Zeitpunkten hinsichtlich der Art und/ oder der Höhe unterschiedliche Wirkungen zu erwarten sind."[1088]

Nach Abschluss der Risikoanalyse erfolgt schließlich die Risikobewertung, auf deren Basis die Vor- und Rückkopplungen zur Phase der Zielbildung bzw. der Strategieformulierung stattfinden.

Während sich die finanziellen Risiken eines Unternehmens weitgehend exakt bestimmen lassen, ist die Quantifizierung von strategischen Risiken häufig nur begrenzt möglich. Da hier meist nur vage Informationen genutzt werden können, hängt die Analyse und Bewertung in hohem Maße von der subjektiven Einschätzung der Entscheidungsträger ab. Neben der Bewertung auf Basis von Risikoranglisten oder Kennzahlen, die aus qualitativen Modellen abgeleitet sind, sollten sich die Bemühungen auch auf das reine Erkennen möglicher Risiken konzentrieren.[1089] Störpotenziale, auf die noch nicht direkt reagiert werden kann, obliegen dabei der laufenden Überwachung und werden erst mit Maßnahmen belegt, sobald sich die mögliche Bedrohungslage konkretisiert.[1090]

Abhängig von der jeweiligen Problemstellung kann die strategische Analyse sowohl gerichtet als auch ungerichtet erfolgen. Neben der ungerichteten Risikoidentifikation, -analyse und -bewertung (z. B. im Rahmen der strategischen Frühaufklärung)[1091] finden gerichtete strategische Analysen v. a. im Rahmen des Planungsprozesses statt. Falls im Rahmen der strategischen Kontrolle Abweichungen von den jeweiligen Zielvorstellungen identifiziert werden, wird die gerichtete strategische Analyse auch

---

[1086] Vgl. Härterich, 1987, S. 41.
[1087] Mikus, 2001, S. 77.
[1088] Mikus, 2001, S. 78.
[1089] Vgl. Hall, 1975, S. 27. Als Beispiele aus Sicht der Beschaffung seien Prognosen in Bezug auf die Entwicklung von Branchen, einzelner Lieferanten bzw. Lieferantenbeziehungen oder die Beschaffungsaktivitäten der Konkurrenz genannt.
[1090] Siehe hierzu auch Ausführungen zur strategischen Überwachungskontrolle.
[1091] Vgl. hierzu Kapitel 4.2.4.

von Kontrollaktivitäten angestoßen. Umgekehrt werden aber auch im Rahmen der strategischen Analyse bereits auffällig gewordene, kritische Ressourcen der regelmäßigen strategischen Überwachungskontrolle zugeführt.

c) Risikomanagement im Rahmen der Strategieformulierung

Zentrales Element des strategischen Planungsprozesses ist die Entwicklung strategischer Handlungsoptionen. Ziel des strategischen Risikomanagements ist es, den auf die Schaffung und Sicherung von Erfolgspotenzialen ausgerichteten, chancenorientierten Strategien risikopolitische Maßnahmen gegenüberzustellen, die zum einen auf die Sicherung der Unternehmensexistenz, zum anderen auf die Schaffung eines optimalen Gesamtrisikoniveaus ausgerichtet sind.[1092]

Es reicht also nicht aus, nur die Auswirkungen unterschiedlicher Handlungsalternativen auf die Zielerreichung zu vergleichen. Der Risikoaspekt muss ebenfalls in den Entscheidungsprozess mit einfließen. Erst durch Berücksichtigung und Optimierung der beiden Entscheidungsgrößen Zielerreichungsgrad und Risiko können die richtigen Entschlüsse gefällt werden.[1093] Die Prozess- und Instrumentaleffekte des Risikomanagements, also die Erkennung, Analyse und Bewertung sowie Handhabung von Risiken, tragen somit „zu einer zweckmäßigen Eingrenzung und Strukturierung der Entscheidungs- und Handlungsspielräume bei, indem sie solche Aktivitäten ausschließen, die einen nicht akzeptierten Risikogehalt besitzen und/oder nicht durch Risikopolitik auf das akzeptierte Risikomaß zurückgeführt werden können."[1094]

Die Spezifizierung der Risikostrategien wird vom Grad der Unsicherheit der der Strategieentwicklung zugrunde liegenden Informationen bestimmt. Dies bedeutet allerdings auch, dass die Formulierung risikopolitischer Strategien häufig selbst mit großen Risiken verbunden ist. Falsche Strategien führen nicht selten zur Fehlleitung von Ressourcen und damit zur nachhaltigen Existenzgefährdung des Unternehmens. Braun stellt in diesem Zusammenhang deshalb fest, dass die wirksamste Risikostrategie in einer solchen Phase die „Erhöhung der Flexibilität und damit Anpassungsfähigkeit an unerwartete, bzw. vage vermutete Entwicklungen" ist.[1095]

[1092] Vgl. Braun, 1984, S. 47 f.
[1093] Vgl. Neubürger, 1989, S. 35 f.
[1094] Farny, 1989, Sp. 1.756.
[1095] Braun, 1984, S. 98.

Die Integration risikopolitischer Aspekte in den Planungsprozess soll iterativ erfolgen.[1096] Zur Lösung einer vorliegenden strategischen Problemstellung werden zunächst unterschiedliche Handlungsoptionen (sogenannte „Basisalternativen") gesucht, deren Umsetzung die Erreichung der anvisierten Ziele erwarten lässt. Hierzu können durchaus bereits Alternativen zählen, denen von Natur aus risikopolitische Maßnahmen zugrunde liegen. Die Alternativensuche, die auch die Ausarbeitung risikopolitischer Maßnahmen beinhaltet, sollte die im Rahmen der vorherigen Phasen gewonnenen Informationen bezüglich Sicherheitszielen, Risikopräferenzen und existierender Risiken verwenden.

Im nächsten Schritt sind die optionalen Basisalternativen hinsichtlich ihres Risikobezugs zu untersuchen. Hierfür sollten durch Rückkopplung mit der Phase der strategischen Analyse die Risiken der zur Wahl stehenden Handlungsmöglichkeiten identifiziert und bewertet werden. Um zu vermeiden, dass die identifizierten Risiken überbewertet werden und der Chancenaspekt damit in den Hintergrund tritt, schlägt Schubert vor, Chancen und Risiken in einer Matrix gegenüberzustellen (siehe Abbildung 4-10).[1097] Die Achsen der Chancen-Risiken-Matrix (a) leiten sich hierbei aus den beiden Portfolios zur Beurteilung der Risiko- (b) und Chancensituation (c) ab.[1098] Gemäß der jeweiligen Positionierung liegt einer strategischen Entscheidung eine hohe oder eine geringe Risiko- bzw. Chancenbedeutung zugrunde. Ziel dieser Betrachtungsweise ist es, zu verhindern, dass ein mögliches Ausweichen vor einem Risiko ein strategisch größeres Risiko zur Folge hat, nämlich das Nichtwahrnehmen von Chancen bzw. das Nichtausschöpfen von zukünftigen Erfolgspotenzialen. Dieses Portfolio ermöglicht die Konzentration auf die „richtigen Risiken", also diejenigen, denen eine relevante Chance gegenübersteht.

Wird das gewünschte Sicherungsniveau bei den unterschiedlichen Handlungsoptionen nicht erreicht, sind entsprechende risikopolitische Maßnahmen zu entwickeln, durch welche die Basisalternativen ergänzt oder abgewandelt werden. Neben der Art der risikopolitischen Maßnahmen ist dabei auch deren Terminierung sowie eventuell deren konkrete Ausgestaltung festzulegen.[1099]

[1096] Vgl. hierzu auch Mikus, 2001, S. 81–87.

[1097] Vgl. Schubert, 2004, S. 275 f.

[1098] Die Risikomatrix wurde bereits in Abbildung 2-3 vorgestellt. Die Chancenmatrix beschreibt analog das Ausmaß einer Chancenwirkung, bewertet mit der jeweiligen Eintrittswahrscheinlichkeit.

[1099] Es sei darauf hingewiesen, dass bereits in dieser Phase Basisalternativen ausgeschlossen werden sollten, falls diese, trotz des Einsatzes risikopolitischer Maßnahmen, nicht auf ein akzeptables Niveau gebracht werden können.

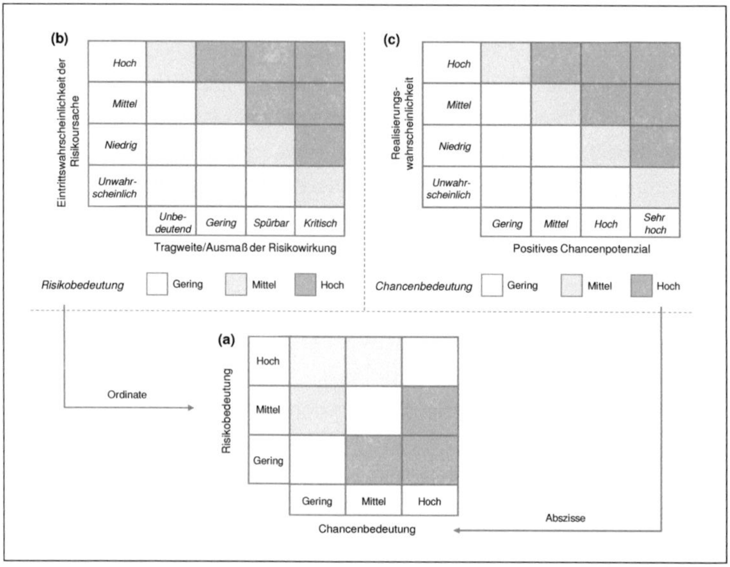

Abb. 4-10: Chancen-Risiken-Matrix[1100]

Die Suche, Bewertung und Auswahl der möglichen risikopolitischen Aktivitäten basiert auf den folgenden Bestimmungsgrößen: Neben der Risikobereitschaft des Entscheidungsträgers (idealtypisch geprägt durch Risikopolitik und -kultur bzw. durch die daraus abgeleiteten Risikoziele) bestimmen die Höhe des Risikopotenzials (das wiederum auch vom bereits existierenden Sicherungsniveau abhängt) sowie die Risikobeeinflussbarkeit und Risikomanagement-Effizienz den Einsatz risikopolitischer Maßnahmen. Es gilt noch einmal festzuhalten, dass erfolgreiche strategische Konzepte stets das Ergebnis einer Bündelung mehrerer Komponenten sind. Im Rahmen der Risikostrategieentwicklung sollte deshalb auch versucht werden, risikopolitische Maßnahmen so zu kombinieren, dass ein aus Sicht des Unternehmens optimales Maßnahmenbündel entsteht.[1101] Im weiteren Verlauf sind die risikopolitischen Maßnahmen sowohl kosten- als auch nutzenseitig in die Bewertung der Basisalternativen einzubeziehen. Positiv wirken sich die Sicherungsmaßnahmen in Bezug auf die Verringerung des bestehenden Risikos und damit auf die Verbesserung des Erwartungswertes des Ergebnisses (bzw. der Ergebnisverteilung) aus. Negativ schlagen

[1100] Quelle: Schubert, 2004, S. 276.
[1101] Vgl. Rogler, 2002, S. 21.

sich die durch diese Maßnahmen verursachten Kosten in der Veränderung der Zielgröße nieder.[1102]

Die Auswahl einer durch risikopolitische Maßnahmen erweiterten Basisalternative kann schließlich durch Gegenüberstellung des jeweiligen Zielerreichungsgrads und des jeweiligen Risikos auf Basis folgender Entscheidungsregeln getroffen werden, aufgrund derer sich der Entscheidungsträger entweder[1103]

- bei gegebenem gleichem Risiko zu der Alternative mit dem höheren Zielerreichungsgrad oder
- bei gegebenem gleichem Zielerreichungsgrad zu der Alternative mit dem geringerem Risiko oder
- zu einer Alternative mit befriedigendem Zielerreichungsgrad und Risiko

entschließen kann.

Zeigt sich bei der Bewertung und Auswahl der strategischen Handlungsoptionen, dass keine der Alternativen dazu beiträgt, die Ziele im angestrebten Ausmaß zu erreichen, ist eine Anpassung der zugrunde liegenden Ziele und damit eine Rückkopplung zur Phase der Zielbildung erforderlich.[1104]

d) Risikomanagement im Rahmen der Strategieimplementierung

Die Realisierung der Strategien sowie die Umsetzung der Planungsergebnisse in operative Maßnahmen bilden den Abschluss des strategischen Planungsprozesses. Dies gilt auch in Bezug auf die Implementierung der geplanten risikopolitischen Maßnahmen.

Nach Abschluss der Planung und mit Beginn der Realisationsphase besteht die Aufgabe des Risikomanagements in der laufenden Sicherung der Wirtschaftseinheit. Die allgemeinen Risikostrategien bilden dabei die Rahmenbedingungen für das spätere operative Risikomanagement, das die sich im weiteren Verlauf konkretisierenden Risiken mit gezielten, wirksamen Maßnahmen belegen soll. Je sicherer also die Informationsbasis ist, desto konkreter können die erforderlichen strategischen Gegen- oder Abwehrmaßnahmen formuliert werden.

1102 Zur Problematik der Bestimmung der optimalen Risikoposition siehe Kapitel 2.2.4.
1103 Vgl. Neubürger, 1989, S. 36.
1104 Vgl. Härterich, 1987, S. 38.

e) Risikomanagement im Rahmen der strategischen Kontrolle

Die Unvollkommenheit der Informationen sowie Planungs- und Handlungsfehler der an den Beschaffungsprozessen beteiligten Personen kann durch die strategische Planung auch unter Berücksichtigung von Risikomanagement-Aktivitäten nicht vollständig beherrscht werden. Hierfür sind entsprechende Kontrollen notwendig. Diese beziehen sich sowohl auf die strategische als auch auf die operative Ebene. Als Element des Führungssystems liefert die Kontrolle wichtige Informationen für den Planungsprozess und deckt dabei Korrektur- und Anpassungsnotwendigkeiten auf.[1105] Im Zusammenhang mit dem Thema Risikomanagement kann die Kontrolle auch als Funktion eines solchen aufgefasst werden.[1106]

Durch permanente oder möglichst frühzeitige Kontrollen sollen Veränderungen als Stellgrößen in die laufenden und zukünftigen Planungsüberlegungen einfließen. Je nach Relevanz können Kontrollen auch die Initiierung von neuen Planungsprozessen auslösen, falls die durch die Kontrollen erkannten Entwicklungen zu stark risikobehaftet sind.[1107]

Mithilfe von Kontrollen wird das Ziel verfolgt, Abweichungen zwischen Plan- und Vergleichsgrößen zu erkennen und zu analysieren.[1108] Dabei sind sowohl Feedback- als auch Feed-forward-Schleifen denkbar, die sowohl ex post als auch ex ante bestehende oder mögliche Abweichungen aufdecken.[1109] Neben den Planungs- und Umsetzungsaktivitäten der strategischen Planungen sind auch die Handlungen des Risikomanagements selbst einer entsprechenden Kontrolle zu unterziehen. Je Einsatzgebiet können dabei unterschiedliche Kontrollarten eingesetzt werden, die sich anhand verschiedener Plan- und Vergleichsgrößen unterscheiden. In Kapitel 2.3.2.1 wurde zwischen Ergebnis-, Planfortschritts-, Prämissen- und Überwachungskontrollen unterschieden. Bei der Kontrolle risikopolitischer Aktivitäten sei in Bezug auf diese Kontrollarten Folgendes ergänzt:[1110]

Die Anwendung der Ergebniskontrolle im Risikomanagement kann auf einem definierten Sicherheitsziel basieren, wobei im Rahmen der Kontrolle geklärt werden muss, ob innerhalb des Untersuchungszeitraums die Existenzfähigkeit des Unternehmens sichergestellt war. Es können aber auch die Risiken selbst als Ergebnis-

---

1105 Vgl. Mikus, 1998, S. 240.
1106 Vgl. Hermann, 1996, S. 109.
1107 Vgl. Mikus, 1998, S. 241.
1108 Um aufwendige Vollkontrollen zu reduzieren, kann durch Stichproben der Umfang der Ist-Erhebung begrenzt werden. Vgl. Pfisterer, 1988, S. 75 sowie S. 82 ff.
1109 Vgl. Fasse, 1995, S. 343.
1110 Siehe hierzu Mikus, 2001, S. 88 ff., Mikus, 1998, S. 242 ff., Fasse, 1995, S. 345 ff.

größen herangezogen werden. Dabei stehen einerseits die geplanten bzw. tatsächlichen Eintrittswahrscheinlichkeiten der Risiken und andererseits die entsprechenden Verluste im Fokus. Die Ergebniskontrolle zielt auf die Überprüfung des zielgerechten Einsatzes des risikopolitischen Instrumentariums ab. Hierbei sind nicht nur die für die risikobezogenen Maßnahmen entstandenen bzw. erwarteten Kosten miteinander zu vergleichen, sondern auch deren positiven Wirkungen. Als positiver Effekt einer ursachenbezogenen Maßnahme kann beispielsweise das Nichteintreten der entsprechenden Risikoursache betrachtet werden. Grundsätzlich stellt sich in diesem Falle natürlich die Frage, ob die Risikoursache allein aufgrund der risikopolitischen Maßnahme nicht eingetreten ist oder ob andere Gründe ausschlaggebend hierfür waren. Dieser Nachweis erscheint schwierig.[1111] Im Gegensatz zur Kontrolle ursachenorientierter Maßnahmen bedingt der Nachweis eines positiven Effekts bei wirkungsbezogenen Maßnahmen das Eintreten des Risikos. Ein Kosten-Nutzen-Vergleich ist dann möglich, wenn in dem betrachteten Zeitraum sowohl die negativen als auch die realisierten positiven Effekte der Maßnahmen bekannt sind. Gründe für eine mögliche Nichtangemessenheit der entsprechenden Kosten können dabei beispielsweise Fehlentscheidungen in Bezug auf Art, Umfang oder Realisierungszeitpunkt der risikopolitischen Maßnahmen sein.

Mithilfe von Planfortschrittskontrollen kann im Verlauf der Realisationsphase die Entwicklung einzelner Planabschnitte überwacht werden, um auf Basis des Realisationsfortschrittes Rückschlüsse für die endgültige Zielerreichung zu erhalten sowie notwendige Korrekturen und Anpassungen für die Gestaltung der Basisalternativen und des Risikomanagements abzuleiten.[1112] Der Zweck dieser Fortschrittskontrollen liegt dabei in der Risikoreduktion von Zielverfehlungen durch eine frühzeitige Identifikation von Soll-Ist-Abweichungen.[1113]

Prämissenkontrollen erscheinen notwendig, da sich die Risikosituation des Unternehmens und damit die Grundlage der Planung, z. B. durch die Entstehung neuer Risiken, die Modifikation bereits bestehender Risiken oder den Wegfall potenzieller Risikoursachen, verändern kann und infolgedessen die gewählten Handlungsalter-

[1111] Entsprechend muss auch das zeitliche Eintreten der Risiken bei der Planung risikopolitischer Aktivitäten berücksichtigt werden, um es später einer Kontrolle zuführen zu können.

[1112] Dies impliziert natürlich auch die Definition von Zwischenzielen.

[1113] Nach Pfisterer hängt die Entscheidung über die Einführung von Fortschrittskontrollen sowie deren Detaillierungsgrad von „der Bedeutung des Kontrollinhalts für die Beschaffung, verbunden mit der Höhe des Risikos und den möglichen Konsequenzen" ab. Pfisterer, 1988, S. 80. Als Entscheidungskriterien hierfür führt er die Beschaffungsmerkmale Kaufklassen (z. B. mehr Kontrolle bei Erstkauf), Bedarf (z. B. mehr Kontrolle bei hoher Beschaffungsobjektkomplexität und hohem Leistungsniveau) und Beschaffungsmarkt (z. B. mehr Kontrolle bei Erhältlichkeitsrisiken sowie Preis- und Mengenschwankungen) auf.

nativen bzw. die risikopolitischen Maßnahmen ihre Relevanz verlieren. Wurden beispielsweise unterschiedliche Umweltszenarien ausgeplant, kann mithilfe der Prämissenkontrolle ermittelt werden, welches der für möglich gehaltenen Szenarien eingetreten ist.

Auf die ungerichtete Überwachungskontrolle sei in Kapitel 4.2.4 im Rahmen der Beschreibung strategischer Frühwarnsysteme noch einmal eingegangen. In diesem Zusammenhang sei festgestellt, dass die allgemeine Überwachungskontrolle eine der wichtigsten Kontrollarten für das Risikomanagement darstellt, da diese es ermöglicht, bisher nicht identifizierte Risiken bzw. Risikoursachen aufzudecken.

Neben diesen Kontrollarten verweist Mikus zudem auf Ziel-, Prognose und Verhaltenskontrollen.[1114]

Zielkontrollen setzen die Anpassungen von Zielen oder Zielausprägungen voraus, die aufgrund einer Änderung der Rahmenbedingungen im Vergleich zur Ausgangssituation als notwendig erscheinen. Auch Sicherheitsziele können einer Anpassung unterliegen, z. B. bei Änderung der Risikoeinstellung der Entscheidungsträger oder bei Änderung der Gefahrensituation, die sich z. B. auf eine Erhöhung der Sicherheitsbestrebungen niederschlägt. Zielkontrollen können darüber hinaus zur Überprüfung der Konsistenz verschiedener Ziele sowie zur Bewertung der Veränderung des Verhältnisses verschiedener Zielgrößen zueinander bzw. des gesamten Zielsystems eingesetzt werden.

Die Prognosekontrolle ist ein in der Phase der Planung, aber auch während der Realisierung anzuwendender Wird-Wird-Vergleich, der die Konsistenz verschiedener zu einem bestimmten Zeitpunkt abgegebener Prognosen prüft oder einen Vergleich der zu unterschiedlichen Zeitpunkten prognostizierten Werte einer Größe (bezogen auf einen gemeinsamen zukünftigen Zeitpunkt oder Zeitraum) anstellt.

Schließlich führt Mikus auch Verhaltenskontrollen an, die das Verhalten der Mitarbeiter, insbesondere deren Leistungsbereitschaft und -fähigkeit, zum Inhalt haben. In Bezug auf das Risikomanagement kann beispielsweise das Sicherheitsbewusstsein der Mitarbeiter in Bezug auf die Einhaltung von Richtlinien und Sicherheitsvorschriften Gegenstand einer Überprüfung sein.[1115]

[1114] Vgl. Mikus, 2001, S. 90 ff., Mikus, 1998, S. 245 ff.

[1115] Als Beispiele wären zu nennen: Zugriffsberechtigungen, Änderungsdokumentation, Wertgrenzen, Berechtigung von Preiseingaben, Zweitunterschriften oder Vollmachtsregelungen. Vgl. Bär, 2000, S. 456 f.

4.2.2.2 Risikomanagement im Rahmen weiterer Teilsysteme der Führung

Neben der strategischen Planung gehören die Module Informationsmanagement, Personalmanagement und Organisation zum Führungssystem der Beschaffung. Hinsichtlich dieser drei Teilsysteme soll der Einfluss des Risikomanagements in kurzer Form dargestellt werden.

Zunächst sei noch einmal auf die Notwendigkeit der Stimmigkeit (also des sogenannten „strategischen Fits") dieser drei Teilsysteme untereinander sowie in Bezug auf die strategische Planung und die normativen Elemente des Systems hingewiesen. Sollen beispielsweise Risikostrategien umgesetzt werden, so ist es natürlich von wesentlicher Bedeutung, ob qualifizierte Führungskräfte, Informationskanäle oder organisatorische Grundlagen zur Verfügung stehen oder erst aufgebaut werden müssen. In der Implementierungsphase müssen neben der Operationalisierung der Maßnahmenprogramme sämtliche Erfolgsfaktoren auf die Implementierungsanforderungen der strategischen Pläne und Risikomanagement-Maßnahmen ausgerichtet werden und es muss eine Überprüfung der Abstimmungserfordernisse zwischen den Faktoren erfolgen.

a) Risikomanagement als Element des Führungssystems Informationsmanagement

Die strategische Planung und Kontrolle stellt einen informationsverarbeitenden Prozess dar. Die Qualität dieses Prozesses hängt dabei v. a. von der Güte der verwendeten Informationen ab. Da sich Risiken, wie in den vorangegangenen Ausführungen bereits mehrfach betont, weitestgehend als Informationsprobleme darstellen, kommt dieser Führungsfunktion entscheidende Bedeutung zu. Aus Sicht des Managements von Risiken kann durch eine Verbesserung der Informationsbasis Unsicherheit abgebaut und damit die Risikosituation des Unternehmens verringert werden.

Da das Informationsmanagement auf den Teilprozessen der Bedarfsanalyse, der Informationsbeschaffung und Informationsverarbeitung aufbaut, unterstützt es sowohl methodisch als auch instrumentell die Risikoidentifikation sowie die Risikoanalyse und -bewertung. Aber auch auf die Bewältigung von Risiken nimmt das Informationsmanagement entsprechenden Einfluss. Neben der Suche und Auswahl risikobewältigender Maßnahmen, die vom Umfang der Dokumentation des Instrumentariums abhängen, bedarf auch die Beurteilung dieser Maßnahmen der Unterstützung durch ein entsprechend gestaltetes Informationssystem.[1116]

Der strategische Fit als Leitlinie der Entwicklung einer Konzeption des strategischen Informationsmanagements impliziert, dass das strategische Informationsmanagement sowohl aus der Unternehmensumwelt wie auch aus dem eigenen Unternehmen Informationen beschaffen und verarbeiten muss. Eine einseitige Konzentration auf interne Informationen, beispielsweise aus Gründen der einfacheren Beschaffbarkeit, ist ebenso problematisch wie die ausschließliche Fokussierung auf externe Informationen.

Nach Braun soll das Informationssystem im Sinne eines Risikomanagements in zweifacher Hinsicht zur Risikobewältigung beitragen:

- Bewältigung des primären und sekundären Informationsdefizits[1117]
- Bewältigung spezieller Risiken durch gezielte Unterstützung des Risikomanagement-Prozesses in allen Phasen (im Sinne der entscheidungsbezogenen Informationsversorgung)[1118]

Es gilt hierbei noch einmal zu erwähnen, dass der Zustand vollkommener Information nicht zu erreichen ist. Insofern muss eine bewusste Fokussierung auf die wesentlichen Untersuchungsfelder stattfinden. Die Entscheidung muss vor dem Hintergrund des möglichen Zugangs zu Informationen, der Wirtschaftlichkeit der Informationsbeschaffung und -verarbeitung, aber auch des Risikopotenzials und der Risikobereitschaft getroffen werden.

In diesem Zusammenhang sei auf Abbildung 4-11 verwiesen. Arnold leitet aus den Merkmalen der Beschaffungsaufgabe Einflussfaktoren auf die Höhe des Informationsbedarfs ab.[1119] Je größer das Risiko erscheint, desto mehr Aufwand zur Informationsbeschaffung ist zu betreiben. Diese Merkmale können somit auch als Indikatoren für die Höhe des Risikopotenzials der Beschaffung interpretiert werden.

[1116] Vgl. Braun, 1984, S. 215 f.

[1117] Das primäre Informationsdefizit ergibt sich aus der Unvollkommenheit der Information und kann z. B. durch einen Abbau von Informationswiderständen, durch die Verbesserung von Prognoseverfahren oder durch die genauere Erfassung und Verarbeitung vergangenheitsorientierter Informationen adressiert werden. Das sekundäre Informationsdefizit wird durch komplexe und teils unstrukturierte Entscheidungsprobleme unter Unsicherheit ausgelöst und kann durch methodische Vorgehensweisen, durch den Einsatz geeigneter Instrumente, durch Komplexitätsreduktion sowie durch die Nutzung verhaltenswissenschaftlicher Erkenntnisse der Entscheidungstheorie bekämpft werden. Vgl. Braun, 1984, S. 188–215.

[1118] Vgl. Braun, 1984, S. 215–274.

[1119] Vgl. Arnold, 1997, S. 227.

Merkmal der Beschaffungsaufgabe	Hoher Informationsbedarf	Niedriger Informationsbedarf
Bekanntheitsgrad des Beschaffungsobjekts	Neues Beschaffungsobjekt	Altbekanntes, gängiges Beschaffungsobjekt
Bekanntheitsgrad der Bezugsquelle	Neuer, bislang unbekannter Lieferant	Bekannter Lieferant
Beschaffungsrisiko (z.B. finanziell)	Hoch	Gering
Wert des Beschaffungsobjektes (absolut oder bzgl. des Gesamtvolumens)	Hoch	Niedrig
Verbrauchsstruktur des Beschaffungsobjekts	Laufender, regelmäßiger Verbrauch	Gelegentlicher, unregelmäßiger Verbrauch
Substituierbarkeit des Beschaffungsobjekts (Bedeutung für die Aufrechterhaltung der Fertigung)	Nicht ersetzbar (Engpassgut)	Leicht ersetzbar oder verzichtbar
Existenz v. Substitutionsgütern	Keine Substitute vorhanden	Substitute vorhanden
Räumliche Entfernung der Bezugsquellen für ein Beschaffungsobjekt	Große Entfernung (Ausland/Übersee)	Geringe Entfernung
Dynamik des Beschaffungsmarktes	Hoch	Niedrig
Transparenz des Beschaffungsmarktes	Gering	Hoch

Abb. 4-11: Einflussfaktoren auf die Höhe des Informationsbedarfs[1120]

Abbildung 4-12 zeigt außerdem eine mögliche Systematik eines beschaffungsbezogenen Informationssystems, das in seiner Grundstruktur auch für ein Risikomanagement der Beschaffung verwendet werden kann.

Unternehmensintern sind Informationen aus den betrieblichen Teilbereichen des Unternehmens relevant, die Bedarfsanforderungen an die Beschaffung auslösen können. Darüber hinaus sollten regelmäßig Informationen zum Beschaffungsprogramm generiert werden, das sich aus den einzelnen Beschaffungsobjekten zusammensetzt. Unternehmensextern müssen die Lieferanten als Geschäftspartner, die Beschaffungsmärkte als Wettbewerbsumfeld, in dem Lieferant und Abnehmer agieren, sowie die Beschaffungsumwelt in das beschaffungsspezifische Informationssystem einbezogen werden.

[1120] Quelle: Arnold, 1997, S. 227.

Informationsebene	Aufgabenschwerpunkte
Beschaffungsbedarf	Informationen über Entwicklungen in anderen Unternehmensbereichen, die Bedarfsänderungen auslösen.
Beschaffungsprogramm	Kennzahlen zur Beschaffungsobjektstruktur sowie Informationen zu den Beschaffungsobjekten.
Lieferantenstruktur	Abbildung der Lieferantenstruktur nach verschiedenen Merkmalen sowie der einzelnen Lieferantenbeziehungen.
Lieferanten	Über den Lebenszyklus durchgängige Lieferantenbeurteilung.
Beschaffungsmarkt	Kontinuierliche Bewertung der Beschaffungsmärkte.
Beschaffungsumwelt	Frühaufklärungsinformationen aus der Beschaffungsumwelt.

Abb. 4-12: Aufgabenschwerpunkte eines beschaffungsspezifischen Informationssystems[1121]

b) Risikomanagement als Element des Führungssystems Personalmanagement

Da das Personalmanagement auf Führungskräfte und Mitarbeiter des Unternehmens sowie die zugrunde liegenden Prozesse und Instrumente fokussiert ist, muss ein um ein Risikomanagement erweitertes Führungssystem genau an diesen Gruppen und Aspekten ansetzen. Auch im Bereich der Beschaffung gilt es zu klären, was speziell im Bereich der Personalführung getan werden muss, um dem Risikoaspekt Rechnung zu tragen. Beispiele von typischen Risiken in diesem Bereich sind z. B. Fluktuations-, Motivations-, Qualifikations- Wissensmonopol- oder Einstellungsrisiken sowie demografische Risiken oder Risiken durch Leiharbeitnehmer.[1122]

Bezogen auf die Notwendigkeit der Harmonisierung der unterschiedlichen Führungsteilsysteme sei betont, dass jede Strategie ein spezifisches personelles Potenzial sowie bestimmte Fähigkeiten der Mitarbeiter bedarf. Im Rahmen der Strategieimplementierung ist daher der aus der Strategie resultierende Personalbedarf in

[1121] Quelle: Weigand, 1998, S. 205.
[1122] Vgl. Wildemann, 2004, S. 200.

quantitativer und qualitativer Hinsicht zu bestimmen und mit dem Ist-Bestand zu vergleichen. Aus der Sicht des Risikomanagements ergeben sich somit zwei Ansatzpunkte:

- Da ohne entsprechend qualifizierte und engagierte Führungskräfte die Implementierung und Realisation von Beschaffungsstrategien bereits in ihren Anfängen scheitert, gilt es deshalb zunächst, diejenigen Führungskräfte (sowie den dazugehörigen Mitarbeiterstamm) zu identifizieren und auszuwählen, denen die Verantwortung für die Realisierung übertragen werden soll.[1123] Personalmanagement kann hierbei im Sinne der Risikobewältigung verstanden werden, die an Risikoursachen aus der Personalstruktur, den Entscheidungsprozessen sowie den Verhaltensweisen der Mitarbeiter und Führungskräfte ansetzt.[1124]

- Das Mitarbeiterpotenzial muss aber auch hinsichtlich der Umsetzung von Risikostrategien und risikopolitischen Maßnahmen als erfolgskritischer Faktor angesehen werden. Dies gilt natürlich auch im Zusammenhang mit der Implementierung eines Risikomanagement-Systems selbst. Der Faktor Mensch wird dabei nicht als Risikoursache, sondern als Gestalter eines Risikomanagements gesehen, der Strategien entwickelt, die Umsetzung kontrolliert und Aufgaben in diesem Sinne wahrnimmt. Aus Sicht des Personalmanagements sind hierfür die verantwortlichen Schlüsselfiguren und Multiplikatoren zur Umsetzung eines Risikomanagements auszuwählen sowie die Mitarbeiter durch entsprechende Trainingsmaßnahmen hinsichtlich des bewussten Umgangs mit Risiken zu sensibilisieren. Durch den Aufbau von Anreiz- bzw. Qualifikationssystemen soll sichergestellt werden, dass Mitarbeiter in allgemeinen Sicherheits- und Risikofragen ausgebildet werden und dass Anreize für Mitarbeiter geschaffen werden, Risiken frühzeitig und selbstständig zu erkennen und zu bewältigen.

[1123] Siehe hierzu auch Remer, 1997, S. 406 ff., der den umgekehrten Zusammenhang zwischen der Unternehmens- und der Personalstrategie betont, sodass das Personal „zu einem faktisch unausweichlichen Dreh- und Angelpunkt der Unternehmensstrategie“ (Remer, 1997, S. 406) werden kann.

[1124] Z. B. kann regelmäßige Job-Rotation dazu beitragen, dass Beziehungen zwischen Einkäufern und Lieferanten häufiger neu aufgebaut werden und dadurch Gefahren z. B. in Bezug auf Bestechungen reduziert werden. Bezüglich der gerichteten und ungerichteten Risikobewältigung im Personalbereich sei auf die Ausführungen von Ackermann verwiesen. Die dauerhafte Sicherstellung leistungsfähiger und leistungsbereiter Mitarbeiter setzt dabei an den Kernaufgaben des Personalmanagements, also der Beschaffung, Entwicklung, Freisetzung, Veränderung, Einsatz oder Führung von Mitarbeitern an. Darüber hinaus sind beispielsweise die Arbeitsbedingungen so zu gestalten, dass Mitarbeiter eine stärkere Bindung zum Unternehmen aufbauen. Ackermann geht auch auf Risikostrategien zur Bewältigung von Abhängigkeiten von der Arbeitsleistung oder dem Personal sowie auf ungerichtete Risikostrategien zur Schaffung höherer Personalflexibilität ein. Vgl. Ackermann, 1999. Siehe auch Wildemann, 2004, S. 200–220.

c) Risikomanagement als Element des Führungssystems Organisation

Bei der Umsetzung risikopolitischer Programme ist auch die Beschaffungsorganisation auf die risikoorientierte Planung auszurichten. Strategische Pläne wirken sich auf die strukturelle Entwicklung der Organisation genauso aus, wie umgekehrt die organisationalen und prozessualen Voraussetzungen des Unternehmens bei der Strategieentwicklung berücksichtigt werden müssen.

Auch die Organisation kann somit im Sinne eines Managements von Risiken wirken. Damit sei nicht die Organisation eines Risikomanagements selbst gemeint, wie es in Kapitel 4.4 beschrieben wird, sondern vielmehr der Einfluss organisationaler Gestaltung auf die Risikosituation der Unternehmung respektive der Beschaffung.[1125] In diesem Zusammenhang sei auf die Ausführungen von Hermann verwiesen, der am Beispiel der informationsbezogenen Auswirkungen organisationaler Gestaltung, ähnlich der strategischen Planung,[1126] auch deren ambivalenten Charakter aufzeigt.[1127] Informationsbedingt können organisatorische Maßnahmen dabei sowohl risikosteigernde als auch risikoreduzierende Wirkungen haben.[1128]

Hermann konstatiert deshalb, dass eine pauschale Empfehlung für die Gestaltung der Organisation aus Sicht ungerichteter Risikobewältigung kaum möglich ist und deshalb unternehmensindividuell je nach unternehmerischem Kontext durchzuführen ist.[1129]

4.2.3 Risikointegration und -koordination

Die Harmonisierung des Risikomanagement-Modells erfolgt durch die Koordination der unterschiedlichen Teilsysteme untereinander sowie durch die horizontale und vertikale Integration des Risikomanagements der Beschaffung in das Risiko-

---

[1125] Matzenbacher et al. weisen in diesem Zusammenhang darauf hin, dass die fehlende Transparenz von Strukturen und Abläufen im Unternehmen mit erheblichen Risiken verbunden ist. Vgl. Matzenbacher et al., 1999, S. 16.

[1126] Vgl. Hermann, 1996, S. 112.

[1127] Vgl. Hermann, 1996, S. 90 ff.

[1128] Als Beispiele möglicher aufbauorganisatorischer Probleme wären zu nennen: Unklarheit bezüglich Aufgaben, Kompetenzen und Verantwortung, schwerfällige Anpassung an sich verändernde Anforderungen, mangelnde Transparenz hinsichtlich Weisungsrechten und Verantwortlichkeiten, fehlende bzw. unvollständige Formulierung von Aufgaben, keine eindeutige Regelung der Zusammenarbeit zwischen den verschiedenen Stellen, fehlende bzw. unvollständige Zuordnung zwischen Aufgaben und betrieblichen Stellen, Divergenz zwischen dem Anforderungsprofil der Stellen und den Fähigkeiten der Stelleninhaber. Vgl. Fuhrmann, 1983, S. 71 f. Siehe auch Kratzheller, 1997, S. 59 ff. sowie S. 68 ff.

[1129] Vgl. Hermann, 1996, S. 93. Siehe hierzu auch Remer, 1993 (Organisationstheorien), Sp. 3.069 ff.

management des Gesamtunternehmens. Dieser Zusammenhang soll im Folgenden im Rahmen der Beschreibung des Risikocontrollings (Kapitel 4.2.3.1), der Risikoaggregation (Kapitel 4.2.3.2) und der Risikokommunikation (Kapitel 4.2.3.3) verdeutlicht werden. Im abschließenden Kapitel 4.2.3.4 soll die Risikointegration und -koordination am Beispiel von Instrumenten und Methoden zur Analyse, Bewertung und Aggregation von Beschaffungsrisiken verdeutlicht werden.

4.2.3.1 Risikocontrolling

Das Risikocontrolling kann als unterstützender Bestandteil des Risikomanagements verstanden werden, der den Entscheidungsprozess vorbereitet und die Steuerung der getroffenen Entscheidungen verantwortet.[1130] Es sollte so gestaltet werden, dass es in allen Risikomanagement-Phasen zum Einsatz kommt. Darüber hinaus sind die controllingspezifischen Aufgaben innerhalb der einzelnen Führungsteilsysteme um Risikoaspekte zu ergänzen.[1131] Konkret bedeutet dies, die entsprechenden Informationssysteme so auszubauen, dass die im Rahmen des Risikomanagement-Prozesses benötigten Informationen sichergestellt werden können.[1132] Das Risikocontrolling hat dabei die Aufgabe, Informationsbedarf und Informationsangebot zu harmonisieren, wobei darauf zu achten ist, dass ein Entscheidungsträger nur mit den entscheidungsrelevanten Informationen ausgestattet wird.[1133]

Eine wichtige Aufgabe des Risikocontrollings besteht in der risikoorientierten Koordination der Führungsteilsysteme sowie in ihrer methodischen Unterstützung. Dabei ist zu beachten, dass sich diese Funktionen nicht nur auf die Risiken selbst beziehen sollen, sondern auch auf die Effektivität und Effizienz des Risikomanagements.[1134] Im Sinne seiner Koordinationsfunktion seien die Aufgaben eines Risikocontrollings wie folgt zusammengefasst.[1135]

Ein wesentlicher Aufgabenbereich im Sinne von Gestaltung und Entwicklung des Risikomanagement-Systems stellt hierbei die Bestimmung der zu steuernden und beeinflussenden Objekte, der Aufbau von Prozessstrukturen, die Entwicklung von

[1130] Vgl. Burger/Buchhart, 2002, S. 12.
[1131] Vgl. Wildemann. 2004, S. 250 f.
[1132] Vgl. Horváth/Gleich, 2000, S. 108 f.
[1133] Vgl. Gleißner/Romeike, 2005, S. 88.
[1134] Vgl. Burger/Buchhart, 2002, S. 13.
[1135] Eine ausführliche Erläuterung der risikoorientierten Koordination findet sich in Götze/Glaser/Hinkel, 2001, S. 109–119.

Methoden und Instrumenten sowie die Zuordnung zu Institutionen innerhalb der einzelnen Führungsteilsysteme dar:

- Als Objekte eines Risikocontrollings sind Ziele und Maßnahmen eines Risikomanagements, Risikoursachen und Kontrollarten sowie der Informationsbedarf der risikobezogenen Planungen und Kontrollen zu nennen.
- Im Rahmen der Prozessgestaltung sind Richtlinien zu Art und Inhalt der jeweiligen Planungsaktivitäten und ablauforganisatorische Regelungen zu erarbeiten sowie Prozesse der Informationsverarbeitung und Kontrolle zu entwickeln, aufeinander abzustimmen und zu installieren.
- Eine weitere Aufgabe des Risikocontrollings besteht in der Auswahl und der Gestaltung von Instrumenten und Methoden, z. B. für die risikobezogene Planung, Kontrolle (Risikoerfassungs- und Bewertungsmethoden) oder die Personalführung (Anreizsysteme).
- Aus institutioneller Sicht sind innerhalb der einzelnen Führungsteilsysteme den risikobezogenen Aufgaben Institutionen zuzuordnen sowie aufbau- und ablauforganisatorische Sicherungsmaßnahmen zu gestalten (z. B. Funktionstrennungen, Zugriffsbeschränkungen auf Daten sowie Arbeits- und Organisationsanweisungen). Auch die Dokumentation der Planung auf Basis eines Risikomanagement-Handbuchs sowie die Entwicklung eines einheitlichen und integrierten Berichtswesens gehören zu den wichtigen Systembildungsaufgaben des Risikocontrollings.[1136]

Aufgrund seiner Einbindung in operative und strategische Planungs- und Kontrollprozesse trägt das Risikocontrolling darüber hinaus zur Abstimmung übergreifender und interdependenter Risiken bei. Folgende laufende Unterstützungsaufgaben stehen hierbei im Vordergrund:

- Initiierung risikobezogener Planung sowie inhaltliche Abstimmung von Teilplanungen (innerhalb einer Hierarchieebene sowie zwischen verschiedenen Hierarchieebenen)
- Sammlung von Teilplänen zur Bewertung des Gesamtrisikos
- Koordination einzelner Planungsaktivitäten

[1136] Vgl. Kirchner, 2002, S. 24, Pollanz, 1999, S. 397. Siehe auch Wildemann, 2004, S. 249, der folgende Bestandteile eines Risikomanagement-Handbuchs beschreibt: Grundsätze für das Risikomanagement, Aufbau eines Risikomanagement-Systems, Risikoinventur, Reporting, Prüfung des Risikomanagements, Aufgreifkriterien, Schwellenwerte, Verantwortlichkeiten.

- Betreuung der Implementierung von Werkzeugen
- Abstimmung zwischen risikobezogenen Kontrollprozessen, systeminternen und -externen Kontrollen sowie zwischen Kontroll- und Planungsprozessen
- Sammlung, Überprüfung, Vervollständigung und Aufbereitung von Resultaten von risikobezogenen Kontrollen
- Ermittlung des Informationsbedarfs, laufende Koordination einzelner Risikoinformationsprozesse und Unterstützung bei der Nutzung von Instrumenten des Risikoinformationssystems

Die Generierung und Bereitstellung von risikomanagementrelevanten Informationen bzw. die monetäre Quantifizierung des Risikos ist keine triviale Aufgabe und erfordert spezielles Sach- und Handlungswissen sowie den Einsatz der richtigen Instrumente. Die im Rahmen des Risikomanagements zu verwendenden Methoden, Verfahren, Techniken und Modelle werden entsprechend den Kernaufgaben des Risikomanagements (also der Identifikation, Analyse und Bewertung sowie der Handhabung von Risiken) ausgewählt und eingesetzt. Sie unterscheiden sich häufig kaum von den in der Management- und Controllingliteratur zitierten Instrumenten und Managementsystemen.[1137] In der Regel handelt es sich um systematische Verfahren der Informationsgewinnung und -verarbeitung, die der Aufstellung, Umformung und Prüfung informativer Aussagen dienen. In Anlehnung an die Differenzierung von Planungstechniken können die Risikomanagement-Instrumente folgendermaßen unterschieden werden:[1138]

- Nach der Art des Problembezugs (z. B. Planungsmodelle oder -methoden zur Problemstrukturierung oder -erkennung)
- Nach der Phase des Planungsprozesses
- Nach der Formalisierungsart (z. B. allgemeinsprachliche Anweisungen, materiale Abbildungen, grafische Darstellungen etc.)

In der praktischen Risikomanagement-Arbeit sind die Standardisierung, die einheitliche Anwendung und das Training der Risikomanagement-Instrumente von großer Wichtigkeit. Die Methoden zur Identifikation, Analyse und Bewertung von Beschaffungsrisiken sind in vielen Fällen allgemeingültiger Natur und können sowohl für ein Risikomanagement unterschiedlicher Funktionsbereiche als auch auf Unternehmensebene angewendet werden. Da diesem Themenbereich in der Management-

---

[1137] In diesem Zusammenhang siehe auch die Forderung von Gleißner/Romeike, das bestehende Controlling-Instrumentarium risikoorientiert zu nutzen. Gleißner/Romeike, 2005, S. 146.

[1138] Vgl. Köhler, 1989, Sp. 1.529 f.

Literatur bereits ausführlich Rechnung getragen wurde, soll auf eine ausführliche Rezension innerhalb dieser Arbeit verzichtet werden. Dementsprechend soll an dieser Stelle nur auf die einschlägige betriebswirtschaftliche Literatur verwiesen werden.[1139]

4.2.3.2 Risikoaggregation

Nachdem die Einzelrisiken unter Berücksichtigung von unterschiedlichen Wechselbeziehungen und Ursachen-Wirkungs-Zusammenhängen analysiert und bewertet worden sind, gilt es nun, die Gesamtrisikosituation der Beschaffung zu ermitteln.

Ziel der Risikoaggregation ist es, aus einer Menge von Einzelrisiken einen möglichst ausgewogenen und für den Adressaten aussagekräftigen Überblick über die Risikolage eines Bereichs zu bieten. Neben der Bestimmung des Gesamtrisikoumfangs („Risk Exposure"), gilt es auch, die relative Bedeutung der Einzelrisiken zu bewerten.[1140]

Da Aussagen über das Risiko- bzw. Sicherheitsniveau der Unternehmung oder eines Funktionsbereichs aufgrund der vielfältigen Interdependenzen kaum möglich sind, stellt sich die Quantifizierung des Gesamtrisikos häufig als äußerst problematisch dar.[1141] Zu empfehlen ist deshalb eine sukzessive Vorgehensweise, wobei die jeweiligen Einzelrisiken zu einem „relativen" Gesamtrisiko zusammengefasst werden. Von einem „relativen" Gesamtrisiko soll deshalb gesprochen werden, da die Risikoaggregation im Sinne einer Näherungslösung auf individuellen Ebenen stattfindet. Die Beschaffungsrisiken werden dabei nach übergeordneten Systematisierungskriterien in kleinere und damit überschaubarere homogene Gruppen eingeteilt.[1142] Eine solche Aggregation ermöglicht, Aussagen über das „Risk Exposure" eines betrachteten Unternehmens- oder Funktionsbereichs bzw. eines Projekts bezüglich einer bestimmten Risikofaktorklasse zu treffen.[1143] Nur bei der Verfügbarkeit von flexiblen Analysemöglichkeiten kann die Unternehmensführung die Risikolandschaft ihres Unternehmens erfassen und aktiv steuern.[1144]

[1139] Ein Überblick über ausgewählte Methoden und Instrumente findet sich beispielsweise in Schubert, 2004, S. 164, Diederichs, 2004, Wildemann, 2004, S. 39, S. 48, S. 111 f., Rogler, 2002, Wolf, 2003, S. 51 etc.

[1140] Vgl. Gleißner/Romeike, 2005, S. 233.

[1141] Vgl. Braun, 1984, S. 48.

[1142] Innerhalb dieser ist im Rahmen der Phase der Risikobewältigung beispielsweise ein entsprechender partieller Risikoausgleich zu suchen. Näheres hierzu siehe Kapitel 4.3.

[1143] Vgl. Metzler, 2004, S. 55.

[1144] Vgl. Metzler, 2004, S. 60.

In Bezug auf die Beschaffung bietet sich die Risikoaggregation der Beschaffungsrisiken beispielsweise innerhalb folgender Risikoebenen an, die in Abhängigkeit von der jeweiligen Risikosteuerung unternehmensindividuell entwickelt und ausgewählt werden:

- Fahrzeugprojekt (z. B. Produktlinien oder Baureihen)
- Produkt oder Produktgruppen
- Einkaufsfunktionen (z. B. Einkauf für Elektrik-/Elektronik-, Karosserie- oder Motor-/ Getriebe-Einkauf)
- Beschaffungsmärkte oder Wirtschaftsräume
- Lieferantengruppen (z. B. Megalieferanten oder KMUs)
- Risikofelder (z. B. Währungsrisiken, Risiken durch Rohstoffpreisentwicklung)
- Phasen im Produktentstehungsprozess
- Beschaffungsprozesse
- Art des Lieferantenauswahlverfahrens

Die unterschiedlichen Risikoebenen lassen sich selbstverständlich auch hierarchisch strukturieren. Durch sukzessive Aggregation auf der jeweiligen Risikoebene kann schließlich das Gesamtrisiko der Beschaffung ermittelt werden.

Die Risikoaggregation basiert auf unterschiedlichen Methoden der Informationsverdichtung und stellt eine zentrale Aufgabe innerhalb des Risikocontrollings dar. Ziel ist es, die wichtigen Informationen für das Topmanagement eines Unternehmens zu selektieren und aufzubereiten und sowohl inhaltlich als auch in Bezug auf den Umfang auf einfache und verständliche Weise zusammenzufassen. Wesentliche Anforderung an eine Risikoaggregation ist es, den Zielkonflikt zwischen Einfachheit und Verständlichkeit auf der einen Seite sowie Informationsgehalt und Detailgenauigkeit auf der anderen Seite zu meistern.[1145] Hiervon hängt sehr stark die spätere Akzeptanz der Ergebnisse ab. Einerseits müssen neue Ansätze auch von Mitarbeitern ohne tief gehende betriebswirtschaftliche oder mathematische Kenntnisse verstanden werden können, andererseits sind für eine systematische Behandlung von Risiken Methoden mit einer gewissen Komplexität unerlässlich.[1146]

[1145] Vgl. Metzler, 2004, S. 46 f. Metzler stellt den Zusammenhang der Aggregation zur Systemtheorie her, da auch diese eine Reduktion von Komplexität anstrebt.

[1146] Vgl. Metzler, 2004, S. 61. Siehe hierzu auch Wolf, 2003, S. 204, der betont, dass die Risikoaggregation nur von Mitarbeitern durchgeführt werden kann, die über ein umfangreiches Unter-

Wirkung / Ursache	Versorgung	Kosten	Qualität	Innovation	Image	Abhängigkeit	Erwartungswert
Umfeld							Σ
Markt							Σ
Lieferanten							Σ
Führung							Σ
Ausführung							Σ
Unternehmung							Σ
Beziehung							Σ
Erwartungswert			Σ	Σ	Σ	Σ	Σ

Merkmale bei der Erfassung von Beschaffungsrisiken:

Risikocharakteristika:
- Erstmals identifiziertes Risiko
- Konkretisierung der Ursachenklasse
- Zielbezug
- Risikobeschreibung
- U-W-Beziehungen
- Eintrittswahrscheinlichkeit
- Schadensausmaß
- Erwarteter Schaden
- Risikoentwicklung

Risikoebenen:
- Einkaufsfunktion
- Fahrzeugprojekt
- Projektphase
- Produktgruppe
- Beschaffungsmarkt
- Lieferant
- Lieferantengruppe

Risikomanagement:
- Verantwortlicher
- Eingeleitete Maßnahmen
- Zieltermin
- Maßnahmenfortschritt
- Status
- Revisionszyklus
- Ad-hoc-Meldung

Abb. 4-13: Erfassung und Aggregation von Risiken[1147]

Ein wesentlicher Anhaltspunkt der Risikoaggregation ergibt sich aus den in Kapitel 3.3 vorgestellten Ursachen- und Wirkungsklassen. Da jedes Beschaffungsrisiko sowohl ursachen- als auch wirkungsseitig beschrieben werden kann, ermöglicht die Erfassung sämtlicher Beschaffungsrisiken innerhalb einer solchen zweidimensionalen Matrix ein vollständiges Bild der Risikolandschaft (siehe Abbildung 4-13). Die Matrix liefert so einen ersten möglichen Ansatz einer Aggregation. Sollen die Beschaffungsrisiken allerdings auch auf weiteren Risikoebenen (Beispiele siehe oben) flexibel aggregiert werden, sind weitere Merkmale des Beschaffungsrisikos zu erfassen. Idealtypisch handelt es sich bei diesem Erfassungstool um eine Datenbanklösung, die eine weitere Spezifizierung und differenzierte Darstellung des Beschaffungsrisikos ermöglicht (neben den Risikoebenen sollten beispielsweise auch Risiko- und Risikomanagement-Charakteristika erfasst werden; siehe Abbildung 4-13) und somit eine mehrdimensionale Berichterstattung zulässt. Auf dieser Basis sollen eine flexible Aggregation und Analyse von Beschaffungsrisiken sichergestellt werden, die zur größeren Transparenz beitragen und damit die Risikosteuerung sowie die

nehmens- und Branchen-Know-how verfügen. Da die Verdichtungsalgorithmen, die meist auf statistischen Methoden basieren, von vielen Mitarbeitern nicht nachvollziehbar sind, finden in der Praxis häufig eher intuitive und einzelfallbezogene Vorgehensweisen Anwendung.

1147 Quelle: eigene Darstellung.

Ressourcenallokation zur Bewältigung der Risiken vereinfachen. Umso differenzierter die Risikosituation des Beschaffungsbereichs erfasst, analysiert und bewertet werden kann, umso mehr Ansatzpunkte für die spätere Handhabung dieser Risiken ergeben sich.

Zusammenfassend sei festgestellt, dass die Risiken innerhalb der Beschaffung auf unterschiedlichen hierarchischen Ebenen aggregiert werden und schließlich übergeordnet in die Ermittlung der Gesamtrisikosituation des Unternehmens bzw. eines unternehmensweiten Projekts einfließen. Dabei sind allerdings nicht alle Risiken an die jeweils höhere Ebene zu berichten, sondern in Abhängigkeit vom Ausmaß einer drohenden Zielabweichung nur die Wesentlichen. Hierzu sind entsprechende Wesentlichkeitsgrenzen zu bestimmen,[1148] die für die einzelnen organisatorischen Einheiten Schwellenwerte festlegen, oberhalb derer ein Risiko nicht mehr von der organisatorischen Einheit selbst getragen werden kann, sondern als wesentlich der nächsthöheren Ebene kommuniziert und dort in die Entscheidungsprozesse einzubeziehen ist.[1149] Diese Wesentlichkeitsgrenzen fungieren einerseits als Sicherungsmechanismen, um eine zu große Risikokonzentration in einzelnen organisatorischen Einheiten zu verhindern, haben andererseits aber auch eine Filterfunktion, indem sie die Aufmerksamkeit der Entscheidungsträger auf höheren Ebenen einer Organisation auf das Wesentliche konzentrieren. Von der Unternehmensspitze ausgehend, lassen sich somit die Wesentlichkeitsgrenzen der nachfolgenden Unternehmensbereiche vor dem Hintergrund der analysierten Risikosituation des Unternehmens festlegen.[1150] Als Anhaltspunkte sollten dabei die sonst üblichen Entscheidungs- und Handlungsspielräume sowie Verantwortungsgrenzen der Mitarbeiter berücksichtigt werden. Hier ist von Bedeutung, dass sämtliche Risiken eines Teilbereichs sowohl jeweils für sich betrachtet als auch kumuliert die Wesentlichkeitsgrenzen nicht überschreiten dürfen.

Um mehrere Risiken aggregiert darstellen und vergleichen zu können, ist es notwendig, ein gemeinsames Risikomaß zu finden. Die einfachste Möglichkeit ist die Be-

---

[1148] Hierbei können unterschiedliche Wesentlichkeitsgrenzen für Risikohöhe (Schadenspotenzial multipliziert mit Eintrittswahrscheinlichkeit) und Schadenpotenzial (bei Großschäden, die zwar sehr unwahrscheinlich sind, die allerdings bei Eintritt existenzgefährdende Ausmaße annehmen) auf verschiedenen Ebenen (Unternehmensebene oder Funktionsbereichsebene) vor und nach Einsatz von Maßnahmen definiert werden. Neubeck führt in diesem Zusammenhang an, dass sich die Bestimmung der Wesentlichkeitsgrenze häufig als schwierig erweist, da einheitliche Maßstäbe, die sich auf das gesamte Unternehmen übertragen lassen, nicht existieren. Vgl. Neubeck, 2003, S. 88.

[1149] Ähnlich der Bestimmung der Wesentlichkeitsgrenzen bedarf die Umsetzung der Risikomanagement-Maßnahmen eine Zuordnung von Budgets zu einzelnen organisatorischen Einheiten. Vgl. Schubert, 2004, S. 271.

[1150] Vgl. Wolf, 2003, S. 195.

rechnung des erwarteten Verlusts.[1151] Der erwartete Verlust eignet sich grundsätzlich, um Einzelrisiken und aggregierte Risiken (als Summe des erwarteten Verlusts mehrerer Einzelrisiken) vergleichbar zu machen. Risiken können dabei z. B. nach der Größe des Erwartungswerts geordnet werden, um sie entsprechend zu priorisieren. Die Stärken des Verfahrens liegen im einfachen Umsetzungsaufwand aufgrund leicht verständlicher Instrumente und Methoden sowie der dadurch bestimmten hohen Transparenz und Nachvollziehbarkeit. Wegen der Additivität des Erwartungswerts können die Einzelrisiken einfach zu einem Gesamtrisiko zusammengefasst werden. Die Schwächen der Methodik liegen allerdings in der eingeschränkten Aussagefähigkeit. So berücksichtigt dieser Wert etwa nicht das Risiko, das aus einer breiteren Streuung der möglichen Gesamtverlusthöhe resultiert. Auch unterscheidet der Erwartungswert nicht zwischen seltenen, aber gravierenden Risiken und häufigen, aber weniger schwerwiegenden Risiken.

Alternativ zu dieser traditionellen Methode bieten mathematische und statistische Verfahren wie Value at Risk oder Cashflow at Risk den Vorteil, Korrelationen stärker zu berücksichtigen und eine einfachere Aggregation über aller Risikoarten zuzulassen.[1152] An die Stelle der Ereignisorientierung (mit den Ereignissen „Risiko tritt ein“ bzw. „Risiko tritt nicht ein“) tritt somit die Verteilungsorientierung und damit eine exaktere Abbildung der Realität. Diese Bewertungsverfahren, die vornehmlich bei Banken und Versicherungen eingesetzt werden, verursachen allerdings einen vergleichsweise hohen Umsetzungsaufwand. Aufgrund der Komplexität des Verfahrens ist häufig die Akzeptanz bei Anwendern im Industrie- und Handelssektor sehr gering. Wenn es zudem zu Einschränkungen in der Qualität und Quantität der notwendigen Daten und Informationen kommt und diese nicht permanent und zeitnah aktualisiert werden, ist die Gefahr einer Scheingenauigkeit groß.[1153]

Die obigen Ausführungen verdeutlichen, dass sich die Ermittlung der Gesamtrisikoposition gerade für Unternehmen, die nicht im Banken- und Versicherungsbereich tätig sind, als äußerst problematisch erweist.[1154] Dies begründet sich v. a. in den fehlenden Methoden und Instrumenten. Viele Aktivitäten geschehen intuitiv, ohne entsprechende Standards und IT-Unterstützung. Demgemäß stellt die Risikoaggregation auch heute noch einen Teilbereich des Risikomanagements dar, der (v. a. in der betrieblichen Praxis) mit ungelösten Problemen konfrontiert ist.

[1151] Siehe Kapitel 2.2.3.2.
[1152] Siehe hierzu auch Kapitel 2.1.2.3, Fußnote 76.
[1153] Vgl. Wolf, 2003, S. 210 f.
[1154] Vgl. Wolf, 2003, S. 211.

4.2.3.3 Risikokommunikation

Wie alle wichtigen sozialen Vorgänge stehen auch Risiken unter Kommunikationszwang.[1155] Peter weist darauf hin, dass Risikomanagement nicht nur als Managementproblem zu verstehen ist, sondern sich in der modernen Gesellschaft zunehmend auch zum Kommunikationsproblem entwickelt.[1156] Grund hierfür ist, dass die Schadenswahrscheinlichkeit und -höhe häufig eine geringere Rolle spielt als die Risikowahrnehmung in Öffentlichkeit und Medien. Dies kann dann im schlechtesten Fall zu einem Negativimage, zu Motivationsverlust bei Mitarbeitern oder zu Prozesskosten führen.[1157]

Da die Beseitigung einer Störquelle in sensiblen Bereichen häufig alleine nicht genügt, stellt eine adäquate Risikokommunikation eine wichtige Voraussetzung für die Funktionsfähigkeit des gesamten Risikomanagement-Prozesses dar.[1158] Entscheidend ist es hierbei, nicht nur die wichtigsten Stakeholder zu kennen,[1159] sondern auch deren Logiken und Sprachen zu verstehen und zu beherrschen. Nur so können mögliche Wertkonflikte aufgespürt und durch eine entsprechende offene Kommunikation entschärft werden.[1160] Dabei gilt dies nicht erst im Schadensfall, sondern beginnt häufig bereits mit der Einschätzung von Risikopotenzialen.[1161]

Risikokommunikation kann in diesem Sinne als strategische Kommunikation über das Risikopotenzial verstanden werden, das alle Handlungen beinhaltet, die auf die Erkennung, Analyse, Bewertung und Beeinflussung von Risiken zwischen dem Unternehmen und den Anspruchsgruppen zielen.[1162] Gemäß Obermeier kann zwischen einer Aufklärungs- und Vorsorgekommunikation, einer Störfall- oder Krisenkommunikation und einer Legitimationskommunikation unterschieden werden.[1163] Mit der zielgerichteten Weitergabe von Berichten über festgestellte Risiken an die relevanten Interessengruppen liegt dem Kommunikationsprozess auch eine Filterfunktion

---

1155 Vgl. Obermeier, 2002, S. 345.
1156 Vgl. Peter, 2001, S. 68.
1157 Vgl. Kratzheller, 1997, S. 97 sowie S. 98 ff.
1158 Vgl. Neubeck, 2003, S. 85. Zudem misst auch der Gesetzgeber der Risikoberichterstattung eine wichtige Rolle bei. In der Begründung zum KonTraG wird es „als wichtig und unabdingbar [...] angesehen, dass der Lagebericht künftig auch Aussagen darüber enthält, mit welchen Risiken die künftige Entwicklung belastet" ist. Vgl. Weber/Weißenberger/Liekweg, 1999, S. 42.
1159 Vgl. Obermeier, 2002, S. 350.
1160 Vgl. Schütz, 2002, S. 62.
1161 Das Beispiel der Ölplattform „Brent Spar" der Firma Shell hat gezeigt, dass eine isolierte Bewertung unter Ausschluss der öffentlichen Meinung sehr aufwendige Konsequenzen haben kann.
1162 Vgl. Peter, 2001, S. 154.
1163 Vgl. Obermeier, 2002, S. 345 ff. Eine andere Systematisierung unterscheidet zwischen Informations-, Glaubwürdigkeits-, Kampf-, Kooperations- und Metakommunikationsstrategien. Vgl. Wiedemann, 1992, S. 13 f. Siehe auch Kratzheller, 1997, S. 102 bezüglich der Anforderungen an ein Risikokommunikationskonzept.

zugrunde: Es muss entschieden werden, welche Risikoinformationen an wen zu welchem Zeitpunkt weitergeleitet werden.[1164]

Die Risikokommunikation hat allerdings auch eine interne Perspektive, die für das Unternehmen genauso bedeutend ist wie die externe Kommunikation.[1165] Den zentralen Bestandteil hierbei bildet die Risikoberichterstattung. Vor dem Hintergrund eines ganzheitlichen Risikomanagements ist es dabei Ziel, eine entsprechende Kommunikation und Information an alle Beteiligten über alle Hierarchieebenen hinweg umfassend und kontinuierlich sicherzustellen. Hierzu sind Regelungen und Kommunikationswege zu definieren, die die Anforderungen an eine interne und externe Risikoberichterstattung erfüllen.[1166]

Die Gestaltung und Organisation der Risikoberichterstattung verlangt Antworten auf Fragen zu folgenden Themen:[1167]

- Berichtszweck
- Berichtersteller und -empfänger
- Berichtsfrequenz und Berichtsarten
- Berichtshierarchien, -inhalte und -gestaltungsmöglichkeiten

Aus der Definition des Berichtszwecks lassen sich die anderen Merkmale der Risikoberichterstattung ableiten. Abhängig davon, ob der Bericht der Dokumentation von Ereignissen, der Auslösung von Arbeitsvorgängen, der Vorbereitung von Entscheidungen oder der Kontrolle des Betriebsablaufs dient, müssen Inhalt, Darstellungsweise und Frequenz des Risikoberichts angepasst werden. [1168]

Ein wichtiger Gestaltungsparameter bei der Entwicklung der Risikoberichterstattung ist die Definition von Berichtssendern und -adressaten sowie die Entwicklung von Informations- und Kommunikationswegen. Aufgrund des Zusammenspiels verschiedener Risikoursachen miteinander ist dabei zu beachten, dass nicht nur eine vertikale, sondern auch eine horizontale Informationstransparenz angestrebt werden soll. Die Erstellung der Risikoberichte sollte von den operativen Einheiten erfolgen. Empfänger dieser Berichte sind zum einen die unmittelbaren Risikokontrollorgane, wie z. B. das Risikocontrolling bzw. der Risikomanagement-Beauftragte.[1169] Diese stellen

[1164] Vgl. Neubeck, 2003, S. 86.
[1165] Vgl. Brühwiler, 2001, S. 107.
[1166] Vgl. Diederichs, 2004, S. 236.
[1167] Vgl. Diederichs, 2004, S. 237.
[1168] Vgl. Diederichs, 2004, S. 237 f.
[1169] Siehe hierzu auch Kapitel 4.4.

wiederum dem Management Risiko-informationen in aggregierter Form zur Verfügung. Zudem können die Risikoberichte auch von der internen Revision, dem Wirtschaftsprüfer oder externen Risikoberatern eingesehen werden (siehe Abbildung 4-14).[1170]

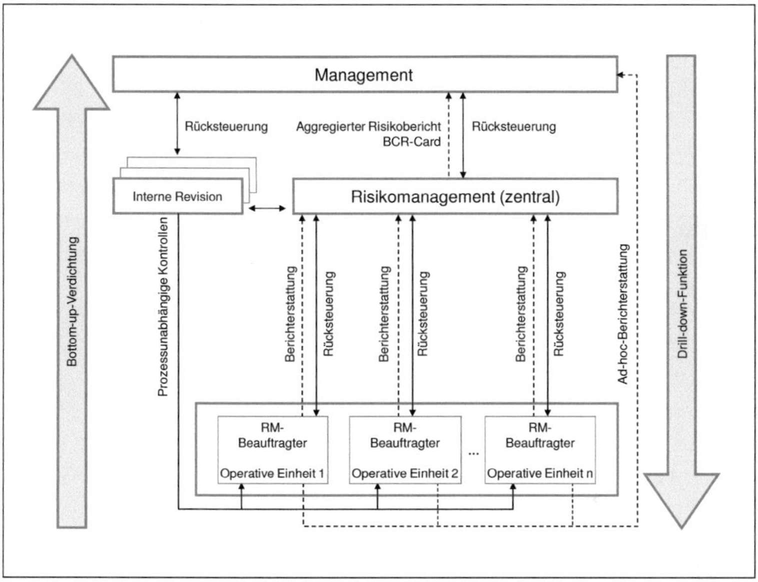

Abb. 4-14: Ablauf der Risikoberichterstattung[1171]

In Bezug auf Berichtsfrequenz und Berichtsarten kann zwischen Standardberichten und Ad-hoc-Berichten unterschieden werden.[1172] Die Berichterstattung auf Basis von Standardberichten gewährleistet die Dokumentation und Informationsversorgung von systematisch erfassten und bearbeiteten risikorelevanten Daten. Die Berichtsfrequenz hängt von den risikospezifischen Rahmenbedingungen des Unternehmens ab und kann z. B. zwischen einer täglichen und einer quartalsweisen Berichterstattung variieren. Die Ad-hoc-Berichterstattung erfolgt dagegen in Ausnahmesituationen, die eine dringende Einbindung des Managements erfordern. Um rechtzeitig geeignete Gegenmaßnahmen ergreifen zu können, muss sichergestellt sein, dass wichtige Sachverhalte unverzüglich und unabhängig von formalisierten Berichtsstrukturen an die Entscheidungsträger berichtet werden können. Als Auslöser können auch hier

[1170] Vgl. Diederichs, 2004, S. 238 f.
[1171] Quelle: Diederichs, 2004, S. 239.
[1172] Vgl. Graf, 2002, S. 152.

Schwellenwerte bzw. Wesentlichkeitsgrenzen definiert werden.[1173] Schwellenwerte dienen damit auch der Risikokommunikation.[1174]

Der Berichtsinhalt hat sich wesentlich am subjektiven Informationsbedarf des Empfängerkreises zu orientieren. Dadurch wird die Informationsmenge erheblich reduziert, was wiederum eine Überlastung der Berichtsempfänger ausschließt. Der begrenzten Informationsverarbeitungskapazität des Menschen ist hierbei entsprechend Rechnung zu tragen. Die Berichte müssen sich auf entscheidungsrelevante Informationen konzentrieren, ohne wichtige Informationen vorzuenthalten. Entsprechend ist der jeweilige Aggregationsgrad zu bestimmen. Die Verdichtung von Informationen auf übergeordneten Hierarchien führt dabei zwangsläufig zu einer pyramidalen Struktur. Abbildung 4-14 deutet aber auch an, dass übergeordnete Berichtsempfänger über Drill-down-Funktionen die Möglichkeit besitzen sollten, die aggregierten Daten bis auf die ursprüngliche Informationsquelle zurückzuverfolgen.

Auf die notwendigen Erfassungs- und Berichtsbögen zur Umsetzung eines Risikoberichtswesens sei im Rahmen dieser Arbeit nicht weiter eingegangen.[1175] Diese sind unternehmensindividuell zu erstellen und sollten auch die im vorherigen Kapitel beschriebenen Anforderungen an eine Risikoaggregation berücksichtigen. Um die Effektivität und Effizienz der Risikoberichterstattung sicherzustellen, ist es maßgeblich entscheidend, die Risikoberichterstattung in das bestehende Berichtswesen zu integrieren und sie als Bestandteil des Standardberichtswesens zu etablieren. So wird einerseits eine redundante Berichterstattung vermieden, andererseits wird gewährleistet, dass die Informationen uneingeschränkt in die tägliche Entscheidungsfindung einfließen.[1176]

Neben einer strukturierten Kommunikation weist Trunk auch auf die Notwendigkeit einer unstrukturierten, situationsabhängigen und spontanen Kommunikation im Unternehmen hin. Dazu sollen Gespräche zwischen dezentralen und zentralen Risikomanagement-Organisationen über Risiken und ihre Bewertung stattfinden, um die

[1173] Vgl. Diederichs, 2004, S. 239 ff.
[1174] Vgl. Wolf, 2003, S. 195.
[1175] Beispiele siehe hierzu Diederichs, 2004, S. 245–261. Diederichs unterscheidet zwischen dem Risikoerfassungsbogen, der von operativen Einheiten auszufüllen ist und auf Primärdaten basiert, der dynamischen Risikomatrix, die vom zentralen Risikomanagement bzw. dem Risikocontrolling zur Konsolidierung und Aggregation von Risiken angewandt wird und der Risk-Card bzw. Balanced-Chance-und-Risk-Card, die für die Informationsversorgung des Managements zur Anwendung kommen und hoch verdichtete interne und externe Daten beinhalten. Dabei gilt es auch, die zeitliche Dimension zu berücksichtigen und die Entwicklung des Risikos gegenüber der Vorperiode zu dokumentieren.
[1176] Vgl. Diederichs, 2004, S. 235 f.

Aufmerksamkeit für die Auseinandersetzung mit der Thematik zu fördern.[1177] Im Rahmen eines solchen Risikodialogs kommen häufig auch Risiken zutage, die bei manchen Führungskräften nur als „Bauchgefühl" existieren und aus unterschiedlichen Gründen nicht angesprochen werden.[1178]

Abschließend sei darauf hingewiesen, dass auch das Risiko einer ungelenkten Risikokommunikation nicht unterschätzt werden darf. Bei Informationen, die an die Öffentlichkeit gelangen, besteht durchaus die Gefahr, dass die Risikosituation nicht objektiv dargestellt, sondern dramatisiert und hochgespielt wird, und es somit zu Überreaktionen kommt. Deswegen sollte im Rahmen der Risikokommunikation auch festgelegt werden, welche Risiken nicht kommuniziert und geheim gehalten werden. Hier sind entsprechende Maßnahmen einzuleiten, die verhindern sollen, dass die Informationen über Risiken in die falschen Hände gelangen.[1179]

4.2.3.4 Instrumente und Methoden der Risikointegration und -koordination

Zum Abschluss von Kapitel 4.2.3 sollen beispielhaft Instrumente und Methoden zur Integration und Koordination von Beschaffungsrisiken vorgestellt werden.

Aufgrund der strategischen Bedeutung von Abhängigkeiten des Herstellers von seinen Zulieferern soll zunächst auf die Analyse und Bewertung von Beziehungsrisiken eingegangen werden (Kapitel 4.2.3.4.1). Die hier vorgestellten Werkzeuge spielen nicht nur im Rahmen der Identifikation und Bewertung unterschiedlicher Beziehungstypen und Formen der Abhängigkeit eine wichtige Rolle, sondern können auch zur Entwicklung von Maßnahmen zur Verminderung von Abhängigkeiten herangezogen werden (siehe Kapitel 4.3.1.2).

Abschließend wird eine grundsätzliche Systematik zur Bewertung und Aggregation von Beschaffungsrisiken beispielhaft vorgestellt (Kapitel 4.2.3.4.2). Hierbei wird eine Anwendungsmöglichkeit des in Kapitel 4.2.3.4.1 eingeführten Portfolios als Grundlage für die Bewertung und Aggregation von Beschaffungsrisiken erörtert. Im Vordergrund stehen der Zusammenhang zwischen den Abhängigkeiten des Unternehmens und den unterschiedlichen Risikoursachen im Beschaffungsbereich sowie die Berücksichtigung dieses Zusammenhangs bei der Risikobewertung und -aggregation.

[1177] Vgl. Trunk, 2002, S. 174.
[1178] Vgl. Brühwiler, 2001, S. 107.
[1179] Vgl. Gietl/Lobinger, 2006, S. 78 f.

4.2.3.4.1 Analyse und Bewertung von Beziehungsrisiken

Wie in Kapitel 3.3.1.6 bereits festgestellt, sind Abhängigkeiten einer jeden Beziehung immanent. Die Frage, ob es sich dabei um kritische Abhängigkeiten handelt, kann nur durch die Ermittlung von Stärke, Richtung und Form dieser Abhängigkeiten beantwortet werden. Da Abhängigkeiten quantitativ nicht zu messen sind, stützt sich ihre Ableitung in erster Linie auf qualitative Aussagen.[1180]

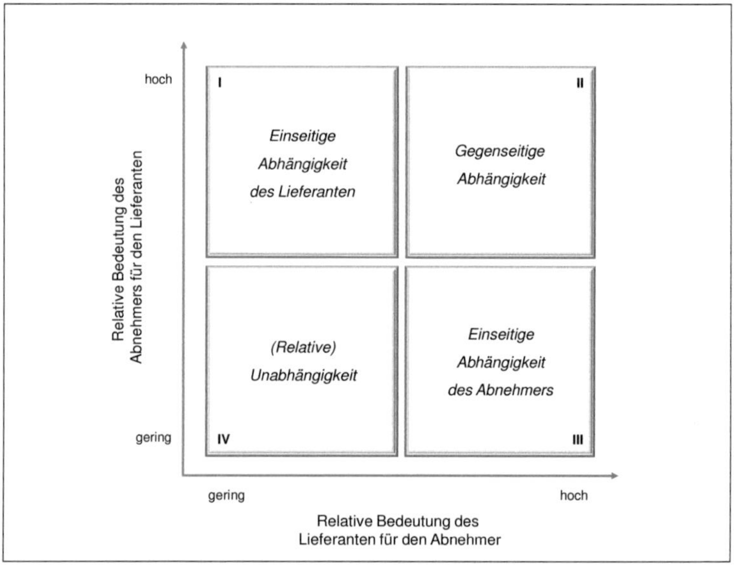

Abb. 4-15: Beziehungsmatrix[1181]

Zur qualitativen Beurteilung von Abhängigkeiten soll im Folgenden die sogenannte **„Beziehungsmatrix"** (siehe Abbildung 4-15) vorgestellt werden.[1182] Mithilfe der Einschätzung der sich gegenseitig beigemessenen Bedeutung (Bedeutungskonstellation) soll die Beziehungsmatrix die Identifikation und Bewertung der Macht- und Abhängigkeitsverhältnisse einer Lieferanten-Abnehmer-Beziehung ermöglichen. Die Beziehungsmatrix stellt ein Instrument dar, mit dessen Hilfe der Abnehmer die Beziehung zwischen ihm und seinen Lieferanten auf Grundlage der beiden Fragen

- „Wie wichtig ist der Lieferant für mich als Abnehmer?" und
- „Wie wichtig bin ich als Abnehmer für den Lieferanten?"

[1180] Vgl. Freiling, 1995, S. 44.
[1181] Quelle: eigene Darstellung.
[1182] Siehe in diesem Zusammenhang auch das in Abbildung 3-15 vorgestellte Portfolio von Kaufmann.

bewertet, um darauf aufbauend strategische Handlungsempfehlungen bzw. Risikomanagement-Maßnahmen zu generieren. Die Bedeutungskonstellation einer Lieferanten-Abnehmer-Beziehung leitet sich somit aus der Bewertung der „relativen Bedeutung des Lieferanten für den Abnehmer" (Abszisse) sowie der „relativen Bedeutung des Abnehmers für den Lieferanten" (Ordinate) ab. Die Anwendung der Matrix kann nicht nur für bestehende, sondern auch zur Beurteilung und zum Vergleich möglicher Beziehungen, z. B. im Rahmen der Lieferantenauswahl[1183], erfolgen.

Folgende Annahmen liegen der Anwendung der Beziehungsmatrix zugrunde:

- Die Art der Beziehung zwischen beiden Akteuren (ausgedrückt durch das vorliegende Macht- bzw. Abhängigkeitsverhältnis) kommt durch die sich gegenseitig beigemessene relative Bedeutung zum Ausdruck.
- Eine hohe relative Bedeutung für ein Unternehmen erlangt ein Geschäftspartner dann, wenn dieser einen wichtigen Beitrag zum Erfolg des Unternehmens leistet und somit die Erreichung der Unternehmensziele bzw. die Sicherstellung von Wettbewerbsvorteilen maßgeblich unterstützt.
- Umso größer die relative Bedeutung eines Akteurs A für einen Akteur B ist, umso größer ist der Einfluss des Akteurs A auf die Geschäftstätigkeit des Akteurs B und damit auch die Macht des A über B. Umgekehrt lässt sich schließen, dass mit steigender relativer Bedeutung des A für B auch die Abhängigkeit des B von A zunimmt.
- Auf Basis der Einschätzung der gegenseitigen relativen Bedeutung sollen Aussagen darüber gemacht werden, ob die Lieferanten-Abnehmer-Beziehung von (relativer) Unabhängigkeit, von einseitiger Abhängigkeit oder von gegenseitiger Abhängigkeit geprägt ist. Aufbauend auf dieser Einschätzung können schließlich kritische Abhängigkeiten identifiziert werden.

Die durch die Beziehungsmatrix jeweils zu bewertende relative Bedeutung des einen Partners aus der Sicht des anderen Partners stellt eine aggregierte Größe dar, die sich aus unterschiedlichen Einflussfaktoren zusammensetzen kann. Wie oben gezeigt, können diese Einflüsse sowohl unternehmensinterner als auch unternehmens-

[1183] Siehe Kapitel 4.2.5.

externer Natur sein. Zur Beurteilung der jeweiligen relativen Bedeutung sollen im Folgenden vier **Bedeutungskategorien** unterschieden werden:[1184]

a) Marktbedingte Bedeutung:
   Abszisse: Bewertung des Beschaffungsmarkts aus Sicht des Abnehmers
   Ordinate: Bewertung des Absatzmarkts aus Sicht des Lieferanten

b) Partnerbedingte Bedeutung:
   Abszisse: Bewertung des Lieferanten aus Sicht des Abnehmers
   Ordinate: Bewertung des Abnehmers aus Sicht des Lieferanten

c) Produktbedingte Bedeutung:
   Abszisse: Bewertung des Beschaffungsprodukts aus Sicht des Abnehmers
   Ordinate: Bewertung des Absatzprodukts aus Sicht des Lieferanten

d) Prozessbedingte Bedeutung:
   Abszisse: Bewertung der Beschaffungsstrategie und des Beschaffungsverhaltens des Abnehmers aus Sicht des Abnehmers
   Ordinate: Bewertung der Vertriebsstrategie und des Verkaufsverhaltens des Lieferanten aus Sicht des Lieferanten

Die Ermittlung der Bedeutungskonstellation einer Beziehung setzt nun die Beurteilung der vier Bedeutungskategorien aus der Sicht beider Akteure voraus.[1185] Einen Überblick über die weitere Strukturierung der Bedeutungskategorien liefert Abbildung 4-16. Aufgrund der vielfältigen Einflussfaktoren auf die gegenseitige Bedeutung ist es hierbei nicht möglich, einen allgemeingültigen Kriterien-Katalog aufzustellen. Es soll daher lediglich versucht werden, eine Liste wichtiger Kriterien zusammenzufassen, die, abhängig vom jeweiligen Einzelfall, gewichtet und entsprechend bewertet werden müssen. Bei den folgenden Ausführungen handelt es sich deshalb um eine pragmatisch orientierte Aufzählung ohne theoretische Begründung und ohne Anspruch auf Vollständigkeit.

[1184] Auf die Bewertung und Aggregation der einzelnen Bedeutungskategorien soll im Rahmen dieser Arbeit nicht weiter eingegangen werden. Grundsätzlich bietet sich auch hier, wie bei der Beurteilung qualitativer Informationen üblich, das Verfahren der Nutzwertanalyse an. Auch wenn die Anwendung dieses Verfahrens nicht unproblematisch ist (z. B. aufgrund der Skalenbildung sowie der Gewichtung der Kriterien, die subjektiven Einflüssen unterliegen), kann diese Methodik dennoch dabei helfen, die Macht- und Abhängigkeitsverhältnisse einer Beziehung transparenter und greifbarer zu gestalten. Vgl. Meffert, 1986, S. 386. Es sei außerdem darauf hingewiesen, dass die Anwendung dieser Bedeutungskategorien zunächst eine Priorisierung der einzelnen Bewertungskriterien bedarf und die Bewertung der jeweiligen Bedeutung sich hierbei auf die, aus Sicht der jeweiligen Beziehung, wesentlichen Kriterien stützen sollte.

[1185] Mögliche Beurteilungskriterien aus Sicht des Abnehmers sowie des Lieferanten vgl. Lindner, 1983, S. 233 f. bzw. Large, 1999, S. 61.

Bedeutungskategorien	**Beurteilung der Bedeutung...**	
	... des Lieferanten aus Sicht des Abnehmers	*... des Abnehmers aus Sicht des Lieferanten*
Markt	Beschaffungsmarkt • Anzahl Marktteilnehmer • Markttransparenz • Angebotsmengen/Nachfragemengen • Nähe zum Endkunden	Absatzmarkt • Anzahl Marktteilnehmer • Markttransparenz • Angebotsmengen/Nachfragemengen
Partner	Lieferant • Lieferantenstruktur, -kompetenz, -image • Spezialisierung des Lieferanten auf Abnehmer • Spezifische Investitionen des Lieferanten • Partnerschaftliches Verhalten des Lieferanten • Kosten eines Lieferantenwechsels für Abnehmer • Unternehmerischer Verflechtungsgrad • Integrationsgrad des Lieferanten im Leistungserstellungsprozess • Exklusivität der gelieferten Leistung • Stellung in der Zuliefererkette	Abnehmer • Abnehmerstruktur (Volumen/Modelle), -kompetenz, -image • Spezialisierung des Abnehmers auf Lieferanten • Spezifische Investitionen des Abnehmers • Partnerschaftliches Verhalten des Abnehmers • Austrittsbarrieren aus der Geschäftsbeziehung • Unternehmerischer Verflechtungsgrad • Preispositionierung • Abnehmer ist gleichzeitig Lieferant von Vorprodukten
Produkt	Beschaffungsprodukt • Produktkomplexität • Produktspezifität • Produktwichtigkeit (bzgl. Endprodukt/Folgeprodukt)	Absatzprodukt • Produktkomplexität • Produktspezifität • Produktwichtigkeit (bzgl. Leistungsspektrum)
(Austausch-) Prozess	Beschaffungs- und Integrationsverhalten • Lieferantenanteil am gesamten Beschaffungsvolumen • Spezialisierung des Abnehmers auf Lieferanten • Spezifische Investitionen des Abnehmers • Beziehungsintensität (z.B. Vertragsdauer) • Möglichkeit der Eigenfertigung • Sourcing-Entscheidungen • Kauftyp • Beschaffungsfrequenz	Verkaufs- und Integrationsverhalten • Umsatzanteil des Abnehmers am Gesamtumsatz • Spezialisierung des Lieferanten auf Abnehmer • Spezifische Investitionen des Lieferanten • Beziehungsintensität (z.B. Kooperationen) • Integrationsgrad des Lieferanten im Leistungserstellungsprozess • Exklusivität der gelieferten Leistung

Abb. 4-16: Bedeutungskategorien – Übersicht[1186]

[1186] Quelle: eigene Darstellung. Vgl. hierzu auch die Aussagen von Porter, 1990, S. 61 f. und S. 175. Die Bedingungen, die den Lieferanten Macht verleihen, sind meist die Spiegelbilder jener Bedingungen, die die Macht von Abnehmern begründen. Vgl. außerdem Wildemann, 2004, S. 148.

Am Beispiel der Dimension der „relativen Bedeutung des Lieferanten für den Abnehmer“ seien die in Abbildung 4-16 aufgezeigten Bedeutungskategorien kurz vorgestellt.

Zu a) Marktbedingte Bedeutung

Bei der Beurteilung der relativen Bedeutung des Lieferanten auf Basis des zugrunde liegenden Beschaffungsmarkts können die Beurteilungsklassen „Anzahl der Marktteilnehmer“, „Markttransparenz“, „Verteilung von Angebots- und Nachfragemengen“ sowie „Nähe zum Endkunden“ berücksichtigt werden.[1187]

- Konzentrationstendenzen auf den Angebotsmärkten führen zur Abnahme der Anzahl der potenziellen Lieferanten und damit zu einer Einschränkung des Marktwettbewerbs. Die zunehmende Konsolidierung des Beschaffungsmarkts in Bezug auf das angebotene Leistungsspektrum bedeutet somit auch eine Zunahme der relativen Bedeutung des existierenden Lieferanten für den Abnehmer.[1188]
- Neben der Anzahl der Marktteilnehmer kann die mangelnde Markttransparenz eine Rolle bei der Beurteilung der Lieferanten-Abnehmer-Beziehung spielen. Ist die Unsicherheit bezüglich Anzahl und Qualität alternativer Beschaffungsquellen groß, steigt die Bedeutung der bestehenden Beziehung und die Neigung, sich aneinander zu binden.
- Auch das Verhältnis zwischen angebotenen und nachgefragten Mengen kann sich auf die Einschätzung der Lieferbeziehung auswirken. Je stärker der Beschaffungsmarkt für das relevante Produkt von Knappheit geprägt ist, desto stärker ist die Position des Lieferanten in der bestehenden oder möglichen Beziehung.
- Schließlich wird auf die Nähe des Lieferanten zum Endkunden als Einflussgröße auf die Marktbedeutung des Zulieferers aus Sicht des Herstellers hingewiesen. Einigen Zuliefern ist es mittlerweile gelungen eine starke Markenidentität aufzubauen, über die sie stärkeren Einfluss auf die entsprechenden Endmärkte nehmen können. Je enger sich dabei die Bindung zwischen Endkunden und Liefe-

[1187] Vgl. Freiling, 1995, S. 49 ff.

[1188] Vgl. Müller, 2004, S. 27 ff. und 32 ff. Teilweise engen auch aber interne Vorgaben den Spielraum der Beschaffung derart ein, dass nur wenige potenzielle Lieferanten zur Auswahl stehen. Vgl. Lindner, 1983, S. 54.

ranten darstellt, desto größer ist in der Regel auch die Bedeutung des Zulieferers für den Automobilhersteller.[1189]

Zu b) Partnerbedingte Bedeutung

Auch die partnerbedingte Bedeutung des Lieferanten für den Abnehmer ist durch unterschiedliche Einflussfaktoren geprägt.

- Der Einfluss der Lieferantenstruktur auf die Einschätzung der Bedeutung des Lieferanten soll am Beispiel seiner Betriebsgröße verdeutlicht werden. Vor dem Hintergrund der wachsenden Anforderungen an die Zulieferindustrie nimmt ein Lieferant innerhalb einer Geschäftsbeziehung dann eine bedeutende Stellung ein, wenn dieser aufgrund seiner bestehenden Kapazitäten heute und zukünftig in der Lage ist, zunehmende Verantwortung in den Bereichen Entwicklung und Produktion zu übernehmen.
- Bei der Beurteilung der Bedeutung des Lieferanten spielt natürlich auch die Kompetenz des Lieferanten eine entscheidende Rolle. Verfügt der Lieferant über einen Vorsprung hinsichtlich seiner Innovationskraft, seines Entwicklungs- und Produktions-Know-hows oder seiner Projektmanagementkompetenzen nicht nur gegenüber seinen Konkurrenten (Bewertung der Marktstellung), sondern auch gegenüber dem Abnehmer selbst, wird die Bedeutung des Lieferanten aus Sicht des Abnehmers stark zunehmen. Neben dem Know-how des Lieferanten sollen auch der Integrationsgrad sowie die spezifischen Erfahrungen des Lieferanten mit dem abnehmenden Unternehmen zur Bewertung der Lieferantenkompetenz herangezogen werden. Hierbei spielen sicherlich auch Verbundenheit sowie Identifikation des Zulieferers mit dem Abnehmerunternehmen eine wichtige Rolle.
- Auch das Image eines Lieferanten kann auf das Produkt des Abnehmers ausstrahlen und damit entscheidenden Einfluss auf die Beurteilung seiner Bedeutung haben.[1190]
- Das Lieferantenverhalten drückt den Grad der Bindung und der Verpflichtung des Lieferanten zur Geschäftsbeziehung aus und kann wesentlich zur Aufwertung seiner Bedeutung beitragen. Darunter fallen beispielsweise die Durchführung

---

[1189] Vgl. Freiling, 1995, S. 53.

[1190] Siehe Kapitel 3. Auch innerhalb der Automobilzulieferindustrie werben die Lieferanten zunehmend für ihre Produkte um die Gunst des Endkunden. Vgl. auch Arnolds/Heege/Tussing, 1996, S. 134.

spezifischer Investitionen auf Lieferantenseite,[1191] die Exklusivität der an den Kunden gelieferten Leistungen oder die Offenheit und Vertrautheit der Informationsweitergabe und Kommunikation mit dem Abnehmer.[1192] Kapitalbeteiligungen besitzen dabei den gleichen Effekt wie gegenseitige Spezialisierungen. Sie führen somit ebenfalls zur gegenseitigen Ausrichtung der Marktpartner aufeinander. Auch die Flexibilität eines Lieferanten in Bezug auf ungeplante bzw. kurzfristige Lieferungen sowie die Bereitschaft zur schnellen Umsetzung geänderter Anforderungen trägt wesentlich zur erhöhten Einschätzung seiner Bedeutung bei.[1193]

- Schließlich sind im Rahmen der partnerbedingten Bedeutung auch die eigenen Austrittsbarrieren zu beurteilen. Je höher die Kosten eines Lieferantenwechsels für den Abnehmer sind, desto stärker ist er an den bestehenden Lieferanten gebunden und desto höher ist dessen Bedeutung für das abnehmende Unternehmen.

Zu c) Produktbedingte Bedeutung

Da der Austausch von Produkten oder Serviceleistungen[1194] im Mittelpunkt von Lieferanten-Abnehmer-Beziehungen steht, sollte die Bedeutung des Lieferanten auch aus den Eigenschaften der Beschaffungsgüter und deren Einfluss auf die Absatzprodukte des Abnehmers abgeleitet werden.[1195] Als wesentliche Einflussgrößen sind hier vor allem die Produktkomplexität, die Produktspezifität und die Produktwichtigkeit hervorzuheben.[1196]

[1191] Siehe hierzu die Ausführungen des Kapitels 2.3.4.2. Williamson weist darauf hin, dass mit den spezifischen Investitionen eines Akteurs A die Beziehung auch für den anderen Akteur B an Bedeutung gewinnt, verbunden mit einem Anstieg seiner Abhängigkeit. Die beiderseitige Abhängigkeit wird durch spezifische Investitionen allerdings nur dann erhöht, wenn diese Investitionen für Akteur B auch von Bedeutung sind und entsprechenden Nutzen, z. B. Kostenvorteile stiften. Ansonsten vergrößert sich nur die Abhängigkeit des A. Vgl. Williamson, 1991 (Comparative), S. 281 f.

[1192] Gemäß Bensaou und Venkatraman bestimmen die Spezifität der Wirtschaftsgüter von fokaler Organisation und Partnerorganisation sowie das gegenseitige Vertrauen der Parteien zueinander wesentlich den Grad der Partnerschaftsunsicherheit. Vgl. Bensaou/Venkatraman, 1995, S. 1.474 f. Siehe hierzu auch Kapitel 3.2.2.

[1193] Vgl. Large, 1999, S. 211 f. Flexibilität beschreibt damit ein Maß für die Anpassungsfähigkeit und die Beweglichkeit des Lieferanten im Verhalten.

[1194] Im weiteren Verlauf wird nur von Produkten gesprochen. Unter diesem Begriff sei jedoch auch der Service subsumiert.

[1195] Vgl. Schildbach, 1985, S. 31, Werner, 1997, S. 68, Freiling, 1995, S. 60.

[1196] Bieber/Sauer kommen zum Schluss, dass „an der Spitze der Lieferanten-Pyramide die Beziehung zu den Abnehmern mehr durch Autonomie und „Vertrauen" geprägt, während die Basis der Pyramide eher durch direkte Kontrolle und Beherrschung an ihre jeweiligen Abnehmer angebunden ist." Bieber/Sauer, 1991, S. 251. So bekommen vor allem Teile- und Komponentenlieferanten die Machtposition der Automobilproduzenten zu spüren, Modul- und Systemlieferanten weisen dage-

- Werner umschreibt den Begriff der Produktkomplexität als „die Zahl der im Produkt inkorporierten Teile und/oder Technologien (Produktdiversität), deren Unterschiedlichkeit (Produktheterogenität) und der Interdependenzen zwischen diesen Teilen/Technologien".[1197] Die dadurch bedingten Zunahmen der Erklärungsbedürftigkeit sowie der Komplexität der Durchführung des Austauschprozesses führen zu einer Vertiefung der Beziehung und damit zu einer steigenden Bedeutung des Lieferanten für den Abnehmer.[1198]

- Der Einfluss der Produktspezifität auf die Bedeutung des Lieferanten begründet sich im Aufbau von Austrittsbarrieren des Abnehmers aus der Beziehung. Diese entstehen dadurch, dass die Kosten eines Lieferantenwechsels bei spezifischen Produkten höher sind, als bei Produkten mit hohem Standardisierungsniveau.[1199] Wagner führt diesen Zusammenhang auf die bei hoher Produktspezifität notwendigen spezifischen Investitionen zurück.[1200]

- Schließlich ist auch Wichtigkeit des vom Lieferanten bezogenen Produkts eine wesentliche Einflussgröße bei der Einschätzung des Lieferanten. Die Wichtigkeit eines Produkts kann zum einen am Wert,[1201] zum anderen an seiner Bedeutung für den Fortgang des Produktionsprozesses bzw. für das Endprodukt sowie am Beitrag des Produkts für die Erreichung wichtiger Unternehmensziele festgemacht werden.[1202] Je wichtiger das Produkt, desto bedeutender ist der Inhaber dieser Ressource für das abnehmende Unternehmen.

Zu d) Prozessbedingte Bedeutung

Auch das Beschaffungs- und Integrationsverhalten des Abnehmers kann wesentlich zur Intensität der Beziehung und damit zur Steigerung der Bedeutung des Lieferanten aus Sicht des Abnehmers beitragen. Im Folgenden sollen einige Beispiele möglicher Einflussfaktoren aufgeführt werden.

---

gen eine bedeutend stärkere Verhandlungsposition auf. Die Aussage bestätigt auch eine empirische Studie von Wolters, der den Stand der Modul- und Systembeschaffung von allen europäischen Automobilherstellern untersucht. Die Beziehungen zu Modul- bzw. Systemlieferanten werden von den Produzenten in der Regel als partnerschaftlich, vertrauensvoll und kooperativ beschrieben. Vgl. Wolters, 1995, S. 64 ff.

[1197] Werner, 1997, S. 71. Campbell unterscheidet sechs Arten von Produktkomplexität: functional complexity, manufacturing complexity, specification complexity, application complexity, commercial complexity und political complexity. Vgl. Campbell, 1985, S. 40.

[1198] Vgl. Werner, 1997, S. 71.

[1199] Vgl. Campbell, 1985, S. 38 ff.

[1200] Vgl. Wagner, 2001, S. 119, Weigand, 1998, S. 131 f., Heimbrock, 2001, S. 228.

[1201] Vgl. Backhaus, 1992, S. 77 f.

[1202] Vgl. Werner, 1997, S. 69, Iyer, 1996, S. 81.

- Wird im Rahmen der Lieferantenauswahl eine Single-Sourcing-Entscheidung getroffen, erlangt der Lieferant aufgrund der exklusiven Verantwortung für die Versorgung eines Lieferumfanges einen hohen Stellenwert im Lieferantenportfolio des Abnehmers. Fehlt dem Abnehmer für diesen Lieferumfang darüber hinaus die Möglichkeit der Eigenfertigung – handelt es sich also um eine obligatorische Buy-Entscheidung – steigt die Bedeutung des Lieferanten entsprechend.[1203]

- Auch der von Robinson/Faris/Wind vorgeschlagene Kauftyp hat Einfluss auf die Bedeutung des Beschaffungsvorganges und damit auf die Beziehung zum Lieferanten.[1204] Im Rahmen des Buygrid-Modells unterscheiden die Autoren die Kauftypen Neukauf, modifizierter Wiederkauf und reiner Wiederkauf. Da es sich beim Neukauf um ein neues, vorher nicht gegebenes Problem handelt, bei dem die Erfahrungen gering und die Unsicherheit hoch ist, sind diese Beschaffungsvorgänge bedeutender einzuschätzen als Beschaffungssituationen, bei denen Wiederholungskäufe auf hoher Routinebasis getätigt werden.[1205]

- Die vertragliche Festlegung der Beziehungsdauer, die Gründung von Kooperationen sowie die Durchführung spezifischer Investitionen beim Lieferanten vonseiten des Abnehmers stellen für den Abnehmer Austrittsbarrieren dar, welche die Wichtigkeit des Lieferanten unterstreichen.[1206]

- Über die einzelnen Produktentscheidungen hinaus haben Lieferanten innerhalb des gesamten Abnehmerkonzerns eine entscheidende Position inne, wenn sie einen hohen Anteil am gesamten Beschaffungsvolumen besitzen[1207] und die Anzahl der belieferten Fahrzeugmodelle und Werke überdurchschnittlich groß ist.

- Schließlich sei auch die Beschaffungsfrequenz als Einflussfaktor für die Bewertung der Bedeutung aufgeführt. Je häufiger die Kontakte innerhalb einer Liefe-

---

1203 Vgl. Freiling, 1995, S. 57, Weigand, 1998, S. 131 f. Einen ähnlichen Fall stellt die Entscheidung zum ausschließlichen Buy aus wirtschaftlichen Gründen dar. Hierbei ist es dem OEM technisch möglich, die Verbrauchsfaktoren auch selbst zu erstellen, doch ist eine Leistungserstellung erheblich unwirtschaftlicher als die des Zulieferers. In diesem Fall wird der Montagebetrieb genauso vorgehen wie beim o. g. Fall, doch ist seine Verhandlungsposition insofern besser, als er als letztes Druckmittel die Eigenfertigung besitzt.

1204 Vgl. Robinson/Faris/Wind, 1967, S. 119–212.

1205 Mit zunehmender Komplexität der Entscheidungssituation nimmt das damit verbundene Entscheidungsrisiko zu. „Komplexität und Risiko einer Beschaffungssituation stehen folglich in einem komplementären Verhältnis." Baaken, 1993, S. 14.

1206 Vgl. Reeg, 1998, S. 88 ff., Wagner, 2001, S. 122 ff., Freiling, 1995, S. 56 ff., Werner, 1997, S. 56 ff., Arnolds/Heege/Tussing, 196, S. 134.

1207 Vgl. Freiling, 1995, S. 65.

ranten-Abnehmer-Beziehung sind, desto enger wird das Beziehungsgeflecht. Dementsprechend steigt die Bedeutung der Beziehung für den Abnehmer.[1208]

In Bezug auf das Verhältnis zwischen Austauschprozess und Bedeutung der Beziehung kann festgestellt werden, dass es hierbei durchaus Wechselbeziehungen gibt. Freiling weist beispielsweise darauf hin, dass sowohl Austauschatmosphäre als auch Austauschprozess bereits Aufschluss darüber geben können, wie hoch die gegenseitige Wertschätzung ist und ob eventuell vorhandene Machtpositionen innerhalb der Lieferanten-Abnehmer-Beziehung existieren bzw. ausgenutzt werden.[1209] So ist das jeweilige Beschaffungsverhalten des Abnehmers genauso von der Bedeutung des Lieferanten geprägt, wie umgekehrt die spätere Einschätzung der Bedeutung des Lieferanten vom Beschaffungsverhalten des Abnehmers abhängt. Dieser wechselseitige Zusammenhang ist in der nachfolgenden Abbildung 4-17 dargestellt.

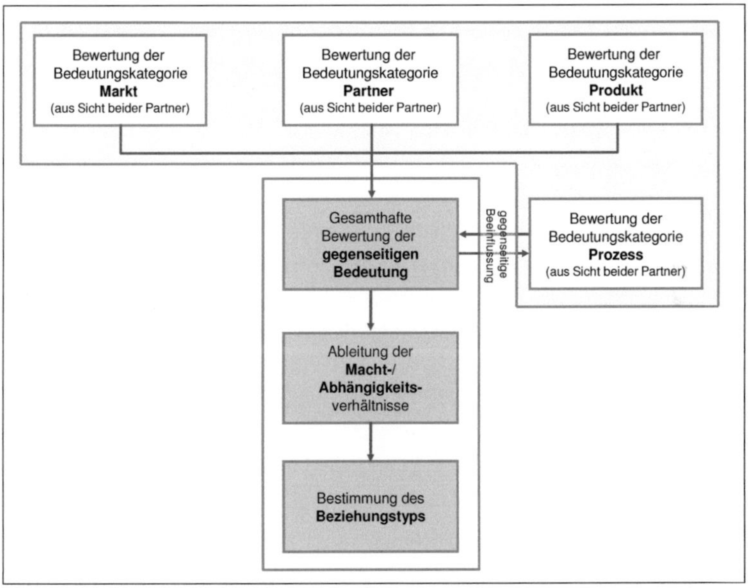

Abb. 4-17: Bedeutungskategorien – Zusammenhang[1210]

Mithilfe der entwickelten Beziehungsmatrix lassen sich die Abhängigkeits- bzw. Machtverhältnisse innerhalb einer Lieferanten-Abnehmer-Beziehung zusammenfas-

[1208] Vgl. Werner, 1997, S. 72.
[1209] Vgl. Freiling, 1995, S. 67.
[1210] Quelle: eigene Darstellung.

sen (Abbildung 4-18). Quadrant I weist auf eine einseitige Abhängigkeit des Lieferanten hin. Während aus Sicht des Lieferanten die Geschäftsbeziehung mit dem Abnehmer als bedeutend erachtet wird, fällt das Interesse des Abnehmers an dieser Beziehung eher gering aus. Entsprechend sind auch die Machtverhältnisse zugunsten des Abnehmers verteilt. Quadrant III zeigt den umgekehrten Fall und beschreibt die einseitige Abhängigkeit des Abnehmers von seinem Lieferanten. Die Bedeutungskonstellationen der beiden Quadranten II und IV stellen schließlich eine Situation dar, in der die Abhängigkeitsverhältnisse beider Geschäftspartner ausgewogen sind. Während sich in Quadrant II beide Partner eine jeweils hohe Bedeutung beimessen und man hier auf eine hohe Abhängigkeit beider Parteien voneinander schließen kann, beschreibt Quadrant IV eine Beziehung, die für beide Parteien von eher untergeordnetem Interesse ist. Entsprechend kann hierbei auch von der relativen Unabhängigkeit beider Parteien gesprochen werden.

Im Gegensatz zu den beiden Bedeutungskonstellation der Quadranten I und III, in denen asymmetrische Beziehungen vorliegen, sind in den Quadranten II und IV symmetrische Beziehungen abgebildet.[1211] Diese beiden Bedeutungskonstellationen stehen für die in Kapitel 3.2.2 bereits beschriebenen Extrempositionen einer Lieferanten-Abnehmer-Beziehung „Partnerschaft" und „Opportunismus". Beide Beziehungstypen gründen dabei in entscheidendem Maße auf einem ausgeglichenen Machtniveau. Während bei Partnerschaftsbeziehungen in der Regel gegenseitige Abhängigkeiten und somit eine Gleichverteilung von Macht zwischen beiden Partnern vorliegt,[1212] werden opportunistische Beziehungen dann angestrebt, wenn beide Parteien weitestgehend unabhängig und damit nicht vom Machtpotenzial des anderen tangiert sind. Je höher die Bedeutung eines Akteurs A für Akteur B ist, desto eher ist Akteur B bereit, in die Beziehung zu investieren und partnerschaftliche Verhältnisse zu schaffen. Voraussetzung für eine echte Partnerschaft ist allerdings, dass beide Parteien sich gegenseitig hohe Wertschätzung entgegenbringen und das Machtverhältnis zwischen beiden Parteien ausgewogen ist.[1213] Beide Unternehmen streben eine intensive Zusammenarbeit an, die durch gegenseitiges Vertrauen gekennzeichnet ist.[1214]

[1211] Vgl. Kapitel 3.2.2.

[1212] Blenkhorn/MacKenzie gehen davon aus, dass gegenseitige Abhängigkeiten auf zumindest mittlerem Niveau Voraussetzung für das Entstehen kooperativer Geschäftsbeziehungen sind. Vgl. Blenkhorn/MacKenzie, 1994, S. 3 f.

[1213] Die Eintrittsbarrieren in eine partnerschaftliche Beziehung sind in der Praxis oft höher. Zu den Chancen und Risiken von Partnerschaften vgl. Krampf, 2000, S. 51 ff.

[1214] Vgl. Boutellier/Corsten, o. J., S. 39. Werner weist zudem darauf hin, dass sich der Vertrauende automatisch in eine Risikoposition begibt, da er sich abhängig vom Verhalten oder der Information eines anderen macht. Normalerweise wird ein derartiges Vertrauensverhalten nur dann in Kauf

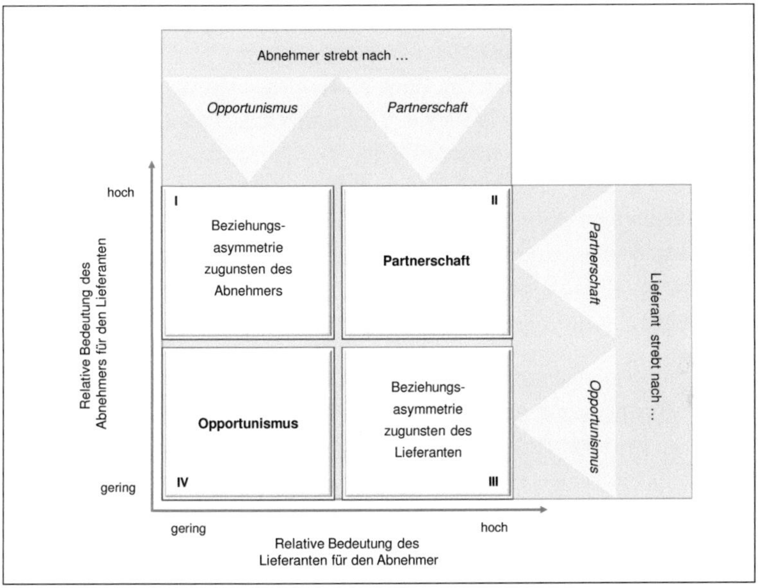

Abb. 4-18: Beziehungstyp „Partnerschaft" und „Opportunismus"[1215]

Die oben genannten Ausführungen beziehen sich zunächst nur auf Abhängigkeiten, die durch die **Leistungsbereitschaft** bzw. das **Wohlverhalten** des Lieferanten ausgelöst werden.

Gemäß den Ausführungen in Kapitel 3.3.1.6 ist diese Form der Abhängigkeit von der Abhängigkeit vom **Wohlergehen** bzw. von der **Leistungsfähigkeit** des Lieferanten zu unterscheiden. Auch hierfür liefert die Beziehungsmatrix Anhaltspunkte.

Die Abhängigkeit von der Leistungsfähigkeit bzw. dem Wohlergehen des Lieferanten ist für den Abnehmer dann hoch, wenn der Lieferant eine bedeutende Stellung im Netzwerk des Abnehmers einnimmt (Quadranten II und III). In diesem Zusammenhang sei auf die Ursachenkategorie „Lieferantenrisiken" in Kapitel 3.3.2.1 verwiesen. Hier wird gezeigt, dass die Leistungsfähigkeit des Lieferanten von unterschiedlichsten Faktoren negativ beeinflusst werden kann. Eine Gefährdung des Wohlergehens des Lieferanten stellt auch eine Gefährdung des Abnehmers dar. Abhängigkeiten des

genommen, wenn der potenzielle Nutzen der risikobehafteten Situation subjektiv größer zu sein scheint als das erkennbare Risiko. In einer Beziehung, von der beide Parteien einen hohen Nutzen erwarten, ist dieses Risiko entsprechend geringer. Vgl. Werner, 1997, S. 87.

1215 Quelle: eigene Darstellung.

Lieferanten von Dritten führen somit auch indirekt zu Abhängigkeiten des Abnehmers. Aus der Sicht der Abhängigkeit vom Wohlergehen des Lieferanten stellt Quadrant I einen besonderen Fall dar, der im Rahmen von Risikomanagement-Aktivitäten berücksichtigt werden sollte. Wie in Kapitel 3.3.1.6 bereits erwähnt, handelt es sich dabei vor allem um mögliche Einschränkungen der Entscheidungsfreiheit bei der Auswahl oder der Entlassung von Lieferanten.[1216] Da schließlich jede Lieferanten-Abnehmer-Beziehung ein gewisses Maß an Abhängigkeit besitzt, darf auch die Beziehungskonstellation des Quadranten IV nicht gänzlich vernachlässigt werden. Auch hier sind im Rahmen eines Risikomanagements entsprechende Anpassungsmaßnahmen erforderlich.

Zusammenfassend wird festgestellt, dass mit der Zunahme der Bedeutung des Lieferanten für den Abnehmer die Abhängigkeit des Abnehmers vom Wohlergehen des Lieferanten steigt. Umgekehrt nimmt die Abhängigkeit des Abnehmers vom Wohlverhalten des Lieferanten zu, je geringer die Bedeutung des Abnehmers für den Lieferanten ist. Entsprechend zielen Risikomanagement-Maßnahmen deshalb darauf ab, je nach Form der Abhängigkeit entweder die eigene Bedeutung für den Lieferanten zu erhöhen oder die Bedeutung des Lieferanten für das eigene Unternehmen zu reduzieren.[1217]

Die Beziehungsmatrix kann entweder je Lieferant oder je Liefer- und Leistungsbeziehung zu einem Lieferanten angewendet werden. Im ersten Fall erfolgt die Bewertung der Lieferanten-Abnehmer-Beziehung in Bezug auf die Gesamtheit des vom Lieferanten bezogenen Leistungsspektrums. Im zweiten Fall wird jede einzelne Liefer- und Leistungsbeziehung eines Abnehmers zu einem Lieferanten separat betrachtet. Diese Evaluierung ist vor allem bei Zulieferern zu empfehlen, von denen der Abnehmer eine größere Bandbreite von Komponenten, Modulen oder Systemen bezieht oder bei Zulieferern, die unter Umständen unterschiedliche Geschäftsmodelle verfolgen (und damit in unterschiedlicher Weise an das zu beliefernde Unternehmen angebunden sind).

Da die meisten Produktgruppen für verschiedene Baureihen beschafft werden, könnte die Bewertung der einzelnen Lieferbeziehungen sogar weiter differenziert und in Bezug auf unterschiedliche Fahrzeugprojekte durchgeführt werden.

[1216] Vgl. Large, 1999, S. 277. Large führt als Hemmnisse einer Lieferantenentlassung moralische Verpflichtungen, das Risiko eines Imageschadens bzw. des Vertrauensverlustes auf dem Beschaffungsmarkt sowie soziale und politische Verpflichtungen für eine Region aufgrund von Zusicherungen der Unternehmensleitung auf.

[1217] Siehe hierzu Kapitel 4.3.1.2.1.

Die Darstellung der einzelnen Liefer- und Leistungsbeziehungen zwischen Abnehmer und Zulieferer ermöglicht es, einen differenzierteren Eindruck von der Beziehung zwischen beiden Unternehmen zu bekommen. Hierbei kann sich durchaus ein heterogenes Bild ergeben. So ist es beispielsweise denkbar, dass einzelne Liefer- und Leistungsbeziehungen Bedeutungskonstellationen aufweisen, die unterschiedliche bzw. gegensätzliche Macht- und Abhängigkeitsverhältnisse zwischen dem Abnehmer und dem Lieferanten repräsentieren. Aufbauend auf den Einzelanalysen, die von den jeweils zuständigen Einkaufsabteilungen durchzuführen sind, sollte abschließend versucht werden, ein umfassendes Bild einer Lieferanten-Abnehmer-Beziehung bzw. aller Lieferanten-Abnehmer-Beziehungen zu entwickeln.[1218] Diese Analyse sollte von einer zentralen Risikomanagement-Funktion erfolgen. Sie ermöglicht die Vergleichbarkeit des Beziehungsgeflechts auf Beschaffungsseite, auf deren Basis sich Ansatzpunkte zur Ableitung von Risikomanagement-Maßnahmen, z. B. durch Risikoausgleich, ergeben.[1219] Da es sich bei Abhängigkeit und Macht um dynamische Größen handelt, die sich mitunter rasch verändern können, sollten gegebene Abhängigkeitspositionen immer als Momentaufnahme verstanden werden, deren Fortbestand ungewiss ist. Entsprechend sind Lieferanten-Abnehmer-Beziehungen regelmäßig zu prüfen.

4.2.3.4.2 Aggregation von Beschaffungsrisiken (aufgezeigt an einem Beispiel)

Ziel des Kapitels ist es, das Grundprinzip der Aggregation von Beschaffungsrisiken vereinfacht anhand eines Beispiels aufzuzeigen. Im Vordergrund stehen hierbei die Zusammenhänge zwischen unterschiedlichen Risikoklassen und die entsprechende Berücksichtigung dieser Zusammenhänge bei der Risikobewertung und -aggregation.

Die Identifizierung und Bewertung der Abhängigkeiten des Unternehmens von Lieferanten innerhalb der Verantwortung des Einkaufsbereichs EK (bestehend aus den fünf Abteilungen EK-1 bis EK-5) soll in Abbildung 4-19 verdeutlicht werden. Grundlage hierfür ist die im vorherigen Kapitel vorgestellte Beziehungsmatrix.

1218 Die Schwierigkeit bei der Zusammenführung von Einzelbewertungen zu einer Gesamtbewertung resultiert dabei im Wesentlichen aus der Gewichtung der einzelnen Beziehungen.

1219 Hermann weist darauf hin, dass, „bezogen auf eine bestimmte Ressource, eine einseitige Abhängigkeit des Unternehmens A von B durch eine andere Ressourcenaustauschbeziehung von A und B, die asymmetrisch zugunsten von A ist, ausgeglichen werden“ kann. Hermann, 1996, S. 97.

	Lieferantenbasis der Abteilung EK-1					
	A	**B**	**C**	**D**	**E**	**F**
Relative Bedeutung des Abnehmers für den Lieferanten (gemäß folg. Kriterien):						
- Markt	0	3	2	4	1	0
- Partner	0,5	3,5	3	3,5	2	0
- Produkt	1	4	4	2,5	1	0
- Prozess	1	4	2	1,5	2	1
Bewertung (Ordinate)	**0,6**	**3,6**	**2,8**	**2,9**	**1,5**	**0,3**
Relative Bedeutung des Lieferanten für den Abnehmer (gemäß folg. Kriterien):						
- Markt	0	4	3	0	4	4
- Partner	0,5	3	4	0,5	4	4
- Produkt	1	2	2	2	2	3
- Prozess	0	4	2	0	3	4
Bewertung (Abszisse)	**0,4**	**3,2**	**2,8**	**0,6**	**3,3**	**3,8**

Bewertung der Lieferanten-Abnehmer-Beziehungen innerhalb der Abteilung EK-1

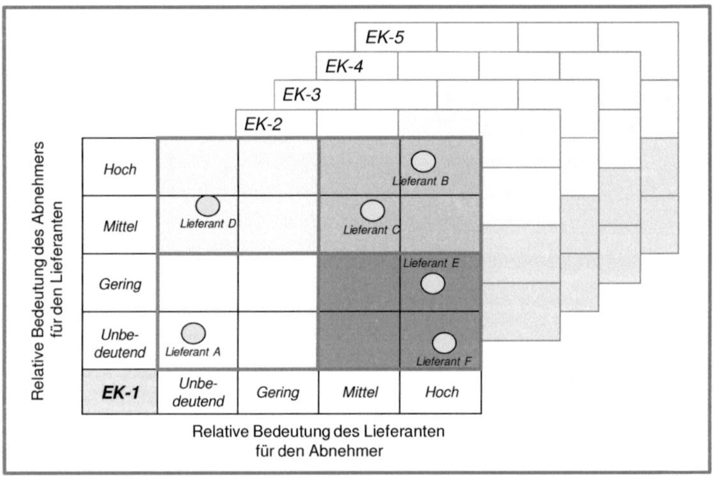

Bedeutungskategorien

0,0 – 1,0 = unbedeutend
1,1 – 2,0 = gering
2,1 – 3,0 = mittel
3,1 – 4,0 = hoch

Abb. 4-19: Bewertung der Lieferantenbeziehungen der Einkaufsabteilungen EK-1 bis EK-5[1220]

Abbildung 4-19 beschreibt beispielhaft die Untersuchung der Lieferanten-Abnehmer-Beziehung der Abteilung EK-1. Zunächst wird die relative Bedeutung des Lieferanten

[1220] Quelle: eigene Darstellung.

für den Abnehmer und umgekehrt die relative Bedeutung des Abnehmers für den Lieferanten auf Basis der vier Bedeutungskategorien Markt, Partner, Produkt und Prozess analysiert. Im vorliegenden Beispiel betreut die Abteilung EK-1 sechs Lieferanten (A–F), für welche die jeweilige Bedeutungskonstellation zu ermitteln ist.[1221] Die Bedeutungskonstellation eines jeden Lieferanten lässt sich schließlich mithilfe der Beziehungsmatrix grafisch veranschaulichen. Die Einschätzung der Bedeutung des Abnehmers für den jeweiligen Lieferanten stellt dabei den Ordinatenwert, die Bedeutung des jeweiligen Lieferanten für den Abnehmer den entsprechenden Abszissenwert dar.

Dieser Prozess ist innerhalb der restlichen Abteilungen auf Basis der jeweils vorliegenden Lieferanten-Abnehmer-Beziehungen zu wiederholen.

Nach Abschluss der abteilungsspezifischen Untersuchungen soll im nächsten Schritt die jeweilige Lieferanten-Abnehmer-Beziehung für den gesamten Einkaufsbereich EK ermittelt und analysiert werden (siehe Abbildung 4-20). Abhängig vom jeweiligen Beschaffungsobjekt werden in der Regel gleiche Lieferanten von unterschiedlichen Organisationseinheiten betreut. Dementsprechend können je Beschaffungsumfang bzw. Abteilung unterschiedliche Beziehungstypen zwischen dem Abnehmer und dem Lieferanten existieren. Abbildung 4-20 versucht, ein übergreifendes Gesamtbild der Beziehung zwischen dem jeweiligen Lieferanten und dem Abnehmer zu entwickeln (also unabhängig vom jeweiligen Beschaffungsumfang).

In diesem Zusammenhang sei zunächst auf die Legende der Abbildung 4-20 verwiesen. Die unterschiedlichen Beziehungstypen und damit die unterschiedlichen Formen der Abhängigkeit werden durch entsprechende Symbole gekennzeichnet.

[1221] Zur Vereinfachung der vorliegenden Darstellung wurden die vier Bedeutungskriterien nicht weiter detailliert. Außerdem wurde keine Gewichtung zwischen den vier Merkmalen vorgenommen.

	Abteilungen innerhalb EK					
	EK-1	EK-2	EK-3	EK-4	EK-5	**EK**
Lieferant A	o					**o**
Lieferant B	(+)	+	(++)		+	**(++)**
Lieferant C	+	o	+	+	+	**+**
Lieferant D	- -	o		o	o	**o**
Lieferant E	(++)	(- -)				**(+)**
Lieferant F	++			+	++	**++**
Lieferant G		o	- -	- -		**- -**
Lieferant H		o	+	+		**+**

Ermittlung von Abhängigkeiten innerhalb des Einkaufsbereichs EK

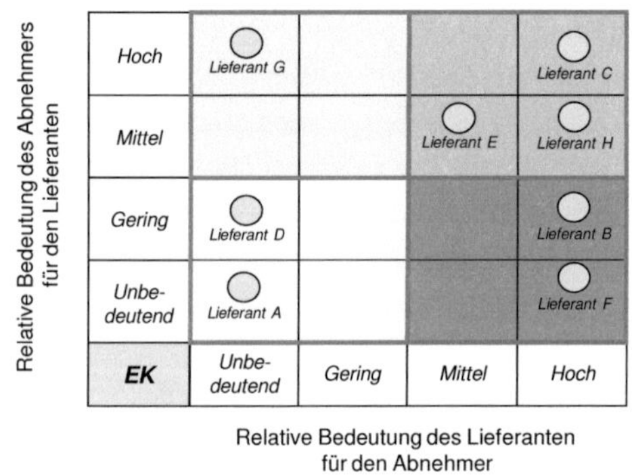

Formen der Abhängigkeit

--	+
o	++

-- = Einseitige Abhängigkeit des Lieferanten
o = Relative Unabhängigkeit zwischen beiden Parteien
+ = Gegenseitige Abhängigkeit beider Parteien
++ = Einseitige Abhängigkeit des Automobilherstellers

Abb. 4-20: Bewertung der Lieferantenbeziehungen innerhalb des Einkaufsbereichs EK[1222]

Am Beispiel der Lieferanten-Abnehmer-Beziehungen der Abteilung EK-1 (vgl. hier auch noch einmal die Beziehungsmatrix in der vorherigen Abbildung) ergeben sich

[1222] Quelle: eigene Darstellung.

beispielsweise zwei kritische, da einseitige Abhängigkeiten zu den Lieferanten E und F. Mithilfe der in Abbildung 4-20 vorgestellten Tabelle lässt sich nun ein Gesamtbild der Beziehungen zu den unterschiedlichen Lieferanten ermitteln. Hierbei können sowohl kompensatorische (siehe Lieferant E) als auch sich verstärkende Effekte (siehe Lieferant B) auftreten. Trotz der einseitigen Abhängigkeit vom Lieferanten E aus Sicht der Abteilung EK-1 stellt das Gesamtbild der Beziehung ein eher ausgeglichenes Macht- und damit Abhängigkeitsverhältnis dar (aufgrund der Beziehungen der Abteilung EK-2 zu diesem Lieferanten). Umgekehrt wird das ausgewogene Verhältnis zum Lieferanten B (aus Sicht der Abteilung EK-1) aus der Perspektive des Gesamteinkaufs EK eher kritisch gesehen (aufgrund der einseitigen Abhängigkeiten beim Bezug von Beschaffungsobjekten der Abteilung EK-3). Das Ergebnis der Lieferanten-Abnehmer-Beziehungen des Einkaufsbereichs EK wird anhand der Beziehungsmatrix in Abbildung 4-20 vorgestellt.

Die Erkenntnis über die Beziehungsgeflechte des Unternehmens zu seiner Lieferantenbasis liefert im nächsten Prozessschritt Ansatzpunkte zur Bewältigung des Abhängigkeitsrisikos. Im Falle eines Kompensationseffekts (z. B. bei Lieferant E) kann aufgrund der Möglichkeit eines Risikoausgleichs u. U. auf weitere Maßnahmen verzichtet werden.[1223]

Nachdem die Beziehungen des Einkaufsbereichs zur entsprechenden Lieferantenbasis ermittelt wurden, erfolgt nun die Einschätzung des Gesamtrisikos des Einkaufs (z. B. abgeleitet auf Basis der Wirkungsklassen Versorgung, Kosten, Qualität, Innovation und Image).

Bei dieser Risikobewertung spielen existierende Abhängigkeiten eine wichtige Rolle, da sich diese auf die bestehende Risikosituation negativ (im Sinne eines „Multiplikatoreffekts“) und damit verstärkend auswirken können.[1224] Abhängigkeiten beeinflussen hierbei ursachenseitig entweder die Eintrittswahrscheinlichkeit des Risikos oder wirkungsseitig die Schadenshöhe.

[1223] Näheres hierzu siehe Kapitel 4.3.
[1224] Siehe hierzu Kapitel 3.3.1.6. sowie Kapitel 3.3.2.3 (Abbildung 3-16).

Risikoursachen der Abteilung EK-1	**Risikobewertung**			
	Abhängigkeit vorhanden? (J/N)	Eintrittswahr-scheinlich-keit	Schadens-höhe (in T€)	Erwartungs-wert (in T€)
❶ Versorgungsrisiko (Streik) mit Lieferant F	J	50%	5.000	2.500
❷ Kostenrisiko mit Lieferant D	N	5%	200	10
❸ Qualitätsrisiko mit Lieferant A	N	2%	2.500	50
❹ Innovationsrisiko mit Lieferant E	N	30%	1.000	300
❺ Versorgungsrisiko (Lieferstopp) mit Lief. C	J	20%	10.000	3.000
❻ Versorgungsrisiko (Insolvenz) mit Lief. B	J	15%	600	90
Risikoaggregation EK-1				5.950
Risikoaggregation EK-2				1.500
Risikoaggregation EK-3				3.700
Risikoaggregation EK-4				1.000
Risikoaggregation EK-5				550
Risikoaggregation EK				**12.700**

Risikobewertung und -aggregation innerhalb des Einkaufsbereichs EK

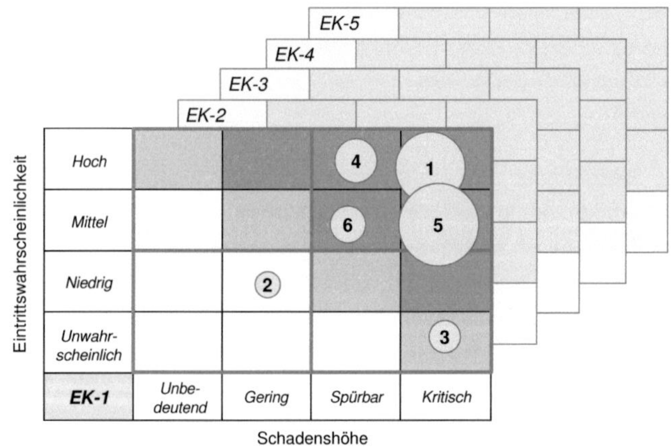

Eintrittswahrscheinlichkeit (in %)		**Schadenshöhe (in T€)**	
0–2	= unwahrscheinlich	0–50	= unbedeutend
3–10	= niedrig	51–500	= gering
11–30	= mittel	501–2.000	= spürbar
> 30	= hoch	> 2.000	= kritisch

Abb. 4-21: Risikobewertung und -aggregation innerhalb des Einkaufsbereichs EK[1225]

Vor dem Hintergrund der bestehenden Abhängigkeiten des Einkaufsbereichs EK wird in Abbildung 4-21 die Risikosituation der Einkaufsabteilung EK-1 bewertet und an-

[1225] Quelle: eigene Darstellung.

schließend im Portfolio (Bewertungsmatrix, vergleiche auch Abbildung 2-3) veranschaulicht.[1226] Die Einschätzung der Eintrittswahrscheinlichkeit und Schadenshöhe bilden dabei die Koordinaten des jeweiligen Risikos, die Größe des Durchmessers der einzelnen Beschaffungsrisiken spiegelt den Erwartungswert des Risikos wider.

Nachdem die Risikobewertung von den restlichen Organisationseinheiten (EK-2 bis EK-5) in gleicher Weise wiederholt wurde, lassen sich anschließend die Erwartungswerte der Risiken je Einkaufsabteilung zusammenfassen und zu einem Gesamtrisiko des Einkaufsbereichs EK aggregieren.[1227]

Auf Basis einer differenzierten Darstellung der Risikosituation auf unterschiedlichen Aggregationsebenen können schließlich entsprechende Konsequenzen zur Handhabung der Risiken abgeleitet werden. Dabei geht es beispielsweise auch um die Frage, wie die Mittel zur Bewältigung dieser Risiken auf die unterschiedlichen Abteilungen verteilt werden und auf welche Risikofelder die Schwerpunkte beim Management von Risiken gesetzt werden.

4.2.4 Frühaufklärung

Die Beurteilung strategischer Problemstellungen bedarf nicht nur einer Untersuchung des Status quo. Die zeitpunktbezogene Betrachtung der strategischen Analyse ist um eine zeitraumbezogene Betrachtung auf Basis geeigneter Prognose- und Projektionsverfahren zu erweitern, in der mögliche Zukunftsszenarien der Umwelt und deren Konsequenzen für das Unternehmen antizipiert werden. Die frühzeitige Informationsversorgung ermöglicht dabei die Identifikation der Risiken und ihrer potenziellen Wirkungen lange vor ihrem tatsächlichen Eintritt. Sie schafft darüber hinaus die Voraussetzung für die Empfehlung risikopolitischer Maßnahmen in Abhängigkeit von möglichen Bedrohungsszenarien.

Abgeleitet aus dem Teilsystem der Beschaffungsmarktforschung unterstützt die Frühaufklärung sämtliche Teilmodule des Systems mit Informationen im Rahmen der

[1226] Die Schwierigkeit liegt hierbei in der Entwicklung von Wertmaßstäben, die eine Vergleichbarkeit unterschiedlicher Risiken ermöglichen. Letztendlich gilt es zu bestimmen, was für das jeweilige Unternehmen ein hohes Beschaffungsrisiko und was demgegenüber ein niedriges Risiko ist. Eine Risikosituation lässt sich dabei nie isoliert von den jeweiligen Umfeld- und Unternehmensbedingungen abschließend beurteilen, sondern nur im Kontext der Gesamtsituation und der Bedeutung für das Gesamtunternehmen. Braun spricht hierbei von einer „Subjektivierung des Risikos". Braun, 1984, S. 247.

[1227] Zu den weiteren Möglichkeiten der Aggregation siehe Kapitel 4.2.3.2.

frühzeitigen Antizipation von Risiken.[1228] Der Aufgabenbereich umfasst sowohl das projektgerichtete als auch das projektungerichtete Management von Informationen. Wie bereits in Kapitel 3.2.5 im Zusammenhang mit der Beschaffungsmarktforschung bemerkt, kann die Frühaufklärung auch als Teil des Subsystems Informationsmanagement gesehen werden. Aufgrund ihrer Bedeutung im Sinne eines Risikomanagements und ihrer inhaltlichen und organisatorischen Relevanz in der betrieblichen Praxis sei diese Funktion explizit als Risikomanagement-Modul ausgewiesen.[1229]

Frühaufklärungssysteme stellen „eine systematische, methodisch unterstützte und nachvollziehbare Auseinandersetzung mit zukünftigen Entwicklungen" sicher.[1230] Neben der rechtzeitigen Ortung von Risiken ist auch das Erkennen von Chancen von herausragender Bedeutung. Als typisches Instrument des Risikocontrollings stellen Frühaufklärungssysteme somit einen integralen Bestandteil von Risikomanagement-Systemen dar.[1231]

In der Literatur werden drei Generationen von Frühaufklärungssystemen unterschieden:[1232]

- 1. Generation: Kennzahlen und hochrechnungsorientierte Frühaufklärungssysteme
- 2. Generation: indikatorenorientierte Frühaufklärungssysteme
- 3. Generation: strategisches Radar

Besondere Bedeutung erlangten die Frühaufklärungssysteme der dritten Generation. Während die Frühwarn- und Früherkennungssysteme eher operativen Charakter besitzen und dem Prinzip der gerichteten Suche auf Basis eingegrenzter Beobachtungsreihen folgen, zielt die sogenannte „strategische Frühaufklärung" darauf ab, ungerichtet strategisch relevante Veränderungen systematisch und frühzeitig zu erfassen (siehe Abbildung 4-22). Dabei ist es durchaus denkbar, dass die Identifikation

[1228] Vgl. Arnold, 1997, S. 253, Arnolds/Heege/Tussing, 1996, 148 ff. Zum risikopolitischen Beitrag der Marketingforschung vgl. Schuy, 1989, S. 168–175.

[1229] Auch aus Sicht des KonTraG wird in der Literatur die Notwendigkeit eines Frühaufklärungssystems im Rahmen des Risikomanagements befürwortet. Vgl. Krystek/Müller, 1999, S. 177 f., Hahn/Krystek, 2000, 71 ff. sowie Elfgen, 2002, S. 210.

[1230] Elfgen, 2002, S. 211.

[1231] Elfgen stellt hierbei fest, dass bei der Einführung eines Risikomanagement-Systems in der Praxis das Teilsystem der Frühaufklärung häufig am schwierigsten einzuführen ist, da oftmals der Entwicklungsstand entsprechender Steuerungssysteme im Unternehmen noch nicht weit genug fortgeschritten ist. Vgl. Elfgen, 2002, S. 220.

[1232] Vgl. Bea/Haas, 1995, S. 269 ff. Bei der Unterscheidung dieser erfolgt häufig eine begriffliche Abgrenzung in Frühwarnsysteme (1. Generation), Früherkennungssysteme (2. Generation) und Frühaufklärungssysteme (3. Generation). Vgl. Krystek/Müller, 1999, S. 178.

von Risikopotenzialen in einer Phase geschieht, in der noch keine eindeutigen Aussagen über Inhalt und Ausprägung des Risikos möglich sind bzw. in der sich der Entscheidungsträger noch nicht einmal sicher sein kann, ob es sich bei den beobachteten Entwicklungen überhaupt um Risiken handelt.

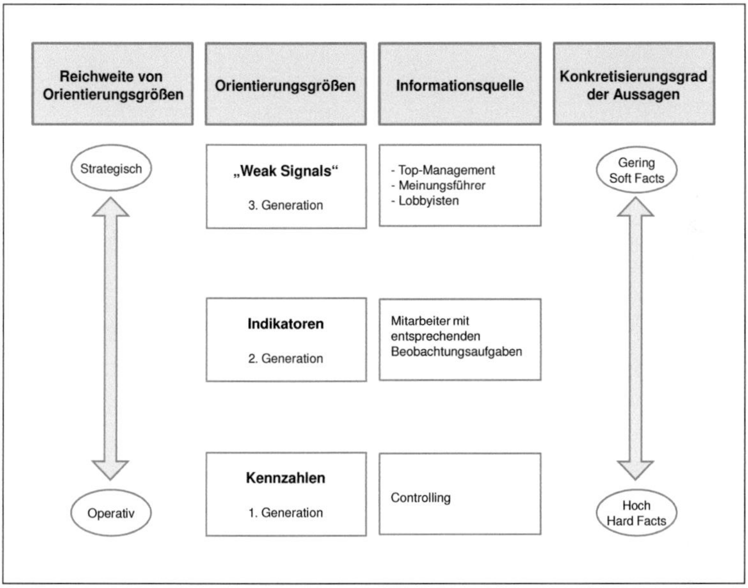

Abb. 4-22: Ebenen der Frühaufklärung[1233]

Die wissenschaftliche Grundlage dieser Frühaufklärungssysteme lieferte Ansoff mit seinem bereits erwähnten Konzept der „Weak Signals".[1234] Seine Grundidee ist, dass sich Diskontinuitäten durch schwache Signale ankündigen, die sich meist nicht in Form von Zahlen ausdrücken, sondern i. d. R. qualitativer Natur sind. Die gesamte Umwelt sowie die Unternehmung selbst sollen hierbei permanent auf Anzeichen für Veränderungen überwacht werden. Die wahrgenommenen Signale haben nicht alle den gleichen Ungewissheitsgrad. Dieser ist umso höher, je frühzeitiger das Signal beobachtet wird. Im Zeitablauf nimmt dieser Ungewissheitsgrad kontinuierlich ab.

[1233] Quelle: Elfgen, 2002, S. 214. Eine geeignete Abgrenzung der unterschiedlichen Frühaufklärungssysteme liefert auch Hahn/Krystek, 2000, S. 77.

[1234] Vgl. Ansoff, 1976, S. 129 ff.

Die Möglichkeit eines rechtzeitigen Reagierens, das damit sukzessive zu einem Agieren wird, hängt nach Ansoff von folgenden beiden Variablen ab:[1235]

- Umweltdynamik: Geschwindigkeit, mit der Umweltveränderungen, also Chancen und Risiken, auftreten
- Unternehmensreagibilität: Reaktionsgeschwindigkeit der Unternehmung auf Umweltveränderungen

Die entscheidende Herausforderung der Früherkennung auf Basis schwacher Signale liegt darin, einen Ausgleich zu finden zwischen der Erhaltung ausreichender Beweglichkeit und Manövrierfähigkeit des Unternehmens (die in einem frühen Stadium bei geringem Konkretisierungsgrad schwacher Signale größer sind) und einem handlungsrelevanten Konkretisierungsgrad der Signale (der in einem sehr frühen Stadium häufig noch nicht gegeben ist).[1236]

Das Teilsystem der Frühaufklärung innerhalb des Risikomanagement-Modells der Beschaffung sollte aus einer Kombination der oben genannten drei Arten von Früherkennungssystemen aufbauen: aus kennzahlen- und indikatorengestützten Systemen zur gerichteten Beobachtung bereits als relevant befundener Unternehmens- und Umfeldbereiche sowie aus Konzepten zur Erfassung schwacher Signale zur Suche nach unstrukturierten, schlecht definierten Informationen außerhalb des bereits als bedeutsam Empfundenen.

In Bezug auf die Beurteilung von Risiken aus dem externen Beschaffungsumfeld, z. B. zur Beurteilung von Lieferanten, können Instrumente der Insolvenzprognose bzw. der Performanceabschätzung (z. B. für den Kapitalmarkt) eingesetzt werden. Als Informationsquellen dienen hierbei Bilanzen, Gewinn-und-Verlust-Rechnungen, Geschäftsberichte und hier insbesondere der Lagebericht, Unternehmensveröffentlichungen und Pressekonferenzen. Es werden v. a. Quartals- oder Jahresberichte bzw. kennzahlenorientiert aufbereitete Informationen ausgewertet, die eine Entwicklung in der Vergangenheit bzw. in der sehr nahen Zukunft beschreiben. Soll die Frühaufklärung jedoch stärker strategisch ausgerichtet werden, muss verstärkt auf schwache Signale zurückgegriffen werden. Je mehr solcher „Soft Facts" in der Betrachtung berücksichtigt werden, desto eher wird die Aufgabe der Identifikation und Bewertung zukünftiger Entwicklungen nicht mehr im klassischen Controlling bzw. Risikocontrolling erfolgen, sondern von eigens beauftragten Mitarbeitern durchgeführt. So gilt es z. B. sich durch Vertreter in entsprechenden Ausschüssen, Verbän-

[1235] Vgl. Ansoff, 1981, S. 237.
[1236] Vgl. Krystek/Müller, 1999, S. 181.

den, Gesprächszirkeln ein Bild über die politischen und rechtlichen Rahmenbedingungen zu machen, durch die Verfolgung der wissenschaftlichen Entwicklung bestimmte technologische Innovationen und deren praktische Bedeutung frühzeitig zu erkennen oder über Gespräche mit Lieferanten und Wettbewerbern einen Eindruck über die Entwicklung auf den Beschaffungsmärkten zu erhalten.[1237]

4.2.5 Risikomanagement bei der Lieferantenauswahl

Die Lieferantenauswahl stellt eines der zentralen Elemente des strategischen Beschaffungsmanagements dar. Hier werden die Weichen der langjährigen Zusammenarbeit zwischen Abnehmer und Lieferanten gestellt. Aus strategischer Sicht ist es für den Abnehmer wünschenswert, Lieferanten zu finden, die ihre Wettbewerbsposition in Bezug auf Produkte und Leistungen beibehalten oder verbessern. Je mehr Aufwand in die Auswahl der Lieferanten gesteckt wird, desto geringer ist die Wahrscheinlichkeit einer Gefährdung der Beschaffungsziele.[1238] Eine nachträgliche Verbesserung der Leistungsfähigkeit eines Lieferanten ist meistens nur mit hohem Aufwand möglich.

Wie in Kapitel 3.2.2 bereits beschrieben, erfährt das Verhältnis zwischen Abnehmer und Lieferant mit Abschluss des Vertrags eine grundlegende Veränderung. Für beide Unternehmen entsteht nach der Entscheidung eine mehr oder weniger große Abhängigkeit.[1239] Vor dem Hintergrund der Einführung eines strategischen Risikomanagements soll die Lieferantenauswahl deshalb um eine Vorgehensweise erweitert werden, die über den einfachen Vergleich von Kosten und Leistungsmerkmalen hinausgeht und auch Risikoaspekte in das Entscheidungskalkül mit einbezieht. Eine Entscheidung über das anzustrebende Risikoniveau bedeutet, „einen Konflikt zwischen Sicherheits- und Leistungstendenzen zu lösen".[1240] Die Integration eines Risikomanagements in den Prozess der Lieferantenauswahl eröffnet die Möglichkeit, risikobezogene Maßnahmen und deren Auswirkungen in die Alternativenbewertung einzubeziehen und die Lieferantenentscheidung somit risiko-

[1237] Vgl. Elfgen, 2002, S. 212 ff. Frühwarnindikatoren in Bezug auf die Rohstoffposition sind beispielsweise: geologische Reichweite wichtiger Rohstoffe, Jahresverbrauch je Rohstoff, Vorratshaltung wichtiger Rohstoffe, Preisentwicklung, Explorationskosten, Kursnotierungen von Rohstoffbörsen, Konzentration der Verfügungsgewalt über Rohstoffvorkommen, politische Stabilität der Förder-/ Lieferländer, wirtschaftliche/soziale Stabilität der Förder-/Lieferländer, Gesetzgebung der Förder-/ Lieferländer, Währungskursentwicklungen, Zollentwicklungen/Handelsbeschränkungen. Vgl. Krystek, 1987, S. 174.

[1238] Vgl. Pfohl, 2002, S. 44.

[1239] Vgl. Bourantas, 1989, S. 146 ff.

[1240] Hoyos, 1989, S. 536.

bezogen zu fällen. Durch die erstmalige Entscheidung im Rahmen der Lieferantenauswahl können z. B. vorteilhaftere Abhängigkeiten eingegangen und bestimmte nachteiligere Abhängigkeiten vermieden werden. Da es sich hierbei häufig um strategische Entscheidungen handelt, können die in Kapitel 4.2.2 vorgestellten Prozessschritte eines Risikomanagements innerhalb der Strategieformulierung übernommen werden.

Jeder durch die Vorauswahl identifizierte Lieferant ist bezüglich des mit ihm verbundenen Risikos zu bewerten.[1241] Wird das gewünschte Sicherungsniveau nicht erreicht, sind entsprechende risikopolitische Maßnahmen zu entwickeln und deren kosten- und nutzenseitigen Auswirkungen zu ermitteln. Dabei sind solche Lieferanten aus dem Auswahlprozess auszuschließen, die einen nicht akzeptierten Risikogehalt besitzen und bei denen das gewünschte Risikomaß nicht durch entsprechende risikopolitische Maßnahmen erreicht werden kann.

Die Abschätzung des Risikos baut auf den in Kapitel 3.3 vorgestellten Risikokategorien auf. Entsprechend sind hierbei Markt-, Lieferanten-, Beziehungsrisiken sowie Risikoursachen aus dem unternehmensinternen Umfeld zu berücksichtigen. Die Lieferantenentscheidung wird aber auch maßgeblich von den bereits existierenden strategischen Vorgaben bestimmt. Genauso wie beispielsweise Markt-, Produkt- oder Lieferantenstrategien Einfluss auf die Lieferantenentscheidung nehmen, sind auch übergreifende Risikostrategien[1242] in die Entscheidung einzubeziehen. Diese bilden somit die Rahmenbedingungen des jeweiligen Auswahlverfahrens.

Die Analyse des Risikopotenzials der zur Auswahl stehenden Lieferanten erfolgt im Rahmen der Angebotsbewertung. Lieferanteninformationen werden dabei auf Basis interner und externer Informationsquellen eingeholt (z. B. bereits vorhandene Lieferantenbewertungen oder Informationen aus externen Risikodatenbanken). Risikorelevante Informationen können auch im Rahmen der Lieferantenanfrage auf der Grundlage von Selbstauskünften abgefragt werden. Bei bedeutenden Lieferanten-

---

[1241] Bereits im Rahmen der Vorauswahl (strategische Lieferantenauswahl), also bei der Neuaufnahme eines Lieferanten in den Lieferantenstamm, sollten in Bezug auf ein bestimmtes Beschaffungsobjekt neben den Erfolgspotenzialen auch die Risikopotenziale bewertet werden. Vgl. hierzu auch Large, 1999, S. 157 f., der einen Bewertungsbogen zur Vorauswahl vorstellt. Dieser ist um entsprechende Risikoaspekte zu erweitern.

[1242] Siehe Kapitel 4.3. Strategische Maßnahmen zur Abhängigkeitsbewältigung von einem im Lieferantenstamm bereits existierenden Lieferanten nehmen Einfluss auf ein aktuelles Lieferantenauswahlverfahren, bei dem dieser Lieferant in Bezug auf ein anderes Beschaffungsobjekt wieder zur Auswahl steht.

entscheidungen sind im Vorfeld sogar eigene Untersuchungen und Begutachtungen durch das beschaffende Unternehmen denkbar.[1243]

Die Beurteilung der Lieferanten auf Basis von Leistungs- und Risikokriterien kann mithilfe des in Abbildung 4-23 vorgestellten Portfolios erfolgen. Die Einschätzung der zur Auswahl stehenden Lieferanten erfolgt auf der Grundlage der beiden Dimensionen „Leistungsfähigkeit des Lieferanten" und „Risikopotenzial des Lieferanten".

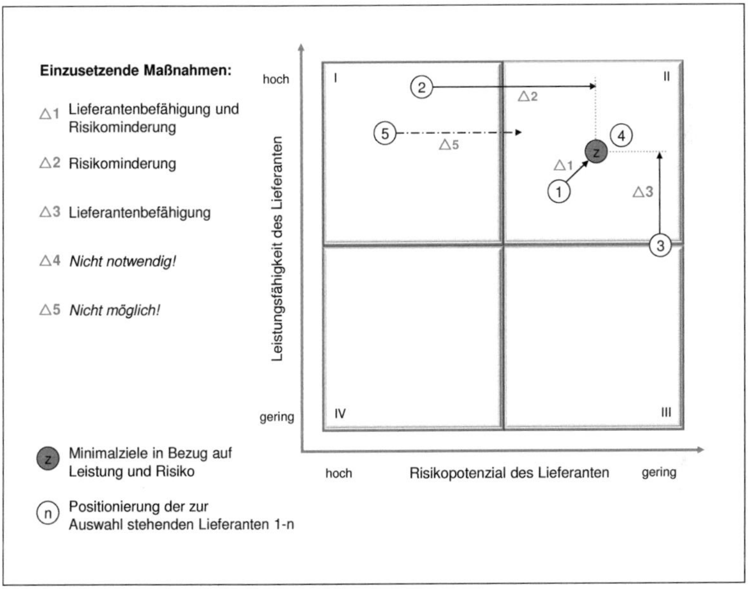

Abb. 4-23: Beurteilungsmatrix zur Lieferantenauswahl[1244]

Die Beurteilung der Leistungsfähigkeit des Lieferanten kann beispielsweise mithilfe von Nutzwertanalysen erfolgen. Als mögliche Beurteilungskriterien können generelle Informationen zur Finanz- und Unternehmensstruktur des Lieferanten sowie Kennzahlen bezüglich Entwicklungs-, Fertigungs-, Logistik- oder Projektmanagement-

[1243] Das Risiko der „Adverse Selection", also der Auswahl eines ungeeigneten Lieferanten, basiert auf Informationsasymmetrien und kann nach Akerlof durch die Maßnahmen des „Signalings", des „Screenings" und der „Self Selection" vermindert werden. Vgl. Akerlof, 1970, S. 488–500. Übertragen auf den Lieferantenauswahlprozess bedeutet dies beispielsweise, dass der Lieferant seine Leistungsfähigkeit durch Referenzprojekte oder Zertifikate (z. B. in Bezug auf das Qualitätsmanagement) nachweist (Signaling), dass der Abnehmer Zuliefer-Audits durchführt (Screening) oder dass die Vergütung des Zulieferers an dessen Leistungsniveau gekoppelt wird, wobei davon auszugehen ist, dass sich die tendenziell leistungsfähigeren Lieferanten eher um einen Auftrag bemühen werden (Self Selection).

[1244] Quelle: eigene Darstellung.

kompetenzen herangezogen werden.[1245] Die Bewertung der Risikosituation schließt alle externen und internen Risiken sowie mögliche Beziehungsrisiken ein und baut auf der Einschätzung der Eintrittswahrscheinlichkeit der Risikoursachen und des Schadensausmaßes der Risikowirkungen auf.[1246] Die Beurteilung der Beziehungsrisiken lässt sich durch die bereits vorgestellte Beziehungsmatrix unterstützen.[1247] Abschließend müssen die Beurteilungskriterien der beiden Dimensionen Leistungsfähigkeit und Risikopotenzial je Lieferant zu je einem Wert zusammengefasst werden. Die dadurch entstehenden Koordinaten (in Bezug auf das in Abbildung 4-23 dargestellte Portfolio) sind anschließend innerhalb der Beurteilungsmatrix je Lieferant zu positionieren.[1248]

Im nächsten Schritt sind für die beiden Beurteilungsdimensionen Minimalziele zu definieren, wobei auch hier die Zielkoordinaten in das Portfolio zu übertragen sind.

Falls die vorgegebenen Leistungs- und Risikoziele von den einzelnen Lieferanten nicht zu erreichen sind, ist abschließend zu prüfen, ob durch den Einsatz entsprechender Maßnahmen die jeweilige Zielerreichung möglich wäre. Diese im Sinne einer Lieferantenbefähigung und/oder eines Risikomanagements greifenden Maßnahmen müssen kostenseitig bewertet und in Bezug zu den jeweils angebotenen Beschaffungskosten gestellt werden.

Die Lieferantenentscheidung erfolgt schließlich auf Basis eines wirtschaftlichen Optimums, das die gesamten Kosten, also sowohl Beschaffungskosten[1249] als auch Qualifizierungs- und Risikomanagement-Kosten, beinhaltet.

Aus dem in Abbildung 4-23 vorgestellten Beispiel lassen sich folgende Erkenntnisse für die Lieferantenauswahl ableiten:

- Bei einer Entscheidung für Lieferant 4 wären sowohl Leistungs- als auch Risikoziele erfüllt. Insofern wären hier keine weiteren Maßnahmen erforderlich.

[1245] Zur Entwicklung eines Katalogs von Lieferantenauswahlkriterien sowie zu den Methoden der Lieferantenanalyse vgl. auch Danowski/Diederichs, 2000, S. 362 ff.

[1246] Siehe Kapitel 2.2.3.2.

[1247] Siehe Kapitel 4.2.3.4.1 Zur Ableitung von Maßnahmen zur Abhängigkeitsbewältigung siehe Kapitel 4.3.1.2.1.

[1248] Möglichkeiten zur Aggregation von Risiken werden in Kapitel 4.2.3.2 vorgestellt.

[1249] Neben den Kosten des Beschaffungsobjekts (Stückpreis) sollten Werkzeugkosten, Prototypenkosten und einmalige Aufwendungen für Entwicklung und Logistik separat ausgewiesen werden. Zudem beinhaltet eine Gesamtkostenbetrachtung auch die Kosten für die rechtliche und physische Verfügbarmachung des Produkts, also z. B. Einkaufs-, Materiallager-, Transaktions-, Qualitäts- und Dispositionskosten. Vgl. hierzu auch Melzer-Ridinger, 2002, S. 28 ff.

- Umgekehrt müssten für Lieferant 1 sowohl Maßnahmen zur Befähigung als auch zur Risikominderung eingesteuert werden, um das vom beschaffenden Unternehmen gewünschte Zielniveau zu erreichen.

- Die Lieferanten 2 und 3 erfüllen die Zielvorgaben nur in Bezug auf jeweils eine Zieldimension. Die jeweilige Zielabweichung muss durch entsprechende Maßnahmen geschlossen werden. Bei dieser Nivellierung könnten in gewissem Umfang auch Einschränkungen in Bezug auf Leistung (bei Lieferant 2) bzw. Risikopotenzial (bei Lieferant 3) in Kauf genommen werden.[1250]

- Für Lieferant 5 konnten keine Maßnahmen zur Risikoreduzierung identifiziert werden. Dieser müsste dementsprechend aus dem Auswahlprozess ausgeschlossen werden.

Es sei darauf hingewiesen, dass es sich bei diesem Vorgehensmodell um einen idealtypischen Prozess handelt, der die dem Auswahlverfahren zugrunde liegenden Entscheidungen verdeutlichen soll. Die Übertragung auf die betriebliche Praxis kann durchaus problembehaftet sein, da sich die Bewertung von Risikopotenzialen, die kosten- und nutzenseitige Einschätzung der notwendigen Maßnahmen zur Befähigung des Lieferanten bzw. zur Verminderung der Risiken sowie die Bestimmung von Mindestzielen in Bezug auf Leistung und Risiko häufig als schwierig erweisen.

Alternativ kann das Lieferantenrisiko deshalb zusammen mit den anderen Leistungsfaktoren als ein weiteres Beurteilungskriterium innerhalb einer Nutzwertanalyse bewertet werden. Die qualitativen Ergebnisse aus dieser Nutzwertanalyse sind anschließend den quantitativen Ergebnissen des Angebots gegenüberzustellen. Da auf die kostenseitige Einbeziehung notwendiger Risikomanagement-Maßnahmen verzichtet wird, erfolgt der Kostenvergleich nur eingeschränkt; die Folgekosten im Sinne eines Risikomanagements fließen nicht in das Entscheidungskalkül. Auch wenn im Rahmen dieser vereinfachten Vorgehensweise wichtige Entscheidungskriterien unberücksichtigt bleiben, trägt sie dennoch dazu bei, Sensibilität in Bezug auf die existierenden Risiken zu schaffen und proaktiv Maßnahmen zur Prävention einzuplanen. Lieferantenentscheidungen werden somit auch hier risikobewusst gefällt.[1251]

[1250] In Bezug auf den Lieferanten 2 würde dies bedeuten, dass Maßnahmen zur Reduzierung des Risikopotenzials bis zu einem gewissen Grad auch eine Einschränkung des Leistungspotenzials nach sich ziehen können, da Lieferant 2 die vorgegebenen Minimalziele übererfüllt.

[1251] Locker/Röösli unterscheiden bei der Lieferantenbeurteilung und -auswahl zwei Ansätze: Für Standardgüter mit geringem Beschaffungswert und -risiko genügt ein Vergleich der Lieferantenofferten. Durch Mehrquellenversorgung sollen hierbei Abhängigkeiten vermieden werden. Eine Risikoeinschätzung im Rahmen der Lieferantenauswahl wird somit nicht vorgeschlagen. Bei an-

Risiken im Rahmen der Lieferantenauswahl entstehen allerdings vielfach bereits bei der Lieferantenanfrage. Probleme treten häufig bei der Erstellung der für die Anfrage notwendigen Lastenhefte durch die entsprechenden Fachstellen (Entwicklung, Qualität, Logistik) auf.[1252] Entweder erfolgt die Erstellung der Lastenhefte zu spät (häufig auch aufgrund vorgelagerter Prozesse wie Design), sodass sich die Lieferantenauswahl verzögert und damit bereits zu Beginn des Projekts Druck auf die Erreichung der Terminziele entsteht, häufig mit entsprechenden Konsequenzen für die Qualität der zu erbringenden Leistung.[1253] Oder die Erstellung der Lastenhefte erfolgt zwar rechtzeitig, dafür aber nicht in der gewünschten Qualität und Detaillierung. Unklare Vorgaben führen im Laufe des Entwicklungsprojekts zu Nachbesserungen, die sich meist in hohen Änderungskosten niederschlagen. Das Management der Input-Daten für den Prozess der Lieferantenauswahl stellt somit einen wichtigen Erfolgsfaktor dar, der beispielsweise im Rahmen des projektspezifischen Risikomanagements (Kapitel 4.2.7) adressiert werden sollte.[1254]

Ein wichtiger Bestandteil der Lieferantenauswahl ist die Verhandlung bzw. Ausgestaltung des Vertrags. Aus Sicht des Automobilherstellers bietet sich hier die Möglichkeit, Lieferantenrisiken wirkungsorientiert abzusichern. Als Beispiele wären die vertragliche Absicherung von Folgekosten aufgrund von Qualitätsrisiken (z. B. durch Rückrufaktionen) oder Versorgungsrisiken (z. B. durch Betriebsunterbrechungen) sowie die Übertragung des Marktrisikos auf den Lieferanten zu nennen.[1255] Wie in Kapitel 3.1.3.2 bereits beschrieben, können die Entwicklungsaufwendungen auch auf den Teilepreis umgelegt werden, was bei Nichterreichung der geplanten Absatzzahlen zur Folge hat, dass die Entwicklungskosten des Lieferanten nicht in vollem

---

spruchsvollen Gütern mit hohem Beschaffungswert und -risiko muss eine ganzheitliche Beurteilung inklusive Risikoeinschätzung erfolgen. Hier sind Single-Sourcing-Strategien mit dem Eingehen langfristiger Partnerschaften denkbar. Vgl. Locker/Röösli, 2006, S. 466 f.

1252 Vgl. hierzu auch Kapitel 4.2.9, wo die Zusammenarbeit mit dem unternehmensinternen Umfeld im Rahmen des Managements von Beschaffungsrisiken näher erläutert wird.

1253 Verzögerungen im Rahmen der Lieferantenauswahl wirken sich negativ auf die weiteren Meilensteine innerhalb des Produktentstehungsprozesses aus, z. B. dem Prototypenbau, und können im Extremfall sogar zur Verschiebung des Produktionsanlaufs führen.

1254 Die rechtzeitige Lieferantenauswahl über alle Lieferantenentscheidungen innerhalb eines Fahrzeugprojekts ist im Rahmen des projektspezifischen Risikomanagements (Anlaufmanagement) zu überwachen (siehe hierzu auch Kapitel 4.2.7). Vor der Ausschreibung ist dabei Sorge zu tragen, dass die notwendigen Inputgrößen zur Durchführung der Ausschreibung rechtzeitig und vollständig verfügbar sind. Während des Auswahlprozesses muss gewährleistet sein, dass die Einkaufsprozesse termingerecht erfolgen. Nach der Entscheidung ist sicherzustellen, dass die Nominierung des Lieferanten erst nach der Einigung über sämtliche Vertragsdetails erfolgt. Aufgrund von Zeitdruck erfolgt in der Praxis häufig eine Beauftragung des Lieferanten, ohne dass alle Vertragsbestandteile (z. B. Gewährleistungsvereinbarungen) endgültig verhandelt wurden.

1255 Vgl. hierzu auch Kapitel 4.2.10 und Kapitel 4.3.1.4.

Umfang erstattet werden.[1256] Im Rahmen strategisch wichtiger Kooperationen zwischen Lieferant und Abnehmer gilt es, die Risiken (bzw. die Chancen) auf die an der Kooperation beteiligten Partner aufzuteilen. Übernimmt ein Partner höhere Risiken, sollte sich dies entsprechend auch in der Chancenteilung widerspiegeln.[1257] Diese Aufteilung ist zwar in erster Linie Verhandlungssache, dennoch finden sich in der Literatur gewisse Hinweise und Zuordnungsprinzipien, die bei offenen, auf Partnerschaft basierenden Beziehungen als Handlungsmaximen herangezogen werden können:[1258]

- Derjenige soll das Risiko tragen, der es am besten vorhersagen, beeinflussen und kontrollieren kann.
- Derjenige soll das Risiko tragen, der es am ehesten versichern kann.
- Derjenige soll das Risiko tragen, der von zusätzlichen Chancen am ehesten profitieren kann.
- Derjenige soll das Risiko tragen, der genügend finanzielle Ressourcen hat, um das Risiko im Schadensfall auch zu tragen, ohne in Schwierigkeiten zu geraten.

Auch bei geteilten Risiken ist darauf zu achten, die Verantwortung genau zu definieren und eine klare und unmissverständliche Zuordnung sicherzustellen. Diese Aktivitäten sind durch ein entsprechendes Risikomanagement auf beiden Seiten zu unterstützen.

In Bezug auf das Lieferantenauswahlverfahren sei abschließend das Risiko der unmittelbaren Verbindung zwischen den Lieferanten und denjenigen Mitarbeitern in der Einkaufsabteilung erwähnt, die mit der Auswahl der Zulieferer betraut sind. Hier ist

---

[1256] Wolters/Hirschfelder weisen bei der Zusammenarbeit zwischen Automobilherstellern und Systemlieferanten auf die zunehmende Teilung von Chancen und Risiken durch Risk-Sharing-Modelle hin. Dies beinhaltet beispielsweise die Risikoaufteilung von Investitionen in Maschinen oder Standorten, die Einmalkosten der Entwicklung, Kosten für Rückrufe und Feldausfälle. Vgl. Wolters/Hirschfelder, 1999, S. 45. Vergleiche hierzu das sogenannte „Pay on Production"- Konzept. Hier handelt es sich um industrielle Betreibermodelle, bei denen der Investitionspartner an den Risiken des Abnehmers beteiligt wird. Mögliche Ausgestaltungsformen sind beispielsweise: keine Volumen- bzw. Laufzeitgarantien, Zahlung von Festpreisen pro produzierte Einheit, geringe Kündigungsfristen. Der Lieferant ist somit vom Markterfolg des Automobilherstellers abhängig, da Zahlungen nur bei Produktion erfolgen. Kündigt der Abnehmer das Vertragsverhältnis kurzfristig, bleibt der Lieferant auf seinen Investitionen sitzen. Vgl. Mast, 2003 sowie Decker/Paesler, 2003, S. 1.831–1.836.

[1257] Soll der Lieferant in Forschungs- und Entwicklungsaktivitäten investieren, die mit hohen Risiken verbunden sind, kann durch die Gestaltung von Anreizsystemen das Innovationspotenzial gefördert werden bzw. der Lieferant frühzeitig dazu bewegt werden, die Innovationen entsprechend preiszugeben. Vgl. Groher, 2003, S. 325 f.

[1258] Vgl. Link, 1999, S. 44 sowie Link, 2001, S. 46 und die darin zitierte Literatur von Reuter/Wecker, 1999 und Chapman/Ward, 1997.

das Risiko von Vermögensschäden, die infolge persönlicher Bereicherungen ausgelöst werden, erfahrungsgemäß besonders hoch, z. B. in Form der Vereinbarung überhöhter Beschaffungspreise mit den Lieferanten gegen Zahlung von Schmiergeldern.

4.2.6 Risikomanagement bei der Beschaffungsabwicklung

Zwischen Vertragsabschluss und der Lieferung von Gütern und Leistungen liegt in der Regel ein mehr oder weniger großer Zeitraum, innerhalb dessen unterschiedliche Risiken die reibungslose Abwicklung des Beschaffungsvorganges vereiteln können.

Der Prozess der operativen Beschaffungsabwicklung wird durch einen konkreten Bedarf an bestimmten Beschaffungsobjekten angestoßen und endet mit dem Empfang der Ware/ Dienstleistung und der jeweiligen Rechnung bzw. der Bezahlung dieser. Wie in den vorangegangenen Kapiteln bereits festgestellt, ist diesem Prozess das Management von Störgrößen, das durch unterschiedliche Formen der Kontrolle initiiert wird, implizit. Mit den Teilprozessen der Bestellüberwachung, der Wareneingangskontrolle und der Rechnungseingangskontrolle sind entsprechende Lenkungsfunktionen implementiert. Durch die Einrichtung von Termin- und Ablaufkontrollen, von Quantitäts- und Qualitätsprüfungen sowie von Rechnungsprüfungen werden die Erfolgsfaktoren Kosten, Zeit und Qualität überwacht. Fehler und Versäumnisse sollen dabei rechtzeitig entdeckt und mit Maßnahmen belegt werden.[1259] Die Wareneingangskontrolle bzw. Rechnungsprüfung gehören zwar nicht zur Kernaufgabe der Einkaufsfunktion. Als Schnittstelle zum Beschaffungsmarkt und „Gesicht" zum jeweiligen Lieferanten muss der Einkauf jedoch informell in diese Prozesse eingebunden sein, v. a. dann, wenn es zu Störungen bzw. Abweichungen von den vertraglichen Vereinbarungen kommt.

Im Tagesgeschäft eines Unternehmens stellt diese Form des Abweichungsmanagements normalerweise gelebte Praxis dar und ist damit nicht neu. Aus diesem Grund besteht kein Bedarf einer konzeptionellen Erweiterung. Auch auf die risikobezogenen Aktivitäten innerhalb dieses Prozesses soll nicht näher eingegangen werden. Anstelle dessen werden grundsätzliche Aspekte, die diesem Zusammenhang betreffen, kurz beleuchtet.

[1259] Vgl. Grochla/Schönbohm, 1980, S. 169 ff.

Der operative Einkäufer stellt einen wichtigen Aufgabenträger eines Risikomanagements der Beschaffung dar.[1260] Da ein bewusster Umgang mit Risiken auch innerhalb der operativen Beschaffungsprozesse von wesentlicher Bedeutung ist, sind die Risikomanagement-Standards entsprechend zu etablieren. Dies bedeutet beispielsweise, Lieferantengespräche und -kontakte im Rahmen des täglichen Geschäfts mit der notwendigen Risikosensibilität zu führen bzw. zu pflegen. Neben der erhöhten Aufmerksamkeit sind mögliche Markt- bzw. Lieferantenrisiken zu überwachen und, falls notwendig, in den internen Risikomanagement-Prozess einzusteuern. Risikosensibilität ist aber auch im Umgang mit Fachbereichen gefragt, die den Input für den Beschaffungsvorgang liefern bzw. die über Schnittstellen mit den Beschaffungsprozessen verbunden sind. Diese sind häufig verantwortlich für mitunter inakzeptable Prozesszeiten und sehr hohe Prozesskosten. Hierbei sollte beispielsweise sichergestellt werden, dass die Qualität der entsprechenden Input-Größen stimmt und die Beschaffungsprozesse somit so effizient und effektiv wie möglich abgewickelt werden können. Schließlich muss auch der Einkäufer durch die Qualität seiner eigenen Arbeit dazu beitragen, Störungen für das Unternehmen zu vermeiden.

Ein großer Teil der im Unternehmen auftretenden Fehler ist allerdings nicht durch mangelndes Wissen oder Unaufmerksamkeit der ausführenden Mitarbeiter verursacht. In vielen Fällen sind die auftretenden Fehler bereits im grundlegenden Prozessdesign des Unternehmens angelegt. Solchen Risiken, die häufig auch aus Schnittstellen- oder Kommunikationsproblemen zu angrenzenden Bereichen resultieren, kann durch umfassende Prozessverbesserungen und -optimierungen begegnet werden.[1261]

4.2.7 Risikomanagement beim Projektmanagement

Das projektspezifische Risikomanagement leitet sich aus den beschaffungsbezogenen Projektmanagement-Aktivitäten ab.[1262] Wie in Kapitel 4.1.2 bereits betont, handelt es sich bei diesen Prozessen um Unterstützungs- und Überwachungsfunktionen, die auf die Erreichung der beschaffungsbezogenen Ziele innerhalb eines Fahrzeugprojekts ausgerichtet sind.[1263] Als Schnittstellenmanagement zum Projekt bzw. zum

[1260] Vgl. hierzu auch Kapitel 4.4.2.

[1261] Leitlinien und Tricks zur Supply-Prozessoptimierung siehe Jahns, 2005, S. 252.

[1262] Die Abgrenzung zwischen dem Risikomanagement in Projekten und dem Risikomanagement der Geschäftseinheiten bzw. innerhalb der Prozesse findet sich auch in Wildemann, 2004, S. 21.

[1263] Probleme im Entwicklungsablauf ziehen eine Vielzahl von unerwünschten Folgen nach sich, wie z. B. Zielanpassungen, Verschiebungen von Anlaufterminen oder Produktinhalten sowie Erhöhungen von Herstellkosten oder Entwicklungsaufwendungen.

Produkt steht es für sämtliche produkt- und prozessbezogenen Aufgaben innerhalb eines Fahrzeugprojekts. Die Projektmanagement-Aktivitäten der Beschaffung durchlaufen dabei die klassischen Aktivitäten des Management-Kreises Planung, Realisierung und Kontrolle mit dem Ziel, entsprechende Projekt-Risiken zu handhaben. Risiken sollen durch die innerhalb eines jeden Beschaffungsprojekts integrierten Regelkreise erfasst und behoben werden.

Risikomanagement-Aktivitäten stellen in der Regel einen integralen Bestandteil der Projektarbeit dar – die Identifikation, Analyse, Bewertung und Handhabung von unterschiedlichen Beschaffungsrisiken sollte somit bereits zu den originären beschaffungsspezifischen Aufgaben des Projektmanagements gehören:[1264]

- Das Kostenmanagement (innerhalb der frühen Entwicklungsphasen bis hin zur Serienfertigung) trägt zur Einhaltung bzw. Erreichung des definierten Kostenrahmens bezüglich der einzelnen Beschaffungsobjekte bei.
- Im Rahmen des Produkt- und Konfigurationsmanagements sind alle Risiken zu berücksichtigen, die sich aus den Eigenschaften der einzelnen Beschaffungsobjekte ergeben. Entsprechend ist hierbei aktiv auf die Konfiguration des Produkts einzuwirken.
- Das Qualitätsmanagement stellt die Produkt- und Prozessqualität innerhalb des gesamten Lebenszyklus eines Fahrzeugs sicher.
- Im Rahmen des Änderungsmanagements wird vonseiten des Einkaufs versucht, die Kostenrisiken, die sich durch laufende Änderungen des Produkts ergeben, zu beherrschen.
- Das Anlaufmanagement konzentriert sich auf die Versorgungssicherheit sowie auf die Einhaltung der geplanten Meilensteine innerhalb des Produktentstehungsprozesses und stellt so den Anlauf zum definierten SOP-Termin sicher.

Trotz der sehr ähnlichen Stoßrichtung kann in der betrieblichen Praxis häufig festgestellt werden, dass die innerhalb des Projektmanagements verankerten Mechanismen im Sinne eines Abweichungsmanagements entweder nicht ausreichen oder nicht konsequent genug eingesetzt werden. Die risikobezogenen Maßnahmen werden dabei meist als isolierte Teildisziplinen und Insellösungen ohne Bezug zu einem entsprechenden Gesamtzusammenhang eingesetzt.

[1264] Siehe hierzu auch die Ausführungen im Kapitel 3.2.4.2.

Vor dem Hintergrund der steigenden Anzahl und Komplexität zukünftiger Fahrzeugprojekte ist es deshalb entscheidend, die bereits bestehenden Maßnahmen stärker in die Gesamtkonzeption eines Risikomanagements der Beschaffung einzubinden. Die notwendigen Informationen zur Steuerung des Projekts können dabei direkt in das Risikomanagement einfließen.[1265]

Bei der Integration der Risikomanagement-Philosophie in das Projektmanagement sind folgende Aspekte zu beachten:

- Übernahme der im Rahmen der Risikopolitik definierten Risikomanagement-Standards, wie Risikoklassen, Wertgrenzen, Risikomanagement-Prozesse, Berichtsstrukturen, Aggregationsebenen, Formulare, Vorlagen, Methoden, Werkzeuge etc.
- Einbindung der beschaffungsrelevanten Risikomanagement-Aktivitäten im Projekt in die Risikomanagement-Organisation der Beschaffung (Risikomanagement-Netzwerk).
- Abgrenzung der Berichtswege; also Klärung, ob projektspezifische Beschaffungsrisiken über die Risikomanagement-Organisation der Beschaffung oder vom Fahrzeugprojekt konsolidiert und an den Vorstand berichtet werden (Vermeidung von Redundanzen) sowie Harmonisierung der Berichtszyklen.
- Klärung der Verantwortlichkeiten zur Handhabung von Risiken bei Risikoeintritt (Projekt vs. Linie).

Da ein Fahrzeugprojekt eine komplexe Querschnittsfunktion im Unternehmen darstellt, in dem nahezu alle Funktionsbereiche des Unternehmens involviert sind, ist darauf zu achten, dass die jeweilige Abgrenzung zwischen den unterschiedlichen funktionsspezifischen Risikomanagement-Aktivitäten (also innerhalb Beschaffung, Entwicklung, Produktion, Vertrieb etc.) und den projektspezifischen Risikomanagement-Aktivitäten einheitlich erfolgt. Hierbei sollten übergreifende Regelungen zwischen dem Risikomanagement auf Unternehmensebene und den einzelnen Fahrzeugprojekten gefunden werden. Ziel eines integrativen Risikomanagements besteht darin, eine möglichst homogene und einheitliche Methodologie (z. B. Risikoklassifikation, Prozesse und Organisation, Erfassungs- und Bewertungstools etc.) zu verwenden, die für die Bewertung der verschiedenen Risikokategorien eingesetzt werden kann. Nur so lassen sich die unterschiedlichen Gefahrenpotenziale miteinander

[1265] Vgl. Gleißner/Romeike, 2005, S. 151 ff. in Bezug auf den Zusammenhang von Risiko- und Qualitätsmanagement.

verknüpfen und in einem Gesamtbild sinnvoll erfassen sowie vollumfänglich beurteilen.

4.2.8 Risikomanagement beim Lieferantenmanagement

In Abgrenzung zu den im vorherigen Kapitel vorgestellten projektabhängigen Aufgaben, die der Planung, Durchführung und Kontrolle spezifischer Beschaffungsprojekte dienen, sichern projektunabhängige bzw. -übergreifende Aufgaben die allgemeine Infrastruktur für alle aktuellen und potenziellen Beschaffungsprojekte im Netzwerk.[1266]

Durch die aktive Gestaltung, Lenkung und Entwicklung von Lieferanten-Abnehmer-Beziehungen wird mithilfe des Lieferantenmanagements versucht, das Verhältnis zwischen den beiden Parteien sowie die der Beziehung zugrunde liegenden Rahmenbedingungen zur Erfüllung der Beschaffungsziele zu verändern.[1267] Das Lieferantenmanagement zielt somit „auf die langfristige Optimierung der Beziehungen zwischen dem Unternehmen und seinen Lieferanten“.[1268] Hieraus werden entsprechende Einkaufsstrategien entwickelt. Die Notwendigkeit eines Lieferantenmanagements resultiert zum einen aus den Veränderungen im unternehmensinternen oder -externen Umfeld, die im Laufe der Beziehung eintreten können.[1269] Korrekturmaßnahmen sind zum anderen aber auch deshalb erforderlich, da trotz einschlägiger Analysen und Untersuchungen innerhalb der Lieferantenauswahlphase nicht davon ausgegangen werden kann, dass sich die Beziehung wie gewünscht entwickelt, z. B. in Bezug auf die Erfüllung der Leistungsanforderungen.[1270]

Wie in Kapitel 3.2.4.2 bereits beschrieben, bilden die beiden Aufgaben „Management der Lieferantenbasis“ sowie „Lieferantenentwicklung“ den Schwerpunkt des Lieferantenmanagements.[1271] Diese beiden Aufgaben sind nun so anzupassen, dass sie den Anforderungen eines Risikomanagements genügen. Das Risikomanagement im

[1266] Vgl. Boutellier/Corsten, o. J. S. 67.
[1267] Vgl. hierzu Kapitel 3.2.4.
[1268] Jahns/Middendorff/Schober, 2001, S. 40. Vgl. hierzu auch Kapitel 3.2.3.2. bzw. Kapitel 3.2.4.2. bezüglich der Themen Beschaffungsstrategien und Lieferantenmanagement.
[1269] Large bezeichnet Lieferanten-Abnehmer-Beziehungen als vielschichtige komplexe Gebilde, die sich mit der Zeit verändern. Vgl. Large, 1999, S. 128 f. Dies gilt natürlich auch für die beiden Größen Macht und Abhängigkeit, die sich ebenfalls dynamisch verhalten. „Insofern sollten gegebene Abhängigkeitspositionen immer als Momentaufnahme verstanden werden, deren Fortbestand ungewiss ist.“ Freiling, 1995, S. 47.
[1270] Vgl. hierzu Kapitel 3.2.2.
[1271] Siehe hierzu auch die Ausführungen zu lieferantenbezogenen Beschaffungsstrategien in Kapitel 3.2.3.2.

Rahmen des Lieferantenmanagements (projektübergreifendes Risikomanagement) verfolgt dabei eine vom Projekt unabhängige, vollumfängliche und übergeordnete Sichtweise und soll Risiken, die sich aus der bestehenden Lieferantenbasis bzw. den einzelnen Lieferantenbeziehungen ergeben, identifizieren, bewerten und handhaben. Dieser Teilbereich eines Risikomanagements der Beschaffung fokussiert also auf Risiken, die durch die anderen Teilsysteme des Risikomanagement-Modells nicht explizit betrachtet werden.

Zentraler Bestandteil der Risikomanagement-Aufgabe innerhalb dieses Teilsystems ist das regelmäßige und systematische „Scanning" der Lieferantenstruktur sowie der entsprechenden Lieferantenbeziehungen unter risikoorientierten Gesichtspunkten. Aus der Gesamtheit aller Lieferanten des Unternehmens sind solche Lieferanten zu selektieren, von denen die größte Gefahr ausgeht. Die Beurteilung sollte dabei zunächst auf Basis des Ausmaßes der Risikowirkung, also unabhängig von der jeweiligen Eintrittswahrscheinlichkeit, erfolgen. Im Sinne einer „Worst-Case-Betrachtung" (und gemäß dem Prinzip der Wesentlichkeit) steht hier die Frage im Vordergrund, bei welchen Lieferanten ein entsprechender Ausfall zu existenzbedrohenden bzw. äußerst schwerwiegenden Folgen für das beschaffende Unternehmen führen würde. Es sind somit die risikobezogenen Schlüssellieferanten innerhalb des Lieferantenstamms zu identifizieren.

Die Abschätzung des Risikopotenzials der einzelnen Lieferanten erfolgt auf Basis unterschiedlicher Lieferanten- und Beziehungsmerkmale (die z. B. Hinweise auf Abhängigkeits- oder Versorgungsrisiken geben), aus welchen sich Ansatzpunkte für Steuerungsmaßnahmen eines Risikomanagements ableiten lassen. Mithilfe dieser Merkmale sind im Rahmen einer Vorauswahl die kritischsten Lieferanten zu identifizieren und entsprechend zu filtern. Als Beispiele von Merkmalen zur Klassifizierung der Lieferantenbasis im Rahmen eines projektübergreifenden Risikomanagements seien genannt:

- Beschaffungsvolumen (z. B. „Top-50-Lieferanten")
- Anzahl der belieferten Werke (z. B. Lieferanten, die mehr als 3 Werke beliefern)
- Anzahl der belieferten Fahrzeugprojekte (z. B. Lieferanten, die mehr als 3 Baureihen beliefern)
- Strategische Bedeutung des Lieferanten (z. B. Innovationskraft)
- Beschaffungsobjekt (z. B. Lieferanten von Integrationsmodulen)
- Lieferantenlebenszyklus (z. B. Neulieferanten)

- Art der Lieferbeziehung (z. B. strategische Partnerschaften)
- Risikorelevanz des gelieferten Produkts (z. B. Rohstofflieferanten)
- Branche (z. B. Lieferanten innerhalb der Elektronik-Branche)
- Lieferantengröße (z. B. Megalieferanten)
- Lieferantentyp (z. B. Systemlieferanten)
- Beschaffungsregion (z. B. Lieferanten aus Schwellenländern)
- Abschneiden innerhalb der Lieferantenbewertung (z. B. Lieferanten mit nur ausreichender „Performance“ oder „Worst-50-Lieferanten“)
- Art der Einbindung in den Produktentstehungsprozess (z. B. Konzeptlieferanten)
- Anzahl der Beschaffungsalternativen für einzelne Produkte (z. B. Single-Sourcing-Lieferanten oder Lieferanten mit einem Volumensanteil von größer als 80 % bei einem Beschaffungsobjekt)
- Anzahl der Produktionsstandorte des Lieferanten (z. B. Lieferanten mit nur einem Produktionsstandort)

Die Lieferanten innerhalb der jeweiligen Gruppen sind im darauffolgenden Schritt hinsichtlich ihrer Risikosituationen detailliert zu untersuchen. Im Rahmen dieser Analyse sind auch die entsprechenden Eintrittswahrscheinlichkeiten der Risiken sowie die bereits eingesetzten Maßnahmen zu berücksichtigen.

Die oben genannten Merkmale liefern mögliche Ansätze zur Identifikation von Risikolieferanten. In der Praxis sollte sich diese Vorauswahl auf die signifikantesten Klassen konzentrieren. Zur Eingrenzung des Risikopotenzials lassen sich die einzelnen Merkmale auch durch „und“-Verknüpfungen miteinander verbinden. In Bezug auf die vorgestellten Klassen könnten beispielsweise aus den „Top-50-Lieferanten“ (Merkmal Beschaffungsvolumen) alle Single-Sourcing-Lieferanten (Merkmal Beschaffungsalternativen) identifiziert werden.

Zur Einschätzung des Risikopotenzials der auf Basis definierter Merkmale vorausgewählten Lieferanten sowie zur Ableitung entsprechender Maßnahmen bieten sich Portfolio-Techniken an. Da das Risiko einer Abhängigkeit von einem Lieferanten zu den bedeutendsten Risiken zählt, ist die Beurteilung des Abhängigkeitsrisikos auf Grundlage der bereits vorgestellten „Beziehungsmatrix“ (siehe Kapitel 4.2.3.4.1) möglich.

Ein weiteres in Literatur und Praxis häufig verwendetes Portfolio zur übergreifenden Beurteilung von Risiken innerhalb des Beschaffungsbereichs stellt die Lieferanten-Produkt-Matrix dar. Hierbei werden die Lieferanten sowie die von diesen eingekauften Produkte bzw. Dienstleistungen unterschiedlichen Lieferanten- bzw. Produktklassen zugeordnet, aus denen sich Versorgungsrisiken ableiten lassen (siehe Abbildung 4-24).

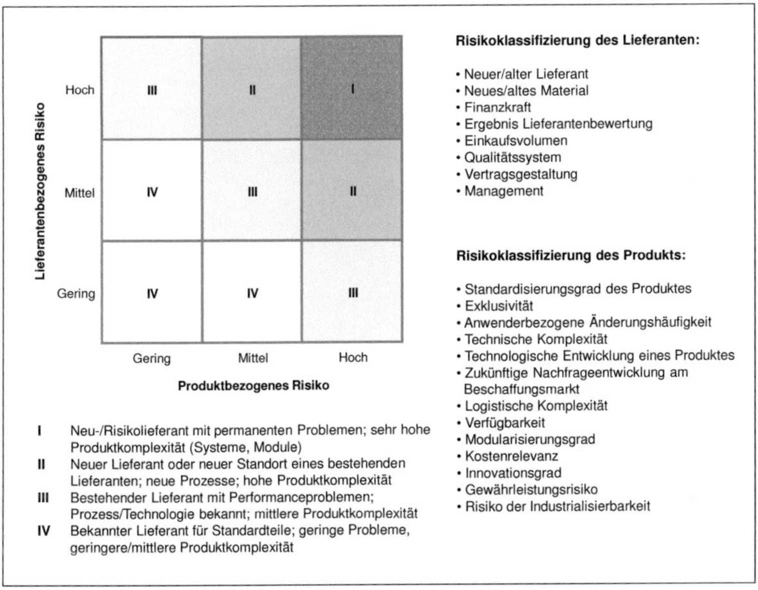

Abb. 4-24: Lieferanten-Produkt-Matrix[1272]

Die Entwicklung von Risikomanagement-Maßnahmen erfolgt aus einer übergreifenden Perspektive. Mögliche Maßnahmen sind z. B. die Reduzierung der Anzahl von Lieferanten mit potenziell hohem Risiko oder die Reduzierung der Höhe des Beschaffungsvolumens, das bei Lieferanten mit potenziell hohem Risiko gekauft wird, z. B. durch Neuverteilung des Volumens auf Lieferanten mit geringerem Risikopotenzial. Die als extrem risikobehaftet identifizierten Lieferanten sind laufend zu überwachen, die Analyse auf Grundlage der ausgewählten Merkmale ist regelmäßig zu wiederholen.[1273]

[1272] Quelle: eigene Darstellung, angelehnt an Wildemann, 2004, S. 140.
[1273] Nicht nur die Zulieferbeziehung bedarf einer über den Lebenszyklus durchgängigen Bewertung, sondern auch der Beschaffungsmarkt als Umfeld, in dem der Lieferant agiert. So kann beispiels-

Ein weiterer Ansatzpunkt eines projektübergreifenden Risikomanagements kann aus der Perspektive des Beschaffungsobjekts erfolgen. Ähnlich der oben genannten Vorgehensweise in Bezug auf die Lieferantenstruktur ist das Beschaffungsprogramm nach den verschiedenen Arten von Beschaffungsobjekten zu differenzieren. Wichtige Informationen zur unterschiedlichen Bedeutung der einzelnen Beschaffungsbereiche und -objekte liefert die Einteilung des Sortiments nach der ABC-Analyse. Mithilfe des Beschaffungsgüterportfolios von Wildemann mit den beiden Achsen „Beschaffungsvolumen" und „Versorgungsrisiko" (siehe Risikoklassifizierung des Produkts in Abbildung 4-24) kann schließlich eine materialgruppenspezifische Risikoidentifizierung durchgeführt werden.[1274]

Abschließend sei auf die Lieferantenentwicklung verwiesen, die auch im Sinne eines Risikomanagements zur Anwendung kommen sollte.[1275]

4.2.9 Risikomanagement-Zusammenarbeit mit dem unternehmensinternen Umfeld

Zum unternehmensinternen Umfeld der Beschaffung zählen sowohl andere Funktionsbereiche des Unternehmens als auch bereichsübergreifende Projekte (z. B. Fahrzeugentwicklungsprojekte), die mit der Beschaffung in unterschiedlicher Form (z. B. operativ, informationell, hierarchisch) in Verbindung stehen können.

Die Charakterisierung eines strategischen Risikomanagements der Beschaffung erfordert eine Abgrenzung zu den Risikomanagement-Aktivitäten anderer Unternehmensbereiche. Dieser Zusammenhang soll zunächst in Abbildung 4-25 auf Basis der einzelnen Teilaktivitäten des Risikomanagement-Prozesses idealtypisch verdeutlicht werden.[1276]

weise darüber nachgedacht werden, dass trotz positiver Beurteilung der individuellen Leistungsentwicklung eines Lieferanten aufgrund veränderter Wettbewerbsbedingungen des relevanten Beschaffungsmarkts zumindest über einen Abbau der Beziehung oder andere Strategiealternativen nachgedacht werden muss. Entsprechend sind im Rahmen eines projektübergreifenden Risikomanagements auch die Beschaffungsmärkte zu untersuchen.

[1274] Vgl. Wildemann, 2004, S. 142 f.

[1275] Vgl. Wildemann, 2001, S. 155–171.

[1276] Die Aufteilung der einzelnen Risikomanagement-Aktivitäten zwischen den in unterschiedlicher Form betroffenen Funktionsbereichen hängt in der Praxis vom spezifischen Einzelfall ab und kann von dem in Abbildung 4-25 vorgestellten Vorschlag abweichen.

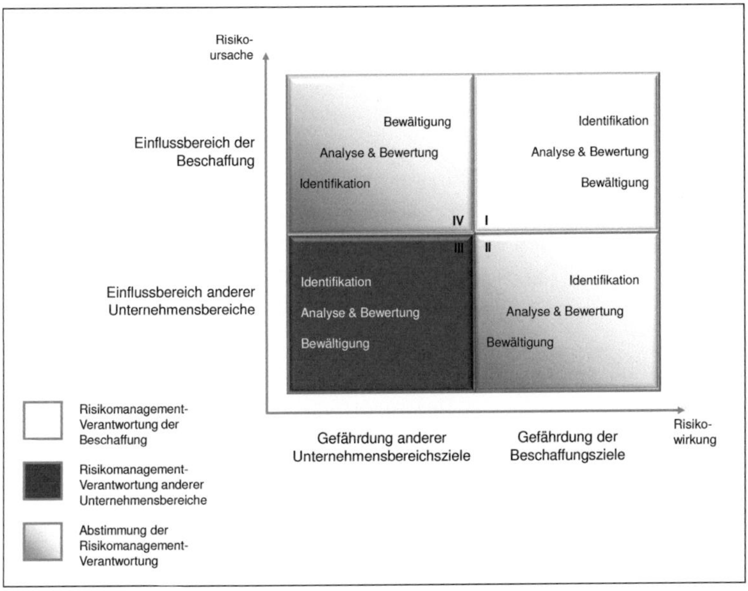

Abb. 4-25: Abgrenzung des Risikomanagements im Beschaffungsbereich[1277]

Wirkungsseitig erstreckt sich der Einflussbereich des strategischen Risikomanagements der Beschaffung auf alle Bedrohungen, die die Erreichung der Beschaffungsziele gefährden können. Die Identifikation und Analyse dieser Störungen ist somit auf die Beschaffungsziele ausgerichtet (siehe Quadrant I und II in Abbildung 4-25) und entspricht in seinen Grundprinzipien der in Kapitel 2.3.2.1 vorgestellten strategischen Kontrolle. Pfisterer führt in diesem Zusammenhang an, dass „die Störvariablen für die Beschaffungskontrolle nur von Bedeutung sind, wenn ihr Einfluss zu Konsequenzen innerhalb der Beschaffung führt".[1278] Dieser Auffassung wird im Rahmen der vorliegenden Arbeit gefolgt. Das strategische Risikomanagement der Beschaffung sollte darauf ausgerichtet sein, solche Risiken sowohl ursachen- als auch wirkungsseitig zu

[1277] Quelle: eigene Darstellung.

[1278] Pfisterer, 1988, S. 213. Vgl. außerdem Schubert, 2004, S. 151 f. Schubert weist auf die Komplexität einer Risikoidentifikation im Beschaffungsbereich hin und sieht es nicht als eine Aufgabe des Risikomanagements der Beschaffung an, die möglichen Risikoursachen aus den anderen Teilbereichen des Unternehmens im Detail zu analysieren. Anstelle dessen definiert er als Aufgabe eines Risikomanagements der Beschaffung, den Informationsfluss zwischen den entsprechenden Bereichen sicherzustellen. Ergänzend hierzu sei erwähnt, dass eine Verfolgung des Tagesgeschäftes anderer Unternehmensbereiche in der Tat als unmöglich erscheint. Nichtsdestotrotz sollten dem Risikomanagement der Beschaffung die wichtigsten Ursachen-Wirkungs-Beziehungen zwischen den Aktivitäten anderer Unternehmensbereiche und der Zielgefährdung innerhalb der Beschaffung bekannt sein. Die Identifikation eines Risikos setzt hierbei eher retrograd (siehe Kapitel 2.2.3.1) auf der Grundlage entsprechender Beschaffungskontrollen an.

identifizieren, die potenziell, latent oder akut die Zielerreichung der Beschaffung gefährden.

Während sich die Identifikation von Beschaffungsrisiken, welche die Beschaffungsziele gefährden, relativ eindeutig dem Risikomanagement der Beschaffung zuordnen lässt, muss die Analyse und Bewertung sowie die Bewältigung der die Beschaffungsziele gefährdenden Risiken nicht ausschließlich durch den Beschaffungsbereich erfolgen (siehe Quadrant II). Risiken des Bereichs der Beschaffung, die von anderen Unternehmensbereichen ausgelöst werden, müssen bzw. können meist nur vom verursachenden Unternehmensbereich behoben werden, da sie außerhalb des Einflussbereichs der Beschaffung liegen. Häufig handelt es sich hierbei um typische Zielkonflikte zwischen den unterschiedlichen Funktionsbereichen eines Unternehmens, die eine gemeinsame Risikoanalyse und -evaluierung notwendig machen. In solchen Fällen ist eine Lösung im Sinne eines unternehmerischen Gesamtoptimums zu erarbeiten.[1279] Die Verantwortung des Risikomanagements der Beschaffung ist es somit, das entsprechende Risiko zu identifizieren und eine funktionsübergreifende Analyse und Bewertung anzustoßen. Die Bewältigung des Risikos obliegt in der Regel dem verursachenden Bereich und sollte daher auch von dessen Risikomanagement-Organisation gesteuert werden.

Umgekehrt gilt, dass Risikoursachen innerhalb des Verantwortungsbereichs der Beschaffung (also exogene, endogene sowie der Lieferanten-Abnehmer-Beziehung entspringende Risiken), die andere Fachbereichs- bzw. Unternehmensziele gefährden (siehe Quadrant IV) in der Regel vom Risikomanagement der Beschaffung zu bewältigen sind, da sie in dessen Einflussbereich liegen.

Abgrenzungsprobleme können auch in Bezug auf die Identifikation von Risiken auftreten, die im Einflussbereich der Beschaffung liegen und andere Unternehmensziele gefährden (siehe Quadrant IV). In diesem Zusammenhang sei auf die Ausführungen von Schubert verwiesen. Dieser stellt fest, dass es nicht ausreichend ist, „sich bei der Analyse auf Störungen der Beschaffungsprozesse und dadurch gefährdete Beschaffungsziele zu beschränken".[1280] Um die möglichen Wirkungen und Gefahrenpotenziale von Beschaffungsrisiken (möglichst) vollständig zu erfassen und zu bewerten, schlägt Schubert vor, die Auswirkungen der Beschaffungsrisiken auf die anderen Ziele des Unternehmens zu analysieren. Da sich in der Praxis die

---

[1279] Hacker betont, dass keine Funktion in der Lage ist, grundlegende Entscheidungen selbst zu treffen, ohne andere Funktionsbereiche zu beeinflussen und dass auf funktionaler Strategieebene somit entsprechende Konfliktpotenziale bzw. Abstimmungsbedarfe zwischen den einzelnen Bereichen existieren. Vgl. Hacker, 2007, S. 47.

[1280] Schubert, 2004, S. 123.

Umsetzung einer solchen Vorgehensweise häufig als schwierig erweist, sei diesen Aussagen Folgendes hinzugefügt: Die Kenntnis der Beschaffung über die Teilziele anderer Unternehmensbereiche ist innerhalb komplexer Unternehmungen nicht immer gegeben. Insofern sind auch die Gefährdungen anderer Unternehmensziele durch beschaffungsseitig ausgelöste Ursachen für das Risikomanagement der Beschaffung nicht immer evident. Die Identifikation von Gefährdungen anderer bereichsbezogener Ziele (also nicht Beschaffungsziele) muss und kann deshalb häufig nicht vom Risikomanagement der Beschaffung übernommen werden und obliegt aus Sicht der vorliegenden Arbeit deshalb dem Risikomanagement der anderen Fachbereiche.

Um Abgrenzungsprobleme zwischen den unterschiedlichen Risikomanagement-Organisationen des Unternehmens zu vermeiden, sollte eine intensive Abstimmung zwischen den betroffenen Bereichen erfolgen. Idealerweise geschieht dies bereits im Vorfeld, z. B. im Rahmen der unternehmensweiten Einführung eines Risikomanagements. Abbildung 4-25 stellt hierbei eine idealtypische Abgrenzung dar, die allerdings in der betrieblichen Praxis einzelfallspezifisch zu überprüfen ist. Hierbei gilt es, eine Zuordnung der einzelnen Risikomanagement-Aktivitäten zu den jeweiligen Risikomanagement-Organisationen zu finden, die den effektiven und effizienten Einsatz eines Risikomanagements im Unternehmen möglich macht. Neben der Harmonisierung der Risikoklassen sollten die Ursachen-Wirkungs-Beziehungen zwischen beiden Schnittstellenpartnern identifiziert werden. Darauf aufbauend sollte geklärt werden, wer die laufende Überwachung welcher Risiken übernimmt, wer welche Verantwortung bei Eintritt eines Risikos bzw. Schadens trägt, wie in einem solchen Risikoszenario die Kommunikation zwischen beiden betroffenen Bereichen aussieht, wer welche Risiken wertmäßig konsolidiert und wer die Berichterstattung an die übergeordneten Controllingstellen übernimmt. Es gilt zu vermeiden, dass aufgrund mangelnder Abstimmung einzelne Schritte des Risikomanagement-Prozesses entweder redundant erfolgen oder gar nicht durchgeführt werden, weil jeder Funktionsbereich der Annahme ist, der andere sei dafür zuständig. Diese Abgrenzung trifft dabei v. a. auf Risiken zu, die sich innerhalb der Quadranten II und IV der in Abbildung 4-25 vorgestellten Matrix positionieren lassen.

Bei der Betrachtung der Schnittstellen zwischen dem Beschaffungsbereich und Fahrzeugentwicklungsprojekten (die meist als Querschnittsfunktionen angelegt sind und in denen die Beschaffung eine wichtige Teilaufgabe wahrnimmt) zeigt sich, dass auch bei Risikokonstellationen, die nicht innerhalb der Quadranten II und IV positioniert sind, eine entsprechende Abgrenzung und Abstimmung der einzelnen Risikomanagement-Aufgaben mit anderen Organisationseinheiten notwendig ist. Bei den beschaffungsspezifischen Risiken innerhalb eines Fahrzeugprojekts handelt es sich normalerweise um Risikokonstellationen, für die der Funktionsbereich der Beschaffung entlang des gesamten Risikomanagement-Prozesses die Verantwortung trägt (also Quadrant I), da[1281]

- die Risiken vom Einflussbereich der Beschaffung (also endogene und exogene Risiken sowie Beziehungsrisiken) verursacht sind und
- sich ihre Wirkung auf die Erreichung der Beschaffungsziele niederschlägt.

Diese Beschaffungsrisiken können aber gleichzeitig auch die Erreichung der Projektziele[1282] gefährden. Außerdem sind solche unternehmensweiten Projekte in der Regel ebenfalls mit einer Risikomanagement- und Controllingfunktion ausgestattet, die Risiken überwachen und an übergreifende Funktionen und Gremien (häufig sogar dem Vorstand direkt) berichten. Daher kommt es darauf an, zwischen den beiden Risikomanagement-Organisationen sowohl vor Beginn eines Projekts als auch bei Eintritt eines Risikos bzw. Schadens die Verantwortung für Berichtswesen, die wertmäßige Konsolidierung sowie Eskalationswege und -mechanismen abzustimmen. Schließlich ist auch hier zu vermeiden, dass die Risiken über zwei unterschiedliche Informationskanäle (Bereich, Projekt) an das Konzerncontrolling berichtet und damit u. U. doppelt erfasst werden.

Die o. g. Abgrenzungen sind als risikopolitische Grundsätze der Beschaffung zu verankern, um eine einheitliche Vorgehensweise bei der Zusammenarbeit mit anderen Funktions-bereichen oder Projekten sicherzustellen.

Die Abgrenzung von Risikomanagement-Aktivitäten der Beschaffung mit dem unternehmensinternen Umfeld sei im Folgenden anhand eines Beispiels beschrieben:

Währungsrisiken gefährden i. d. R. sowohl die Beschaffungs- als auch die Vertriebsziele des Unternehmens. Diese Risiken können durchaus zu existenzbedrohenden Verlusten führen. Für das beschaffende Unternehmen bedeuten Wechselkursrisiken beispielsweise die Gefahr einer Werterhöhung eingegangener Verbindlichkeiten infolge einer Aufwertung der Auslandswährung gegenüber der Inlandswährung.[1283] Bei

---

[1281] Vgl. hierzu Kapitel 4.2.7 Risikomanagement beim Projektmanagement.

[1282] Wie beispielsweise Zielanpassungen, Verschiebungen von Terminen im Entwicklungsprozess, Verschiebungen von Anlaufterminen oder Produktinhalten, Erhöhung der Herstellkosten und der Entwicklungsaufwände für die Behebung der Probleme etc.

[1283] Vgl. Wildemann, 2001, S. 97 ff. Wildemann unterscheidet bei Auslandseinkauf außerdem Konvertierungs- und Transferrisiken sowie ökonomische Risiken. Das Konvertierungsrisiko schränkt die Möglichkeit ein, Geld bzw. Devisen verschiedener Länder untereinander zum geltenden Kurs frei auszutauschen und frei darüber zu verfügen. Das Transferrisiko beschreibt die Gefahr, dass Zahlungen aus einem Währungsgebiet in das Land, in dem diese Zahlung zu leisten sind, durch

Abschluss der Lieferverträge in Landeswährung würde dies zu höheren Preisen am Beschaffungsmarkt führen. Umgekehrt kann eine Aufwertung der Inlandswährung gegenüber der Auslandswährung für den Vertrieb bedeuten, dass die im Auslandsmarkt erzielten Umsätze wertgemindert und damit niedrigere Gewinne erwirtschaftet werden.

Die Reduzierung von Wechselkursrisiken der Beschaffung kann kurz- und mittelfristig mithilfe von Kurssicherungsgeschäften erfolgen.[1284] Das Währungsrisiko bei der Beschaffung im Ausland wird vermindert, indem zu den durch Kauf entstehenden Passiva Aktiva derselben Währung und mit derselben Fristigkeit gebildet werden. Die Verknüpfung von Forderungen und Verbindlichkeiten setzt dabei eine ständige Beobachtung der Zahlungsströme voraus. Bei der Absicherung von Wechselkursrisiken auf dem Finanzmarkt erfolgt die Handhabung beschaffungszielgefährdender Risiken somit von entsprechenden Spezialisten innerhalb des Finanzbereichs. Diese Handhabungsform stellt ein Beispiel für den Quadranten II in Abbildung 4-25 dar. Da die Überwachung der Zahlungsströme übergreifenden Charakter besitzt und außerhalb des Einflussbereiches der Beschaffung liegt, könnte die Identifizierung sowie die Analyse und Bewertung der Risiken im vorliegenden Beispiel auch vonseiten des Finanzwesens erfolgen. Dies gilt es entsprechend abzustimmen.

Die Absicherung von Wechselkursrisiken kann aber auch vom Einkauf direkt erfolgen,[1285] z. B. durch Abschluss von Verträgen in inländischer Währung, durch Vertragsabschluss in Drittwährung bzw. durch Kurssicherungsklauseln (durch die das Entgelt von zukünftigen Wechselkursen abhängig gemacht wird) oder durch Abschluss von Wechselkursversicherungen. Die durch Wechselkursrisiken gefährdeten Beschaffungsziele werden somit durch Maßnahmen innerhalb des Bereichs der Beschaffung belegt (siehe Quadrant I).

Schließlich können beschaffungsseitige Aktivitäten auch einen Beitrag zur Verminderung bzw. zur Vermeidung von Währungsrisiken, welche die Zielerreichung anderer Bereiche gefährden, leisten. Als Beispiel wären die Auswirkungen von Wechselkursrisiken auf den Vertrieb im Ausland zu nennen. Durch eine sukzessive Erhöhung des Einkaufsvolumens im Fremdwährungsraum werden den Einzahlungen im Ausland

---

staatliche Eingriffe beschränkt werden mit entsprechenden Konsequenzen für die Beschaffungsmöglichkeiten in dem diskriminierten Land. Das ökonomische Risiko bezieht sich schließlich auf die Konsequenzen langfristig angelegter Beschaffungsentscheidungen, die durch Währungsänderungen ausgelöst werden.

[1284] Vgl. auch Salvisberg, 2001, S. 24, Arnolds/Heege/Tussing, 1996, S. 275 f.

[1285] Vgl. Wildemann, 2004, S. 106, der darauf hinweist, dass Ansatzpunkte für Risikohandhabungsstrategien im finanziellen Bereich auch die übrigen Funktionsbereiche des Unternehmens betreffen.

weitere Auszahlungen gegenüberstellt. Ziel des sogenannten „Natural Hedgings“ ist es, ausgeglichene Zahlungsströme zu erreichen und so die Wechselkursrisiken mittel- bis langfristig abzusichern (dieses Beispiel entspricht dem in Quadrant IV aufgezeigten Zusammenspiel von Risikomanagement-Aktivitäten).[1286]

4.2.10 Risikomanagement-Zusammenarbeit mit dem unternehmensexternen Umfeld

4.2.10.1 Vertikale Zusammenarbeit zwischen Hersteller und Zulieferer

Die Zusammenarbeit mit den Risikomanagement-Organen des unternehmensexternen Umfelds wird wesentlich durch die Komplexität und Intransparenz der Supply Chains sowie durch die existierenden Abhängigkeiten des beschaffenden Unternehmens von Lieferanten, Märkten oder globaler Umwelt bestimmt.

Störungen beim Lieferanten, die von dessen externem Umfeld verursacht wurden,[1287] können die Erreichung der Ziele des beschaffenden Unternehmens direkt beeinflussen und zu Schäden führen. Dieses Beziehungsgeflecht führt zwangsläufig dazu, dass

- Gefährdungen des Lieferanten zu Gefährdungen des Abnehmers und
- Abhängigkeiten des Lieferanten von Dritten (z. B. Shareholdern, Sublieferanten, Kunden, Banken etc.) zu Abhängigkeiten des Abnehmers

werden können.

Der Einkäufer als Verantwortlicher für die Sicherstellung der Versorgung und wichtiger Aufgabenträger eines Risikomanagements der Beschaffung darf dabei nicht nur als Risikomanager des eigenen Unternehmens agieren. Um frühzeitig über mögliche Störungen informiert zu sein, hat sich der Einkäufer auch mit der Risikosituation des Lieferanten auseinanderzusetzen. Dabei stehen solche Risiken im Vordergrund, die Ausstrahlungseffekte auf das eigene Unternehmen besitzen. Gerade im Einkauf erschwert aber die Komplexität der Beschaffungsmärkte sowie die hohe Anzahl von Lieferanten-Abnehmer-Beziehungen auf unterschiedlichen Ebenen innerhalb der Lieferantenpyramide die Einführung eines effektiven und effizienten Risikomanage-

---

1286 Vgl. BMW Group, 2006, S. 70, Gleißner, 2007, S. 91, Weigand, 1998, S. 53. Der Begriff „Hedge“ steht am Aktienmarkt für eine Absicherungsstrategie von Aktienportfolios. Schulte, 2004, S. 298.

1287 Z. B. Versorgungsprobleme des Lieferanten aufgrund der Insolvenz eines Sublieferanten oder finanzielle Schwierigkeiten des Lieferanten aufgrund von Forderungsausfällen eines wichtigen Kunden.

ments. Die Identifikation und Bewertung von Beschaffungsrisiken erfordert in vielen Fällen einen nicht vertretbaren Mehraufwand.

Um das Risikopotenzial aus dem Umfeld des Lieferanten trotzdem erfassen zu können, darf die Umsetzung eines Risikomanagements nicht an den Grenzen des Unternehmens enden. Die engen Geschäftsbeziehungen zwischen Abnehmern und Lieferanten im Rahmen komplexer Entwicklungs- und Fertigungsprojekte bedingen auch eine engere Verzahnung im Sinne eines Risikomanagements. Entsprechend sollten sich die Risikomanagement-Aktivitäten auf die gesamte Supply Chain erstrecken.[1288] Die Supply Chains können über verschiedene Lieferanten-Abnehmer-Beziehungen hinweg nur dann transparent gemacht werden, wenn der Lieferant aktiv in das Risikomanagement der Abnehmer eingebunden wird. So wie das Qualitätsmanagement von Kaufteilen bereits heute einen wesentlichen Anteil am Leistungsspektrum des Lieferanten ausmacht, sollten auch entsprechende Risikomanagement-Aktivitäten in das Anforderungsprofil des Lieferanten aufgenommen werden.

So könnte der Lieferant beispielsweise vertraglich verpflichtet werden, die Überwachung der Risiken gemäß den Anforderungen des Abnehmers zu übernehmen.[1289] Bei Eintritt einer Risikosituation hat der Lieferant dem beschaffenden Unternehmen die entsprechenden Risiken zu melden und diese aktiv bei der Problemlösung einzubinden.[1290] Der Abnehmer kann sich somit frühzeitiger mit den potenziellen oder konkreten Risiken im Umfeld des Lieferanten auseinandersetzen und entsprechende Gefahren für sein eigenes Unternehmen ableiten.

In Bezug auf mögliche vertragliche Absicherungen des Herstellers sei auf die Vereinbarung sogenannter „Covenants“ hingewiesen. Covenants entstammen der angloamerikanischen Kreditvertragspraxis und sind vertraglich bindende Zusicherungen des Kreditnehmers während der Laufzeit eines Kreditvertrags. Im Rahmen von

---

[1288] Vgl. Kajüter, 2007, S. 13, Wagner/Bode, 2007, S. 67. Gerade bei sinkenden Wertschöpfungstiefen der beschaffenden Unternehmen wird der Netzwerkgedanke zunehmend wichtiger. Die Abnehmer „dürfen sich beim Management von Supply Risiken nicht nur auf die eigenen Lieferanten konzentrieren, sondern müssten theoretisch auch die Lieferanten der Lieferanten und wiederum deren Lieferanten ‚auf dem Radar‘ haben.“ Henke, 2009, S. 96.

[1289] Götze/Mikus weisen auch auf die Möglichkeit hin, durch Anwendung „vertrauensbildender Maßnahmen die Bereitschaft zum weitgehend vorbehaltlosen Datenaustausch (‚open book-policy‘) zu wecken und aufrechtzuerhalten.“ Götze/Mikus, 2007, S. 44.

[1290] Eine drohende Insolvenz sollte vonseiten des Lieferanten rechtzeitig und offen kommuniziert werden. Die Kommunikation gegenüber den Abnehmern sollte dabei allerdings gesteuert und sehr vorsichtig erfolgen, da für den Lieferanten sonst die Gefahr besteht, dass die Kunden trotz Abwendung der Krise verloren gehen. Bei unabwendbarer Insolvenz sollten die Kunden vor Annahme eines neuen Auftrags informiert werden. Mit engen Kunden sollte dabei rechtzeitig über mögliche Lösungsalternativen gesprochen werden, da bestimmte Kunden u. U. ein Interesse an einer Beteiligung oder Übernahme haben.

Nebenbestimmungen werden hier spezifische Verhaltenspflichten des Kreditnehmers sowie die Konsequenzen einer Nichterfüllung festgelegt.

Covenants lassen sich allerdings nicht nur im Bankenbereich bei Kreditverträgen anwenden, sie können auch innerhalb der Automobilindustrie bei Lieferverträgen zum Einsatz kommen. Als mögliche vertragliche Bestimmungen seien beispielhaft genannt:

- Verpflichtung des Lieferanten, geeignete Informationen (z. B. Quartals-, Halbjahres- und Jahresabschlüsse sowie Informationen über wesentliche Unternehmenskennzahlen) zur Bewertung der wirtschaftlichen und finanziellen Verhältnisse des Lieferanten zur Verfügung zu stellen.[1291]
- Verpflichtung des Lieferanten, keine betriebsnotwendigen Vermögensgegenstände, Betriebsteile oder Beteiligungen zu veräußern, die die Versorgungssicherheit im Rahmen des Liefervertrags sicherstellen.
- Verpflichtung des Lieferanten, keine Unternehmensverträge (z. B. Spaltung, Verschmelzung, Beherrschungs- bzw. Gewinnabführungsverträge) abzuschließen und keine Kapitalherabsetzungen oder Ausschüttungen vorzunehmen bzw. sonstiges Eigenkapital auszuschütten, wenn dadurch die aus dem Liefervertrag resultierenden Verpflichtungen gegenüber dem Abnehmer beeinträchtigt werden.
- Berechtigung des Abnehmers, den Liefervertrag ganz oder teilweise zu kündigen, wenn sich die Beherrschungsverhältnisse des Lieferanten wesentlich ändern. Dies ist beispielsweise dann der Fall, wenn der Lieferanten von einem Wettbewerber des Abnehmers erworben wird oder wenn die Änderung der Beherrschungsverhältnisse aus Sicht des Abnehmers zu einer Gefährdung der Versorgungssicherheit führen kann.
- Verpflichtung des Lieferanten, auf Verlangen des Abnehmers nachzuweisen, dass die Bezahlung der Vorlieferanten pünktlich und vollständig erfolgt ist. Bei einer drohenden Gefährdung der Versorgungssicherheit durch den Vorlieferanten ist der Abnehmer berechtigt, die offenen Forderungen des Vorlieferanten gegenüber dem Lieferanten im Zusammenhang mit der Produktion für den Abnehmer zu bezahlen, wobei diese Zahlungen mit den Forderungen des Lieferanten gegenüber dem Abnehmer verrechnet werden können.

[1291] Hierbei wird auch von „Financial Covenants" gesprochen. Typische Bilanzkennzahlen sind die Eigenkapitalquote (Eigenkapitalausstattung), das Verhältnis von Verschuldung zu Eigenkapital (Verschuldungsgrad), ein Minimum des Nettoumlaufvermögens (Ertragsminimum) sowie die Quote Aktiva zu Verbindlichkeiten (Liquiditätsrelation).

- Berechtigung des Abnehmers, bei Verstoß des Lieferanten gegen die Verpflichtungen aus den vereinbarten Covenants oder bei wesentlichen Veränderungen der wirtschaftlichen und finanziellen Verhältnisse den Liefervertrag ganz oder teilweise zu kündigen.

Umgekehrt sollte natürlich auch der Abnehmer den Lieferanten in den Informationsfluss einbinden, wenn von ihm Risiken identifiziert werden, die den Lieferanten betreffen.[1292]

Im Rahmen eines Risikomanagements der Beschaffung bieten sich für Abnehmer und Lieferant beispielsweise folgende Formen der Zusammenarbeit an:

- Verpflichtung des Lieferanten zur Etablierung eines Risikomanagements.
- Auditierung des Risikomanagement-Systems des Lieferanten durch den Abnehmer.
- Harmonisierung der Risikomanagement-Systeme (beide Systeme sollten ähnlichen Grundsätzen folgen und damit weitestgehend kompatibel sein).[1293]
- Regelmäßiger und institutionalisierter Informationsaustausch zwischen Lieferanten und Hersteller bezüglich der jeweiligen Risikosituation (Frühwarnung bei potenziellen Risiken).[1294]
- Aufnahme der für den Abnehmer relevanten Risiken des Lieferanten in die Risikoberichterstattung des Abnehmers.
- Entwicklung gemeinsamer Maßnahmenpläne (Eventualpläne) zur Handhabung von Risiken.
- Statusinformationen des Lieferanten an den Abnehmer im Rahmen der Bewältigung kritischer Lieferanten-Störungen, die den Abnehmer betreffen.

1292 Die Forderung einer offenen Kommunikation beider Seiten ist selbstverständlich als idealtypisch zu betrachten. Aufgrund möglicher Interessenskonflikte zwischen den Geschäftspartnern wird sich eine Umsetzung in der betrieblichen Praxis häufig nur eingeschränkt realisieren lassen. Dies betrifft z. B. Störungen, welche die Geschäftsgrundlage zwischen den beiden Parteien gefährden. Schwerwiegende Risikopotenziale des Lieferanten könnten den Abnehmer veranlassen, sich eher vom Lieferanten zu trennen (im Sinne der Anwendung einer Vermeidungsstrategie) als ihn bei der Behebung des Risikos zu unterstützen.

1293 Kajüter weist allerdings zurecht darauf hin, dass die Bereitschaft von Unternehmen, sich speziellen Standards einer Supply Chain anzupassen, häufig begrenzt ist, da die Unternehmen zumeist an mehreren Supply Chains beteiligt sind. Vgl. Kajüter, 2007, S. 15.

1294 Zur Frühaufklärung im Rahmen des Risikomanagements von Supply Chains, vgl. auch Krystek, 2007, S. 355–364.

- Verpflichtung des Lieferanten zur Offenlegung von wichtigen Risikokennzahlen (z. B. Selbstauskunft im Rahmen der Lieferantenanfrage) sowie Anwendung von (Financial) Covenants.

Diese Art der Zusammenarbeit im Sinne eines integrierten Risikomanagements kann natürlich nicht flächendeckend über die gesamte Lieferantenbasis bzw. Supply Chain erfolgen, sondern muss selektiv mit den wichtigsten Lieferanten in Bezug auf bestimmte Risikofelder abgestimmt werden. In der Regel sind hierfür solche Lieferanten prädestiniert, mit denen bereits eine sehr enge, vertrauensvolle Zusammenarbeit existiert und wo beispielsweise aufgrund gegenseitiger Abhängigkeiten ein beidseitiges Interesse zur Minimierung von Risiken besteht.

In diesem Zusammenhang sei abschließend auf die Differenzierung von Kajüter verwiesen, der unterschiedliche Integrationsgrade einer unternehmensübergreifenden Ausprägung eines Risikomanagements unterscheidet.[1295] Von einem „Risikomanagement in der Supply Chain" kann gesprochen werden, wenn eine gemeinsame Identifikation, Bewertung und Steuerung von Risiken durch Unternehmen verschiedener Wertschöpfungsstufen stattfindet, wobei die Zusammenarbeit primär informell erfolgt und es keine systematische Einbindung in Planung und Berichterstattung auf Supply-Chain-Ebene gibt. Ein „Supply-Chain-Risikomanagement" als höchste Integrationsstufe liegt gemäß Kajüter dann vor, wenn eine strukturierte Analyse, Steuerung, Kontrolle und Kommunikation von Risiken entlang der Supply Chain erfolgt. Die Unternehmen arbeiten hierbei im Rahmen eines unternehmensübergreifenden Risikomanagement-Prozesses, der integraler Bestandteil der gemeinsamen Planung und Kontrolle ist, eng zusammen. Als schwächsten Integrationsgrad unterscheidet Kajüter ein „Risikomanagement mit Supply-Chain-Orientierung", das sich vom klassischen Risikomanagement-Ansatz kaum unterscheidet. Das beschaffende Unternehmen identifiziert, bewertet und steuert in diesem Fall die Risiken, die von der Supply Chain ausgehen.

Welcher dieser drei Ansätze im konkreten Einzelfall geeignet ist, hängt wesentlich von der Art der Geschäftsbeziehung zwischen den einzelnen Unternehmen ab. Kajüter weist darauf hin, dass diese Ansätze durchaus parallel verfolgt werden können und dass mit zunehmender Kooperationsintensität schrittweise zur maximalen Ausprägungsform des „Supply-Chain-Risikomanagements" übergeführt werden sollte. Es wird deutlich, dass bei der Gestaltung der Zusammenarbeit zwischen unterschiedlichen Unternehmen innerhalb der Supply Chain auch im Rahmen des Risi-

---

[1295] Vgl. Kajüter, 2007, S. 22 f.

komanagements zu entscheiden ist, welche Intensität diese Zusammenarbeit besitzen soll.

4.2.10.2 Horizontale Zusammenarbeit zwischen unterschiedlichen Herstellern

Die vertikale Zusammenarbeit des beschaffenden Unternehmens mit ausgewählten Lieferanten sollte um horizontale Kooperationen mit anderen Automobilherstellern erweitert werden. In Abhängigkeit von der jeweiligen Phase innerhalb des Risikomanagement-Prozesses und der jeweiligen Risikosituation ergeben sich hierbei unterschiedliche Ansatzpunkte. Als Beispiele wären zu nennen:

- Informationsaustausch bei Risikomärkten (z. B. bei branchenbedingten Abhängigkeiten von einem Beschaffungsmarkt) und Risikolieferanten (z. B. bei Lieferanten mit Versorgungsproblemen) im Rahmen regelmäßiger Treffen.
- Gemeinsames „Lobbying“ bei politischen Risiken (z. B. zur Verhinderung der Verabschiedung einer Gesetzesvorlage).
- Bildung von Einkaufsgemeinschaften zur Schaffung von Nachfragemacht.
- Standardisierung von Produkten zur Schaffung von Skaleneffekten innerhalb des Beschaffungsmarkts.

Die sehr konzentrierten Marktstrukturen in der Automobilzulieferindustrie führen außerdem dazu, dass bestimmte Liefer- und Leistungsumfänge nur noch von wenigen Lieferanten angeboten werden. Bei bestimmten Produkten oder Produktgruppen ist somit die Schnittmenge gemeinsamer Lieferanten zwischen den einzelnen Herstellern sehr hoch. Gerät ein Lieferant in eine Krisensituation, sind meist mehrere Abnehmer gleichzeitig betroffen. Risikomanagement-Aktivitäten zur Aufrechterhaltung bzw. Stabilisierung der Versorgung sollten bei komplexeren Problemen deshalb herstellerübergreifend erfolgen. Ein harmonisiertes Vorgehen zwischen den betroffenen Herstellern ermöglicht dabei einen effektiveren und effizienteren Einsatz von Risikomanagement-Maßnahmen. Dies trifft v. a. auf Risikosituationen zu, welche die Existenz des Zulieferers gefährden (z. B. durch Erdbeben, Brand oder Insolvenz), da die notwendigen finanziellen Mittel zur Rettung eines solchen Betriebes erheblich sein können.

Die herstellerübergreifende Zusammenarbeit im Rahmen eines Risiko- bzw. Krisenmanagements soll im folgenden Beispiel anhand des Risikos der Insolvenz erläutert werden.[1296] Auch wenn seit 2003 die Zahl der Unternehmensinsolvenzen in Deutschland wieder rückläufig ist, wird die Existenz einer Unternehmung in der Marktwirtschaft nach wie vor primär durch Insolvenzrisiken bedroht.[1297] Diese Gefährdung stellt deshalb eines der wichtigsten Handlungsfelder einer gemeinsamen Zusammenarbeit zwischen unterschiedlichen Herstellern im Rahmen des Risikomanagements der Beschaffung dar.

Da die meisten Lieferantenleistungen vom Hersteller nicht unmittelbar substituiert werden können, hat ein Lieferantenausfall meist schwerwiegende Konsequenzen für den Abnehmer.[1298] In vielen Fällen kündigt sich die wirtschaftliche Verschlechterung eines Lieferanten schleichend an. Die Möglichkeit eines Entgegenwirkens besteht nur, wenn die Anzeichen rechtzeitig erkannt und als solche interpretiert werden. Zur Identifizierung möglicher Insolvenzrisiken lassen sich zum einen externe Informationsquellen nutzen. Neben Veröffentlichungen in der Wirtschaftspresse sowie Wirtschaftsauskünften können von den Betreibern von Risikodatenbanken konkrete Fireninformationen erworben werden.[1299] Darüber hinaus gibt es eine Reihe weiterer Indikatoren, die aus der Lieferanten-Abnehmer-Beziehung oder dem Verhalten des Lieferanten abgeleitet werden können oder die aus dem Umfeld des Lieferanten (z. B. durch Wettbewerb, Kunden oder Sublieferanten) entstehen. Diese lassen auf finanzielle Probleme des Lieferanten schließen und können teilweise sogar als Vorboten einer Insolvenz gewertet werden. Beispielhaft wären zu nennen:

- Der Lieferant setzt unterschiedliche Maßnahmen zur Verbesserung der Liquidität ein (z. B. „Sale and Lease Back", „Factoring") bzw. hält vereinbarte Investitionen zurück.
- Der Lieferant bittet den Abnehmer um Änderung der Zahlungsmodalitäten, um An-, Ab- oder Vorauszahlungen oder um Zustimmung zu Forderungsabtretungen.
- Der Lieferant versucht durch aggressive Preispolitik Umsatzvolumen zu „erkaufen".

[1296] Siehe hierzu auch TAC Consulting, 2007, S. 15 ff.

[1297] Vgl. hierzu auch Kapitel 3.1.3.2. Im Jahr 1999 waren es über 26.000 Unternehmensinsolvenzen. Danach folgte bis 2003 ein kräftiger Anstieg auf 39.320 Unternehmenszusammenbrüche. Ab Mitte 2004 entspannte sich die Situation bei den Unternehmen etwas. Besonders stark fiel mit 17,6 % der Rückgang im Jahr 2006 aus, als noch 30.357 Unternehmensinsolvenzen gezählt wurden. Die Analyse der Insolvenzstatistik der letzten Jahrzehnte verzeichnet einen Treppeneffekt. Die Zahl der Unternehmensinsolvenzen nimmt in konjunkturschwachen Zeiten stark zu, geht aber in Boomphasen nicht wieder auf das ursprüngliche Maß zurück. Vgl. Angele, 2007, S. 352 ff.

[1298] Dies führt innerhalb der Serienfertigung meist zu Produktionsstillständen. Innerhalb der Entwicklungsphase kann der Ausfall eines Lieferanten eine Verschiebung des Produktionsstarts zur Folge haben.

[1299] Beispielsweise in Form von Bonitätsbewertungen oder Insolvenzwahrscheinlichkeiten.

- Der Lieferant kündigt Kurzarbeit an bzw. ist von Streiks betroffen.
- Schlüsselpersonen verlassen das Unternehmen.
- Die Unterlieferanten beklagen die mangelhafte Zahlungsmoral des 1st-Tier-Lieferanten, fordern Zahlungen vom Automobilhersteller, drohen mit Lieferstopp oder kündigen einen Eigentumsvorbehalt an.
- Die Abnehmer des Lieferanten sind zunehmend von Lieferschwierigkeiten oder Qualitätseinbrüchen betroffen.
- Innerhalb des Beschaffungsmarkts wird offen über Liquiditätsengpässe des Lieferanten gesprochen.

Gemeinsame Risikomanagement-Aktivitäten auf horizontaler Ebene setzen zunächst voraus, dass zwischen den Herstellern im Rahmen fester Termine ein regelmäßiger Informationsaustausch stattfindet, bei dem über einzelne Risikofelder und -ursachen gezielt gesprochen wird.

Neben der Identifikation potenzieller, latenter und konkreter Risiken sollte eine Zusammenarbeit zwischen den Herstellern auch im Krisenfall erfolgen. Hierbei sind alle von der Insolvenz des Lieferanten betroffenen Großkunden an der Entwicklung und der Umsetzung von Risikomanagement-Maßnahmen zu beteiligen. Zusammen mit dem Insolvenzverwalter und den Banken gilt es sicherzustellen, dass die unterschiedlichen Interessenlagen der einzelnen Abnehmer ausgewogen berücksichtigt werden. Abhängig davon, ob man sich für oder gegen die Rettung des Lieferanten entscheidet, sollte das Ziel eines gemeinsamen Risiko-/Krisenmanagements sein, entweder die Versorgung der einzelnen Abnehmer aufrechtzuerhalten oder die Eigentumsrechte dieser abzusichern (z. B. bei spezifischen Investitionen des Abnehmers beim Lieferanten).

Bei Zahlungsschwierigkeiten des Lieferanten besteht seitens der Abnehmer zunächst die Möglichkeit, den Lieferanten durch Kredite oder Bürgschaften finanziell zu unterstützen.[1300] Ebenso sollte über eine Übernahme des Lieferanten oder eine Beteiligung an diesem nachgedacht werden.[1301] Dies kann durch Gründung einer Auffanggesellschaft geschehen, welche die Anlagen des Lieferanten übernimmt und ver-

[1300] Eine weitere Option wäre die Umgestaltung der Lieferbeziehungen. Der Abnehmer kauft hierbei die Waren vom Sublieferanten und stellt diese dem 1st-Tier-Lieferanten zur Verfügung.

[1301] Vgl. Franey, 2008, S. 1 f. Im Zusammenhang mit der Unterstützung angeschlagener Lieferanten durch die Automobilhersteller werden Beispiele in Bezug auf die Übernahme (Fiat) und die finanzielle Unterstützung von Lieferanten (BMW, Daimler) aufgeführt. Gemäß Hans Demant, (ehemaligem) Vorsitzendem der Geschäftsführung der Opel GmbH, stellen auch technische oder managementorientierte Hilfen gelebte Praxis dar.

sucht, den Lieferanten wieder wettbewerbsfähig zu machen. Diese Umstrukturierung ist notwendig, um späteren Kaufinteressenten ein überlebensfähiges Unternehmen anbieten zu können. Nach Sanierung und Wiederherstellung der Wettbewerbsfähigkeit des Lieferanten wird von den Gesellschaftern gemeinsam ein Käufer gesucht. Falls eine Sanierung nicht möglich sein sollte, sind von den am Insolvenzverfahren beteiligten Parteien der Erwerb von Anlagen sowie die Auslaufproduktion festzulegen und geordnet zu steuern.

Es sei abschließend darauf hingewiesen, dass es bereits vor Eintritt einer Krise zwischen den Automobilherstellern zu einer grundsätzlichen Vereinbarung gewisser Verhaltensnormen im Falle einer Lieferanteninsolvenz kommen sollte (u. U. auch gesteuert von einem Automobilverband). Hiermit sollte verhindert werden, dass es bei Risikoeintritt zu zeitraubenden Abstimmungen, zu kontroversen, durch Egoismen geprägten Diskussionen oder sogar zu Alleingängen einzelner Abnehmer kommt.

4.3 Risikostrategien

Nach der Vorstellung der Teilsysteme des Risikomanagement-Modells in Kapitel 4.2 soll nun auf die Risikostrategien der Beschaffung eingegangen werden. Der Beschreibung des Prozesses der Strategieformulierung in Kapitel 4.2.2.1 folgt die Betrachtung des zu entwickelnden Ergebnisses dieses Prozesses: der strategischen Maßnahmen zur Bewältigung von Beschaffungsrisiken.

Wie bereits beschrieben, schließt die Risikoidentifikation häufig Ereignisse und Entwicklungen ein, die sich nur durch schwache Signale andeuten und zunächst nur theoretisch für möglich gehalten werden.[1302] Das strategische Risikomanagement ist primär auf die Handhabung von Risiken ausgerichtet, die sich durch einen hohen Grad informatorischer Unvollkommenheit auszeichnen. Da die exakte Analyse und Bewertung solcher Risiken grundsätzlich als problematisch zu bezeichnen ist, gestaltet sich auch die Entwicklung gezielter strategischer Maßnahmen als schwierig. Die Formulierung risikopolitischer Maßnahmen muss sich somit häufig auf allgemeine Maßnahmen und Risikostrategien konzentrieren.

[1302] Vgl. hierzu Kapitel 4.2.4.

Im Rahmen der vorliegenden Arbeit sollen die folgenden Maßnahmen-Cluster eines strategischen Risikomanagements der Beschaffung unterschieden werden:

- Risikopolitische Grundstrategien
- Risikoimmanente Beschaffungsstrategien

Da eine spezifische Detailplanung von strategischen Risikomaßnahmen zu einem frühen Zeitpunkt kaum durchführbar ist, bietet sich die Anwendung von generischen Risikostrategien an. Die Notwendigkeit der Entwicklung **risikopolitischer Grundstrategien** basiert auf der grundsätzlichen Problematik der Ungewissheit. Grundstrategien besitzen allgemeinen Charakter und zeigen eine grobe Richtung in Bezug auf den Umgang mit Risikopotenzialen auf.

Ein weiterer Ansatz für die Entwicklung von Risikostrategien liegt in den **Beschaffungsstrategien.** Diese haben vielfach erheblichen Einfluss auf die Risikosituation im Beschaffungsbereich und können dabei selbst als risikopolitische Maßnahmen aufgefasst werden.[1303] Im Rahmen der risikopolitischen Auseinandersetzung mit dem strategischen Beschaffungsmanagement sind die Beschaffungsstrategien dahin gehend zu überprüfen, ob sie als risikobezogene Strategien wirken und welchen Beitrag sie zur Risikohandhabung leisten.

Im Folgenden werden die strategischen Ansätze zur Bewältigung von Beschaffungsrisiken näher erläutert. Die Ausführungen sollen dabei als allgemeine Gestaltungsempfehlungen verstanden werden, die in Abhängigkeit von der spezifischen Risikosituation weiter zu konkretisieren sind.

4.3.1 Risikopolitische Grundstrategien

Neben der frühzeitigen Identifikation von Chancen und Risiken stellt die frühzeitige Initiierung von Maßnahmen zur Nutzung dieser Chancen bzw. zur Handhabung der Risiken die wesentlichen Funktionen eines strategischen Managements bzw. eines strategischen Risikomanagements dar.[1304] Da jegliche Form der Frühaufklärung zwecklos ist, wenn sie keine problemadäquaten Aktionen bzw. Reaktionen auslöst, besteht die risikopolitische Konsequenz in der Festlegung und rechtzeitigen Durchsetzung der erforderlichen Antwortstrategien. Die Ausgestaltung dieser Strategien

---

[1303] Vgl. Mikus, 1998, S. 220 sowie sinngemäß Fasse, 1995, S. 253, der betont, dass eine exakte Trennung zwischen Marketing- und Risikostrategien nicht möglich ist, da die gemeinsame Schnittmenge zwischen beiden nicht unerheblich ist.

[1304] Vgl. Braun, 1984, S. 97.

wird dabei wesentlich durch den Grad der Unsicherheit der der Strategieentwicklung zugrunde liegenden Informationen bestimmt: Je sicherer die Informationsbasis ist, desto konkreter können die erforderlichen Maßnahmen formuliert werden. Bei früh identifizierten Risiken gelangen deshalb eher allgemeine Maßnahmen zur Anwendung, da spezielle Vorgehensweisen aufgrund des unzureichenden Informationsstandes des Entscheidungsträgers zu diesem Zeitpunkt kaum bestimm- bzw. durchführbar sind.

Trotz ihres idealtypischen Charakters sind diese allgemeinen Maßnahmen richtungsweisend und liefern eine wichtige Hilfestellung bei der weiteren Ableitung bzw. Entwicklung risikopolitischer Handlungsoptionen. Sie schaffen die Voraussetzung einer gezielten Handhabung konkreter Risiken auf Basis präziser Aktivitäten im Rahmen des taktischen und operativen Managements.

Die Ableitung der risikopolitischen Grundstrategien soll zunächst auf den in Kapitel 2.3.4.1 vorgestellten **Konzepten zur Ungewissheitsbewältigung** von Allaire/ Firsirotu und Kubicek/Thom aufbauen.[1305] Auf Basis dieser wissenschaftlichen Referenzen sollen im Rahmen der vorliegenden Arbeit die folgenden risikopolitischen Grundstrategien unterschieden werden:

- Verbesserung des Informationsstands
- Verringerung von Abhängigkeiten
- Erhöhung der Flexibilität

Neben diesen drei abgeleiteten Grundstrategien sollen darüber hinaus auch die wirkungsorientierten Maßnahmen zur Sicherung gegen Schäden als risikopolitische Grundstrategien aufgefasst werden.

Die Grundstrategien wirken sowohl gerichtet als auch ungerichtet. Während die gerichtete Risikobewältigung am einzelnen Risiko ansetzt, bewirkt die ungerichtete Risikobewältigung eine grundsätzliche Verbesserung der Gesamtrisikolage bzw. der risikobezogenen Konstitution des Unternehmens.[1306] Abbildung 4-26 zeigt die Einteilung der Grundstrategien in Bezug auf ihre Wirkungsweise:

[1305] In diesem Zusammenhang soll auch die Systematisierung von Braun (in Anlehnung an Koch) erwähnt werden, der eine ähnliche Strukturierung von Maßnahmen zur Stabilisierung des Unternehmens beschreibt. Neben der Verringerung der Abhängigkeit von Marktpartnern betrachtet er auch die Erhöhung der Flexibilität als Grundstrategie zur Unternehmenssicherung. Vgl. Braun, 1984, S. 107. Koch führt darüber hinaus die Intensivierung der Marktforschung und -prognose als weiteres Mittel der Risikominderung an. Vgl. Koch, 1976, S. 332 ff.

[1306] Vgl. Hermann, 1996, S. 88.

Risikopolitische Grundstrategien	**Risikobewältigung**			
	Ungerichtet	Gerichtet	Ursachenbezogen	Wirkungsbezogen
Verbesserung des Informationsstands	●	●	●	
Verringerung von Abhängigkeiten		●	●	o
Erhöhung der Flexibilität	●	●	o	●
Sicherung gegen Schäden		●		●

● Fokus der Wirkungsweise

o Im Rahmen einzelner Maßnahmen möglich

Abb. 4-26: Wirkungsweise risikopolitischer Grundstrategien[1307]

Hierbei gilt zu betonen, dass zwischen der Verbesserung des Informationsstands und den weiteren Formen der Risikobewältigung ein inverser Zusammenhang besteht: Je mehr die Unsicherheit schon in Sicherheit transformiert worden ist, umso weniger braucht das Unternehmen auf unsichere Tatbestände eingestellt und eingerichtet zu werden (und umgekehrt). Damit stellt sich die Frage, ob in einer konkreten Unsicherheitssituation, in der sich das Unternehmen befindet, der Informationsstand verbessert und/oder beispielsweise die Stabilität bzw. die Anpassungsfähigkeit des Unternehmens erhöht werden sollen.

Die in Abbildung 4-26 vorgestellten Grundstrategien beziehen sich sowohl auf entstehungsorientierte und damit proaktive als auch auf wirkungsorientierte Risikobewältigungsformen. Die wirkungsbezogenen Ansätze zur Handhabung von Risiken lassen sich als Maßnahmen definieren, die einen Risikoeintritt akzeptieren und erst an dessen Wirksamwerden ansetzen. Die besondere Tragweite strategischer Risiken erlaubt allerdings häufig nicht, einen möglichen Risikoeintritt in Kauf zu nehmen und Schadensbewältigung erst nach Risikoeintritt zu betreiben. In einem sehr frühen Stadium der Risikoidentifikation sind die Möglichkeiten einer Risikoübertragung, z. B.

[1307] Quelle: eigene Darstellung.

durch Abschluss von Versicherungen, zudem äußerst begrenzt, da die Risiken zu diesem Zeitpunkt noch nicht adäquat beschrieben werden können. Der Einsatz wirkungsbezogener Maßnahmen ist deshalb oftmals auch dem operativen Risikomanagement zuzuordnen, wobei v. a. Kontrollen sowie das reaktive Einleiten von Maßnahmen bei Zielverfehlung eine große Rolle spielen.

Auch in Bezug auf die strategische Handhabung von Risiken kann also festgestellt werden, dass die ursachenbezogenen risikopolitischen Grundstrategien zwar grundsätzlich bessere und nachhaltigere Möglichkeiten einer Risikobewältigung bieten, dass aber zur Beherrschung der Restrisiken, die aufgrund komplexer Problemsituationen durch ursachenorientierte Maßnahmen nicht gänzlich abgefangen werden können, eine Maßnahmen-Kombination aus ursachen- und wirkungsorientierten Maßnahmen in der Regel am Zweckmäßigsten erscheint.[1308]

Risikopolitisches Verhalten äußert sich aber nicht nur in einem aktiven oder reaktiven Handeln. Strategisches Risikomanagement kann auch den bewussten Verzicht auf den Einsatz risikobezogener Maßnahmen bedeuten.[1309] Während zur passiven Risikopolitik in der Literatur häufig Maßnahmen gezählt werden, mit denen der Informationsstand über die Risiken verbessert wird,[1310] versteht Rogler hierunter eher die bewusste Entscheidung gegen Maßnahmen, wenn beispielsweise die Wirtschaftlichkeit dieser nicht sichergestellt ist oder die Einflussmöglichkeiten zu gering sind.[1311]

4.3.1.1 Verbesserung des Informationsstands

Die Verbesserung der Informationsbasis erfolgt durch „Gewährleistung günstiger interner Voraussetzungen zur Vermeidung von Erwartungsunvollkommenheit sowie durch Sicherstellung der Reaktionsfähigkeit eines Unternehmens auf eingetretene Risiken".[1312] Maßnahmen zur Verbesserung des Informationsstands wirken nicht nur auf die Bewältigung von Risiken in Bezug auf einen einzelnen Betrachtungsgegenstand im Sinne einer gerichteten Risikobewältigung, sondern sorgen auch für eine generelle informatorische Fundierung der Entscheidungen im Beschaffungsbereich. Sie verbessern somit bereits aus sich heraus die Risikosituation des beschaffenden Unternehmens.

[1308] Vgl. Hermann, 1996, S. 53.
[1309] Vgl. Rogler, 2002, S. 21 f.
[1310] Vgl. Imboden, 1983, S. 73.
[1311] Vgl. Rogler, 2002, S. 21.
[1312] Hermann, 1996, S. 84.

Ein wichtiger Ansatzpunkt hierbei ist, sogenannte „Informationspathologien“ zu bewältigen. Gemäß Sorg sollen unter Informationspathologien diejenigen Tatbestände verstanden werden, die mit der unzureichenden informatorischen Ausstattung bei wichtigen Entscheidungen in Organisationen zusammenhängen.[1313] Die drei folgenden Gruppen lassen sich unterscheiden:[1314]

- Produktionsbezogene Informationspathologien:
  Weshalb wird entscheidungsirrelevantes Wissen in Unternehmen produziert und entscheidungsrelevantes nicht produziert?

- Distributionsbezogene Informationspathologien:
  Weshalb wird produziertes entscheidungsirrelevantes Wissen kommuniziert und entscheidungsrelevantes Wissen nicht kommuniziert?

- Verwertungsbezogene Informationspathologien:
  Weshalb wird produziertes und kommuniziertes entscheidungsirrelevantes Wissen verwertet und entscheidungsrelevantes Wissen nicht verwertet?

Die ungerichtete Risikobewältigung durch Abbau dieser Informationspathologien kann zumindest teilweise durch zweckgerichtete Gestaltung von Strategie, Kultur, Organisation und Personal erfolgen.

Auf die Bedeutung des Informationsmanagements im Zusammenhang mit strategischen Entscheidungen wurde bereits in den vorangegangenen Kapiteln eingegangen.[1315] Die Notwendigkeit einer Verbesserung des Informationsstands zur Reduzierung von Unsicherheiten und damit als Grundlage einer Vermeidung oder Verminderung von Risiken muss deshalb nicht näher erläutert werden. Vor dem Hintergrund der in Kapitel 4.2.4 beschriebenen strategischen Frühaufklärung von Ansoff sei allerdings abschließend kurz auf die von Ansoff entwickelten Reaktionsstrategien und deren Abhängigkeit vom jeweiligen Informations- bzw. Unsicherheitsgrad hingewiesen.[1316]

Abbildung 4-27 macht deutlich, dass hierbei nicht von einem bestimmten Strategieansatz und den dafür notwendigen Informationen ausgegangen wird, sondern dass

---

[1313] Vgl. Sorg, 1982, S. 6.
[1314] Vgl. Sorg, 1982, S. 377.
[1315] Siehe Kapitel 4.2.2.2 sowie Kapitel 4.2.4.
[1316] Vgl. Ansoff, 1981, S. 242 ff. Je nachdem, ob die Reaktion primär intern oder primär extern orientiert ist, differenziert Ansoff entsprechend sechs alternative Reaktionsstrategien, die den Charakter globaler Basisstrategien besitzen und in Bezug auf die Implementierung eine Konkretisierung bedürfen.

mögliche Basis- oder Reaktionsstrategien vor dem Hintergrund eines bestimmten Informationsstands abgeleitet werden. Die Strategie stellt damit eine Funktion der verfügbaren Information dar.[1317]

In Anlehnung an diese Überlegungen stellt der erreichte Informationsstand eine wesentliche Eingangsgröße für die Ableitung der nachfolgenden Grundstrategien dar. Je konkreter die verfügbare Information, umso gerichteter können entsprechende Maßnahmen zur Bewältigung von Risiken eingesetzt werden.

Reaktionsbereich \ Reaktionsstrategie	Direkte Reaktion	Flexibilität	Wahrnehmung
Extern	Externes Handeln	Externe Flexibilität	Umweltwahrnehmung
Intern	Unternehmensinterne Bereitschaft	Interne Flexibilität	Selbstwahrnehmung

Reaktionsstrategie \ Ungewissheitsgrad	Anzeichen der Bedrohung oder Chance	Ursache der Bedrohung oder Chance	Konkrete Bedrohung oder Chance	Konkrete Reaktion	Konkretes Ergebnis
Umweltwahrnehmung					
Selbstwahrnehmung					
Interne Flexibilität					
Externe Flexibilität					
Unternehmensinterne Bereitschaft					
Direktes Handeln					

Abb. 4-27: Reaktionsstrategien bei unterschiedlichen Graden der Ungewissheit[1318]

4.3.1.2 Verringerung von Abhängigkeiten

4.3.1.2.1 Strategische Handlungsoptionen

Da verlässliche Prognosen in einem komplexen, dynamischen und von Diskontinuitäten gekennzeichneten Umfeld nur bedingt möglich sind, müssen alternative Lösungswege begangen werden. Ein Ansatz ist, die Unvollkommenheit von Informationen nicht als gegeben anzunehmen, sondern zu versuchen, die Umwelt gezielt

[1317] Zur Kommentierung und Bewertung des Ansatzes vgl. Bea/Haas, 1995, S. 283.
[1318] Quelle: Ansoff, 1981, S. 243 und S. 248.

selbst zu gestalten. Solche Maßnahmen tragen dabei zu einer Stabilisierung des Unternehmens durch „stärkere Immunisierung des wirtschaftlichen Erfolgs gegenüber unvorhergesehenen externen Einflüssen“ bei.[1319]

Trotz der vielen Gefahren im Bereich der Beschaffung kann als eines der wesentlichen, da existenzgefährdensten Risiken das Risiko der Abhängigkeit genannt werden.[1320] Die Verringerung von Abhängigkeiten des Unternehmens stellt deshalb einen wichtigen Ansatzpunkt zur Stabilisierung des Unternehmens dar.[1321] Als strategische Maßnahmen hierzu werden im Konzept von Allaire/Firsirotu beispielsweise der Aufbau von Machtpotenzialen sowie die Kontrolle von Schlüsselfaktoren aus dem externen Einflussgebiet vorgeschlagen. Auch Kubicek/Thom weisen darauf hin, dass durch entsprechendes Beeinflussungsverhalten versucht werden soll, das Risiko von Abhängigkeiten durch Maßnahmen der Risikostreuung und der Risikominderung zu reduzieren.

Aus Sicht der Beschaffung gehört das Risiko der Abhängigkeit von externen Ressourcen zu den bedeutendsten strategischen Risiken. Wie in Kapitel 3 bereits aufgezeigt, können hierfür folgende Ursachen und Gründe beispielhaft genannt werden:[1322]

- Die Explosion der Modell- und Variantenvielfalt sowie der Anspruch an technologische Entwicklungen und Innovationen erfordern verstärkte Einbindung externer Spezialisten und Partner.
- Bereits heute sind mehr als 70 % der Wertschöpfung fremdvergeben. Auch beim Outsourcing von Entwicklungsleistungen zeigt sich ein ähnlicher Trend.
- Die Beschaffungskonzepte der Automobilhersteller fokussieren stärker auf den Bezug komplexer Produkte sowie auf langfristige Beziehungen zu wenigen Lieferanten (z. B. Single und Modular Sourcing).
- Die Entwicklungen auf den Lieferantenmärkten zeigen zunehmende Konsolidierungstendenzen und damit die Entstehung global agierender Megalieferanten mit entsprechender Angebotsmacht.
- Aufgrund der Wettbewerbsintensität geraten viele kleine und mittelständische Unternehmen zunehmend in Existenzgefahr. Dies führt nicht nur zu möglichen

---

[1319] Braun, 1984, S. 107.
[1320] Vgl. Brühwiler, 2001, S. 111 ff.
[1321] Vgl. Braun, 1984, S. 108.
[1322] Eine ausführliche Beschreibung von Gründen zur Entstehung zunehmender Abhängigkeiten der Automobilhersteller von ihrer Lieferantenbasis siehe Kapitel 3.

Versorgungsrisiken, sondern auch zu einem Verlust wichtiger Innovationsquellen.

- Andere Hersteller versuchen durch Bildung von Kooperation mit Lieferanten Marktressourcen exklusiv zu sichern.
- Der Bedarf an Innovationen erfordert die Einbindung neuer Lieferanten aus branchenfremden Industrien, für welche die Automobilindustrie nur von untergeordneter Bedeutung ist.

Die im folgenden vorgenommene Entwicklung und Strukturierung von strategischen Risikomaßnahmen zur ursachenorientierten Beherrschung von Abhängigkeiten gründet im Wesentlichen auf die in Kapitel 2.3.4.2 und Kapitel 3.3.1.6 angestellten Überlegungen zur Abhängigkeitsproblematik und baut auf der in Kapitel 4.2.3.4 eingeführten **Beziehungsmatrix** auf.

Primäres Ziel dabei ist es, die Abhängigkeitsbeziehung (bzw. die zu Abhängigkeiten führende Bedeutungskonstellation zwischen beiden Parteien) mit entsprechenden Maßnahmen zu belegen, um das Risiko der Abhängigkeit zu vermindern oder zu vermeiden. Die Beziehung zum Lieferanten ist nach Möglichkeit so zu gestalten, dass Ursachen von Lieferantenmacht neutralisiert oder überwunden werden. In manchen Fällen ist diese Macht ein Teil der Branchenstruktur und entzieht sich der Kontrolle des Unternehmens. Häufig kann sie aber durch strategische Maßnahmen gemindert werden. Folgende risikopolitischen Grundstrategien sollen unterschieden werden:[1323]

i. **Intensivierungsstrategie**

   Die Intensivierungsstrategie versucht, den Lieferanten enger an das abnehmende Unternehmen zu binden und damit die Abhängigkeit des Lieferanten vom Abnehmer zu erhöhen. Durch den Aufbau von Gegengewichten soll somit die Nachteilsposition des Herstellers ausgeglichen werden.

ii. **Rückzugsstrategie**

   Die Rückzugsstrategie zielt darauf ab, die Bedeutung des Lieferanten für den Hersteller zu reduzieren und damit die Abhängigkeit des Abnehmers vom Lieferanten zu vermindern.

[1323] Ein anderer Ansatz einer Differenzierung dieser Grundstrategien ist die Unterscheidung in „nach innen gerichtete Maßnahmen zur Veränderung der internen Voraussetzungen des beschaffenden Unternehmens“ und in „nach außen gerichtete Maßnahmen zur Beeinflussung der Umwelt“. Vgl. Schubert, 2004, S. 286.

iii. **Absicherungsstrategie**

Im Rahmen der Absicherungsstrategie wird die bestehende Abhängigkeitssituation zwischen beiden Parteien grundsätzlich akzeptiert. Die entsprechenden Umsetzungsmaßnahmen der Strategie setzen im Wesentlichen an der intensiven Überwachung, der Handlungsflexibilität bei Eintritt des Risikos sowie an kompensierenden Aktivitäten zur Schadensminderung an.

iv. **Austrittsstrategie**

Die Austrittstrategie baut schließlich auf die gänzliche Vermeidung einer Abhängigkeitssituation zu einem Lieferanten auf. Die Handlungsoption stellt quasi die konsequente Weiterführung des Rückzugs dar, indem die bestehende Beziehung beendet wird. Die Austrittstrategie kann als eine sehr defensive Strategie verstanden werden, die in der Regel erst nach eingehender Prüfung aller anderen Möglichkeiten zu ergreifen ist.[1324]

Abbildung 4-28 verdeutlicht, dass auf Basis dieser vier Grundstrategien bei einer einseitigen Abhängigkeit des Abnehmers von seinem Lieferanten eine Navigation innerhalb der Beziehungsmatrix mit folgenden Anpassungsreaktionen ermöglicht wird:

- Veränderung der Position innerhalb der Matrix in eine aus Sicht des abnehmenden Unternehmens bevorzugenswertere Bedeutungskonstellation (Intensivierungs- oder Rückzugsstrategie).
- Beibehaltung der bestehenden Positionierung, allerdings vor dem Hintergrund des Einsatzes zusätzlicher Risikomanagement-Maßnahmen.
- Verlassen der Beziehungsmatrix durch Beenden der bestehenden Beziehung.

[1324] Wesentlich wird diese Strategie auch von Marktaustrittsbarrieren bestimmt, also von Faktoren, die den Marktaustritt erschweren. Ein Marktaustritt kann dabei allerdings durchaus auch mit neuen Risiken verbunden sein. Ein Unternehmen sollte sich deshalb beispielsweise mit folgenden potenziellen Risikofaktoren auseinandersetzen, bevor es den Austritt aus einer Beziehung wählt: gebundenes Vermögen und Liquidationswert, negativer Einfluss auf Image, Vertrauensschwund auf dem Markt, komplementäre Beziehungen zu anderen Bereichen des Unternehmens. Vgl. Fikar, 2003, S. 112.

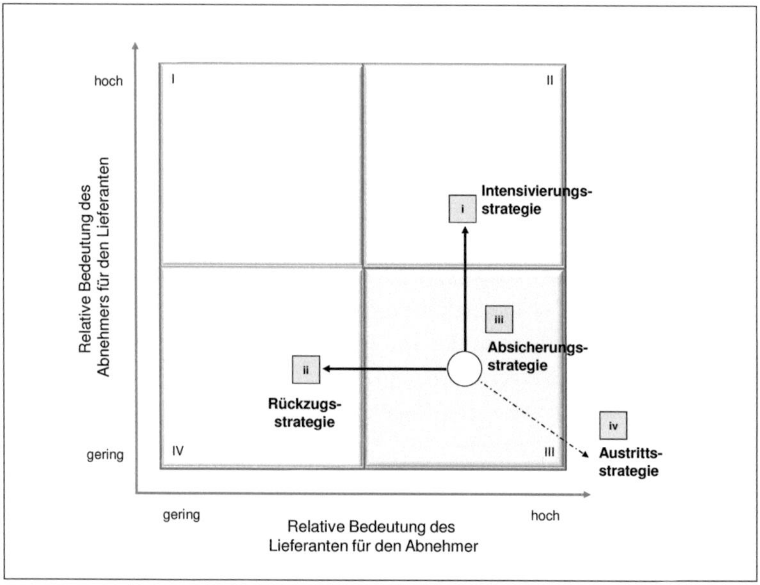

Abb. 4-28: Risikopolitische Grundstrategien am Beispiel einer einseitigen Abhängigkeit[1325]

Auf Grundlage unterschiedlicher wissenschaftlicher Ansätze[1326] sollen die risikopolitischen Maßnahmen des Abnehmers zur Umsetzung der oben genannten Basisstrategien wie folgt strukturiert werden (siehe auch Abbildung 4-29, die beispielhaft die diesen Clustern zugehörigen Einzelmaßnahmen aufzeigt):

a) Maßnahmen zur *Reduzierung der Wichtigkeit* der bestehenden Beziehung zum Lieferanten: Als Beispiele hierfür wären Ziel- und Strategieanpassungen (z. B. Verzicht auf bestimmte Funktionen bzw. Innovationen im Fahrzeug) sowie die Modifikation bzw. Substitution der Beschaffungsobjekte zu nennen. Ziel dieser Maßnahme ist es, den kritischen Risikosituationen auszuweichen, indem das Unternehmen auf den Einsatz der risikobehafteten Ressourcen völlig oder partiell verzichtet.[1327]

1325 Quelle: eigene Darstellung.

1326 Die Ableitung der Maßnahmen baut auf den in Kapitel 2.3.4.2 vorgestellten theoretischen Ansätzen der Sozialen Austauschtheorie, der Ressourcenabhängigkeitstheorie, der Transaktionskostentheorie und der Principal-Agent-Theorie auf.

1327 Hermann verweist auf die weitreichenden Folgen einer Ziel- oder Strategieanpassung mit dem Verzicht auf die zugrunde liegenden Chancen und sieht diese Maßnahme als letzte Möglichkeit einer Bewältigung von Abhängigkeiten. Vgl. Hermann, 1996, S. 78.

b) Maßnahmen zum *Aufbau alternativer Bezugsquellen:* Als alternative Bezugsquellen sind nicht nur die bestehenden Potenziale auf den Beschaffungsmärkten zu überprüfen, es ist auch der Aufbau neuer Lieferanten oder die Möglichkeiten eines „Insourcings“ zu eruieren. Bei strategisch wichtigen Produktumfängen kann durchaus ein Kompetenzaufbau im eigenen Unternehmen in Betracht gezogen werden, wenn dadurch Gefährdungen der Wettbewerbsfähigkeit vermieden werden. Diese Maßnahmen versuchen ebenfalls, die Bedeutung der bestehenden Beziehung zu vermindern.

c) Maßnahmen zur *Erhöhung der Wichtigkeit des Abnehmers:* Maßnahmen zur Aufwertung der eigenen Position zielen darauf ab, dass die Bedeutung des Abnehmers aus Sicht des Lieferanten steigt. Als Beispiele wären Volumensteigerungen, z. B. durch Einkaufskooperationen, die Schaffung von Alleinstellungsmerkmalen oder die Initiierung von Lieferantenförderungsprogrammen zu nennen.

d) Maßnahmen zur *Verstärkung der Beziehungsintensität:* Hierunter werden Maßnahmen subsumiert, welche die Beziehung zwischen beiden Parteien intensivieren. Diese Maßnahmen wirken deshalb meist in beide Richtungen und fördern die Interdependenz der Beziehung und damit gegenseitige Abhängigkeiten. Kooperationen oder Unternehmenskäufe haben eine Inkorporation der Unsicherheitsquelle zur Folge. Die kritische Umwelt wird dadurch in das eigene System hineinverlagert und damit der eigenen administrativen Kontrolle zugänglich.

e) Maßnahmen zur *Einschränkung des Machtpotenzials* des Lieferanten: Mit der Begrenzung der Verfügungsspielräume des Lieferanten wird die Machtgrundlage des Lieferanten abgewertet. Dies soll dabei entweder zu einem generellen Machtverlust innerhalb des gesamten Beschaffungsmarkts oder zu einem spezifischen Machtverlust innerhalb der Lieferanten-Abnehmer-Beziehung führen. Im letzteren Fall baut der Abnehmer Gegenmachtpotenziale, z. B. durch Kapitalbeteiligungen bei wichtigen Schlüssellieferanten auf 2nd- oder 3rd-Tier-Ebene auf, die den 1st-Tier-Lieferanten beliefern.

f) Maßnahmen zur *Verbesserung der Risikoposition* des Abnehmers: Hierunter sollen sämtliche gerichtete wie auch ungerichtete Risikomanagement-Aufgaben zusammengefasst werden, die sicherstellen, dass der Eintritt eines Abhängigkeitsrisikos (also z. B. Machtmissbrauch) in seinem Anfangsstadium erkannt und eskaliert wird und dass entsprechende Maßnahmen zur Kompensation möglichen Schadens umgehend eingeleitet werden. Diese Maßnahmen führen nicht zur Bedeutungsverschiebung innerhalb der Beziehungsmatrix und können somit bestehende Abhängigkeiten nicht vermindern.

Viele dieser ursachenorientierten Maßnahmen wirken langfristig strategisch und können beschaffungsübergreifenden Einfluss auf andere Fachbereiche besitzen. Da diese Entscheidungen häufig nicht alleine dem Bereich der Beschaffung obliegen, sondern auf Unternehmensebene zu fällen sind, müssen diese strategischen Maßnahmen mit den Zielen anderer Funktionsbereiche harmonisiert werden.[1328]

[1328] Vgl. hierzu Kapitel 4.2.9.

Maßnahmen-Cluster	Risikopolitische Einzelmaßnahmen
a) Reduzierung der Wichtigkeit der Beziehung	Ziel-/Strategieanpassung
	Anpassung der Produktstrategie (z.B. Gleichteilestrategie)
	Beschaffungsobjektmodifikation
	Beschaffungsobjektsubstitution
b) Aufbau alternativer Bezugsquellen	(Teilweise) Eigenfertigung
	Substitution des ausgewählten Lieferanten
	Auswahl weiterer Lieferanten (z.B. Multiple Sourcing)
	Entwicklung neuer Lieferanten
	Substitution des ausgewählten Marktes
	Hinzuziehen alternativer Märkte
c) Erhöhung der Wichtigkeit des Abnehmers	Einkaufskooperation/Erhöhung Bestellvolumen beim Lieferanten
	Schaffung von Alleinstellungsmerkmalen
	Stärkung der Attraktivität am Beschaffungsmarkt
	Schaffung von Anreizstrukturen
	Lieferantenentwicklung und -förderung
d) Verstärkung der Beziehungsintensität	Vergrößerung des Einkaufsvolumens beim Lieferanten
	Verstärkte Integration des Lieferanten
	Vertragliche Vereinbarungen (Aufbau legitimierter Macht)
	Aufbau langfristiger Beziehungen/Verträge
	Förderung einer kooperativen vertrauensvollen Zusammenarbeit
	Aufbau persönlicher Beziehungen sowie positives Geschäftsklima
	Kooperationen mit Lieferanten
	Beteiligung am Eigenkapital der Lieferanten
	Gewährung von Darlehen an die Lieferanten
	Kooptation (z.B. überlappende Aufsichtsräte)
	Spezifische Investitionen beim Lieferanten
e) Einschränkung des Machtpotenzials des Lieferanten	Aufbau v. Gegenmacht i.R. weiterer Leistungsbeziehungen
	Beteiligung an Schlüssellieferanten des Lieferanten
	Schwächung/Zerschlagung der Machtlegitimation
	Beeinflussung von Verhaltenkodizes und Branchenspielregeln
	Lobbyismus (z.B. Einfluss auf Gesetzgebung)
f) Verbesserung der Risikoposition des Abnehmers	Unternehmensinterner Risikoausgleich
	Verbesserung der Kommunikation mit dem Lieferanten
	Verstärkte Kontrollaktivitäten (z.B. Qualitätskontrollen)
	Intensivierung von Mitarbeiterschulungen
	Aufbau interner Flexibilitäten (z.B. Vorratshaltung)

Abb. 4-29: Risikopolitische Maßnahmen zur Bewältigung von Abhängigkeiten[1329]

[1329] Quelle: eigene Darstellung. Vgl. hierzu Peffer/Salancik, 1978, 106 ff. Heide/John, 1988, S. 28, Williamson, 1991 (Comparative), S. 281 ff., Bourantas, 1989, S. 146 ff., Green/Welsh, 1988, S. 289 ff., Kotter, 1979, S. 88 ff., Schubert, 2004, S. 286 ff., Hermann, 1996, S. 75 ff., Rogler,

Der Zusammenhang zwischen den in Abbildung 4-28 vorgestellten risikopolitischen Stoßrichtungen zur Bewältigung von Abhängigkeiten und den zugrunde liegenden Maßnahmen soll in Abbildung 4-30 veranschaulicht werden.

Maßnahmen-Cluster	**Strategische Stoßrichtung der Gestaltung der Beziehung zum Lieferanten**			
	Austritts-strategie	Rückzugs-strategie	Intensivierungs-strategie	Absicherungs-strategie
Reduzierung der Wichtigkeit der Beziehung	●	●		
Aufbau alternativer Bezugsquellen	●	●		
Erhöhung der Wichtigkeit des Abnehmers			●	
Verstärkung der Beziehungsintensität			●	
Einschränkung des Machtpotenzials des Lieferanten			●	
Verbesserung der Risikoposition des Abnehmers				●

Abb. 4-30: Strategische Stoßrichtung zur Bewältigung von Abhängigkeiten[1330]

Die in Kapitel 3 aufgezeigten Trends und Entwicklungen zeigen, dass die Abhängigkeiten, mit denen die Automobilunternehmen in der betrieblichen Praxis konfrontiert sind, häufig nicht ohne Weiteres aufzulösen sind. Gründe hierfür sind beispielsweise, dass

- die Abhängigkeiten bracheninduziert sind und es keine alternativen Bezugsquellen am Markt gibt;
- der Hersteller oft technisch gar nicht in der Lage ist, auf Eigenfertigung umzuschwenken, bzw. eine Eigenfertigung der Kerneigenleistungsstrategie des Unternehmens widerspricht;
- eine Produktmodifikation aus verkaufsstrategischen Gründen nicht opportun ist;

2002, S. 46–69, Blommen, 1997, S. 19, S. 99, S. 102, S. 110 f., S. 159, Braun, 1984, S. 109 f., Mikus, 1998, S. 224 f., Werner, 1997, S. 39, Ziegenbein, 2007, S. 107.

1330 Quelle: eigene Darstellung.

- bei Rohstoffsubstitution häufig eine bestehende Abhängigkeit durch eine neue Abhängigkeit ersetzt wird;[1331]
- der Abnehmer in der Regel nur eine begrenzte Anzahl von Kapitalbeteiligungen bei Lieferanten bzw. Kooperationen einzugehen vermag.

Wichtig ist es deshalb, die beschriebenen Maßnahmen zunächst auf ihre Umsetzbarkeit und Wirksamkeit hin zu überprüfen. Die Strategieentwicklung soll deshalb aus zwei Richtungen erfolgen: zum einen „top down" durch Vorgabe eines strategischen Ziels oder einer Wunschvorstellung, zum anderen „bottom up" durch Prüfung der Machbarkeit der Umsetzung der entsprechenden Maßnahmen (hier gilt es auch, die Übereinstimmung mit den Unternehmenszielen und -strategien zu verifizieren) bzw. der Wirksamkeit (also die generelle Beeinflussbarkeit des Risikos).

Abschließend sei darauf hingewiesen, dass die in Abbildung 4-29 vorgestellten Maßnahmen im Sinne eines Maßnahmenbündels sowohl parallel als auch sukzessive eingesetzt werden können. Ein gleichzeitiger Einsatz von Rückzugs-, Intensivierungs- und Absicherungsstrategien zur Reduzierung des Machtpotenzials eines Lieferanten schließt sich somit grundsätzlich nicht aus.[1332] Genauso ist es möglich, zunächst in Form einer Absicherungsstrategie erhöhtes Augenmerk auf eine kritische Abhängigkeit zu einem Lieferanten zu legen und erst bei ersten Anzeichen von Machtmissbrauch weitere Maßnahmen einzuleiten. Unabhängig von den einzuleitenden proaktiven Maßnahmen sollten bei Identifizierung einer kritischen Abhängigkeit die Risikomanagement-Ressourcen, z. B. durch verstärkte Überwachung oder regelmäßige Kommentierung in Risikoberichten, auf dieses Risikopotenzial gelenkt werden (Aufgaben des operativen Risikomanagements).[1333]

[1331] Siehe Beispiel in Rogler, 2002, S. 44: Ersetzt ein Unternehmen Naturkautschuk durch Synthesekautschuk, wird die Importabhängigkeit von Naturkautschuk durch eine indirekte Abhängigkeit von Erdölimporten ersetzt.

[1332] Die Teilmaßnahmen sind so zu gestalten, dass sie in ihrem Zusammenwirken möglichst gut auf den Risikomanagement-Bedarf abgestimmt sind. Es versteht sich von selbst, dass zwischen den einzelnen Teilmaßnahmen ebenso viele Interdependenzen wie Substitutionsmöglichkeiten existieren, sodass sich die Entwicklung des Maßnahmen-Mix nicht aus einer reinen Addition der möglichen Einzelmaßnahmen ergeben kann. Die Beziehungen der einzelnen Maßnahmen untereinander sind entsprechend in Betracht zu ziehen. Hierbei sind selbstverständlich auch Konkurrenzbeziehungen denkbar.

[1333] Hermann stellt fest, dass das Vorliegen kritischer Abhängigkeiten, unabhängig von der exakten Bestimmung der Eintrittswahrscheinlichkeit, prophylaktische Maßnahmen rechtfertigt. Vgl. Hermann, 1996, S. 103. Dieser Aussage kann nur eingeschränkt zugestimmt werden, da davon auszugehen ist, dass in großen Unternehmen in der Regel eine Vielzahl von Abhängigkeiten zu externen Einkaufsquellen existiert und es darüber hinaus eine Konkurrenz um begrenzte finanzielle und personelle Ressourcen zur Umsetzung von Risikomanagement-Maßnahmen gibt. Deshalb erscheint eine Priorisierung der Maßnahmen auf Basis einer Bewertung des Abhängigkeitsrisikos zumeist unerlässlich.

4.3.1.2.2 Heuristik zur Bestimmung des Maßnahmen-Mix

Die in Abbildung 4-31 dargestellte Heuristik zeigt exemplarisch den Entscheidungsprozess zur Ermittlung eines Maßnahmen-Mix für die Bewältigung von Abhängigkeiten auf. Die Bestimmung der risikostrategischen Maßnahmen erfolgt situativ auf Basis von Effektivitäts- und Effizienzkriterien. Folgende Vorgehensweise liegt dieser Bestimmung zugrunde:

- Vorauswahl und Priorisierung möglicher Risikomanagement-Maßnahmen (Spalte 1)
- Bewertung der jeweiligen Machbarkeit (Spalte 2)
- Beurteilung der jeweiligen Wirksamkeit sowie des zeitlichen Wirksamwerdens (Spalte 3)
- Bewertung von Kosten und Nutzen (Spalte 3)
- Entwicklung eines Maßnahmen-Mix sowie Terminierung der Maßnahmen nach Erreichen der gewünschten Positionierung innerhalb der Beziehungsmatrix (Spalte 4 und 5)

Obige Abbildung zeigt einen möglichen Entscheidungspfad zur Auswahl von Maßnahmen für das Management von Abhängigkeitsrisiken. Je nach Risikosituation können anstelle der in Abbildung 4-31 vorgestellten Maßnahmen-Cluster 1 bis 7 auch die entsprechenden Einzelmaßnahmen (siehe Abbildung 4-29) direkt analysiert und bewertet werden. Die Vorauswahl und Priorisierung der Maßnahmen(-Cluster) kann dabei zum Beispiel auf Grundlage der zugrunde liegenden Implementierungszeit bzw. des Implementierungsaufwandes erfolgen (z. B. Maßnahmen, die schnell implementiert werden können, die einen geringen Implementierungsaufwand erzeugen und die gleichzeitig eine hohe Durchschlagskraft versprechen).

Im folgenden Beispiel wird zunächst geprüft, ob alternative Bezugsquellen zur Wahl stehen, die effektiv und effizient eingesetzt werden können (siehe Abbildung 4-31, Handlungsoptionen 1). Kann durch diese Maßnahme die bestehende Abhängigkeit nicht ausreichend beherrscht werden, soll versucht werden, durch Intensivierung der Lieferantenbeziehung die eigene Bedeutung aus Sicht des Lieferanten zu erhöhen (siehe Abbildung 4-31, Handlungsoptionen 2 bis 4). In den beiden nächsten Schritten dieses iterativen Prozesses wird eine Anpassung der Ressourcen bzw. die Anwendung wirkungsbezogener Maßnahmen geprüft (siehe Abbildung 4-31, Handlungsoptionen 5 und 6). Die trotz der einzusetzenden Maßnahmen verbleibenden Restrisiken müssen schließlich vom Abnehmer akzeptiert werden. Alternativ muss eine Beendigung der Beziehung geprüft werden. Die identifizierten Maßnahmen werden abschließend bezüglich des zeitlichen Einsatzes ihrer Implementierung sowie möglicher Kombinationsformen untersucht. Entsprechend kann es zum parallelen oder sequenziellen Einsatz unterschiedlicher Maßnahmen kommen.

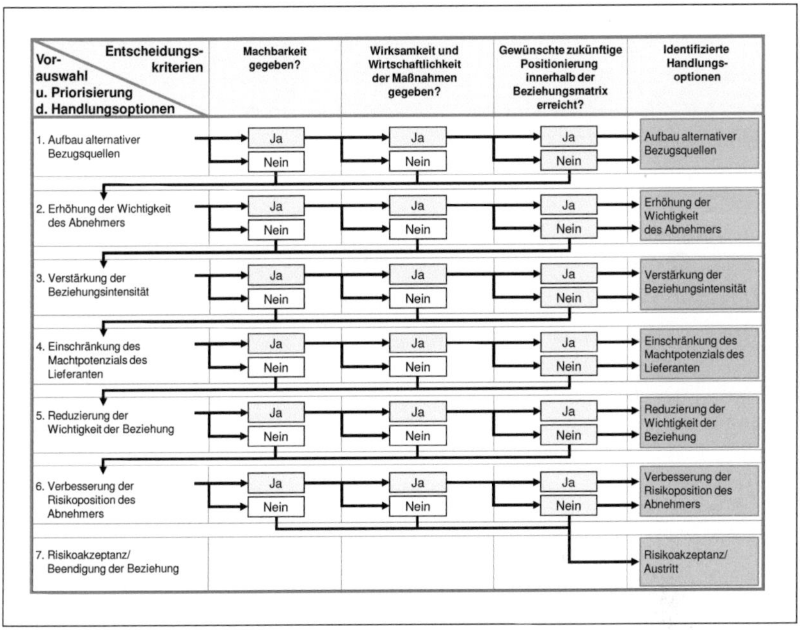

Abb. 4-31: Auswahl von Risikomanagement-Maßnahmen zur Abhängigkeitsbewältigung[1334]

4.3.1.2.3 Abhängigkeitsbewältigung, aufgezeigt an einem Beispiel

Zur Abrundung und Verdeutlichung der in den beiden vorherigen Kapiteln gemachten Ausführungen soll nun im Folgenden die Ableitung von gezielten Maßnahmen zur Bewältigung einseitiger Abhängigkeiten anhand eines konkreten Beispiels aufgezeigt werden. Hierbei sei betont, dass dieses Beispiel zwar fiktiver Natur ist, dass allerdings die Problemstellungen, v. a. in Bezug auf die aufgezeigten Branchenbeziehungen, durchaus realen Hintergrund besitzen.

[1334] Quelle: eigene Darstellung.

1. Ausgangssituation

- Die zunehmende Bedeutung von Elektronikkomponenten führt zu einer verstärkten Zusammenarbeit der Automobilhersteller mit branchenfremden Lieferanten. Im vorliegenden Fallbeispiel soll die (indirekte) Beziehung eines Automobilunternehmens zu einem Halbleiterhersteller untersucht werden, der Mikroprozessoren herstellt. Diese Prozessoren stellen einen wichtigen Baustein bei der Fertigung von Motorsteuergeräten dar, die der Abnehmer ebenfalls extern von einem Systemlieferanten bezieht.

- Aufgrund seiner Bedeutung erfolgt die Auswahl und Steuerung des Halbleiterlieferanten, der als 2nd-Tier-Lieferant innerhalb der Lieferantenpyramide des Abnehmers eingebunden ist, direkt durch das Automobilunternehmen. Der vom Automobilhersteller ausgewählte 2nd-Tier-Lieferant wird schließlich dem 1st-Tier-Lieferanten (Motorsteuergerätelieferant) als Sublieferant vorgegeben.

- Bei dem Halbleiterhersteller handelt es sich um ein global agierendes Großunternehmen, das seine Umsatzschwerpunkte in der Datenverarbeitungs-, Kommunikations- und Unterhaltungselektronik besitzt. Diese Branchen treiben im Wesentlichen die Innovationszyklen der Halbleiterindustrie. Die Automobilbranche ist aus Sicht des Lieferanten mit 5 % Umsatzanteil eher von untergeordneter Bedeutung.

- Generell zeigt die Halbleiterindustrie starke Konzentrationstendenzen: 95 % des weltweiten Marktvolumens teilen sich zehn Lieferanten untereinander auf. Mit einem Weltmarktanteil von 12 % stellt der betrachtete Lieferant dabei das drittgrößte Unternehmen innerhalb der Branche dar.

- In Bezug auf die Beschaffung von analogen und digitalen Halbleiterbauelementen über die drei Produkt-Segmente „Smart-Power", „Mikroprozessoren" und „Asics" befinden sich im Lieferantenportfolio des Automobilherstellers sechs der o. g. zehn weltweit tätigen Zuliefer-Unternehmen.

- Das Lieferantenportfolio des beschaffenden Unternehmens bei „Mikroprozessoren" besteht allerdings nur aus zwei Lieferanten, wobei 85 % des Beschaffungsvolumens auf den zu untersuchenden Lieferanten fallen. Es sei allerdings erwähnt, dass nicht alle Hersteller die gleiche Software-Basis verwenden (insgesamt nur fünf Hersteller). Dies schränkt den Wettbewerb weiter ein.

2. Beurteilung der Lieferanten-Abnehmer-Beziehung

- Aufgrund der hohen Anforderungen des Automobilherstellers und der gleichzeitig geringen Abnahmemengen sowie der dadurch begründeten vergleichsweise niedrigen Margen ist das Interesse des Halbleiterherstellers an einer Zusammenarbeit mit dem Automobilunternehmen als eher gering zu bezeichnen. Umgekehrt nimmt der betrachtete Lieferant aus Sicht des Abnehmers eine bedeutende Stellung innerhalb seiner Wertschöpfung ein. Diese Bedeutung leitet sich im Wesentlichen aus der Wichtigkeit des Produkts, der grundsätzlichen Wettbewerbssituation im Halbleiterbereich und der Positionierung des Lieferanten innerhalb des Abnehmerunternehmens ab.

- Die detaillierte Beurteilung der Lieferanten-Abnehmer-Beziehung zeigt, dass innerhalb dieser Beziehung von einer einseitigen Abhängigkeit des Abnehmers ausgegangen werden kann. Die identifizierten potenziellen Risiken beziehen sich hierbei auf die Gefahr mangelnder Leistungsbereitschaft und Leistungsfähigkeit.

- Die einseitige Abhängigkeit soll deshalb als kritisch bewertet werden. Die wichtigsten Ursachen für schwerwiegende Versorgungs- oder Kostenrisiken mit hohem Schadenserwartungswert sind:

  - Zunehmende Kapazitätsengpässe des Lieferanten (aufgrund hoher branchenspezifischer Nachfrage im „Consumer-Electronic-Bereich" sowie regionsspezifischer Nachfrage in China). Wegen der geringen Nachfragemacht muss davon ausgegangen werden, dass bei Engpässen wichtigere Kunden zuerst bedient werden.

  - Sicherstellung der Langzeitversorgung von Ersatzteilen vor dem Hintergrund extrem kurzer Lebenszyklen von Produkten im Halbleiterleiterbereich. Im vorliegenden Fall stellt dies allerdings kein lieferantenspezifisches Risiko dar, sondern ein Risiko, das von der gesamten Halbleiterindustrie ausgeht.

  - Regelmäßige Preiserhöhungen sowie geringe Durchsetzungskraft des Abnehmers bei kundenspezifischen Produktanforderungen aufgrund der Angebotsmacht des Lieferanten. Diese mangelnde Bereitschaft zur Modifizierung kann dabei sogar zur Bedrohung der Serienversorgung führen.

  - Materialkostensteigerungen aufgrund hoher Ausschüsse, die auf automobilspezifische Anforderungen und Anpassungen sowie gleichzeitig auf die geringen Erfahrungen des Lieferanten mit Kunden im Automobilbereich zurückzuführen sind.

3. Identifizierung und Bewertung möglicher risikopolitischer Maßnahmen

Nach Analyse der oben beschriebenen Ausgangssituation werden vom verantwortlichen Einkäufer zusammen mit den involvierten Fachstellen (innerhalb der Bereiche Entwicklung und Produktion) unterschiedliche strategische Maßnahmen zur Begegnung der einseitigen Abhängigkeit ausgewählt und aufgrund ihrer Machbarkeit, ihres zeitlichen Horizonts, ihrer Wirksamkeit sowie ihres Aufwands analysiert und bewertet (siehe Abbildung 4-32).

Potenzielle Maßnahmen	**Machbarkeit** ja/nein	**Horizont** lang-/mittel-/ kurzfristig	**Nutzen** hoch/mittel/ niedrig	**Aufwand** hoch/mittel/ niedrig	**Risiken** hoch/mittel/ niedrig	**Entscheidung**
Reduzierung der Wichtigkeit der Beziehung						
Standardisierung von Mikroprozessoren	ja	langfristig	hoch	hoch	niedrig	✓
Entwicklung hardwareunabhängiger Systeme	ja	langfristig	hoch	hoch	niedrig	✓
Branchenlösung zur langfristigen Versorgung	ja	langfristig	hoch	hoch	niedrig	✓
Aufbau alternativer Bezugsquellen						
Eigenfertigung	nein	--	--	--	--	--
Umschichtung der Lieferantenanteile	ja	mittelfristig	mittel	niedrig	niedrig	✓
Hinzuziehen neuer Lieferanten (Streuung)	ja	mittelfristig	mittel	mittel	niedrig	✓
Erhöhung der Wichtigkeit des Abnehmers						
Einkaufskooperation mit anderen OEMs	ja	langfristig	mittel	niedrig	mittel	✓
Schaffung von Anreizstrukturen	ja	mittelfristig	niedrig	mittel	niedrig	--
Verstärkung der Beziehungsintensität						
Aufwertung zum 1st-Tier-Lieferant	ja	kurzfristig	niedrig	niedrig	mittel	?
Vertragliche Vereinbarungen	ja	mittelfristig	mittel	mittel	niedrig	✓
Aufbau langfristiger Beziehungen	ja	mittelfristig	mittel	mittel	niedrig	✓
Intensivierung der operativen Zusammenarbeit	ja	mittelfristig	mittel	niedrig	niedrig	✓
Entwicklung gemeinsamer Technologie-Roadmap	ja	langfristig	hoch	hoch	mittel	✓
Förderung einer vertrauensvollen Zusammenarbeit	ja	mittelfristig	niedrig	niedrig	niedrig	✓
Aufbau persönlicher Beziehungen	ja	mittelfristig	niedrig	niedrig	niedrig	✓
Kooperationen mit Lieferanten	nein	--	--	--	--	--
Verbesserung der Risikoposition						
Überwachung Kapazitäten des Lieferanten	ja	kurzfristig	niedrig	niedrig	niedrig	✓
Verstärkte Qualitätskontrollen	ja	kurzfristig	niedrig	niedrig	niedrig	✓
Lieferantenentwicklung	ja	kurzfristig	mittel	niedrig	niedrig	✓
Austritt aus der bestehenden Beziehung						
Substitution des ausgewählten Lieferanten	nein	--	--	--	--	--

Abb. 4-32: Risikopolitische Maßnahmen im Fallbeispiel[1335]

Die Bewertung der Maßnahmen zeigt, dass die Hauptansatzpunkte zur Bewältigung der vorliegenden Abhängigkeit v. a. in produkttechnischen Maßnahmen gründen. Als Möglichkeiten wird vonseiten der Entwicklung sowohl die Standardisierung von Produkten als auch die Entwicklung hardwareunabhängiger Systeme favorisiert. Zudem sollten in Absprache mit anderen Automobilherstellern Lösungen zur Sicherstellung der langfristigen Versorgung von Halbleiterelementen über den gesamten Lebenszyklus eines Automobils diskutiert und branchenweit umgesetzt werden. Um die potenziellen Bedrohungen zur bestehenden Beziehung zu minimieren, sollte der Ein-

[1335] Quelle: eigene Darstellung.

kauf versuchen, weitere Lieferanten in das Portfolio aufzunehmen. Als kurz- bzw. mittelfristige Lösung würde sich außerdem die Intensivierung der Lieferantenbeziehung anbieten. Weiterhin wären Absicherungsmaßnahmen einzusetzen, um die Risiken, bezogen auf Leistungsbereitschaft und -fähigkeit des Lieferanten, einzugrenzen.

Bei der Beurteilung der Maßnahmen wurden die Möglichkeiten einer Eigenfertigung sowie Kooperationen mit dem bestehenden Lieferanten ausgeschlossen. Von einer Austrittsstrategie wird abgesehen, da die vorliegenden Bedrohungen im Wesentlichen branchenspezifischen Charakter besitzen und eine Beendigung der Beziehung zum vorliegenden Lieferanten das grundsätzliche Problem nicht aufheben würde, sondern nur auf einen anderen Lieferanten verschiebt.

4. Strategieauswahl

Nach Beurteilung möglicher Maßnahmen wird vom verantwortlichen Einkäufer zusammen mit den betroffenen Fachstellen eine Empfehlung erarbeitet, wie mit der Abhängigkeitssituation zum vorliegenden Lieferanten bzw. mit der generellen Abhängigkeit zur Halbleiterindustrie kurz-, mittel- und langfristig umgegangen werden kann.

In Bezug auf die vorliegende Lieferantenbeziehung sollte ein Rückzug aus der Beziehung bei gleichzeitiger Intensivierung der Beziehung verfolgt werden. Ziel sollte somit sein, die Bedeutung des Lieferanten aus eigener Sicht zu reduzieren und gleichzeitig die eigene Bedeutung aus Sicht des Lieferanten zu erhöhen. Die zukünftige Beziehung sollte interdependenten Charakter besitzen, wobei beide Parteien ein gegenseitiges Interesse an der Fortführung der Beziehung haben. Da diese Maßnahmen mittel- bis langfristig ausgerichtet sind, gilt es, der Abhängigkeitssituation auch kurzfristig zu begegnen. Dies soll durch entsprechende Absicherungsmaßnahmen geschehen, die in erster Linie auf die Risiken aus der Leistungsfähigkeit des Lieferanten abzielen. Abbildung 4-33 verdeutlicht die risikopolitische „Roadmap“ des vorliegenden Falles.

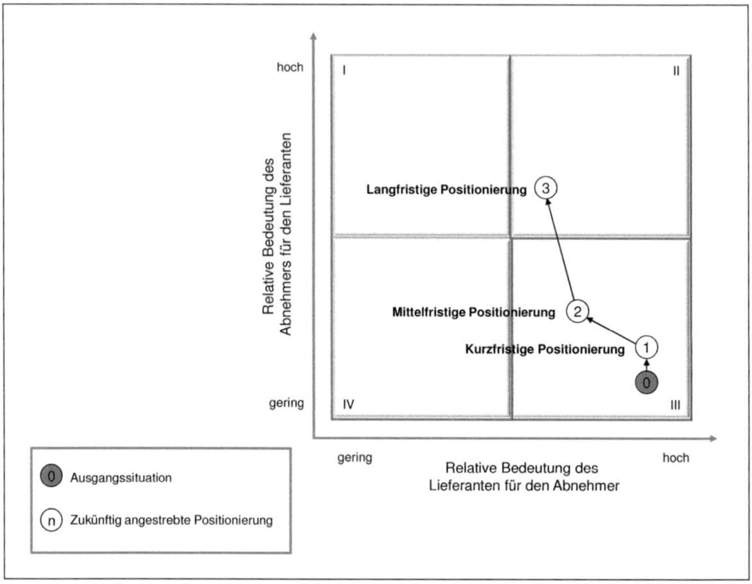

Abb. 4-33: Risikopolitische „Roadmap" im Fallbeispiel[1336]

① Kurzfristige Absicherung der Gefahren durch ursachen- und wirkungsbezogene Maßnahmen, wobei verstärkt auf Kontrollmechanismen gesetzt und zusammen mit dem Lieferanten an den bestehenden Qualitätsrisiken gearbeitet werden soll. Da durch diese Absicherungsmaßnahmen die gegenseitige Bedeutung unbeeinflusst bleibt, verändert sich zunächst auch die grundsätzliche Abhängigkeit zum Lieferanten nicht. Deswegen soll weiterhin versucht werden, durch intensive Verhandlungen mit dem Lieferanten die Durchgängigkeit der Versorgung sicherzustellen. Hierbei sind Anreizmechanismen zu entwickeln, um als Kunde auch bei Engpässen stärkere Berücksichtigung zu finden.

② Mittelfristige Verbesserung der Abhängigkeitssituation durch sukzessiven Rückzug aus der bestehenden Beziehung. Dies soll durch eine Umschichtung des Volumens auf den zweiten Lieferanten sowie durch den Neuaufbau eines weiteren Lieferanten im Rahmen zukünftiger Lieferantenauswahlverfahren bei neuen Projekten geschehen. Trotz einer generell zu verfolgenden Rückzugsstrategie sollte weiterhin durch diverse Maßnahmen versucht werden, das Verhältnis zum Lieferanten zu verbessern, um die Eintrittswahrscheinlichkeit opportunistischen

[1336] Quelle: eigene Darstellung.

Verhaltens zu reduzieren. Eine weitere Zunahme des Einflusses auf den Lieferanten lässt sich beispielsweise durch ein „Upgrading“ des Halbleiterherstellers innerhalb der Lieferantenpyramide erzielen. Dieser könnte beispielsweise zukünftig als 1st-Tier-Lieferant behandelt werden. Dies würde bedeuten, dass die Waren direkt vom Automobilhersteller bezogen und dem Systemlieferanten beigestellt werden.

③ Langfristig sollen durch produkttechnische Anpassungen Abhängigkeiten von Lieferanten vermindert werden. Hier steht im Wesentlichen die Entwicklung einer Software im Vordergrund, die so flexibel gestaltet werden soll, dass sie hardwareunabhängig ist und damit Hardware-Konfigurationen unterschiedlicher Hersteller unterstützt. Durch diese Maßnahme wird Offenheit gegenüber einem breiteren Angebot geschaffen und der Beschaffungsmarkt erweitert. Durch die Zusammenarbeit mit anderen OEMs können außerdem Standards entwickelt werden, die es ermöglichen, auf die Produkte anderer Lieferanten umzusteigen. Flankierend zu diesen Maßnahmen sollten branchenübergreifende Gespräche zum Thema Langzeitversorgung geführt werden. Auf Grundlage der Standardisierung und der Entwicklung branchenweiter Lösungen kann schließlich versucht werden, Einkaufsvolumen über verschiedene Hersteller hinweg zu bündeln und so die Nachfragemacht und damit auch die Bedeutung des Abnehmers aus Sicht des Lieferanten zu erhöhen. Zudem soll der Aufbau einer interdependenten und symmetrischen Beziehung durch Entwicklung einer gemeinsamen und langfristigen Strategie vorangetrieben werden (mithilfe einer Technologie-Roadmap), die durch entsprechendes Vertragswerk abgesichert wird.

Als Fazit kann festgehalten werden, dass im vorliegenden Fall eine einseitige Abhängigkeit kurz- bis mittelfristig nicht vermieden werden kann. Da das Problem nicht unbedingt lieferanten-, sondern eher branchenspezifisch bedingt ist, kann durch entsprechende Einkaufsmaßnahmen nur begrenzt Einfluss auf die Beziehung genommen werden. Langfristig kann nur durch Anpassung des Produkts ein Austritt aus einer Abhängigkeitsbeziehung erreicht werden. Ziel sollte sein, das Verhältnis in eine Beziehung gegenseitiger Abhängigkeit überzuführen, in dem auch vonseiten des Halbleiterherstellers Chancen durch die gemeinsame Beziehung gesehen werden.

4.3.1.3 Erhöhung der Flexibilität

Flexibilität kann als relative Größe verstanden werden, die stets in Verbindung zur Systemumwelt zu sehen ist. Wie in Kapitel 2.3.4.3 bereits betont, steigen die aus den Umweltbedingungen abgeleiteten Flexibilitätsanforderungen mit steigender Dynamik und zunehmender Ungewissheit. Je kürzer die Reaktionszeiten bzw. -möglichkeiten auf mögliche Veränderungen und Entwicklungen innerhalb der Umwelt sind, umso wichtiger wird der Einsatz von Maßnahmen zur Erhöhung der Anpassungsfähigkeit.[1337]

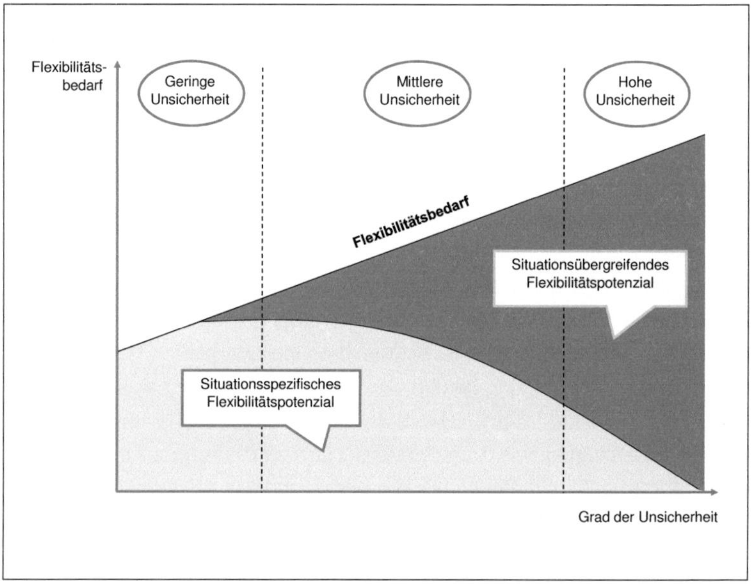

Abb. 4-34: Flexibilitätsschwerpunkte bei zunehmender Unsicherheit[1338]

Während eine Erhöhung von Flexibilität für Unternehmen, die innerhalb stark dynamischer Umweltbedingungen agieren, als unabdingbar und strategisch notwendig erachtet werden kann, führt die Bereitstellung einer zu hohen Flexibilität unter stabilen Umweltvoraussetzungen zwangsweise zu Ineffizienzen im Unternehmen.[1339] Die Bedeutung des Aufbaus von Flexibilitätspotenzialen in Abhängigkeit von der Umwelt-

[1337] Vgl. Schuy, 1989, S. 238 f. Siehe hierzu auch Bea/Haas: „In einer instabilen und unsicheren Umwelt muss ex ante-Rationalität durch ex post-Flexibilität und Kreativität ersetzt werden." Bea/Haas, 1995, S. 10.

[1338] Quelle: leicht abgewandelt aus Meffert, 1985, S. 134 sowie Brehm, 2003, S. 92.

[1339] Vgl. Braun, 1984, S. 112 f. Auch in Bezug auf die Beschaffungsmärkte ist entsprechend zu differenzieren, welche Märkte einer hohen Dynamik unterliegen und damit eine hohe Anpassungsfähigkeit erfordern (z. B. Rohstoffmärkte für Edelmetalle oder Stahl) und welche Märkte etabliert und konstant sind und somit keine erhöhte Flexibilität bedingen.

komplexität und der damit zugrunde liegenden Unsicherheitssituation wird in Abbildung 4-34 verdeutlicht.[1340]

In Bezug auf das vom Unternehmen zu schaffende Flexibilitätsangebot kann zwischen einer gerichteten (situationsspezifischen) und einer ungerichteten (situationsübergreifenden) Flexibilität unterschieden werden. Während es bei relativ geringer Unsicherheit noch möglich ist, das Flexibilitätspotenzial situationsspezifisch auszugestalten (da nur mit geringen Abweichungen zu rechnen ist), ist bei hoher Unsicherheit der Bedarf an einem situationsübergreifenden und damit einem relativ allgemeinen Flexibilitätspotenzial gegeben. Ein spezifisches und damit womöglich ungeeignetes Flexibilitätspotenzial könnte hierbei zum Problem werden.

Voraussetzung für den Einsatz situationsspezifischer Maßnahmen ist somit die Bereitstellung von Information über den zu erwartenden Flexibilitätsbedarf. Je schlechter die entsprechende Informationsbasis ist, umso eher wird das Unternehmen zum Aufbau eines ungerichteten Flexibilitätsangebotes neigen.

Die Höhe des Flexibilitätsbedarfs hängt aber nicht nur von der Umweltdynamik, sondern auch von der zur Verfügung stehenden Informationsbasis des Entscheidungsträgers, von der Umweltabhängigkeit des Unternehmens in der jeweiligen Entscheidungssituation sowie vom Anspruch der verfolgten Ziele ab.[1341]

Bei der Ableitung von Flexibilitätsmaßnahmen unterscheidet Meffert zwischen einer außengerichteten und einer innengerichteten Dimension:[1342]

Die **außengerichtete Flexibilität** (Built-in-Flexibilität) hat eher defensiven Charakter und versucht im Sinne der Risikovorsorge, negative Umwelteinflüsse zu vermindern.[1343] Dies geschieht beispielsweise durch Streuung von Risiken (z. B. durch Diversifikation).[1344] Unter Beachtung des risikomäßigen Zusammenhangs werden die

---

[1340] Vgl. hierzu die Ausführungen von Mössner, 1982, S. 41 f. zum „Gesetz der erforderlichen Varietät" von Ashby, der die Größe des Handlungsspielraums in Abhängigkeit von der Stärke der Umweltdynamik beschreibt.

[1341] Vgl. Schlüchtermann, 1996, S. 104 f.

[1342] Vgl. Meffert, 1994 (Marketing-Management), S. 454 ff. Meffert charakterisiert die „Built-in-Flexibilität" als Maßnahme, die der Unternehmung Erfolgselastizität verleiht. Vgl. Meffert, 1985, S. 124. Unterschiedlicher Auffassung in Bezug auf die Interpretation von Risikostreuung bzw. Diversifikation als Maßnahmen der Flexibilität sind Mössner sowie Hillmer, die diese Strategien eher als Maßnahmen zur Erhöhung der Resistenz erachten. Vgl. Mössner, 1982, S. 73, Hillmer, 1987, S. 47 f.

[1343] Vergleiche hierzu auch Kapitel 4.3.1.2.1. Die Diversifikationsstrategie kann auch als ein Bestandteil der Rückzugsstrategie zur Vermeidung bzw. Verminderung von Abhängigkeiten gesehen werden. Vgl. hierzu auch Freiling, 1995, S. 177.

[1344] Vgl. hierzu auch Hermann, 1996, S. 82 f. Hermann spricht in diesem Zusammenhang von Schadensbegrenzung mit den Bewältigungsformen der Schadenszerlegung, -verkürzung, -teilung

strategischen Geschäftsfelder möglichst breit gestreut, um das Gesamtrisiko unter die Summe der Einzelrisiken der strategischen Geschäftsfelder zu drücken. In Bezug auf die Beschaffung beziehen sich diese Maßnahmen auf eine Verkleinerung möglicher Verlustbeiträge durch Aufspaltung risikobehafteter Gesamtaktivitäten, z. B. durch Aufteilung des Bedarfs auf mehrere Lieferanten oder durch Umstellung von Festmengenverträgen auf Mengendeckungsverträge. Die Streuung potenzieller Verlustgefahren in Form einer Zerlegung von Risiken kann sowohl regional (Beschaffung in unterschiedlichen Ländern/Märkten), temporal (zeitliche Verlagerung von Aktivitäten), personell (Streuung innerhalb des Beschaffungsmarkts durch Einbindung mehrerer Lieferanten) als auch sachlich (Streuung der Lieferanten nach unterschiedlichen Betriebsgrößen oder Eigenschaften wie Qualität oder Lieferzeit) erfolgen.[1345]

Die **innengerichtete Flexibilität** (Handlungsflexibilität) zielt dagegen auf eine Erhöhung der Reaktionskapazität des Unternehmens durch Steigerung des Handlungsspielraums, der Handlungsschnelligkeit sowie der Handlungsbereitschaft ab:[1346]

- Aktionsflexibilität:
  Die Aktionsflexibilität erweitert die Handlungsspielräume im Unternehmen, indem Freiheitsgrade für spätere Anpassungsmaßnahmen an unterschiedliche Bedingungen offengelassen werden. Aus Sicht der Beschaffung können beispielsweise die verstärkte Nutzung der Angebote in Spot-Märkten, austauschbare Ressourcen, partielle Verfügbarkeit von Rohstoffalternativen sowie flexible Produktionsverfahren und -anlagen für entsprechende Aktionsflexibilität sorgen. Um sich auf geänderte Bedingungen rasch einstellen zu können, sollten der Unternehmung zudem ausreichende Reserven zur Verfügung stehen. Die Reservenbildung sollte v. a. bei kritischen Ressourcen eingesetzt werden, deren Beschaffung nicht generell gesichert ist und die auch schon bei sehr geringen Prämissenänderungen zum Engpassfaktor werden. Ein weiterer wichtiger Aspekt im Rahmen der Aktionsflexibilität stellt der verfügbare Finanzspielraum einer Unternehmung dar.

---

und des Schadenausschlusses. Diese reaktionistischen Maßnahmen stellen im Verständnis der vorliegenden Arbeit ebenfalls Formen der Built-in-Flexibilität dar. Als Beispiele werden genannt: Aufteilung des Totalschadens in unabhängige Teilschadensmöglichkeiten, z. B. in Form von Zug-um-Zug-Geschäften (Schadenszerlegung), Verringerung des Maximalschadens durch vertraglich festgelegte Eigentumsvorbehalte (Schadensverkürzung), Verteilung der Gesamtschadensmöglichkeit auf mehrere potenzielle Schadensträger (Schadensteilung) sowie Übereignung bestimmter Risiken an haftungsbeschränkte Tochtergesellschaften bzw. Ausschluss von Garantiepflichten (Schadensausschluss).

1345 Vgl. hierzu auch Fasse, 1995, S. 316, Braun, 1984, S. 259 ff. sowie Rogler, 2002, S. 63 f., Holst, 1998, S. 45, Pfohl, 2002, S. 41 f.

1346 Vgl. Meffert, 1985, S. 126 ff., Meffert, 1994 (Marketing-Management), S. 457 ff., Hermann, 1996, S. 88, Schubert, 2004, S. 282 f.

Finanzflexibilität schafft auch im Bereich der Beschaffung als ungerichtete Maßnahme das notwendige Potenzial für eine entsprechende Anpassungsfähigkeit.

- Prozessflexibilität:
  Die Prozessflexibilität dient der Steigerung der Reaktions- und Handlungsschnelligkeit des Unternehmens. Als mögliche Maßnahmen seien der Einsatz einer flexiblen Planung, die Implementierung standardisierter Planungsmodelle und -instrumente sowie die Anwendung frühzeitiger Durchführungsplanung und -vorbereitung erwähnt. Um im Bedarfsfall rasch und effizient aktiv werden zu können, sei auch noch einmal auf eine problemadäquate Frühwarnung hingewiesen. Dabei geht es vorrangig um die Schaffung einer aktiven Flexibilität, die sich auf die mögliche Situationen vorbereitet und die entsprechende Entwicklung so weit wie möglich im Voraus zielbewusst zu beeinflussen und mitzugestalten versucht.

- Strukturflexibilität:
  Die Strukturflexibilität bezieht sich auf die Steigerung der Handlungsbereitschaft der Gesamtorganisation. Hierzu zählen zum einen aufbau- und ablauforganisatorische Elemente sowie Maßnahmen in den Bereichen Management, Personal, Unternehmenskultur und Führungssystem. Beispielhaft soll der Aufbau einer weltweiten Beschaffungsorganisation, die Förderung der Bereitschaft und Fähigkeit des Managements zu Wandel sowie die Delegation von Verantwortung und Kompetenz aufgeführt werden. Von zentraler Bedeutung sind in diesem Zusammenhang auch die Schaffung bzw. die Verkürzung der vertikalen Kommunikations- und Entscheidungswege sowie die Motivation der Mitarbeiter zu Aktivismus und Flexibilität.

Während die Aktions- und die Prozessflexibilität an der Schaffung bzw. der Erhöhung des Flexibilitätspotenzials ansetzen, stellt die Strukturflexibilität sicher, dass das Potenzial auch entsprechend genutzt wird.[1347]

Im Vergleich zwischen der außengerichteten und der innengerichteten Flexibilität weist Mössner darauf hin, dass sich beide Formen gegenseitig substituieren oder ergänzen können.[1348] So können Handlungsprogramme, die auf dem Prinzip der

[1347] Die Schaffung von Flexibilität kann als ein zweistufiger Prozess gesehen werden. Zunächst soll durch Investitionen ein Flexibilitätspotenzial geschaffen werden, das anschließend zu nutzen ist. Vgl. Schlüchtermann, 1997, S. 105.

[1348] Vgl. Mössner, 1982, S. 78. Siehe hierzu auch Voigt, der betont, dass Flexibilität und Diversifikation bei der Lösung des Unsicherheitsproblems zwei ergänzende Möglichkeiten darstellen. Vgl. Voigt, 1992, S. 591.

Risikostreuung basieren, auch flexible Elemente beinhalten oder umgekehrt.[1349] Eine strikte Trennung erscheint deshalb nicht sinnvoll. „Auch ein stark diversifiziertes Unternehmen muss die Fähigkeit zur Anpassung besitzen“.[1350] Eine bestehende diversifizierte Konfiguration kann somit langfristig nicht verteidigt werden, wenn entsprechende Elemente der Handlungsflexibilität fehlen. Umgekehrt kann allerdings Flexibilität die Notwendigkeit zur Streuung von Risiken ersetzen. Der Verlustausgleich erscheint dann nicht notwendig, wenn den Unwägbarkeiten im Vorfeld bereits durch eine entsprechende Handlungsflexibilität begegnet wird.[1351]

Neben der Deckung des Flexibilitätsbedarfs (durch den Aufbau von Flexibilitätspotenzialen) stellen Maßnahmen zur **Beeinflussung des Flexibilitätsbedarfs** ebenfalls adäquate Strategien dar, welche die Risikosituation des Unternehmens verbessern.[1352] Hier greifen die in den Kapiteln 4.3.1.1 und 4.3.1.2 bereits vorgestellten Risikostrategien. Neben der Verbesserung der Informationsbasis können auch proaktive Maßnahmen zur Beeinflussung der Umwelt beitragen. Da Abhängigkeiten auch Einschränkungen der Flexibilität nach sich ziehen,[1353] sind die vorgestellten Maßnahmen zur Verringerung von Abhängigkeiten (insbesondere die Stoßrichtungen Intensivierung, Rückzug und Austritt) dazu geeignet, die Flexibilitätsbedarfe des Unternehmens zu senken.[1354]

Abschließend bleibt festzuhalten, dass es letztendlich auf den geeigneten Mix an flexibilitätsfördernden Maßnahmen ankommt. Neben außen- und innengerichteten Maßnahmen sind sowohl reaktive als auch proaktive Maßnahmen zur Deckung bzw. Reduktion des Flexibilitätsbedarfs einzusetzen. Ferner ist zu fordern, gerichtete Flexibilitätsmaßnahmen durch ungerichtete Flexibilität zu ergänzen, um auch nicht vorhergesehene oder unzulänglich eingeschätzte Entwicklungen bewältigen zu können.

[1349] Als Beispiel nennt Mössner die horizontale Diversifikation, die sowohl eine Maßnahme zur Risikostreuung als auch zur Erhöhung der Flexibilität darstellt. Vgl. Mössner, 1982, S. 78.

[1350] Hillmer, 1987, S. 48.

[1351] Vgl. Hillmer, 1987, S. 49.

[1352] Vgl. hierzu Kapitel 2.3.4.3.

[1353] Der mit der geringeren Autonomie verbundene Verlust an Verfügungsfreiheit führt dabei zur Begrenzung der Fähigkeit, sich an neue Umweltbedingungen anpassen zu können. Vgl. Pfeffer/Salancik, 1978, S. 94 f.

[1354] Umgekehrt gilt auch, dass der Aufbau von Flexibilitätspotenzialen die Bewältigung von Abhängigkeiten unterstützt. In diesem Zusammenhang sei auf die in Kapitel 2.3.4.3 vorgestellte Basisstrategie der Speicherung von Flexibilität, z. B. durch Vorratshaltung, hingewiesen.

4.3.1.4 Sicherung gegen Schäden

Um das Unternehmen gegen die verbleibende Restunsicherheit optimal abzusichern, müssen weitere risikopolitische Absicherungsmaßnahmen definiert werden, mit deren Hilfe versucht wird, das vom Unternehmen gewünschte Sicherheitsziel zu erreichen.

Nachdem in den vorherigen Kapiteln ursachenbezogene Strategien zur Vermeidung und Verminderung von Risiken sowie wirkungsbezogen Strategien zur Risikostreuung und Flexibilitätserhöhung vorgestellt wurden, sollen nun Maßnahmen aufgezeigt werden, die der Sicherung des Unternehmens gegen mögliche Schäden dienen.[1355]

Gemäß den Ausführungen in Kapitel 2.2.3.3 soll hierbei der mögliche Risikoeintritt in Kauf genommen werden. Die Maßnahmen haben wirkungsorientierten Charakter und richten sich dabei weniger an der Höhe des Schadens als an der grundsätzlichen Frage aus, wer den Schaden zu tragen hat. Das Unternehmen will mögliche Schäden entweder auf andere Wirtschaftssubjekte, z. B. auf Versicherungen oder Lieferanten abwälzen oder diese selbst tragen. Diese Form der Risikohandhabung setzt an reine und versicherbare bzw. vertraglich oder marktlich absicherbare Risiken an.

Am Beispiel der Bewältigung von Versorgungsrisiken seien deshalb die zwei aus Sicht der Beschaffung wichtigen risikopolitischen Maßnahmen **Risikoübertragung** sowie **Risikoselbsttragung** genannt.[1356]

a) Risikoübertragung

- Deckung des Schadens durch Dritte:
  Eine Schadensdeckung durch Dritte lässt sich durch Bürgschaften (z. B. durch Banken oder Muttergesellschaften) oder Garantien (z. B. Lieferungs-/Leistungsgarantie bzw. Gewährleistungs-/Einbehaltungsgarantie) realisieren. Betriebsunterbrechungen können allerdings auch über Versicherungen abgedeckt werden. Insbesondere die Übertragung von Risiken auf Versicherungen ist zwar eine sichere Art der Risikobewältigung, aber auch ein teurer Weg, der sowohl theoretisch als auch praktisch nur eingeschränkt gangbar ist. Da nur finanzielle Risikowirkungen Berücksichtigung finden, decken die Maßnahmen der Risiko-

[1355] Vgl. hierzu auch noch einmal Abbildung 2-4.

[1356] Details hierzu siehe Rogler, 2002, S. 69–88. Es darauf hingewiesen, dass Rogler nicht von Versorgungsrisiken, sondern von Lieferrisiken spricht, die innerhalb der Gruppe der Beschaffungsrisiken von den Bedarfsdeckungs-, Transport- und Lagerrisiken abgegrenzt werden.

übertragung nur einen kleinen, aufgrund der strategischen Relevanz des Beschaffungsbereichs nicht ausreichenden Teil der Risikoproblematik ab.

- Deckung des Schadens durch den Lieferanten:
  Es ist zu prüfen, inwieweit der angefallene Schaden (direkter und indirekter Schaden)[1357] zumindest teilweise auf den Lieferanten übertragen werden kann. Hier greift in der Regel zunächst die gesetzliche Schadensersatzpflicht, wobei nicht immer davon ausgegangen werden kann, dass dadurch der gesamte Schaden abgedeckt ist. Alternativ lässt sich mit dem Lieferanten vertraglich eine Konventionalstrafe vereinbaren, die sich (im Gegensatz zur gesetzlichen Haftung) einem Schadensnachweis entzieht. Konventionalstrafen können auch im Sinne der Risikominderung wirken, da der Lieferant normalerweise alles versuchen wird, einen Schaden zu vermeiden. In der Regel setzt die Durchsetzung von Konventionalstrafen eine entsprechende Marktmacht voraus.[1358] Grundsätzlich ist es für den Abnehmer vorteilhaft, mit Stammlieferanten ein individuelles Rahmenabkommen abzuschließen. Darin sollten die Pflichten, Termin- und Qualitätsanforderungen und die Haftung für Schäden des Abnehmers bei Verletzung der Pflichten genau festgelegt werden.

- Übertragung des Risikos auf den Markt:
  Die Abwälzung des Risikos auf den Markt ist beispielsweise durch Hedging-Maßnahmen oder über einen Ausgleich von Risiken mithilfe von Sicherungsgeschäften möglich, die sich gegenläufig zum Basisgeschäft verhalten und dem Risiko somit eine gleichwertige Chance gegenüberstellen. Als Beispiel im Rahmen der Beschaffung seien Gegengeschäfte mit Partnern im gleichen Währungsraum genannt.[1359]

b) Risikoselbsttragung

Bei der Risikoselbsttragung werden die Konsequenzen des Risikoeintritts bewusst akzeptiert. Es werden allerdings betriebsgerichtete Maßnahmen ergriffen, die das Erreichen der Unternehmensziele sichern sollen.

[1357] Direkte Schäden entstehen, wenn das Unternehmen bereits Anzahlungen geleistet hat, die nicht zurückgezahlt werden. Unter indirekten Schäden des Abnehmers seien Leerkosten bei Produktionsstillstand, Konventionalstrafen aufgrund der Nichtlieferfähigkeit des Abnehmers, erhöhte Kosten für Ersatzbeschaffungen durch den Abnehmer sowie verminderte Erlöse verstanden.

[1358] Vgl. Pfohl, 2002, S. 41.

[1359] Vgl. hierzu auch die Ausführungen des Kapitel 4.2.9 zum „Natural Hedging“.

- Erfassung des Versorgungsrisikos in der handelsrechtlichen Rechnung:
  Um auf eine Gewinnausschüttung verzichten zu können, soll beispielsweise durch die Vornahme von Abschreibungen oder Rückstellungen der Aufwand eines Versorgungsrisikos antizipiert werden. Weitere Möglichkeiten bestehen in der Einbehaltung eines Teils des Gewinns (Gewinnrücklagen) oder der Bildung stiller Reserven. Diese Formen der Risikoselbsttragung, die bestimmte handelsrechtliche Voraussetzungen erfüllen müssen und teilweise nur als allgemeine Vorsorge (also nicht in Bezug auf ein spezifisches Risiko) angewendet werden können, können auch als Selbstversicherung des Unternehmens verstanden werden.

- Erfassung des Versorgungsrisikos in der kalkulatorischen Rechnung:
  Im Gegensatz zur oben genannten Form der Risikoselbsttragung auf Basis der handelsrechtlichen Rechnung bedeutet dies, das Risiko nicht erst mit Eintritt eines Schadens zu erfassen, sondern es bereits in der kalkulatorischen Rechnung selbst auszuweisen. Wichtig ist hierbei, das Versorgungsrisiko gleichmäßig auf die Perioden zu verteilen, um die Verluste, die durch die Versorgungsrisiken entstehen, bei der Kalkulation des Produktpreises zu berücksichtigen. Durch einen Gewinnaufschlag werden die zukünftigen Kosten des Risikos von allen Abnehmern gedeckt. Rogler empfiehlt hierfür den Ansatz des kalkulatorischen Wagnisses. Kommt es zu einer Versorgungsstörung, sind die Rückstellungen für kalkulatorische Wagnisse entsprechend aufzulösen. Wie oben bereits festgestellt, stellt auch dieser Ansatz eine Art der Selbstversicherung dar, der natürlich voraussetzt, dass die „Gegenwerte" nicht ausgeschüttet, sondern bis zum Eintritt des Risikos gehalten werden.

4.3.2 Risikoimmanente Beschaffungsstrategien

Bei der Betrachtung der in Kapitel 3.2.3.2 vorgestellten Beschaffungsstrategien wird der unmittelbare Zusammenhang zum Beschaffungsrisiko deutlich. Viele dieser Strategien haben risikopolitischen Charakter und damit großen Einfluss auf die Risikosituation des Unternehmens. Abhängig von der jeweiligen Risikobereitschaft des Entscheiders wird durch Auswahl der Beschaffungsstrategie ein bestimmtes Sicherheitsniveau festgelegt.

Die Beurteilung der Risikorelevanz der Beschaffungsstrategien soll im Folgenden auf der Differenzierung von Braun aufbauen, der zwischen „statisch-adaptiven" und

„dynamisch-aggressiven“ Grundstrategien unterscheidet.[1360] Diese beiden Denkrichtungen spiegeln den Ausdruck der allgemeinen Risikoeinstellung des Unternehmens wider und dienen als Basis zur Ableitung konkreter Strategien. Sie sollen im Folgenden als ein didaktisches Hilfsmittel herangezogen werden, um die Gegensätzlichkeiten der zugrunde liegenden Maßnahmen hervorzuheben.

Während „statisch-adaptive“ Strategien die Bereitstellung ausreichender Ressourcen zur flexiblen Reaktion gewährleisten und damit eher reaktiven Charakter haben, wird mithilfe „dynamisch-aggressiver“ Strategien versucht, die Umwelt aktiv zu beeinflussen. „Statisch-adaptive“ Grundstrategien sind in der Regel mit höheren Kosten verbunden und führen deshalb zu niedrigeren, aber sicheren Gewinnen. Aus risikopolitischer Sicht können sie dabei sowohl auf die Verringerung von Abhängigkeiten und damit auf die Stabilisierung des Unternehmens als auch auf die Erhöhung der Flexibilität im Unternehmen abzielen. Im Gegensatz dazu sind die „dynamisch-aggressiven“ Strategien mit größeren Risiken, dafür allerdings auch mit höheren Gewinn- bzw. Wachstumschancen verbunden.[1361]

Durch Auswahl der Beschaffungsstrategie bzw. bei der späteren Anpassung dieser innerhalb bereits bestehender Lieferanten-Abnehmer-Beziehungen lässt sich die Risikosituation entsprechend beeinflussen bzw. steuern. Auf Grundlage der risikopolitischen Einstellung wird hierbei festgelegt, ob eher eine risikobehaftete, aber dafür chancenorientierte Form oder eine sicherere, aber dafür häufig kostenungünstigere Alternative zum Einsatz kommen soll. Aufbauend auf diesen Überlegungen werden in Abbildung 4-35 die produktbezogenen Beschaffungsstrategien beispielhaft gegenübergestellt. Dabei soll wesentlich auf den jeweiligen Einfluss auf Chancen und Risiken eingegangen werden. Der grundsätzlichen Beschreibung der Intention dieser Strategien in Kapitel 3.2.3.2 folgt nun das Aufzeigen ihrer Risikorelevanz.

Aufgrund des Risikobezugs kann die Festlegung der Beschaffungsstrategie auch als Maßnahme eines strategischen Risikomanagements der Beschaffung verstanden werden. Voraussetzung ist, dass dem Entscheidungsträger die Auswirkungen der jeweiligen Beschaffungsstrategien auf die Risikosituation des Unternehmens bewusst sind. Handlungsalternativen, die hohe Risiken in sich bergen und bei denen

[1360] Vgl. Braun, 1984, S. 104 f.

[1361] Gemäß Braun stellen diese Grundstrategien die allgemeine Grundrichtung der weiteren strategischen Aktivitäten dar. Während sich die systematische Beobachtung und Analyse der Umwelt bei Unternehmen mit statisch-adaptiven Verhalten auf ein relativ enges und zeitlich eher begrenztes Spektrum konzentriert, setzt die Anwendung dynamisch-aggressiver Grundstrategien wesentlich stärker die Wahrnehmung schwacher Signale voraus. Vgl. Braun, 1984, S. 105 f.

sofort erkennbar ist, dass sie nicht durch risikopolitische Maßnahmen auf ein akzeptables Niveau verringert werden können, sind von vornherein auszuschließen.

	Risikoeinstellung	
Sourcing-Typen	**Statisch-adaptiv**	**Dynamisch-aggressiv**
Lieferant	Multiple Sourcing	Single Sourcing
Beschaffungsobjekt	Unit Sourcing	System/Modular Sourcing
Beschaffungsareal	Local Sourcing	Global Sourcing
Beschaffungszeit	Vorratshaltung	JIT

Abb. 4-35: Risikoneigung von Beschaffungsstrategien[1362]

Obwohl die Risikowirkung der in der obigen Abbildung aufgeführten strategischen Handlungsoptionen vom jeweiligen Einzelfall abhängt, lassen sich einige grundsätzliche Aussagen zum Ausmaß bestimmter Risiken (und deren Chancen) treffen. Entsprechend soll im Folgenden die Risikorelevanz der als „dynamisch-aggressiv“ klassifizierten Beschaffungsstrategien beispielhaft vorgestellt werden.[1363]

Die leistungsseitigen Vorteile der *Single-Sourcing-Strategie* liegen in der Reduzierung von Abwicklungs-, Komplexitäts- und Handlungskosten in Lager und Einkauf. Darüber hinaus eröffnet die Erhöhung des Umsatzvolumens pro Lieferant Spielräume bei der Verhandlung. Weitere Vorteile sind die mögliche Verbesserung der Qualität durch gemeinsame Qualitätssicherungssysteme, das bessere Ausnutzen der Erfahrungskurveneffekte der Lieferanten, sinkende Liefer- und Durchlaufzeiten durch ein abgestimmtes Logistikkonzept sowie geringere Probleme im Rahmen der Sicherung von Know-how. Diesen Chancen stehen allerdings entsprechende Risiken gegenüber, die zumindest teilweise durch einen Multiple-Soucing-Ansatz aufgefangen werden können.[1364]

[1362] Quelle: eigene Darstellung. Vgl. hierzu auch Abbildung 3-9.

[1363] Häufig entstehen Risiken allerdings auch erst durch die Kombination verschiedener Beschaffungsstrategien. Vgl. Wildemann, 2001, S. 87, der diesen Sachverhalt am Beispiel des Auslandseinkaufs und der Modular-Sourcing-Strategie verdeutlicht.

[1364] Schubert weist allerdings zu Recht darauf hin, dass die genauen Effekte der unterschiedlichen Beschaffungsstrategien von den jeweiligen Rahmenbedingungen und der spezifischen Risikosituation abhängen und somit einer individuellen Prüfung zu unterziehen sind. Als Beispiel führt er an, dass auch ein Single-Sourcing-Ansatz risikomindernd sein kann, wenn der Lieferant ein Produkt anbietet, das Alleinstellungsmerkmale besitzt und das beschaffende Unternehmen gleichzeitig seinen Einfluss auf den Lieferanten erhöhen will. Vgl. Schubert, 2004, S. 291.

Als Beispiele wären zu nennen:

- Kaum Möglichkeiten zur Abfederung von Produktionsstörungen und -unterbrechungen beim Lieferanten
- Größere Abhängigkeit des Abnehmers und in der Folge häufig höhere Preise
- Keine Möglichkeit eines kurzfristigen Lieferantenwechsels, da oftmals langfristige Beziehungen vorliegen
- Geringe Flexibilität bei Bedarfsschwankungen

Die Chancen eines *Modular- bzw. System-Sourcing-Konzepts* liegen im sinkenden Koordinationsaufwand bei Einkauf, Fertigung, Lager und Transport sowie im Wegfall einzelner Arbeitsgänge beim Abnehmer in Montage und Fertigung. Somit schafft diese Sourcing-Strategie die Möglichkeit, die Gesamtkosten zu reduzieren. Zudem profitiert der Abnehmer aufgrund der Spezialisierung vom Innovations- und Entwicklungspotenzial des Modul-/System-Lieferanten. Weitere Vorteile bieten sich in der Möglichkeit der JIT-Produktion sowie in der Konzentration auf Kernkompetenzen. Da die Vormontagezeit unabhängig von der Endmontagezeit ist, trägt dieses Sourcing-Konzept außerdem zur Flexibilisierung der Lieferzeiten bei. Als Risiko erweist es sich hierbei zumeist, dass der Abnehmer bei den outgesourcten Modulen/Systemen einen Kompetenz- und Know-how-Verlust erfährt. Des Weiteren schwindet der Einfluss des Abnehmers auf die gesamte Wertschöpfungskette, was zu einer zunehmenden Abhängigkeit vom Lieferanten führen kann. Diese Abhängigkeit ist v. a. dann problematisch, wenn es beiden Parteien an Bereitschaft zur offenen Kommunikation fehlt. Die zunehmende Verlagerung von Wertschöpfung zum Lieferanten kann natürlich auch mit Leistungsrisiken verbunden sein, wenn die Fähigkeiten des Modul-/System-Lieferanten in Bezug auf Entwicklung, Fertigung und Logistik überschätzt werden.

Auch bei der Frage, ob Beschaffungsobjekte weltweit oder lokal eingekauft werden sollen, steht das Einkaufsmanagement vor dem klassischen Entscheidungskonflikt zwischen Risikobegrenzung und wirtschaftlicher Optimierung.[1365] Die Motive für ein *Global Sourcing* liegen häufig in der Absicherung von Wechselkursrisiken, der Realisierung von Faktorkostenvorteilen, der Sicherung der Rohstoffbasis, dem Zugang zu weltweitem Know-how, der Realisierung des erforderlichen Local Contents, der Vertriebsunterstützung oder der Umgehung gesetzlicher Vorschriften. Da über Auslandsmärkte in der Regel weniger Kenntnisse existieren als über den einheimischen Beschaffungsmarkt, werden günstige Beschaffungskonditionen im Ausland häufig durch ein unzureichendes Umfeld der Beschaffung überkompensiert. Die Risiken der

---

[1365] Vgl. Bär, 2000, S. 455. Siehe hierzu auch Fasse, 1995, S. 250.

internationalen Beschaffung begründen sich zumeist durch die Unsicherheit der spezifischen Marktbedingungen. Die große Distanz zum Lieferanten, fehlende Durchgriffsmöglichkeiten, sprachliche und kulturelle Barrieren, Rechtsunsicherheit, schlechtere Qualität, politische Instabilität sowie der Einfluss von Wechselkurseffekten können zu Qualitäts-, Versorgungs- oder Kostenrisiken führen.[1366]

Mithilfe der *Just-in-Time-Bezugsstrategie* lassen sich zwar eine ganzheitliche Optimierung der logistischen Kette, eine Reduzierung von Kaufteilbeständen, Wiederbeschaffungszeiten und Frachtkosten sowie eine Steigerung des Qualitätsniveaus realisieren. Allerdings nimmt das Beschaffungsrisiko durch die enge, zeitliche Verzahnung, etwa in Form möglicher gestörter Zeit- und Mengenanforderungen, deutlich zu. Das Just-in-Time-Konzept beinhaltet somit ohne Zweifel das Risiko der Unterversorgung.[1367]

Auch wenn die „dynamisch-aggressiven" Beschaffungsstrategien in der Regel ein höheres Risikopotenzial aufweisen (in den oben genannten Beispielen v. a. in Bezug auf Versorgung und Abhängigkeit), heißt das natürlich nicht, dass die „statisch-adaptiven" Beschaffungsstrategien gänzlich ohne Risiken sind. Ein Wechsel zwischen den beiden korrespondierenden Handlungsoptionen bedeutet zumeist auch, die Risiken der einen Option gegen die Risiken der anderen Option auszutauschen. In Abhängigkeit von der konkreten Problemstellung einschließlich der verfolgten Ziele gilt es, die entsprechenden Vor- und Nachteile gegenüberzustellen und abzuwägen.[1368] Dieser Zusammenhang sei am folgenden Beispiel abschließend verdeutlicht. Hierbei geht es um die Gegenüberstellung der Risiken bei Festlegung der Bezugsart, also bei der Wahl zwischen Eigenfertigung oder Fremdbezug:[1369]

- Bei einer Eigenfertigung ist das Risiko eines Know-how-Verlustes geringer als bei der Zusammenarbeit mit einem Lieferanten, auf der anderen Seite verringert sich dadurch die Chance, etwaige bessere Kenntnisse des Lieferanten auszunutzen und gemeinsame F&E-Erfolge erzielen zu können.

- Durch Fremdbezug können das der Eigenfertigung inhärente Produktions- und Investitionsrisiko und die Gefahr überlasteter oder unausgelasteter Kapazitäten

[1366] Vgl. Schlüchtermann/Klöpfer/Pointner, 1999, S. 289 f., Arnolds/Heege/Tussing, 1996, S. 273, Kaufmann, 2001, S. 45, Boutellier/Corsten, o. J., S. 28. Fasse führt an, dass die im Außenhandel festzustellende Marktferne und Rechtsunsicherheit sowie das sich daraus ergebende Prozessführungsrisiko dabei zu einer deutlichen Verringerung der Vorhersage- und Handhabungsmöglichkeiten potenzieller Risiken führen. Vgl. Fasse, 1995, S. 107 ff.

[1367] Vgl. Schubert, 2004, S. 288, Riffner/Weidelich, 2001, S. 181.

[1368] Vgl. Mikus, 1998, S. 219.

[1369] Vgl. Mikus, 1998, S. 219 f.

vermieden werden; die Flexibilität ist meist höher. Demgegenüber impliziert der Fremdbezug oftmals größere Versorgungs- und Transportrisiken.

4.3.3 Gesamtsystematik der strategischen Risikobewältigung der Beschaffung

Abschließend sollen die in Kapitel 4.3 entwickelten Maßnahmen(-Cluster) der strategischen Risikobewältigung der Beschaffung im Gesamten gegenübergestellt werden. Abbildung 4-36 zeigt ein umfassendes System von Ansatzpunkten strategischer Risikobewältigung.

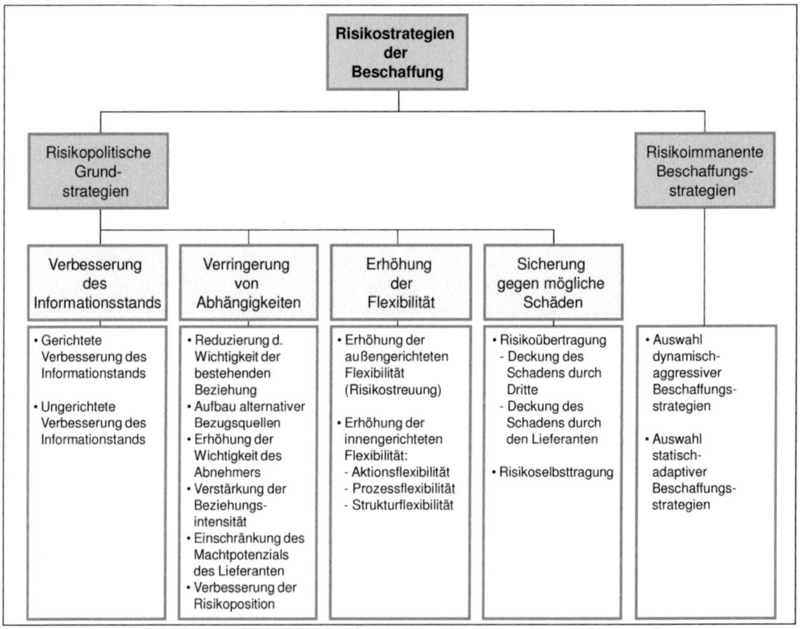

Abb. 4-36: Risikostrategien der Beschaffung[1370]

Zusammenfassend sei festgestellt, dass die risikopolitischen Grundstrategien der in Kapitel 2.2.3.3 vorgestellten ursachen- und wirkungsorientierten Grundlogik folgen. Während die Maßnahmen der „Verbesserung des Informationsstands" sowie der „Verringerung von Abhängigkeiten" schwerpunktmäßig der ursachenorientierten Be-

[1370] Quelle: eigene Darstellung.

wältigung von Risiken folgen, stellen die „Erhöhung der Flexibilität“ sowie die „Sicherung gegen Schäden“ Maßnahmen-Cluster dar, die eher wirkungsorientiert fungieren.

Analog der Abbildung 2-4 beziehen sich die hier aufgezeigten Maßnahmen entsprechend auf die Vermeidung, Verminderung, Streuung, Übertragung und Selbsttragung von Risiken und sind damit kompatibel mit der bereits vorgestellten Grundstruktur der Risikobewältigung aus der Perspektive des herkömmlichen Risikomanagements.

Die Wirkungsweise der einzelnen Maßnahmen kann sowohl gerichtet als auch ungerichtet erfolgen. Die Maßnahmen-Cluster „Verbesserung des Informationsstands“ sowie „Erhöhung der Flexibilität" sind dabei primär auf die ungerichtete Risikobewältigung ausgelegt, können allerdings auch gerichtet eingesetzt werden.

Neben den Grundstrategien sind auch die Beschaffungsstrategien selbst unter risikopolitischen Gesichtspunkten zu betrachten. Mit Auswahl dieser wird ein entsprechendes Risikoniveau im Unternehmen festgelegt. Abhängig von der jeweiligen Risikoeinstellung des Entscheidungsträgers wird zwischen „statisch-adaptiven“ und „dynamisch-aggressiven“ Strategien unterschieden. Am Beispiel der produktorientierten Strategien wurde gezeigt, dass die jeweilige Ausprägung der einzelnen Sourcing-Typen[1371] dieser Grundlogik zugeordnet werden kann und der Entscheider somit zwischen eher risikoaversen oder eher risikoaffinen Strategien auswählen kann.

Es sei abschließend betont, dass mit dem Versuch der Entwicklung einer Systematisierung von Risikostrategien im Beschaffungsbereich bewusst in Kauf genommen wird, dass diese Klassifizierung keine überschneidungsfreie Grundordnung darstellt, da es durchaus einzelne Maßnahmen gibt, die mehreren Clustern zugeordnet werden können.[1372] Dies gilt beispielsweise sowohl innerhalb des Clusters der „risikopolitischen Grundstrategien“ als auch zwischen den beiden Säulen der „risikopolitischen Grundstrategien“ und der „risikoimmanenten Beschaffungsstrategien“. So können Maßnahmen zur Verringerung von Abhängigkeiten (z. B. der Entwicklung neuer Lieferanten zum Aufbau weiterer Bezugsquellen) auch als flexibilitätserhöhende Maßnahmen im Sinne der Risikostreuung verstanden werden. Flexibilität stellt hier beispielsweise eine Maßnahme zur Sicherstellung von Stabilität dar.[1373] Auch die

[1371] In Abbildung 3-9 werden die Sourcing-Typen nach der ausgewählten Anzahl der Lieferanten je Beschaffungsobjekt, der Komplexität des Beschaffungsobjektes, der geografischen Zuordnung der Lieferanten oder der Beschaffungszeit in Abhängigkeit von der Verbauzeit unterschieden.

[1372] Genauso wie die Wirkungsweise der einzelnen Maßnahmen-Cluster im Sinne einer ursachen- bzw. wirkungsorientierten Risikobewältigung nicht eindeutig ist.

[1373] Vgl. hierzu auch Hillmer, 1987, S. 49.

Sourcing-Strategien können, abhängig von der jeweiligen Sichtweise, entweder dem Cluster der „risikoimmanenten Beschaffungsstrategien“ (bei der initialen Strategieformulierung im Rahmen einer Beschaffungsentscheidung) oder als risikopolitische Maßnahmen (z. B. bei einem Strategiewechsel zur Verringerung von entstandenen Abhängigkeiten) aufgefasst werden. Da allerdings im Rahmen der vorliegenden Arbeit weniger die Klassifizierung von einzelnen Maßnahmen als das Aufzeigen von möglichen Stoßrichtungen zur strategischen Bewältigung von Beschaffungsrisiken im Vordergrund steht, soll diese „methodische Diskrepanz“ nicht weiter problematisiert und damit akzeptiert werden.

Zudem erhebt die vorgestellte Zusammenfassung keinen Anspruch auf Vollständigkeit. Genauso wie es keine vollständige Übersicht über die existierenden Beschaffungsrisiken geben kann, ist es aufgrund der Vielfalt potenzieller Risikoquellen nicht möglich, die Maßnahmen zur Handhabung der Risiken vollständig zu erfassen. Es sei außerdem hervorgehoben, dass sowohl Risiko- als auch Maßnahmenkataloge die grundsätzliche Gefahr bergen, dass man sich zu sehr auf sie verlässt und dass Risikoquellen und/oder Bewältigungsstrategien, die über die vorgegebenen Strukturen hinausgehen, übersehen werden.[1374] Insofern sei die entwickelte Systematik als Orientierungsrahmen verstanden, der unternehmensspezifisch auf die betriebliche Praxis übertragen und an die jeweilige Problemstellung angepasst werden soll.

4.4 Organisation des strategischen Risikomanagements der Beschaffung

4.4.1 Organisationstheoretische Überlegungen

Organisationsprobleme entstehen immer dann, wenn Aufgabenzusammenhänge arbeitsteilig organisiert werden. Hierbei steht die Zergliederung komplexer Aufgabenstellungen bzw. die personenbezogene Strukturierung von Teilaufgaben und – als Folge dieser Trennung – die Notwendigkeit der Koordination im Hinblick auf die Erreichung des Organisationsziels im Vordergrund.

In diesem Sinne liefert die Risikomanagement-Organisation den aufbauorganisatorischen Rahmen für den Ablauf der Risikomanagement-Prozesse. Unter der Risikomanagement-Organisation soll die Bündelung von Aktivitäten unterschiedlicher betrieblicher Institutionen und Funktionen innerhalb eines festgelegten Systems unter dem Gesichtspunkt der Identifikation, Analyse und Bewertung sowie Bewältigung von Risiken verstanden werden. Die Organisation kann dabei als Instrument zur Sicher-

---

[1374] Vgl. Schubert, 2004, S. 159.

stellung einer möglichst reibungslosen Erreichung der Risikomanagement-Ziele gesehen werden.

Wie bereits erwähnt, können Empfehlungen bezüglich der Festlegung geeigneter Organisationsstrukturen in der Regel nicht allgemeingültig erfolgen. Gemäß dem situativen Ansatz sind Gestaltungsvorschläge deshalb in Abhängigkeit von unterschiedlichen Kontextfaktoren abzuleiten.[1375] Als eine der wichtigsten Einflussgrößen seien die entsprechenden Umweltbedingungen genannt. Eine stabile Umwelt verlangt beispielsweise nach einer anderen Organisationsstruktur als eine unstabile. Nach allgemeiner Auffassung stellen im Falle einer stabilen Umwelt eher bürokratische Regelungen, bei unstabiler Umwelt eher der Aufbau von Flexibilität geeignete Lösungen dar.[1376] Diese Kontextabhängigkeit gilt nicht nur auf Gesamtunternehmensebene, sondern lässt sich auch auf die organisatorische Gestaltung betrieblicher Teilfunktionen übertragen. Um ein effizientes Management von Risiken zu gewährleisten, muss die aufbauorganisatorische Gestaltung mit den situativen Gegebenheiten abgestimmt und unmittelbar mit den Geschäftsprozessen verknüpft werden.

Das strategische Risikomanagement der Beschaffung verfolgt ein integriertes Konzept, in dessen Sinne die Funktion des Risikomanagements zwar als eigenständige, nicht aber als isolierte Funktion verstanden werden soll, die in allen Führungs- und Ausführungstätigkeiten der Beschaffung laufend einzubeziehen ist. Da die Risikomanagement-Aktivitäten eng mit den Beschaffungsaufgaben vernetzt sind und bei der Organisationsentwicklung zudem darauf zu achten ist, dass die Strukturen und Prozesse möglichst effizient eingesetzt werden, sollte dementsprechend auch eine Integration der Risikomanagement-Organisation in die bestehende Beschaffungs-Organisation erfolgen.[1377]

[1375] Diese Zusammenhänge wurden bereits in einer Reihe von wissenschaftlichen Arbeiten auf analytischer oder empirischer Basis untersucht. Vgl. hierzu Staehle, 1994, Kieser/Kubicek, 1992. Horváth stellt allerdings kritisch fest, dass die aus diesen Untersuchungen abgeleiteten Vorschläge zum Teil widersprüchlich sind, dass sich die Untersuchungen häufig nur auf einzelne Komponenten beziehen und dass die praktische Umsetzung zumeist unberücksichtigt bleibt. Vgl. Horváth, 2001, S. 106 f. sowie Arnold, 1997, S. 200.

[1376] Vgl. Litterer, 1973, S. 336 ff. Daneben führt Braun beispielsweise die Unternehmensgröße, die Organisationsstruktur, die Fertigungstechnologie, die Branche, die Rechtsform, die Eigentumsverhältnisse und die Kapitalstruktur als wesentliche Einflussgrößen einer Gestaltung der Risikomanagement-Organisation an. Vgl. Braun, 1984, S. 69 ff.

[1377] Vgl. Burger/Buchhart, 2002, S. 267 ff. Die Schwierigkeit, insbesondere bei der Eingliederung der Funktion, ist durch die enge Verzahnung der Risikoentscheidungen mit der zugrunde liegenden Sachentscheidung bedingt. Vgl. Karten, 1993, Sp. 3.834. Die Gegenüberstellung eines integrierten und eines separierten Risikomanagements zeigt, dass es bei einer Separierung zwangsläufig zu Informationsasymmetrien und Schnittstellenproblemen kommt, was die Effektivität und

Die Gestaltung der Risikomanagement-Organisation im Beschaffungsbereich soll sich somit wesentlich an der bereits bestehenden Beschaffungs-Organisation (unter den spezifischen Anforderungen im Umfeld der Automobilindustrie)[1378] und an den aus dem Risikomanagement-Modell abgeleiteten Aufgaben und Funktionen eines strategischen Risikomanagements der Beschaffung orientieren.[1379] Bei einer Übertragung auf die betriebliche Praxis sind die im Rahmen der folgenden Ausführungen durchgeführten grundsätzlichen Gestaltungsvorschläge dem jeweiligen Kontext anzupassen.

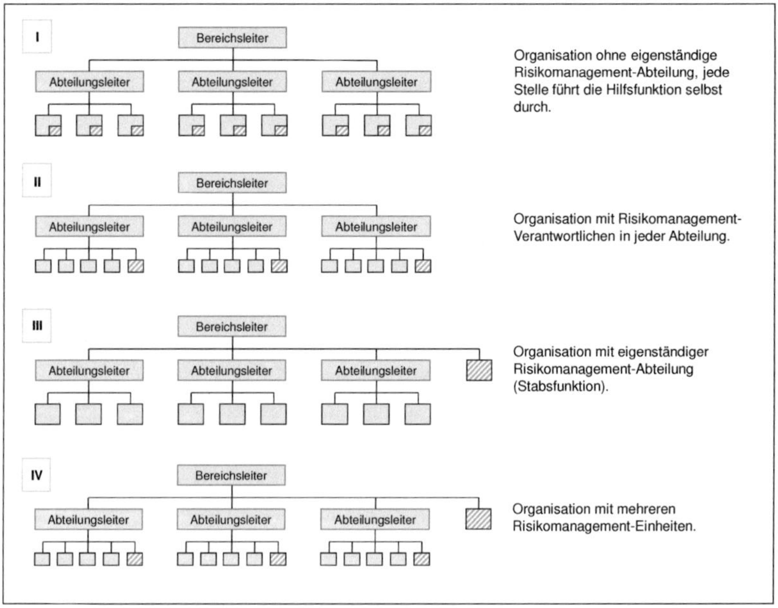

Abb. 4-37: Gestaltungsoptionen der Organisation eines Risikomanagements[1380]

Abbildung 4-37 zeigt beispielhaft verschiedene Gestaltungsmöglichkeiten einer Integration des Risikomanagements in die bestehende Aufbauorganisation auf.

Effizienz eines Risikomanagements beeinträchtigt. Eine Trennung von Sach- und Risikoentscheidungen würde darüber hinaus zu Inkonsistenzen, Konflikten und zu einer eingeschränkten Entscheidungsflexibilität führen und dadurch einen erhöhten Koordinationsaufwand verursachen. Des Weiteren erscheint die Trennung der Risikoentscheidungen von den übrigen Aktivitäten kaum möglich. Insofern wird eine Integration eines Risikomanagements in die Stellen der Primärorganisation vorgeschlagen. Vgl. Diederichs, 2004, S. 208 ff.

[1378] Zu den unternehmensinternen und -externen Einflussgrößen der Beschaffungs-Organisation siehe Arnold, 1997, S. 201 f.

[1379] Vgl. Brühwiler, 1980, S. 128.

[1380] Quelle: Wildemann, 2004, S. 243.

Die zentralen Gestaltungsalternativen bei der Eingliederung eines Risikomanagements in die bestehende Beschaffungs-Organisation konzentrieren sich hierbei im Wesentlichen auf die folgenden Fragestellungen:

a) Bietet eine zentrale Eingliederung Vorteile gegenüber der dezentralen Aufgabenerfüllung?

b) Liefert eine Einbindung in die Linie bessere Ergebnisse als die Implementierung als Stab?

c) Auf welcher Hierarchiestufe ist das Risikomanagement anzusiedeln?

Zu a) Zentrale vs. dezentrale Organisation

Bei der Beantwortung der Frage nach einer zentralen oder dezentralen Eingliederung der Risikomanagement-Funktion gilt zu diskutieren, welchen Stellen innerhalb der Beschaffung welche Aufgaben des Risikomanagements übertragen werden. Zentralisation bedeutet im Allgemeinen die Zusammenfassung und Delegation gleichartiger (Teil-)Aufgaben auf eine Stelle, während Dezentralisation durch die Übertragung von Aufgaben auf mehrere Stellen gekennzeichnet ist.[1381]

Da Risiken v. a. dort entstehen bzw. dort gehandhabt werden, wo die entsprechenden Entscheidungen getroffen werden, sollten die Aufgaben eines Risikomanagements auch von den Instanzen oder Personen verantwortet werden, die für die risikobehafteten Entscheidungen oder Ausführungen verantwortlich sind.[1382] Dieser Rückschluss spricht für eine dezentrale Organisation eines Risikomanagements und hätte zur Konsequenz, dass jeder Entscheidungsträger als Risikomanager zu bezeichnen wäre. In Bezug auf die mit ihrer Entscheidung verbundenen und in ihrem spezifischen Umfeld auftretenden Risiken würden diese Stelleninhaber Risikomanagement-Aufgaben innerhalb des gesamten Risikomanagement-Prozesses übernehmen. Eine solche dezentrale Zuordnung eines Risikomanagements hätte den Vorteil, dass die einzelnen Mitarbeiter bewusster mit Risiken in ihrem konkreten Umfeld umgehen und dass bei Risikoeintritt schnelle und unbürokratische Maßnahmen ergriffen werden können.[1383]

1381 Vgl. Fasse, 1995, S. 354.

1382 Vgl. Braun, 1984, S. 279.

1383 Vgl. Diederichs, 2004, S. 205 f., Schubert, 2004, S. 312. Zelewski betont, dass das dezentrale Management bei Krisensituationen einen wesentlichen Erfolgsfaktor darstellt. Da gerade bei Krisen „genuine Führungsentscheidungen“ zu treffen sind und in den dezentralen Bereichen das

Im Sinne einer organisatorischen Abgrenzung eines Risikomanagements ist eine rein dezentral ausgerichtete organisatorische Lösung allerdings wenig zielführend.[1384] Zudem ergäben sich gerade bei der Identifikation, Analyse und Bewertung übergreifender Risiken entscheidende Nachteile, die zu einem punktuellen (anstelle eines ganzheitlichen) Managements von Risiken und damit zu Lücken bzw. zu einer ineffizienten Überschneidung führen würden.

(+) Vorteile	(-) Nachteile
- Innerbetrieblicher Risikoausgleich	- Entscheidungskompetenz
- Sicherstellung von Ganzheitlichkeit und Risikomanagement-Effizienz	- Fachwissen
- Professionalisierung	- Handlungsflexibilität
- Know-how-Pooling	- Reaktionsmöglichkeit auf spezifische Bedarfssituation
- Lernkurveneffekte	- Nähe zum operativen Geschäft
- Transparenz über Beschaffungsmärkte und Lieferanten	- Detaillierungsgrad des technischen Know-hows
- Standardisierung eines Risikomanagements	- Länge der Entscheidungswege

Abb. 4-38: Vor- und Nachteile einer zentralen Risikomanagement-Organisation[1385]

Vor dem Hintergrund der erforderlichen beschaffungsweiten Abstimmung und Koordination eines Risikomanagements, der risikoorientierten Informationsversorgung sowie der Ausgestaltung konkreter, langfristig ausgelegter risikopolitischer Strategien empfiehlt sich deshalb die Einrichtung einer zentralen Instanz. Hierbei können Risikopotenziale aus diversen Entscheidungsfeldern mit interdependenten Beziehungen, beispielsweise durch innerbetrieblichen Risikoausgleich, auf ein akzeptables Gesamtrisikoniveau gebracht werden. Im Rahmen der Risikobewältigung existieren da-

notwendige Fachwissen zur Krisenbewältigung vorliegt, sollte das Management hierbei nicht auf den „krisenfreien Routinebetrieb“ reduziert werden. Vgl. Zelewski, 1995, S. 907 f.

1384 Vgl. hierzu auch Braun, 1984, S. 275. Die Feststellung, dass jeder Entscheidungsträger im Beschaffungsbereich auch als Risikomanager bezeichnet werden kann, ist zwar prinzipiell richtig, bringt aber im Sinne der Organisationsentwicklung keinen zusätzlichen Nutzen.

1385 Quelle: eigene Darstellung.

rüber hinaus eine Reihe von Aufgaben, die ein Höchstmaß an Spezialistentum sowie ein im ständigen Umgang mit Risikosituationen geschultes, bereichsübergreifendes Wissen erfordern.[1386] Die ständige Auseinandersetzung mit den Belangen eines Risikomanagements der Beschaffung führt innerhalb der zentralen Risikomanagement-Einheiten zudem zu entsprechenden Lernkurveneffekten.

Es wird deutlich, dass sich das Risikomanagement bei dieser Fragestellung in einem gewissen Spannungsfeld befindet (siehe Abbildung 4-38).[1387] Für die Organisation eines Risikomanagements der Beschaffung soll deshalb weder der zentrale noch der dezentrale Ansatz isoliert zum Einsatz kommen. Dementsprechend ist eine Synthese der beiden Konzepte anzustreben.[1388]

Zu b) Linien- vs. Stabsorganisation

Neben der zentralen und dezentralen Fragestellung ist bei der organisatorischen Gestaltung des Risikomanagements auch zu klären, ob die Risikomanagement-Instanz als Stabsfunktion oder als Linienfunktion in die Organisation zu integrieren ist.[1389] Hierbei geht es um die Kompetenzverteilung innerhalb der Organisation und damit um die Leitungsbeziehungen sowohl innerhalb der Risikomanagement-Funktion als auch zwischen dem Risikomanagement und dem Bereich der Beschaffung.[1390]

Da, wie oben beschrieben, die zentrale Risikomanagement-Stelle im Wesentlichen Koordinationsaufgaben wahrnimmt, bietet es sich an, diese Stelle als Stabsstelle einzurichten.[1391] Vor dem Hintergrund des Koordinationsaspekts wird hierdurch eine Integrationseinheit geschaffen, die Informations- und Kommunikationsaufgaben an

[1386] Vgl. Braun, 1984, S. 281.
[1387] Vgl. Schubert, 2004, S. 315. Hermann zieht in diesem Zusammenhang auch Parallelen zum Qualitätsmanagement, das ebenfalls entsprechende Sach- und Fachkompetenz erfordert. Organisatorisch werden hierbei auch häufig Lösungen vorgeschlagen, die einerseits eine weitgehende Verlagerung von qualitätsrelevanten Aufgaben zu den jeweiligen Ausführungseinheiten vorsehen und die durch den Aufbau unabhängiger zentraler Qualitätsmanagement-Stellen andererseits die Koordinationsfunktion bezüglich der Einzelaufgaben wahrnehmen. Vgl. Hermann, 1996, S. 269.
[1388] Vgl. hierzu auch Remer, 2005, S. 20 ff.
[1389] Linienstellen befassen sich dabei unmittelbar mit der Erfüllung der Hauptaufgabe einer Organisation, während die Stäbe den Linieninstanzen in allen Bereichen beratend und unterstützend zur Seite stehen. Von den Linienfunktionen unterscheiden sie sich dadurch, dass sie weder Entscheidungs- noch Weisungsbefugnisse besitzen. Vgl. Braun, 1984, S. 282, Remer, 2005, S. 225 ff., Kieser/Kubicek, 1977, S. 114 f.
[1390] Vgl. Braun, 1984, S. 281.
[1391] Vgl. Braun, 1984, S. 282.

den Schnittstellen und Abstimmungsaufgaben in Bezug auf die Risikomanagement-Entscheidungen der Linienmanager leistet.[1392]

Da die zentrale Instanz allerdings auch Gestaltungsaufgaben und Entscheidungen im Sinne eines strategischen Risikomanagements wahrnehmen muss, ist diese Stabsstelle mit entsprechenden Kompetenzen auszustatten. Dies betrifft v. a. Situationen, wo bei Zielkonflikten zwischen Sicherheit und Wirtschaftlichkeit die Sicherheit keine angemessene Berücksichtigung findet. Neben den Entscheidungskompetenzen zur Bewältigung spezifischer Risikomanagement-Aufgaben sind dem Risikomanager somit entsprechende Weisungsbefugnisse zu übertragen, die eine konsequente Ausübung der Überwachungsfunktion ermöglichen. Auch wenn die Autorisierung zur Durchsetzung von Problemlösungen dem Linienmanagement obliegt,[1393] sollte der Risikomanager in der Lage sein, gegen diese Entscheidungen Einspruch zu erheben oder Eskalationen über nächsthöhere Entscheidungsinstanzen anzustoßen.[1394] Der Risikomanager ist deshalb bei wichtigen Entscheidungen einzubeziehen, v. a. wenn Risiken eine gewisse Höhe überschreiten oder wenn sich bei der Bewältigung von Risiken Konflikte mit anderen Bereichen ergeben.[1395]

Abschließend sei auf die besondere Bedeutung einer Projektorganisation, v. a. beim Management von Krisen hingewiesen. Diese unterscheidet sich von den beiden anderen Varianten dahin gehend, dass sie nicht dauerhaft eingerichtet wird, sondern im Sinne einer „Task Force“ nur zur Bewältigung einzelner Unternehmenskrisen etabliert wird. Die Bewältigung einer Krise wird dabei als Projekt aufgefasst, das nach dessen Beendigung wieder aufgelöst wird. Da von Gruppenarbeitstechniken besondere Impulse für die Bewältigung von Unternehmenskrisen erwartet werden, werden für solche Projektkollegien interne Teamstrukturen empfohlen. Das Projektteam erhält dabei eigenständige Entscheidungskompetenzen und stellt eine temporäre In-

---

1392 Vgl. Diederichs, 2004, S. 207 f.

1393 Vgl. Diederichs, 2004, S. 208.

1394 Vgl. Braun, 1984, S. 283 ff. Braun schlägt in diesem Zusammenhang auch eine Matrixorganisation vor. Während dem Risikomanager innerhalb der Risikomanagement-Abteilung fachliche und disziplinarische Anordnungsbefugnisse obliegen, besitzt er gegenüber den anderen Beschaffungsfunktionen funktionale Anweisungsbefugnisse. Da Risikoaspekte Bestandteile sämtlicher Managemententscheidungen sind, erscheint die Umsetzung dieser Empfehlung in der betrieblichen Praxis als kaum durchführbar und wenig erfolgsversprechend. Siehe hierzu auch Wolf/Runzheimer, 2000, S. 86. Zum Grundprinzip der Matrixorganisation siehe außerdem Remer, 2005, S. 459 ff.

1395 Das Zusammenspiel zwischen Stab und Linie stellt sich in der Praxis sehr häufig als problembehaftet dar. Aufgrund seines Informations- und Qualifikationsvorsprungs übt die Stabsfunktion oftmals starken Einfluss auf die Linienentscheidungen aus, ohne entsprechende Verantwortung für diese Entscheidungen übernehmen zu müssen. Schanz schlägt deshalb die Bildung sogenannter „Verbindungseinrichtungen“ vor, die gemeinsam getragene Entscheidungen zwischen Stab und Linie unterstützen. Vgl. Schanz, 1994, S. 222 f.

stanz im Organisationsgefüge des Unternehmens dar. Die Kompetenzübertragung kann soweit reichen, dass im Krisenfall auch die Führungsentscheidungen auf das Kollegium übergehen.[1396]

Neben dem Management von Krisen werden Projektstrukturen auch für die erstmalige Einführung eines Risikomanagements vorgeschlagen. Nach Schubert soll die Gesamtverantwortung dabei der Bereichsleitung obliegen. Neben den Mitarbeitern aus dem Risikomanagement sollten dem Projektteam auch Vertreter des Beschaffungsbereichs angehören. Nach Implementierung des Risikomanagements sollte sich das Projektteam in regelmäßigen Abständen zusammensetzen, um neue Entwicklungen aufzunehmen.[1397]

Zu c) Hierarchische Einbindung

Schließlich ist bei der organisatorischen Ausgestaltung eines Risikomanagements festzulegen, wie die Risikomanagement-Funktion in die Unternehmens- bzw. Beschaffungshierarchie eingebunden werden sollte. Die hierarchische Einordnung bestimmt wesentlich die Möglichkeit der beschaffungsweiten Koordination der Risikomanagement-Aktivitäten und damit der strategischen Ausrichtung des Risikomanagements. Die Stellung des Risikomanagements innerhalb der Hierarchie der Beschaffung ist einer der wichtigsten Indikatoren für deren Bedeutung aus Sicht der Bereichsleitung.

Aufgrund der hohen Bedeutung dieses Konzepts für die Existenzsicherung der Unternehmung fordert Fasse, das Risikomanagement auf den obersten Führungsebenen – vorzugsweise in direkter Unterstellung zum Management – zu implementieren, um damit eine Harmonisierung zwischen Risikoentscheidungen und Unternehmens- bzw. Beschaffungszielen zu gewährleisten.[1398] Diederichs betont zudem, dass mit der Nähe zum Management auch eine enge Bindung zu den operativen Einheiten von Vorteil ist, um die Risiken des Tagesgeschäftes entsprechend zu berücksichtigen.[1399] Es ist sicherzustellen, dass das obere Management die Risikomanagement-Aufgaben in die Planungs- und Entscheidungsprozesse aktiv integriert und für eine

---

[1396] Vgl. Zelewski, 1995, S. 907, Wolf/Runzheimer, 2000, S. 86 sowie Remer, 2005, S. 349 ff. Zur Förderung von Eigenverantwortung und besseren Nutzung vorhandener Mitarbeiterpotenziale durch Einrichtung von Modellen der Gruppenorganisation siehe auch Remer/Wygoda, 2003, S. 95 ff.

[1397] Vgl. Schubert, 2004, S. 318.

[1398] Vgl. Fasse, 1995, S. 356.

[1399] Vgl. Diederichs, 2004, S. 210.

laufende Überwachung der Planungsumsetzung sorgt. Die Verantwortung für das aggregierte Beschaffungsrisiko liegt letzten Endes beim Leiter des Bereichs.[1400]

4.4.2 Gestaltungsvorschläge zur Organisation eines RM im Beschaffungsbereich

Gestaltungsvorschläge der Organisation eines Risikomanagements im Beschaffungsbereich leiten sich aus den folgenden Arbeitsschritten der Organisationsentwicklung ab:[1401]

a) Aufgabenanalyse und -synthese

b) Festlegung der Aufgabenstruktur

c) Integration in die bestehende Organisation

d) Dokumentation der Aufbauorganisation

Zu a) Aufgabenanalyse und -synthese

Gemäß Kosiol stehen die Aufgaben im Mittelpunkt organisatorischer Überlegungen. Die Analyse und -synthese der Aufgaben folgt dabei zum einen dem Prinzip der organisatorischen Differenzierung, zum anderen dem Grundsatz der organisatorischen Integration.[1402]

Im Rahmen der Aufgabenanalyse sind die Aufgaben zunächst systematisch in Teilaufgaben zu zerlegen und anschließend, innerhalb der Aufgabensynthese, wieder zielorientiert zusammenzufügen.[1403] Diese Zusammenfassung kann dabei personen-, verrichtungs-, objekt-, raum- oder zeitorientiert geschehen. Aus den hierbei entstehenden Verknüpfungen sind Stellen bzw. Abteilungen (im Sinne der Zuordnung von Stellen zu größeren Organisationseinheiten) abzuleiten, die schließlich die organisatorische Aufbaustruktur des Betriebs bilden. Je stärker diese Ausdifferenzierung ist, desto differenzierter kann im Syntheseschritt das Stellengefüge gestaltet werden.

[1400] Vgl. Schubert, 2004, S. 318 f.
[1401] In Anlehnung an Fuhrmann, 1983, S. 34 f.
[1402] Vgl. hierzu das Analyse-Synthese-Konzept von Kosiol (1962), das die Entwicklung der Überlegungen zur organisatorischen Gestaltung von Betrieben nachhaltig geprägt hat.
[1403] Vgl. Kosiol, 1962, S. 41 ff., Remer, 2005, S. 256 ff.

Neben der Festlegung von Umfang und Inhalt der ausführenden Stellen, der Bestimmung der Leitungsspanne sowie des Rangs der Leitungsinstanzen sind dabei auch Stellvertreterregelungen zu definieren sowie Kompetenzen und Verantwortungen abzustimmen. Auch die Zuordnung von Aufgaben zu zentralen bzw. dezentralen Stellen stellt einen wesentlichen Bestandteil dieses Prozesses dar.

Da die funktionale Strukturierung der Aufgaben eines beschaffungsorientierten Risiko-managements durch das in Kapitel 4.2 vorgestellte Risikomanagement-Modell bereits erfolgte, soll auf diesen Prozessschritt der Organisationsentwicklung nicht näher eingegangen werden. Die sich aus der Zusammenführung dieser Aufgaben ergebenden Stellen sollen im Zusammenhang mit den nachfolgenden Ausführungen erläutert werden.

Zu b) Festlegung der Aufgabenstruktur

Bei der Festlegung der Aufgabenstruktur geht es wesentlich um die Festlegung der Leitungs- und Kommunikationsbeziehungen, also z. B. um die Ausgestaltung der Organisation auf Basis des Stabs-, Linien- oder Matrixprinzips. Kommunikationsbeziehungen sind hierbei z. B. auch in Bezug auf die in den Kapiteln 4.9 und 4.10 definierten Schnittstellen zu anderen internen und externen Risikomanagement-Stellen zu beschreiben.

Wie in den vorangegangenen Ausführungen bereits betont, ist das Risikomanagement eines Gesamtsystems nur möglich, wenn die Risiken der einzelnen Teilsysteme konsequent einbezogen werden. Dies hat natürlich auch entsprechende Auswirkungen auf die Organisationsgestaltung. Ein wirksames Risikomanagement bedingt, dass sämtliche Mitarbeiter im Rahmen ihrer Funktion und ihres Verantwortungsbereichs für das Risikomanagement zuständig sind. Unabhängig davon tragen einige Organisationseinheiten besondere Verantwortungen und bekleiden dabei Funktionen, die nun im Folgenden näher erläutert werden.

Den Überlegungen des Kapitels 4.4.1 folgend, soll die zentrale Risikomanagement-Funktion als Stabsstelle innerhalb der Beschaffungsorganisation verankert werden. Des Weiteren sind innerhalb der Linienfunktionen der Beschaffung entsprechende Risikomanagement-Stellen einzurichten.

Aufbauend auf dieser Funktionsteilung werden in Abbildung 4-39 beispielhaft mögliche risikobezogene Stellen innerhalb des Funktionsbereichs der Beschaffung und ihre Beziehungen zu den einzelnen Modulen des Risikomanagement-Modells beschrieben. Die in diesem Beispiel angenommene Organisationsstruktur folgt dabei dem in Abbildung 4-39 vorgestellten Organisationstyp IV. Diese Zuordnung stellt eine wichtige Grundlage für die Ableitung des risikobezogenen Aufgabenspektrums der einzelnen Stellen dar und dient somit auch als Basis für die spätere Entwicklung der Stellenbeschreibungen.

RM-Stellen / RM-Module	(A) Zentrale Stabsfunktion Risikomanager	(B) Zentrale Stabsfunktion Risikomanager mit Sonderaufgaben	(C) Dezentrale Linienfunktion RM-Netzwerk-Beauftragter	(D) Dezentrale Linienfunktion Einkäufer	(E) Dezentrale Linienfunktion Einkäufer mit risikobezogenen Sonderaufgaben
Normatives Risikomanagement	x				
Strategisches Risikomanagement	x	x	x	x	x
Risikokoordination und -kommunikation	x		x		
Frühaufklärung		x	x	x	x
Risikomanagement i.R.d. Lieferantenauswahl				x	x
RM i.R.d. operativen Beschaffungsabwicklung				x	x
Projektspezifisches Risikomanagement				x	x
Projektübergreifendes Risikomanagement		x	x		
Unternehmensinternes Risikomanagement		x			
Unternehmensexternes Risikomanagement		x			

Abb. 4-39: Beispielhafte Festlegung der Aufgabenstruktur[1404]

Abbildung 4-39 unterscheidet zunächst zwischen Risikomanagement-Aufgaben, die zentral durch eine Stabsfunktion wahrgenommen werden sollten, und Risikomanagement-Aufgaben, die dezentral durch den Linieneinkauf erfolgen.[1405]

Es zeigt sich hierbei, dass es keine eindeutigen Eins-zu-eins-Beziehungen zwischen Stellen und Modulen gibt. D. h., dass einer Stelle Aufgaben in unterschiedlichen Modulen genauso zugeordnet werden können, wie das Aufgabenspektrum innerhalb eines Moduls auf unterschiedliche Stellen verteilt werden kann. Diese Zuordnung ist im Wesentlichen von der Größe und Komplexität der bestehenden Unternehmung abhängig und muss im Rahmen der Organisationsentwicklung abgegrenzt werden.

[1404] Quelle: eigene Darstellung.
[1405] Vgl. Schubert, 2004, S. 316, Abbildung 61.

Ein wesentliches Kriterium einer solchen Abgrenzung ist die in Kapitel 3.3 vorgestellte Risikoklassifizierung. Abhängig von den unterschiedlichen Ursachen und Wirkungen der Beschaffungsrisiken sollte die Steuerung dieser Risiken entweder zentral oder dezentral erfolgen. Als Beispiele wären Frühaufklärungsaktivitäten zu nennen, die sowohl von einer Risikomanagement-Stabsstelle als auch von der Linie oder dem Beschaffungsmarketing durchgeführt werden können.[1406] Das Gleiche gilt für das strategische Risikomanagement. Da strategische Entscheidungen auch von den Linienfunktionen getroffen werden, gehören diese Aufgaben auch zum Leistungsspektrum einer jeden Risikomanagement-Stelle.

Innerhalb der zentralen Stabsabteilung ist zunächst die Stelle des Risikomanagers zu schaffen (siehe RM-Stelle A in Abbildung 4-39), die beschaffungsweit das fachliche Weisungsrecht für alle Belange des Risikomanagements besitzen sollte. Ihr obliegen die übergreifend normativen und strategischen Aspekte eines Risikomanagements der Beschaffung, Koordinations- und Beratungsaufgaben sowie die Vorbereitung und Unterstützung der im Rahmen des Risikomanagement-Prozesses zu treffenden Entscheidungen. Die zentrale Instanz stellt dabei das koordinierende Bindeglied zwischen dem Management und den operativen Einheiten dar. Zwar kann diese Instanz dem Management die grundlegenden Entscheidungen über die im Rahmen einer zielkonformen Risikobewältigung zu treffenden Maßnahmen nicht abnehmen, sie muss jedoch dazu beitragen, durch Information und Koordination widersprüchliche bzw. zielbedrohende Entscheidungen zu vermeiden. Die Aufgabe der zentralen Instanz erstreckt sich auf die Etablierung von Voraussetzungen und Rahmenbedingungen und beinhaltet auch die Entwicklung und Implementierung von Risikomanagement-Methoden, -Verfahren und -Instrumenten.

Innerhalb der zentralen Risikomanagement-Abteilung ist außerdem eine eigene Stelle denkbar, die einkaufsübergreifende Sonderaufgaben verantwortet (siehe RM-Stelle B in Abbildung 4-39). Als Beispiel wären spezielle Aufgaben im Rahmen der strategischen Frühaufklärung (z. B. Aufbau von Risikodatenbanken und Überwachung von Frühwarnindikatoren), projektübergreifende Analysen von Beschaffungsrisiken sowie Spezialaufgaben bei Risikoeintritt, z. B. die Abwicklung von Zulieferer-Insolvenzen zu nennen. Diese Aufgaben setzen ein spezifisches risikorelevantes Know-how voraus, wie etwa versicherungstechnisches oder juristisches Wissen bzw. Kenntnisse in Brandschutz oder Mitarbeiter- und Betriebssicherheit.

[1406] Vgl. hierzu auch Leciejewski, 1999, S. 66, der betont, dass die Früherkennung keine alleinige Stabsaufgabe mehr ist. Stattdessen findet eine Dezentralisation statt, zu der auch die laufende Überwachung der einmal erkannten Risiken gehört.

Um die gesamte Beschaffung im Rahmen eines Risikomanagements ausgewogen zu berücksichtigen, wird das Risikomanagement-Netzwerk genutzt. Bei der Zusammenstellung des Netzwerks sind alle nationalen und internationalen Beschaffungsfunktionen mit einzubeziehen, sodass eine vollständige Abdeckung der Risiken gegeben ist. Neben den o. g. Stellen innerhalb der Stabsabteilung sind somit auch die Linienfunktionen mit entsprechenden Netzwerkbeauftragten auszustatten (siehe RM-Stelle C in Abbildung 4-39), die neben ihrem originären Tagesgeschäft die Verantwortung für das Risikomanagement innerhalb ihres Funktionsbereichs übernehmen und als Ansprechpartner für die zentralen Risikomanagement-Stellen fungieren. Zentrale Aufgabe der Mitglieder des Netzwerks ist die Sicherstellung der vollständigen Erfassung sowie Meldung der Risiken auf den vorbestimmten Berichtswegen. Dazu wird von jedem Netzwerkbeauftragten ein Erhebungsbereich abgedeckt, der grundsätzlich auch von seinem originären Funktionsbereich abweichen kann. Auch die dezentralen Risikomanagement-Beauftragten sind mit Koordinationsaufgaben betraut. Sie stellen die Konsolidierung von Risiken bzw. die Implementierung des Risikomanagements innerhalb der jeweiligen Einkaufsabteilung sowie die Kommunikation zu den Stabsstellen bzw. deren entsprechende Einbindung sicher. Die Netzwerkbeauftragten bilden dabei Unternetzwerke aus Meldepflichtigen, sodass die vollständige Erfassung und Meldung von Risiken sichergestellt ist. Innerhalb ihrer Unternetzwerke sind die Netzwerkbeauftragten auch für die laufende Information über Veränderungen im Risikomanagement verantwortlich.

Gemäß dem Grundsatz, „dass Risiken dezentral dort bewältigt werden, wo sie entstehen bzw. wo die Entscheidungen getroffen werden“,[1407] sind die Einkäufer wichtige Träger des Risikomanagements der Beschaffung (siehe RM-Stelle D in Abbildung 4-39). Da hier die Nähe zu den entscheidenden risikorelevanten Informationen und Entwicklungen gegeben ist, sind die Einkäufer im Sinne von „Risk Owner“ in die Risikomanagement-Organisation einzubinden.[1408] Die eigentliche Verantwortung für die Beherrschung und Optimierung der Risikoposition ist damit dezentral, womit den vielen unterschiedlichen Risikoquellen und dem erforderlichen spezialisierten Sachverstand Rechnung getragen wird. In der Verantwortung der „Risk Owner“ liegen dabei sämtliche Aufgaben des Risikomanagement-Prozesses, von der Risikoidentifikation über Risikoanalyse und -bewertung bis hin zu Handhabung, Reporting und laufender Überwachung von Risiken. Während die zentrale Risikomanagement-Einheit die Voraussetzungen für gezielte Risikobewältigung und fundierte Risikoentscheidungen schafft und die vielfältigen Risikoaktivitäten koordiniert,

[1407] Schubert, 2004, S. 316 f.
[1408] Vgl. Lischke/Kirner, 2000, S. 45.

müssen die Einkäufer die vorgegebenen risikopolitischen Leitlinien operationalisieren und umsetzen sowie Risikoaspekte in die laufenden operativen und strategischen Entscheidungen einbeziehen. Bei der Strategieformulierung (also z. B. bei der Entwicklung von Produkt- oder Marktstrategien) sind die unterschiedlichen strategischen Optionen vor dem Hintergrund ihrer Risiken und dem Einsatz entsprechender Risikobewältigungsmaßnahmen zu bewerten.

Schließlich sind auch innerhalb der Linienfunktionen Einkäuferstellen mit risikobezogenen Sonderaufgaben denkbar (siehe RM-Stelle E in Abbildung 4-39), die enger in das Risikomanagement-Netzwerk zu integrieren sind. Beispielhaft wäre der Einkauf in Beschaffungsmärkten bzw. bei Lieferanten zu nennen, die ein sehr hohes Risikopotenzial besitzen. Diese Stellen verlangen nicht nur spezielles fachliches bzw. marktspezifisches Know-how, sondern auch ein besonderes risikomanagementbezogenes Wissen. Als Beispiel wäre der Einkauf von Rohstoffen, Edelmetallen oder Elektrik- und Elektronikkomponenten zu nennen, der aufgrund hoher Volatilitäten oder Abhängigkeiten enger an die zentrale Risikomanagement-Funktion anzubinden ist und damit einen besonderen Status erhält.[1409] Solche Risikoverantwortlichkeiten können natürlich auch in den internationalen Einkaufsbüros etabliert werden, wenn die jeweiligen Auslandsmärkte besonders risikobehaftet sind. Diese besonderen Funktionen zur Unterstützung eines Risikomanagements im Einkauf sollen deshalb in den engen Zirkel risikomanagementbezogener Stellen aufgenommen werden und den regelmäßig stattfindenden Gremien und Entscheiderkreisen beiwohnen.

Zu c) Integration in die bestehende Organisation

Die vorangegangenen Ausführungen machen deutlich, dass bei der organisatorischen Gestaltung des Risikomanagements ein Integrationsansatz und keine Neustrukturierung verfolgt werden sollte. Zielsetzung darf es nicht sein, die Unternehmensorganisation völlig umzugestalten und den Aufbau einer losgelösten Parallelorganisation zuzulassen. „Da die organisatorische Integration nicht nur durch die Aufgaben des Risikomanagements, sondern maßgeblich durch die bestehende Organisationsstruktur determiniert wird, ist der konkrete Aufbau, die Komplexität und Größe

[1409] Werden Rohstoffe an Warenbörsen gehandelt, kann beispielsweise eine Absicherung der Verträge durch „Hedgen" oder Terminkontrakte erfolgen. Diese Absicherungsmethoden erfordern spezifisches Know-how im Sinne eines Risikomanagements der Beschaffung. Vgl. Salvisberg, 2001, S. 25.

einer Risikomanagement-Organisation jeweils in Abhängigkeit von den vorhandenen Organisations- und Führungsstrukturen zu gestalten."[1410]

Auch die Einkaufsorganisation ist von den jeweiligen Rahmenbedingungen und Zielen des Unternehmens bestimmt. Dabei spielen Gestaltungsvariablen wie die zentrale oder dezentrale Verteilung der Entscheidungsbefugnisse, die ein- oder mehrdimensionale Ausrichtung der Einkaufsstruktur nach Material, Funktion, Lieferanten, Regionen, die hierarchische Verankerung oder die Konfiguration von Linien- oder Stabsorganisationen bzw. von Projekten eine entscheidende Rolle.[1411] Abhängig von der jeweiligen Ausprägung dieser Gestaltungsvariablen sind unterschiedliche Risikomanagement-Organisationen denkbar.

Da es aufgrund der Kontextabhängigkeit kein allgemeingültiges, organisatorisches Integrationsmodell gibt,[1412] sollen im Folgenden einzelne Themen organisatorischer Gestaltung und Integration diskutiert werden, aus denen sich Gestaltungsempfehlungen für die betriebliche Praxis ableiten lassen:

Bereichsleitung als Träger eines Risikomanagements im Einkauf

Der Bereichsleiter Einkauf trägt die Gesamtverantwortung für das Risikomanagement innerhalb des Beschaffungsbereiches. Dabei muss sein Hauptinteresse an einer den Anforderungen entsprechenden Gestaltung und Nutzung des Risikomanagement-Systems liegen. Entsprechend wird er v. a. auf die normativen und strategischen Aspekte eines Risikomanagements Einfluss üben. Nur die konsequente und dauerhafte Unterstützung durch die Bereichsleitung verleiht dem Risikomanagement-Prozess die erforderliche Dynamik und Nachhaltigkeit. Instrumente hierbei können beispielsweise beschaffungsweite Risikotage oder die Kommunikation in betrieblichen Medien sein.

Integration der Risikomanagement-Stabsstelle in die Beschaffungsorganisation

Hinsichtlich der organisatorischen Umsetzung eines Risikomanagements kann festgestellt werden, dass das Risikomanagement nicht immer zwingend als eine eigenständige Stabsstelle oder -abteilung zu sehen ist, da ein erheblicher Teil der Aufga-

[1410] Diederichs, 2004, 221 f.
[1411] Vgl. Wildemann, 2001, S. 138 ff., Arnold, 1997, S. 208 ff.
[1412] „Es gibt keine für alle Unternehmen gültige Organisationsform der Risk Management-Funktion, [...]". Seifert, 1980, S. 145.

ben des Risikomanagements in die Arbeitsprozesse des Beschaffungscontrollings integriert werden kann.[1413] Die Funktionsträger eines Controllings können somit die Aufgaben der zentralen Risikomanager übernehmen.[1414] Diese Integration führt zu einer pragmatischen und v. a. effizienten Verankerung des Risikomanagements ohne zusätzlichen bürokratischen Aufwand.[1415] Lischke/Kirner bezeichnen den Controller als den „natürlichen" Träger dieser Aufgaben, „da mit dem Berichtswesen und der Kostenrechnung bereits dezentral verantwortete Daten zusammengeführt und unterschiedlichen Bereichen auf verschiedenen Aggregationsniveaus zur Verfügung gestellt werden."[1416] Das Controlling verfügt nicht nur über die ausreichende Nähe zum Bereichsmanagement, um im Falle einer Krise die notwendigen Führungsentscheidungen unmittelbar anstoßen zu können, sondern es besitzt auch die erforderliche Kompetenz, um bei Krisensituationen auf die betroffenen Organisationen des Unternehmens koordinierend einzuwirken.

Rolle des Lead Buyers innerhalb der Risikomanagement-Organisation

Auch das Konzept des Lead Buyers könnte im Sinne eines Managements von Risiken innerhalb der Beschaffung genutzt werden. Dieses Konzept sieht vor, dass ein Einkaufsbereich oder ein Einkäufer, der dezentral und operativ für eine Unternehmenseinheit arbeitet, zentrale Aufgaben für das Gesamtunternehmen wahrnimmt.[1417] Die Auswahl des Lead Buyers kann dabei nach der Leistungsfähigkeit der jeweiligen Beschaffungseinheit oder dessen Repräsentanten, nach dem zu beschaffenden Einkaufsvolumen dieses Produkts oder nach dem jeweiligen geografischen Standort festgelegt werden. Der Lead Buyer kann dabei lieferanten- oder produktbezogen bestimmt werden und gilt für unternehmensinterne Kunden als zentraler Ansprechpartner für das jeweilige Aufgabenspektrum. Er verhandelt international für die Gesamtunternehmensgruppe gültige Rahmenverträge und bündelt die konzernweiten Be-

---

[1413] Vgl. Neubeck, 2003, S. 56 und Gleißner/Romeike, 2005, S. 114, Schubert, 2004, S. 319 f. Die Auffassung lässt sich zumindest dem Grundsatz nach sowohl mit den Ansichten aus der Wissenschaft als auch mit Studien über die praktische Ausgestaltung belegen. So sehen beispielsweise auch Horváth und Lachnit Risikomanagement als einen Teilbereich des Controllings an. Vgl. Neubeck, 2003, S. 56 ff.

[1414] Vgl. Horváth/Gleich, 2000, S. 101 f.

[1415] Vgl. Gleißner/Romeike, 2005, S. 142 ff. Hornung/Reichmann/Diederichs weisen darauf hin, dass eine übertriebene Bürokratie der Risikomanagement-Organisation (z. B. durch zahlreiche Stabsstellen und Berichtswege) eher zusätzliche Risiken birgt, als dass sie der Sicherung von Erfolg und Existenz im Interesse der Stakeholder dienen würde. Vgl. Hornung/Reichmann/Diederichs, 1999, S. 324 f.

[1416] Lischke/Kirner, 2000, S. 45.

[1417] „Der operative, in einem Unternehmensbereich platzierte Lead Buyer ist in diesem Sinne eine dezentral verankerte, zentrale Einkaufsstelle mit zentralen, in Teilen sogar strategischen Supply Management Aufgaben." Jahns, 2005, S. 270.

darfe. Bei großen Lieferanten mit breitem Produktspektrum innerhalb des beschaffenden Unternehmens wird der Lead Buyer nicht sämtliche operativen Einkaufsprozesse über alle Fahrzeugprojekte hinweg persönlich abwickeln können. Er koordiniert allerdings die entsprechenden Einkaufsaktivitäten und ist bei allen Auswahlverfahren, bei strategischen Entscheidungen oder bei kritischen Situationen, die diesen Lieferanten betreffen, einzubinden. Aufbauend auf dieser übergreifenden Verantwortung lässt sich eine entsprechende Risikomanagement-Verantwortung ableiten, indem der Lead Buyer beispielsweise als Risikomanager für einen bestimmten Lieferanten fungiert. Er besetzt damit die in Abbildung 4-39 beschriebene RM-Stelle D eines Einkäufers mit risikobezogenen Sonderaufgaben.

Risikomanagement-Ausschüsse bzw. -Steuerkreise

Risikomanagement-Ausschüsse tragen dazu bei, die beschaffungsweite Koordination aller bedeutsamen Entscheidungen und Maßnahmen des Risikomanagements zu unterstützen. Als Teil der Sekundärorganisation nehmen diese hierarchieergänzenden bzw. -übergreifenden Entscheiderkreise und Gremien, deren Mitglieder der Primärorganisation entstammen, Problemlösungs- und Koordinationsaufgaben wahr. Im Risikomanagement-Steuerkreis wird die von den Risikomanagement-Stellen ermittelte Risikosituation der Beschaffung beurteilt und werden die gemeldeten Risiken auf etwaige kumulierende Effekte, auf Plausibilität und Interdependenzen hin überprüft. Wesentlicher Vorteil hierbei ist, dass aufgrund der unterschiedlichen Erfahrungs- und Wissenshintergründe der einzelnen Mitglieder die Qualität der getroffenen Entscheidungen verbessert wird. Dies beruht zum einen auf der Optimierung des Informationsstandes und zum anderen auf der Verbesserung der Meinungsbildung der Entscheidungsträger. Die Etablierung eines Ausschusses bietet die Lösung für das organisatorische Problem, das sich aus der dezentralen Risikobewältigung und der zentralen Koordination sowie dem zentralen Risikoausgleich ergibt. Die beschaffungsübergreifende Abstimmung und Festlegung eines zielgerichteten Programms von Maßnahmenbündeln erhöht zudem die Durchschlagskraft risikopolitischer Entscheidungen und vermindert somit Realisierungshürden.[1418] Die mögliche Abgrenzung von Aufgaben und Kompetenzen eines Risikomanagement-Ausschusses veranschaulicht Abbildung 4-40.

[1418] Diederichs, 2004, S. 212 ff.

Aufgaben	Verantwortung
• Strategische Risikopositionierung • Festlegung der Risikopolitik des Unternehmens • Schaffung und Verbreitung eines unternehmensweiten Risikobewusstseins • Risikosteuerung in Kenntnis der aktuellen Risikolage	**Management**
• Entscheidungsvorbereitung durch Alternativenauswahl und Handlungsempfehlungen • Gestaltung, Weiterentwicklung und Anpassung aller Systemkomponenten des Risikomanagements • Unterstützung der operativen Einheiten bei der Durchführung des Risikomanagement-Prozesses • Entwicklung, Modifikation, Verbesserung sowie Abstimmung risikosteuernder Maßnahmen und Regulative • Koordination und Überwachung der Beschlüsse und Maßnahmen	**Risikomanagement-Ausschuss**
• Risikoidentifikation • Risikoanalyse und -bewertung unter Berücksichtigung der vorgegebenen Methoden und Verfahren • Maßnahmenrealisierung • Risikoberichterstattung	**Fachbereich**

Abb. 4-40: Aufgaben und Kompetenzen des Risikomanagement-Ausschusses[1419]

Es gilt zu betonen, dass der Risikomanagement-Ausschuss, der von der zentralen Risikomanagement-Instanz organisiert und moderiert wird und dem auch Mitglieder des Managements beiwohnen sollten, zwar Entscheidungsbefugnis besitzt, dass er aber nicht die risikopolitische Verantwortung des Managements übernehmen kann. Vielmehr sind diese Entscheidungen als Empfehlung an das Management zu sehen.[1420] Der Bericht über die Risiken der Beschaffung wird somit beispielsweise vom Risikomanagement-Ausschuss verabschiedet und an den Bereichsleiter Einkauf weitergeleitet.

Zur Rolle der internen Revision

Die Kontrolle eines Risikomanagements im Unternehmen ist durch ein geeignetes Überwachungssystem sicherzustellen. Als wichtiger Baustein der Risikomanagement-Organisation kann deshalb die interne Revision gesehen werden, die als prozessunabhängiges Kontrollorgan im Auftrag der Unternehmensleitung das Risiko-

[1419] Quelle: leicht abgewandelt aus Diederichs, 2004, S. 215.
[1420] Vgl. Diederichs, 2004, S. 216. Zur Zusammensetzung des Risikomanagement-Ausschusses auf Unternehmensebene siehe Diederichs, 2004, S. 216 ff.

management-System überprüft.[1421] Neben der Prüfung der vollständigen Erfassung der Risikobereiche des Unternehmens und der Überwachung der kontinuierlichen Anwendung der Schritte des Risikomanagement-Prozesses bestehen die Aufgaben der internen Revision auch in der Prüfung der systemimmanenten Kontrollen. Im Rahmen der Prüfung der Risikokommunikation muss die interne Revision beispielsweise die Informationsflüsse sowie die Risikoberichterstattung auf Zeitnähe, Vollständigkeit, Zuordnung und Verständlichkeit überprüfen. Von besonderer Bedeutung ist hierbei die Festlegung, welche Person zu welcher Zeit über welche Risiken informiert wird.

Zu d) Dokumentation der Aufbauorganisation

Abschließend sollte die Aufbauorganisation grafisch auf Basis eines Organigramms sowie von Stellenbeschreibungen und Funktionsverteilungsplänen dokumentiert und verbal im Rahmen von Führungs- und Dienstanweisungen kommuniziert werden.[1422]

[1421] Vgl. Henke, 2009, S. 128 ff. Dies sollte v. a. auch im Rahmen der Einführung eines Risikomanagement-Systems geschehen. Die Revision sollte hierbei der Unternehmensleitung beratend zur Seite stehen. Vgl. Henke, 2009, S. 128. Eine Überprüfung erfolgt auch vonseiten der externen Revision. Der Abschlussprüfer hat im Rahmen seiner Prüfungspflicht ein eigenständiges Urteil über die Funktionsfähigkeit und Validität des Risikomanagementsystems in seinem Bericht abzugeben.

[1422] Vgl. hierzu Remer, 2005, S. 264 ff.

5. ZUSAMMENFASSUNG UND AUSBLICK

Die Rolle der Zulieferer innerhalb der automobilen Wertschöpfung sowie die Entwicklungen und Veränderungen auf den weltweiten Beschaffungsmärkten machen deutlich, dass der Bereich der Beschaffung eine entsprechende Qualifikation erfordert, die über das traditionelle Beschaffungsmanagement, das vorwiegend auf den Aufbau und Erhalt von Chancen auf den Beschaffungsmärkten ausgerichtet ist, hinausgeht. Die zunehmende strategische Bedeutung der Beschaffung für den Erfolg des Unternehmens erfordert deshalb die erhöhte Aufmerksamkeit gegenüber Risikopotenzialen und konkreten Risiken und bedingt folglich ein strategisches Risikomanagement, das einen gezielten und professionellen Umgang mit Risiken ermöglicht.

Ziel dieser Arbeit war es, auf Basis der umfassenden Perspektive des Systemansatzes ein ganzheitliches Modell eines strategischen Risikomanagements der Beschaffung mit Bezug zur Automobilindustrie zu entwickeln, das eine systematische Integration von Risikoaspekten in die bereits bestehenden Strukturen der Beschaffung ermöglicht und das Risikobewusstsein auf allen Managementebenen fördert. Dem Grundgedanken des situativen Ansatzes folgend, sollte es sich bei der Entwicklung des Konzepts um einen Orientierungsrahmen handeln, der bei Übertragung auf die betriebliche Praxis an den jeweiligen Kontext anzupassen ist.

Die Grundlagen des Konzepts eines strategischen Risikomanagements der Beschaffung wurden in den Kapiteln 2 bis 3 erarbeitet. Hier ging es im Wesentlichen um die theoretische und begriffliche Fundierung eines strategischen Risikomanagements (Kapitel 2), um Entwicklungen innerhalb der Automobil- und Automobilzulieferindustrie und den sich daraus ergebenden Konsequenzen für den Bereich der Beschaffung sowie um den Risikobezug der modernen Beschaffungsfunktion (Kapitel 3). Den Schwerpunkt der Arbeit bildete Kapitel 4, in dem das Modell eines strategischen Risikomanagements der Beschaffung entwickelt sowie Vorschläge risikobezogener Beschaffungsstrategien und organisatorischer Umsetzungsmöglichkeiten vorgestellt wurden.

Bei der Beurteilung der vorliegenden Arbeit stellt sich die Frage, welche neuen Erkenntnisse für ein Risikomanagement innerhalb des Funktionsbereichs der Beschaffung gewonnen wurden. Folgende **Untersuchungsschwerpunkte** mit dem Ziel einer sukzessiven Entwicklung eines ganzheitlichen Risikomanagement-Ansatzes für die Beschaffung lassen sich hierbei resümieren:

- Aufzeigen der Entwicklungen der Automobilindustrie und deren Auswirkungen auf Beschaffungsfunktion und Beschaffungsmärkte.
- Beschreibung der spezifischen Aufgaben der Beschaffungsfunktion innerhalb der Automobilindustrie, Ableitung und Strukturierung von Beschaffungsstrategien sowie Beschreibung der Rolle der Beschaffung innerhalb des Produktentstehungsprozesses.
- Entwicklung eines Prozessmodells der Beschaffung.
- Identifizierung und Strukturierung von Beschaffungsrisiken im automobilen Umfeld sowie Schaffung eines einheitlichen Begriffsverständnisses.
- Charakterisierung und Abgrenzung eines strategischen Risikomanagements der Beschaffung.
- Entwicklung eines ganzheitlichen Modells eines strategischen Risikomanagements der Beschaffung auf Grundlage des Systemansatzes.
- Beschreibung der beschaffungsinternen und -externen Teilsysteme des Risikomanagement-Modells im Sinne einer funktionalen Abgrenzung.
- Vorstellung einer Auswahl von Methoden und Instrumenten zur Unterstützung eines strategischen Risikomanagements der Beschaffung.
- Entwicklung von Grundstrategien sowie Aufzeigen der Risikorelevanz typischer Beschaffungsstrategien.
- Diskussion und Ableitung aufbau- und ablauforganisatorischer Gestaltungsvorschläge eines Risikomanagements im Beschaffungsbereich.

Die wichtigsten Erkenntnisse aus o. g. Untersuchungsfeldern werden im Folgenden zusammengefasst:

<u>Risikomanagement allgemein</u>

- Die Unvollkommenheit von Informationen sowie menschliches Versagen stellen die wesentlichen Ursachen unternehmerischer Risiken dar, die sich in negativen Abweichungen festgelegter Zielgrößen oder unbewusst vorausgesetzter Erwartungen niederschlagen.

- Das strategische Risikomanagement, das auch spekulative bzw. nicht versicherbare Risiken einbezieht, ist als begleitende Führungsfunktion zu etablieren und in alle Führungstätigkeiten laufend einzubeziehen. Ziel ist es, die Unternehmensführung im Streben nach einer nachhaltigen Existenzsicherung, insbesondere durch die Bewältigung betrieblicher Risiken, zu unterstützen.

Automobil- und Automobilzulieferindustrie

- Die strukturellen Veränderungen innerhalb der Automobilindustrie in den letzten Jahrzehnten verlangten eine strategische Neupositionierung der Automobilhersteller, die sich auch wesentlich auf die Ausgestaltung der Beschaffungsfunktion auswirkte.

- Die Neuorientierung der betrieblichen Beschaffungspolitik führte dabei zu einer drastischen Erhöhung der Anforderungen an die Zulieferindustrie. Der dadurch entstehende Wettbewerbsdruck löste entsprechende Anpassungsreaktionen innerhalb der Beschaffungsmärkte aus, die wiederum die Beziehungen zwischen Herstellern und Lieferanten dahin gehend veränderten, dass es zu neuen Formen der Abhängigkeit der Hersteller von einigen ihrer Zulieferer kam.

Beschaffungsfunktion in modernen Industrieunternehmen

- Aufgrund der steigenden strategischen Bedeutung der Beschaffung entwickelte sich der Einkauf in vielen Unternehmen von seiner ursprünglichen Dienstleistungsfunktion hin zu einer strategischen Gestaltungsfunktion des Unternehmens. Hierbei ist v. a. sein gewichtiger Einfluss auf die frühen Phasen innerhalb des Fahrzeugentwicklungsprozesses zu betonen.

- Die strategische Aufgabe der Beschaffung liegt dabei in der Erschließung und Erhaltung von Erfolgspotenzialen und damit in der Sicherung und Verbesserung der Wettbewerbsfähigkeit. Diese Erfolgspotenziale werden durch den Einkauf sowohl kosten- als auch leistungsseitig beeinflusst.

Risikobezug der Beschaffung

- Ohne ausdrücklich von einem Risikomanagement zu sprechen, sind die unterschiedlichen Systeme und Prozesse der Beschaffung in ihrer Grundfunktion bereits mehr oder weniger auf die Erkennung, Bewertung und Beherrschung von Störgrößen ausgerichtet. Hierbei überwiegen allerdings häufig operative Einzelmaßnahmen oder Teilkonzepte von Spezialisten.

- Die Entwicklung eines integrierten Risikomanagement-Systems darf nicht losgelöst von den bereits bestehenden Managementsystemen erfolgen. Diese Systeme sind dabei nicht additiv, sondern integrativ in das Risikomanagement-System einzubeziehen.

Beschaffungsrisiken

- Aufgrund der quantitativen und qualitativen Intensivierung von Lieferanten-Abnehmer-Beziehungen steigt auch die Störungsanfälligkeit des beschaffenden Unternehmens aufgrund möglicher Abhängigkeiten von der Leistungsfähigkeit und der Leistungsbereitschaft des zuliefernden Unternehmens. Hierbei sind zunehmend Risiken zu beachten, die unternehmensbedrohende Konsequenzen haben können.

- Neben den klassischen Beschaffungsrisiken des Versorgungs-, Kosten- und Qualitätsrisikos müssen im Rahmen eines strategischen Risikomanagements der Beschaffung zukünftig auch Innovations-, Image- und v. a. Abhängigkeitsrisiken bewältigt werden.

Strategisches Risikomanagement der Beschaffung

- Das strategische Risikomanagement der Beschaffung verfolgt das Management potenzieller, latenter und akuter Beschaffungsrisiken mit einer Fokussierung auf strategische Risiken. Es soll dabei ganzheitlichen Ansprüchen genügen und die systematische Berücksichtigung der Risikodimension bei der Entscheidungsfindung im Beschaffungsbereich ermöglichen.

- Bei dem strategischen Risikomanagement der Beschaffung handelt es sich um ein integratives Konzept, das von den Risikomanagement-Aktivitäten anderer Funktionsbereiche und Projekte im Unternehmen abzugrenzen ist. Das strategische Risikomanagement der Beschaffung ist somit weniger als Subsystem anzusehen, sondern als Managementkonzept, das die Beschaffung in all seinen Funktionen und Prozessen durchdringt.

Modell eines strategischen Risikomanagements der Beschaffung

- Das Modell eines strategischen Risikomanagements der Beschaffung folgt den Grundprinzipien des Systemansatzes und stellt in diesem Sinne ein offenes System dar, das in die übergeordneten Systeme Unternehmung und Umwelt eingebettet ist.

- Mithilfe des Modells werden die für den systematischen Umgang mit Beschaffungsrisiken erforderlichen Aufgaben logisch strukturiert und in einen Gesamtzusammenhang gebracht.

- Das Modell fördert das Verständnis für Risikomanagement als Führungsaufgabe und bringt die wesentlichen Zusammenhänge eines strategischen Risikomanagements der Beschaffung anschaulich zum Ausdruck.

- Die Ganzheitlichkeit des Ansatzes wird dadurch sichergestellt, dass sich sowohl normative, strategische und operative als auch beschaffungsinterne und -externe Elemente zu einem integrativen Gesamtansatz vereinen.

- Die Strukturierung auf Basis unterschiedlicher Teilsysteme stellt sicher, dass sich risikobezogene Aktivitäten und Entscheidungen innerhalb einer jeden Funktion der Beschaffung abspielen.

- Das Modell bildet einen funktionalen, institutionalen und instrumentalen Orientierungsrahmen für die Umsetzung eines Risikomanagements innerhalb der betrieblichen Praxis. Hierbei ist das Modell dem jeweiligen Kontext anzupassen. Die Modularität der Gesamtlösung begünstigt die sukzessive Einführung einzelner Teilsysteme, Prozesse, Instrumente oder Methoden.

Risikostrategien

- Als risikobezogene Strategien innerhalb des Funktionsbereichs der Beschaffung sind zum einen risikopolitische Grundstrategien zu unterscheiden, die sich auf die Qualität der zur Verfügung stehenden Informationen, die Stabilität des Unternehmens durch Verringerung von Abhängigkeiten, die Erhöhung der Flexibilität des Unternehmens sowie die Absicherung gegen Schäden beziehen. Zum anderen spielen für das Risikomanagement der Beschaffung auch die Beschaffungsstrategien selbst eine wichtige Rolle. Da diese zum Teil bereits die Risikobereitschaft des beschaffenden Unternehmens widerspiegeln, weisen sie entsprechenden risikopolitischen Charakter auf.

- Der Einsatz der entsprechenden Strategien wird wesentlich vom Grad der Unsicherheit der der Strategieentwicklung zugrunde liegenden Informationen bestimmt. Bei früh identifizierten Risiken gelangen eher normative Strategien zur Anwendung, da spezielle Vorgehensweisen aufgrund des unzureichenden Informationsstands des Entscheidungsträgers zu diesem Zeitpunkt kaum bestimm- bzw. durchführbar sind.

Organisation eines strategischen Risikomanagements der Beschaffung

- Für die Organisation eines Risikomanagements innerhalb des Bereichs der Beschaffung sollte eine Synthese zwischen zentraler und dezentraler Organisation angestrebt werden. Die zentrale Risikomanagement-Funktion sollte innerhalb der Beschaffungsorganisation als Stabsstelle verankert werden. Innerhalb der Linienfunktionen sind entsprechende Risikomanagement-Stellen einzurichten.

- Bei der organisatorischen Gestaltung des Risikomanagements sollte ein Integrationsansatz und keine Neustrukturierung verfolgt werden. Da die organisatorische Integration nicht nur durch die Aufgaben des Risikomanagements, sondern maßgeblich durch die bestehende Organisationsstruktur determiniert wird, ist der konkrete Aufbau, die Komplexität und die Größe einer Risikomanagement-Organisation jeweils in Abhängigkeit von den vorhandenen Organisations- und Führungsstrukturen zu gestalten.

Zusammenfassend kann festgestellt werden, dass hinsichtlich der Übertragung von ganzheitlichen Risikomanagement-Ansätzen auf die spezifischen Anforderungen der Beschaffung innerhalb der betriebswirtschaftlichen Literatur noch keine zufriedenstellenden Lösungen existieren. Mithilfe des vorliegenden Konzepts eines strategischen Risikomanagements ist es gelungen, dem Ideal einer risikoorientierten Funktion und Organisation der Beschaffung näher zu kommen. Der Beitrag stellt dabei einen Orientierungsrahmen eines ganzheitlichen Risikomanagement-Systems vor, der sowohl die unternehmensinternen Ansatzpunkte eines Risikomanagements der Beschaffung beschreibt als auch die unternehmensübergreifende Zusammenarbeit im Rahmen eines Risikomanagements diskutiert.

Die Umsetzung eines strategischen Risikomanagement-Systems im Bereich der Beschaffung darf nicht an den Grenzen des Unternehmens enden. Aufgrund der Globalisierung der Wirtschaft und der Umsetzung von Prinzipien der „Lean Production" haben die Risikointerdependenzen entlang unternehmensübergreifender Supply Chains zunehmend an Bedeutung gewonnen. Ereignisse oder Störungen in fernen Regionen können somit die Wertschöpfungsprozesse in anderen Regionen erheblich beeinträchtigen. Die Transparenz der Wertschöpfungsketten und deren Risiken über verschiedene Lieferanten-Abnehmer-Beziehungen hinweg kann nur geschaffen werden, wenn die Lieferanten auf unterschiedlichen Versorgungsstufen aktiv in das Risikomanagement eingebunden werden. Ohne explizit von einem „Supply-Chain-Risikomanagement" zu sprechen, deckt sich das Risikomanagement-Verständnis der vorliegenden Arbeit sowohl in der Abgrenzung der Beschaffungsrisiken als auch in der konzeptionellen Umsetzung im Rahmen des Risikomanagement-Modells mit jüngeren Beiträgen in der Literatur, die sich mit einem Risikomanagement im Rahmen des Supply Chain Managements auseinandersetzen.[1423]

Da die wissenschaftlich fundierte Abhandlung die spezifischen Anforderungen und Rahmenbedingungen der betrieblichen Beschaffungspraxis in der Automobilindustrie berücksichtigt, ist eine Übertragbarkeit des Modells zur Lösung konkreter Problemstellungen gewährleistet. Die Arbeit kann dabei als Grundlage für die Konzeption, Weiterentwicklung und Umsetzung eines Risikomanagements im Bereich der Beschaffung herangezogen werden. Bei der kritischen Würdigung des Ansatzes sollten allerdings auch die Grenzen und möglichen Gefahren nicht unerwähnt bleiben: Zum einen kann trotz aller Bemühungen niemals mit Sicherheit davon ausgegangen werden, sämtliche Risiken eines Unternehmens erfasst bzw. bewältigt zu haben. Zum anderen können zu strenge Reglementierungen sowie eine Überbewertung des Risikoaspekts dazu führen, die Nutzung von Chancen einzuschränken bzw. zu vernachlässigen. Beide Aspekte sind bei der Implementierung des Konzepts zu berücksichtigen.

Da der vorliegende Beitrag rein konzeptionell ausgerichtet ist, bietet die empirische Überprüfung Raum für weiteren Forschungsbedarf. Hier lässt sich aufzeigen, welchen Beitrag ein umfassender und strategischer Ansatz eines Risikomanagements der Beschaffung für den Erfolg eines Unternehmens leistet. Dieser Nachweis bedingt allerdings die Implementierung des vorliegenden Konzepts. Auch konzeptionell lassen sich weitere Ansatzpunkte einer wissenschaftlichen Auseinandersetzung finden. Gerade in der Entwicklung von Methoden und Instrumenten zur quantitativen Bewertung und Aggregation von Beschaffungsrisiken, die entsprechende Akzeptanz und Anwendung in der unternehmerischen Praxis finden, liegen noch große Herausforderungen im Rahmen dieses Forschungsgebietes.

[1423] Siehe hierzu Kapitel 4.1.1 und 4.2.10.1.

LITERATURVERZEICHNIS

Abend, J. M.

Strukturwandel in der Automobilindustrie und strategische Optionen mittelständischer Zulieferer: eine explorative Studie, München, 1992

Ackermann, K.-F.

Risikomanagement im Personalbereich, in: Ackermann, K.-F. (Hrsg.): Risikomanagement im Personalbereich: Reaktionen auf die Anforderungen des KonTraG, Wiesbaden, 1999, S. 43–102

Adam, D.

Flexible Fertigungssysteme (FFB) im Spannungsfeld zwischen Rationalisierung, Flexibilisierung und veränderten Fertigungsstrukturen, in: Adam, D. (Hrsg.): Flexible Fertigungssysteme, SzU, Band 46, Wiesbaden, 1993, S. 5–28

Adolphs, B.

Stabile und effiziente Geschäftsbeziehungen: Eine Betrachtung von vertikalen Koordinationsstrukturen in der deutschen Automobilindustrie, Lohmar, Köln, 1997

Affolter, B. / Zehnder, M.

Risk Management bei der Schweizerischen Post - Ein Erfahrungsbericht, in: Der Schweizer Treuhänder, 2001, S. 553–560

Akerlof, G. A.

The Market for "Lemons": Quality Uncertainty and the Market Mechanism, in: Quarterly Journal of Economics, Vol. 84., No. 3, August 1970, S. 488–500

Albach, H.

Ungewißheit und Unsicherheit, in: Grochla, E. / Wittmann, W. (Hrsg.): Handwörterbuch der Betriebswirtschaft, Bd. 3, 4. Aufl., Stuttgart, 1975, Sp. 4.036–4.041

Albach, H.

Strategische Unternehmensplanung bei erhöhter Unsicherheit, in: ZfB, 48. Jg., 1978, S. 702–715

Aldrich, H.

Resource Dependence and Interorganizational Relations: Local Employment Service Offices and Social Services Sector Organizations, in: Administration and Society, Vol. 7, No. 4, 1976, S. 419–454

Aldrich, H.
Organization and Environment, Englewood Cliffs, 1979

Allaire, Y. / Firsirotu, M. E.
Coping with Strategic Uncertainty, in: Sloan Management Review, Vol. 30, No. 3, Spring 1989, S. 7–16

Altrogge, G.
Flexibilität in der Produktion, in: Kern, W. / Schröder, H.-H. / Weber, J. (Hrsg.): Handwörterbuch der Produktionswirtschaft, Stuttgart, 1979, Sp. 604–618

Anderson, J. C. / Narus, J. A.
A Model of Distributor Firm and Manufacturer Firm Working Partnerships, in: Journal of Marketing, Vol. 54, January 1990, S. 42–58

Andrews, K. R.
The Concept of Corporate Strategy, 3. Aufl., Homewood, 1987

Angele, J.
Insolvenzen 2006,
in: Statistisches Bundesamt. Wirtschaft und Statistik 4, 2007, S. 352–360

Ansoff, H. I.
Corporate Strategy, New York 1965

Ansoff, H. I.
Managing Surprise and Discontinuity – Strategic Response to Weak Signals, in: ZfbF, 28. Jg., 1976, Heft 1, S. 129–152

Ansoff, H. I.
Die Bewältigung von Überraschungen und Diskontinuitäten durch die Unternehmensführung – Strategische Reaktion auf schwache Signale, in: Steinmann, H. (Hrsg.): Planung und Kontrolle – Probleme der strategischen Unternehmensführung, München, 1981, S. 233–264

Arbeitskreis HAX der Schmalenbach Gesellschaft
Unternehmerische Entscheidungen im Einkaufsbereich und ihre Bedeutung für die Unternehmensstruktur, in: ZfbF, 24. Jg., 1972, S. 765–783

Arnold, U.
Strategische Beschaffungspolitik, Frankfurt / Main, Bern, 1982

Arnold, U.
Global Sourcing – Ein Konzept zur Neuorientierung des Supply Management von Unternehmen, in: Welge, M. K. (Hrsg.): Globales Management, Stuttgart, 1989, S. 49–71

Arnold, U.
Beschaffungsmanagement, 2. Aufl., Stuttgart, 1997

Arnolds, H. / Heege, F. / Tussing, W.
Materialwirtschaft und Einkauf, 9. Aufl., Wiesbaden, 1996

Ashby, W. R.
Einführung in die Kybernetik, Frankfurt / Main, 1974

A. T. Kearney
The Future of Purchasing and Supply: A Five- and Ten-Year Forecast. A Joint Research Initiative of Center for Advanced Purchasing Studies, National Association of Purchasing Management und A. T. Kearney, Inc, 1998

Baaken, T.
Implikationen neuer Risikodimensionen auf die Ausgestaltung des Innovationsmarketings. Neue Forschungsergebnisse zur Differenzierung des Kaufrisikos, in: Marktforschung & Management, 37. Jg., 1. Quartal 1993, S. 14–20

Backhaus, K.
Investitionsgütermarketing, 3. Aufl., München, 1992

Backhaus, K. / Günter, B.
A phase-differential interaction approach to industrial marketing decisions, in: Industrial Marketing Management, 5. Jg., 1976, S. 255–270

Bär, W.
Risikomanagement in der industriellen Serienfertigung, in: Dörner, D. / Horváth, P. / Kagermann, H. (Hrsg.): Praxis des Risikomanagements: Grundlagen, Kategorien, branchenspezifische und strukturelle Aspekte, Stuttgart, 2000, S. 445–469

Bamberg, G. / Coenenberg, A. G.
Betriebswirtschaftliche Entscheidungslehre, 7. Aufl., München, 1992

Bamberg, G. / Coenenberg, A. G.
Betriebswirtschaftliche Entscheidungslehre, 11. Aufl., München, 2002

Bartlett, R.
Economics and Power, Cambridge 1989

Baur, C. / Kaas, H.-W. / Kassner, S. et al.
Profitable Wachstumsstrategien in der Automobilzulieferindustrie, 2. Aufl., Berlin, 2000,

Bea, F. X. / Haas, J.
Strategisches Management, Stuttgart, Jena, 1995

Bechhofer, S.
Risiko- und Chancenmanagement in einem Technologieunternehmen, in: Allianz Report für Risiko und Sicherheit, Band 74, 2001, Heft 2, S. 44–49

Becker, J.
Marketing-Konzeption: Grundlagen des strategischen Marketing-Managements, 2. Aufl., München, 1988

Becker, W.
Strategisches Management, 2. Aufl., Bamberg, 1995

Becker, W.
Entwicklungsperspektiven für die Beschaffung in der Weltautomobilindustrie, in: Hahn, D. / Kaufmann, L. (Hrsg.): Handbuch Industrielles Beschaffungsmanagement: Internationale Konzepte – Innovative Instrumente – Aktuelle Praxisbeispiele, Wiesbaden, 1999, S. 54–73

Behme, W. / Schimmelpfeng, K.
Unternehmensführung als kybernetischer Prozess, in: Das Wirtschaftsstudium, 22. Jg., Nr. 4, 1993, S. 289–294

Bender, I.
Struktureller Wandel in der Automobilindustrie und der Einfluß strategischer Industrie- und Handelspolitik, Frankfurt / Main, 1996

Bensaou, M. / Venkatraman, N.
Configurations of Inter-Organizational Relationships: A comparison between US and Japanese Automakers, in: Management Science, Vol. 41, No. 9, Sept. 1995, S. 1.471–1.492

Bensaou, M.
Portfolios of Buyer-Supplier Relationships, in: Sloan Management Review, Vol. 41, No. 4, 1999, S. 35–44

Berg, C. C.
Beschaffungsmarketing, Würzburg, 1981

Berg, C. C. / Müller, E.
Einkaufsmarketing – Chancen zur Steigerung des Unternehmenserfolges, in: Theuer G. / Schiebel, W. / Schäfer, R. (Hrsg.): Beschaffung – ein Schwerpunkt der Unternehmensführung, Landsberg / Lech, 1986, S. 243–274

Berg, C. C. / Richtzenhain, S.
Einkauf und Innovationsmanagement (Teil II), in: Beschaffung aktuell, Nr. 5, 1991, S. 20–25

Berger, R.
Megatrends in der europäischen Automobilindustrie angesichts der weltweiten ökonomischen Herausforderungen, in: Meinig, W. (Hrsg.): Wertschöpfungskette Automobilwirtschaft: Zulieferer – Hersteller – Handel; Internationaler Wettbewerb und Globale Herausforderungen, Wiesbaden, 1994, S. 13–34

Berrar, C.
Die Entwicklung der Corporate Governance in Deutschland im internationalen Vergleich, Baden-Baden, 2001

Bertalanffy, L. von
Der Organismus als physikalisches System betrachtet, in: Die Naturwissenschaften, 28. Jg., 1940, S. 521–531

Bertalanffy, L. von
Zu einer allgemeinen Systemlehre, in: Biologica Generalis, 19. Jg., 1949, S. 114–129

Bertalanffy, L. von
An Outline of General System Theory, in: British Journal of the Philosophy of Science, 1. Jg., 1950, S. 139–164

Bertalanffy, L. von
General System Theory: Foundations, Development, Applications, New York, 1968

Bertalanffy, L. von / Beier, W. / Laue, R.
Biophysik des Fließgleichgewichts, 2. Aufl., Braunschweig, 1977

Billand, F.
Der Kraftfahrzeugmarkt der Europäischen Gemeinschaften im Spannungsfeld zwischen binnenwirtschaftlicher und weltwirtschaftlicher Integration, Göttingen, 1984

Bieber, D. / Sauer, D.
„Kontrolle ist gut! Ist Vertrauen besser!“ „Autonomie“ und „Beherrschung“ in Abnehmer-Zulieferbeziehungen, in: Mendius, H. G. / Wendeling-Schröder, U. (Hrsg.): Zulieferer im Netz – Zwischen Abhängigkeit und Partnerschaft. Neustrukturierung der Logistik am Beispiel der Automobilzulieferung, Köln, 1991, S. 228–254

Bieta, V. / Kirchhoff, J. / Milde, H. / Siebe, W.
Risikomanagement und Spieltheorie. Wie Global Player mit Risiken umgehen müssen, Bonn, 2002

Bircher, B.
Langfristige Unternehmensplanung – Konzepte, Erkenntnisse und Modelle auf systemtheoretischer Grundlage, Bern, Stuttgart, 1976

Bitz, H.
Abgrenzung des Risiko-Frühwarnsystems i. e. S. nach KonTraG zu einem umfassenden Risiko-Managementsystem im betriebswirtschaftlichen Sinn, in: Betriebswirtschaftliche Forschung und Praxis, Band 52, 2000, Heft 3, S. 231–241

Blatz, M,
Survival of the Fittest – zwei Branchen im Umbruch,
Morgan Stanley Bank Loan Conference, Frankfurt, 19. März 2007

Blau, P. M.
Exchange and Power in Social Life, New York, 1964

Bleicher, K.
Unternehmenskultur und strategische Unternehmensführung, in: Hahn, D. / Taylor, B. (Hrsg.): Strategische Unternehmensplanung – Strategische Unternehmensführung, 7. Aufl., Heidelberg, 1997, S. 223–265

Bleicher, K.
Das Konzept integriertes Management, Frankfurt / Main, New York, 1999

Bleicher, K. / Meyer, E.
Führung in der Unternehmung – Formen und Modelle, Reinbek bei Hamburg, 1976

Blenkhorn, D. / MacKenzie, H.
The Importance of Buyer-Seller Relative Dependence in Relationship Marketing, Beitrag zur Konferenz Relationship Marketing: Theory, Methods and Applications, 11-13. Juni, Atlanta, 1994

Bloech, J.
Die Position der Beschaffungsstrategien in der Unternehmensführung, in: Theuer G. / Schiebel, W. / Schäfer, R. (Hrsg.): Beschaffung – ein Schwerpunkt der Unternehmensführung, Landsberg/Lech, 1986, S. 115–130

Blommen, D.
Interorganisationale Macht und Abhängigkeit im Absatzkanal: Determinanten und Wirkungen, Aachen, 1997

BMW Group
Geschäftsbericht 2006

Böttcher, H. D.
Instrumente zur Fertigungsstrategiebildung: eine theoretisch-empirische Untersuchung am Beispiel der deutschen Automobilzulieferindustrie, Bergisch-Gladbach, Köln, 1989

Bohsem, G.
Abwärts wie noch nie, in: Süddeutsche Zeitung Nr. 112, 16./17. Mai 2009, S. 23

Bourantas, D.
Avoiding Dependence on Suppliers and Distributors, in: Long Range Planning, Vol. 22, 03/1989, S. 140–149

Boutellier, R. / Corsten, D.
Basiswissen Beschaffung, Pocket Power Einkauf und Logistik, Hanser-Verlag, 2. Aufl., o. O., o. J.

Boutellier, R. / Locker, A.
Beschaffungslogistik – mit praxiserprobten Konzepten zum Erfolg, München, Wien, 1998

Brankamp, T / Tobias, M.
Car wars, Brand eins, 01/2002, S. 72–75

Braun, H.
Risikomanagement – eine spezifische Controllingaufgabe, Darmstadt, 1984

Brehm, C. R.
Organisatorische Flexibilität der Unternehmung – Bausteine eines erfolgreichen Wandels, Wiesbaden, 2003

Brodersen, K.
Beschaffungsmarktwahl, Köln, 2000

Bronder, C.
Kooperationsmanagement: Campus, Frankfurt / Main, 1992

Brühwiler, B.
Risk Management – eine Aufgabe der Unternehmensführung, Bern, Stuttgart, 1980

Brühwiler, B.
Unternehmensweites Risk Management als Frühwarnsystem: Methoden und Prozesse für die Bewältigung von Geschäftsrisiken in integrierten Managementsystemen, Bern, Stuttgart, Wien, 2001

Buchanan, L.
Vertical Trade Relationships: The Role of Dependence and Symmetry in Attaining Organizational Goals, in: Journal of Marketing Research, Vol. 29, February 1992, S. 65–75

Budde, R.
Ressourcen zielgerichtet bündeln, in: Beschaffung aktuell, Nr. 8, 2001, S. 50–52

Büschemann, K. H.
Korruption in der Wirtschaft – Schmiergeld-Affäre bei BMW, in: Süddeutsche Zeitung, 28.07.2005, S. 17

Burger, A. / Buchhart, A.
Risiko-Controlling, München, Wien, 2002

Burmann, C.
Strategische Flexibilität und Strategiewechsel als Determinanten des Unternehmenswertes, Wiesbaden, 2002

Busch-Lüty, C. / Dürr, H.-P.
Ökonomie und Natur: Versuch einer Annäherung im interdisziplinären Dialog, in: König, H. (Hrsg.): Umweltverträgliches Wirtschaften als Problem von Wissenschaft und Politik, Berlin, 1993, S. 13–44

Busse von Colbe, W. / Laßmann, G.
Betriebswirtschaftslehre, Bd. 3: Investitionstheorie, 3. Aufl., Berlin, Heidelberg, u. a., 1990

Bussmann, K. F.
Das betriebswirtschaftliche Risiko: Schriften zur wirtschaftswissenschaftlichen Forschung, Band 4, Meisenheim / Glan, 1955

Chandler, A. D. Jr.
Strategy and Structrue, Cambridge, London, 1970

Campbell, N. C. G
An interaction approach to organizational buying behavior, in: Journal of Business Research, 13. Jg., Nr. 1, Februar, S. 35–48

CAR
CAR 2002, VDA, Band 26, zitiert auf der Homepage der Deutschen Bank (www.public.deutsche-bank.de), Unternehmer Spezial 07/2002: Automobilindustrie – Strukturwandel und technologische Trends

CAR / PriceWaterhouseCoopers / VDA
Gemeinschaftsstudie „Automobil-Standort Deutschland“, Studienteil 1, Presse-Summary, Leipzig, 2002

Chapman, C. / Ward, S.
Project Risk Management, Chichester, 1997

Ciferri, L.
„Es werden nur sechs Hersteller überleben“, in: Automobilwoche, Ausgabe 26, 15.12.2008, S. 9

Clark, K. / Fujimoto, T.
Product Development Performance, Boston, 1991

Clark, T / Varadarajan, P. R. / Pride, W. M.
Environmental Management: The Construct and Research Propositions, in: Journal of Business Research, Vol. 29, 1994, S. 23–38

Coase, R.
The Nature of the Firm, in: Economica, Vol. 4, 1937, S. 386–405

Cooper, R.
Predevelopment Activities Determine New Product Success, in: Industrial Marketing Management, 17/1988, S. 237–247

Cooper, R.
Stage-Gate-Systems: A New Tool for Managing New Products, in: Business Horizons, May-June 1990, S. 44–54

Corsten, H.
Gestaltungsbereiche des Beschaffungsmanagement, Ingolstadt, 1994

Dahl, R. A.
The Concept of Power, in: Behavioral Science, Vol. 2, July 1957, S. 201–215

Dahmen, J. W.
Prozeßorientiertes Risikomanagement zur Handhabung von Produktrisiken, Aachen, 2002

Danowski, K. / Diederichs, M.
Mehr Transparenz in der Beschaffung durch effiziente Lieferanten-Wertanalysen, in: Controlling, Heft 7, Juli 2000, S. 361–370

DAT
DAT-Report 2007, in: Autohaus Extra – Sonderheft mit Autohaus, 8/2007

David, F. R.
Strategic Management, 5. Aufl., Englewood Cliffs, 1995

Deal, T. E. / Kennedy A. A.
The Rites and Rituals of Corporate Life, Reading (Mass.), 1982

Decker, C. / Paesler, S.
Pay-on-Production-Modelle: ein neuer Weg zur Cashflow-basierten Finanzierung von Fertigungs- und Transportsystemen, in: Betriebs-Berater, Heft 35, 2003, S. 1.831–1.836

Deckstein, D.
Managementfehler häufigste Pleitenursachen, in: Süddeutsche Zeitung Nr. 97, 28. April 2003, S. 21

Deloitte
Automobilhandel im Premiumsegment – Markt- und Wettbewerbsanalyse in Deutschland (Studie), Deloitte Automotive, 07/2008

Dempfle, E.
Konzeptionelle Ansätze zum Risikomanagement von Finanzinnovationen, Bamberg, 1992

Deutsch, M.
Trust and Suspicion, in: Conflict Resolution, 2, 1958, S. 265–279

Diederichs, M.
Risikomanagement und Risikocontrolling. Risikocontrolling – ein integrierter Bestandteil einer modernen Risikomanagement-Konzeption, München, 2004

Diez, W.
Die Neustrukturierung der Automobilwirtschaft – Ausführungen bei der IHK Region Stuttgart, Bezirkskammer Ludwigsburg am 24. Oktober 2000

Diez, W.
Das Automobil als Verkehrsträger und Wirtschaftsfaktor, in: Diez, W.; Brachat, H. (Hrsg.): Grundlagen der Automobilwirtschaft, Ottobrunn, 2001, S. 23–50

Diez, W.
Das Management der automobilwirtschaftlichen Wertschöpfungskette, in: Diez, W.; Brachat, H. (Hrsg.): Grundlagen der Automobilwirtschaft, Ottobrunn, 2001, S. 51–96

Diez, W.
Die Automobilindustrie im Zeichen der Globalisierung, in: Diez, W.; Brachat, H. (Hrsg.): Grundlagen der Automobilwirtschaft, Ottobrunn, 2001, S. 97–117

Dörner, D. / Horváth, P. / Kagermann, H.
Praxis des Risikomanagements: Grundlagen, Kategorien, branchenspezifische und strukturelle Aspekte, Stuttgart, 2000

Domin, A. / Maskow, J.
Design to Cost (DTC) – eine Methode zur Kostenreduzierung in der Produktentwicklungsphase; in: Konstruktion 37 (1985), H. 10

Dreger, W.
Erfolgreiches Risiko-Management bei Projekten, Wien, 2000

Droege & Company
Gewinne einkaufen, Wiesbaden, 1998

Dudenhöffer, F.
Think big – E-Business-Strategien in der Automobil- und Zulieferindustrie, Cybiz 08/2000, S. 40–44

Dudenhöffer, F.
Plattformen und Nischenmarketing. Die Produktstrategien der Autoindustrie geben dem Design mehr Gewicht, Blick durch die Wirtschaft, Verlag Frankfurter Allgemeine Zeitung, 6. März 1997.

Dudenhöffer, F. / Büttner, C.
Kann Deutschland vom Zulieferer-Wachstum profitieren?, in: Automotive Engineering Partners, 2/2003, S. 2–6

Dwyer R. / Lagace, R.
On the Nature and Role of Buyer-Seller Trust, in: Shimp, T. et al. (Hrsg.): AMA Educators' Proceedings, Chicago, 1986

Dwyer, R. / Schurr, P. H. / Oh, S.
Developing buyer-supplier relationships, in: Journal of Marketing, 51. Jg., Nr. 2, April 1987, S. 11–27

Dyer, W. G Jr. / Cho, D. S. / Chu, W.
Strategic supplier segmentation: the next „best practice“ in supply chain management, in: California Management Review, 40. Jg., Nr. 2, 1998, Winter, S. 57–77

Ebers, M. / Gotsch, W.
Institutionenökonomische Theorien der Organisation, in: A. Kieser (Hrsg.): Organisationstheorien, 4. Aufl., Stuttgart, 2001, S. 199–252

Ehrmann, H.
Planung, Ludwigshafen, 1995

Eifert, H.
Just in Sequence ... oder die Kür für Automobilzulieferer, in: Automobil Zulieferer, Branchenreport 2002, 09/02, S. 22

Eiletz, R.
Zielkonfliktmanagement bei der Entwicklung komplexer Produkte – am Beispiel PKW-Entwicklung, München, 1998

El-Ansary, A. I.
Determinants of Power-Dependence in the Distribution Channel, in: Journal of Retailing, Vol. 51, Summer 1975, S. 59–74 und S. 94

Elfgen, R.
Aufgaben und Instrumente des strategischen Risikomanagements, in: Hölscher, R. / Elfgen, R. (Hrsg.): Herausforderung Risikomanagement: Identifikation, Bewertung und Steuerung industrieller Risiken, Wiesbaden, 2002, S. 205–223

Ellram, L. M.
A managerial guideline for the development and implementation of purchasing partnerships, in: International Journal of Purchasing and Materials Management, 27. Jg., Nr. 3, Sommer 1991, S. 2–8

Ellram, L. M.
Life-cycle patterns in industrial buyer-seller partnerships, in: International Journal of Physical Distribution & Logistics Management, 21. Jg., Nr. 9, 1991, S. 12–21

Emerson, R.
Power-Dependence Relations, in: American Sociological Review, Vol.27, 1/1962, S. 31–41

Emerson, R.
Exchange Theory, Part I: A Psychological Basis for Social Exchange; Exchange Theory, Part II: Exchange Relations and Networks, in: Berger, J. / Zelditch, M. / Anderson, B. (eds.): Sociological Theories in Progress, Vol. 2 1972, Boston, S. 38–87

Engels, J. / Cluse, M.
Kontext der gesetzlichen und regulatorischen Anforderungen, in: Kaiser, T. (Hrsg.): Wettbewerbsvorteil Risikomanagement, Berlin, 2007, S. 21–37

Erben, R. F.
Fuzzy-Logic-basiertes Risikomanagement: Anwendungsmöglichkeiten der Theorie unscharfer Mengen im Rahmen des Risikomanagements von Industriebetrieben unter besonderer Berücksichtigung der Beurteilung von Länderisiken, Aachen, 2000

Erdenberger, C.
Risikomanagement. Möglichkeit einer pragmatischen Umsetzung in mittelständischen Unternehmen, in: Controller Magazin, Band 26, 2001, Heft 1, S. 13–17

Ernst, C. / Seibert, U. / Stuckert, F.
KonTraG / KapAEG / StückAG / EuroEG, Düsseldorf, 1998

Eversheim, W. / Bochtler, W / Laufenberg, L.
Simultaneous Engineering. Erfahrungen aus der Industrie für die Industrie, Berlin, 1995

Eversheim, W. / Schäfer, F.-W.
Planung des Flexibilitätsbedarfs von Industrieunternehmen, in: DBW 40 (1989) 2, S. 229–248

Fahn, E.
Die Beschaffungsentscheidung, München, 1972

Faisst, B. H.
Wettbewerbsvorteil Risikomanagement im Mittelstand, in: Controller Magazin, Band 25, 2000, Heft 6, S. 542–545

Falkinger, A.
Risikomanagement im strategischen Fit, Frankfurt / Main, 2007

Farny, D.
Grundfragen des Risk Management, in: Risk Management – Strategien zur Risikobeherrschung: Bericht von der 5. Kölner BfuP-Tagung am 5. und 6. Oktober 1978 in Leverkusen, GEBERA-Schriften, Band 5, Köln, 1979, S. 11–37

Farny, D.
Risk Management und Planung, in: Szyperski, N. (Hrsg.): Handwörterbuch der Planung, Stuttgart, 1989, Sp. 1.749–1.758

Farny, D.
Risikomanagement in der Produktion, in: Kern, W. et al. (Hrsg.): Handwörterbuch der Produktionswirtschaft, 2. Aufl., Stuttgart, 1996, Sp. 1.798–1.806

Farny, D.
Versicherungsbetriebslehre, 3. Aufl., Karlsruhe, 2000

Fasse, F.-W.
Risk-Management im strategischen internationalen Marketing, Hamburg, 1995

Feige, A. / Crooker, R.
Die Erfolgsfaktoren im Produktentstehungsprozeß des 21. Jahrhunderts: Innovation and Engineering Execution, in: Wolters, H. et al. (Hrsg.): Die Zukunft der Automobilindustrie: Herausforderungen und Lösungsansätze für das 21. Jahrhundert, Wiesbaden, 1999, S. 41–59

Felten, S.
Unternehmenskultur: Zur Kluft zwischen postulierter Unternehmensphilosophie und gelebter Wirklichkeit, in: Papmehl / Walsh (Hrsg.): Personalentwicklung im Wandel, Wiesbaden, 1991, S. 205–215

Fieten, R.
Materialwirtschaft als Managementaufgabe, in: Beschaffung aktuell, Nr. 10, 1979, S. 18–27

Fieten, R.
Beschaffung. Wege aus der operativen Problemverengung?, in: Die Betriebswirtschaft 50, 1990, Nr. 3, S. 375–391

Fieten, R.
Erfolgsstrategien für Zulieferer: Von der Abhängigkeit zur Partnerschaft, Automobil- und Kommunikationsindustrie, Wiesbaden, 1991

Fieten, R.
Kopieren wäre zu einfach, in: Beschaffung aktuell, Nr. 3, 1992, S. 58–63

Fikar, M.
Risikomanagement im Marketing. Der Risikomanagementprozess unter besonderer Berücksichtigung der Risikoidentifikation, Frankfurt / Main, 2003

Fink, A. / Schlake, O. / Siebe, A.
Wie Sie mit Szenarien die Zukunft vorausdenken, in: Harvard Business Manager, Band 22, 2000, Heft 2, S. 34–36, 38–40, 42–47

Fischer, E.
Die Wettbewerbsfähigkeit wird vom Einkauf bestimmt, in: Beschaffung aktuell, Nr. 8, 1989, S. 20–23

Fisher, R. / Ury W. / Patton, B.
Getting to Yes: Negotiating Agreement without Giving in, 2. Aufl., New York et al., 1991

Flik, M. / Kampf, H. / Kern, J. / Thumm, A.
Lean Development bei einem europäischen Automobilzulieferer, Schriftenreihe zur Behr-Technologie, Stuttgart, 1993

Flörecke, K.-D.
Mittelständler haben schwer zu kämpfen, in: Automobilwoche, Ausgabe 3, 26.01.2009, S. 14

Flörecke, K.-D. / Krogh, H. / Krust, M.
Die Insolvenz-Welle rollt an, in: Automobilwoche, Ausgabe 26, 15.12.2008, S. 1

Foscht, T.
Interaktive Medien in der Kommunikation: Verhaltenswissenschaftliche und systemtheoretische Analyse der Wirkung neuer Medien, Wiesbaden, 1998

Franey, J.
OEMs say help is on the way, in: Automotive News Europe, March 3, 2008, Vol. 13, No. 5, S. 1 f.

Fraunhofer-Institut / IML / Mercer
Die neue Arbeitsteilung in der Automobilindustrie, Studie von Fraunhofer-Institut und IML sowie Mercer (Studie), Pressemitteilung, München, 15.12.2003

Frazier G. L. / Spekman, R. E. / O'Neal, C. R.
Just-in-time exchange relationships in industrial markets, in: Journal of Marketing, 52. Jg., Nr. 4, Oktober 1988, S. 52–67

Freeman, V. / Cavinato, J.
Fitting Purchasing to the Strategic Firm: Framework, Processes and Values, in: Journal of Purchasing and Materials Management, 26. Jg., Winter 1990, S. 6–10

Freidank, C.C.
Die Risiken in Produktion, Logistik und Forschung und Entwicklung, in: Dörner, D. / Horváth, P. / Kagermann, H. (Hrsg.): Praxis des Risikomanagements: Grundlagen, Kategorien, branchenspezifische und strukturelle Aspekte, Stuttgart, 2000, S. 345–378

Freiling, J.
Die Abhängigkeit der Zulieferer: Ein strategisches Problem, Wiesbaden, 1995

Frey, B. S.
Macht: Eine ökonomische Analyse, in: Ramser, H.J., Riese, H. (Hrsg.): Beiträge zur angewandten Wirtschaftsforschung, Berlin, 1989, S. 39–57

Friedmann, O.
Target Costing in der Produktentwicklung am Beispiel eines Automobilzulieferers, Frankfurt / Main, 1997

Fürer, G.
Risk-Management im internationalen Bankgeschäft, Bern, Stuttgart, 1990

Fuhrmann, K. W.
Fertigungs- und Materialwirtschaft: Strukturen – Schwachstellen – Rationalisierungsansätze, Berlin, Köln, 1983

Gälweiler, A.
Strategische Unternehmensplanung, in: Steinmann, H. (Hrsg.): Planung und Kontrolle, München, 1981, S. 84–101

Gälweiler, A.
Strategische Unternehmensführung, 2. Aufl., Frankfurt / Main, New York, 1990

Gaski, J. F.
The Theory of Power and Conflict in Channels of Distribution, in: Journal of Marketing, Vol. 48, Summer 1984, S. 9–29

Gehringer, J. / Michel, W. J.
Power Assessment, Düsseldorf / Berlin, 2000

Geider, C. H.
Beschaffungsverhalten in der industriellen Unternehmung, Köln, 1986

Gentner, A.
Entwurf eines Kennzahlensystems zur Effektivitäts- und Effizienzsteigerung von Entwicklungsprojekten, München, 1994

Gerwin, D.
Manufacturing Flexibility: A Strategic Perspective, in: Management Science, Vol. 39, No. 4, April 1993, S. 395–410

Gietl, G. / Lobinger, W.
Risikomanagement für Geschäftsprozesse. Leitfaden zur Einführung eines Risikomanagementsystems, o. O., 2006

Ghingold, M. / Wilson, D. T.
Buying center research and business marketing practice: meeting the challenge of dynamic marketing, in: Journal of Business & Industrial Marketing, 13. Jg., Nr. 2, 1998, S. 96–108

Gleißner, W.
Risikopolitik und Strategische Unternehmensführung, in: Der Betrieb, Heft 33, 2000, S. 1.625–1.629

Gleißner, W.
Analyse und Bewältigung strategischer Risiken, in: Kaiser, T. (Hrsg.): Wettbewerbsvorteil Risikomanagement, Berlin, 2007, S. 65–95

Gleißner, W. / Romeike, F.
Risikomanagement – Umsetzung, Werkzeuge, Risikobewertung, München, 2005

Goeudevert, D.
Die Rolle der Zulieferindustrie angesichts der weltweiten Wettbewerbsverschärfung, in: Mendius, H. G. / Wendeling-Schröder, U. (Hrsg.): Zulieferer im Netz – Zwischen Abhängigkeit und Partnerschaft: Neustrukturierung der Logistik am Beispiel der Automobilzulieferung, Köln, 1991, S. 99–110

Götze, U. / Glaser, K. / Hinkel, D.
Risikocontrolling aus funktionaler Perspektive – Konzeptionsspezifische Darstellung des Aufgabenspektrums, in: Götze, U. / Henselmann, K. / Mikus, B. (Hrsg.): Risikomanagement, Heidelberg, 2001, S. 95–126

Götze, U. / Mikus, B.
Risikomanagement mit Instrumenten der strategischen Unternehmensführung, in: Götze, U. / Henselmann, K. / Mikus, B. (Hrsg.): Risikomanagement, Heidelberg, 2001, S. 385–412

Götze, U. / Mikus, B.
Entscheidungsmodell als Instrumente des Risikomanagement, in: Götze, U. / Henselmann, K. / Mikus, B. (Hrsg.): Risikomanagement, Heidelberg, 2001, S. 443–474

Götze, U. / Mikus, B.
Der Prozess des Risikomanagements in Supply Chains, in: Vahrenkamp, R. / Siepermann, C. (Hrsg.): Risikomanagement in Supply Chains, 2007, S. 29–58

Gottwald, R.
Entscheidung unter Unsicherheit, Informationsdefizite und unklare Präferenzen, Wiesbaden, 1990

Graf, T.
Risikomanagement in einem internationalen Maschinen- und Anlagenbaukonzern, in: Hölscher, R. / Elfgen, R. (Hrsg.): Herausforderung Risikomanagement: Identifikation, Bewertung und Steuerung industrieller Risiken, Wiesbaden, 2002, S. 143–155

Gregory, R. E.
Source Selection: A Matrix Approach, in: Journal of Purchasing and Materials Management, Vol. 22, No. 2, Summer 1986,
S. 24–29

Grochla, E.
Der Weg zu einer umfassenden betriebswirtschaftlichen Beschaffungslehre, in: Die Betriebswirtschaft, 37. Jg., Nr. 2, 1977, S. 181–191

Grochla, E.
Grundlagen der Materialwirtschaft, 3. Aufl., Wiesbaden, 1978

Grochla, E.
Beschaffungsstrategie und Beschaffungspolitik als aktuelle Herausforderung an die Unternehmensführung, in: Grochla, E. / Wunderlich, D. / Fieten, R. (Hrsg.): Erfolgreiche Beschaffung: Ein aktuelles Problem der Unternehmensführung, Düsseldorf, 1981, S. 2–16

Grochla, E. / Kubicek, H.
Zur Zweckmäßigkeit und Möglichkeit einer umfassenden betriebswirtschaftlichen Beschaffungslehre, in: ZfbF, 28. Jg., 1976, S. 257–275

Grochla, E. / Lehmann, H.
Systemtheorie und Organisation, in: Grochla, E. (Hrsg.): Handwörterbuch der Organisation, 2. Aufl., Stuttgart, 1980,
Sp. 2.204–2.216

Grochla, E. / Schönbohm, P.
Beschaffung in der Unternehmung, Stuttgart, 1980

Groher, E. J.
Gestaltung der Integration von Lieferanten in den Produktentstehungsprozess, München, 2003

Groll, M.
Koordination im Supply Chain Management – Die Rolle von Macht und Vertrauen, Wiesbaden, 2004

Gromer, S.
Auswirkungen der globalen Marktveränderungen auf die Unternehmensgrößenstruktur in der Automobilzulieferindustrie, Frankfurt / Main, 1999

Gruhler, W.
Wirtschaftsfaktor Mittelstand, Köln, 1984

Grünig, R. N.
Risiko-Management in einem vernetzten Ansatz bei mittelgrossen Unternehmungen: Grundlagen, Methode und praktische Umsetzung, St. Gallen, 1996

Gundlach, G. / Cadotte, E. R.
Exchange Interdependence and Interfirm Interaction: Research in a Simulated Channel Setting, in: Journal of Marketing Research, Vol. 31, November 1994, S. 516–532

Gundlach, G. / Murphy, P.
Ethical and Legal Foundations of Relational Marketing Exchanges, in: Journal of Marketing, 57, October, 1993, S. 35–46

Gutenberg, E.
Einführung in die Betriebswirtschaftslehre, Wiesbaden, 1958

Gutmannsthal-Krizanits, H.
Risikomanagement von Anlagenprojekten: Analyse, Gestaltung und Controlling aus Contractor-Sicht, Wiesbaden, 1994

GVA
Broschüre des Gesamtverbandes Autoteile-Handel e. V. (Branchenverband des freien Kfz-Teilehandels und der Kfz-Teileindustrie in Deutschland), Ratingen 2002

Haas, C.
Unsicherheit und Risiko in der Preisbildung, Köln, Berlin, Bonn, München, 1965

Haberfellner, R.
Die Unternehmung als dynamisches System – Der Prozesscharakter der Unternehmensaktivitäten, 2. Aufl. Zürich, 1975

Hacker, W.
Funktionalstrategieformation, Lohmar, Köln, 2007

Hänggi, R.
Risikomanagement und Simultaneous Engineering, Wil, 1996

Härtel, H.-H. / Jungnickel, R. et al.
Grenzüberschreitende Produktion und Strukturwandel – Globalisierung der deutschen Wirtschaft, Baden-Baden, 1996

Härterich, S.
Risk Management von industriellen Produktions- und Produktrisiken, Karlsruhe, 1987

Hahn, D.
Planung und Kontrolle: Planungs- und Kontrollsysteme, Planungs- und Kontrollrechnung, Controlling-Konzepte, 5. Aufl., Wiesbaden, 1996

Hahn, D.
Strategische Unternehmensführung – Grundkonzept, in: Hahn, D. / Taylor, B. (Hrsg.): Strategische Unternehmensplanung – Strategische Unternehmensführung, 7. Aufl., Heidelberg, 1997, S. 28–50

Hahn, D.
Zweck und Entwicklung der Portfolio-Konzepte in der strategischen Unternehmensplanung, in: Hahn, D. / Taylor, B. (Hrsg.): Strategische Unternehmensplanung – Strategische Unternehmensführung, 7. Aufl., Heidelberg, 1997, S. 372–406

Hahn, D.
Strategische Planung und Mitbestimmung, in: Hahn, D. / Taylor, B. (Hrsg.): Strategische Unternehmensplanung – Strategische Unternehmensführung, 7. Aufl., Heidelberg, 1997, S. 738–761

Hahn, D.
Strategische Kontrolle, in: Hahn, D. / Taylor, B. (Hrsg.): Strategische Unternehmensplanung – Strategische Unternehmensführung, 7. Aufl., Heidelberg, 1997, S. 850–863

Hahn, D. / Bleicher, K.
Organisationsplanung als Gegenstand der strategischen Planung, in: Hahn, D. / Taylor, B. (Hrsg.): Strategische Unternehmensplanung – Strategische Unternehmensführung, 7. Aufl., Heidelberg, 1997, S. 545–560

Hahn, D. / Krystek, U.
Früherkennungssysteme und KonTraG, in: Dörner, D. / Horváth, P. / Kagermann, H. (Hrsg.): Praxis des Risikomanagements: Grundlagen, Kategorien, branchenspezifische und strukturelle Aspekte, Stuttgart, 2000, S. 71–97

Haindl, A.
Risk Management von Lieferrisiken, Karlsruhe, 1996

Hall, W. K.
Why Risk Analysis isn't working, in: LRP, Vol. 8, 1975, S. 25–29

Haller, M.
Sicherheit durch Versicherung?, Bern, Frankfurt / Main, 1975

Haller, M.
Risiko-Management: neues Element in der Führung, in: io Management Zeitschrift, 47. Jg., Nr. 11, 1978, S. 483–487

Haller, M.
Risiko-Management – Eckpunkte eines integrierten Konzepts, in: Jacob, H. (Hrsg.): Schriften zur Unternehmensführung: Risiko-Management, Wiesbaden, 1986, S. 7–43

Haller, M. / Ackermann, W.
Versicherungswirtschaft – kundenorientiert, Zürich, 1992

Hamel, G. / Heene, A.
Competence Based Competition, Wiley, New York, 1994

Hamer, E.
Zulieferdiskriminierung, Minden, 1988

Hammann, P. / Lohrberg, W.
Beschaffungsmarketing, Stuttgart, 1986

Hammer, M. / Champy, J.
Business Reengineering, Frankfurt / Main, 1994

Hammes, M.
Die Gestaltung der Leistungstiefe im Spannungsfeld von Unternehmenskonzentration und staatlicher Wettbewerbspolitik, Aachen, 1994

Hanf, C. H.
Entscheidungslehre: Einführung in Informationsbeschaffung, Planung und Entscheidung unter Unsicherheit, München, Wien, 1986

Hanke, J.
Hybride Koordinationsstrukturen: Liefer- und Leistungsbeziehungen kleiner und mittlerer Unternehmen der Automobilzulieferindustrie aus transaktionskostentheoretischer Sicht, Köln, 1993

Hansen, U.
Absatz- und Beschaffungsmarketing, 2. Aufl., Göttingen, 1990

Harlander, N. / Platz, G.
Beschaffungsmarketing und Materialwirtschaft, 3. Aufl., Stuttgart, 1987

Hartmann, F.
Einsatzpotenziale des Electronic Procurement im Beschaffungsmanagement industrieller Großunternehmen, Hamburg, 2007

Hartmann, H.
Optimierung der Einkaufsorganisation: Wege zur Effizienzverbesserung im Einkauf, Gernsbach, 1996

Hauff, V.
Unsere gemeinsame Zukunft. Der Brundtland-Bericht der Weltkommission für Umwelt und Entwicklung, Greven, 1987

Hax, H. / Laux, H.
Flexible Planung – Verfahrensregeln und Entscheidungsmodell für die Planung bei Ungewißheit, in: ZfB, 24. Jg., 1972, S. 318–340

Heckel v. Donnersmarck, M. / Schatz, R.
Frühwarnsysteme, Fribourg, 1999

Heide, J. / John, G.
The Role of Dependence Balancing in Safeguarding Transaction-Specific Assets in Conventional Channels, in: Journal of Marketing, Vol. 52, January, 1988, S. 20–35

Heide, J. / John, G.
Alliances in Industrial Purchasing: The Determinants of Joint Action in Buyer-Supplier Relationships, in: Journal of Marketing Research, Vol. 27, 1990, S. 24–36

Heimbrock, K. J.
Kompetenzpartnermanagement: Beschaffung im dynamischen Unternehmen, Wiesbaden 2001

Heinen, E.
Einführung in die Betriebswirtschaftslehre, 9. Aufl., Wiesbaden, 1986

Hempfling-Wendelken, M.
Vertikale Beziehungsstrukturen in der deutschen Automobilindustrie: Theoretischer Aufbau von zwischenbetrieblichen Beziehungsmustern und empirische Ergebnisse zu Beurteilungsverfahren, Frankfurt / Main, 1997

Henderson, S.
Managing Business Risk, in: Nature Biotechnology, Band 19, 2001, Heft Supplement Bioentrepreneur, S. BE23–BE25

Henke, M.
Supply Risk Management – Planung, Steuerung und Überwachung von Supply Chains, Berlin, 2009

Henselmann, K.
Das KonTraG und seine Anforderungen an das Risikomanagement, in: Götze, U. / Henselmann, K. / Mikus, B. (Hrsg.): Risikomanagement, Heidelberg, 2001, S. 29–46

Hermann, D. C.
Strategisches Risikomanagement kleiner und mittlerer Unternehmen, 1. Aufl., Berlin, 1996

Hettmer, O.
Nachhaltige Automobilforschung: Konsequenzen für die betriebliche Forschung und Entwicklung aus den Anforderungen an ein „nachhaltiges" Automobil, 1. Aufl., Aachen, 1998

Heuer, M. F.
Kontrolle und Steuerung der Materialwirtschaft, Wiesbaden, 1988

Hielscher, U.
Das optimale Aktienportefeuille: Grundlagen der Kapitalanlagenplanung am Aktienmarkt, Frankfurt / Main, 1969

Hillmer, H.-J.
Planung der Unternehmensflexibilität, Frankfurt / Main, 1987

Hinterhuber, H. H.
Wettbewerbsstrategie, Berlin, New York, 1982

Hinterhuber, H. H.
Strategische Unternehmensführung I – Strategisches Denken, 5. Aufl., Berlin, New York, 1992

Hinterhuber, H. H.
Strategische Unternehmensführung II – Strategisches Handeln, 5. Aufl., Berlin, New York, 1992

Hinterhuber, H. H.
Maßstäbe für die Unternehmer und Führungskräfte von morgen, in: Hinterhuber, H. H. / Al-Ani, A. / Handlbauer, G. (Hrsg.): Das Neue Strategische Management, Wiesbaden, 1996, S. 33–60

Hoffmann, K.
Risk Management – Neue Wege der betrieblichen Risikopolitik, Karlsruhe, 1985

Hohnvorst von, G.
Anforderungen an das Risikomanagement nach dem KonTraG, in: Hölscher, R. / Elfgen, R. (Hrsg.): Herausforderung Risikomanagement: Identifikation, Bewertung und Steuerung industrieller Risiken, Wiesbaden, 2002, S. 91–108

Holm, K.
Zum Begriff der Macht, in: Kölner Zeitschrift für Soziologie und Sozialpsychologie, 21. Jg., 1969, S. 269–288

Holst, J.
Risikomanagement im Lichte des KonTraG, Göttingen, 1998

Homburg, C.
Bestimmung der optimalen Lieferantenzahl für Beschaffungsobjekte: Konzeptionelle Überlegungen und empirische Befunde, in: Hahn, D. / Kaufmann, L. (Hrsg.): Handbuch Industrielles Beschaffungsmanagement, Wiesbaden, 1999, S. 149–167

Holzapfel, H. / Traube, K. / Ullrich, O.
Autoverkehr 2000, Karlsruhe 1985

Homann, K.
Unternehmensethik und Korruption, in: Zeitschrift für betriebswirtschaftliche Forschung 49, Nr. 3, 1997, S. 187–209

Homburg, C.
Kundennähe von Industriegüterunternehmen: Konzeption – Erfolgsauswirkungen – Determinanten, Wiesbaden, 1995

Hommelhoff, P. / Mattheus, D.
Risikomanagement im Konzern – ein Problemaufriss, in: Betriebswirtschaftliche Forschung und Praxis, Band 52, 2000, Heft 3, S. 217–230

Hornung, K. / Reichmann, T. / Diederichs, M.
Risikomanagement. Teil I: Konzeptionelle Ansätze zur pragmatischen Realisierung gesetzlicher Anforderungen, in: Controlling, 11. Jg., 1999, Heft 7, S. 317–325

Hornung, K. / Reichmann, T. / Form, S.
Risikomanagement. Teil II: Wertorientierung und KonTraG als Determinanten des Risikomanagement der Metallgesellschaft AG, in: Controlling, 12. Jg., 2000, Heft 3, S. 153–161

Horváth, P.
Controlling, 8. Aufl., München, 2001

Horváth, P. / Gleich, R.
Controlling als Teil des Risikomanagements, in: Dörner, D. / Horváth, P. / Kagermann, H. (Hrsg.): Praxis des Risikomanagements: Grundlagen, Kategorien, branchenspezifische und strukturelle Aspekte, Stuttgart, 2000, S. 99–126

Hucht, A. / Mühle, M.
Just-in-sequence-Logistik für die Automobilindustrie, in: Automobil Zulieferer, Branchenreport 2002, 09/02, S. 106

Hülsmann, M.
Das Dilemma mit dem Dilemma-Management, in: Müller-Christ, G. / Hülsmann, M. (Hrsg.): Modernisierung des Managements, Wiesbaden, 2004, S. 139–177

HypoVereinsbank / Mercer
Die HypoVereinsbank / Mercer-Studie: Automobiltechnologie 2010 – Technologische Veränderungen im Automobil und ihre Konsequenzen für Hersteller, Zulieferer und Ausrüster, München, 2001

IFA

Weltautomobilindustrie: Zahl der weltweit tätigen Automobilhersteller wir zunehmen, Institut für Automobilwirtschaft (IFA), Presseinformation, Geislingen/Steige, den 22. August 2007

Imboden, C.
Risikohandhabung: Ein entscheidungsbezogenes Verfahren, Bern, Stuttgart, 1983

Iyer, G. R.
Strategic decision making in industrial procurement: implications for buying decision approaches and buyer-seller relationships, in: Journal of Business & Industrial Marketing, 11. Jg., Nr. 3/4, 1996, S. 90–93

Jacob, H.
Flexibilitätsüberlegungen in der Investitionsrechnungen, in: ZfB, 37. Jg., 1967, S. 1–34

Jakob, H.
Unsicherheit und Flexibilität – Zur Theorie der Planung und Unsicherheit, Erster Teil, in: ZfB, 44. Jg., 1974, S. 299–326

Jakob, H.
Unsicherheit und Flexibilität – Zur Theorie der Planung und Unsicherheit, Zweiter Teil, in: ZfB, 44. Jg., 1974, S. 403–448

Jakob, H.
Unsicherheit und Flexibilität – Zur Theorie der Planung und Unsicherheit, Dritter Teil, in: ZfB, 44. Jg., 1974, S. 505–526

Jakobs, D.
Dependency and Vulnerability: An Exchange Approach to the Control of Organizations, in: Administrative Science Quaterly, Vol. 19, March 1974, S. 45–59

Jahns, C. / Middendorff, A. / Schober, H.
Neupositionierung des Einkaufs im Unternehmen. Der Integrierte St. Gallener Beschaffungsmanagementansatz, in: Beschaffung aktuell 2001, Nr. 2, S. 38–43

Jahns, C.
Supply Management – Neue Perspektiven eines Managementansatzes für Einkauf und Supply, St. Gallen und Sternenfels, 2005

Janssen, H.
Flexibilitätsmanagement: Theoretische Fundierung und Gestaltungsmöglichkeiten in strategische Perspektive, Stuttgart, 1997

Jirasek, J.
Das Unternehmen: ein kybernetisches System, 2. Aufl., Berlin, 1977

Kaas, K.
Marketing zwischen Markt und Hierarchie, in: Kaas, K. (Hrsg.), Kontrakte, Geschäftsbeziehungen, Netzwerke – Marketing und neue Institutionenökonomik, Zeitschrift für betriebswirtschaftliche Forschung, Sonderheft Nr. 35, 1995

Kajüter, P.
Risikomanagement in der Supply Chain: Ökonomische, regulatorische und konzeptionelle Grundlagen, in: Vahrenkamp, R. / Siepermann, C. (Hrsg.): Risikomanagement in Supply Chains, 2007, S. 13–27

Kaplan, R. S. / Norton D. P.
Using the Balanced Scorecard as a Strategic Management System, in: Harvard Business Review, 74. Jg., Nr. 1, 1996, S. 75–85

Karten, W.
Risk Management, in: Wittmann, W. (Hrsg.): Handwörterbuch der Betriebswirtschaft, Stuttgart, 1993, Sp. 3.825–3.836

Kast, F. E. / Rosenzweig, J. E.
Contingency Views of Organization ad Management, Chicago, 1973

Katzmarzyk, J.
Einkaufs-Controlling in der Industrie, Frankfurt / Main, 1988

Kaufmann, L.
Purchasing and Supply Management – A Conceptual Framework, in: Hahn, D. / Kaufmann, L. (Hrsg.): Handbuch Industrielles Beschaffungsmanagement, Wiesbaden, 1999, S. 3–32

Kaufmann, L.
Internationales Beschaffungsmanagement: Gestaltung strategischer Gesamtsysteme und Management einzelner Transaktionen, Wiesbaden, 2001

Kayser, G.
Basel II – Mittelstand vor neuen Herausforderungen, Institut für Mittelstandsforschung, Frankfurt / Main, 2001

Keough, M.
Buying your way to the top, in: The McKinsey Quarterly, 3/93, S. 41–62

Kieser, A. / Kubicek, H.
Organisation, 3. Aufl., Berlin, New York, 1992

Kirchner, M.
Risikomanagement – Problemaufriss und praktische Erfahrungen unter Einbeziehung eines sich ändernden unternehmerischen Umfeldes, München, Mering, 2002

Kirsch, W.
Die Koordination von Entscheidungen in Organisationen, in: ZfbF 23, 1971, S. 61–82

Kirsch, W.
Unternehmenspolitik und strategische Unternehmensführung, München, 1990

Kless, T.
Beherrschung der Unternehmensrisiken: Aufgaben und Prozesse des Risikomanagements, in: DStR, 1998, Heft 3, S. 93–96

Knafl, H.
Die Konzentration auf Kernkompetenzen in Unternehmen als Faktor für erfolgreichen Wettbewerb, Graz, 1995

Knight, F. H.
Risk, Uncertainty and Profit, Boston et al. 1921, 9. Wiederabdruck, New York, 1964

Koch, H.
Wirtschaftsunruhe und Unternehmensplanung, in: ZfBF 28, 1976, S. 330–341

Koch, H.
Sicherungsmaßnahmen in der Produktion, in: Kern, W. et al. (Hrsg.): Handwörterbuch der Produktionswirtschaft, Stuttgart, 1979, Sp. 1.839–1.851

Koch, H.
Techniken zur Handhabung von Unsicherheit, in: Szyperski, N. (Hrsg.): Handwörterbuch der Planung, Stuttgart, 1989, Sp. 2.060–2.073

Koch, H.
Sicherheit und Risiko im Unternehmen als ethische Verpflichtung, in: Adams, H. W. (Hrsg.): Unternehmerisches Risikomanagement: Bessere Organisation – Mehr Sicherheit, Köln, 1992, S. 169–180

Koch, H. / Barth, G.
Cyber-Benz AG, in: Manager Magazin, 25, Nr. 11, 1995, S. 284–289

Ködel, W.
Risikoorientierte Abschlußprüfung: Integration in das Risiko-Management von Prüfungsunternehmen, Wiesbaden, 1997

Köhler, H.
Wettbewerbsbeschränkungen durch Nachfrager: Eine Untersuchung zu den kartellrechtlichen Grenzen der Kooperation im Einkauf, München, 1977

Köhler, R.
Planungstechniken, Einsatzbedingungen, in: Szyperski, N. (Hrsg.): Handwörterbuch der Planung, Stuttgart, 1989, Sp. 1.528–1.541

Kolks, U.
Strategieimplementierung, Wiesbaden, 1990

Kollerer, H.
Die betriebswirtschaftliche Problematik von Betriebsunterbrechungen, Berlin, 1978

Koontz, H. / O'Donnell, C.
Principles of Management – An Analysis of Managerial Functions, 4. Aufl., New York et al., 1968

Koppelmann, U.
Zur Risikominderung im Beschaffungsbereich, in: Kresse, W. / Alt, W. (Hrsg.): Jahrbuch für Betriebswirte 1982, Stuttgart, 1982, S. 173–180

Koppelmann, U.
Beschaffungsmarktforschung – ein prozessuales Konzept, in: Theuer, G. / Schiebel, W. / Schäfer, R. (Hrsg.): Beschaffung – ein Schwerpunkt der Unternehmensführung, Landsberg / Lech, 1986, S. 149–171

Koppelmann, U.
Beschaffung in der BWL, in: Beschaffung aktuell, Nr. 5, 1992, S. 100 ff.

Koppelmann, U.
Beschaffung als Forschungs- und Lehrzweig, in: Hahn, D. / Kaufmann, L. (Hrsg.): Handbuch Industrielles Beschaffungsmanagement, Wiesbaden, 1999, S. 725–738

Koppelmann, U.
Beschaffungsmarketing, 3. Aufl., Berlin, 2000

Koppelmann, U. / Glantschnig, E.
Prozeßorientierter Einkauf und Logistik – einführende Gedanken, in: Koppelmann, U. / Lumbe, H.-J. (Hrsg.): Prozeßorientierte Beschaffung, Stuttgart, 1994, S. 1–8

Kosiol, E.
Organisation der Unternehmung, Wiesbaden, 1962

Kosiol, E.
Die Unternehmung als wirtschaftliches Aktionszentrum: Einführung in die Betriebswirtschaftslehre, Reinbek, 1974

KPMG Deutsche Treuhand-Gesellschaft (Hrsg.)
Integriertes Risikomanagement, Berlin, 1998

Kraljic, P.
Neue Wege im Beschaffungsmarketing, in: Manager Magazin, 7. Jg., Nr. 11, 1977, S. 72–80

Kraljic, P.
Gedanken zur Entwicklung einer zukunftsorientierten Beschaffungs- und Versorgungsstrategie, in: Theuer, G. / Schiebel, W. / Schäfer, R. (Hrsg.): Beschaffung – ein Schwerpunkt der Unternehmensführung, Landsberg / Lech, 1986, S. 72–93

Kraljic, P.
Zukunftsorientierte Beschaffungs- und Versorgungsstrategie als Element der Unternehmensstrategie, in: Henzler, H. A. (Hrsg.): Handbuch Strategische Führung, Wiesbaden, 1988, S. 477–498

Krampf, P.
Strategisches Beschaffungsmanagement in industriellen Großunternehmen: ein hierarchisches Konzept am Beispiel der Automobilindustrie, Lohmar, Köln, 2000

Kratzheller, J. B.
Risiko und Risk Management aus organisationswissenschaftlicher Perspektive, Wiesbaden, 1997

Kreikebaum, H.
Strategische Unternehmensplanung, 6. Aufl., Stuttgart et al., 1997

Kremers, M.
Risikoübernahme in Industrieunternehmen: der Value-at-Risk als Steuerungsgröße für das industrielle Risikomanagement, dargestellt am Beispiel des Investitionsrisikos, Sternenfels, 2002

Krix, P.
Dinosaurier der Neuzeit, in: Automobilwoche, Ausgabe 26, 15.12.2008, S. 26

Kröger, M.
Autokrise zwingt die Zulieferer in die Knie, in: www.spiegel.de, Ressort Wirtschaft, 13.12.2008,

Krogh, H.
Flexibel durch die Krise, in: Automobilwoche, Ausgabe 3, 26.01.2009, S. 9

Kromschröder, B.
Risk Management im Just-In-Time Konzept, in: Wildemann, H. (Hrsg.): Just in Time. Produktion + Zulieferung, München, 1988, S. 243–272

Krottmaier, J.
Leitfaden Simultaneous Engineering, Berlin, 1995

Krust, M.
„Industrie muss Kosten radikal senken“, in: Automobilwoche, Ausgabe 4, 09.02.2009, S. 3

Krystek, U.
Unternehmungskrisen: Beschreibung, Vermeidung und Bewältigung überlebenskritischer Prozesse in Unternehmungen, Wiesbaden, 1987

Krystek, U.
Frühaufklärung im Rahmen des Risikomanagements von Supply Chains, in: Vahrenkamp, R. / Siepermann, C. (Hrsg.): Risikomanagement in Supply Chains, 2007, S. 355–364

Krystek, U. / Müller, M.
Frühaufklärungssysteme: Spezielle Informationssysteme zur Erfüllung der Risikokontrollpflicht nach KonTraG, in: Controlling, 04/05 1999, S. 177–183

Kubicek, H. / Thom, N.
Betriebliches Umsystem, in: Grochla, E. / Wittmann, W. (Hrsg.): Handwörterbuch der Betriebswirtschaft, 4. Aufl., Stuttgart, 1976, Sp. 3.977–4.017

Küpper, H.-U.
Konzeption des Controlling aus betriebswirtschaftlicher Sicht, in: Scheer, A.-W. (Hrsg.): Rechnungswesen und EDV, 8. Saarbrücker Arbeitstagung, Heidelberg, 1987, S. 82–116

Küpper, H.-U.
Controlling: Konzepte, Aufgaben und Instrumente, 2. Aufl., Stuttgart, 1997

Kupsch, P. U.
Das Risikomanagement im Entscheidungsprozess, Wiesbaden, 1973

Kupsch, P. U.
Risikomanagement, in: Corsten, H. / Reiß, M. (Hrsg.): Handbuch Unternehmensführung: Konzepte – Instrumente – Schnittstellen, Wiesbaden, 1995, S. 529–543

Landmann, R. H.
Mitten in einer Revolution – Herausforderungen und Lösungsansätze für den Automobilvertrieb der Zukunft, in: Wolters / Landmann et al. (Hrsg.): Die Zukunft der Automobilindustrie – Herausforderungen und Lösungsansätze für das 21. Jahrhundert, Wiesbaden, 1999, S. 75–97

Landeros, R. / Reck, R. / Plank, R. E.
Maintaining buyer-supplier partnerships, in: International Journal of Purchasing and Materials Management, 31. Jg., Nr. 3, Sommer 1995, S. 3–11

Large, R.
Strategisches Beschaffungsmanagement: Eine praxisorientierte Einführung, Wiesbaden, 1999

Laux, H.
Entscheidungstheorie, 4. Aufl., Berlin, Heidelberg, New York, u. a., 1998

Leciejewski, K. D.
Risiken früh erkennen – den Wert des Unternehmens steigern, in: Harvard Business Manager, Heft 4, 1999, S. 63–74

Leenders, M. R. / Fearon, H. E. / England, W. B.
Purchasing and Materials Management, 9. Aufl., Homewood/Ill. et al., 1989

Lehmann, H.
Organisationstheorie, systemtheoretisch-kybernetisch orientierte, in: Frese, E. (Hrsg.): Handwörterbuch der Organisation, 3. Aufl., Stuttgart, 1992, Sp. 1.938–1.853

Lehner, U. / Schmidt, M.
Risikomanagement im Industrieunternehmen, in: Betriebswirtschaftliche Forschung und Praxis (BFuP), Heft 3, 2000, S. 261–289

Lensing, M. / Sonnemann, K.
Materialwirtschaft und Einkauf, Wiesbaden, 1995

Lincoln, J. R. / Ahmadjian, C. L. / Mason, E.
Organizational Learning and Purchase-Supply Relations in Japan: Hitachi, Matsushita and Toyota compared, in: California Management Review, 40. Jg., Nr. 3, 1998, S. 241–264

Lindner, T.
Strategische Entscheidungen im Beschaffungsbereich, München, 1983

Link, J.
Organisation der Strategischen Planung: Aufbau und Bedeutung strategischer Geschäftseinheiten sowie strategischer Planungsorgane, Heidelberg, Wien, 1985

Link, P.
Risikomanagement in Kooperationsprojekten. Partnerschaftliche Innovationsvorhaben verlangen nach neuartigen Lösungsansätzen, in: io Managment Zeitschrift, Band 68, 1999, Heft 12, S. 42–45

Link, P.
Prozess der Risikoteilung in Innovationskooperationen. Voraussetzungen, Zuordnungsprinzipien und Prozessschritte, in: io Management Zeitschrift, Band 70, 2001, Heft 3, S. 45–50

Lischke, T. / Kirner, H.
Einführung und Organisation eines Risikomanagement-Systems, in: Controller Magazin, Heft 1, 2000, S. 44–51

Litterer, J. A.
The Analysis of Organizations, 2. Ed., New York, London, Sydney, 1973

Locker, A. / Röösli, U.
Risikomanagement in der Beschaffung, in: Gassmann, O. / Kobe, C. (Hrsg.): Management von Innovation und Risiko – Quantensprünge in der Entwicklung erfolgreich managen, 2. Aufl., 2006, S. 455–468

Lorenzoni, G. / Lipparini, A.
The leveraging of interfirm relationships as distinctive organizational capability: a longitudinal study, in: Strategic Management Journal, 20. Jg., Nr. 4, April 1999, S. 317–338

Lück, W.
Der Umgang mit unternehmerischen Risiken durch ein Risikomanagementsystem und durch ein Überwachungssystem, in: Der Betrieb, Heft 39, 1998, S. 1.925–1.930

Lück, W.
Elemente eines Risiko-Managementsystems, in: Der Betrieb, Heft 1-2, 1998, S. 8–13

Lück, W.
Managementrisiken, in: Dörner, D. / Horváth, P. / Kagermann, H. (Hrsg.): Praxis des Risikomanagements: Grundlagen, Kategorien, branchenspezifische und strukturelle Aspekte, Stuttgart, 2000, S. 311–343

Lück, W.
Managementrisiken im Risikomanagementsystem, in: Der Betrieb, Heft 30, 2000, S. 1.473–1.477

Lücke, W.
Investitionslexikon, 2. Aufl., München, 1991

Lührig, T.
Risikomanagement in der Produktentwicklung der deutschen Automobilindustrie. Von der Konzeptentwicklung bis zum Produktionsanlauf, Aachen, 2006

Luhmann, N.
Beruhigung im Kleinformat?, in: Innovatio, 2/1992, S. 64–69

Macharzina, K.
Unternehmensführung: das internationale Managementwissen: Konzepte, Methoden, Praxis, 2. Aufl., Wiesbaden, 1995

Mag, W.
Risiko und Ungewißheit, in: Albers, W. / Born, K. E. / Dürr, E. et al. (Hrsg.): Handwörterbuch der Wirtschaftswissenschaft, Band 6, Stuttgart 1981, S. 478–495

Mag, W.
Planung und Unsicherheit, in: Wittmann, W. / Kern, W. u. a. (Hrsg.): Handwörterbuch der Betriebswirtschaft, 5. Aufl., Stuttgart, 1993, Sp. 3.200–3.216

Mag, W.
Unternehmensplanung, München, 1995

Majer, H.
Mediations-basierte Runde Tische, in: Biesecker, A. / Grenzdörffer, K., Vocke, C. (Hrsg.): Neue institutionelle Arrangements für eine zeitgemäße Wohlfahrt, Pfaffenweiler, 1997, S. 125–142

Mast, W.
Pay on Production – Betreibermodelle, die neue Herausforderung für Zulieferer und Anlagenbauer, Automobilfachtagung 2003 – Einkauf

Matzenbacher, H.-J. et al.
Risiko-Management in der Beschaffung: Leitfaden für Unternehmen zur Beherrschung von Risiken im Beschaffungsprozess, BME-Leitfaden, Frankfurt / Main, 1999

Mayer, R. C. / Davis, J. H. / Schoorman, F. D.
An integrative model of organizational trust, in: Academy of Management Review, 20(3), 1995, S. 709–734

McGinnis, M. A. / Vallopra, R. M.
Purchasing and supplier involvement in process improvement: a source of competitve advantage, in: The Journal of Supply Chain Management, 35. Jg., Nr. 4, Herbst 1999, S. 42–50

Meffert, H.
Zum Problem der betriebswirtschaftlichen Flexibilität, in: ZfB, 21. Jg., 1969, S. 779–800

Meffert, H.
Systemtheorie aus betriebswirtschaftlicher Sicht, in: Schenk, K.-E. (Hrsg.): Systemanalyse in den Wirtschafts- und Sozialwissenschaften, Berlin, 1971, S. 174–206

Meffert, H.
Größere Flexibilität als Unternehmenskonzept, in: ZfB, 37. Jg., 1985, S. 121–137

Meffert, H.
Marketing, 7. Aufl., Wiesbaden, 1986

Meffert, H.
Erfolgreiches Marketing in der Rezession: Strategien und Maßnahmen in engeren Märkten, Wien, 1994

Meffert, H.
Marketing-Management: Analyse, Strategie, Implementierung, Wiesbaden, 1994

Meffert, H. / Kirchgeorg, M.
Marktorientiertes Umweltmanagement, 3. Aufl., Stuttgart, 1998

Mehr, R. I. / Hedges, B. A.
Risk Management in the Business Enterprise, Homewood, 1974

Meier, M. C.
Strategisches Material-Ressourcen-Management, Zürich, 1987

Meissner, H. G.
Strategisches Internationales Marketing, 2. Aufl., München, Wien, 1995

Meißner, H.-R.
Strukturveränderungen in der deutschen und europäischen Automobil- und Automobilzulieferindustrie, Studie Nr. 17 der Forschungsgemeinschaft für Außenwirtschaft, Struktur- und Technologiepolitik e. V., Berlin, 1992

Meißner, H.-R. / Kisker, K. P. / Bochum, U. / Assmann, J.
Die Teile und die Herrschaft – Die Reorganisation der Automobilproduktion und die Zulieferbeziehungen, Berlin, 1994

Melzer-Ridinger, R.
Risikomanagement als Aufgabe des Supply Chain Management – Risikoarten richtig gewichten – Teil 1, in: Beschaffung aktuell, Nr. 1, 2001, S. 45–46

Melzer-Ridinger, R.
Risikomanagement als Aufgabe des Supply Chain Management – Risikoarten richtig gewichten – Teil 2, in: Beschaffung aktuell, Nr. 2, 2001, S. 48–51

Melzer-Ridinger, R.
Risikomanagement als Aufgabe des Supply Chain Management – Bewältigung des Bedarfsrisikos – Teil 3, in: Beschaffung aktuell, Nr. 3, 2001, S. 54–56

Melzer-Ridinger, R.
Risikomanagement als Aufgabe des Supply Chain Management – Ausprägungen, Ursachen und Folgen des Qualitätsrisikos – Teil 4, in: Beschaffung aktuell, Nr. 4, 2001, S. 64–65

Melzer-Ridinger, R.
Kostenmanagement und Kosteneinfluss in der Beschaffung, in: Beschaffung aktuell, Nr. 2, 2002, S. 28–31

Mendius, H. G. / Wendeling-Schröder, U.
Im Netzwerk der Zuliefer-Abnehmer-Beziehungen in der Automobilindustrie, in: Mendius, H. G. / Wendeling-Schröder, U. (Hrsg.): Zulieferer im Netz – Zwischen Abhängigkeit und Partnerschaft: Neustrukturierung der Logistik am Beispiel der Automobilzulieferung, Köln, 1991, S. 11–32

Mensch, G.
Risiko und Unternehmensführung: Eine systemorientierte Konzeption zum Risikomanagement, Frankfurt / Main, 1991

Menze, T.
Strategisches internationales Beschaffungsmarketing, Stuttgart, 1993

Metzler, L. von
Risikoaggregation im industriellen Controlling, Lohmar, Köln, 2004

Meyer, C.
Beschaffungsziele, 2. Aufl., Köln, 1990

Mikus, B.
Make-or-buy-Entscheidungen in der Produktion: Führungsprozesse – Risikomanagement – Modellanalysen, Wiesbaden, 1998

Mikus, B.
Zur Integration des Risikomanagements in den Führungsprozeß, in: Götze, U. / Henselmann, K. / Mikus, B. (Hrsg.): Risikomanagement, Heidelberg, 2001, S. 67–94

Mikus, B. / Götze, U.
Risikomanagement als Bestandteil des strategischen Management, Göttingen, 1999

Miles, R. / Snow, C.
Organizational strategy, structure, and process, New York, 1978

Miller, N. / Butler, D. C.
Social Power and Communication in Small Groups, in: Behavioural Science, Vol. 14, 1969, S. 11–18

Miller, A. / Dess, G.
Strategic Management, 2. Aufl., New York, St. Louis, San Francisco, 1996

Mintzberg, H.
The Structuring of Organizations, Englewood Cliffs, 1979

Mössner, G. U.
Planung flexibler Unternehmensstrategien, München, 1982

Molm, L. D.
Linking Power Structure and Power Use, in: Cook, K. (ed.): Social Exchange Theory, Newbury Park, 1987, S. 101–129

Müller, A.
Strategisches Management der Balanced Scorecard, Stuttgart, 2000

Müller, E.-W.
Gestaltungspotentiale für die Logistik in der Beschaffung, in: Beschaffung aktuell, Nr. 4, 1999, S. 51–53

Müller, M. W.
Erfolgsfaktoren und Management Strategischer Allianzen und Netzwerke: Gestaltungshinweise für erfolgreiche Kooperationen – mit Fallbeispielen internationaler Transportdienstleistungsnetzwerke, München, 1999

Müller, M.
Plattformmanagement zur Reduktion von Innovationsrisiken, in: Gassmann, O. / Kobe, C. (Hrsg.): Management von Innovation und Risiko – Quantensprünge in der Entwicklung erfolgreich managen, 2. Aufl., 2006, S. 121–143

Müller, Stephan
Lieferantenbeziehungen in der deutschen Automobilindustrie, Aachen, 2004

Müller-Christ, G. / Remer, A.
Organisation und Umwelt, in: Junkernheinrich, M. / Klemmer, P. / Wagner, G.R. (Hrsg.): Handbuch der Umweltökonomie, Berlin, 1995, S. 198–204

Müller-Stewens, G. / Gocke, A.
Kooperation und Konzentration in der Automobilindustrie: Strategien für Zulieferer und Hersteller, Chur, 1995

Mugler, J.
Risk Management – Aufgabenabgrenzung und Ausblick auf Forschungsnotwendigkeit, in: JfB 28, 1978, 1, S. 2–14

Mugler, J.
Risk Management in der Unternehmung, Wien, 1979

Nagel, J. H.
The Descriptive Analysis of Power, New Haven, 1975

Neubeck, G.
Prüfung von Risikomanagementsystemen, Düsseldorf, 2003

Neubürger, K. W.
Risikobeurteilung bei strategischen Unternehmensentscheidungen, Stuttgart, 1980

Neubürger, K. W.
Chancen- und Risikobeurteilung im strategischen Management: die informatorische Lücke, Stuttgart, 1989

Neumann, A. / Koehler, C. / Weissbarth, R.
Partnerschaft statt Knebelvertrag, in: Automobil Zulieferer, Branchenreport 2002, 09/02, S. 8–9

Nollau, H. G., Keller, J. A., Merkel, T.
Risikoprävention durch Logistik-Controlling, Köln, 2005

Noy, E.
Total Business Strategy – The Missing Link, in: Long Range Planning, Vol. 31, Issue 6, 1998

Nübling, J.
Risikohandhabung bei der Materialbeschaffung, 1991

Obermeier, O.-P.
Möglichkeiten und Grenzen einer adäquaten Risikokommunikation, in: Hölscher, R. / Elfgen, R. (Hrsg.): Herausforderung Risikomanagement: Identifikation, Bewertung und Steuerung industrieller Risiken, Wiesbaden, 2002, S. 343–355

O'Connell, J. J.
Study indicates continuing risk management movement, in: RM 23 (1976), 4, S. 53–56

Oehm, E.
Gesellschaftliche Trends und Kundenwünsche im Zeitalter der selbstverständlichen Mobilität, in: ZfAW 04/2000, S. 76–81

Oliver Wyman
Car Innovation 2015 – Innovationsmanagement in der Automobilindustrie (Studie), Oliver Wyman Automotive, 2007

Oliver Wyman / HypoVereinsbank
Hochleistungsbranche Automobilzulieferer" – Erfolgsfaktoren für den zukünftigen Automobilbau (Studie), Pressemitteilung, Oliver Wyman Automotive, 08.11.2007, www.presseportal.de

Oppenländer, K. H.
Wachstumstheorie und Wachstumspolitik: Die Strukturdynamik als wesentlicher Erklärungsfaktor des wirtschaftlichen Wachstums und als Ansatzpunkt für eine Innovationsbezogene Wachstumspolitik, München, 1988

o. V.
Partnerschaft: ja – Schmusekurs: nein, in: Automobil-Produktion 06/2000, S. 32–34

o. V.
Interview mit H.J. Wester, Magna Steyr Fahrzeugtechnik, in: Autofokus, 01/2003, S. 47–49

o. V.
DaimlerChrysler - Alte Liebe verpufft nicht, in: www.manager-magazin.de, Ressort Unternehmen, 06.05.2005

o. V.
General Motors rast auf die Pleite zu, in: www.sueddeutsche.de, Ressort Wirtschaft, 12.12.2008

o. V.
Das Grab in Detroit, in: www.sueddeutsche.de, Ressort Wirtschaft, 12.02.2008

o. V.
Warten auf das Auto der Zukunft, in: www.sueddeutsche.de, Ressort Wirtschaft, 13.02.2008

o. V.
Deutsche Wirtschaft bricht drastisch ein, in: www.wiwo.de, Ressort Konjunktur, 15.05.2009

o. V.
Risk Management System – Risikofrüherkennung, Hrsg.: RM Risk Management AG, Zürich, o. J.

Pampel, J.
Kooperation mit Zulieferern: Theorie und Management, Wiesbaden, 1993

Peter, C. F.
Unternehmerisches Risikomanagement: Konsequenzen einer integrierten Risikobewältigung für die Versicherung, St. Gallen, 2001

Peters, H.-R.
Sektorale Strukturpolitik, München, 1988

Pfeffer, J.
Organizations and Organization Theory, London, 1982

Pfeffer, J.
A Resource Dependence Perspective on Incorporate Relations, in: Mizruchi, M. / Schwartz, M. (eds): Incorporate Relations, Cambridge, 1987

Pfeffer, J. / Salancik, G. R.
The External Control of Organizations: A Resource Dependence Perspective, New York, 1978

Pfeiffer, W. / Weiss, E.
Lean Management: Grundlagen der Führung und Organisation in industriellen Unternehmen, Berlin, 1992

Pfennig, M.
Shareholder Value durch unternehmensweites Risikomanagement, in: Johanning, L. / Rudolph, B. (Hrsg.): Handbuch Risikomanagement, Bad Soden, 2000, S. 1.295–1.332

Pfisterer, J.
Beschaffungskontrolle, Köln, 1988

Pfohl, H.-C.
Risiken und Chancen: Strategische Analyse in der Supply Chain, in: Pfohl, H.-C. (Hrsg.): Risiko- und Chancenmanagement in der Supply Chain, Berlin, 2002

Philipp, F.
Risiko und Risikopolitik, Stuttgart, 1967

Pibernik, R.
Flexibilitätsplanung in Wertschöpfungsnetzwerken, Wiesbaden, 2001

Picot, A.
Transaktionskostenansatz in der Organisationstheorie: Stand der Diskussion und Aussagewert, in: Die Betriebswirtschaft, 42. Jg., Nr. 2, 1982, S. 267–284

Picot, A. / Dietl, H. / Franck, E.
Organisation – Eine ökonomische Perspektive, Stuttgart, 1997

Platz, J.
Phasenorganisation, in: Platz, J. / Schmelzer, H.-J. (Hrsg.): Projektmanagement in der industriellen Forschung und Entwicklung: Einführung anhand von Beispielen aus der Informationstechnik, Berlin, Heidelberg, New York et al., 1986, S. 107–129

Plötner, O.
Das Vertrauen des Kunden – Relevanz, Aufbau und Steuerung auf industriellen Märkten, Wiesbaden, 1995

Pollanz, M.
Konzeptionelle Überlegungen zur Einrichtung und Prüfung eines Risikomanagementsystems – Droht eine Mega-Erwartungslücke?, in: Der Betrieb, 52. Jg., Heft 8, 1999, S. 393-399

Pollanz, M.
Offene Fragen der Prüfung von Risikomanagementsystemen nach KonTraG, in: Der Betrieb, Heft 25, 2001, S. 1.317–1.325

Porter, M. E.
Wettbewerbsstrategie (Competitive Strategy). Methoden zur Analyse von Branchen und Konkurrenten, 6. Aufl., Frankfurt / Main, 1990

Porter, M. E.
Wettbewerbsvorteile (Competitive Advantages). Spitzenleistungen erreichen und behaupten, 5. Aufl., Frankfurt / Main, 1999

Prahalad, C. K. / Hamel, G.
The core competence of the corporation, in: HBR, Nr. 3, Mai/Juni 1990, S. 79–91

Preißner, A.
Marketing und Vertriebssteuerung, München, 2000

Proff, H. / Proff, H. V.
Struktur und Entwicklung der weltweiten Automobilindustrie
in Proff, H. / Proff, H. V. (Hrsg.): Strategien für die Automobilindustrie: Ansatzpunkte im strategischen Management und in der Industriepolitik, Wiesbaden, 1998, S. 83–101

Pümpin, C. / Geilinger, U. W.
Strategische Führung. Aufbau strategischer Erfolgspositionen in der Unternehmenspraxis. Die Orientierung Nr. 76, Bern, 1988

Radermacher, K.
Strukturwandel in der Zulieferindustrie – Krise oder Chance?, in: Meinig, W. (Hrsg.): Wertschöpfungskette Automobilwirtschaft: Zulieferer – Hersteller – Handel; Internationaler Wettbewerb und Globale Herausforderungen, Wiesbaden, 1994, S. 107–141

Raiffa, H.
Lectures on Negotiation Analysis, Cambridge, 1997

Rat von Sachverständigen für Umweltfragen
Kurzfassung des Umweltgutachtens 1994, Bonn, 1994

Rauscher, B.
Herausforderung der Zulieferunternehmen durch das Lean Management-Konzept, St. Gallen, 1993

Reeg, M.
Liefer- und Leistungsbeziehungen in der deutschen Automobilindustrie: Strukturelle Veränderungen aus unternehmerischer und wirtschaftspolitischer Sicht, Berlin, 1998

Regner, C.
Risk Management aus der Sicht eines Versicherungsunternehmens, in: Risk Management – Strategien zur Risikobeherrschung: Bericht von der 5. Kölner BfuP-Tagung am 5. und 6. Oktober 1978 in Leverkusen, GEBERA-Schriften, Band 5, Köln, 1979, S. 53–68

Reichmann, T. / Form, S.
Balanced Chance and Risk Management, in: Controlling, Heft 4/5, April/Mai 2000, S. 189–198

Reinelt, G. R.
Multimediale Beschaffungsmarktforschung,
Hahn, D. / Kaufmann, L. (Hrsg.): Handbuch Industrielles Beschaffungsmanagement, Wiesbaden 1999, S. 453–474

Reiss, M. / Präuer, A.
Beide Seiten müssen darin glücklich werden!, in: Beschaffung aktuell, Nr. 2, 2003, S. 28–31

Remer, A.
Vom Zweckmanagement zum ökologischen Management – Paradigmawandel in der Betriebswirtschaftslehre, in: Universitas, 1993, S. 454–464

Remer, A.
Organisationstheorien, in: Wittmann, W. / Kern, W. u. a. (Hrsg.): Handwörterbuch der Betriebswirtschaft, 5. Aufl., Stuttgart, 1993, Sp. 3.057–3.074

Remer, A.
Ökonomie und Ökologie – Die vielbeschworene Formel, in: Köstner, B. / Vogt, M. (Hrsg.): Mensch und Umwelt. Eine komplexe Beziehung als interdisziplinäre Herausforderung, Dettelbach, 1996, S. 65–70

Remer, A.
Personal und Management im Wandel der Strategien, in: Klimecki, R. / Remer, A. (Hrsg.): Personal als Strategie: mit flexiblen und lernbereiten Human-Ressourcen Kernkompetenzen aufbauen, Neuwied, Kriftel, Berlin, 1997, S. 399–417

Remer, A.
Management zwischen Zweck und Mittel – Eine explorative Studie zum Dilemma-Management, in: Böhler, H. / Sigloch, J. (Hrsg.): Unternehmensführung und empirische Forschung – Festschrift zum 65. Geburtstag von Peter Rütger Wossidlo, Bayreuth, 2001, S. 191–232

Remer, A.
Management – System und Konzepte, 2. Aufl., Bayreuth, 2004

Remer, A.
Organisation – Struktur und Prozess, 6. Aufl., Bayreuth, 2005

Remer, A. / Snethlage, T.
Der Stakeholder-Ansatz als notwendige Ergänzung des Shareholder Value-Denkens, in: Rathgeber, A. / Tebroke, H.-J. / Wallmeier, M. (Hrsg.): Finanzwirtschaft, Kapitalmarkt und Banken – Festschrift für Professor Dr. Manfred Steiner zum 60 Geburtstag, Stuttgart, 2003, S. 25–46

Remer, A. / Wygoda, S.
Eigenverantwortung als Ziel der Organisationsgestaltung, in: Koch, S. / Kaschube, J. / Fisch, R. (Hrsg.): Eigenverantwortung für Organisationen, Göttingen, Bern et al., 2003, S. 91–105

Renggli, F.
Sicherheitsgerechtes Verhalten fördern. Unfall- und Sicherheitspsychologie für Führungskräfte und Praktiker, Thun, 1992

Reuter, A. / Wecker, C.
Projektfinanzierung, Stuttgart, 1999

Richter, S.
Die Bewertung produktionssynchroner Beschaffung unter besonderer Berücksichtigung des Gebietsspediteur-Konzepts, Göttingen, 1997

Richter, W.
Die kombinierte Auslagerungs- und Verbundstrategie im industriellen Zulieferwesen, Köln, 1992

Riffner, B. / Weidelich, R.
Professionelles Lieferantenmanagement: So arbeiten Kunden und Lieferanten erfolgreich zusammen, Köln, 2001

Ripperger, T.
Ökonomik des Vertrauens. Analyse eines Organisationsprinzips, München, 1998

Rischar, K.
Risk Management als Führungsaufgabe, in: Spinnarke, J. (Hrsg.): Handbuch Risk Management, 3. Lieferung, Heidelberg, 1988, Abschnitt Risiko/2

Robinson, P. J. / Faris, C. W. / Wind, Y.
Industrial buying and creative marketing, Boston, 1967

Rogler, S.
Risikomanagement im Industriebetrieb: Analyse von Beschaffungs-, Produktions- und Absatzrisiken, Wiesbaden, 2002

Roland Berger
How to master the electronic challenges, A Roland Berger Trend Study – In-vehicle electronics – Executive Summary, July 2005

Roland Berger
Solving the powertrain challenge (Studie), Pressemappe, 16. August 2007

Roland Berger
Powertrain 2020 – China's ambition to become market leader in E-Vehicles (Studie), München, Shanghai, April 2009

Roland Berger / Rothschild
Strategie für profitables Wachstum in der weltweiten Automobilzulieferindustrie (Studie), Pressemitteilung, 28.07.2006, www.presseportal.de

Roland Berger / Rothschild
Stürmische Zeiten meistern – Erfolgsrezepte für globale Automobilzulieferer (Studie), Pressemappe, 28.11.2007, www.presseportal.de

Roland Berger & Partner
Nine Mega-Trends re-shape the Automotive Supplier Industry. A trend study to 2010 – Management Summary, München, 2000

Roland, F.
Beschaffungsstrategien: Voraussetzungen, Methoden und EDV-Unterstützung einer problemadäquaten Auswahl, Bergisch Gladbach, Köln, 1993

Romeike, F.
Lexikon Risiko-Management, Köln, 2004

Rosen, R. von
Einführung und Ausgestaltung von Risikomanagementsystemen – Eine empirische Untersuchung, Studien des Deutschen Aktieninstituts, Heft 9, Frankfurt / Main, 2000

Salvisberg, H. P.
Umgang mit Risiken in der Beschaffung, in: Beschaffungsmanagement – Revue de l'acheteur, 6–7/01

Sandig, C.
Gewinn und Sicherheit in der Betriebspolitik – Das Treiben und das Bremsen im Betriebe, in: ZfB, 1933, S. 349–360

Sandig, C.
Grundriß der Beschaffung, in: DBW, 1935, Heft 8, S. 175–182

Sandig, C.
Betriebswirtschaftspolitik, 2. Aufl., Stuttgart, 1966

Sandig, C.
Grundriß der Beschaffung, in: Geist, M. (Hrsg.): Vom Markt des Betriebes zur Betriebswirtschaftpolitik: Bedarf, Beschaffung, Arbeit, Arbeiten von Kurt Sandig im Wiederabdruck, 1971, S. 82–113

Sattler, E.
Produkthaftung und Risikominderung: Eine allgemeinverständliche Einführung, München, Wien, 1995

Sauer, K.
Internationale Zulieferbeziehungen der deutschen Pkw-Hersteller, St. Gallen, 1990

Sauer, D. / Altmann, N.
Zwischenbetriebliche Arbeitsteilung als Thema der Industriesoziologie: Eine Einleitung, in: Altmann, N. / Sauer, D. (Hrsg.): Systemische Rationalisierung und Zulieferindustrie, München, 1989, S. 5–25

Sauerwein, E. / Thurner, M.
Der Risiko-Management-Prozeß im Überblick, in: Hinterhuber, H. H. / Sauerwein, E. / Fohler-Norek, C. (Hrsg.): Betriebliches Risikomanagement, Wien, 1998, S. 19–42

Schaaf, A.
Marktorientiertes Entwicklungsmanagement in der Automobilindustrie: Ein kundennutzenorientierter Ansatz zur Steuerung des Entwicklungsprozesses, Wiesbaden, 1999

Schauerhuber, M.
Produktionswirtschaftliche Flexibilität, Wien, 1998

Schanz, G.
Organisationsgestaltung: Management von Arbeitsteilung und Koordination; 2. Aufl., München, Wien, 1994

Schierenbeck, H.
Grundzüge der Betriebswirtschaftslehre, 12. Aufl., München, Wien, 1995

Schildbach, O.
Beschaffungsverhalten von Abnehmern der Zulieferindustrie, Darmstadt, 1985

Schinle, M.
Risiko-Management der mittelgrossen Unternehmung: ein Überlebenskonzept, St. Gallen, 1987

Schlüchtermann, J.
Planung in zeitlich offenen Entscheidungsfeldern, Wiesbaden, 1996

Schlüchtermann, J.
Simultane Losgrößen-, Maschinenbelegungs- und Ablaufplanung beim Einsatz flexibler und nicht flexibler Fertigungseinrichtungen, in: Rieper, B. / Witte, T. / Berens, W. (Hrsg.): Betriebswirtschaftliches Controlling. Planung – Entscheidung – Organisation, Wiesbaden, 1996, S. 217–234

Schlüchtermann, J.
Konfiguration und Koordination internationaler Produktionsnetzwerke, in: Kutschker, M. (Hrsg.): Management verteilter Kompetenzen in multinationalen Unternehmen, Wiesbaden, 1999, S. 49–71

Schlüchtermann, J.
Besser günstig einkaufen, als den kostenintensiven Umsatz steigern. Das Beschaffungsmanagement als strategische Herausforderung für Krankenhäuser, in: f&w – Führen und Wirtschaften im Krankenhaus, März/April 2002, S. 148–153

Schlüchtermann J. / Klöpfer, R. / Pointner, M.
Internationalisierung der Produktion – Zur Entstehung internationaler Produktionsnetzwerke, in: Wagner, G. R. (Hrsg.): Unternehmensführung, Ethik und Umwelt, Wiesbaden, 1999, S. 271–302

Schneeweiß, Ch.
Flexibilität, Elastizität und Reagibilität, in: Kern, W. / Schröder, H.-H. / Weber, J. (Hrsg.): Handwörterbuch der Produktionswirtschaft, 2. Aufl., Stuttgart, 1996, Sp. 489–505

Schneider, M. / Schwenker, C.
Kooperationsstrategien in der deutschen Automobil-Zulieferindustrie. Zusammenfassung der Ergebnisse einer empirischen Forschungsstudie an der FH Hildesheim, 1999

Schnorrenberg, U. / Goebels, G.
Risikomanagement in Projekten: Methoden und ihre praktische Anwendung, Wiesbaden, 1997

Schönbächler, O.
Im Zeichen von Corporate Governance – Die Renaissance des Risk Managements, in: Schweizer Arbeitgeber, Nr. 26–2000, S. 1.207–1.209

Scholz, J.
Globalisierung + Konzentration verändern die Branche, in: Beschaffung aktuell, Nr. 5, 2000, S. 38–41

Schomburg, E.
Zukunftsorientierte Beschaffungskonzepte, in: Luczak, H. / Eversheim, W. / Stich, V. (Hrsg.): Betriebs- und Arbeitsorganisation im Wandel der Zeit, Köln, 2000, S. 115–121

Schraysshuen, T.
Flexibel durch Module – Die Bewältigung neuer Flexibilitätsanforderungen in unternehmensübergreifender Perspektive, in: Deiß, M. / Döhl, V. (Hrsg.): Vernetzte Produktion: Automobilzulieferer zwischen Kontrolle und Autonomie, Franfurt / Main, New York, 1992, S. 107–140

Schubert, B.
Entwicklung von Konzepten für Produktinnovationen mittels Conjointanalyse, Stuttgart, 1991

Schubert, M.
Risikomanagement im Beschaffungsmarketing, Köln, 2004

Schubert, U.
Der Management-Kreis, in: Management für alle Führungskräfte in Wirtschaft und Verwaltung, Band 1, Stuttgart, 1972

Schütz, M.
Ganzheitliche Betrachtung und Bewältigung unternehmerischer Risiken, in: Hölscher, R. / Elfgen, R. (Hrsg.): Herausforderung Risikomanagement: Identifikation, Bewertung und Steuerung industrieller Risiken, Wiesbaden, 2002, S. 51–71

Schuff, G.
Entwicklungsperspektiven für die Beschaffung in der Weltautomobilindustrie, in: Hahn, D. / Kaufmann, L. (Hrsg.): Handbuch Industrielles Beschaffungsmanagement. Internationale Konzepte – Innovative Instrumente – Aktuelle Praxisbeispiele, 2. Aufl., Wiesbaden, 2002, S. 55–79

Schulte, A.
Stichwort: „Hedge“, in: Lück, W. (Hrsg.): Lexikon der Betriebswirtschaft, 6. Aufl., München und Wien, 2004, S. 298

Schulte, M.
Bank-Controlling II: Risikopolitik in Kreditinstituten, 2. Aufl., Frankfurt / Main, 1997

Schulz, P.
Die Portfolio-Analyse als Instrument der Strategischen Planung in industriellen Klein- und Mittelbetrieben: Möglichkeit, Probleme und Lösungsansätze, Frankfurt / Main, 1988

Schuy, A.
Risiko-Management: eine theoretische Analyse zum Risiko und Risikowirkungsprozeß als Grundlage für ein risikoorientiertes Management unter besonderer Berücksichtigung des Marketing, Frankfurt / Main, 1989

Schwarzecker, J. / Spandl, F.
Krisenmanagement mit Kennzahlen, 2. Aufl., Wien, 1996

Schweiger, G.
Image und Imagetransfer, in: Tietz, B. / Köhler, R. / Zentes, J. (Hrsg.): Handwörterbuch des Marketing, 2. Aufl., Stuttgart, 1995, Sp. 915–928

Schweitzer, M.
Planung und Kontrolle, in: Bea, F. X. / Dichtl, E. / Schweitzer, M. (Hrsg.): Allgemeine Betriebswirtschaftslehre, Bd. 2: Führung, 7. Aufl., Stuttgart, Jena, 1997, S. 21–131

Sczygiol, W. / Nies, F. / Brahm, T.
Wenn Zulieferer ganze Fahrzeuge bauen – Outsourcing im Automobilbereich, in: Automobil Zulieferer-Branchenreport 2002 zur 59. IAA, 2002, S. 24–25

Scott, W. R.
Organizations – Rational, Natural and Open Systems, 2. Aufl., Englewood Cliffs, 1987

Seeberger, T. / Seidenschwarz, W.
Schritte zum marktorientierten Kostenmanagement, in: Horváth, P. (Hrsg.): Marktnähe und Kosteneffizienz schaffen, Stuttgart, 1993, S. 164

Seghezzi, H. D.
Ganzheitliche Unternehmensführung: Gestaltung, Konzepte und Instrumente, Stuttgart, 1997

Seidel, M.
Zur Steigerung der Marktorientierung der Produktentwicklung – Analyse zur Interaktion zwischen F&E und Marketing im Innovationsprozeß, St. Gallen, 1996

Seifert, W. G.
RISK Management im Lichte einiger Ansätze der Entscheidungs- und Organisationstheorie, Frankfurt, 1980

Sethi, A. K. / Sethi, P. S.
Flexibility in Manufacturing: A Survey, in: International Journal of Flexible Manufacturing Systems, Vol. 2, No. 4, 1990, S. 289–328

Sitkin, S. B. / Pablo, A. L.
Reconceptualizing the Determinants of Risk Behavior, in: Academy of Management Review, Vol. 17, 1/1992, S. 9–38

Smith, P. G. / Reinertsen, D. G.
Developing products in half the time, New York, 1991

Sorg, S.
Informationspathologien und Erkenntnisfortschritte in Organisationen, in: Institut für Organisation, München (Hrsg.): Planungs- und organisationswissenschaftliche Schriften, München, 1982

Specht, G. / Beckmann, C.
F&E-Management, Stuttgart, 1996

Spiegel-Verlag
Auto, Verkehr und Umwelt, Hamburg, 1993

Staehle, W. H.
Situational Approach to Management, in: Management International Review, Vol. 16, No. 3, 1976, S. 59–69

Staehle, W. H.
Deutschsprachige situative Ansätze in der Managementlehre, in: Kieser, A. (Hrsg.): Organisationstheoretische Ansätze, München, 1981

Staehle, W. H.
Management: eine verhaltenswissenschaftliche Perspektive, 7. Aufl., München, 1994

Stahl, W.
Risiko- und Chancenanalyse im Marketing: Ansätze zur Identifikation, Untersuchung und Beurteilung von Risiken und Chancen, Frankfurt / Main, 1992

Stark, H.
Beschaffungsführung: Grundlagen marktkonformen und zielorientierten Verhaltens in der Beschaffung, Stuttgart, 1973

Steger, U.
Umweltmanagement, Wiesbaden, 1988

Steinmann, H. / Schreyögg, G.
Management: Grundlagen der Unternehmensführung; Konzepte, Funktionen, Fallstudien, 4. Aufl., Wiesbaden, 1997

Steven, M. / Pollmeier, I.
Management von Kooperationsrisiken in Supply Chains, in: Vahrenkamp, R. / Siepermann, C. (Hrsg.): Risikomanagement in Supply Chains, 2007, S. 273–286

TAC Consulting
Aktive Unterstützung krisengefährdeter Lieferanten – Wichtige Beschaffungsquellen stabilisieren und erhalten, Workpaper, TAC Consulting GmbH, 2007

Teichmann, U. / Erkens, N.
Controllingintegriertes Risikomanagement nach KonTraG mit der Balanced Scorecard – am Beispiel der Wohnungswirtschaft, Dortmund, 2000

Tietz, M.
Erfolgreiches Risikomanagement steigert den Unternehmenswert, in: Allianz Report für Risiko und Sicherheit, Band 74, 2001, Heft 2, S. 40–43

Theisen, P.
Grundzüge einer Theorie der Beschaffungspolitik, Berlin, 1970

Thompson, J. D.
Organizations in Actions, New York, 1967

Thompson, A. A. / Strickland III A. J.
Crafting and Implementing Strategy, Chicago, Bogota, 1995

Trunk, M.
Risikomanagement in einem kommunalen Versorgungsunternehmen, in: Hölscher, R. / Elfgen, R. (Hrsg.): Herausforderung Risikomanagement: Identifikation, Bewertung und Steuerung industrieller Risiken, Wiesbaden, 2002, S. 157–177

Tümpen, M.
Strategische Frühwarnsysteme für politische Auslandsrisiken, Wiesbaden, 1987

Ulrich, H.
Die Unternehmung als produktives soziales System: Grundlagen der allgemeinen Unternehmungslehre, 2. Aufl., Bern, Stuttgart, 1970

Ulrich, H. / Krieg, W.
St. Galler Management-Modell, Bern, 1974

Ulrich, H. / Probst, G. J.
Anleitung zum ganzheitlichen Denken und Handeln: Ein Brevier für Führungskräfte, Bern, Stuttgart, 1988

Ulrich, P. / Fluri, E. W.
Management, 5. Aufl., Bern, Stuttgart, 1988

VDA
Sicherung der Qualität von Lieferungen in der Automobilindustrie, Frankfurt, 1975

VDA
Gemeinsam zum Erfolg, Grundsätze zur Partnerschaft zwischen Automobilherstellern und ihren Zulieferern, Frankfurt / Main, 2001

VDA
Auto Jahresbericht 2002, Frankfurt / Main, 2002

VDA
2. VDA-Mittelstandstag – „Starker Motor des Wirtschaftswachstum“ (Pressemitteilung), Frankfurt / Main, 2002

VDA
Auto Jahresbericht 2007, Frankfurt / Main, 2007

VDA
Auto Jahresbericht 2008, Frankfurt / Main, 2008

Vogler, M. / Gundert, M.
Einführung von Risikomanagementsystemen, Hinweise zur praktischen Ausgestaltung, in: Der Betrieb, Heft 48, 1998, S. 2.377–2.383

Voigt, K.-I.
Strategische Planung und Unsicherheit, Wiesbaden, 1992

Wagner, S. M.
Strategisches Lieferantenmanagement in Industrieunternehmen: Eine empirische Untersuchung von Gestaltungskonzepten, Frankfurt / Main, 2001

Wagner, S. M.
Lieferantenmanagement, Pocket Power, Hanser Verlag, o. O., o. J.

Wagner, S. M. / Bode, C.
Empirische Untersuchung von SC-Risiken und SC-Risikomanagement in Deutschland, in: Vahrenkamp, R. / Siepermann, C. (Hrsg.): Risikomanagement in Supply Chains, 2007, S. 29–58

Wangenheim, S. von
Planung und Steuerung des Serienanlaufs komplexer Produkte: dargestellt am Beispiel der Automobilindustrie, Frankfurt / Main, 1998

Watts, C. / Kim, K. / Hahn C,
Linking Purchasing to Corporate Competitive Strategy, Journal of Purchasing and Materials Management, Vol. 28, Fall, 2–8, 1992

Weber, J.
Neue Perspektiven des Controlling, in: Betriebs-Berater, Zeitschrift für Recht und Wirtschaft, 55. Jg., 2000, S. 1.931–1.935

Weber, J.
Balanced Scorecard, Herne et al., 2000

Weber, J. / Weißenberger, B. E. / Liekweg, A.
Risk Tracing und Reporting. Unternehmerisches Chancen- und Risikomanagement nach dem KonTraG, Band 10 der Reihe Advanced Controlling, Vallendar, 1999

Weber, J. / Weißenberger B. E. / Liekweg, A.
Risk Tracing & Reporting: Ein umfassender Ansatz unternehmerischen Chancen- und Risikomanagements, in: Götze, U. / Henselmann, K. / Mikus, B. (Hrsg.): Risikomanagement, Heidelberg, 2001, S. 47–65

Weber, M.
Wirtschaft und Gesellschaft, Tübingen, 1922

Webster, F. E. Jr.
Modeling the industrial buying process, in: Journal of Marketing Research, 2. Jg., Nr. 4, November 1965, S. 370–376

Weibler, J.
Vertrauen und Führung, in: Klimecki, R. / Remer, A. (Hrsg.): Personal als Strategie: mit flexiblen und lernbereiten Human-Ressourcen Kernkompetenzen aufbauen, Neuwied, Kriftel, Berlin, 1997, S. 185–214

Weigand, M.
Die Erschließung von Zulieferpotentialen als Aufgabe des strategischen Beschaffungsmarketing, Nürnberg, 1998

Welge, M. K. / Al-Laham, A.
Planung: Prozesse – Strategien – Maßnahmen, Wiesbaden, 1992

Wels, A,
Quantifizierung von Lieferzeitabweichungen zur Unterstützung eines effektiven Supply Chain Risikomanagements, Estenfeld, 2008

Werner, H.
Relationales Beschaffungsverhalten: Ausprägungen und Determinanten, Wiesbaden, 1997

Werners, B. / Zimmermann, H. J.
Risikoanalyse, in: Szyperski, N. (Hrsg.): Handwörterbuch der Planung, Stuttgart, 1989, Sp. 1.743–1.749

Wertz, B.
Management von Lieferanten-Produzenten-Beziehungen. Eine Analyse von Unternehmensnetzwerken in der deutschen Automobilindustrie. Wiesbaden, 2000

Westphalen, F. Graf von
Rechtsprobleme des „Just-in-Time-Delivery“, in: C.-Rudolf Poensger Stiftung e. V. zur Fortbildung von Führungskräften der Wirtschaft: Qualität durch Qualifikation, Stuttgart, 1993, S. 263–279

Weyrich, C.
Zentrale Forschung und Bereichsentwicklung als Speerspitze der internationalen Innovationsaktivitäten bei Siemens, in: Gassmann, O. / Zedtwitz, M. (Hrsg.): Internationales Innovationsmanagement – Gestaltung von Innovationsprozessen im globalen Wettbewerb, München, 1996, S. 119–125

Widl, G.
Potentiale für Effizienzsteigerungen in der Automobilzulieferindustrie, in: Meinig, W. (Hrsg.): Wertschöpfungskette Automobilwirtschaft: Zulieferer – Hersteller – Handel; Internationaler Wettbewerb und Globale Herausforderungen, Wiesbaden, 1994, S. 143–158

Wiedemann, P. M.
Risiko-Kommunikation von Unternehmen: Kontexte, Rahmen und Abwehrmechanismen. Heft 35 der Arbeiten zur Risikokommunikation, Jülich, 1992

Wild, J.
Unternehmerische Entscheidungen, Prognosen und Wahrscheinlichkeit, in: ZfB-Erg.-Heft 39, Nr. 2, 1969, S. 60–89

Wild, J.
Grundlagen der Unternehmensplanung, Reinbek bei Hamburg 1974

Wildemann, H.
Die Fabrik als Labor, in: ZfB, 60. Jg., Nr. 7, 1990, S. 611–630

Wildemann, H.
Zeit als Wettbewerbsinstrument in der Informations- und Wertschöpfungskette, in: Wildemann, H. (Hrsg.): Zeitmanagement – Strategien zur Steigerung der Wettbewerbsfähigkeit, Frankfurt / Main, 1992, S. 15–24

Wildemann, H.
Lean Management: Strategien zur Erreichung wettbewerbsfähiger Unternehmen, Frankfurt / Main, 1993

Wildemann, H.
Einkaufspotentialanalysen: Leitfaden zur Kostensenkung und Gestaltung der Abnehmer-Lieferanten-Beziehung, 10. Aufl., München, 2001

Wildemann, H.
Risikomanagement – Leitfaden zur Umsetzung eines Risikomanagement-Systems für die wertorientierte Steuerung von Unternehmen, 3. Aufl., München, 2004

Williamson, O. E.
Markets and Hierarchies: Analysis and Antitrust Implications, New York, 1975

Williamson, O. E.
The Economics of Governance: Framework and Implications, in: Zeitschrift für die gesamte Staatswissenschaft 140 (1984), S. 195–223

Williamson, O. E.
The Economic Institutions of Capitalism: Firms, Markets, Relational Contracting, New York, 1985

Williamson, O. E.
The Economic Institutions of Capitalism, New York, 1987

Williamson, O. E.
Die ökonomischen Institutionen des Kapitalismus – Unternehmen, Märkte, Kooperationen, Tübingen, 1990

Williamson, O. E.
Comparative Economic Organization: The Analysis of Discrete Structural Alternatives, in: Administrative Science Quarterly, Vol. 30, 1991, S. 269–296

Williamson, O. E.
Strategizing, Economizing, and Economic Organization, in: Strategic Management Journal, Vol. 12, 1991, S. 73–94

Wiswede, G.
Einführung in die Wirtschaftspsychologie, 2. Aufl., München et al., 1995

Witt, F.-J.
Funktion-BSCs, in: Controller Magazin, Heft 6, 2000, S. 546–553

Witte, E.
Die Liquiditätspolitik der Unternehmung, Tübingen, 1963

Wöhe, G.
Einführung in die Allgemeine Betriebswirtschaftslehre, 17. Aufl., München, 1990

Wojda, F. / Buresch, M.
Gestaltungsansatz zur ganzheitlichen Unternehmensführung, in: Seghezzi, H. D. (Hrsg.): Ganzheitliche Unternehmensführung: Gestaltung, Konzepte und Instrumente, Stuttgart, 1997, S. 25–45

Wolf, K.
Risikomanagement im Kontext der wertorientierten Unternehmensführung, Wiesbaden, 2003

Wolf, K. / Runzheimer, B.
Risikomanagement und KonTraG: Konzeption und Implementierung, 2. Aufl., Wiesbaden, 2000

Wolters, H.
Modul- und Systembeschaffung in der Automobilindustrie: Gestaltung der Kooperationen zwischen europäischen Hersteller- und Zulieferunternehmen, Wiesbaden, 1995

Wolters, H. / Hirschfelder, K.-U.
Systeme – ein Trend in der Beschaffung setzt sich durch, in: Beschaffung aktuell, Nr. 9, 1999, S. 40–45

Wolters, P.
Forward Sourcing: Entwicklungsbegleitende Lieferantenauswahl, in: Hahn, D. / Kaufmann, L. (Hrsg.): Handbuch Industrielles Beschaffungsmanagement, Wiesbaden, 1999, S. 253–264

Womack, J. P. et al.
Die zweite Revolution in der Autoindustrie: Konsequenzen aus der weltweiten Studie aus dem Massachusetts Institute of Technology, 7. Aufl., Frankfurt / Main, New York, 1992

Wrong, D. H.
Some Problems in Defining Social Power, in: American Journal of Sociology, Vol. 73, Iss. 6, 1968, S. 673–681

Zeeuw de, A. B.
Mehr Führungskontrolle in komplexen Organisationen: Ansatz zu einem ganzheitlichen unternehmerischen Risikomanagementmodell, in: io Management Zeitschrift, Heft 5, 1999, S. 37–41

Zelewski, S.
Krisenmanagement, in: Corsten, H. / Reiß, M. (Hrsg.): Handbuch Unternehmensführung: Konzepte – Instrumente – Schnittstellen, Wiesbaden, 1995, S. 897–911

Ziegenbein, A.
Supply Chain Risiken – Identifikation, Bewertung und Steuerung, Zürich, 2007

Ziegenbein, K.
Controlling, 6. Aufl., Ludwigshafen (Rhein), 1998

www.basel-ii.info.de,
Kreditkosten: eine Differenzierung ist notwendig, 2001

www.ecgi.org,
Homepage des European Corporate Governance Institutes
Cadbury Report (The Financial Aspects of Corporate Governance), 1. Dezember 1992

www.iwk-muenchen.de,
Rating-Umfrage, 2001

www.volkswagen-umwelt.de,
Interview mit Dr. Meyer